Construcción de techos

Nivel uno

Guía del estudiante

Segunda edición

Pearson

NCCER
Presidente y Director general: Boyd Worsham
Directora ejecutiva de innovación y promoción: Jennifer Wilkerson
Directora general de enseñanza: Lisa Strite
Director de proyecto de techado: John Esbenshade
Gerente de proyectos sénior: Chris Wilson
Directora sénior de producción: Erin O'Nora
Gerenta de proyectos de prueba/evaluación: Elizabeth Schlaupitz
Escritores técnicos: Karyn Payne, Natalie Hasty
Editor en jefe: Graham Hack
Gerente de edición electrónica: James McKay
Directora artística: Carrie Pelzer
Especialistas en permisos: Kay Lewis, Amanda Smith
Asistente del proyecto: Lauren Corley
Coordinadora de contenido digital: Rachael Downs
Especialistas de producción: Gene Page, Eric Caraballoso, Daphney Milian
Asistentes de producción: Edward Fortman, Joanne Hart, Olga Trofymenko
Editores: Jordan Hutchinson, Karina Kuchta, Hannah Murray, Zi Meng

Pearson
Directora de alianzas/gestión de asociaciones: Kelly Trakalo
Productora de contenido: Alexandra B. Wolf
Asistente de producción de contenido: Alma Dabral
Productor de contenido digital: Jose Carchi
Composición: NCCER

Fuentes del texto: Palatino y Univers
Tecnologías de contenido: Gnostyx

Imagen de la portada
Imagen de la portada, cortesía de F.J.A. Christiansen Roofing Co., Inc., una empresa de Tecta America

Los créditos y reconocimientos por el contenido tomado de otras fuentes y reproducido, con autorización, dentro de este libro de texto aparecen al final de cada módulo.

ISBN-13: 978-0-13-783576-8

Pearson

ScoutAutomatedPrintCode

Prefacio

Para el alumno

Los techos son la primera línea de defensa contra los factores climáticos. Un techo es mucho más que refugio, es seguridad. Hay un amplio espectro de oportunidades y potencial profesional en el techado para las personas con distintos conjuntos de habilidades y niveles de educación. Los módulos que se incluyen en este nivel abordan el conocimiento básico esencial para todos los profesionales que se dedican a la Construcción de techos.

Lo nuevo en *Construcción de techos, nivel uno*

NCCER y Pearson tienen el gusto de presentar *Construcción de techos, nivel uno*. Este libro ha sido modernizado, mejorado y expandido en colaboración con la Asociación de contratistas de techado nacional (National Roofing Contractors Association, NRCA), para brindar un mejor servicio a la industria. NRCA representa a los profesionales que se dedican a la Construcción de techos y es la principal autoridad en la industria de la Construcción de techos para obtener información, educación, tecnología y apoyo.

Este programa ofrece dos *credenciales provisorias* en las siguientes áreas ocupacionales de la Construcción de techos: techo con pendiente pronunciada y techo con pendiente leve. Las credenciales provisorias ofrecen a los empleadores vías de capacitación específica para que el personal nuevo obtenga una credencial de NCCER completa.

Para obtener más información sobre los requisitos para obtener credenciales provisorias y otra información sobre este programa, visite la página de detalles del curso Construcción de techos en la sección "Program Resources" (Recursos de programas) en el sitio web de NCCER.

Le deseamos éxito en este programa de capacitación. Si tiene comentarios acerca de cómo podría NCCER mejorar este libro, rellene y envíenos el formulario de Actualización de usuario ubicado al final de cada módulo. Siempre tendremos en cuenta y responderemos a las sugerencias de nuestros clientes.

En nuestro sitio web, **www.nccer.org**, hay información sobre los productos y la capacitación más recientes.

Nos interesa recibir sus comentarios. Puede enviarnos sus opiniones a **curriculum@nccer.org** o enviar comentarios y consultas generales a **info@nccer.org**.

Planes de estudios estandarizados de NCCER

NCCER es una fundación educativa sin fines de lucro 501(c)(3) fundada en 1996 por las empresas de construcción y las asociaciones nacionales de construcción más importantes y progresistas del mundo. Fue fundada para abordar la gran falta de mano de obra que enfrenta la industria y para desarrollar procesos de entrenamiento y currículos estandarizados. En la actualidad, NCCER está financiada por cientos de empresas líderes en la construcción y el mantenimiento, fabricantes y asociaciones nacionales. Los Planes de estudios estandarizados de NCCER fueron desarrollados por NCCER en asociación con Pearson, el editor de educación más importante del mundo.

Estas son algunas características de los Planes de estudios estandarizados de NCCER:

- Historial de éxito comprobado en el sector
- Planes de estudios desarrollados por la industria y para la industria
- Estandarización nacional que ofrece portabilidad de las competencias laborales adquiridas y créditos de educación
- Cumplimiento de los requisitos de la Oficina de aprendizaje en relación con el entrenamiento en el aula (*CFR 29:29*)
- Información ricamente ilustrada, actualizada y práctica

NCCER también cuenta con el Registro de NCCER, que proporciona expedientes, certificados y tarjetas de bolsillo a las personas que han completado con éxito un nivel de entrenamiento dentro de una destreza específica en los planes de estudios de NCCER. *Los programas de capacitación deben ser dictados por un centro acreditado de capacitación de NCCER para recibir estas certificaciones.*

Para obtener información sobre las credenciales de NCCER y el Registro de NCCER, comuníquese con el servicio al cliente de NCCER al 1-888-622-3720 o visite **www.nccer.org**.

Características especiales

En un esfuerzo por suministrar un recurso de capacitación integral de fácil manejo, este programa de estudio expone varias características informativas. Independientemente de si usted es un alumno visual o práctico, estas características están diseñadas para ampliar su conocimiento de la industria de la construcción a medida que progresa en su capacitación. Algunas de las características que se encuentran en el programa de estudio se explican a continuación.

Introducción

La página de introducción, que se encuentra al comienzo de cada módulo, enumera los objetivos, las tareas de desempeño y las palabras técnicas del módulo. Los objetivos enumeran el conocimiento que adquiere tras completar exitosamente el módulo. Las tareas de desempeño le brindan una oportunidad de aplicar su conocimiento a trabajos reales. Las palabras técnicas son vocabulario específico de la industria que aprenderá al estudiar el módulo.

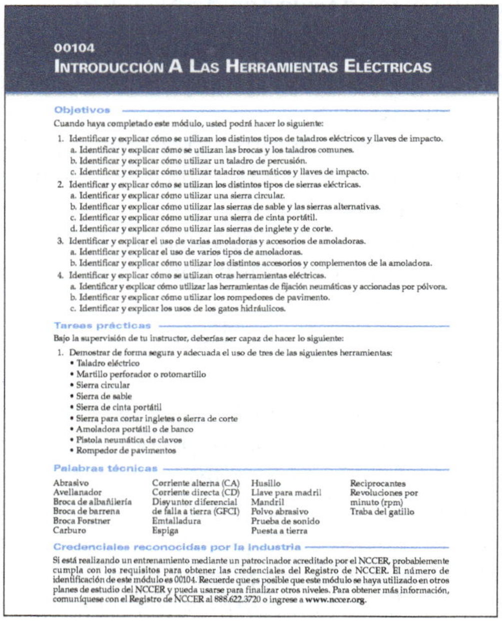

00104
INTRODUCCIÓN A LAS HERRAMIENTAS ELÉCTRICAS

Objetivos

Cuando haya completado este módulo, usted podrá hacer lo siguiente:

1. Identificar y explicar cómo se utilizan los distintos tipos de taladros eléctricos y llaves de impacto.
   a. Identificar y explicar cómo se utilizan las brocas y los taladros comunes.
   b. Identificar y explicar cómo utilizar un taladro de percusión.
   c. Identificar y explicar cómo utilizar taladros neumáticos y llaves de impacto.
2. Identificar y explicar cómo se utilizan los distintos tipos de sierras eléctricas.
   a. Identificar y explicar cómo utilizar una sierra circular.
   b. Identificar y explicar cómo utilizar las sierras de sable y las sierras alternativas.
   c. Identificar y explicar cómo utilizar una sierra de cinta portátil.
   d. Identificar y explicar cómo utilizar las sierras de inglete y de corte.
3. Identificar y explicar el uso de varias amoladoras y accesorios de amoladoras.
   a. Identificar y explicar el uso de varios tipos de amoladoras.
   b. Identificar y explicar cómo utilizar los distintos accesorios y complementos de la amoladora.
4. Identificar y explicar cómo se utilizan otras herramientas eléctricas.
   a. Identificar y explicar cómo utilizar las herramientas de fijación neumáticas y accionadas por pólvora.
   b. Identificar y explicar cómo utilizar los rompedores de pavimento.
   c. Identificar y explicar los usos de los gatos hidráulicos.

Tareas prácticas

Bajo la supervisión de tu instructor, deberías ser capaz de hacer lo siguiente:

1. Demostrar de forma segura y adecuada el uso de tres de las siguientes herramientas:
   - Taladro eléctrico
   - Martillo perforador o rotomartillo
   - Sierra circular
   - Sierra de sable
   - Sierra de cinta portátil
   - Sierra para cortar ingletes o sierra de corte
   - Amoladora portátil o de banco
   - Pistola neumática de clavos
   - Rompedor de pavimentos

Palabras técnicas

Abrasivo	Corriente alterna (CA)	Husillo	Reciprocantes
Avellanador	Corriente directa (CD)	Llave para madril	Revoluciones por minuto (rpm)
Broca de albañilería	Disyuntor diferencial de falla a tierra (GFCI)	Mandril	Traba del gatillo
Broca de barrena	Emtalladura	Polvo abrasivo	
Broca Forstner	Espiga	Prueba de sonido	
Carburo		Puesta a tierra	

Credenciales reconocidas por la industria

Si está realizando un entrenamiento mediante un patrocinador acreditado por el NCCER, probablemente cumpla con los requisitos para obtener las credenciales del Registro de NCCER. El número de identificación de este módulo es 00104. Recuerde que es posible que este módulo se haya utilizado en otros planes de estudio del NCCER y pueda usarse para finalizar otros niveles. Para obtener más información, comuníquese con el Registro de NCCER al 888.622.3720 o ingrese a www.nccer.org.

Características técnicas

Las características técnicas presentan sugerencias técnicas y prácticas profesionales basadas en situaciones de la vida real similares a las que podría encontrarse en la obra.

Trivia de as de guía

Muchas personas utilizan este dicho como ayuda para recordar cómo se hace un as de guía: "El conejo sale de su cueva, rodea el árbol y vuelve a meterse su cueva".

Figuras y tablas

A lo largo de cada módulo se utilizan fotografías, planos, diagramas y tablas para ilustrar conceptos importantes y brindar claridad a instrucciones complejas. Las referencias de texto a figuras y tablas se destacan en *cursiva*.

Figura 31 Cómo marcar una línea de corte.

Notas, precauciones y advertencias

Las características de seguridad se separan del texto principal en recuadros destacados y se organizan en categorías según el potencial de peligro involucrado. Las notas simplemente proveen información adicional. Las precauciones marcan los peligros que podrían provocar daños a los materiales o a los equipos. Las advertencias destacan situaciones potencialmente peligrosas que podrían provocar lesiones o la muerte de los trabajadores.

NOTA

Deben colocarse placas de identificación en cada dispositivo de manipulación de materiales.

PRECAUCIÓN

Es esencial anotar la designación de la revisión en un plano de construcción y utilizar sólo la última versión. De lo contrario, pueden

ADVERTENCIA

Los dientes de las sierras son muy afilados. Utilice guantes y no manipule los dientes de la sierra con las manos desnudas. Cuando corte con una sierra, asegúrese de que sus dedos permanezcan alejados de los dientes en todo momento.

Conciencia ecológica

La sección de Conciencia ecológica analiza formas de conservar el medio ambiente, ahorrar energía y tomar buenas decisiones en lo que respecta al bienestar del planeta. Mediante la introducción de nuevas prácticas y productos de construcción, verá como ya se ha enraizado la ecologización de los Estados Unidos.

> **Conciencia ecológica**
>
> **Parque eólico Big Horn**
>
> El parque eólico Big Horn utiliza 133 turbinas de GE que alcanzan una altura de 119 m (389 ft) (desde el piso hasta la punta de las palas en la posición superior). El parque eólico ocupa un pequeño

¿Sabía usted?

La sección ¿Sabía usted? ofrece sugerencias, recomendaciones y otros consejos útiles.

> **¿Sabía usted?**
>
> **El origen de los cianotipos**
>
> En 1842, un astrónomo inglés llamado Sir John F. Herschel desarrolló el procedimiento de cianotipia. Con este método, debía recubrirse un papel con un producto químico especial. Una vez que se secaba la capa de recubrimiento, el dibujo original hecho a mano se colocaba encima de ese papel. A continuación, ambos papeles se cubrían con un vidrio y se los dejaba a la luz del sol durante aproximadamente una hora. El papel recubierto se revelaba, de manera similar a una fotografía. Luego de un enjuague con agua fría, el papel recubierto se volvía azul y las líneas del plano permanecían de color blanco.

Instrucciones paso a paso

Las instrucciones paso a paso se utilizan todo el tiempo para guiarlo a través de tareas y procedimientos técnicos, desde el principio hasta el final. Estos pasos no solo muestran cómo realizar una tarea, sino también cómo hacerlo de manera segura y eficiente.

> Siga los siguientes pasos para construir el andamio de esta área del sistema:
>
> *Paso 1* Reúna e inspeccione todos los equipos para la disposición del andamio.
>
> *Paso 2* Coloque los durmientes correspondientes en su ubicación aproximada.
>
> *Paso 3* Conectar los gatos de tornillo ajustables a los durmientes.
>
> *Paso 4* Ajuste los gatos de tornillo ajustable hasta que estén cerca de su posición más baja.
>
> *Paso 5* Determine la ubicación de la base más

Palabras técnicas

Cada módulo presenta una lista de Términos claves del oficio que se abordan en el texto y se definen en el Glosario al final del módulo. Estos términos se indican en el texto, cuando aparecen por primera vez, en A fin de simplificar las búsquedas de información clave, al final de este libro encontrará un glosario con los términos claves del oficio de todos los módulos.

> Durante una operación de aparejamiento, la carga que se eleva o traslada debe estar conectada al aparato (p. ej., una grúa) que proporcionará la fuerza para el traslado. El conector, el enlace entre la carga y el aparato, suele ser una eslinga hecha de material sintético, cadenas o cable de acero. Esta sección se centra en tres tipos de eslingas:
>
> - Eslingas sintéticas
> - Eslingas de cadena de acero de aleación
> - Eslingas de cable de acero

Preguntas de revisión

Las preguntas de revisión se proporcionan para reforzar los conocimientos adquiridos. Es por ello que son una herramienta útil para medir lo aprendido.

> **Preguntas de revisión**
>
> 1. Las etiquetas de identificación para las eslingas deben incluir ______.
>   a. el tipo de protectores que se deben usar
>   b. el tipo de daño sufrido durante el uso
>   c. el color del extremo de aviso
>   d. el nombre del fabricante o la marca registrada
> 2. El tipo de vaina de alambre que se puede dañar por calor a temperaturas relativamente bajas es ______.
>   a. la vaina de fibra
>   b. la vaina de hebras
>   c. la vaina de alambre independiente
>   d. la vaina de soporte metálica
> 3. Las eslingas sintéticas se deben inspeccionar ______.
>   a. mensualmente
>   b. visualmente, al comienzo de cada semana laboral
>   c. antes de cada uso
>   d. una vez que el desgaste o daño se vuelve visible
> 4. Una eslinga de cadena de acero de aleación se debe poner fuera de servicio si es evidente que ______.
>   a. se ha usado en diferentes configuraciones de enganche
>   b. se han reemplazado eslabones para reparar la cadena
>   c. se ha usado durante más de un año
>   d. las hebras de la vaina de soporte se han debilitado
> 5. Un equipo de aparejamiento que se usa para acoplar el extremo de una cuerda de alambre a ojos, ganchos u otras conexiones es un ______.
>   a. cáncamo
>   b. amarre
>   c. grillete
>   d. perno en U
> 6. Una abrazadera de elevación probablemente se use para mover cargas tales como ______.
>   a. placas de acero
>   b. bultos de tuberías
>   c. bloques de hormigón
>   d. tuberías de plástico
> 7. Los elevadores de cadena pueden elevar cargas pesadas mediante el uso de ______.
>   a. sistema de cuerdas y poleas
>   b. fuerza del maniobrador
>   c. contrapeso estático
>   d. sistema de engranaje
> 8. Antes de intentar elevar una carga con un elevador de cadena, asegúrese de que ______.
>   a. el mecanismo de elevación se encuentre sujeto a un cabrestante
>   b. la carga se encuentre equilibrada apropiadamente
>   c. los cables de retención se encuentren anclados apropiadamente
>   d. la polea se encuentre conectada a su fuente de energía
> 9. Una configuración del enganche que permite que las eslingas se conecten a la misma carga sin el uso de una viga separadora es un ______.
>   a. enganche de doble vuelta
>   b. enganche estrangulador
>   c. enganche de brida
>   d. enganche de canasta
> 10. Para hacer la señal de parada de emergencia usada por los aparejadores, se deben extender ambos brazos ______.
>   a. horizontalmente, con las palmas de las manos hacia abajo, y moverlos rápidamente hacia adelante y hacia atrás
>   b. directamente hacia el frente y luego moverlos repetidamente hacia arriba y hacia abajo
>   c. verticalmente, por encima de la cabeza, y moverlos hacia adelante y hacia atrás
>   d. horizontalmente, con los puños cerrados, y moverlos hacia arriba y hacia abajo

Planes de estudios estandarizados de NCCER

Los programas de capacitación de NCCER abarcan más de 80 áreas de construcción, mantenimiento, tuberías y servicios públicos, e incluyen evaluaciones de habilidades, capacitación en seguridad y educación en gestión.

Construcción de calderas
Fabricación de armarios
Carpintería
Construcción con hormigón
Trabajador especializado en construcción
Tecnología de la construcción
Núcleo: Introducción a los conocimientos básicos de la construcción
Paneles de yeso
Electricidad
Técnico en sistemas electrónicos
Calefacción, ventilación y aire acondicionado
Operaciones con equipos pesados
Construcción pesada de autopistas
Limpieza hidromecánica
Especialista en aplicación de revestimientos industriales
Técnico eléctrico y de instrumentación de mantenimiento industrial
Mecánico de mantenimiento industrial
Instrumentación
Herrería
Tecnología de la construcción prefabricada
Albañilería
Aislamiento mecánico
Operario de maquinaria
Operaciones con grúas móviles
Pintura
Pintura, Industrial
Instalación de tuberías
Tendido de tuberías
Plomería
Herrería de refuerzo
Aparejamiento
Construcción de techos
Andamiaje
Chapista
Señalizador
Disposición del emplazamiento
Instalación de rociadores
Operador de grúa de torre
Soldadura

Industria marítima

Principios básicos de la industria marítima
Electricidad marítima
Instalación de ductos marítimos
Instalador de estructuras marítimas
Soldadura marítima
Soldadura marítima de aluminio

Construcción sustentable/ecológica

Auditor de construcción
Principios básicos de la impermeabilización
Introducción a la impermeabilización
Supervisor de construcción sustentable
Jefe de equipo de impermeabilización
Técnico en impermeabilización
Su rol en el ambiente ecológico

Energía

Energía alternativa
Introducción a la industria de la energía
Introducción a la energía solar fotovoltaica
Electricista de mantenimiento de generación de energía
Técnico en mantenimiento de instrumentación y controles de generación de energía
Mecánico de mantenimiento de generación de energía
Trabajador de líneas eléctricas
Trabajador de líneas eléctricas: distribución
Trabajador de líneas eléctricas: subestación
Trabajador de líneas eléctricas: transmisión
Instalador de sistemas de energía solar fotovoltaica
Energía eólica
Técnico de mantenimiento de turbinas eólicas

Tuberías

Condiciones de operación anómalas: centro de control
Condiciones de operación anómalas: campo y gas
Control de la corrosión
Electricidad e instrumentación
Operaciones de campo y centros de control
Introducción a la industria de las tuberías
Mantenimiento
Mecánico

Seguridad

Orientación sobre protección contra caídas
Seguridad de campo
Orientación en seguridad
Tecnología de seguridad

Títulos complementarios

Matemática aplicada a la construcción
Herramientas para el éxito

Gestión

Profesional de desarrollo de trabajadores de la construcción
Principios básicos del liderazgo de equipo
Mentoría para profesionales en oficios
Gestión de proyectos
Supervisión de proyectos

Títulos en español

Acabado de hormigón: nivel uno (*Concrete Finishing Level One*)
Aislamiento: nivel uno (*Insulating Level One*)
Albañilería: nivel uno (*Masonry Level One*)
Andamios (*Scaffolding*)
Carpintería: Formas para carpintería, nivel tres (*Carpentry: Carpentry Forms, Level Three*)
Currículo básico: habilidades introductorias del oficio (*Core Curriculum: Introductory Craft Skills*)
Electricidad: nivel uno (*Electrical Level One*)
Herrería: nivel uno (*Ironworking Level One*)
Herrería de refuerzo: nivel uno (*Reinforcing Ironwork Level One*)
Instalación de rociadores: nivel uno (*Sprinkler Fitting Level One*)
Instalación de tuberías: nivel uno (*Pipefitting Level One*)
Instrumentación: nivel uno, nivel dos, nivel tres, nivel cuatro (*Instrumentation Levels One through Four*)
Orientación de seguridad (*Safety Orientation*)
Paneles de yeso: nivel uno (*Drywall Level One*)
Seguridad de campo (*Field Safety*)

Reconocimientos

Este plan de estudios fue revisado gracias a la visión de futuro y el liderazgo de los siguientes patrocinadores:

Advanced Roofing
Deer Park Roofing
Eagle Roofing
Florida Roofing and Sheet Metal Contractors Association
GAF
Asociación Nacional de Contratistas de Techos
PDM Architects
Asesores de Referred Roofing
Universidad de Florida

Este plan de estudios no existiría si no fuera por la dedicación y la energía desinteresada de aquellos voluntarios que integraron el equipo de autores. Extendemos un sincero agradecimiento a:

Alison LaValley
Amy Staska
Becky Lemons
Brian Davis
Bryan Karel
Charles Goodman
Clay Thomas
Doug Duncan
Dylan Edwards
Glenn Watson
Grant Brock
Henry Staggs
Jack Moore
Jean-Paul Grivas
John Schehl
Jon Goodman
Josey Parks
Mike Silvers
Nick Sabino
Ray Coykendall
Rich Trewyn
Tom Shanahan
Tyler Allwood
Wade Shepherd

Socios de NCCER

Las organizaciones asociadas a NCCER son asociaciones y organizaciones nacionales que comparten un interés con las metas y los objetivos de NCCER. Para obtener más información sobre los socios comerciales de NCCER, visite **www.nccer.org/about-us/partners**.

También puede escanear este código usando la cámara de su teléfono o dispositivo móvil para ver estas organizaciones asociadas.

Índice

Módulo ocho

Chapas metálicas en la construcción de techos

Describe las propiedades de los distintos tipos de metal que afectan la manera en que las chapas metálicas se usan en la construcción. Revisa las herramientas que se utilizan para medir, diseñar e instalar componentes de chapa metálica en los sistemas de techo. Describe los componentes de techos de chapas metálicas más comúnmente utilizados y los procedimientos básicos que se utilizan para prepararlos e instalarlos. (Id. de módulo: 16107; 25 horas).

Módulo nueve

Prácticas de aparejamiento

Explica el aparejamiento básico, que hace referencia a la preparación de una carga para movimiento así como la preparación del equipo y otros componentes que se utilizan para conectar la carga a la grúa. El aparejamiento debe realizarse en forma segura y eficaz para brindar una conexión confiable de la carga. Resulta esencial entender los principios básicos del aparejamiento para operar en forma segura las grúas y para mover y ubicar estructuras, componentes y equipos pesados. (Id. de módulo: 38102; 15 horas).

Glosario

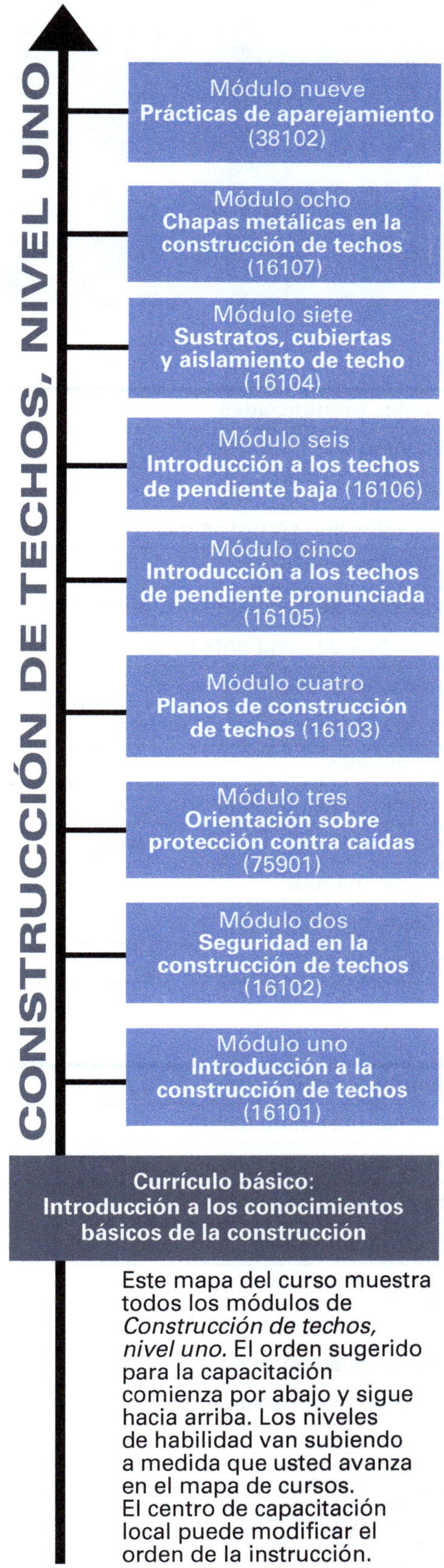

Este mapa del curso muestra todos los módulos de *Construcción de techos, nivel uno.* El orden sugerido para la capacitación comienza por abajo y sigue hacia arriba. Los niveles de habilidad van subiendo a medida que usted avanza en el mapa de cursos. El centro de capacitación local puede modificar el orden de la instrucción.

Construcción de techos

El programa de estudio Construcción de techos tiene dos trayectorias profesionales posibles: techista de pendientes pronunciadas y techista de pendientes leves. Las tablas siguientes indican los módulos y los números de id. de registro que se requieren para cada credencial. También se indica el nivel de competencia en el que se encuadra cada módulo.

Techista de pendientes pronunciadas	Id. de módulo	Nivel
Introducción a la construcción de techos	16101	Nivel uno
Seguridad en la construcción de techos	16102	Nivel uno
Orientación sobre protección contra caídas	75901	Nivel uno
Planos de construcción de techos	16103	Nivel uno
Introducción a los techos de pendiente pronunciada	16105	Nivel uno
Introducción a los techos de pendiente baja	16106	Nivel uno
Sustratos, cubiertas y aislamiento de techo	16104	Nivel uno
Chapas metálicas en la construcción de techos	16107	Nivel uno
Prácticas de aparejamiento	38102	Nivel uno
Sistemas de techos con tejas de asfalto	16201	Nivel dos
Sistemas de techos con tejas de concreto y arcilla	16202	Nivel dos
Sistemas de techos de madera	16203	Nivel dos
Sistemas de techos de pizarra	16204	Nivel dos
Sistemas de techos de metal	16205	Nivel dos

Techista de pendientes leves	Id. de módulo	Nivel
Introducción a la construcción de techos	16101	Nivel uno
Seguridad en la construcción de techos	16102	Nivel uno
Orientación sobre protección contra caídas	75901	Nivel uno
Planos de construcción de techos	16103	Nivel uno
Introducción a los techos de pendiente pronunciada	16105	Nivel uno
Introducción a los techos de pendiente baja	16106	Nivel uno
Sustratos, cubiertas y aislamiento de techo	16104	Nivel uno
Chapas metálicas en la construcción de techos	16107	Nivel uno
Prácticas de aparejamiento	38102	Nivel uno
Sistemas de techos de metal	16205	Nivel dos
Sistemas de techos termoplásticos	16206	Nivel dos
Sistemas de techos de EPDM	16207	Nivel dos
Sistemas de techos armados	16208	Nivel dos
Sistemas de techos de betún modificado	16209	Nivel dos
Techado de aplicación líquida	16210	Nivel dos

Introducción a la construcción de techos

Generalidades

Los profesionales de la construcción de techos desempeñan un papel fundamental en nuestra sociedad. En el mundo, se instalan distintos tipos de sistemas de techos que permiten que las construcciones sean cómodas y se mantengan secas, y que, además, cumplen muchas otras funciones esenciales. La industria de la construcción de techos es apasionante y ofrece muchas oportunidades y áreas de especialización. Los profesionales del sector deben tener los conocimientos pertinentes, estar calificados y garantizar una instalación segura y de calidad de los sistemas de techos.

Módulo 16101

Los estudiantes que hayan finalizado los módulos con éxito pueden ser elegibles para la acreditación mediante el Registro de NCCER. Para obtener más información, visite **www.nccer.org** o comuníquese con nosotros llamando al 1.888.622.3720. En nuestro sitio web, **www.nccer.org**, podrá obtener información sobre los lanzamientos de productos y capacitaciones más recientes.

Nos interesa recibir sus comentarios. Puede enviarlos a **curriculum@nccer.org**, enviar comentarios y consultas generales a **info@nccer.org** o completar el formulario de Actualización de usuario en la parte posterior de este módulo.

Esta información es de carácter general y está destinada únicamente a la capacitación. El desempeño real de las actividades descritas en este manual requiere el cumplimiento de todos los procedimientos de operación, servicio, mantenimiento y seguridad aplicables bajo la dirección de personal calificado. Las referencias en este manual sobre dispositivos patentados o registrados no constituyen una recomendación de su uso.

16101 V1.0

16101

Introducción a la construcción de techos

Objetivos

Luego de finalizar este módulo, podrá hacer lo siguiente:

1. Describir los tipos y sistemas de techos.
   a. Explicar la diferencia entre techos de pendiente pronunciada y techos de pendiente baja.
   b. Enumerar y describir sistemas de techos de pendiente pronunciada comunes.
   c. Enumerar y describir sistemas de techos de pendiente baja comunes.
   d. Identificar sistemas de techos específicos.
2. Explicar la importancia de la seguridad en la industria de la construcción de techos y describir las obligaciones del contratista, los subcontratistas y las suyas propias a fin de garantizar un ambiente de trabajo seguro.
   a. Describir el programa OSHA 10.
   b. Explicar el reconocimiento de peligros y su papel en él.
   c. Identificar peligros con los que suelen tener que lidiar los techistas.
3. Entender el proceso de aprendizaje y capacitación de los techistas.
   a. Describir la capacitación y el aprendizaje modernos.
   b. Describir las carreras profesionales, las oportunidades y las áreas de especialización disponibles para los techistas.
4. Entender las responsabilidades del empleado y del empleador.
   a. Identificar las responsabilidades del empleado.
   b. Identificar las responsabilidades del empleador.

Tareas prácticas

Este es un módulo teórico. No hay tareas prácticas.

Palabras técnicas

Abatir
Administración de Seguridad y Salud Ocupacional de los Estados Unidos (OSHA)
Aprendizaje en el ámbito laboral (OJL)
Betún
Capa
Cubierta
Cultura de la seguridad
Equipo de protección personal (PPE)
Membrana
Membrana impermeabilizante
Pendiente
Pendiente baja
Pendiente pronunciada
Programa de seguridad específico de la obra
Repele el agua
Sistema personal de detención de caídas (PFAS)
Sistemas de techos BUR (Built-Up Roof)
Sistemas de techos con membrana
Sistemas de techos de una sola capa
Tapajuntas

Credenciales reconocidas por la industria

Si está realizando una capacitación mediante un patrocinador acreditado por el NCCER, probablemente cumpla con los requisitos para obtener las credenciales del Registro de NCCER. El número de identificación de este módulo es 16101. Recuerde que es posible que este módulo se haya utilizado en otros planes de estudio de NCCER y pueda usarse para finalizar otros niveles. Para obtener más información, comuníquese con el Registro de NCCER llamando al 1.888.622.3720 o visite **www.nccer.org**.

Índice

Figuras

SECCIÓN UNO

1.0.0 SISTEMAS DE TECHOS

Objetivo

Describir los tipos y sistemas de techos.

a. Explicar la diferencia entre techos de pendiente pronunciada y techos de pendiente baja.
b. Enumerar y describir sistemas de techos de pendiente pronunciada comunes.
c. Enumerar y describir sistemas de techos de pendiente baja comunes.
d. Identificar sistemas de techos específicos.

Palabras técnicas

Administración de Seguridad y Salud Ocupacional (OSHA): agencia del Departamento de Trabajo de los Estados Unidos, cuya misión es definir normas de seguridad y salud ocupacional para todos los lugares de trabajo, hacer cumplir esas normas, asegurarse de que los empleadores proporcionen y mantengan un lugar de trabajo seguro para todos los empleados y proporcionar programas de investigación y capacitación a fin de apoyar prácticas de trabajo seguras.

Betún: sustancia de color oscuro parecida al cemento que se encuentra en asfaltos, alquitranes y breas. También puede hacer referencia a cualquier material compuesto principalmente por betún, como el asfalto o el alquitrán de hulla.

Capa: lámina de fieltro en un techo de membrana BUR o sistema de impermeabilización.

Cubierta: componente estructural del techo de una construcción, capaz de soportar de manera segura el peso del sistema de impermeabilización o del techo, así como las cargas vivas adicionales que requieren los códigos de edificación correspondientes. La cubierta proporciona el sustrato sobre el cual se aplica el sistema de impermeabilización o del techo.

Membrana: cobertura de techo flexible, semiflexible o impermeabilizante, cuya principal función es excluir el agua.

Membrana impermeabilizante: fieltro saturado de asfalto u otras planchas de material compuesto o sintético (a veces, autoadherente) que se instala entre una cubierta y una cobertura de techo, que generalmente se usa en la construcción de un techo con pendiente pronunciada. La membrana impermeabilizante se usa principalmente para separar la cobertura de la cubierta de techo, repeler el agua y brindar protección contra incendios y protección secundaria contra la intemperie.

Pendiente: ángulo de la superficie del techo, que generalmente se expresa como relación entre la elevación vertical y la longitud horizontal (a veces, se denomina *tramo*). Cuando las dimensiones se dan en pulgadas, la pendiente puede expresarse como la relación de una elevación sobre una distancia de 12 pulgadas (por ejemplo, 4:12) o como un ángulo, en grados.

Pendiente baja: categoría de techo que generalmente incluye tipos de membrana impermeabilizante de sistemas de techos instalados sobre pendientes de 3:12 o menos.

Pendiente pronunciada: categoría de techo que generalmente incluye tipos de cobertura con materiales que repelen el agua que se instalan sobre pendientes de más de 3:12.

Repele el agua: permite emplear el drenaje que depende de la gravedad para evitar que el agua ingrese en el sistema del techo. Los sistemas de techos con pendiente pronunciada suelen repeler el agua.

Sistemas de techos BUR (Built-Up Roof): sistemas de techos en los que se aplican varias capas de betún, refuerzo y material de revestimiento sobre la cubierta.

Sistemas de techos con membrana: sistemas de techos que contienen material de membrana (cobertura impermeabilizante). Los sistemas de techos con membrana generalmente se instalan como sistemas de pendiente baja.

Sistemas de techos de una sola capa: sistemas de techos en los cuales la principal cobertura es una sola capa de material de membrana flexible (es decir, elastómero de etileno-propileno [EPDM] o termoplástico).

Tapajuntas: componentes que se usan para impermeabilizar o sellar los bordes de un sistema de techos en perímetros, penetraciones, paredes, juntas de expansión, valles, drenajes y otros lugares donde se interrumpe o no continúa la cobertura del techo.

Los profesionales de la construcción de techos son fundamentales para nuestra sociedad—, debido a que toda edificación necesita un techo. Ya sea que esté en la escuela, en la tienda, en la empresa o en la comodidad de su hogar, el techo lo mantiene protegido de agentes externos. Los techos no solo protegen la estructura que está debajo de ellos, sino que también son fundamentales para la funcionalidad de una edificación. Pueden dirigir la luz y el agua de lluvia, captar energía solar, aislar una edificación, y mucho más.

Los profesionales de la construcción de techos instalan sistemas de techos en muchos tipos de propiedades. Deben ser sumamente detallistas y tener la precisión de un fino artesano. Además de instalar sistemas de techos, gran parte del trabajo consiste en reparar y construir techos. Esto mantiene la demanda de techistas relativamente estable, incluso en tiempos de crisis económica y de la construcción.

Los programas de aprendizaje registrados, como el Programa de construcción de techos del Centro Nacional para la Educación e Investigación de la Construcción (NCCER), le brindan la posibilidad de avanzar en su carrera en la industria de la construcción de techos sin un título universitario (*Figura 1*). Dada la gran variedad de sistemas de techos, existen muchas áreas de especialización para los techistas.

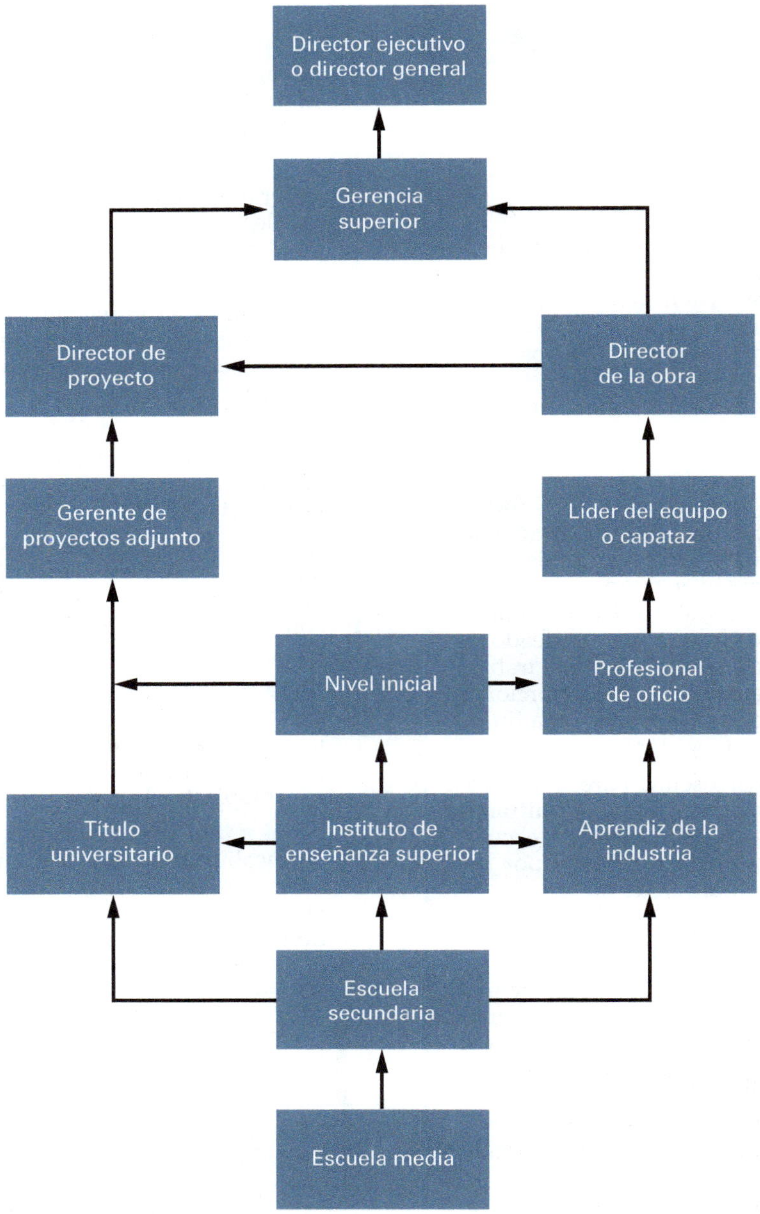

Figura 1 Carrera profesional para techistas.

Por ejemplo, los sistemas de tejas asfálticas (los más comunes en entornos residenciales) requieren un conjunto de habilidades específicas. Como alternativa, los sistemas de techos con membrana que vemos en techos planos en entornos comerciales demandan equipos de más personas y diferentes pasos, herramientas y habilidades de instalación para su construcción.

1.1.0 Techos de pendiente pronunciada y techos de pendiente baja

La estructura de un techo está formada por muchos componentes que interactúan entre sí, incluida la cubierta, la barrera de aire o vapor (si corresponde), el aislante y el recubrimiento principal diseñado para impermeabilizar la estructura (por ejemplo, una membrana o tejas). Por lo general, la estructura de un techo está formada por una cubierta estructural y un sistema de techo.

Un sistema de techo—, la parte que instalan los profesionales de la construcción de techos—, incluye todos los componentes que se colocan por encima de la cubierta. Los sistemas de techos se dividen en categorías de pendiente baja o pendiente pronunciada, según el grado de inclinación del techo, lo que se conoce como su pendiente. Los techos de pendiente baja (a veces conocidos como *techos planos*) suelen verse en edificaciones más grandes (*Figura 2*). Los techos de pendiente pronunciada por lo general se ven en casas residenciales (*Figura 3*).

La pendiente de un techo es una de las diferencias principales entre las estructuras de techo. La pendiente del techo permite que el agua corra por acción de la gravedad, lo que propicia el

¿Sabía usted?

La quinta fachada

El término *fachada* proviene de la palabra francesa *face (frente)*. En arquitectura, se suele llamar al techo *la quinta fachada*, porque es tan fundamental para el diseño artístico del edificio como las cuatro paredes que lo sostienen.

Figura cortesía de iStock@africanpix

drenaje. Sin la pendiente, el agua podría acumularse en el techo y causar daños importantes o incluso el derrumbe de la edificación.

El método que habitualmente se emplea para expresar la pendiente de un techo es una relación entre la elevación vertical de un techo y el tramo horizontal, como se ilustra en la *Figura 4*. Por lo general, se expresa en pulgadas de elevación por pie (12 pulgadas) de tramo, o en pies de elevación por 12 pies de tramo. En este ejemplo, la elevación es de 8 pies y el tramo es de 12 pies, por lo tanto, la pendiente del techo es de 8:12. Se incluyen ejemplos de otras pendientes de techos en la *Figura 5*.

Figura 2 Techo de pendiente baja.

El Programa de construcción de techos del NCCER define a los techos de pendiente baja y a los techos de pendiente pronunciada de la siguiente manera:

- *Pendiente baja* — pendiente de 3:12 o menos
- *Pendiente pronunciada* — pendiente de más de 3:12

Se deben tomar diferentes precauciones de seguridad según la pendiente del techo. Es fundamental seguir siempre los procedimientos de seguridad correspondientes.

NOTA

En el programa de construcción de techos del NCCER, el término *pendiente pronunciada* hace referencia a una pendiente mayor que 3:12. Esto difiere de la definición de techos de pendiente pronunciada de la Administración de Seguridad y Salud Ocupacional de los Estados Unidos (OSHA) (pendiente mayor que 4:12). Al instalar o reparar sistemas de techos, siempre compruebe los códigos federales, estatales, locales y de la empresa. En caso de contradicción entre los códigos aplicables, prevalece el más estricto.

1.2.0 Sistemas de techos de pendiente pronunciada

Los sistemas de techos de pendiente pronunciada suelen repeler el agua, mientras que los techos de pendiente baja son impermeables. Los techos de pendiente pronunciada utilizan la pendiente y la gravedad como método principal para que el agua no ingrese a la edificación (*Figura 6*). Los

Figura 3 Techo de pendiente pronunciada.

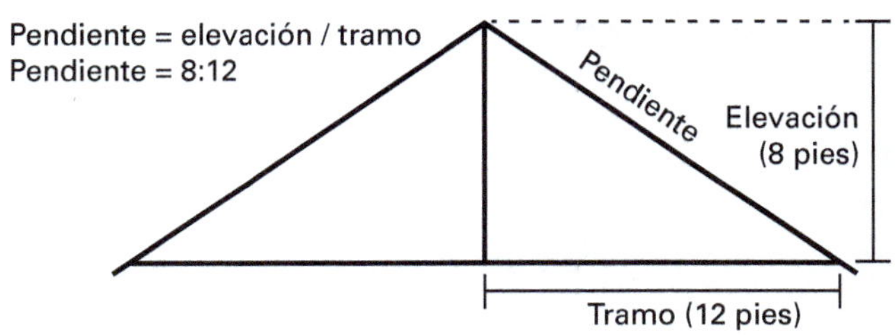

Figura 4 Pendiente de techo.

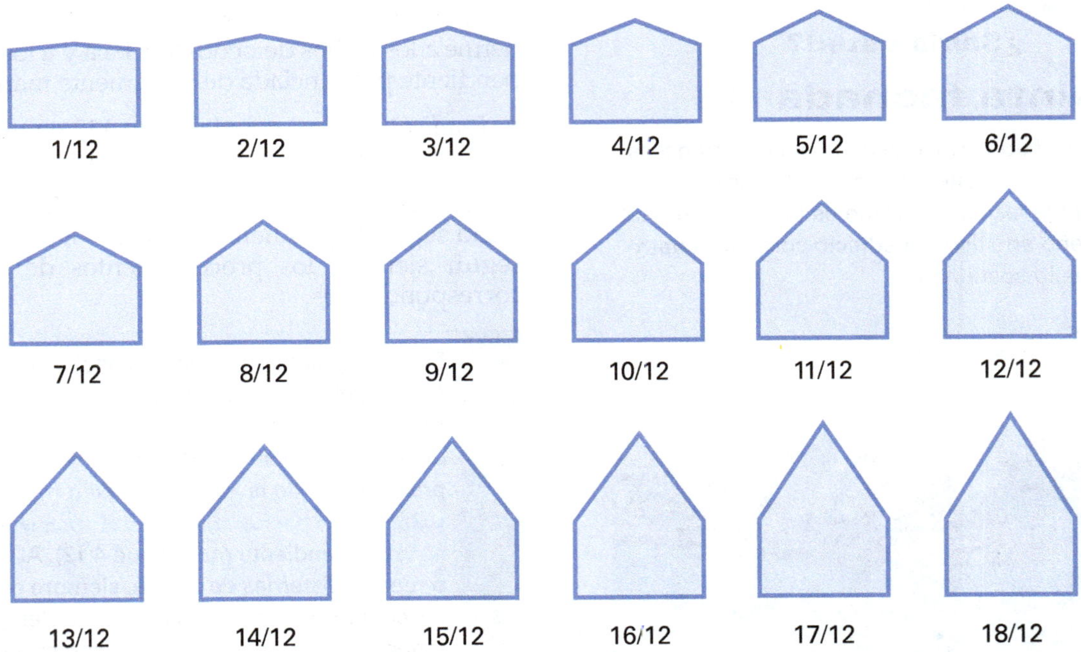

Figura 5 Ejemplos de diferentes pendientes de techo.

techos de pendiente pronunciada generalmente están formados por piezas o tejas individuales instaladas en un patrón de superposición sobre una membrana impermeabilizante que repele el agua.

Los tipos de sistemas de techos de pendiente pronunciada son los siguientes:

- Sistemas de tejas asfálticas
- Sistemas de techos metálicos
- Losetas de arcilla y concreto
- Sistemas de madera
- Sistemas de lajas
- Sistemas sintéticos

1.2.1 Sistemas de tejas asfálticas

Las tejas asfálticas (*Figura 7*) son el sistema de techos residenciales más común, y representan casi el 70 por ciento de las instalaciones de techos domésticos. Las tejas asfálticas están hechas de asfalto sobre un material de refuerzo cubierto por una superficie de gránulos minerales o cerámicos de color. Se popularizaron a comienzos del siglo XX por ser más resistentes al fuego y menos costosas que la madera. Además, vienen en más colores, formas y diseños.

Figura 6 Techo de pendiente pronunciada que repele el agua de manera mecánica

Las tejas asfálticas se instalan en filas superpuestas que forman una cobertura de techo multicapa que repele el agua. Se colocan sobre una membrana impermeabilizante que se ubica de manera continua sobre una cubierta de techo. Un sistema de techos de teja asfáltica está compuesto por tejas asfálticas, una membrana impermeabilizante y otros componentes como sujetadores y tapajuntas.

Las tejas asfálticas se suelen clavar a las cubiertas de techo de madera, que habitualmente están formadas por paneles (madera contrachapada o tablero OSB), planchas o tablas de madera fijadas al marco estructural subyacente.

1.2.2 Sistemas de techos metálicos

Los tipos de sistemas de techos metálicos de pendiente pronunciada incluyen tejas metálicas o paneles metálicos arquitectónicos. Las tejas metálicas (*Figura 8*) están diseñadas para emular el aspecto de otras tejas o losetas, pero son mucho más livianas. Los sistemas de techos de paneles metálicos arquitectónicos (*Figura 9*) están hechos con planchas de metal superpuestas o interconectadas. Los sistemas de techos metálicos son conocidos por su prolongada durabilidad y vida útil.

Figura 7 Sistema de techos de tejas asfálticas.

Figura 8 Sistema de techos de tejas metálicas.

Figura 9 Sistema de techos de paneles metálicos arquitectónicos.

1.2.3 Sistemas de losetas de arcilla y concreto

La loseta de arcilla (*Figura 10*) está hecha de arcilla moldeada y cocida a altas temperaturas. Estas losetas vienen en diferentes formas, tamaños y colores. Las losetas de concreto están hechas con una mezcla de cemento, arena y agua. A veces tienen orejas en la superficie inferior para poder anclarlas a un listón de anclaje durante la instalación. Tanto los sistemas de losetas de arcilla como de concreto pueden incluir piezas accesorias que ayudan a sellar diferentes áreas del techo.

1.2.4 Sistemas de madera

Los sistemas de techos de tejas y ripias de madera son menos comunes que otros sistemas y representan solo un pequeño porcentaje de los sistemas de techos (*Figura 11*). Suelen utilizarse en algunas regiones de los Estados Unidos por motivos estéticos, para que combinen con la apariencia de las casas antiguas.

Los términos *ripia* y *teja* hacen referencia al aspecto de la unidad o pieza del techo de madera. La ripia tiene una superficie rugosa y texturada, mientras que la superficie de la teja es lisa y plana. Las ripias de madera suelen tener mayores dimensiones y espesores que las tejas de madera. La madera que se usa comúnmente en los sistemas de techos es el cedro. También se pueden usar otros tipos de madera, como ciprés, secuoya y roble.

Techos de losetas antiguas

La loseta se ha utilizado habitualmente para los techos de pendiente pronunciada durante siglos. Las losetas de techo del antiguo Egipto y Babilonia estaban hechas de trozos de arcilla batida endurecida al sol. Las losetas de arcilla moldeadas a mano y las de arcilla cocida también eran comunes en Asia. Una vez que las losetas de arcilla moldeada estaban listas, se curaban en hornos o calderas. Al cocerla, la arcilla se endurecía y duraba más.

Figura cortesía de iStock@Natalia Lipatova

Figura 10 Sistema de techos de losetas de arcilla.

Figura 11 Sistema de techos de ripias de madera en una casa del siglo IXX.

1.2.5 *Sistemas de lajas*

La laja es un material natural que se extrae de las rocas y se utiliza para la construcción de techos (*Figura 12*). Los sistemas de laja tienen diferentes texturas y colores, según sus materiales de origen. Los techos pueden construirse con tejas rugosas o lisas de diferentes largos y espesores.

Figura 12 Sistema de techos de tejas de laja.

1.2.6 *Sistemas sintéticos*

Los sistemas de techos sintéticos se introdujeron en el mercado a principios de la década del 90. Utilizan plástico o caucho reciclados, y se trabajan de manera tal que simulen tejas de asfalto, laja o madera. Los sistemas sintéticos son mucho más livianos que la mayoría de los sistemas de techos y son resistentes al fuego y a las algas. *En la Figura 13*, se muestra un ejemplo de tejas de madera sintética.

1.3.0 Sistemas de techos de pendiente baja

Los techos de pendiente baja (*Figura 14*) son impermeables, pero no repelen el agua. Si bien tienen algo de pendiente para que el agua no se acumule en el techo, esta no es tan pronunciada como la de los sistemas de techos que repelen el agua, como las tejas. Por lo general, cuentan con una cobertura de membrana impermeabilizante que evita que el agua ingrese a la estructura. Los sistemas que utilizan membrana se denominan *sistemas de techos con membrana*.

Los sistemas de techos de pendiente baja incluyen sistemas de techos BUR, sistemas de betunes modificados con polímeros, sistemas de una sola capa y sistemas con componentes de aplicación en líquido. Los paneles metálicos estructurales, que a veces se utilizan en techos de pendiente pronunciada, también pueden

Figura 13 Tejas de madera sintéticas.

Figura 14 Techos de pendiente baja.

Figura 15 Sistema de techos de paneles metálicos estructurales.

Figura 16 Profesional de la construcción de techos recubriendo un sistema de techos metálicos estructurales.

proporcionar una cobertura impermeabilizante en aplicaciones de pendiente baja. Los sistemas de techos metálicos estructurales se muestran en la *Figura 15* y en la *Figura 16*.

1.3.1 Sistemas BUR y de betunes modificados

Existen dos categorías de sistemas de techos que utilizan betunes como elemento principal: los sistemas BUR y los sistemas de betunes modificados con polímeros. El betún puede ser a base de asfalto o alquitrán. El asfalto proviene del petróleo, y el alquitrán, del carbón. El betún se utiliza para impermeabilizar y también es un buen adhesivo.

Los sistemas BUR (*Figura 17*) son el tipo de membrana impermeabilizante más antiguo. Se suelen utilizar en edificaciones comerciales e industriales. Los sistemas BUR constan de tres partes generales:

- *betún* — asfalto o alquitrán de hulla, que proporciona impermeabilización.
- *planchas* — de refuerzo, generalmente de fieltro, dispuestas en capas con betún para reforzarlas y crear la membrana de techo. Estas planchas también se denominan *fieltro.*
- *material de revestimiento* — que protege la membrana contra la degradación ultravioleta (UV) y la erosión del clima. Para el revestimiento, se utilizan diversos materiales, como áridos minerales, una capa aplicada en líquido o planchas.

Como su nombre lo indica, la membrana BUR se construye en la misma obra, donde las capas se ensamblan directamente sobre el techo (*Figura 18*).

Figura 17 Sistema de techos BUR.

Una membrana de betún modificado con polímeros también está formada por betún, refuerzo y revestimiento. Sin embargo, a diferencia de los sistemas BUR, los componentes se ensamblan en planchas en una fábrica antes de la instalación. En estos sistemas, el betún se modifica con polímeros para hacerlo más resistente. Para colocar las planchas de betún modificado con polímeros, se puede calentar el betún que se encuentra en la parte posterior y adherirlo al sustrato. El asfalto también puede embeberse en caliente o aplicarse en frío sobre el frente de la plancha, para colocarla posteriormente.

1.3.2 Sistemas de una sola capa

Los sistemas de techos de una sola capa utilizan una membrana impermeabilizante formada por láminas flexibles de componentes de caucho o plástico que suelen incluir un tejido o tela de refuerzo. Los materiales de la membrana de una sola capa suelen incluir EPDM (*Figura 19*) y termoplásticos (*Figura 20*). Las membranas de EPDM son estables y se pueden adherir para lograr un resultado fuerte y confiable. Las membranas termoplásticas, por ejemplo, las de cloruro de polivinilo (PVC) o poliolefina termoplástica (TPO), son de colores más claros y se pueden modelar fácilmente.

1.3.3 Sistemas con componentes de aplicación en líquido

Las membranas de techo con componentes de aplicación en líquido (*Figura 21*) contienen resina basada en polímeros o componentes modificados con polímeros. Por lo general, se aplican dos capas que incluyen refuerzos, como tela de poliéster o vellón. La resina o el componente se curan para formar una membrana impermeabilizante. Los sistemas con componentes de aplicación en líquido pueden incluir revestimiento adicional, por ejemplo, áridos u otra capa. Estos sistemas de techos han adquirido popularidad, especialmente en proyectos de reconstrucción de techos.

Figura 18 Instalación de un sistema de techos BUR.

Figura 19 Sistema de techos de EPDM.

Estadio Mercedes-Benz

El Estadio Mercedes-Benz, en Atlanta, tiene uno de los techos más interesantes de los Estados Unidos. Cuenta con un marcador de 360 grados integrado en la estructura del techo. El techo está compuesto de ocho paneles móviles de 500 toneladas cada uno, operados por 12 motores. El techo tarda ocho minutos en abrirse y su diseño es similar al obturador de una cámara.

Este estadio es el primer recinto deportivo en obtener una certificación LEED (Liderazgo en Energía y Diseño Ambiental) Platinum (platino) del Consejo de la Construcción Ecológica de los EE. UU. Una de sus características de ahorro de energía es el sistema de gestión de agua de lluvia eficiente. El desagote del techo se desvía a una cisterna de agua de lluvia que se reutiliza para riego y para el sistema mecánico del edificio.

Figura cortesía de: archivo de una captura de cámara rápida del estadio Mercedes Benz "2017-08-13.jpg". Cuenta con licencia genérica conforme a la atribución 3.0

1.4.0 Sistemas específicos

Algunos sistemas de techos cuentan con coberturas específicas o componentes únicos, como paneles solares o, incluso, vegetación y pasarelas. Entre los sistemas de techos específicos, podemos mencionar los siguientes:

- *Sistemas de techos con vegetación* — Un sistema de techos con vegetación (*Figura* 22) consiste en un medio de vegetación y cultivo instalado sobre una membrana impermeable y otros componentes necesarios que proporcionan aislamiento y otros beneficios. Es un sistema ecológico que se está volviendo cada vez más popular. También se conocen como *sistemas de techos verdes*.
- *Sistemas de techos con espuma de poliuretano en aerosol (SPF)* — Un sistema de techos con SPF contiene una espuma que se aplica en aerosol en obra sobre el techo para que forme una membrana que, por lo general, se cubre con otra capa (*Figura* 23).
- *Sistemas de techos fotovoltaicos (PV)* — Los sistemas de techos PV (*Figura* 24) incorporan paneles solares o tejas solares que permiten generar energía solar.

Figura 20 Sistema de techos termoplásticos.

Figura 21 Sistema de techos con componentes de aplicación en líquido.

Figura 22 Sistema de techos con vegetación.

Figura 23 Sistema de techos de SPF.

Figura 24 Tejas solares.

Repaso de la Sección 1.0.0

1. ¿Cuál de estas pendientes se considera baja?
   a. 45°
   b. Media agua
   c. Cinco en doce
   d. 1:12

2. ¿Qué tipo de tejas están hechas de caucho o plástico reciclados?
   a. Tejas metálicas
   b. Tejas sintéticas
   c. Tejas de laja
   d. Techos con SPF

3. ¿Qué tipo de cobertura de techo se puede utilizar tanto en techos de pendiente pronunciada como de pendiente baja?
   a. Paneles metálicos estructurales
   b. Tejas de laja
   c. Ripias de madera
   d. EPDM

4. Los sistemas de techos con SPF _____.
   a. están hechos de tejas solares
   b. se aplican en aerosol en obra sobre un techo
   c. se instalan mediante soldadura por calor
   d. están hechos de concreto

Sección Dos

2.0.0 Seguridad

Objetivo

Explicar la importancia de la seguridad en la industria de la construcción de techos y describir las obligaciones del contratista, los subcontratistas y las suyas propias a fin de garantizar un ambiente de trabajo seguro.

a. Describir el programa OSHA 10.
b. Explicar el reconocimiento de peligros y su papel en él.
c. Identificar peligros con los que suelen tener que lidiar los techistas.

Palabras técnicas

Abatir: reducir o minimizar.

Cultura de la seguridad: cultura que se crea cuando toda la empresa es consciente del valor de trabajar en un entorno seguro.

Equipo de protección personal (PPE): equipo o ropa diseñados para prevenir o reducir lesiones.

Programa de seguridad específico de la obra: programa de seguridad desarrollado para una obra, que identifica y considera los peligros potenciales específicos que puedan encontrarse.

Sistema personal de detención de caídas (PFAS): sistema que se activa durante una caída para sostener a un trabajador y evitar que se golpee contra el piso. Los PFAS incluyen varios componentes, incluido arnés de cuerpo, dispositivo de anclaje, línea de vida y conectores.

Todos los profesionales de la construcción de techos tienen la obligación de trabajar de manera segura y garantizar que también lo hagan las personas con las que trabajan o que están bajo su supervisión. Los contratistas tienen la obligación de mantener un lugar de trabajo seguro para todos los empleados.

Crear y mantener una cultura de la seguridad es un proceso continuo que incluye una actitud y estructura de seguridad confiables, e involucra tanto a las organizaciones como a las personas. Aunque, en última instancia, usted es responsable de sus propios actos, la seguridad es responsabilidad de todos (*Figura 25*).

Algunos contratistas tienen comités de seguridad. Si trabaja para este tipo de contratistas, tiene la obligación de cumplir con las reglas que establece el comité de seguridad en materia de procedimientos y prácticas apropiados.

Si advierte que las condiciones o los equipos son poco seguros, informe de la situación directamente a su supervisor. Para asegurarse de que nadie más utilice el equipo, siga los procedimientos de bloqueo y etiquetado o retire el equipo.

Consumo de sustancias

Según estadísticas, los empleados que sufren problemas de alcohol y drogas tienen una tasa más alta de accidentes. Los trabajadores que están bajo los efectos de estas sustancias en el lugar de trabajo representan un peligro tanto para ellos mismos como para sus compañeros. Además, las personas que consumen sustancias suelen faltar más y son menos productivas, por lo que la calidad de su trabajo se ve afectada. Las drogas y el alcohol son inadmisibles en el lugar de trabajo, —especialmente cuando se debe subir a un techo.

Solo en 2018, más de 67.300 personas murieron de sobredosis en los Estados Unidos. Según la Oficina de Estadísticas Laborales de los EE. UU., el número de muertes por sobredosis que ocurren en el trabajo es cada vez mayor. La adicción es una enfermedad que puede tratarse. Si desea buscar recursos para superarla, visite **resources.facingaddiction.org** o llame a la línea nacional, gratuita y confidencial al **1-800-622-HELP (4357)**.

Si advierte alguna condición poco segura, siempre informe sobre ella; —no la ignore. No se va a corregir sola. Aunque no tenga la autoridad para corregir condiciones poco seguras que se detecten en el lugar de trabajo, tiene la obligación de informar del problema.

Los contratistas saben que el tiempo que se pierde en garantizar condiciones de trabajo seguras no se puede comparar con los efectos que genera un accidente sobre la moral y la productividad. Ignorar una condición poco segura podría traer consecuencias graves, incluso daños a la propiedad, lesiones a uno mismo o a terceros, pérdida del empleo o pérdida de la vida. OSHA recomienda a los empleados informar de toda condición peligrosas y exige a los empleadores que las prevengan y las aborden. Esto se aplica a la industria de la construcción en su totalidad. Independientemente de si trabaja para un contratista de mayor o menor envergadura, siempre es buena idea informar de las condiciones poco seguras.

Figura 25 La seguridad es responsabilidad de todos.

La manera más fácil de hacerlo es avisar al supervisor. Si su supervisor ignora la condición poco segura, avise al supervisor que le sigue en la línea jerárquica. Si es el propietario quien se maneja de una manera poco segura, coméntele sus preocupaciones. Si nadie hace nada al respecto, informe de esto a OSHA. Si le preocupa poner en riesgo su empleo, piense que lo que en realidad está arriesgando es su vida o la vida de otra persona.

El congreso de los Estados Unidos promulgó la Ley de Seguridad y Salud Ocupacional en 1970. Esta ley dio origen a OSHA, que forma parte del Departamento de Trabajo de los EE. UU. La misión de OSHA es definir normas de seguridad y salud ocupacional para todos los lugares de trabajo, hacer cumplir esas normas, garantizar que los empleadores proporcionen y mantengan un lugar de trabajo seguro para todos los empleados y proporcionar programas de investigación y capacitación para apoyar prácticas de trabajo seguras. La OSHA se creó con el propósito expreso de "garantizar, en la mayor medida posible, que todos los hombres y mujeres trabajen en condiciones seguras y saludables en el país y, preservar nuestros recursos humanos".

2.1.0 OSHA 10

El Programa de capacitación y divulgación de OSHA para la industria de la construcción, comúnmente llamado *OSHA 10*, es un programa voluntario recomendado en el que se capacita a los trabajadores en cuanto a sus derechos, las responsabilidades del contratista y los procedimientos para presentar una queja, así como también acerca de cómo identificar, abatir, evitar y prevenir los peligros relacionados con el trabajo. Aunque OSHA lo considera un programa voluntario, algunas jurisdicciones, contratistas y sindicatos exigen este programa de capacitación y divulgación para trabajar en obras. Además, es posible que también cumpla con sus objetivos de capacitación en materia de seguridad.

El programa OSHA 10 es una capacitación de 10 horas para la industria de la construcción destinado a trabajadores principiantes. Abarca diversos peligros de salud y seguridad en la construcción que se les pueden presentar a los trabajadores en el lugar de trabajo, y hace hincapié en la identificación, el control, la prevención y la forma de evitar peligros, y no las normas de OSHA en sí. Entre los temas obligatorios del programa OSHA 10, se pueden mencionar los siguientes:

- Introducción a OSHA
- Cuatro peligros de la construcción (principales causas de muerte en la construcción)
  - Caídas
  - Electrocución
  - Golpes
  - Atrapamiento
- Equipo de protección personal (PPE) y de salvamento
- Peligros para la salud en la construcción

Además, se pueden abordar algunos de los siguientes temas, según el contratista y el tipo de trabajo de construcción que esté realizando:

- Espacios confinados en construcción
- Excavaciones
- Andamiaje
- Manipulación, almacenamiento, uso y descarte de materiales
- Grúas, torres, montacargas, elevadores y transportadores
- Escaleras fijas y portátiles
- Herramientas de mano y eléctricas
- Patógenos transmitidos por sangre
- Protección y prevención de incendios

2.2.0 Seguridad en la obra y reconocimiento de peligros

El proceso de reconocimiento, evaluación y control de peligros es la base de un programa de seguridad efectivo. Una vez que se identifican y evalúan los peligros, se pueden abordar de inmediato a fin de reducirlos. En otras palabras, cuanto más consciente se está del entorno y sus peligros, existen menos probabilidades de sufrir un accidente. Se debe desarrollar un programa de seguridad específico de la obra.

Los peligros reales o potenciales en una obra se pueden reconocer de muchas maneras. Algunas técnicas son más complicadas que otras. Para que sean efectivas, todas deben responder a esta pregunta: ¿Qué podría salir mal en esta situación o esta operación? Independientemente de la técnica de reconocimiento de riesgos que utilice, responder esta pregunta de antemano salvará vidas y evitará que se dañen los equipos.

2.2.1 Análisis de seguridad en el trabajo (JSA)

Realizar un análisis de seguridad en el trabajo (JSA), a veces denominado *análisis de riesgos en el trabajo (JHA)*, es una manera de abordar el reconocimiento de peligros. En un JSA, la tarea se desglosa en partes o pasos individuales y, luego, se analiza cada paso con el fin de detectar peligros potenciales. Una vez que se identifica un peligro, se recomiendan acciones o procedimientos específicos para corregirlo antes de que ocurra un accidente.

Por ejemplo, durante un JSA, se determina que los trabajadores deberán colocar tapajuntas en el borde del techo. Para indicar a los trabajadores la presencia del borde del techo, se colocarán líneas de advertencia (cuerdas y banderines de alta visibilidad) a 1,80 m como mínimo del borde del techo. En los casos en los que los trabajadores tengan que traspasar la línea de advertencia, deben estar atados a un anclaje aprobado y usar un arnés, una línea de vida y una polea de tracción. De lo contrario, se exige la presencia de un monitor de seguridad para observarlos mientras trabajan. El punto de anclaje debe estar ubicado de forma tal de prevenir caídas del techo. *En la Figura 26,* se muestra un ejemplo de un formulario utilizado para realizar un análisis de seguridad del trabajo.

2.3.0 Peligros relacionados con la construcción de techos

Las planificaciones de todo trabajo de construcción de techos, incluidas construcciones nuevas, reemplazos, reparaciones y mantenimiento, siempre deben contemplar y garantizar la seguridad de los constructores de techos, los ocupantes del edificio, el público en general, el medio ambiente y la edificación en sí.

Se debe proteger a los ocupantes del edificio y a los transeúntes contra lesiones o trastornos significativos que pudieran ocurrir durante un proyecto de construcción de techos. Entre los peligros potenciales, se incluyen ruidos fuertes, humo, caída de objetos dentro o fuera del edificio y escombros peligrosos que queden en el piso después de demoler un techo. Los techistas deben identificar todo peligro que pueda involucrar a los ocupantes del edificio al comienzo del proyecto y advertir al propietario antes de iniciar la obra.

Los constructores de techos deben regresar a sus hogares sanos y salvos todos los días. Además, la seguridad del trabajador hace que el negocio del techista sea más rentable, ya que reduce los costos de seguro y aumenta la productividad.

Se deben tomar todas las precauciones para preservar el edificio y evitar posibles daños causados por incendios, equipos o cargas ambientales como nieve, hielo o lluvia.

La protección del medio ambiente es una cuestión que los techistas deben tener en cuenta a la hora de determinar los materiales que se van a utilizar para instalar un sistema de techos nuevo y de descartar los materiales de techos dañados o demolidos. Por ejemplo, para instalar algunos sistemas de techos se deben utilizar materiales inflamables o combustibles, o puede haber riesgos de toxicidad si la instalación no se realiza de manera adecuada. Los techistas deben conocer los peligros asociados a los productos que utilizan y cumplir con las regulaciones de uso, almacenamiento y descarte.

FORMULARIO DE ANÁLISIS DE LA SEGURIDAD DEL TRABAJO

Página __ de __

Denominación del puesto de trabajo:
Ubicación del trabajo:
EPP:
Herramientas, materiales y equipos:

Fecha del análisis:
Realizado por:
Personal:
Duración:

Paso	Peligro	Cuestión relacionada con la calidad	Protección o procedimiento nuevo

Figura 26 Formulario de análisis de seguridad en el trabajo (JSA).

Catástrofes naturales

Los profesionales de la construcción de techos cumplen una función clave luego de que ocurren catástrofes naturales como huracanes, tornados, tormentas de granizo y vientos fuertes. Por lo general, el viento comienza por dañar los bordes de los sistemas de techos. También puede aflojar y levantar los materiales del techo, lo que permite que entre agua en la edificación. Los escombros o, por ejemplo, las ramas, pueden agujerear los sistemas de techos. Después de un fenómeno climático severo, los techistas ayudan a los propietarios de las casas a determinar qué reparaciones hacen falta.

Figura cortesía de la Administración Nacional de Aeronáutica y el Espacio (NASA)

La OSHA es la agencia gubernamental que regula la seguridad en la industria de la construcción de techos. Estas regulaciones protegen a los trabajadores y los mantienen seguros. Los códigos de edificación sirven principalmente para proteger al público en general y proporcionan criterios que regulan el diseño, la construcción, la calidad de los materiales, el mantenimiento y el uso y la ocupación de los edificios. Por lo general, los códigos de edificación se centran en la prevención de incendios, los daños causados por el viento o el agua y el derrumbe del edificio provocado por fuerzas internas o externas.

Al llegar a una nueva obra, lo primero que hacen los constructores de techos es inspeccionar visualmente la cubierta para asegurarse de que esté limpia, seca y en buenas condiciones. Durante esta inspección, el trabajador se asegura de contar con todos los componentes estructurales que necesita para la colocación de tapajuntas y toma las medidas para comenzar a colocar la membrana impermeabilizante. Cabe destacar que los techistas no son responsables de la integridad estructural de la cubierta. Los trabajadores que instalan o reparan sistemas de techos por lo general no son responsables de la integridad estructural de la cubierta. Si advierte algún problema estructural, por ejemplo, tornillos pasadores mal ajustados, suspenda el trabajo de inmediato e informe de esto a su supervisor.

Las caídas son uno de los mayores peligros para los constructores de techos. Todos los techistas deben saber cómo colocarse y sacarse el **sistema personal de detención de caídas (PFAS)**.

NOTA

La protección contra caídas se describe en más detalles en el Módulo 75901 del NCCER, *Orientación sobre protección contra caídas.*

Repaso de la Sección 2.0.0

1. La función principal de OSHA es _____.
   a. inspeccionar las obras para detectar violaciones a las normas de seguridad
   b. imponer multas a empresas que violen las regulaciones de seguridad
   c. repartir equipos de seguridad a los trabajadores
   d. garantizar que los empleadores mantengan un lugar de trabajo seguro
2. ¿Cuál es la base de un programa de seguridad efectivo?
   a. Las inspecciones
   b. Las técnicas de instalación
   c. La manipulación de materiales
   d. El reconocimiento, la evaluación y el control de riesgos
3. ¿Qué agencia gubernamental regula la seguridad en la industria de la construcción de techos?
   a. CDC
   b. OSHA
   c. JSA
   d. PFAS

SECCIÓN TRES

3.0.0 CAPACITACIÓN Y APRENDIZAJE

Objetivo

Entender el proceso de aprendizaje y capacitación de los techistas.

a. Describir la capacitación y el aprendizaje modernos.
b. Describir las carreras profesionales, las oportunidades y las áreas de especialización disponibles para los techistas.

Palabras técnicas

Aprendizaje en el ámbito laboral (OJL): aprendizaje relacionado con el trabajo que adquiere un aprendiz al trabajar bajo la supervisión de trabajadores más experimentados. También se denomina *capacitación en el trabajo (OJT).*

La capacitación de aprendices es una práctica milenaria y sus principios básicos no han cambiado. Les permite a las personas se inician en un oficio aprenda de quienes ya son expertos en esa práctica. Además, se enfoca en el aprendizaje práctico, lo cual les brinda a los aprendices la posibilidad de aplicar sus conocimientos en situaciones concretas.

3.1.0 Capacitación y aprendizaje modernos

Muchos trabajadores desarrollan sus habilidades a través de un programa formal para aprendices, avalado por este material de capacitación. Los programas para aprendices que se llevan a cabo correctamente permiten formar trabajadores integrales, especializados y entendidos en la materia.

3.1.1 La Oficina de Programas para Aprendices

La Oficina de Programas para Aprendices del Departamento de Trabajo (DOL) de los EE. UU. establece las normas mínimas para los programas de capacitación en todo el país. Estos programas cuentan con instrucción obligatoria en el aula y aprendizaje en el ámbito laboral (OJL). Exigen 144 horas como mínimo de instrucción en el aula por año y 2000 horas de OJL por año.

El NCCER utiliza las normas mínimas del DOL como base para lograr un plan de estudios integral y brindar a los aprendices gran experiencia en el aula y en el ámbito laboral.

3.1.2 Aprendizaje en el ámbito laboral (OJL)

Todas las normas de los programas para aprendices requieren OJL relacionado con el trabajo. Esta capacitación puede comenzar una vez terminada la escuela secundaria, o antes, como parte de un programa para jóvenes aprendices.

El OJL se divide en tareas específicas en las cuales el aprendiz recibe capacitación práctica. Además, para cada tarea se requiere una cantidad específica de horas. En un programa basado en competencias, este tiempo se puede acortar realizando pruebas de tareas específicas a través de una serie de exámenes de desempeño. El OJL requerido se adquiere normalmente en incrementos de 2000 horas por año.

El aprendiz debe registrar todas las horas de trabajo y presentarlas al comité de aprendizaje para poder llevar un control preciso de las horas. Cada 1000 horas de trabajo relacionado, el aprendiz normalmente recibirá un aumento salarial, tal como se estipula en las normas de aprendizaje.

Es conveniente, pero no obligatorio, que quienes ingresan a un programa para aprendices cuenten con un título de educación secundaria. Los cursos de dibujo técnico, taller y matemática general son útiles. Es importante tener habilidad manual, un buen estado físico y reflejos rápidos. Es fundamental poder resolver problemas de forma rápida y precisa, y trabajar en estrecha colaboración con otras personas. Además, se debe mantener un alto nivel de atención a las cuestiones de seguridad.

Es posible que el comité de aprendizaje exija al futuro aprendiz que presente determinada información, como la siguiente:

- resultados de la prueba de aptitud (batería general de pruebas de aptitud o prueba GATB) (que por lo general la toma la Comisión de Seguridad en el Empleo local);
- certificados de estudio (el candidato debe enviar los certificados analíticos al comité);
- cartas de referencia de empleadores anteriores y amigos;
- comprobante de edad;
- si el candidato es veterano, copia del formulario DD214;
- registro de capacitaciones técnicas relacionadas con la industria de la construcción o registro de cualquier capacitación previa al programa para aprendices.

> **NOTA**
>
> Algunas empresas aplican requisitos de actividades físicas que los aprendices deben cumplir. Estos requisitos varían según la empresa. En general, los aprendices deben hacer lo siguiente:
>
> - usar el PPE y los equipos de seguridad apropiados en el trabajo;
> - comprar y mantener las herramientas propias del oficio, según las necesidades y requisitos del contratista;
> - presentar un informe de aprendizaje OJL mensual al comité;
> - informar al comité de todo cambio en el estado de empleo;
> - asistir a la instrucción en el aula y cumplir con las regulaciones correspondientes, por ejemplo, los requisitos de asistencia.

Tenga en cuenta que el OJL informal que proporcionan los empleadores suele ser menos exhaustivo que el OJL que se proporciona a través de un programa formal para aprendices. El grado de capacitación y supervisión en este tipo de programas por lo general depende de la envergadura del empleador. Un pequeño contratista puede proporcionar capacitación en una sola área, mientras que una empresa más grande puede hacerlo en varias.

3.1.3 El programa de construcción de techos del NCCER

El plan de estudio de Construcción de techos del NCCER es un programa de dos años que proporciona a los aprendices capacitación y educación impulsada por la industria. Como todos los programas de capacitación en oficios que ofrece el NCCER, este programa fue desarrollado por la industria de la construcción, para esta misma industria. Adopta un enfoque de enseñanza basado íntegramente en las competencias. Esto significa que los aprendices deben demostrarle al instructor que cuentan con el conocimiento y las habilidades necesarias para realizar las tareas prácticas incluidas en cada módulo de manera segura.

Los aprendices que completen satisfactoriamente un módulo recibirán crédito en el Registro del NCCER. El sistema de Registro del NCCER puede, posteriormente, verificar la capacitación y las habilidades de los trabajadores a medida que se trasladen de un estado a otro, de una empresa a otra o, incluso, dentro de una misma empresa.

Por lo general, los módulos se agrupan de modo tal que formen un nivel que represente la cantidad total de horas de instrucción correspondiente a un año del programa (por ejemplo, *Construcción de techos, nivel uno*). Cada nivel contiene, como mínimo, las 144 horas de instrucción del DOL. Al completar satisfactoriamente todos los módulos de un nivel, se obtiene una credencial de nivel completo en el Registro del NCCER. El NCCER también ofrece credenciales provisorias para algunas combinaciones de módulos. Consulte el *Anexo* para ver ejemplos de las credenciales que emite el NCCER.

Si se inscribe en un programa del NCCER u otro programa para aprendices, asegúrese de trabajar para un empleador o patrocinador que avala el programa de capacitación estandarizado a nivel nacional que incluye credenciales que confirman el desarrollo de sus habilidades.

3.2.0 Carreras profesionales en construcción de techos

En todo el mundo, los sistemas de techos deben ser instalados y mantenidos por personas calificadas para realizar ese trabajo. Esto genera una gran oportunidad laboral que resulta gratificante tanto a nivel personal como económico. Por lo general, los techistas se especializan en sistemas de techos específicos y emplean profesionales de la construcción con experiencia y conocimientos en esos sistemas.

La industria de la construcción de techos es compleja y está conformada por muchos tipos de profesionales cuyo objetivo común es crear sistemas de techos duraderos y sin complicaciones. Los sistemas de techos de mejor calidad se diseñan, fabrican, instalan y mantienen cuando todas las personas involucradas en el proyecto entienden cuáles son los roles y las responsabilidades de todas las partes. Algunos grupos clave en la industria de la construcción de techos son los siguientes:

- *Techistas profesionales:* — los techistas profesionales se especializan en cómo instalar los productos y materiales que conforman los sistemas de techos de alto rendimiento.
- *Asociaciones:* — las asociaciones son organizaciones fundadas por contratistas y otros miembros de la industria que actúan como voceras de la industria a nivel mundial.
- *Diseñadores:* — los diseñadores de sistemas de techos incluyen arquitectos matriculados, ingenieros y otros asesores que se especializan en determinar qué materiales funcionan mejor juntos y qué productos mejorarán la vida útil de un sistema de techo.
- *Organizaciones de prueba y rendimiento de productos:* — diferentes organizaciones realizan pruebas para determinar si un producto o material cumple con los criterios de rendimiento establecidos. Algunos ejemplos son ASTM International, Underwriters Laboratories (UL) y FM Global.
- *Fabricantes:* — los fabricantes diseñan, someten a prueba y crean los productos y materiales que se utilizan en los sistemas de techos.

La industria de la construcción de techos está llena de oportunidades. El plan de estudio de Construcción de techos del NCCER brinda la oportunidad de obtener credenciales provisorias y ofrece dos opciones de capacitación en las áreas ocupacionales específicas de la construcción de techos (techos de pendiente pronunciada y techos de pendiente baja). Estas opciones de capacitación garantizan su preparación para instalar de manera segura y satisfactoria diferentes tipos de sistemas de techos.

Asociación Nacional de Contratistas de Techos

La Asociación Nacional de Contratistas de Techos (NRCA) es una de las asociaciones comerciales más respetadas en la industria de la construcción. Actúa como vocera de los profesionales de la construcción de techos y es la autoridad principal del sector en términos de información, educación, tecnología y defensa.

A través de las ProCertifications® de la NRCA, los constructores de techos capacitados y con experiencia pueden avanzar en sus carreras profesionales mediante la certificación en instalaciones de sistemas de techos específicas. Actualmente, la NRCA ofrece las siguientes ProCertifications®:

- Instalador de tejas asfálticas
- Instalador de sistemas termoplásticos
- Instalador de sistemas de EPDM
- Capataz de obras de construcción de techos
- Asesor calificado

NRCA
NATIONAL ROOFING CONTRACTORS ASSOCIATION

Figura cortesía de la Asociación Nacional de Contratistas de Techos

Para obtener más información, visite la página de la NRCA en **www.nrca.net.**

Repaso de la Sección 3.0.0

1. Es posible que, al ingresar a un programa para aprendices, le exijan presentar _____.
   a. una prueba GATB
   b. una licencia
   c. una prueba de aptitud escolástica
   d. un certificado del curso OSHA 40 horas

2. El programa de capacitación en construcción de techos del NCCER aplica las normas del DOL y es un _____.
   a. programa de un año
   b. programa de dos años
   c. programa de tres años
   d. programa de cuatro años

SECCIÓN CUATRO

4.0.0 RESPONSABILIDADES DEL EMPLEADO Y DEL EMPLEADOR

Objetivo

Entender las responsabilidades del empleado y del empleador.

a. Identificar las responsabilidades del empleado.
b. Identificar las responsabilidades del empleador.

La instalación y reparación seguras y rentables de los techos requieren de una estrecha colaboración entre el empleador y los empleados. Todos los trabajadores deben entender las responsabilidades de proporcionar un lugar de trabajo seguro y productivo.

4.1.0 Responsabilidades del empleado

Para tener éxito, debe poder usar los materiales, las herramientas y los equipos actuales del oficio para completar la tarea de manera rápida y eficiente. Debe mantenerse actualizado con los últimos avances técnicos y desarrollar continuamente nuevas habilidades. Un profesional jamás se arriesga cuando se trata de su seguridad personal o de la de terceros.

4.1.1 Profesionalismo

El término *profesionalismo* describe de manera amplia el comportamiento general y la actitud que se esperan en el lugar de trabajo. Se suele advertir falta de profesionalismo en las obras y en diversos oficios. Muchos podrían sostener que el profesionalismo debe comenzar desde arriba para que la organización tenga éxito. Si bien es verdad que el apoyo del profesionalismo por parte de la gerencia es importante para tener éxito en el lugar de trabajo, también lo es que las personas reconozcan sus responsabilidades personales en este sentido.

El profesionalismo incluye honestidad, productividad, seguridad, cortesía, cooperación, trabajo en equipo, comunicación clara y concisa, puntualidad y preparación cuando se llega al trabajo. Cada minuto que uno está en el trabajo se puede demostrar de diferentes maneras. Por ejemplo, dejar clavos y escombros en la propiedad del dueño de una edificación después de un proyecto de construcción de techos refleja una imagen negativa de usted y de su empresa. Dejar la propiedad limpia y ordenada es una señal de profesionalismo.

El profesionalismos es una responsabilidad personal que beneficia tanto al empleador como al empleado. La industria de la construcción refleja lo que cada persona decide hacer de ella. Si es profesional, la industria reflejará la misma imagen.

4.1.2 Honestidad

La honestidad y la integridad personal son rasgos importantes de los profesionales exitosos. Los profesionales se enorgullecen de hacer un buen trabajo, cumplir con los plazos y ser confiables. Completan todos los trabajos de manera profesional, sin ignorar las medidas de seguridad ni escatimar en materiales. Un profesional valioso mantiene actitudes y éticas de trabajo que garantizan la protección de la propiedad de los empleadores y los clientes, y reducen las probabilidades de daño o robo.

La honestidad y el éxito van de la mano, tanto para el empleador como para el techista profesional. No es simplemente elegir entre el bien y el mal, sino también entre el éxito y el fracaso. La deshonestidad siempre nos pilla. Ya sea que robe materiales, herramientas o equipos de la obra, o que simplemente mienta sobre su trabajo, el empleador no tardará en descubrirlo.

Si planea tener éxito y gozar de un empleo permanente y ganancias sostenidas, y que demanden sus servicios en vez de suplicar que lo contraten, entonces debe comenzar por comprender el concepto básico de la honestidad en el lugar de trabajo. Podrá disfrutar de los beneficios.

4.1.3 Lealtad

Los empleados esperan que los empleadores estén atentos a sus intereses, les ofrezcan un empleo estable y los asciendan cuando se abran mejores oportunidades laborales. Los empleadores sienten que también merecen la lealtad de sus empleados, —ya sea que tengan presentes sus intereses, hablen bien del empleador o sean discretos acerca de dificultades menores o asuntos comerciales. Tanto los empleados como los empleadores deben tener en cuenta que la lealtad no se exige, se gana.

4.1.4 Voluntad de aprender

Cada empresa y cada obra tiene su propia manera de hacer las cosas. Los empleadores esperan que sus trabajadores estén dispuestos a aprenderlas. Debe estar dispuesto a adaptarse al cambio y aprender nuevos métodos y procedimientos lo más rápido posible. A veces, un cambio en las regulaciones de seguridad o la compra de nuevos equipos hace que hasta los empleados más experimentados deban aprender nuevos métodos y operaciones. Las personas exitosas aprovechan cada oportunidad para aprender más sobre su oficio.

4.1.5 *Asumir la responsabilidad*

La mayoría de los empleadores espera que sus empleados tengan la iniciativa de hacer lo que se debe. Después de recibir una asignación y comprender perfectamente el procedimiento y los lineamientos de seguridad, debe asumir la responsabilidad de la tarea sin necesidad de recordatorios.

Principios éticos para los miembros del oficio de la construcción

Honestidad: — ser honesto y sincero en todas las negociaciones. Desarrollar sus actividades de acuerdo con los estándares profesionales más elevados. Cumplir los contratos y compromisos de manera leal. No engañar ni confundir a otros deliberadamente.

Integridad: — demostrar integridad personal y el valor de sus convicciones haciendo lo correcto, aunque lo presionen para que haga lo contrario. No sacrificar sus principios porque parezca más fácil.

Lealtad: — ser digno de confianza. Demostrar fidelidad y lealtad a las empresas, empleadores y patrocinadores, compañeros de trabajo, organizaciones comerciales y otras organizaciones.

Justicia: — ser justo e imparcial en todas las negociaciones. No sacar ventaja indebida de los errores o dificultades de los demás. Las personas justas tienen una mentalidad abierta y se comprometen en términos de justicia, trato igualitario de las personas, tolerancia y aceptación de la diversidad.

Respeto por los demás: — ser amable y tratar a las personas con igual respeto y dignidad.

Obediencia: — respetar las leyes, reglas y regulaciones relacionadas con todas las actividades personales y comerciales.

Compromiso con la excelencia: — perseguir la excelencia en el desarrollo de sus funciones, estar bien informado y preparado, e intentar aumentar constantemente sus competencias a través del desarrollo de habilidades y la adquisición de conocimientos nuevos.

Liderazgo: — intentar ser un modelo positivo para los demás por su propia conducta.

4.1.6 *Cooperación*

Cooperar significa trabajar juntos. En nuestro mundo de negocios moderno, la cooperación es la clave para que las cosas se hagan. Aprenda a trabajar en equipo con su empleador, su supervisor y sus compañeros haciendo un esfuerzo conjunto para que el trabajo se lleve a cabo de manera segura, eficiente y puntual.

4.1.7 *Reglas y regulaciones*

Los empleados solo pueden trabajar bien juntos si comprenden la naturaleza del trabajo, cuándo y cómo se hará, y quién lo realizará. Las reglas y regulaciones son fundamentales en cualquier situación laboral, y todos los empleados deben cumplirlas.

4.1.8 *Llegadas tarde y ausentismo*

Llegada tarde significa no cumplir el horario de entrada, y ausentismo, faltar al trabajo por algún motivo. Aunque las ausencias eventuales son inevitables, las llegadas tarde constantes y las ausencias frecuentes indican malos hábitos laborales, conductas poco profesionales y falta de compromiso.

Aunque a los trabajadores que llegan tarde o faltan no se les paga, esto igual tiene un costo para el empleador. Por ejemplo, el seguro de salud del trabajador se debe pagar igual aunque el trabajador no esté en la obra. Además, los trabajos se presupuestan y programan en función de un determinado plantel de trabajo. Si usted no se presenta, el trabajo no se hace y los plazos no se cumplen. Es importante que concurra a trabajar puntualmente todos los días. Si tiene que faltar, llame lo antes posible a su empleador para que pueda buscar un reemplazo.

4.1.9 *Seguridad*

A cambio de los beneficios de su empleo y su propio bienestar, usted debe trabajar de manera segura. Además, tiene la obligación de garantizar que las personas con las que trabaja o que están bajo su supervisión trabajen de manera segura. Su empleador tiene la obligación de mantener un lugar de trabajo seguro para todos los empleados. La seguridad es responsabilidad de todos.

Usted tiene la responsabilidad de mantener un entorno de trabajo seguro. Esto implica lo siguiente:

- seguir las reglas de su empresa en cuanto a los procedimientos y las prácticas laborales adecuadas;
- informar de las condiciones o equipos poco seguros directamente a su supervisor.
- mantener su equipo en condiciones de uso buenas y seguras.

Si ve algo poco seguro mientras está en el trabajo, ¡infórmelo! No lo ignore. No se va a corregir solo. Aunque piense que una condición poco segura no lo afecta a usted, a la larga sí lo hace. Informe siempre de las condiciones poco seguras. No piense que el empleador se enojará por comprometer su productividad mientras informa de la situación. Por el contrario, es más probable que lo regañe por no hacerlo.

¡ADVERTENCIA!

Por su seguridad y la de los demás, informe siempre de todas las condiciones poco seguras. Ignorarlas podría causar daños o lesiones a los trabajadores.

Las regulaciones de OSHA exigen que se informe sobre toda condición peligrosa. Esto se aplica a la industria de la construcción en su totalidad. Independientemente de si trabaja para un contratista grande o pequeño, tiene la obligación de informar de las condiciones poco seguras.

Consejos para tener una actitud positiva

Esta es una lista breve de lo que debería recordar para desarrollar y mantener una actitud positiva:

- Recuerde que su actitud lo acompaña adonde vaya.
- Las sugerencias útiles y los cumplidos son mucho más efectivos que los comentarios negativos.
- Intente detectar las características positivas de sus compañeros y supervisores.

4.2.0 Responsabilidades del empleador

Al igual que el empleado, el empleador también tiene responsabilidades. OSHA exige a todos los empleadores que proporcionen un entorno de trabajo seguro y libre de riesgos. OSHA también exige a los empleados que cumplan con las reglas de OSHA en lo que respecta a la conducta en el trabajo. OSHA puede realizar inspecciones puntuales en obras, imponer multas por violaciones y hasta suspender la ejecución del trabajo hasta que el lugar sea seguro.

De acuerdo con las normas de OSHA, usted tiene derecho a capacitarse sobre la seguridad en el trabajo. Como nuevo trabajador, deben proporcionarle lo siguiente:

- orientación acerca de las políticas y procedimientos de la empresa;
- capacitación sobre cómo realizar su trabajo de manera segura;
- orientación acerca del trabajo específico que está realizando;
- capacitación sobre el PPE requerido (parte del PPE lo proporciona el empleador);
- advertencia sobre peligros específicos relacionados con el proyecto;
- supervisión en materia de seguridad mientras realiza el trabajo.

Los inspectores federales y estatales tienen autoridad legal para imponer multas por violaciones. Los estados también pueden tener sus propias regulaciones de seguridad y agencias que garanticen su cumplimiento. En los estados que no cuentan con esas regulaciones y agencias, las normas federales de OSHA son obligatorias.

Las normas de OSHA se enumeran en *29 CFR 1926, Reglamentos de seguridad y salud para la construcción de OSHA* (a veces denominada *Reglamento OSHA 1926*). Otras reglamentos de seguridad que se aplican a la construcción están publicados en *29 CFR 1900–1910.*

Algunos requisitos importantes que OSHA exige a los empleadores en la industria de la construcción son los siguientes:

- El empleador debe realizar inspecciones frecuentes y regulares de los equipos y las condiciones en la obra.
- El empleador debe capacitar a todos los empleados para que reconozcan y eviten condiciones poco seguras y conozcan las regulaciones que conciernen al trabajo, de manera que puedan controlar o eliminar cualquier peligro.
- Nadie puede usar herramientas, equipos, máquinas o materiales que no cumplan con *29 CFR 1926.*
- El empleador debe garantizar que solo personal calificado opere las herramientas, los equipos y las máquinas. Para algunas herramientas y equipos, como las herramientas accionadas por pólvora (PAT) y los montacargas para la construcción, por ejemplo, se requiere una capacitación especializada. Solo los trabajadores que hayan completado satisfactoriamente la capacitación pueden usar ese tipo de herramientas o equipos.
- El empleador debe colocar carteles, en un área fácilmente visible, en los que se informe sobre los derechos y las responsabilidades de los empleados.
- El empleador debe garantizar que no existan peligros graves en el lugar de trabajo y asegurarse de que en la obra se cumplan las reglas y regulaciones de OSHA.
- Se deben colocar señales de advertencia, carteles y etiquetas en todas las áreas requeridas.
- El empleador debe capacitar a todos los empleados para que reconozcan y eviten las condiciones poco seguras, y conozcan las regulaciones que conciernen al trabajo, de manera que puedan controlar o eliminar cualquier peligro.
- El empleador debe proporcionar capacitación y exámenes médicos cuando OSHA así lo exija.
- Los empleadores con más de 10 empleados deben llevar registros de las lesiones y enfermedades relacionadas con el trabajo. Estos registros deben estar a disposición de los empleados.
- Los empleadores no deben discriminar a los empleados que ejerzan sus derechos en virtud de las regulaciones de OSHA.

En la Ley para Estadounidenses con Discapacidades (Americans with Disabilities Act, ADA) de 1990, se describen responsabilidades adicionales del empleador. Si un trabajador tiene una discapacidad pero califica para el trabajo, tiene los mismos derechos de acceder al empleo que cualquier otra persona. La Comisión para la Igualdad de Oportunidades en el Empleo de los EE. UU., junto con agencias estatales y locales de derechos civiles, hacen cumplir las regulaciones de la ADA.

Repaso de la Sección 4.0.0

1. ¿Cuál de los siguientes términos describe de manera amplia el comportamiento y la actitud general que se espera en el lugar de trabajo?
   a. Profesionalismo
   b. Colaboración
   c. Honestidad
   d. Comportamiento en el trabajo

2. Los reglamentos de OSHA para la industria de la construcción se definen en _____.
   a. *29 CFR 1900–1910*
   b. *29 CFR 1970*
   c. *29 CFR 1926*
   d. *29 CFR 1965–1983*

Preguntas de revisión

1. ¿Cuál de las siguientes opciones es el sistema de techos residenciales *más* común?
   a. Tejas asfálticas
   b. Laja
   c. PVC
   d. BUR

2. ¿Cuál de las siguientes opciones es el tipo de membrana impermeabilizante *más antiguo*?
   a. EPDM
   b. TPO
   c. PVC
   d. BUR

3. ¿Quiénes son responsables de la seguridad?
   a. Los clientes
   b. Solo los empleadores
   c. Solo los empleados
   d. Todos

4. Todos los techistas *deben* saber cómo realizar correctamente _____.
   a. la instalación de una cubierta
   b. la inspección de cerchas
   c. la colocación y extracción del PFAS
   d. la creación de un procedimiento de seguridad

5. ¿Qué se le puede pedir a un potencial aprendiz?
   a. Que presente un comprobante de edad
   b. Que sea un veterano
   c. Que tome una cantidad determinada de créditos universitarios
   d. Que tenga un título secundario

6. ¿Quién se especializa en la instalación de sistemas de techos?
   a. Los contratistas
   b. Los fabricantes
   c. Los propietarios
   d. Las asociaciones

7. Las normas mínimas para los programas de capacitación para aprendices las establece _____.
   a. OSHA
   b. el DOL
   c. NCCER
   d. el empleador

8. ¿Cuáles de las siguientes declaraciones sobre llegadas tarde y ausentismo son *verdaderas*?
   a. Nunca es aceptable faltar, incluso si tiene una enfermedad contagiosa.
   b. Está bien llegar un poco tarde al trabajo si después compensa el tiempo perdido.
   c. Si debe faltar, llame temprano a su empleador para que pueda buscar un reemplazo.
   d. Si no le pagan, la falta no tiene ningún costo para la empresa.

9. Si observa alguna violación a las normas de seguridad en la obra, debe _____.
   a. ignorarla a menos que lo afecte directamente a usted
   b. tomar nota mentalmente para evitar el área en el futuro
   c. informar de esto a su supervisor
   d. suponer que todo está bien, en la medida en que nadie haya salido lastimado

10. Según las normas de OSHA, todos los empleados tienen derecho a _____.
    a. llegar tarde al trabajo
    b. un JSA
    c. recibir capacitación sobre seguridad en el trabajo
    d. un comité de seguridad

Cuestionario de palabras técnicas

Complete los espacios en blanco con las palabras correctas que aprendió al estudiar este módulo.

1. _______________ es la agencia del gobierno federal establecida con el objetivo de garantizar un lugar de trabajo seguro y saludable.
2. El aprendizaje en el ámbito laboral que se adquiere durante el desarrollo del trabajo se conoce como _______________.
3. La categoría de techos que suele incluir sistemas de membrana impermeabilizante es _______________.
4. La cubierta de techo flexible cuya principal función es excluir el agua se conoce como _______________.
5. El sistema que se activa durante una caída para atrapar al trabajador y evitar que se golpee contra el suelo se llama _______________.
6. Reducir o minimizar es _______________.
7. Los sistemas de techos en los que se aplican varias capas de betún, refuerzo y material de revestimiento sobre la cubierta se llaman _______________.
8. Un techo que puede depender de la gravedad para el drenaje rápido de agua se considera de _______________.
9. Los sistemas de techos que incluyen una cobertura impermeabilizante se llaman _______________.
10. El componente estructural de un techo es la _______________.
11. La sustancia de color oscuro parecida al cemento que se encuentra en asfaltos se llama _______________.
12. Las pendas de vestir diseñadas para evitar o reducir lesiones se denominan _______________.
13. El ángulo de una superficie de techo es su _______________.
14. _______________ es cuando toda la empresa es consciente del valor de trabajar en un entorno seguro.
15. El fieltro saturado de asfalto u otra lámina de compuesto o material sintético instalado entre la cubierta y la cobertura de un techo se denomina _______________.
16. Los componentes que se utilizan para impermeabilizar o sellar los bordes de un sistema de techos se llaman _______________.
17. La categoría de techos que por lo general incluye una cobertura de techo que repele el agua se conoce como _______________.
18. Los sistemas de techos en los cuales la cobertura principal del techo es una capa de membrana flexible se llaman _______________.
19. El programa desarrollado para una obra y que identifica los peligros potenciales que pueden encontrarse se conoce como _______________.
20. La lámina de fieltro o plancha fina de madera de un techo de membrana BUR o sistema de impermeabilización se denomina _______________.

Palabras técnicas

Abatir
Administración de Seguridad y Salud Ocupacional de los Estados Unidos (OSHA)
Aprendizaje en el ámbito laboral (OJL)
Betún
Capa
Cubierta
Cultura de la seguridad
Equipo de protección personal (PPE)
Membrana
Membrana impermeabilizante
Pendiente
Pendiente baja
Pendiente pronunciada
Programa de seguridad específico de la obra
Repele el agua
Sistema personal de detención de caídas (PFAS)
Sistemas de techos BUR (Built-Up Roof)
Sistemas de techos con membrana
Sistemas de techos de una sola capa
Tapajuntas

Concepto básico sobre el oficio

Jon Goodman
Experto en la materia
NRCA

¿Cómo eligió su carrera en la industria?

Me dediqué a la construcción de techos después de haber trabajado en la parte comercial de la industria de la electrónica. Comencé en Hewlett Packard. Ellos financiaban mi educación, y yo fui ascendiendo desde mi puesto de principiante hasta convertirme en supervisor. A pesar de que en la década del 80 me habían ascendido a la gerencia de producción por una tecnología emergente, la economía en el negocio de la electrónica cayó, y yo quedé en un punto muerto. Decidí dedicarme a la industria de la construcción de techos porque había más oportunidades para progresar.

¿Quién lo inspiró para ingresar a la industria?

Tenía un amigo de la universidad que era dueño de una empresa de construcción de techos en Wisconsin. Me preguntaba todo el tiempo cuándo me iba a sumar a su proyecto. Justo cuando estaba en un momento decisivo, preguntándome qué rumbo debía seguir, volvió a hacerme la oferta.

¿Qué es lo que más le gusta de su trabajo?

Me encanta tener la posibilidad de usar todas mis habilidades. En el gigante de la electrónica fui supervisor de una línea en la que trabajaban unas 24 personas que fabricaban dispositivos analíticos sofisticados con piezas que costaban $50.000. Pero yo no tenía idea de lo que hacían esos dispositivos, y tampoco tenía injerencia en su diseño o funcionamiento. Había especialistas para todo. Cuando me pasé a la empresa de construcción de techos, me encontré con un negocio familiar. Me enseñaron lo que sabían, y yo también les enseñé a ellos. Pude involucrarme en todo y usar todas mis habilidades. Hice de todo: ventas, capacitación, gestión de producción, oratoria, viajes, etc., y cada día era diferente y emocionante. Me enamoré de eso.

¿Qué tipos de capacitación ha recibido?

Hice una licenciatura estando casado, con dos hijos y trabajando a tiempo completo. Dentro de la industria de la construcción de techos, obtuve los certificados de OSHA 10 y 30, asbestos, ProCertification® de la NRCA como asesor calificado, capacitador calificado de la NRCA, certificación TRTile y ESL.

¿Qué tan importante son la educación y la capacitación en la construcción?

La educación y la capacitación son fundamentales en los oficios de la construcción. Son el catalizador que crea la calidad de los productos, la confianza de los clientes, la seguridad de los trabajadores y la lealtad de los empleados.

¿Qué tipos de trabajo realizó a lo largo de su carrera?

Mientras estaba en la escuela secundaria, corté leña y cavé tumbas. Ordené correspondencia en United Parcel Service, fui supervisor de producción en la división de Análisis de Señales de Hewlett Packard y pasé 31 años en el negocio de la construcción de techos, donde terminé como dueño y presidente de una empresa que hace techos en Appleton, WI cuando me retiré la primera vez.

Háblenos de su trabajo actual.

En la actualidad, soy redactor para el programa de capacitación para carreras de aplicación en techos (TRAC) de la NRCA, creador e ilustrador de HOTP y coinstructor de la Conferencia sobre Capacitadores Calificados, la Conferencia sobre Reparación y Mantenimiento de Techos y el programa de Diseño de Techos y Consideraciones. Además, obtuve certificados de ProCertification® de la NRCA como asesor calificado, en tejas asfálticas, termoplásticos y EPDM.

¿Qué es lo que más le gusta de su trabajo?

Recomendar a las personas que consideren el negocio de la construcción de techos como un lugar increíble en el cual construir una carrera profesional y una vida. Me encanta meterme en la vida de la gente, ya sea a través de la interacción con los clientes o la tutoría de empleados. Me invitan a entrar a sus mundos y marcar la diferencia. Me gusta dejar huella en el lugar al que me envían.

¿Cuáles son los factores que más contribuyeron a su éxito?

La mano de Dios que me dio pasión, ímpetu y curiosidad. Todo me da curiosidad, lo cual puede ser una bendición y un defecto. Me gusta intentar hacer la mayoría de las cosas, y no me da miedo fallar o afrontar lo que no sé hacer.

¿Recomendaría la construcción como carrera para otras personas? ¿Por qué?

¡Por supuesto! Somos los constructores y cuidadores de la infraestructura del país. Los techistas brindan refugio a nuestras familias, negocios, iglesias y escuelas. Abundan las oportunidades. Hay mucha prosperidad. Nos enorgullece el trabajo en el que ponemos nuestras manos, nuestra mente y nuestros corazones.

¿Qué consejos daría a quienes se acaban de incorporar al sector?

Que busquen una empresa que se preocupe por ellos. La reconocerán cuando les ofrezca una visión para su futuro y un plan para lograrlo. Debe preguntar acerca de esa visión y planificación en la entrevista de trabajo.

Un logro o hecho interesante relacionado con su carrera:

Mi empresa ganó el premio al contratista del año de Hábitat para la Humanidad, organicé varios eventos de marketing para empresas dedicadas a la construcción de techos en Lambeau Field, conocí a Sean Penn en un camión de tacos de pescado en Hawái cuando fui a dictar un curso para la NRCA y me perdí en Yokosuka, Japón, sin hablar el idioma, cuando me enviaron por otro curso de la NRCA.

¿Cómo define el oficio?

Creo que esta cita lo resume bien:

"Aquel que trabaja con sus manos es un labrador.
Aquel que trabaja con sus manos y su mente es un artesano.
Aquel que trabaja con sus manos, su mente y su corazón es un artista".
—San Francisco de Asís

Palabras técnicas presentadas en este módulo

Abatir: reducir o minimizar.

Administración de Seguridad y Salud Ocupacional (OSHA): agencia del Departamento de Trabajo de los Estados Unidos, cuya misión es definir normas de seguridad y salud ocupacional para todos los lugares de trabajo, hacer cumplir esas normas, asegurarse de que los empleadores proporcionen y mantengan un lugar de trabajo seguro para todos los empleados y proporcionar programas de investigación y capacitación a fin de apoyar prácticas de trabajo seguras.

Aprendizaje en el ámbito laboral (OJL): aprendizaje relacionado con el trabajo que adquiere un aprendiz al trabajar bajo la supervisión de trabajadores más experimentados. También se denomina *capacitación en el trabajo (OJT)*.

Betún: sustancia de color oscuro parecida al cemento que se encuentra en asfaltos, alquitranes, breas y asfaltitas. También puede hacer referencia a cualquier material compuesto principalmente por betún, como el asfalto o el alquitrán de hulla.

Capa: lámina de fieltro o plancha fina de madera en un techo de membrana BUR o sistema de impermeabilización.

Cubierta: componente estructural del techo de una construcción, capaz de soportar de manera segura el peso del sistema de impermeabilización o del techo, así como las cargas vivas adicionales que requieren los códigos de edificación correspondientes. La cubierta proporciona el sustrato sobre el cual se aplica el sistema de impermeabilización o del techo.

Cultura de la seguridad: cultura que se crea cuando toda la empresa es consciente del valor de trabajar en un entorno seguro.

Equipo de protección personal (PPE): equipo o ropa diseñados para prevenir o reducir lesiones.

Membrana: cobertura de techo flexible, semiflexible o impermeabilizante, cuya principal función es excluir el agua.

Membrana impermeabilizante: fieltro saturado de asfalto u otras planchas de material compuesto o sintético (a veces, autoadherente) que se instala entre una cubierta y una cobertura de techo, que generalmente se usa en la construcción de un techo con pendiente pronunciada. La membrana impermeabilizante se usa principalmente para separar la cobertura de la cubierta de techo, repeler el agua y brindar protección contra incendios y protección secundaria contra la intemperie.

Pendiente: ángulo de la superficie del techo, que generalmente se expresa como relación entre la elevación vertical y la longitud horizontal (a veces, se denomina *tramo*). Cuando las dimensiones se dan en pulgadas, la pendiente puede expresarse como la relación de una elevación sobre una distancia de 12 pulgadas (por ejemplo, 4:12) o como un ángulo, en grados.

Pendiente baja: categoría de techo que generalmente incluye tipos de membrana impermeabilizante de sistemas de techos instalados sobre pendientes de 3:12 o menos.

Pendiente pronunciada: categoría de techo que generalmente incluye tipos de cobertura con materiales que repelen el agua que se instalan sobre pendientes de más de 3:12.

Programa de seguridad específico de la obra: programa de seguridad desarrollado para una obra, que identifica y considera los peligros potenciales específicos que puedan encontrarse.

Repele el agua: permite emplear el drenaje rápido que depende de la gravedad para evitar que el agua ingrese en el sistema del techo. Los sistemas de techos con pendiente pronunciada suelen repeler el agua.

Sistema personal de detención de caídas (PFAS): sistema que se activa durante una caída para sostener a un trabajador y evitar que se golpee contra el piso. Los PFAS incluyen varios componentes, incluido arnés de cuerpo, dispositivo de anclaje, línea de vida y conectores.

Sistemas de techos BUR (Built-Up Roof): sistemas de techos en los que se aplican varias capas de betún, refuerzo y material de revestimiento sobre la cubierta.

Sistemas de techos con membrana: sistemas de techos que contienen material de membrana (cobertura impermeabilizante). Los sistemas de techos con membrana generalmente se instalan como sistemas de pendiente baja.

Sistemas de techos de una sola capa: sistemas de techos en los cuales la principal cobertura es una sola capa de material de membrana flexible (es decir, elastómero de etileno-propileno [EPDM] o termoplástico).

Tapajuntas: componentes que se usan para impermeabilizar o sellar los bordes de un sistema de techos en perímetros, penetraciones, paredes, juntas de expansión, valles, drenajes y otros lugares donde se interrumpe o no continúa la cobertura del techo.

Ejemplos de las credenciales de capacitación del NCCER

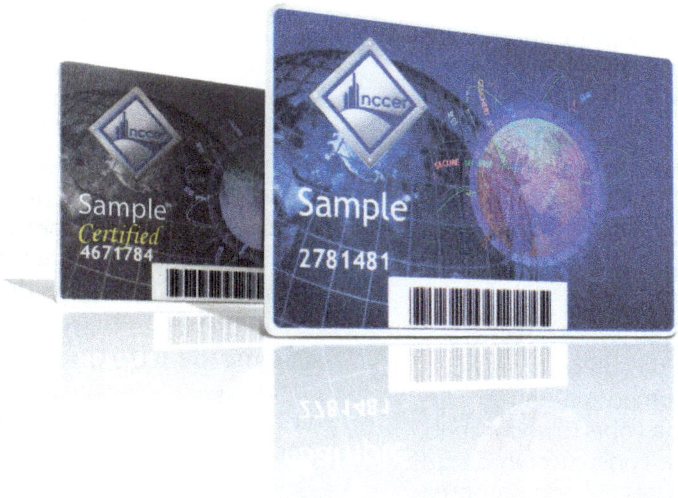

Recursos adicionales

En este módulo, se presentan recursos detallados para capacitaciones sobre tareas. Se sugiere el siguiente material de referencia para un estudio más profundo.

29 *CFR* 1900–1910, **www.ecfr.gov**.

29 *CFR* 1926, **www.ecrf.gov**.

Build Your Future, **www.byf.org**.

Careers in Roofing, **careersinroofing.com**.

Occupational Outlook Handbook, Roofers (Manual del panorama ocupacional para techistas), Oficina de Estadísticas Laborales de los EE. UU., Departamento de Trabajo de los EE. UU., **www.bls.gov/ooh/construction-and-extraction/roofers.htm**.

Asociación Nacional de Contratistas de Techos (National Roofing Contractors Association, NRCA), **www.nrca.net**.

Créditos de las figuras

iStock@quangpraha, apertura del módulo

Cortesía de la NRCA, Figuras 2, 17, 18, 20 y 22

iStock@Ivan Elizondo, Figura 6

iStock@Ratchat, Figura 7

iStock@Volodymyr Shtun, Figura 8

iStock@titine974, Figura 9

Patrick D Murphy Co., Inc., Architects, Figuras 10, 15 y 19

iStock@nobtis, Figura 12

Cortesía de Dayus Roofing Inc., Figura 13

iStock@Svetlana123, Figura 14

Cortesía de GAF, Figuras 16, 21 y 23

iStock@Petmal, Figura 24

Respuestas del repaso de la sección

SECCIÓN 1.0.0

Respuesta	Referencia de sección	Objetivo
1. d	1.1.0	1a
2. b	1.2.6	1b
3. a	1.3.0	1c
4. b	1.4.0	1d

SECCIÓN 2.0.0

Respuesta	Referencia de sección	Objetivo
1. d	2.0.0	2
2. d	2.2.0	2b
3. b	2.3.0	2c

SECCIÓN 3.0.0

Respuesta	Referencia de sección	Objetivo
1. a	3.1.2	3a
2. b	3.1.3	3a

SECCIÓN 4.0.0

Respuesta	Referencia de sección	Objetivo
1. a	4.1.1	4a
2. c	4.2.0	4b

NCCER CURRICULA — USER UPDATE

NCCER makes every effort to keep its textbooks up-to-date and free of technical errors. We appreciate your help in this process. If you find an error, a typographical mistake, or an inaccuracy in NCCER's curricula, please fill out this form (or a photocopy), or complete the online form at **www.nccer.org/olf**. Be sure to include the exact module ID number, page number, a detailed description, and your recommended correction. Your input will be brought to the attention of the Authoring Team. Thank you for your assistance.

Instructors – If you have an idea for improving this textbook, or have found that additional materials were necessary to teach this module effectively, please let us know so that we may present your suggestions to the Authoring Team.

NCCER Product Development and Revision

13614 Progress Blvd., Alachua, FL 32615

Email: curriculum@nccer.org
Online: www.nccer.org/olf

❑ Trainee Guide ❑ Lesson Plans ❑ Exam ❑ PowerPoints Other ____________________

Craft / Level: Copyright Date:

Module ID Number / Title:

Section Number(s):

Description:

Recommended Correction:

Your Name:

Address:

Email: Phone:

Seguridad en la construcción de techos

Generalidades

La construcción de techos implica manipular materiales peligrosos y el levantar objetos pesados, además de tener que trabajar en altura, cerca de cables eléctricos y con peligro de incendios. Para garantizar la seguridad de los profesionales de la construcción de techos, se deben considerar detenidamente estos peligros y dar cuenta de ellos antes y durante todo proyecto de construcción. La mayoría de las lesiones y muertes que ocurren en la construcción se producen por caídas. Es fundamental conocer y usar diversos sistemas de protección de caídas en el trabajo.

Módulo 16102

Los estudiantes que hayan finalizado los módulos con éxito pueden ser elegibles para la acreditación mediante el Registro de NCCER. Para obtener más información, visite **www.nccer.org** o comuníquese con nosotros llamando al 1.888.622.3720. En nuestro sitio web, **www.nccer.org**, podrá obtener información sobre los lanzamientos de productos y capacitaciones más recientes.

Nos interesa recibir sus comentarios. Puede enviarlos a **curriculum@nccer.org**, enviar comentarios y consultas generales a **info@nccer.org** o completar el formulario de Actualización de usuario en la parte posterior de este módulo.

Esta información es de carácter general y está destinada únicamente a la capacitación. El desempeño real de las actividades descritas en este manual requiere el cumplimiento de todos los procedimientos de operación, servicio, mantenimiento y seguridad aplicables bajo la dirección de personal calificado. Las referencias en este manual sobre dispositivos patentados o registrados no constituyen una recomendación de su uso.

16102 V1.0

16102
Seguridad en la construcción de techos

Objetivos

Luego de finalizar este módulo, podrá hacer lo siguiente:

1. Identificar los peligros de la construcción de techos, además de las consideraciones y prácticas de seguridad relacionadas.
   a. Explicar el propósito de un análisis de seguridad en el trabajo (JSA).
   b. Clasificar los tipos de equipo de protección personal (PPE) y explicar cuándo deben usarse.
   c. Describir las prácticas de organización y limpieza adecuadas en obra para garantizar la seguridad pública.
   d. Designar técnicas adecuadas de levantamiento y manipulación de materiales.
2. Describir la forma de manipular, transportar, almacenar y trabajar de manera segura alrededor de materiales peligrosos.
   a. Explicar los requerimientos de comunicación de peligros.
   b. Describir los métodos de protección contra incendios y de prevención.
   c. Identificar los problemas y las precauciones de seguridad relacionadas con adhesivos y solventes.
3. Explicar los métodos de protección contra caídas.
   a. Clasificar los sistemas usados como protección contra caídas.
   b. Explicar la protección contra caídas en techos de pendiente pronunciada o baja.
   c. Describir los procedimientos de seguridad para la inspección y el montaje de escaleras.

Tareas prácticas

Bajo supervisión, deberá poder hacer lo siguiente:

1. Buscar los requerimientos en cuanto a equipos de protección personal (PPE) en una hoja de datos de seguridad (SDS).
2. Seleccionar el tipo de guantes correcto para utilizar en una determinada tarea.
3. Colocarse correctamente el sistema personal de detención de caídas (PFAS).

Palabras técnicas

Administración de Seguridad y Salud Ocupacional de los Estados Unidos (OSHA)
Barandas
Equipo de protección personal (PPE)
Hoja de datos de seguridad (SDS)
Línea de vida
Monitoreo de seguridad
Pendiente
Penetración
Redes de seguridad
Sistema personal de detención de caídas (PFAS)
Trauma por suspensión

Credenciales reconocidas por la industria

Si está realizando una capacitación mediante un patrocinador acreditado por el NCCER, probablemente cumpla con los requisitos para obtener las credenciales del Registro del NCCER. El número de identificación de este módulo es 16102. Recuerde que es posible que este módulo se haya utilizado en otros planes de estudio del NCCER y pueda usarse para finalizar otros niveles. Para obtener más información, comuníquese con el Registro del NCCER llamando al 1.888.622.3720 o visite **www.nccer.org**.

Índice

Figuras

Sección Uno

1.0.0 Peligros y precauciones en la construcción de techos

Objetivo

Identificar los peligros de la construcción de techos, además de las consideraciones y prácticas de seguridad relacionadas.

a. Explicar el propósito de un análisis de seguridad en el trabajo (JSA).
b. Clasificar los tipos de equipo de protección personal (PPE) y explicar cuándo deben usarse.
c. Describir las prácticas de organización y limpieza adecuadas en obra para garantizar la seguridad pública.
d. Designar técnicas adecuadas de levantamiento y manipulación de materiales.

Tareas prácticas

1. Buscar los requerimientos en cuanto a equipos de protección personal (PPE) en una hoja de datos de seguridad (SDS).
2. Seleccionar el tipo de guantes correcto para utilizar en una determinada tarea.

Palabras técnicas

Administración de Seguridad y Salud Ocupacional (OSHA): agencia del Departamento de Trabajo de los Estados Unidos, cuya misión es definir normas de seguridad y salud ocupacional para todos los lugares de trabajo, hacer cumplir esas normas, asegurarse de que los empleadores proporcionen y mantengan un lugar de trabajo seguro para todos los empleados y proporcionar programas de investigación y capacitación a fin de apoyar prácticas de trabajo seguras.

Equipo de protección personal (PPE): equipo o ropa diseñados para prevenir o reducir lesiones.

Para trabajar de manera segura, los profesionales de la construcción de techos deben estar alerta a los posibles peligros, tomar las precauciones necesarias y poner en práctica los reglamentos de seguridad básicos. Debe estar siempre atento a la seguridad e informar de toda condición poco segura a su supervisor y compañeros de trabajo. La seguridad debe transformarse en un hábito. Mantener una actitud segura en el trabajo reducirá directamente la cantidad y gravedad de los accidentes. Recuerde que, en última instancia, usted es responsable de su propia seguridad.

La **Administración de Seguridad y Salud Ocupacional de los Estados Unidos (OSHA)** es una agencia gubernamental que exige a los empleadores mantener un entorno de trabajo seguro para sus empleados. OSHA lleva estadísticas relacionadas con incidentes, lesiones y fatalidades asociados con la construcción para educar al público sobre las áreas más peligrosas del trabajo en este sector. Los cuatro peligros principales en un sitio de construcción, muchas veces llamados *cuatro peligros mortales* o *"Focus Four" (Cuatro peligros principales)*, son los siguientes (*Figura 1*):

- Caídas
- Golpes
- Electrocuciones
- Atrapamiento

> **NOTA**
> Visite la página web de OSHA en **www.osha.gov** para ver las últimas estadísticas sobre los cuatro peligros mortales.

Según OSHA, eliminar los cuatro peligros mortales salvaría las vidas de unos 591 trabajadores por año en los EE. UU. OSHA desarrolló las regulaciones de seguridad para la industria de la construcción en *29 CFR 1926*. Los empleadores deben cumplir estas regulaciones a fin de proporcionar un ambiente de trabajo seguro. Los empleados también son responsables de proteger su propia seguridad y de cumplir las políticas y los procedimientos de seguridad, por ejemplo, usar el **equipo de protección personal (PPE)** adecuado.

Los peligros habituales que se encuentran en obras de construcción de techos incluyen, por ejemplo, los siguientes:

- *Peligros de caídas* — Las caídas son la causa principal de muerte en la industria de la construcción. Los trabajadores de la construcción de techos corren incluso mayor riesgo por realizar todos los días trabajos en altura. Los trabajadores en riesgo deben cumplir los lineamientos de seguridad relacionados con la protección contra caídas.
- *Caída de objetos* — Las herramientas y los materiales deben estar correctamente asegurados al trabajar en altura para proteger a los trabajadores y otras personas que circulen por debajo. Además, los peligros causados por herramientas y materiales se deben tener en cuenta en la planificación previa al trabajo.
- *Peligros de grúas* — A veces es necesario subir o bajar objetos pesados del techo con una grúa. Este proceso es peligroso y está sujeto a estrictas normas de seguridad. OSHA posee lineamientos integrales en lo que se refiere a operaciones con grúas, comunicación, señalización y aparejamiento.
- *Cables de electricidad aéreos* — Los cables de electricidad aéreos deben estar claramente identificados al trabajar en proyectos de construcción de techos, no solo para los trabajadores sino también para los operadores de equipos que mueven materiales a diferentes partes del techo. Para líneas de hasta 50 kV de tensión, OSHA exige que se mantenga una distancia segura de al menos 3 metros (10 pies) entre un cable de electricidad y un equipo. Para líneas de más de 50 kV de tensión, se debe aumentar la distancia 12 cm (0,4 pies) por cada 1 kV de tensión.

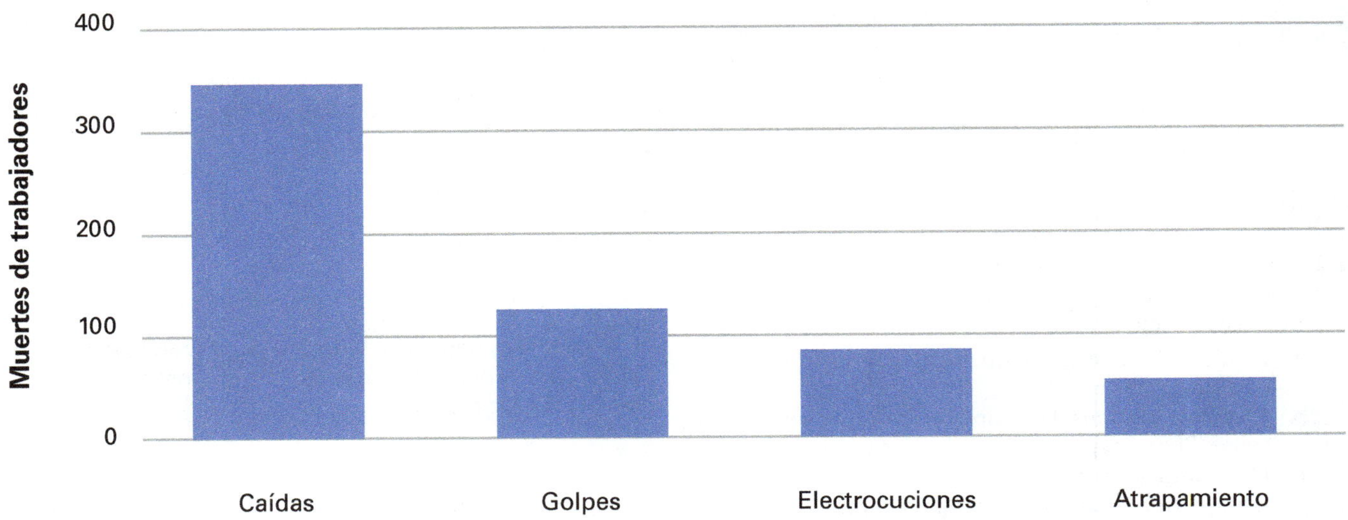

Figura 1 Estadísticas sobre los cuatro peligros mortales de OSHA.

- *Cubierta en mal estado* — Antes de comenzar un proyecto de retechado, es importante verificar la parte interna de la cubierta del techo para detectar áreas peligrosas, cables eléctricos y defectos evidentes, como agujeros. Debe estar atento a los alrededores y ser capaz de reconocer riesgos claros y actuales, como cubiertas defectuosas, agujeros o rajaduras en el hormigón. Es posible que las cubiertas estén resbalosas por la presencia de escarcha, nieve o lluvia.
- *Integridad estructural* — Cada techo está diseñado con una capacidad de carga máxima. Si se excede esa capacidad, el techo podría colapsar. El peso de los materiales de construcción de techos no debe exceder la carga anticipada. Si es posible, las cargan deben ubicarse directamente sobre vigas o cerchas.
- *Betún caliente* — El betún, asfalto o alquitrán calientes se deben manipular con extremo cuidado y con el PPE adecuado. Los trabajadores deben cumplir los lineamientos de seguridad para el manejo de calentadores y camiones cisterna. Por ejemplo, se deben montar líneas de advertencia alrededor del calentador o del área del camión cisterna para mantener a las personas alejadas.
- *Sopletes* — Los sopletes deben manejarse con extremo cuidado, y se deben usar gafas y guantes de protección durante su uso. Si conecta mangueras o aparatos a un soplete, asegúrese de que el cabezal esté apagado y de mantener el cilindro erguido. La Asociación Nacional de Contratistas de Techos (NRCA) ofrece un Programa de Capacitación como Aplicador Certificado con Soplete (CERTA) en el que se enseña a los participantes a usar el PPE de manera adecuada y a realizar primeros auxilios relacionados con la seguridad cuando se utiliza el soplete.
- *Materiales peligrosos* — Los techistas trabajan con diversas sustancias peligrosas, como adhesivos y combustibles. La manipulación, el almacenamiento y el transporte de estos materiales están regulados por OSHA. Los contenedores de materiales peligrosos deben estar etiquetados.

Considere realizar un análisis de seguridad en el trabajo (JSA) antes de comenzar un proyecto de construcción de techos a fin de identificar los potenciales peligros y las acciones recomendadas que se pueden tomar para eliminar o minimizar cada uno de ellos.

Si bien los empleadores deben proporcionar un ambiente seguro a los empleados, también es importante que usted asuma la responsabilidad por su propia seguridad y cumpla los siguientes lineamientos, use el PPE y mantenga ordenado el lugar de trabajo. La mayoría de las lesiones y muertes relacionadas con la construcción se producen por no cumplir con las prácticas de trabajo seguras o por no reconocer un peligro.

Consumo de sustancias

Según estadísticas, los empleados con problemas de adicción al alcohol y a las drogas tienen una tasa más alta de accidentes. Los trabajadores que están bajo los efectos de estas sustancias en el lugar de trabajo son un peligro tanto para ellos mismos como para sus compañeros. Solo en 2018, más de 67.300 personas murieron de sobredosis en los Estados Unidos.

Según la Oficina de Estadísticas Laborales de los EE. UU., el número de muertes por sobredosis que ocurren en el trabajo es cada vez mayor. La adicción es una enfermedad que puede tratarse. Si desea buscar recursos para superarla, visite **resources.facingaddiction.org** o llame a la línea nacional, gratuita y confidencial al **1-800-622-HELP (4357)**.

1.1.0 Análisis de seguridad en el trabajo (JSA)

Un análisis de seguridad en el trabajo, también conocido como *análisis de riesgos en el trabajo (JHA)*, es una manera de abordar el reconocimiento de peligros. En un JSA, la tarea a realizar se desglosa en partes o pasos individuales y, luego, se analiza cada paso con el fin de detectar peligros potenciales. Una vez que se identifica un peligro, se recomienda realizar algunas acciones o procedimientos correctivos. *En la Figura 2*, se muestra un formulario de JSA de ejemplo.

En la Figura 3, se muestra parte de otro formulario de JSA que utiliza tres columnas: secuencia de tareas, riesgos potenciales y medidas preventivas (a veces llamada *mitigación*). Los encabezados de cada columna reflejan los tres pasos básicos en el proceso de análisis de seguridad en el trabajo:

Paso 1 Identificar individualmente todas las tareas que deben realizarse para completar el trabajo.

Paso 2 Identificar los peligros potenciales para cada tarea.

Paso 3 Identificar las medidas de prevención efectivas para cada peligro potencial.

Es importante completar con letra legible el formulario de JSA. Cada vez es más común que los trabajadores con teléfonos inteligentes o tabletas utilicen aplicaciones y formularios en línea para completar los formularios de JSA de manera electrónica (*Figura 4*).

El último paso de un JSA consiste en desarrollar métodos prácticos para hacer el trabajo más seguro. El objetivo es evitar que ocurran incidentes potenciales y minimizar el riesgo y la gravedad de las lesiones en el caso de que no puedan evitarse. Para lograrlo mejor, se aplica una jerarquía de métodos de control de riesgos (*Figura 5*). Con este enfoque, cuanto más grave es el riesgo/peligro, mayor es el esfuerzo que se requiere para eliminarlo. La jerarquía de los métodos de control de riesgos va del más efectivo al menos efectivo:

1. *Eliminación:* — eliminar el peligro. Por ejemplo, rediseñar un proceso para eliminar el uso de un material peligroso.

FORMULARIO DE ANÁLISIS DE LA SEGURIDAD DEL TRABAJO

Página __ de __

Denominación del puesto de trabajo:
Ubicación del trabajo:
EPP:
Herramientas, materiales y equipos:

Fecha del análisis:
Realizado por:
Personal:
Duración:

Paso	Peligro	Cuestión relacionada con la calidad	Protección o procedimiento nuevo

Figura 2 Formulario de análisis de seguridad en el trabajo (JSA).

HOJA DE CÁLCULO DE ANÁLISIS DE LA SEGURIDAD DEL TRABAJO

Trabajo:

Analizado por: Fecha:

Revisado por: Fecha:

Aprobado por: Fecha:

Secuencia de tareas	Peligros potenciales (Contactos y tipo de energía)	Medidas preventivas (Barreras)

Figura 3 Formulario de JSA alternativo.

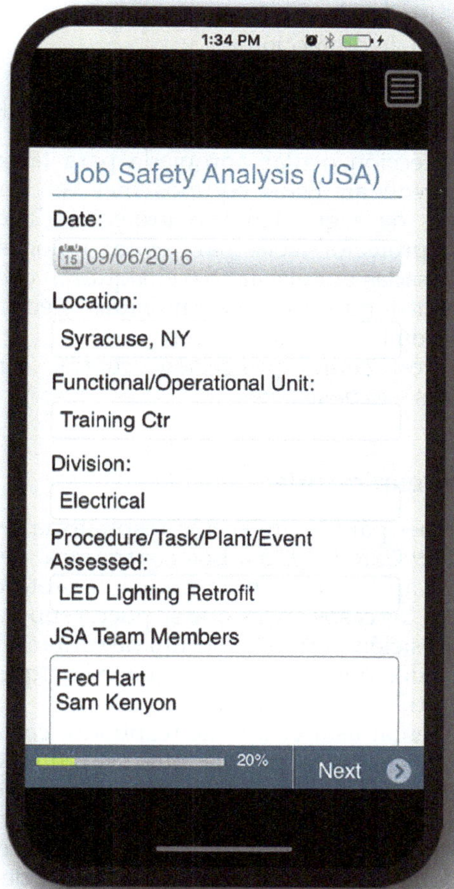

Figura 4 Formulario de JSA electrónico.

2. *Sustitución:* — reemplazar el peligro. Por ejemplo, reemplazar una pintura al solvente por pintura al agua para evitar la exposición a gases nocivos.
3. *Controles de ingeniería:* — aislar el peligro. Por ejemplo, evitar el acceso no autorizado a un área de alta tensión mediante la colocación de una cerca alrededor los equipos eléctricos.
4. *Concienciación:* — advertir a los trabajares acerca del peligro. Por ejemplo, alertar a un equipo si una superficie de tránsito está inestable o resbaladiza.
5. *Controles administrativos:* — cambiar la manera de trabajar de las personas. Por ejemplo, colocar carteles y etiquetas de advertencia alrededor de un peligro.
6. *Equipo de protección personal:* — proporcionar el equipo de protección personal apropiado. Por ejemplo, garantizar que los trabajadores cuenten con los guantes, cascos de protección y zapatos de seguridad apropiados.

Los métodos de eliminación, sustitución y controles de ingeniería son los más efectivos, ya que por lo general se aplican en la fuente de peligro. La concienciación, los controles administrativos y el PPE son menos efectivos porque es más probable que se vean afectados por errores humanos (por ejemplo, un trabajador que se olvide de usar el PPE).

1.2.0 Control de peligros y PPE

El control de peligros y el equipo de protección personal (PPE) son enfoques de seguridad que se emplean para proteger a los trabajadores de peligros en el trabajo. Es importante instruirse sobre cuál es el PPE y los métodos de control de peligros adecuados antes de comenzar a trabajar. Consulte su hoja de datos de seguridad (SDS), los códigos de construcción locales y las instrucciones del fabricante para obtener la información de seguridad adecuada.

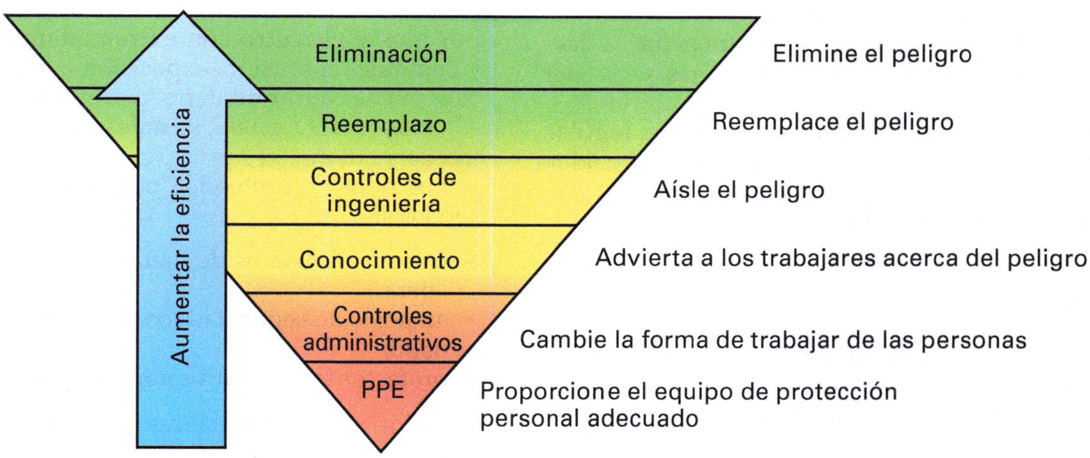

Figura 5 Jerarquía de los métodos de control de riesgos.

1.2.1 Control de peligros

El control de peligros reduce el riesgo de seguridad ya que proporciona información acerca de los peligros potenciales y la prevención de situaciones poco seguras.

Los métodos de control de peligros que se aplican a todas las condiciones climáticas son los siguientes:

- verificar y cumplir todos los requisitos que se establecen en los códigos federales, locales y estatales para trabajar en techos;
- usar siempre escaleras certificadas por OSHA del tamaño adecuado para el trabajo e inspeccionarlas antes de usarlas a fin de detectar defectos y daños;
- cepillar y barrer el techo periódicamente para eliminar cualquier suciedad o escombros acumulados;
- retirar las herramientas, cables y otros elementos sueltos del techo. Pueden ser muy peligrosos;
- estar atento a cualquier otro peligro potencial, por ejemplo, los cables de energía eléctrica.

Como los techos se construyen al aire libre, quizás deba trabajar en áreas especialmente calurosas o frías durante períodos prolongados. Tome las medidas necesarias para evitar los golpes de calor y la exposición a los rayos ultravioletas (UV) del sol. En climas fríos, tenga cuidado con la congelación, la torpeza que provoca el entumecimiento de las articulaciones y los músculos y las superficies resbaladizas.

Los métodos de control de peligros relacionados con el clima son los siguientes:

- La lluvia, la escarcha y la nieve hacen que los techos sean resbaladizos. De ser posible, espere a que el techo seque. Si no puede esperar, use calzado especial para techos con tacos antideslizantes, además del equipo de protección contra caídas.
- Tómese un momento para adaptarse a las condiciones climáticas antes de comenzar a trabajar.
- Use ropa liviana de fibras naturales en climas calurosos. Asegúrese de usar capas de ropa en climas fríos.
- Use pantalla solar factor de protección (SPF) 30, como mínimo, sobre la piel expuesta.
- Beba suficiente cantidad de agua para evitar la deshidratación, especialmente en las zonas secas del país.
- Las bebidas ricas en electrolitos ayudan a regular los músculos y las neuronas. Este tipo de bebidas evita el agotamiento y mejora el funcionamiento muscular y la hidratación.

1.2.2 PPE

Las prácticas de seguridad básicas pueden reducir o eliminar peligros antes de comenzar el trabajo. El PPE protege a los trabajadores de los peligros cuando no se pueden eliminar.

Respete los siguientes lineamientos para garantizar su seguridad y la de los demás:

- Use dispositivos de protección contra caídas.
- Use un casco de protección.
- Si es posible use anteojos o gafas oscuras.
- Use botas o zapatos en buenas condiciones y apropiados para el trabajo.
- Use la protección ocular apropiada para la tarea que deba realizar. Estos equipos incluyen, entre otros, gafas de seguridad con protección lateral, anteojos o protector facial para evitar lesiones en los ojos causadas por el asfalto o el alquitrán calientes, productos químicos, herramientas eléctricas, clavos o escombros de demolición.
- Use guantes como protección contra cortes, quemaduras y exposiciones.

Protección respiratoria

Las regulaciones para la protección respiratoria se encuentran en *29 CFR 1910.134*. Los contratistas deben desarrollar e implementar un programa de protección respiratoria en los casos en los que se pueda superar el límite de exposición permisible (PEL) de contaminantes transportados por aire o en los que exijan que los trabajadores utilicen respiradores.

Es fundamental usar el tipo de respirador correcto para cada trabajo;— es posible que se requiera el uso de un respirador con purificador de aire en un trabajo, y el de uno con suministro de aire en otro. Los respiradores con purificador de aire limpian el aire que respira el usuario, mientras que los de suministro de aire generan aire respirable dentro del sistema del respirador, y se requiere capacitación antes de usarlos. Para la instalación de techos, los respiradores con purificador de aire se utilizan mucho más que los de suministro de aire.

El respirador con purificador de aire que suele usarse en la construcción de techos, conocido como mascarilla N95, se muestra en la *Figura 6*.

Protección ocular y facial

Los ojos y el rostro son extremadamente sensibles, y cualquier contusión, exposición a químicos o radiación puede causar un daño irreversible, especialmente a la vista. *En la Figura 7*, se muestra un ejemplo de protección ocular.

Los tipos de protección ocular y facial disponibles son los siguientes:

- gafas (con marcos de metal o plástico y protección lateral)
- anteojos de seguridad (con calce flexible o acolchonado)
- protector facial (con ventana de plástico o malla)

Todos estos protectores faciales y oculares se pueden fabricar en función de las necesidades individuales y, por lo tanto, solucionan el problema de encontrar equipos de protección que se ajusten cómodamente sobre los anteojos.

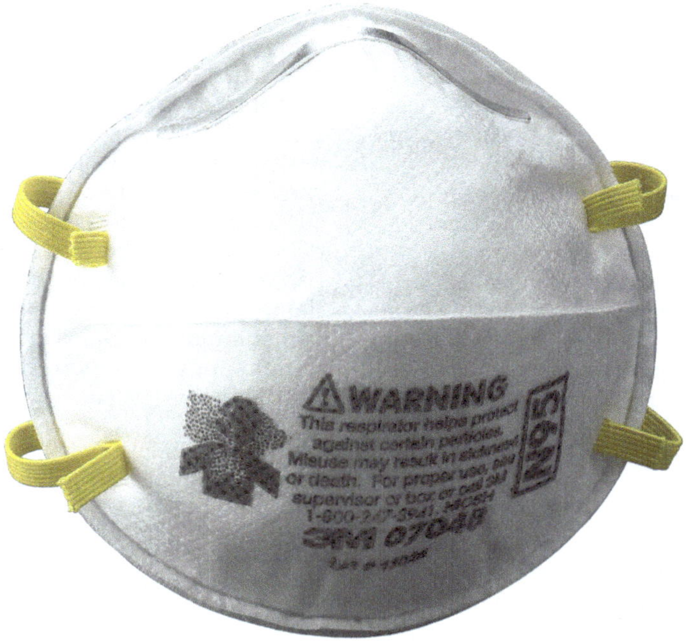

Figura 6 Mascarilla respiratoria N95.

Figura 7 Protección ocular.

Protección para las manos

Los empleados deben usar protección para las manos cuando estén expuestos a peligros relacionados con su proceso o ambiente de trabajo, peligros químicos o radiológicos, o irritantes mecánicos. Se debe utilizar protección para las manos para evitar lesiones causadas por la absorción de químicos o cortes, abrasiones, pinchazos, quemaduras u otras lesiones por contacto físico.

Siempre asegúrese de usar los guantes apropiados para el trabajo que esté realizando. Para trabajos generales de construcción de techos—, que incluyen la manipulación de todo tipo de materiales para techos, el transporte de equipos y el tratamiento de asfalto caliente—, los guantes de cuero suelen ser los más apropiados. Es útil usar guantes resistentes a los cortes, como los de fibra Kevlar, cuando se emplean herramientas filosas (*Figura 8*). También son aceptables algunos tipos de guantes de algodón pesado, preferentemente con palmas de cuero.

Para la aplicación de solventes y adhesivos químicos, se deben usar guantes de neopreno, butilo, PVC, caucho o nitrilo, ya que previenen la absorción. El tipo de guantes se debe seleccionar cuidadosamente en función de su resistencia química, ya que no todos son resistentes a todos los solventes, limpiadores o adhesivos que se emplean en la construcción de techos.

Ropa de protección

La seguridad máxima en obras de construcción de techos exige cubrirse la totalidad del cuerpo: camisa de manga larga abotonada, colocada dentro del pantalón y con botones en los puños. Solo se puede dejar desabrochado un botón en el cuello. Las mangas largas son fundamentales para proteger los brazos de los trabajadores, y el estilo abotonado permite quitársela fácilmente en caso de emergencia, para evitar el contacto prolongado con materiales calientes.

Como protección para las piernas, los trabajadores deben usar pantalones largos. Las botamangas propician la acumulación de sustancias como betún caliente; por lo tanto, no se permite el uso de pantalones con botamangas. Si los empleados deben pasar mucho tiempo apoyados sobre sus rodillas, les será útil usar rodilleras.

1.3.0 Limpieza interna y seguridad pública

Una de las maneras más fáciles de evitar accidentes es mantener la obra limpia y ordenada. Una obra en construcción atestada de materiales y escombros es poco segura y presenta riesgos innecesarios para los trabajadores. Es importante que los caminos para trabajadores

Figura 8 Guantes resistentes a los cortes.

"Lean Construction"

El término *"lean construction"* (construcción sin pérdidas) describe los métodos de construcción diseñados para eliminar los residuos durante el ciclo de vida de un proyecto. Los métodos de "lean construction" incluyen almacenamiento adecuado de equipos, preparación únicamente de los equipos que se necesitarán ese día y garantía de que nada se pierda ni se golpee contra el suelo. Este tipo de construcción también alienta a todas las partes a compartir prácticas recomendadas y establece una asociación entre proveedores y usuarios finales que apunta a reducir demoras en el cronograma y la compra excesiva o insuficiente de insumos y materiales. Además, mantener la obra ordenada crea un lugar de trabajo más seguro.

Fuente: www.leanconstruction.org

y vehículos estén despejados para circular, libres de escombros y herramientas sin supervisión.

Una obra desordenada no solo es poco segura, — sino que también da una mala imagen de la compañía o del contratista que realiza el trabajo. Una empresa constructora de techos profesional mantendrá el edificio del propietario limpio y ordenado durante todo el proyecto. Se debe prestar especial atención a mantener limpias las propiedades vecinas durante los trabajos de demolición.

Las operaciones de construcción de techos deben garantizar la seguridad tanto del público como de los trabajadores. Para algunos proyectos, se puede designar a un trabajador raso para que supervise la planta baja. Un supervisor de planta baja controla el tránsito de peatones cerca de la obra para asegurarse de que nadie ingrese a un área poco segura. En el caso de que se dejen escaleras en posición vertical toda la noche, deben colocarse vallas para impedir que niños y peatones las suban.

Los materiales y equipos deben ensamblarse en un área de preparación en planta baja antes de usarse. Esto garantiza que los elementos se mantengan organizados y fuera del paso mientras no se estén usando.

OSHA requiere que todos los descartes, escombros y materiales se eliminen y almacenen periódicamente. Estas normas, que se describen en *29 CFR 1926.25*, hacen referencia a la limpieza de la obra en general para evitar que los empleados pisen clavos, se esguincen o se lastimen de alguna otra forma, además de prevenir incendios originados en contenedores de basura.

Todos los escombros, especialmente los descartes de madera con clavos que sobresalen, deben retirarse de las áreas de trabajo, pasillos y escaleras. Los descartes combustibles se deben retirar periódicamente de manera segura de las áreas de trabajo. Los trapos impregnados de aceite, líquidos inflamables y otros residuos peligrosos deben separarse y desecharse en contenedores designados. Los contenedores para desecho de materiales inflamables o peligrosos deben tener tapa y vaciarse periódicamente.

NOTA

Muchas regulaciones locales prohíben o reglamentan la quema de desechos para evitar incendios no controlados.

La eliminación de materiales de desecho desde superficies elevadas se aborda en *29 CFR 1926.252*. Estas regulaciones garantizan que las áreas de trabajo se mantengan de forma adecuada y que nadie resulte golpeado por la caída de escombros. Siempre que se deban dejar caer materiales desde más de 9 metros (20 pies) de altura por el exterior de una edificación, se debe utilizar un bajante de escombros (*Figura 9*). El bajante de escombros es una especie de tobogán cerrado por todos los costados, a través del cual se desliza el material desde un techo u otro lugar elevado a uno más bajo.

Si la altura del techo es mayor que 6 metros (20 pies) y no se puede emplear un bajante, se deben implementar métodos alternativos para bajar el material sin dejarlo caer hasta la planta baja. Los escombros se pueden bajar mediante polipastos o grúas a través del uso de cajas, eslingas o tarimas. Cuando se dejen caer materiales dentro de una edificación a través de un agujero sin el uso de bajantes, el área sobre la cual se deja caer el material debe estar completamente protegida con barricadas.

Figura 9 Bajante de escombros para bajar los escombros de la construcción.

Todos los descartes, residuos y materiales de desecho deben retirarse del área de trabajo inmediata a medida que avanza la obra. Sin embargo, no deben eliminarse los residuos en niveles inferiores hasta que se detenga la obra en el nivel superior. Esto evita situaciones potencialmente peligrosas que requieren la comunicación entre trabajadores en diferentes niveles de un edificio.

1.4.0 Manipulación y levantamiento adecuados de materiales

Las lesiones de espalda son las más frecuentes y debilitantes entre los trabajadores de la construcción de techos. Muchas lesiones de espalda no son el resultado de un solo accidente, sino que se generan por tensiones acumuladas debido al uso de malas técnicas de levantamiento. Con el tiempo, estos malos hábitos provocan dolor de espalda. La mayoría de las lesiones de espalda pueden evitarse si se aprenden las técnicas adecuadas de levantamiento y se siguen los lineamientos en cuanto a la manipulación segura de materiales.

El mejor método para prevenir lesiones de espalda es aprender a levantar cargas pesadas de manera adecuada y conseguir ayuda. Los siguientes consejos pueden resultar útiles para prevenir lesiones de espalda:

- De ser posible, utilice equipos como grúas, carros, carretillas y montacargas para levantar objetos.
- No suba nada a una escalera, a excepción de lo que lleve en su cinturón de herramientas. Subir materiales pesados a una escalera es malo para su espalda y para la escalera; además, es peligroso para otras personas, y podría hacerlo caer.
- Elongue con frecuencia a fin de aflojar y preparar los músculos para el trabajo.
- Antes de mover un objeto, asegúrese de que no haya obstáculos en el trayecto que tenga que recorrer.

En la *Figura 10*, se muestra un ejemplo de levantamiento adecuado. Cuando tenga que levantar peso, tome las siguientes precauciones.

- Realice el levantamiento de manera suave y controlada.
- Mire hacia adelante mientras levanta el objeto.
- Para girar, mueva los pies, no la cintura, ya que podría lesionarse.
- Explore permanentemente el camino para detectar obstáculos. Si el objeto que transporta no le permite ver el camino, consiga ayuda para transportarlo.
- Evite levantar objetos por encima de su cabeza.
- No levante nada por encima de la puerta lateral o trasera de una camioneta.
- No doble el cuerpo al levantar o apoyar un objeto.
- No se estire sobre un obstáculo para levantar una carga.
- No pase por encima de los objetos que haya en su camino.

Recuerde que no es necesario que haga todo el esfuerzo usted solo. Recibir ayuda de otros em pleados le permitirá hacer mejor su trabajo y evitar lesiones. Utilice los siguientes lineamientos para levantar objetos grandes o pesados:

- Verifique siempre la carga para saber si es pesada. No intente alzarla. En cambio, levante una esquina para tener una idea del peso. Si es demasiado grande o pesada, consiga ayuda.
- Intente rotar las tareas con otros empleados. Cambiar de tareas evita la repetición y previene molestias, dolores a largo plazo y lesiones.
- Comuníquese con la persona que lo está ayudando a levantar la carga para apoyarla al mismo tiempo.
- Si es posible, los dos deben intentar transportar la carga mirando hacia adelante.
- Si la carga es pesada, deben tomarse descansos.

Si bien algunos objetos pueden parecer livianos, es posible que sea peligroso transportarlos sin ayuda. Por ejemplo, las placas aislantes grandes y livianas pueden resultar difíciles de transportar en condiciones ventosas. Si los materiales aislantes embolsan el viento, pueden dañarse o desestabilizar a los trabajadores.

Muchos materiales de la construcción de techos son muy pesados en su embalaje de envío. Las operaciones de manipulación de materiales deben garantizar que el personal no tenga que transportar cargas excesivas. En muchos casos, los materiales deben sacarse de su embalaje original y dividirse en cargas más livianas.

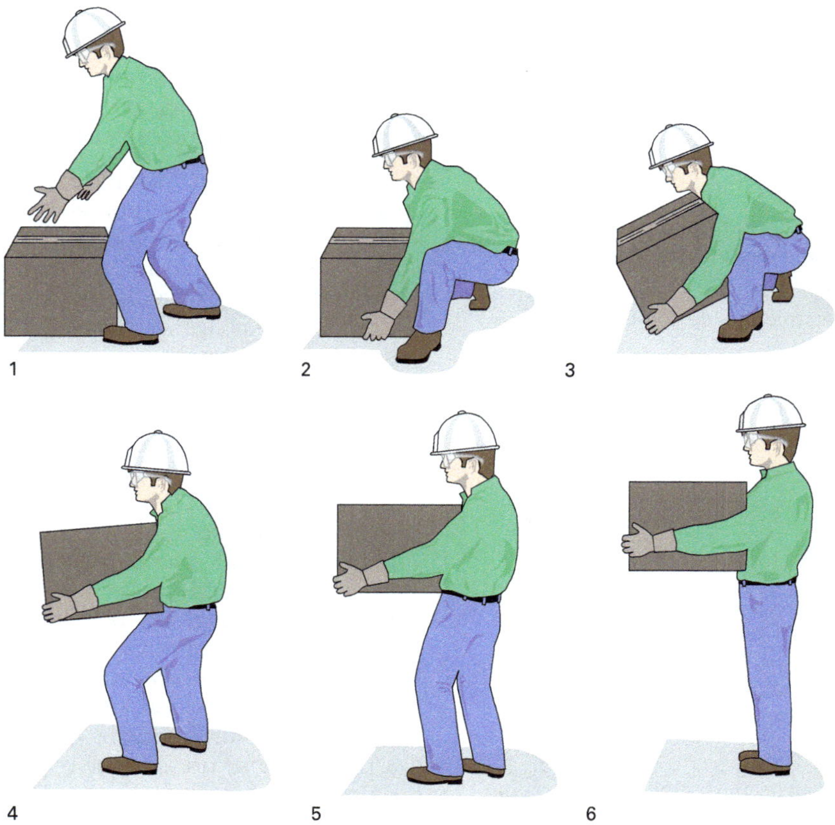

Figura 10 Levantamiento adecuado.

Repaso de la Sección 1.0.0

1. ¿Cuál de las siguientes situaciones causa la *mayoría* de las fatalidades en la industria de la construcción?
   a. Caída de objetos
   b. Materiales peligrosos
   c. Caídas
   d. Electrocución

2. ¿Cuál de las siguientes opciones es un ejemplo de PPE que puede resultar necesario durante un proyecto de construcción de techos?
   a. Guantes
   b. Hoja de datos de seguridad
   c. Una escalera aprobada por OSHA
   d. Una membrana impermeabilizante

3. Se debe usar un *bajante de escombros* cada vez que se deban bajar escombros más de _____.
   a. 3 metros (10 pies)
   b. 6 metros (20 pies)
   c. 9 metros (30 pies)
   d. 12 metros (40 pies)

4. Cuando se prepara para levantar un objeto, usted debe _____.
   a. contactar a su supervisor
   b. evitar pedir ayuda a sus compañeros
   c. trasladarlo unos metros para ver si necesita ayuda
   d. asegurarse de que el camino previsto esté libre de obstáculos

SECCIÓN DOS

2.0.0 MATERIALES PELIGROSOS

Objetivo

Describir la forma de manipular, transportar, almacenar y trabajar de manera segura alrededor de materiales peligrosos.

a. Explicar los requerimientos de comunicación de peligros.
b. Describir los métodos de protección contra incendios y de prevención.
c. Identificar los problemas y las precauciones de seguridad relacionadas con adhesivos y solventes.

Palabras técnicas

Hoja de datos de seguridad (SDS): formulario en el que se enumeran los peligros, las prácticas de manipulación segura y las medidas de control en caso de emergencia para una sustancia específica. También se denomina *hoja de datos de seguridad del material (MSDS)*.

Penetración: toda construcción, como tuberías, conductos o soportes de sistemas de calefacción, refrigeración y ventilación (HVAC), que pasa a través de un techo o sistema de impermeabilización.

Los trabajadores de la construcción de techos se topan con diversos materiales durante un proyecto de construcción de techo. Los materiales peligrosos plantean un riesgo tal para la salud y la seguridad que su transporte, embalaje e identificación están regulados por el Departamento de Transporte (DOT) de los EE. UU. Los techistas deben conocer la naturaleza de los materiales que transportan sus empleados. Deben respetar las reglas que rigen a los vehículos y conductores que participan en el proceso.

La manipulación incorrecta de materiales peligrosos puede causar lesiones o costar la vida. Las multas por incumplimiento de las regulaciones sobre materiales peligrosos podrían incluir multas civiles de hasta cientos de miles de dólares y hasta cinco años de prisión.

2.1.0 Comunicación de peligros

Según los entes reguladores federales, los materiales peligrosos son sustancias que, cuando se transportan, plantean un riesgo no razonable para la salud, la seguridad y la propiedad. Hay nueve clases de materiales peligrosos:

- *Clase 1* — Explosivos
- *Clase 2* — Gases
- *Clase 3* — Líquidos inflamables y combustibles
- *Clase 4* — Sólidos inflamables
- *Clase 5* — Sustancias oxidantes y peróxidos orgánicos
- *Clase 6* — Venenos
- *Clase 7* — Materiales radioactivos
- *Clase 8* — Sustancias corrosivas
- *Clase 9* — Materiales peligrosos varios

Muchas de las sustancias que utilizan los techistas son de Clase 9 (por ejemplo, materiales de alta temperatura, como el betún caliente) o de Clase 3 (por ejemplo, masillas y productos de alquitrán o petróleo fluidificados por productos de la destilación). Además, las sustancias que se clasifican dentro de una clase de peligro deben incluirse en una división específica dentro de esa clase.

A los materiales peligrosos se les asignan números de identificación junto con nombres de envío adecuados, que se indican en la Tabla de materiales peligrosos de *49 CFR 172.101*.

Los empleadores deben establecer un programa integral escrito sobre comunicación de peligros (HAZCOM) en el que se incluyan disposiciones en cuanto al etiquetado de contenedores y las actividades de capacitación sobre seguridad para empleados. La comunicación de peligros se alinea con el Sistema Globalmente Armonizado de Clasificación y Etiquetado de Productos Químicos (GHS), que ayuda a proporcionar un enfoque común para la clasificación de productos químicos y la comunicación de peligros. OSHA también requiere que haya una **hoja de datos de seguridad (SDS)** disponible para uso común (*Figura 11*).

Los impermeabilizantes, solventes, adhesivos, recubrimientos y masillas son solo algunos de los productos de la construcción de techos que pueden ser potencialmente clasificados como materiales peligrosos. Es importante tener en cuenta los siguientes materiales potencialmente peligrosos y conocer los procedimientos para manipularlos de manera segura:

- *Combustibles:* — dado que los combustibles son inflamables, se deben manipular con cuidado para evitar que se inflamen. Por ejemplo, las herramientas eléctricas pueden provocar un incendio si se derrama gasolina.

Figura 11 HAZCOM.

- *Adhesivos y solventes:* — los utilizan habitualmente los trabajadores de la construcción de techos y pueden producir vapores peligrosos o causar quemaduras químicas.
- *Polvo de sílice:* — el sílice se puede encontrar en diversos productos de arcilla y hormigón que se utilizan en la construcción de techos. Se produce polvo de sílice cuando se cortan o muelen estos productos en la instalación. Durante estos procesos, los trabajadores deben usar protección respiratoria para evitar problemas de salud graves, como la silicosis.
- *Asbestos:* — se sabe que los asbestos causan problemas de salud graves. Puede estar presente en el hormigón del techo, en recubrimientos o masillas de los edificios más antiguos. Los techistas deben descartar la presencia de asbestos en la obra antes de comenzar a trabajar.
- *Asfalto caliente:* — el asfalto caliente puede ser extremadamente peligroso si no se manipula de manera segura. Además del riesgo de quemaduras, el asfalto caliente también contiene vapores que pueden causar dolores de cabeza, erupciones cutáneas, fatiga y otros efectos secundarios peligrosos. Los profesionales de la construcción de techos deben usar el PPE adecuado para transportar y aplicar asfalto caliente, tal como se estipula en el código local y la SDS.

NOTA

Si sospecha que está trabajando con materiales que contienen asbestos, informe de inmediato a un supervisor, al técnico de seguridad o a otras personas calificadas. Existen protocolos especiales para la manipulación de asbestos. Los trabajadores no deben manipular ningún material que sospechen que contiene asbestos sin haber recibido la debida capacitación y sin estar usando el equipo pertinente.

2.2.0 Prevención de incendios y líquidos inflamables

OSHA exige que los empleadores implemente programas de protección y prevención de incendios en las obras. El fuego es una reacción química que requiere la presencia de estos tres elementos:

- *Calor (o fuente de ignición):* — las fuentes de ignición pueden incluir cualquier material, equipo u operación que emita chispas o llamas— desde los elementos más obvios, como sopletes, hasta los elementos menos obvios, como la electricidad estática y las operaciones de rectificado. Los equipos o componentes que irradian calor, como calentadores, sopletes, soldadores térmicos, convertidores catalíticos y silenciadores también pueden ser fuentes de ignición.
- *Combustible:* — las fuentes de combustible incluyen materiales combustibles, como madera, papel, basura y ropa; líquidos inflamables, como gasolina o solventes; y gases inflamables, como gas propano o gas natural.
- *Oxígeno:* — el oxígeno proviene del aire de la atmósfera. El aire contiene aproximadamente un 21 por ciento de oxígeno.

Estos tres elementos por lo general se conocen como el *triángulo del fuego* (*Figura 12*). El fuego es el resultado de la reacción que se produce entre el combustible y el oxígeno del aire. Los científicos desarrollaron el concepto de triángulo del fuego para ayudar a entender qué provoca los incendios y cómo pueden prevenirse y extinguirse. El calor, el combustible y el oxígeno deben combinarse de manera precisa para que el fuego se origine y continúe ardiendo. Si falta cualquiera de los elemento del triángulo del fuego, no se originará fuego.

Para evitar incendios, los tres elementos del triángulo del fuego deben mantenerse separados. Pegar carteles de "prohibido fumar" cerca de líquidos y gases peligrosos es uno de los métodos para lograr este objetivo. Otro método es contar con guardias de incendio en todos los trabajos que involucren materiales aplicados con soplete durante al menos dos horas después de que se haya apagado el último soplete.

2.2.1 Almacenamiento de productos inflamables

El almacenamiento y la manipulación adecuada de líquidos inflamables y combustibles ayuda a prevenir incendios. Según las regulaciones de OSHA, solo se pueden usar contenedores cerrados para almacenamiento de líquidos inflamables o combustibles.

Siga estos lineamientos para almacenar líquidos inflamables:

- Mantenga los líquidos inflamables alejados de cualquier fuente de ignición, como calor, llamas o materiales humeantes.

Figura 12 Triángulo del fuego.

En todo el mundo

Uso de asbestos

Los asbestos se identificaron como un riesgo para la salud hace muchos años. Sin embargo, los países han tenido diferentes reacciones ante este peligro. Mientras que algunos países prohibieron el uso de asbestos en productos y en la construcción hace décadas, otros, como la India, lo siguen usando sin ningún tipo de regulación. De hecho, en la India, el uso de asbestos ha aumentado en los últimos diez años.

La Organización Mundial de la Salud (OMS) calcula que 125 millones de personas en el mundo están expuestas a asbestos todos los años en el lugar de trabajo. Incluso en los Estados Unidos, se sigue encontrando asbesto en edificaciones antiguas, pisos y elementos de aislamiento. Tenga en cuenta las regulaciones relacionadas con el uso de asbestos en su región y esté alerta a fuentes potencialmente nocivas si no se evitan.

- Asegúrese de que el área de almacenamiento esté bien ventilada.
- Mantenga las puertas y las pasarelas de emergencia siempre despejadas.
- No almacene líquidos inflamables ni combustibles cerca de escaleras o salidas.
- No se pueden almacenar más de 25 galones de líquidos inflamables o combustibles dentro de un edificio por fuera de un gabinete de almacenamiento aprobado.
- No se pueden almacenar más de 60 galones de líquidos inflamables ni más de 120 galones de líquidos combustibles en un mismo gabinete, ni se pueden colocar más de tres gabinetes en una misma zona de almacenamiento.
- Los tanques portátiles para almacenamiento a la intemperie que contienen líquidos inflamables o combustibles deben almacenarse a una distancia de al menos 9 metros (20 pies) de cualquier edificación.
- Mantenga siempre los líquidos inflamables en contenedores de seguridad aprobados cuando no se estén utilizando. Esto no aplica para los materiales de alta viscosidad (espesos).
- Siempre conecte los contenedores a tierra cuando transfiera materiales para evitar la acumulación electrostática, ya que puede provocar una chispa. El cable que conecta a los dos contenedores se debe instalar antes de la transferencia. El cable a tierra debe conectarse a uno de los contenedores y a una conexión a tierra apropiada. La conexión a tierra eliminará toda carga electrostática que se genere.

2.2.2 Gas licuado de petróleo

El gas licuado de petróleo (LP) se utiliza mucho en la industria de la construcción de techos para calentadores y sopletes. Como el LP es un gas comprimido, pueden almacenarse cantidades bastante grandes en contenedores relativamente pequeños. El gas LP se expande en una relación de 270 a 1. Esto significa que una gota líquida de gas LP aumentaría su volumen 270 veces al pasar a estado gaseoso.

Como es más denso y más pesado que el aire, el gas LP se recoge en áreas de poca altitud. Si sospecha que un cilindro tiene una fuga, no utilice fuego para intentar encontrar el orificio. Utilice agua jabonosa y observe dónde se forman burbujas.

Si se origina un incendio de gas LP, los empleados deben evacuar el área de inmediato y llamar al departamento de bomberos. Para combatir un incendio de gas LP se requiere entrenamiento especializado que solo puede brindar el departamento de bomberos. Si se origina un incendio en una obra, llame al departamento de bomberos lo antes posible.

Siga estos lineamientos para manipular y almacenar cilindros de gas LP:

- Los cilindros deben estar marcados con la leyenda "gas inflamable".
- Los cilindros no deben dejarse caer ni golpearse entre sí.
- Cuando almacene, use o transporte cilindros, manténgalos sujetos en posición vertical y asegúrese de que la válvula del contenedor esté cerrada y cubierta con un tapón o collar de seguridad.
- No almacene cilindros de gas LP en un lugar cerrado.
- No conecte líneas a las válvulas ni collares para levantarlos; la manera más segura de levantar un cilindro es utilizando una jaula de izamiento.
- Los cilindros deben trasladarse en carretillas de mano. Si fuera imprescindible trasladar un cilindro a mano, hágalo rodar, —no lo arrastre.
- Asegúrese de que el regulador de presión esté bien ajustado y no esté dañado.
- Compruebe que la manguera no tenga cortes, grietas ni partes desgastadas antes de usarla.
- Use un protector de calor para proteger los contenedores cuando se monten sobre un calentador.
- Ante la duda, siempre considere que los cilindros están llenos y manipúlelos como corresponde.
- Cuando no se estén usando, cierre el suministro de combustible del tanque.
- Cuando se estén usando, mantenga todos los tanques de gas LP a una distancia de 3 metros (10 pies) como mínimo del calentador.
- Mantenga los tanques de almacenamiento y de gas propano a granel a una distancia de 7,6 metros (25 pies) como mínimo del calentador, el camión cisterna o la edificación.
- Si un cilindro de gas propano se congela, quiere decir que el cilindro es muy pequeño. No lo coloque de lado ni use un soplete para descongelarlo.

2.2.3 *Materiales para techos aplicados con soplete*

Los materiales para techos aplicados con soplete (*Figura 13*) suponen un riesgo grave de incendio para los techistas y los propietarios de las edificaciones. A veces, los peligros son obvios, como cuando se usa un soplete sobre una cubierta combustible o cerca de líquidos inflamables. Otros pueden ser menos obvios, como encender el soplete cerca de un drenaje o una penetración que pueda arrastrar las llamas dentro de una edificación.

Los sopletes son herramientas extremadamente peligrosas. Los cabezales alcanzan temperaturas de 1093 °C (2000 °F). Un momento de descuido puede provocar lesiones graves o daños a la propiedad. Asegúrese de entender perfectamente cómo se usa el soplete antes de manipularlo. La instalación de productos aplicados con soplete provoca riesgos de incendio, incluso incendios con brasas. Los productos aplicados con soplete solo deben ser colocados por aplicadores de techos profesionales capacitados en aplicación con soplete y procedimientos de seguridad. Cuando coloque materiales para techos aplicados con soplete, tome las siguientes precauciones:

- Revise siempre el cabezal, las válvulas, las mangueras, los medidores, las conexiones y los accesorios para detectar defectos. No utilice ningún equipo, incluso los cilindros de gas LP, a menos que estén en buenas condiciones de funcionamiento.
- Use guantes de cuero y protección ocular cuando trabaje con sopletes.
- Observe los lineamientos indicados por el fabricante.

Figura 13 Materiales para techos aplicados con soplete.

- Mantenga siempre los cilindros de gas propano a una distancia de 3 metros (10 pies) como mínimo de cualquier soplete.
- Use únicamente un encendedor por chispas para encender el soplete; no use fósforos ni encendedores comunes.
- Nunca use un soplete sobre una cubierta o material combustible.
- Nunca deje un soplete encendido sin supervisión.
- Nunca apunte a nadie con un soplete.
- Nunca encienda el soplete en áreas en las que no se tenga visibilidad total.
- No use sopletes cerca de ventilaciones ni entradas de aire.
- Nunca use un soplete para calentar un tanque de gas propano que empieza a congelarse en el exterior.
- Tenga siempre extintores de incendio adecuados a su alcance.
- Cuando termine de utilizar el soplete, cierre la válvula del cilindro de propano. Apriete el gatillo del soplete para terminar de quemar el gas propano que queda en la manguera.
- Se debe designar una guardia contra incendios durante los recesos de almuerzo y durante dos horas como mínimo después de usar el soplete para asegurarse de que no se produzcan incendios.

NOTA

Los contratistas pueden obtener una certificación a través del Programa de Certificación para el Aplicador con Soplete que dicta la NRCA.

2.3.0 Adhesivos y solventes

Los adhesivos y solventes son algunas de las sustancias más peligrosas con las que se encuentran los trabajadores de la construcción de techos. Como estos materiales se utilizan mucho, los trabajadores no siempre reconocen los peligros que representan. Si no se toman las precauciones adecuadas, el trabajador puede fácilmente sentir debilidad por los vapores o sufrir quemaduras químicas.

Siga estos lineamientos para manipular adhesivos y solventes:

- Use siempre el PPE apropiado, incluso guantes de caucho.
- Utilice protección respiratoria cuando sea necesario.
- Asegúrese de que el área de trabajo esté bien ventilada. Si el área no está bien ventilada, utilice ventiladores para ayudar a que circule el aire.
- Lea la etiqueta y siga las recomendaciones del fabricante en cuanto a aplicaciones y manipulación.
- No fume cerca de adhesivos o solventes; los vapores podrían inflamarse.
- Tenga siempre en cuenta al resto de los trabajadores y contratistas que se encuentren en el área de trabajo. Los sopletes autógenos, los soldadores eléctricos y otros equipos que producen llamas pueden encender los vapores de solventes.

- Compruebe que se pueda acceder fácilmente a los extintores.
- Para limpiar las herramientas, utilice limpiadores sin solventes de ser posible. Si utiliza solventes, recuerde revisar la SDS y usar guantes, gafas y cualquier otro PPE requerido. Trabaje en un área bien ventilada. Utilice protección respiratoria cuando sea necesario. Deseche de manera apropiada los trapos que se usaron para limpiar.
- Para evitar la combustión, se deben evitar las cargas estáticas cuando se usan adhesivos.

Siga estos lineamientos para el almacenamiento de adhesivos y solventes:

- Lea la etiqueta o la SDS del fabricante para ver las especificaciones de almacenamiento requeridas.
- Los extintores de incendios deben estar al alcance en todo momento.
- Asegúrese de que los contenedores se almacenen por separado y de manera segura, y de que sus etiquetas se puedan leer fácilmente. Coloque carteles de "prohibido fumar". Si se almacenan varios contenedores del mismo material en una misma zona, se debe colocar un solo cartel grande y fácil de leer en un lugar apropiado.
- Asegúrese siempre de que las tapas y los tapones de todos los solventes y adhesivos estén bien cerrados antes de guardarlos.
- Almacene los distintos tipos de solventes y adhesivos por separado, y lejos de otros productos químicos.
- Deseche de inmediato todos los cubos y contenedores vacíos, como corresponde.
- Los materiales inflamables no deben almacenarse cerca de escaleras ni salidas de edificios.

Repaso de la Sección 2.0.0

1. Una SDS es un/una _____.
   a. sistema que se utiliza para prevenir caídas desde techos
   b. formulario que enumera los peligros y las precauciones de seguridad de una sustancia
   c. red para atrapar las herramientas que se caen
   d. adhesivo

2. ¿Cuál de los siguientes elementos es *probable que no se* clasifique como peligroso?
   a. Asbestos
   b. Combustibles
   c. Tablas de madera
   d. Polvo de sílice

3. ¿Cuáles son los tres componentes que conforman el triángulo del fuego?
   a. Calor, oxígeno y nitrógeno
   b. Humo, calor y oxígeno
   c. Combustible, madera y calor
   d. Calor, combustible y oxígeno

Sección Tres

3.0.0 Seguridad contra caídas

Objetivo

Explicar los métodos de protección contra caídas.

a. Identificar los sistemas usados como protección contra caídas.
b. Explicar la protección contra caídas en techos de pendiente pronunciada o baja.
c. Describir los procedimientos de seguridad para la inspección y el montaje de escaleras.

Tarea de desempeño

3. Colocarse correctamente el sistema personal de detención de caídas (PFAS).

Palabras técnicas

Barandas: barandillas que se instalan alrededor del perímetro de una obra para evitar caídas desde el borde de un techo.

Línea de vida: componente que consiste en una línea flexible que se conecta verticalmente a un anclaje en uno de sus extremos (línea de vida vertical) o de forma horizontal a un anclaje de ambos extremos (línea de vida horizontal). Una línea de vida sirve para conectar otros componentes del sistema personal de detención de caídas al anclaje.

Monitoreo de seguridad: sistema de seguridad que asigna responsabilidades de monitoreo a una persona competente que tiene el conocimiento y la autoridad para tomar decisiones de seguridad.

Pendiente: ángulo de la superficie del techo, que generalmente se expresa como relación entre la elevación vertical y la longitud horizontal (a veces, se denomina *tramo*). Cuando las dimensiones se dan en pulgadas, la pendiente puede expresarse como la relación de una elevación sobre una distancia de 12 pulgadas (por ejemplo, 4:12) o como un ángulo, en grados.

Redes de seguridad: redes instaladas alrededor y por debajo de un área de trabajo, que pueden detener la caída de objetos o de trabajadores.

Sistema personal de detención de caídas (PFAS): sistema que se activa durante una caída para sostener a un trabajador y evitar que se golpee contra el piso. Los PFAS incluyen varios componentes, incluido arnés de cuerpo, dispositivo de anclaje, línea de vida y conectores.

Trauma por suspensión: afección médica grave que se puede producir cuando un trabajador queda suspendido de un arnés de cuerpo durante un lapso breve.

La protección contra caídas es un componente esencial para la seguridad en la construcción de techos. Según un informe de OSHA de 2018, las muertes por caída representaron el 33,5 por ciento (un tercio aproximadamente) de las fatalidades relacionadas con la construcción. Casi el 90 por ciento de estas caídas mortales ocurrieron en casos en los que no se había instalado ningún sistema de protección contra caídas. Como la mayoría de estas caídas ocurren desde techos o a través de ellos (*Figura 14*), es fundamental que en cada etapa del proceso de construcción se tomen precauciones de seguridad relacionadas con las caídas.

> **NOTA**
> La seguridad contra caídas y los sistemas de protección contra caídas se describen en más detalle en el Módulo 75901 del NCCER, *Orientación sobre protección contra caídas.*

Los sistemas de techos se dividen en techos de pendiente baja o pendiente pronunciada, según la pendiente del techo. La pendiente es una relación que expresa la elevación vertical del techo sobre una distancia horizontal. A la altura del techo se la conoce como *elevación* de la pendiente, mientras que a la distancia horizontal se la denomina *tramo*. Por ejemplo, un techo de 7 pulgadas (10 centímetros) de elevación cada 12 pulgadas (30 centímetros) de tramo tiene una pendiente de 7:12.

OSHA define a los techos con una pendiente menor o igual a 4:12 como techos de *pendiente baja*. Los techos con una pendiente mayor a 4:12 se definen como techos de *pendiente pronunciada*. OSHA utiliza esta distinción para regular las medidas de protección contra caídas, como los sistemas obligatorios de línea de advertencia que se emplean para techos de pendiente baja.

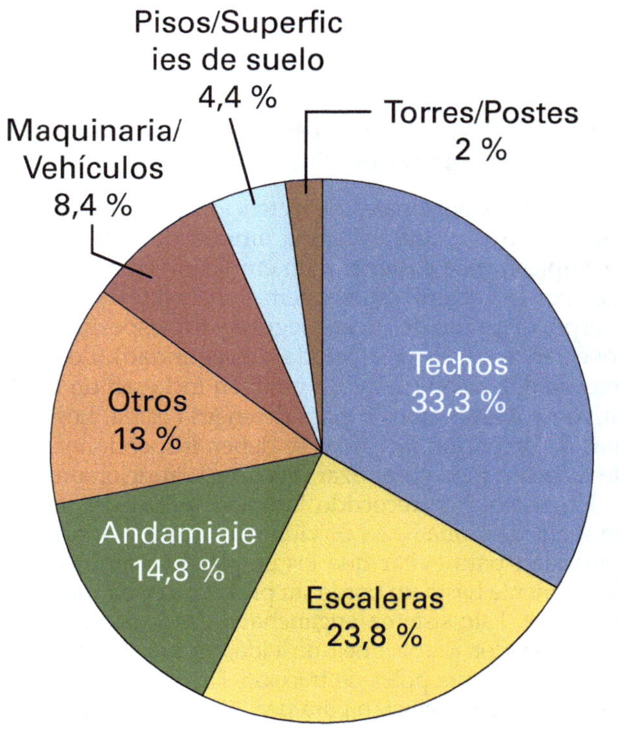

Figura 14 Causas de muerte por caídas.

NOTA

La definición de OSHA de techos de pendiente pronunciada es solo para las medidas de seguridad, no para fines técnicos o de impermeabilización. Revise siempre los lineamientos del fabricante en relación con la pendiente del techo cuando instale materiales de construcción de techos.

NOTA

OSHA especifica las medidas mínimas de protección contra caídas aceptables. Puede haber múltiples lineamientos de seguridad aplicables para el uso de protección contra caídas, como procedimientos de la empresa o códigos locales. Consulte siempre todos los lineamientos aplicables. Si los lineamientos se contradicen, siga el más estricto.

3.1.0 Sistemas de protección contra caídas

A los empleadores se les exige usar sistemas de protección contra caídas cuando los empleados están expuestos a una superficie de tránsito o de trabajo de 1,8 metros (6 pies) de altura o más. Estos sistemas debe prepararlos un coordinador de seguridad calificado que haya demostrado, ya sea por su título o por su amplia experiencia, ser apto para planificar y resolver problemas relacionados con los requerimientos de seguridad de un nuevo proyecto de construcción de techos. Algunos de los sistemas habituales de protección contra caídas son los siguientes:

- Sistema personal de detención de caídas (PFAS)
- Barandas
- Mallas de protección
- Líneas de advertencia
- Monitoreo de seguridad
- Redes de seguridad

3.1.1 Sistemas de detención de caídas y de recorrido limitado

Los sistemas personales de detención de caídas (*Figura 15*) constituyen una categoría amplia de sistemas que se emplean para sostener a un empleado en caso de caídas. Por lo general, estos sistemas incluyen un arnés de cuerpo, un punto de anclaje seguro y un dispositivo para conectarlos (p. ej., una cuerda de seguridad). Los sistemas de detención de caídas también incluyen un dispositivo de desaceleración para detener la caída. Los sistemas de detención de caídas se deben inspeccionar antes de cada uso para garantizar un correcto funcionamiento.

Un sistema de recorrido limitado utiliza una cuerda de seguridad, una línea de vida y un arnés o cinturón de seguridad para evitar que los empleados caminen accidentalmente hasta un borde sin protección y corran riesgo de caerse. Este sistema engancha el arnés de seguridad del trabajador a una línea de vida, ya sea directamente o a través de una polea de tracción. Los sistemas de recorrido limitado se ajustan para permitirles a los empleados acceder a las áreas que requieren su atención y, a la vez, evitar que ingresen a una zona peligrosa.

Figura 15 PFAS.

Mientras que los sistemas de recorrido limitado evitan las caídas mediante la limitación de movimiento, los sistemas de detención de caídas protegen al empleado después de que ocurrió la caída, reduciendo la velocidad y deteniendo la caída antes de que el empleado llegue al suelo (*Figura 16*).

Todos los sistemas personales de detención de caídas deben tener el ABC de los Sistemas de Detención de Caídas (*Figura 17*):

- *Anclaje/conector de anclaje:* — los conectores de anclaje sujetan la cuerda de seguridad o línea de vida de un trabajador al punto de anclaje. Cuando se planifica un sistema de detención de caídas, el conector de anclaje se debe elegir y colocar cuidadosamente. Debe estar ubicado de manera segura, ser de fácil acceso y poder soportar 2250 kilos (5000 libras) por empleado amarrado en caso de caída.
- *Dispositivo de sujeción del cuerpo:* — arnés de cuerpo completo que distribuye la potencial fuerza de la caída en forma pareja sobre la parte superior de los muslos, el pecho y los hombros. Este arnés también proporciona un punto de conexión, como puede ser un anillo en D, que conecta al usuario con el dispositivo enlazado. Siempre encontrará un anillo en D integrado en la espalda del arnés de cuerpo completo (*Figura 18*). Sin embargo, los arneses también pueden tener otros anillos en D en la parte de los hombros, la cadera o el esternón.

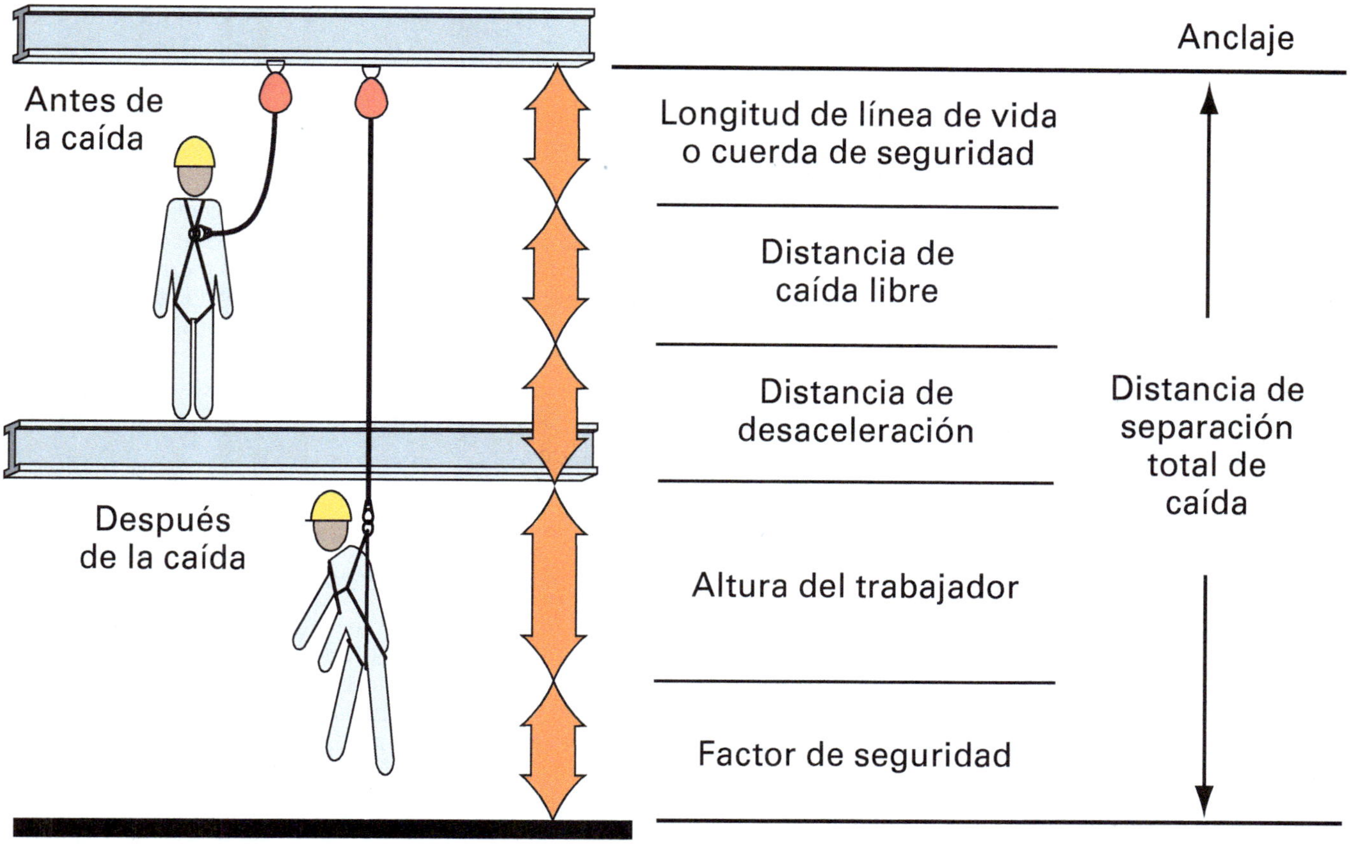

Figura 16 PFAS en acción.

Figura 17 El ABC de los sistemas personales de detención de caídas.

- *Dispositivos de conexión:* — los dispositivos de conexión, por ejemplo, las cuerdas de seguridad o las líneas de vida, conectan el arnés de cuerpo del usuario a un punto de anclaje designado (*Figura 19*). Si se produce una caída, el dispositivo de conexión cuenta con un mecanismo de frenado que suele activarse a los tres pies de una caída para reducir el impacto del movimiento y evitar las caídas con oscilación.

Incluso después de que el PFAS haya detenido una caída, el empleado suspendido sigue estando en riesgo hasta que lo bajen al suelo. El trauma por suspensión es uno de los mayores riesgos para los trabajadores que esperan o intentan ser rescatados. Por lo tanto, toda obra en altura debería tener un plan de rescate y recuperación implementado, preparado por un profesional calificado.

Algunas opciones básicas para estos pasos finales son el autorescate, el autorescate asistido y el rescate con asistencia mecánica. En el autorescate, los trabajadores logran ponerse a salvo a sí mismos. Un ejemplo de autorescate asistido es cuando un compañero le alcanza una escalera a un empleado que está suspendido para que baje de manera segura. El rescate con asistencia mecánica puede implicar el uso de un ascensor para recuperar al trabajador después de que se cayó. Las personas que se encuentran en la obra deben evaluar cada situación de rescate a fin de seleccionar los pasos a seguir más seguros.

¿Sabía usted?

Trauma por suspensión

El trauma por suspensión se produce cuando se evita una caída con el PFAS, y el trabajador queda colgado mientras espera ser rescatado. Como el arnés de cuerpo entero funciona sosteniendo el peso corporal del trabajador con las correas para piernas, es posible que se reduzca o interrumpa la circulación a las piernas por el ajuste de las correas. Esta reducción de circulación obliga al corazón a trabajar más para que la sangre llegue a los órganos vitales. El trauma por suspensión puede producir una falla circulatoria y causar pérdida del conocimiento, náuseas y caída de la presión sanguínea y las pulsaciones.

OSHA informa que el trauma por suspensión puede tener resultados mortales en un lapso breve después de una caída. Es fundamental considerar un plan de protección contra caídas que contemple esta peligrosa ventana de tiempo a la hora de preparar el rescate de trabajadores suspendidos.

3.1.2 Barandas

Las barandas (*Figura 20*) se colocan alrededor del perímetro de un área de construcción para proporcionar una barrera de seguridad que evite las caídas desde el borde del techo. Un lugar de trabajo en azotea debe contar con un sistema de barandillas a lo largo de todo el perímetro abierto.

Considere siempre los siguientes requerimientos cuando instale sistemas de barandas:

- Las barandas deben elevarse entre 99 y 115 centímetros (39 y 45 pulgadas) por encima de la superficie de trabajo.
- Se deben instalar barandillas intermedias a mitad de camino entre la superficie de trabajo y la barandilla superior.
- Toda abertura en el perímetro de barandas debe bloquearse cuando no esté en uso.
- Todas las barandas deben ser lisas para evitar que los empleados se lesionen o se enganchen la ropa.
- Las barandillas superiores deben poder resistir una fuerza de 90 kilos (200 libras).

Figura 18 Anillo en D en un arnés de cuerpo.

3.1.3 Mallas de protección

Las mallas de protección se usan para evitar caídas a través de aberturas en la superficie del techo (*Figura 21*). Las caídas a través de techos constituyen un peligro de seguridad importante en la construcción de techos. Las mallas de protección agregan barreras a las áreas abiertas del techo, como aberturas hechas para la instalación de claraboyas o chimeneas (*Figura 22*).

Figura 19 Arnés de cuerpo conectado a un punto de anclaje.

Figura 20 Barandas.

Figura 21 Maya de protección en claraboya.

Figura 22 Malla de protección.

3.1.4 Líneas de advertencia

Los sistemas de líneas de advertencia (*Figura* 23), que suelen usarse en los techos de pendiente baja, colocan una barrera en todo el perímetro del área de trabajo del techo para advertir a los empleados cuando se aproximan a un borde que no está protegido. Las líneas de advertencia se deben señalizar con material de alta visibilidad cada 1,8 metros (6 pies) a no más de 86 centímetros (34 pulgadas) de altura, con su punto más alto a 99 centímetros (39 pulgadas) como máximo desde el espacio de trabajo.

OSHA exige que las líneas de advertencia estén fabricadas con cuerdas, alambres o cadenas y tengan una resistencia a la tensión de 230 kilos (500 libras). En algunos casos, pueden utilizarse líneas de advertencia en lugar de barandas y PFAS, o en combinación con estos.

Siga estos lineamientos para manejar equipos mecánicos en un sistema de líneas de advertencia:

- No se deben dejar equipos mecánicos fuera del perímetro de la línea de advertencia.
- Si se utiliza un equipo mecánico, OSHA exige que la línea de advertencia que se encuentra en posición perpendicular a la dirección de recorrido del equipo mecánico esté a 3 metros (10 pies) como mínimo del borde del techo.
- Si no se está usando el equipo mecánico, la línea de advertencia debe estar a 1,8 metros (6 pies) como mínimo de cada borde.

> **NOTA**
> Para obtener más información sobre políticas de líneas de seguridad de OSHA, consulte la *Norma 1926.502(f) de OSHA.*

3.1.5 Monitoreo de seguridad

Si un trabajador necesita realizar tareas fuera de una línea de advertencia, se debe designar un monitor de seguridad. Este monitor de seguridad es una persona que ha demostrado ser competente en el reconocimiento de peligros de caída y que puede comunicarse de manera efectiva con sus compañeros ante la presencia de un peligro potencial. Asegúrese de verificar en las regulaciones locales cuántos trabajadores pueden estar bajo la supervisión de un mismo monitor de seguridad. Es fundamental que el monitor de seguridad pueda observar desde el mismo nivel que las personas que está supervisando. El monitor de seguridad no debe tener ninguna otra responsabilidad que lo distraiga de su tarea. Una vez que todos los trabajadores hayan regresado a salvo al perímetro asegurado, el monitor de seguridad puede retomar sus otras tareas.

3.1.6 Redes de seguridad

Las redes de seguridad (*Figura* 24) deben instalarse lo más cerca posible de la superficie de trabajo, y colocarse a 9 metros (30 pies) como máximo por debajo de un potencial punto de caída. Las aberturas de la red no deben exceder los 15 centímetros (6 pulgadas) en cualquiera de sus lados y debe haber una cuerda de borde alrededor del perímetro de la malla de la red que pueda resistir hasta 2230 kilos (5000 libras).

Las redes de seguridad deben inspeccionarse una vez por semana y después de cada uso a fin de garantizar que no haya daños que impidan su correcto funcionamiento. Además, debe quedar suficiente espacio debajo del área donde están instaladas para que, si se cae un objeto o un trabajador, no entren en contacto con ninguna otra superficie que no sea la red. Si bien no suelen emplearse redes de seguridad en la industria de la construcción de techos, es posible que sí las utilicen otros oficios en una obra.

Figura 23 Sistema de líneas de advertencia.

Figura 24 Sistema de redes de seguridad.

3.2.0 Protección contra caídas en techos de pendiente baja o pronunciada

El tipo de protección contra caídas requerida depende del tipo de pendiente del techo. OSHA define a los techos de pendiente baja y a los techos de pendiente pronunciada de la siguiente manera:

- *Pendiente baja* — pendiente de 4:12 o menos
- *Pendiente pronunciada* — pendiente de más de 4:12.

3.2.1 Techos de pendiente baja

Según el proyecto, los sistemas de techos de pendiente baja pueden requerir diversos métodos de protección contra caídas. Algunos proyectos aprovechan la combinación de opciones de seguridad disponibles, por ejemplo, un plan de seguridad de techo de pendiente baja puede combinar barandas con un sistema de líneas de advertencia.

Por lo general, los sistemas de líneas de advertencia deben colocarse alrededor de todo el perímetro de la zona de trabajo de pendiente baja, ya sea que abarque el techo completo o solo una parte de este. Si el techo tiene 15,2 metros (50 pies) o menos de ancho, se puede usar solo un sistema de monitoreo de seguridad en lugar de las líneas de advertencia.

Si un techo de pendiente baja requiere que un trabajador salga de la zona delimitada por la línea de advertencia, es fundamental que el monitor de seguridad designado lo supervise hasta que regrese al área protegida por las líneas de advertencia.

3.2.2 Techos de pendiente pronunciada

Como las pendientes pronunciadas agregan una dimensión extra, hay menos opciones de seguridad disponibles para la construcción de techos de pendiente pronunciada que para los techos de pendiente baja. En techos de pendiente pronunciada, los sistemas de protección contra caídas disponibles se reducen solo a PFAS, sistemas de redes de seguridad y sistemas de barandas con rodapiés. Además, es posible que resulte difícil o imposible pararse sobre techos de pendiente pronunciada sin un soporte adicional y protección contra caídas. Los tablones de madera con listones clavados transversalmente y los soportes de techo proporcionan una plataforma donde los techistas pueden pisar.

Si se usa un sistema de barandas como protección contra caídas en un techo de pendiente pronunciada, OSHA exige que se coloquen rodapiés (*Figura 25*) adicionales en todo el perímetro de la superficie de trabajo para evitar que se caigan herramientas o escombros, ya que esto supondría un riesgo de caída para quienes caminen por debajo del área de trabajo.

Figura 25 Barandas con rodapiés.

3.3.0 Uso seguro de escaleras

A diario, se utilizan escaleras móviles para trabajar en ubicaciones elevadas. Para reducir los riesgos de seguridad, inspeccione cuidadosamente las escaleras antes de cada uso y utilícelas de manera adecuada (*Figura 26*).

Los componentes básicos de una escalera portátil recta se muestran en la *Figura 27*. Las escaleras portátiles deben poder soportar cuatro veces la carga máxima prevista (excepto que sean de metal o plástico tipo IA o IAA para trabajo extra pesado, en cuyo caso deberán soportar 3,3 veces la carga máxima prevista).

La aplicación Uso seguro de escaleras de NIOSH (*Figura 28*), de descarga gratuita, está diseñada para mejorar la seguridad de escaleras comunes y de extensión. Esta aplicación para dispositivos inteligentes ofrece guías y herramientas para evitar las causas habituales de los problemas de seguridad cuando se utilizan escaleras.

Siga estos lineamientos para inspeccionar, instalar y usar escaleras:

QUÉ HACER

- Asegúrese de que la escalera se haya montado correctamente y que se utilice de acuerdo con las instrucciones de seguridad y advertencias.
- Utilice calzado con suela antideslizante.

- Mantenga el cuerpo centrado en la escalera. Sujétese a la escalera con una mano mientras trabaja con la otra. Nunca deje que la hebilla del cinturón pase más allá del riel de la escalera.

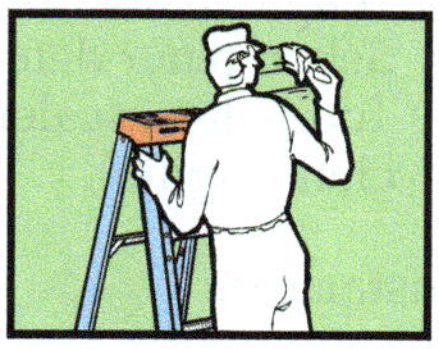

- Mueva los materiales con extrema precaución. Tenga cuidado al empujar o tirar de cualquier elemento mientras se encuentre en la escalera. Puede perder el equilibrio o inclinar la escalera.

- Solicite ayuda si la escalera es demasiado pesada para manejarla una sola persona. En la medida de lo posible, es conveniente que otra persona sujete la escalera cuando usted esté trabajando en ella.

- Suba de cara a la escalera. Centre el cuerpo entre los rieles. Mantenga un agarre firme.
- Muévase siempre paso a paso, colocando firmemente un pie antes de mover el otro.

- Transporte los materiales con una cuerda en lugar de llevarlos en las manos mientras sube por la escalera.
- Tenga mucha precaución al transportar algún material por la escalera.

Lea las etiquetas de la escalera para obtener más información.

QUÉ NO HACER

- NO se pare por encima del nivel seguro para estar más elevado.
- NO se pare en un peldaño superior al segundo peldaño desde arriba de una escalera de tijera o al cuarto peldaño desde arriba de una escalera extensible. Si una persona permanece en un punto más alto, puede perder el equilibrio y caerse.

- NO suba por una escalera de tijera cerrada. Podría resbalar bajo usted.
- NO suba por la parte posterior de una escalera de tijera. No está diseñada para soportar el peso de una persona.

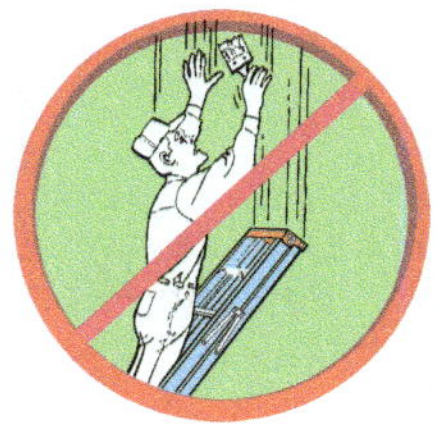

- NO se ponga de pie ni se siente en la parte superior o plataforma de una escalera de tijera. No están diseñadas para soportar su peso.
- NO se suba a una escalera si no está preparado para ello tanto física como mentalmente.

- NO sobrepase la capacidad de carga, que es la capacidad máxima de carga de la escalera. No permita que haya más de una persona en una escalera de tijera de una sola cara o en ninguna escalera extensible.

- NO coloque la base de una escalera extensible <u>demasiado cerca</u> del edificio, pues podría volcar.
- NO coloque la base de una escalera extensible <u>demasiado lejos</u> del edificio, pues la parte inferior podría resbalar.

Consulte el cuadro de Relación 4 a 1.

- NO se estire para alcanzar objetos, no se incline hacia un costado ni trate de mover la escalera mientras esté sobre ella. Podría perder el equilibrio o inclinar la escalera.

Baje y coloque la escalera más cerca de donde tenga que realizar el trabajo.

RELACIÓN 4 A 1

Coloque una escalera extensible a un ángulo de 75-1/2°.
La distancia a la pared ("S") debe ser de 30,48 cm (1 pie) por cada 121,92 cm (4 pies) de longitud ("L") hasta el punto superior de apoyo.

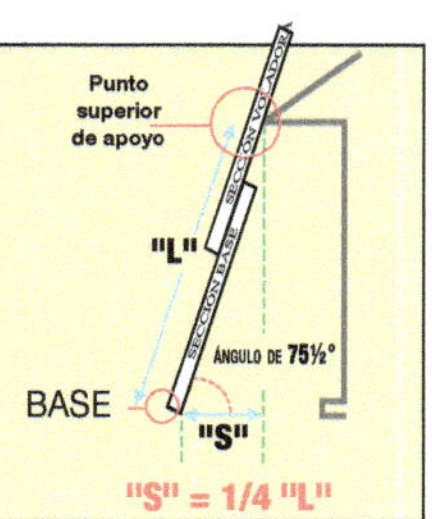

Figura 26 Consejos básicos para el uso seguro de escaleras.

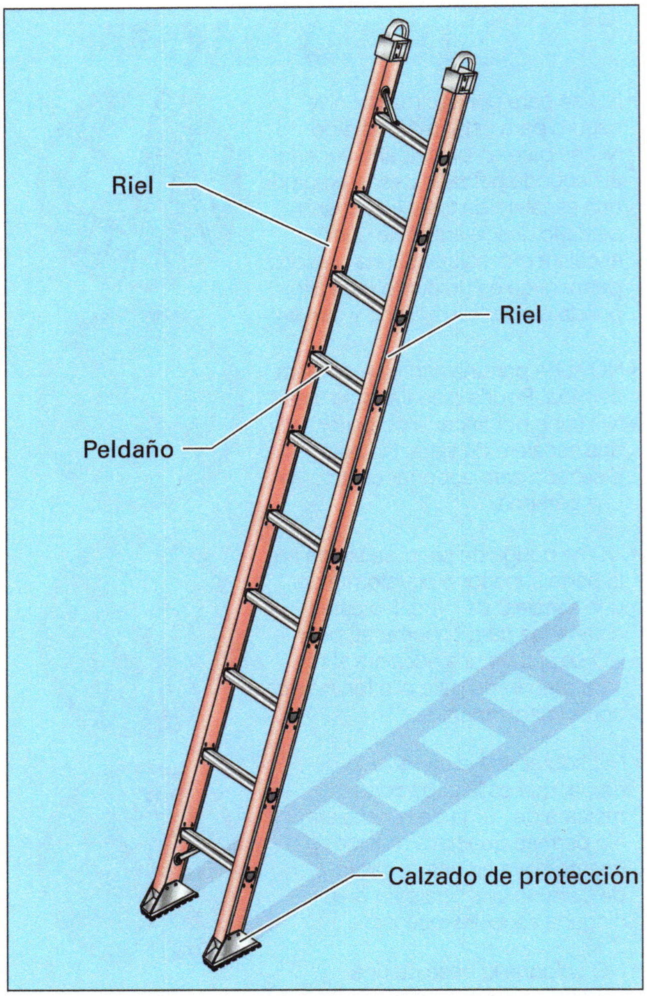

Figura 27 Componentes de una escalera.

- Peldaños y listones
  - En escaleras portátiles, los peldaños deben tener una separación de entre 10 y 14 pulgadas.
  - En escaleras de mano, la separación debe ser de entre 8 y 12 pulgadas.
  - En escaleras de extensión, la separación debe ser de entre 8 y 18 pulgadas en las secciones de la base y de entre 6 y 12 pulgadas en las secciones de la extensión.
  - La forma o el revestimiento de los peldaños deben ser antideslizantes.
- Perfiles laterales
  - En todas las escaleras, los perfiles laterales deben tener una separación de $11\frac{1}{2}$ pulgadas como mínimo.
- Mantenimiento
  - Las escaleras deben mantenerse libres de aceite, grasa y otros peligros de resbalamiento.
  - Una persona competente debe inspeccionar periódicamente la escalera.
  - Tenga en cuenta que las escaleras en servicio no deben tener defectos.
  - Todas las escaleras deben repararse a su condición original.
- Instalación
  - El suelo debe ser estable y estar nivelado.
  - Si la superficie no está estable, se deben asegurar las patas.
  - Se deben colocar barricadas en los casos en los que el tránsito de peatones, máquinas o equipos pueda mover la base de la escalera.
  - La base de la escalera se debe colocar a 1 pie de distancia del edificio por cada 4 pies de altura de la edificación (o cada 8 pies si la escalera está construida en el lugar de trabajo).
  - La parte superior de la escalera debe extenderse 3 pies por encima del techo y contar con un perfil de agarre seguro.
  - Las áreas por encima y por debajo de la escalera deben estar libres de escombros u otros objetos.
  - Los perfiles deben estar debidamente equilibrados con el nivel superior.
- Uso
  - No debe haber cables eléctricos en áreas donde se utilicen escaleras metálicas portátiles.
  - Los empleados deben estar de frente a la escalera, mantener una mano en ella en todo momento y no subir ni bajar con cargas complicadas. Use mochilas u otros métodos, como montacargas para escaleras verticales, a fin de tener las manos libres para subir.
  - Los empleados no deben usar la parte superior de una escalera de tijera como peldaño, ni trepar por los travesaños.
  - Las escaleras se deben retirar al final del día para evitar que personas no autorizadas accedan al techo.

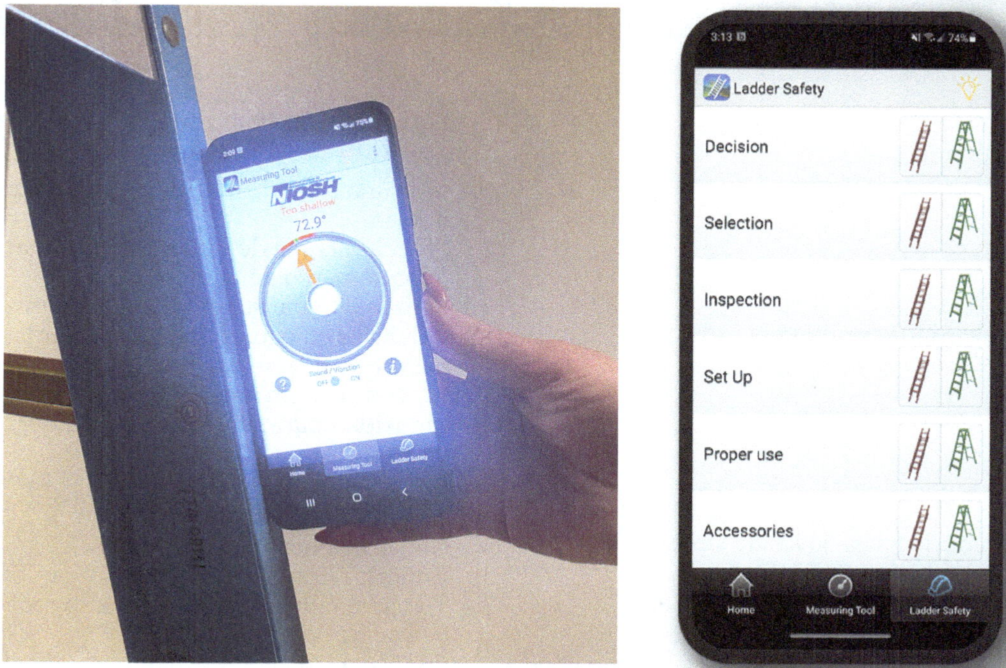

Figura 28 Aplicación Uso seguro de escaleras de NIOSH.

Repaso de la Sección 3.0.0

1. ¿Qué sistema de seguridad contra caídas conlleva el riesgo de trauma por suspensión?
   a. Los sistemas de barandas.
   b. Los sistemas personales de detención de caídas.
   c. Los sistemas de monitoreo de seguridad.
   d. Los sistemas de redes de seguridad.

2. Si un sistema de techo de pendiente baja requiere que un trabajador salga de la zona delimitada por la línea de advertencia, _____.
   a. los trabajadores deben ampliar la zona delimitada por la línea de advertencia para que abarque el área en cuestión
   b. un trabajador puede salir de la zona delimitada por la línea de advertencia con la supervisión de un monitor de seguridad
   c. los trabajadores pueden salir de la zona delimitada por la línea de advertencia si resuelven el problema de inmediato
   d. no se debe hacer nada hasta que un coordinador de seguridad cree un nuevo plan

3. ¿Cuál de los siguientes lineamientos se aplica al uso de escaleras?
   a. Siempre mantenga al menos una mano en la escalera cuando sube.
   b. Se deben usar escaleras cada vez que suba o baje más de 6 pies.
   c. Las escaleras siempre deben estar colocadas a un ángulo de 45 grados.
   d. La parte superior de la escalera no debe extenderse más de 2 pies por sobre el borde del techo.

Preguntas de revisión

1. El equipo que se usa para evitar o reducir lesiones se denomina _____.
   a. DOL
   b. OSHA
   c. PPE
   d. JSA

2. Las regulaciones de seguridad para la industria de la construcción se estipulan en _____.
   a. *29 CFR 1926*
   b. *29 CFR 1820*
   c. *42 CFR 600*
   d. *49 CFR 105*

3. Para cables eléctricos de hasta 50 kV de tensión, ¿qué distancia mínima exige OSHA que se mantenga entre el equipo y los cables eléctricos?
   a. 1,5 metros (5 pies)
   b. 3 metros (10 pies)
   c. 6 metros (20 pies)
   d. 9,1 metros (30 pies)

4. La manera de abordar el reconocimiento de peligros que desglosa el trabajo en tareas, identifica los peligros asociados con cada tarea e identifica las medidas preventivas para cada peligro se denomina _____.
   a. JSA
   b. SDS
   c. Jerarquía de controles
   d. HAZCOM

5. El tobogán por el cual se dejan caer materiales desde el techo de manera segura se denomina _____.
   a. anillo en D
   b. caja de escombros
   c. red de seguridad
   d. bajante de escombros

6. Los materiales que se sospecha que contienen asbestos y se descubren durante el trabajo deben _____.
   a. informarse de inmediato al supervisor
   b. ser desechados cuidadosamente por los trabajadores de la construcción de techos
   c. ser manipulados por el departamento de bomberos
   d. retirarse apenas se detectan

7. Si se inicia un incendio con gas licuado de petróleo (LP), los empleados deben _____.
   a. usar una boca de incendios para apagar las llamas
   b. evacuar el área de inmediato y llamar al departamento de bomberos
   c. llamar al departamento de bomberos y trabajar en equipo para controlar las llamas hasta que llegue la ayuda
   d. esperar instrucciones del coordinador de seguridad para saber cómo proceder

8. ¿Cuál de los siguientes métodos es el más seguro para transportar cilindros de gas LP?
   a. Conectar líneas a las válvulas
   b. Conectar líneas a los collares
   c. Tomar el cilindro de la parte superior y arrastrarlo
   d. Usar una jaula de izamiento

9. ¿Cuál de los siguientes lineamientos se debe seguir a fin de instalar materiales para techos aplicados con soplete?
   a. Mantener siempre cerca los cilindros de propano.
   b. No usar sopletes cerca de ventilaciones o entradas de aire.
   c. Encender siempre el soplete con un fósforo.
   d. Cuando se termina de usar el soplete, se debe utilizar un encendedor para quemar el gas propano que queda en la manguera.

10. En la industria de la construcción, los empleadores deben implementar un sistema de protección contra caídas siempre que los empleados estén expuestos a una superficie de tránsito o de trabajo a ________ de altura.
    a. 1,2 metros (4 pies) o más
    b. 1,5 m (5 pies) o más
    c. 1,8 metros (6 pies) o más
    d. 2,1 metros (7 pies) o más

11. ¿En qué parte del arnés de cuerpo se puede encontrar *siempre* el anillo en D?
    a. Hombros
    b. Espalda
    c. Caderas
    d. Esternón

12. ¿Cuál de los siguientes sistemas de protección contra caídas proporciona una barrera de seguridad que debe elevarse entre 99 y 115 centímetros (39 y 45 pulgadas) por encima de la superficie de trabajo?
    a. Sistema personal de detención de caídas (PFAS)
    b. Los sistemas de barandas.
    c. Los sistemas de monitoreo de seguridad.
    d. Los sistemas de redes de seguridad.

13. ¿Cuál de los siguientes sistemas de protección contra caídas requiere que haya suficiente espacio debajo del área de instalación para evitar que los trabajadores o los objetos que caen golpeen con otra superficie?
    a. Líneas de advertencia
    b. Los sistemas de barandas.
    c. Los sistemas de monitoreo de seguridad.
    d. Los sistemas de redes de seguridad.

14. ¿Con qué frecuencia se deben inspeccionar las redes de seguridad a fin de detectar daños?
    a. Una vez por día y después de cada uso
    b. Una vez por semana y después de cada uso
    c. Una vez por mes y después de cada uso
    d. Una vez por año y después de cada uso

15. ¿Cuáles de los siguientes sistemas de seguridad están disponibles para proyectos de techos de pendiente pronunciada?
    a. Monitoreo de seguridad, PFAS y barandas con rodapiés
    b. Monitoreo de seguridad, barandas con rodapiés y líneas de advertencia
    c. Líneas de advertencia, barandas con rodapiés y PFAS
    d. PFAS, redes de seguridad y barandas con rodapiés

Cuestionario de palabras técnicas

Complete los espacios en blanco con las palabras correctas que aprendió al estudiar este módulo.

1. La agencia cuya misión es establecer y hacer cumplir las normas de seguridad para todos los lugares de trabajo se llama ______________.
2. Las prendas de vestir que se usan para evitar o reducir lesiones se denominan ______________.
3. El formulario en el que se enuncian los peligros, las prácticas de manipulación seguras y las medidas de control en caso de emergencia para una sustancia específica se llama ______________.
4. La afección médica grave que se puede producir cuando un trabajador queda suspendido de un arnés de cuerpo durante un lapso breve se denomina ______________.
5. Un ______________ es un dispositivo de seguridad que se activa durante una caída para sostener a los trabajadores y evitar que se golpeen contra el suelo.
6. Se instalan ______________ alrededor del perímetro de una obra para evitar caídas desde el borde de un techo.
7. El sistema de seguridad que asigna tareas de monitoreo a una persona competente se denomina ______________.
8. El ángulo de una superficie de techo, expresado como una relación entre las unidades de elevación vertical y las unidades de tramo horizontal se denomina ______________.
9. Un componente que consiste en una línea flexible que se utiliza para conectar otros componentes de un sistema personal de detención de caídas al anclaje se denomina ______________.
10. Se instalan ______________ alrededor y por debajo de un área de trabajo para detener la caída de objetos o de trabajadores.
11. Toda construcción que atraviesa un techo o sistema de impermeabilización (p. ej., tuberías, conductos o soporte de HVAC) se denomina ______________.

Palabras técnicas

Administración de Seguridad y Salud Ocupacional de los Estados Unidos (OSHA)
Barandas
Equipo de protección personal (PPE)
Hoja de datos de seguridad (SDS)
Línea de vida
Monitoreo de seguridad
Pendiente
Penetración
Redes de seguridad
Sistema personal de detención de caídas (PFAS)
Trauma por suspensión

Principios básicos de las habilidades

Rich Trewyn
Experto en la materia
NRCA

¿Cómo eligió su carrera en la industria?

Después de graduarme en Seguridad y Salud Ocupacional, comencé a trabajar en una consultora. En un momento, me pidieron que dictara una capacitación para un grupo de profesionales de la construcción de techos, y el resto es historia. Poco tiempo después, me llamaron para trabajar en la compañía para la cual había dictado la capacitación.

¿Quién lo inspiró para ingresar a la industria?

Mi padre. Él trabajaba en seguridad y yo ansiaba parecerme a él. Tuve la suerte de poder trabajar con él antes de que falleciera.

¿Qué tipos de capacitación ha recibido?

He realizado todos los tipos de capacitación que se imagine, desde roles de liderazgo hasta reconocimiento de riesgos químicos. La capacitación en la industria de la seguridad abarca una amplia variedad de temas, y yo he participado de la mayoría de ellos.

¿Qué tan importante son la educación y la capacitación en la construcción?

Muy importante, punto. La clave para triunfar en la industria es contar con personal bien capacitado.

¿Qué tipos de trabajo realizó a lo largo de su carrera?

Mi primer trabajo comenzó poco después de terminar la universidad. Trabajaba como consultor y dicté varios programas de capacitación, incluso programas para trabajadores de la construcción de techos. Después de eso, comencé mi carrera en la industria de la construcción de techos en una empresa local con oficinas en Milwaukee, WI, y Chicago, IL. Esa empresa se convirtió en una de las constructoras de techos más grande del país, y yo asumí un nuevo rol. Después de un cambio de ritmo y un par de años en la industria manufacturera, acepté el trabajo en la NRCA.

Háblenos de su trabajo actual.

Mi puesto como Director de Gestión de Riesgos Empresariales en la Asociación Nacional de Contratistas de Techos (NRCA) apoya el desarrollo de la iniciativa de gestión de riesgos empresariales de la NRCA. Esto incluye el apoyo al Grupo de Trabajo de Gestión de Riesgos Empresariales y los trabajos relacionados con el proyecto. Mi puesto respalda los programas, productos y servicios de seguridad del departamento, así como el desarrollo y la ejecución cuando se necesita. Además, brindo asesoramiento interno sobre seguridad en torno a las funciones, procedimientos y políticas de la oficina.

En este puesto de continua evolución, el gerente investigará, diseñará y conducirá, cuando corresponda, actividades que ayuden a comprender la gestión de riesgos empresariales, mientras apoya la actividad del comité que potencia la capacidad de la Asociación de colaborar con los esfuerzos de los miembros para implementar programas de ERM. Por ejemplo, el desarrollo y la ejecución de actividades de ERM mediante las que se instruyen a los miembros utilizando materiales escritos (p. ej., artículos) y otros medios educativos (como videos o clases presenciales).

¿Qué es lo que más le gusta de su trabajo?

La interacción con nuestros miembros es mi parte favorita del trabajo. Encontrar una solución a alguna cuestión que un miembro pensó que era imposible de resolver me produce una sensación infinitamente gratificante. Comencé en la industria como consultor y, en ese tiempo, capacité a muchos grupos diferentes sobre diversos temas. Esa experiencia me dio la confianza para asumir cualquier reto que se me presentara.

¿Recomendaría la construcción como carrera para otras personas? ¿Por qué?

Sí, se la he recomendado a muchas personas, incluso a mis propios hijos. La variedad de retos y los cambios cotidianos contribuyen a que siempre haya acción en el trabajo.

¿Qué consejos daría a quienes se acaban de incorporar al sector?

Que aprovechen todas las capacitaciones que les ofrezcan. Que capten y absorban toda la información que puedan. La construcción es tan variada que es bueno conocer acerca de diversos temas si es posible.

Un logro o hecho interesante relacionado con su carrera:

Un logro en mi carrera del cual me siento muy orgulloso es que antes de cumplir 40 años me convertí en Director de Seguridad Nacional de la constructora de techos más grande del país, con más de 30 profesionales de la seguridad a cargo.

¿Cómo define el oficio?

En la construcción de techos, no es fácil definir el oficio. Existen tantas habilidades y el campo temático es tan amplio que ser un verdadero artesano de la construcción de techos significa contar con una gran variedad de conocimientos y habilidades en todas las áreas del oficio. Eso no significa que uno no pueda dedicarse exclusivamente a una labor específica.

Palabras técnicas presentadas en este módulo

Administración de Seguridad y Salud Ocupacional (OSHA): agencia del Departamento de Trabajo de los Estados Unidos, cuya misión es definir normas de seguridad y salud ocupacional para todos los lugares de trabajo, hacer cumplir esas normas, asegurarse de que los empleadores proporcionen y mantengan un lugar de trabajo seguro para todos los empleados y proporcionar programas de investigación y capacitación a fin de apoyar prácticas de trabajo seguras.

Barandas: barandillas que se instalan alrededor del perímetro de una obra para evitar caídas desde el borde de un techo.

Equipo de protección personal (PPE): equipo o ropa diseñados para prevenir o reducir lesiones.

Hoja de datos de seguridad (SDS): formulario en el que se enumeran los peligros, las prácticas de manipulación segura y las medidas de control en caso de emergencia para una sustancia específica. También se denomina *hoja de datos de seguridad del material (MSDS).*

Línea de vida: componente que consiste en una línea flexible que se conecta verticalmente a un anclaje en uno de sus extremos (línea de vida vertical) o de forma horizontal a un anclaje de ambos extremos (línea de vida horizontal). Una línea de vida sirve para conectar otros componentes del sistema personal de detención de caídas al anclaje.

Monitoreo de seguridad: sistema de seguridad que asigna responsabilidades de monitoreo a una persona competente que tiene el conocimiento y la autoridad para tomar decisiones de seguridad.

Pendiente: ángulo de la superficie del techo, que generalmente se expresa como relación entre la elevación vertical y la longitud horizontal (a veces, se denomina *tramo*). Cuando las dimensiones se dan en pulgadas, la pendiente puede expresarse como la relación de una elevación sobre una distancia de 12 pulgadas (por ejemplo, 4:12) o como un ángulo, en grados.

Penetración: toda construcción, como tuberías, conductos o soportes de sistemas de calefacción, refrigeración y ventilación (HVAC), que pasa a través de un techo o sistema de impermeabilización.

Redes de seguridad: redes instaladas alrededor y por debajo de un área de trabajo, que pueden detener la caída de objetos o de trabajadores.

Sistema personal de detención de caídas (PFAS): sistema que se activa durante una caída para sostener a un trabajador y evitar que se golpee contra el piso. Los PFAS incluyen varios componentes, incluido arnés de cuerpo, dispositivo de anclaje, línea de vida y conectores.

Trauma por suspensión: afección médica grave que se puede producir cuando un trabajador queda suspendido de un arnés de cuerpo durante un lapso breve.

Recursos adicionales

En este módulo, se presentan recursos detallados para capacitaciones sobre tareas. Se sugiere el siguiente material de referencia para un estudio más profundo.

29 CFR 1910, **www.ecfr.gov**.

29 CFR 1926, **www.ecfr.gov**.

CPWR (El Centro de Investigación y Capacitación en Construcción), Recursos de Salud mental y Adicciones, **www.cpwr.com/research/research-to-practice-r2p/r2p-library/other-resources-for-stakeholders/mental-health-addiction**.

Asociación Nacional de Contratistas de Techos (National Roofing Contractors Association, NRCA), **www.nrca.net**.

Módulo 75901, *Orientación sobre protección contra caídas*, del NCCER.

Occupational Outlook Handbook, Roofers (Manual del panorama ocupacional para techistas), Oficina de Estadísticas Laborales de los EE. UU., Departamento de Trabajo de los EE. UU., **www.bls.gov/ooh/construction-and-extraction/roofers.htm**.

Administración de Seguridad y Salud Ocupacional de los Estados Unidos (OSHA), Departamento de Trabajo de los EE. UU., **www.osha.gov**.

OSHA 3755-05, *Protección de los trabajadores de la construcción de techos*. Departamento de Trabajo de los EE. UU.

www.osha.gov/Publications/OSHA3755.pdf.

Créditos de las figuras

Cortesía de la Asociación Nacional de Contratistas de Techos, Figuras 9, 13, 15, 17–19, 21–23 y 25

GoCanvas.com, Figura 4

"N95醫療級防疫口罩" por Mark Chang con licencia de Creative Commons Attribution 2.0 Generic (CC BY 2.0)., Figura 6

iStock@sturti, Figura 7

iStock@Jens_Lambert_Photography, Figura 8

Cortesía de Guardian Fall Protection, Figura 20

elcosh.org, Figura 24

Respuestas del repaso de la sección

SECCIÓN 1.0.0

Respuesta	Referencia de sección	Objetivo
1. c	1.0.0	1
2. a	1.2.2	1b
3. b	1.3.0	1c
4. d	1.4.0	1d

SECCIÓN 2.0.0

Respuesta	Referencia de sección	Objetivo
1. b	2.1.0	2a
2. c	2.1.0	2a
3. d	2.2.0	2b

SECCIÓN 3.0.0

Respuesta	Referencia de sección	Objetivo
1. b	3.1.1	3a
2. b	3.2.1	3b
3. a	3.3.0	3c

CURRÍCULOS NCCER — ACTUALIZACIÓN DE USUARIO

NCCER hace todo lo posible para mantener sus libros de texto actualizados y sin errores técnicos. Se agradece su ayuda en este proceso. Si encuentra un error, un error tipográfico o un dato incorrecto en los currículos de NCCER, complete este formulario (o una fotocopia de este) o el formulario en línea que se encuentra en **www.nccer.org/olf**. Asegúrese de incluir el número de identificación exacto del módulo, el número de la página, una descripción detallada y la corrección que recomienda. Su aporte se dará a conocer al Equipo de autores. Gracias por su ayuda.

Instructores: Si tienen alguna idea para mejorar este libro de texto o se dieron cuenta de que se necesitaron materiales adicionales para enseñar este módulo de manera eficaz, infórmenoslo para que podamos presentar sus sugerencias al Equipo de autores.

Revisión y desarrollo de productos de NCCER
13614 Progress Blvd., Alachua, FL 32615

Correo electrónico: curriculum@nccer.org
En línea: www.nccer.org/olf

❑ Guía de entrenamiento ❑ Planes de clases ❑ Examen ❑ PowerPoints Otro ________________

Oficio/nivel: Fecha de derechos de autor:

Título/número de identificación del módulo:

Número(s) de las secciones:

Descripción:

Corrección recomendada:

Su nombre:

Dirección

Correo electrónico: Teléfono:

Orientación sobre protección contra caídas

GENERALIDADES

La protección contra caídas es algo más que llevar un arnés en el lugar de trabajo. Los trabajadores están expuestos a muchos peligros potencialmente mortales en una obra, y las caídas son uno de los principales. La formación adecuada de todos los profesionales del sector, junto con la aplicación de las reglamentaciones y las normas de seguridad, es la forma más eficaz de reducir este riesgo y proteger la vida y el bienestar de los trabajadores de la construcción.

Módulo 75901

Los estudiantes que hayan finalizado los módulos con éxito pueden ser elegibles para la acreditación mediante el Registro de NCCER. Para obtener más información, visite **www.nccer.org** o llámenos al 1.888.622.3720. En nuestro sitio web, **www.nccer.org**, hay información sobre los productos y la capacitación más recientes.

Nos interesa recibir sus comentarios. Puede enviar sus comentarios por correo electrónico a **curriculum@nccer.org**, enviar comentarios y consultas generales a **info@nccer.org** o completar el formulario de Actualización de usuario al final de este módulo.

Esta información es de carácter general y está destinada únicamente a la capacitación. El desempeño real de las actividades descritas en este manual requiere el cumplimiento de todos los procedimientos de operación, servicio, mantenimiento y seguridad aplicables bajo la dirección de personal calificado. Las referencias en este manual sobre dispositivos patentados o registrados no constituyen una recomendación de su uso.

75901 V1.0

75901
ORIENTACIÓN SOBRE PROTECCIÓN CONTRA CAÍDAS

Objetivos

Cuando haya completado este módulo, podrá hacer lo siguiente:

1. Describir la importancia de la seguridad y del proceso de reconocimiento y control de riesgos.
   a. Explicar la importancia de la concientización de seguridad y cómo desarrollar una actitud segura.
   b. Identificar métodos para reconocer, reducir y prevenir riesgos a fin de evitar incidentes y accidentes en el lugar de trabajo.
2. Identificar los motivos detrás de las normas de la OSHA que rigen el trabajo en altura en el sector de la construcción.
   a. Comprender el rol de la OSHA en la regulación del lugar de trabajo en el sector de la construcción y saber dónde encontrar las normas, la capacitación y los requisitos de seguridad relacionados con el trabajo en altura.
3. Identificar incidentes, accidentes, causas, costos y consecuencias de las caídas en el lugar de trabajo.
   a. Identificar las categorías de incidentes y accidentes en el lugar de trabajo.
   b. Describir el costo de los incidentes y los accidentes en el lugar de trabajo.
   c. Describir las causas de los incidentes y los accidentes en el lugar de trabajo e identificar los riesgos que resultan en caídas.
4. Identificar las cuestiones y los requisitos de seguridad relacionados con el trabajo en altura.
   a. Identificar las zonas de trabajo donde es más probable que existan riesgos de caída.
   b. Identificar las precauciones de seguridad relacionadas con los trabajos de albañilería en altura.
   c. Identificar las precauciones de seguridad relacionadas con los trabajos de montaje de componentes de acero en altura.
5. Identificar el equipo apropiado de salvamento y protección contra caídas y describir su uso adecuado.
   a. Describir los procedimientos para usar equipamiento de protección contra caídas.
   b. Describir los requisitos que deben cumplir los puntos de anclaje.
   c. Describir los requisitos de los arneses de cuerpo completo e identificar los pasos para colocarse el arnés.
   d. Describir los requisitos relativos a las cuerdas de seguridad, las líneas de vida y los dispositivos de desaceleración.
   e. Identificar las barreras, las barandas, las redes de seguridad y los dispositivos de ascenso.
6. Identificar y describir el uso seguro de escaleras y andamios.
   a. Describir los riesgos asociados con el uso de escaleras en el lugar de trabajo.
   b. Identificar los requisitos de seguridad y el uso adecuado de distintos tipos de escaleras.
   c. Identificar los tipos de andamios y describir cómo usarlos de forma segura.
7. Definir los lineamientos para el uso seguro de plataformas elevadoras.
   a. Identificar los tipos de plataformas elevadoras y las precauciones para usarlas de forma segura.

Tareas prácticas

Este es un módulo basado en el conocimiento. No hay tareas prácticas.

Palabras técnicas

Accidente
Administración de Seguridad y Salud Ocupacional de Estados Unidos (OSHA)
Almojayas
Andamios
Aprendizaje en el ámbito laboral (OJL)
Arnés corporal
Barandilla intermedia
Barandilla superior
Caída libre
Capacidad
Carga máxima prevista
Cuerda de maniobra
Cuerda de seguridad
Cuerda de seguridad autorretráctil (SRL)
Cuerda salvavidas
Cultura de la seguridad
Elevadores aéreos
Entablado
Equipo de protección personal (EPP)
Excavaciones
Incidente
Persona competente
Persona cualificada
Piso
Protegido
Regla de los seis pies
Resistencia a la tracción
Sistema de administración
Sistema personal de detención de caídas (PFAS)
Zona controlada de instalación de cubiertas (CDZ)
Zona de acceso controlado (CAZ)
Zonas de acceso limitado

Credenciales reconocidas en la industria

Si realiza la formación a través de un patrocinador acreditado por NCCER, probablemente cumpla con los requisitos para obtener las credenciales del Registro de NCCER. El número de identificación de este módulo es 75901. Recuerde que es posible que este módulo se haya utilizado en otros planes de estudio del NCCER y pueda usarse para finalizar otros niveles. Para comunicarse con el Registro del NCCER y obtener más información, llame al 888-622-3720 o visite **www.nccer.org**.

Índice

Figuras y tablas

SECCIÓN UNO

1.0.0 SEGURIDAD EN EL TRABAJO Y CONTROL DE RIESGOS

Objetivo

Describir la importancia de la seguridad, la causa de los incidentes en el lugar de trabajo y el proceso de reconocimiento y control de riesgos.

a. Explicar la importancia de la concientización de seguridad y cómo desarrollar una actitud segura.
b. Identificar métodos para reconocer, reducir y prevenir riesgos a fin de evitar incidentes y accidentes en el lugar de trabajo.

Palabras técnicas

Accidente: Según la definición de la OSHA, suceso imprevisto que provoca lesiones personales o daños materiales.

Andamios: Marco temporal construido o plataforma o área de trabajo suspendida diseñados para servir de apoyo para trabajadores, materiales y equipo en sitios de trabajo elevados o inaccesibles por otros motivos.

Administración de Seguridad y Salud Ocupacional de Estados Unidos (OSHA): Agencia del Departamento de Trabajo de EE. UU. cuya misión es garantizar condiciones de trabajo seguras y saludables para los empleados, para lo cual define normas, fiscaliza su aplicación y proporciona capacitación, divulgación, educación y asistencia.

Aprendizaje en el ámbito laboral (OJL): Formación que un aprendiz adquiere mientras trabaja en el puesto bajo la supervisión de trabajadores más experimentados. También se conoce como *formación en el puesto de trabajo* (*OJT*).

Cultura de la seguridad: Cultura que se crea cuando todos los miembros de una empresa reconocen el valor de un entorno de trabajo seguro.

Entablado: Que tiene piezas de material de 2 in de espesor o más y 15 cm (6 pulg) (15 cm) de ancho o más utilizadas como suelo, cubierta o plataforma de un andamio.

Incidente: Según la definición de la OSHA, acontecimiento imprevisto que no da lugar a lesiones personales, pero que puede provocar daños materiales o que merece ser registrado.

Persona competente: Según la definición de la OSHA, aquella que es capaz de detectar riesgos existentes y predecibles en el entorno, o condiciones de trabajo antihigiénicas, riesgosas o peligrosas para los empleados, y que cuenta con la autorización para tomar medidas correctivas con el fin de solucionar tales problemas.

Persona cualificada: Según la OSHA, persona que, sobre la base de un certificado o un título reconocidos, su trayectoria profesional o su vasto conocimiento, capacitación o experiencia, ha demostrado de manera exitosa la capacidad para resolver problemas relacionados con la materia, el trabajo o el proyecto.

El trabajo que se realiza en obras industriales y de construcción puede ser riesgoso. Un incidente o accidente en el lugar de trabajo puede deberse a un comportamiento de riesgo, a una mala planificación, a la falta de formación o a la falta de reconocimiento de los peligros. Para ayudar a prevenir incidentes, las empresas deben contar con un programa de seguridad dinámico. La seguridad debe incorporarse en todas las etapas del trabajo e involucrar a los empleados de todos los niveles, incluida la gerencia.

Cuando acepta un trabajo, tiene la obligación de trabajar de forma segura por su empleador, sus compañeros de trabajo, su familia y usted mismo. También tiene la obligación de asegurarse de que todas las personas que trabajen con usted lo hagan de forma segura. Los empleadores están igualmente obligados a mantener un lugar de trabajo seguro para todos los empleados. Sin embargo, usted es el responsable principal de mantener la seguridad en el trabajo; la seguridad es responsabilidad de todos. En este módulo, aprenderá a garantizar su propia seguridad y la de las personas que trabajan con usted mediante la aplicación de las siguientes reglas:

- Siga las prácticas y los procedimientos de seguridad laboral, tanto a nivel normativo como corporativo.
- Inspeccione el equipo de seguridad antes de usarlo.
- Use el equipo de seguridad de forma adecuada.

En una obra promedio, suele haber muchos trabajadores de diversos oficios en un mismo lugar. Estos trabajadores realizan tareas y operaciones diferentes. En consecuencia, el lugar de trabajo cambia constantemente y surgen riesgos nuevos de forma permanente. Estos riesgos pueden poner en peligro su seguridad.

El entrenamiento sobre seguridad tiene la finalidad de generar conciencia respecto de los riesgos que lo rodean todos los días. El tiempo que dedique a aprender y practicar los procedimientos de seguridad puede salvar su propia vida y las vidas de los demás.

La seguridad es un comportamiento y una actitud que se aprenden. Es una forma de trabajar que debe incorporarse en la empresa a través de una cultura. Una cultura de seguridad se crea cuando todos los empleados de un lugar de trabajo u organización reconocen el valor de un entorno laboral seguro y lo respaldan mediante sus acciones. Crear y mantener una cultura de seguridad es un proceso continuo que requiere una estructura y una actitud de seguridad sensatas y que se relaciona con las organizaciones y las personas. Todos los miembros de la empresa, desde la gerencia hasta los obreros, deben hacerse responsables de la seguridad laboral todos los días.

Contar con una cultura de seguridad ofrece muchos beneficios. Las empresas con culturas de seguridad sólidas suelen tener las siguientes características:

- Menos conductas de riesgo
- Tasas menores de incidentes y accidentes
- Menor rotación
- Menos absentismo laboral
- Mayor productividad

Una cultura de seguridad sólida también puede mejorar el registro de seguridad de una empresa, lo que contribuye a ganar más licitaciones y mantener los empleos de los trabajadores. A veces, los contratistas con registros de seguridad deficientes quedan excluidos de las licitaciones, de modo que tener un buen desempeño en materia de seguridad es esencial. Entre los factores que contribuyen a una cultura de seguridad sólida, se encuentran los siguientes:

- La adopción de la seguridad como valor clave
- Un liderazgo firme
- El establecimiento y la implementación de estándares de desempeño elevados
- El compromiso y la participación de todos los empleados
- Una comunicación eficaz y objetivos de comprensión y acuerdo generales
- El uso del lugar de trabajo como entorno de aprendizaje
- El estímulo a que los trabajadores adopten una actitud inquisitiva y autorizarlos a que dejen de trabajar cuando se enfrenten a riesgos potenciales
- Un buen aprendizaje organizacional y una buena capacidad de respuesta ante los cambios
- La respuesta oportuna a problemas y cuestiones de seguridad
- El control permanente del desempeño
- El refuerzo positivo cuando los empleados respetan las prácticas de seguridad

1.1.0 Prevención de accidentes y concientización sobre la seguridad

Según la Oficina de Estadísticas Laborales, en 2016 hubo 991 víctimas mortales en el sector de la construcción, y 384 de ellas se debieron a caídas. Un total de 93 trabajadores fueron golpeados por un objeto, 82 se electrocutaron y 72 fueron atrapados o aplastados por equipos en movimiento. La mayoría de los accidentes, aunque no todos, pueden evitarse si los trabajadores siguen los procedimientos de seguridad.

El uso adecuado del equipo de protección contra caídas en todo momento ayuda a prevenir las muertes y lesiones por caídas. La circunstancia más común de caída es desde un tejado. Esto se debe probablemente a que muchos tejados están inclinados y no ofrecen buenos anclajes para los sistemas de protección contra caídas, especialmente en el caso de los tejados residenciales. Las escaleras, los **andamiaje** y los lugares de paso son lugares comunes de caída. La relativa inestabilidad de ambos soportes hace que sean lugares en los que se debe tener mucha precaución. Atar las escaleras y asegurar adecuadamente los sistemas de protección contra caídas reduce considerablemente el riesgo de sufrir una caída.

Las mismas reglas se aplican a todas las formas de amenazas. Ponga atención en todas las direcciones, especialmente por encima de la cabeza. Si una grúa acerca un objeto, vigílelo con atención. Si hay una máquina en funcionamiento cerca, tenga en cuenta los peligros que podría entrañar. Una rueda o un tambor giratorios podrían atrapar la manga o el pantalón de un trabajador y arrastrarlo hacia ella. Un objeto en movimiento podría golpear una columna u otro obstáculo y desplazarse repentinamente. Esté siempre preparado para alejarse del peligro. Siga todos los procedimientos de seguridad y manténgase alerta en todo momento.

1.1.1 Ser consciente sobre la seguridad

Como empleado, es importante ser consciente de la seguridad. Comprenda siempre los peligros que existen y las razones de las normas de seguridad. Ponga en práctica los procedimientos de seguridad hasta que se conviertan en algo natural. La forma segura de realizar cualquier actividad es siempre la forma correcta. La siguiente es una lista parcial de los peligros con los que pueden toparse los trabajadores de la construcción:

- Caer desde las alturas
- Quedar atrapado entre un objeto fijo y un camión o vagón en movimiento al descargar acero
- Recibir un golpe a causa de la caída de materiales, herramientas y equipos o del balanceo de ganchos, cadenas y cables
- Sufrir daños auditivos por la exposición continua a niveles elevados de ruido
- Sufrir quemaduras y daños oculares por realizar tareas de soldadura, corte y astillado
- Sufrir esguinces y torceduras por usar métodos inadecuados de elevación y transporte
- Sufrir descargas eléctricas por herramientas y equipos mal conectados a tierra o defectuosos
- Sufrir lesiones debidas a herramientas y equipos defectuosos
- Sufrir lesiones debidas al uso inadecuado de herramientas o equipos

Manténgase centrado en el trabajo que realiza. Si está cansado o distraído, deje inmediatamente de hacer lo que está haciendo. Un solo momento distracción cuando se trabaja por encima del suelo puede provocar un accidente grave. Debe observar las mismas pautas cuando se acerque a compañeros de trabajo. Espere a que terminen lo que están haciendo antes de distraerlos.

1.1.2 Mantener una actitud consciente sobre la seguridad

Respete todas las señales de advertencia. Utilice las herramientas y el equipo según lo prescrito y mantenga el orden y la limpieza. Los trabajadores conscientes de la seguridad pueden reducir en gran medida los riesgos anticipando los peligros y observando algunas precauciones generales de seguridad, como las siguientes:

- Cumpla con los requisitos de la Administración de Seguridad y Salud Ocupacional de Estados Unidos (OSHA) para la protección de la cabeza y los pies en las zonas de uso obligatorio de cascos rígidos.
- Localice y respete todas las señales de advertencia y de prevención de accidentes, y muévase únicamente dentro de la zona de trabajo.
- Solo entre en zonas restringidas con el permiso del superintendente o capataz.
- Anticipe las trayectorias de movimiento de todos los equipos motorizados.
- Manténgase alejado de las cargas elevadas, a menos que la tarea que deba realizar lo requiera.
- Nunca monte sobre una carga ni sobre el gancho de una grúa.
- Recorra las zonas de andamios. Si es necesario trabajar bajo plataformas elevadas, asegúrese de que el lugar de trabajo esté cubierto y protegido.

1.2.0 Reconocimiento, evaluación y control de riesgos

El proceso de reconocimiento, evaluación y control de riesgos es la base de un programa de seguridad efectivo. Si se identifican y evalúan los riesgos, pueden tratarse con rapidez para reducir el nivel de peligro. En términos sencillos, mientras más información tenga sobre el entorno y sus peligros, menor es la posibilidad de que sufra un accidente. Los lugares de trabajo también deben contar con planes de rescate.

1.2.1 Reconocimiento de riesgos

Hay muchos indicios de peligros potenciales. La mejor técnica para determinar si una situación o un equipo son peligrosos es hacerse las siguientes preguntas:

- ¿De qué modo puede provocar daños esta situación o este equipo?
- ¿Cuáles son las fuentes de energía presentes que pueden provocar un incidente?
- ¿Cuál es la magnitud de la energía?
- ¿Qué podría fallar para que se libere la energía?
- ¿Cómo puede eliminarse o controlarse la energía?
- ¿Me expondré a materiales peligrosos?

Para poder responder estas preguntas, debe conocer los diferentes tipos de incidentes y accidentes que pueden producirse y las fuentes de energía relacionadas con ellos. Entre algunos de los diferentes tipos de eventos que pueden provocar lesiones, se incluyen los siguientes:

- Las caídas desde el mismo nivel de elevación o las caídas desde alturas
- El atrapamiento o acorralamiento causado por equipos
- Los golpes por caída de objetos
- El contacto con electricidad, ácido, calor, frío, radiación, líquidos presurizados, gases o sustancias tóxicas
- Los cortes con herramientas o equipos
- La exposición a niveles elevados de ruido
- Los movimientos repetitivos o la vibración excesiva

Cuando la causa de un incidente o un accidente está relacionada con un equipo, el problema suele ser una liberación descontrolada de energía. Los diferentes tipos de energía que pueden liberarse son la mecánica, la neumática, la hidráulica, la eléctrica, la química, la térmica (calor o frío), la radiactiva, la potencial gravitatoria y la almacenada.

Existen varias formas de reconocer los riesgos y peligros potenciales en el lugar de trabajo. Algunas técnicas son más complicadas que otras. Para ser eficaces, todas ellas deben responder la siguiente pregunta: ¿qué podría salir mal en esta situación u operación? Independientemente de la técnica de reconocimiento de riesgos que use, responder esta pregunta de antemano salvará vidas y evitará daños en los equipos.

1.2.2 Los cuatro riesgos fatales

El 21 % de las 4693 muertes de trabajadores en 2016 fueron en la construcción. De esas muertes, el 64 % fueron causadas por uno de los "cuatro riesgos fatales" (En la *Figura 1*).

Los cuatro riesgos fatales son los siguientes:

- *Caídas* – Las caídas desde lugares elevados son incidentes que se relacionan con fallas en el equipo de protección contra caídas o con la falta o el uso inadecuado de este equipo.
- *Accidentes por golpes* – Los accidentes por golpes se relacionan con la operación no segura de equipos, maquinarias y vehículos y con el manejo inadecuado de materiales, como las operaciones de aparejamiento no seguras.
- *Accidentes por atrapamiento o acorralamiento* – Los accidentes por atrapamiento o acorralamiento entre dos objetos se relacionan con la operación no segura de equipos, maquinarias y vehículos y con procedimientos de seguridad inadecuados en zanjas y otros espacios cerrados.

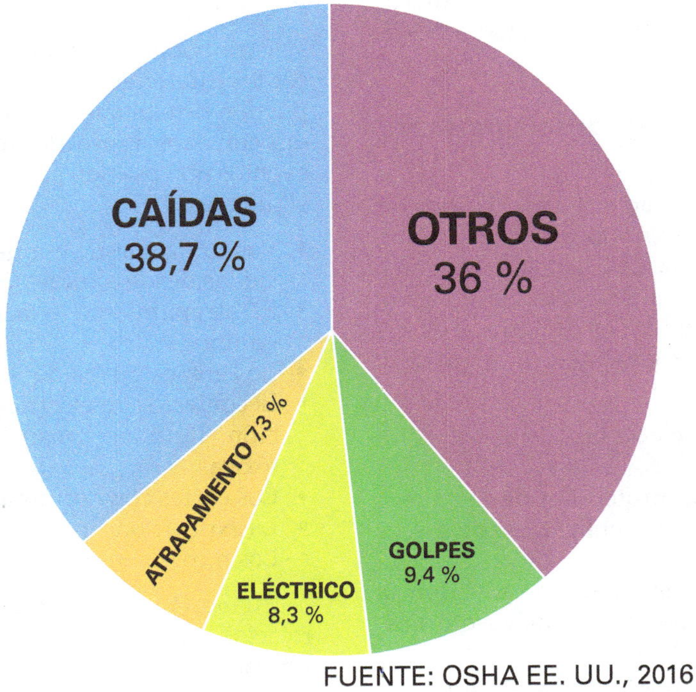

Figura 1 Las cuatro áreas de alto riesgo.

- *Electrocución* – Los accidentes por electrocución o descargas eléctricas se producen cuando un trabajador entra en contacto con cables aéreos, se usan herramientas defectuosas, no se desconecta la fuente de energía antes de efectuar reparaciones o se utilizan sistemas de puesta a tierra inadecuados.

> **NOTA**
> Las estadísticas actualizadas de la OSHA pueden encontrarse en **www.osha.gov/oshstats/commonstats.html**

Es importante que el trabajador reconozca que un incidente o accidente que se inicie en uno de los grupos de peligro mencionados anteriormente puede derivar rápidamente en otros. Por ejemplo, si un trabajador en una plataforma elevada es golpeado por un objeto que cae desde arriba, podría ser derribado de la plataforma y caer. En este caso, el conocimiento de la situación, el equipo de protección personal y el uso de la protección contra caídas pueden marcar la diferencia entre la vida y la muerte. Las medidas de seguridad que abordan directamente cada uno de estos grupos de peligro tienen el potencial para salvar cientos de vidas cada año.

1.2.3 Análisis de la seguridad del trabajo (JSA) y Análisis de la seguridad de la tarea (TSA)

Realizar un análisis de seguridad en el trabajo (JSA), también conocido como *análisis de riesgos en el trabajo (JHA)*, es uno de los enfoques para reconocer un peligro. Otra técnica común es realizar un análisis de seguridad de la tarea (TSA), también llamado *análisis de riesgos de la tarea (THA)*.

En un JSA, la tarea en cuestión se desglosa en sus partes o pasos individuales. A continuación, se analiza cada paso para determinar los riesgos que potencialmente entraña. Una vez que se identifica un riesgo, se recomiendan ciertas acciones o procedimientos para corregirlo.

Por ejemplo, durante un JSA, se determina que usar un polipasto de cadena para instalar el motor de una bomba en un espacio estrecho es más seguro que dejar que lo haga un trabajador de forma manual. Si se usa el polipasto de cadena, se reduce la posibilidad de que el equipo aplaste la mano del trabajador durante su instalación. Aplicar el proceso de JSA evitó que el trabajador sufriera una lesión. En *la Figura 2* muestra un ejemplo de un formulario de JSA.

Los JSA también pueden usarse como herramientas de planificación previa. Esto ayuda a garantizar que la seguridad se planifique junto con el trabajo. Durante la planificación del trabajo, quizás le soliciten que participe en un JSA. Cuando los JSA se usan como herramientas de planificación previa, contienen la siguiente información:

- Las herramientas, los materiales y los equipos necesarios
- Los requisitos de personal o mano de obra
- La duración del trabajo
- Las cuestiones relacionadas con la calidad

Un análisis de seguridad de la tarea es similar al análisis de seguridad del trabajo en el sentido de que

JOB SAFETY ANALYSIS

Job Name: ____________

Job Number: ____________

Supervisor: ____________

Date: ____________

TITLE OF JOB OR TASK

TASK	START	END	HAZARDS	CONTROLS
1.				
2.				
3.				
4.				
5.				
6.				
7.				
8.				

Required Training:

Required Personal Protective Equipment (PPE):

Weekly Vehicle Check List: ____ **Tire Pressure** ____ **Transmission Fluid**

____ **Oil** ____ **Lights**

____ **Air Filter** ____ **Wkly Mileage**

Names of Employees:

PRINT NAME	SIGN NAME	TOTAL HOURS

Figura 2 Formulario de análisis de la seguridad del trabajo.

ambos requieren que los trabajadores identifiquen los peligros potenciales y las medidas de protección asociadas al trabajo que van a realizar. La diferencia radica en el formulario utilizado para informar de los peligros. Para los TSA, suele usarse una lista de verificación imprimida previamente que tiene espacios para completar con los riesgos detectados durante el análisis. Antes de que comience el trabajo, el supervisor de primera línea o el líder del equipo debe analizar las conclusiones a las que se llegaron mediante el TSA junto con el personal. Algunas empresas exigen que los trabajadores firmen los formularios o las listas de verificación de TSA completos para que se comience a trabajar. Esto permite que las empresas documenten los riesgos y se aseguren de que los trabajadores reciban información sobre los riesgos posibles y los procedimientos de seguridad.

1.2.4 Evaluación de riesgos

Para determinar si una acción es segura, se debe evaluar el riesgo. El *riesgo* es una medida de la probabilidad de que un evento ocurra, las consecuencias que tendría y la exposición a él. La *probabilidad* es una medida de las chances de que ocurra un determinado evento. *Las consecuencias* son los resultados de una acción, una condición o un evento. La *exposición* es la cantidad de tiempo que una persona o un objeto están expuestos a una condición, un material o un ambiente no seguros, o bien la medida en que están expuestos a ellos.

Una operación segura se caracteriza por un nivel de riesgo aceptable. Esto significa que existe una probabilidad baja de que ocurra un incidente y que las consecuencias y el riesgo de exposición son aceptables. Por ejemplo, subir una escalera conlleva un riesgo aceptable si la escalera adecuada se usa y se coloca correctamente y si está en buen estado. La probabilidad de exposición a un riesgo y sus consecuencias posibles es baja. Si cualquiera de estas condiciones fuera diferente, subir la escalera conllevaría un nivel de riesgo inaceptable.

1.2.5 Notificación de lesiones, incidentes, cuasiaccidentes y equipos dañados

Todos los incidentes y los accidentes que se produzcan en el lugar de trabajo deben informarse al supervisor independientemente de la gravedad que revistan. Algunos trabajadores piensan que se meterán en problemas si informan de lesiones menores. Eso no es cierto. Las lesiones leves, como los cortes y los raspones, pueden convertirse en problemas importantes a causa de infecciones y otras complicaciones.

Los empleadores estadounidenses que tengan más de 10 empleados deben registrar las lesiones y las enfermedades significativas relacionadas con el trabajo a través de formularios y documentos específicos de la OSHA. En ciertos casos, los nombres de los empleados deben ser confidenciales. Cada cierto tiempo, debe publicarse un resumen de estas lesiones, pero no es necesario que los empleadores lo envíen a la OSHA a menos que esta lo solicite. Los empleadores pueden calcular la cantidad total de lesiones y enfermedades y comparar el resultado con los índices nacionales promedio de empresas similares. Mediante el análisis de los incidentes y los accidentes, las empresas y la OSHA pueden mejorar las políticas y los procedimientos de seguridad. Si informa un incidente, puede ayudar a prevenir eventos similares en el futuro. Para obtener detalles sobre la función de la OSHA y su importante misión, consulte el *Apéndice*.

Todo equipo dañado debe ser informado inmediatamente al supervisor del trabajo. Tome medidas para que el equipo no se utilice hasta que haya sido revisado. Desconecte siempre la fuente de alimentación y coloque una señal para evitar que otras personas utilicen el equipo hasta que pueda ser reparado.

1.2.6 Formación y educación sobre seguridad

Los empleadores son responsables de garantizar que los trabajadores estén formados para realizar su trabajo de forma segura dentro del entorno de trabajo. Aunque muchas habilidades pueden adquirirse a través del **aprendizaje en el ámbito laboral (OJL)**, la educación a través de un programa de formación estandarizado presenta aspectos de la seguridad en el trabajo que la experiencia podría no cubrir hasta que sea demasiado tarde.

Por ejemplo, un trabajador puede aprender cómo subirse a un andamio y trabajar en un entorno elevado simplemente observando lo que hacen otros trabajadores, pero la formación estandarizada proporciona un mayor conocimiento de los peligros potenciales.

En este ejemplo, estas son algunas de las responsabilidades del empleador en materia de formación en seguridad:

- *"El empleador debe asegurarse de que cada empleado que trabaje sobre un andamio sea capacitado y entrenado por una persona calificada en la materia, a fin de poder reconocer los riesgos relacionados con el tipo de andamio utilizado y comprender los procedimientos para controlar o reducir estos riesgos"* (29 *CFR* 1926.454-a).
- *"El empleador debe instruir a cada empleado entrenado por una persona capacitada que se encargue de la construcción, el desmontaje, el traslado, el funcionamiento, la reparación, el mantenimiento o la inspección de un andamio para que reconozca los riesgos relacionados con el trabajo en cuestión"* (29 *CFR* 1926.54-b).

Los empleadores son responsables de capacitar a todos sus empleados sobre las prácticas de trabajo seguras y la normativa que se aplica al trabajo que realizan. La normativa también utiliza los términos *debería (should)* y *debe/deberá (shall)*. En el contexto de la normativa, el término *debería (should)* significa que algo se recomienda, mientras que *debe/deberá (shall)* significa que es obligatorio.

Hay dos términos clave definidos y utilizados a lo largo del módulo: **persona competente** y **persona cualificada**.

Una persona competente se define en 29 *CFR* 1926.32(f) como aquella "que es capaz de detectar riesgos existentes y predecibles en el entorno, o condiciones de trabajo antihigiénicas, riesgosas o peligrosas para los empleados, y que cuenta con la autorización para tomar medidas correctivas con el fin de solucionar tales problemas".

La primera parte de esta definición requiere que la persona competente tenga la capacidad de reconocer los peligros asociados a la actividad. La OSHA ha identificado los "cuatro riesgos fatales" del lugar de trabajo. Se trata de los riesgos asociados con los accidentes por caídas, por golpes, por atrapamiento o acorralamiento y por electrocución. Para detectar estos riesgos, la persona competente debe estar muy bien entrenada en los procedimientos de seguridad, las reglamentaciones de la OSHA y las prácticas de seguridad relacionadas con la actividad. Esta persona debe conocer la forma segura de realizar un trabajo para poder identificar una práctica riesgosa.

La segunda parte requiere que la persona tenga autoridad para eliminar el peligro. Esto puede requerir la interrupción del trabajo hasta que el riesgo pueda eliminarse. La persona competente debe ser autorizada por el empleador para hacerlo.

Los empleadores están obligados a proporcionar la formación necesaria y son libres de designar tantas personas competentes como sea necesario.

Una persona cualificada se define en 29 *CFR* 1926.32(m) como aquella "que, sobre la base de un certificado o un título reconocidos, su trayectoria profesional, o su vasto conocimiento, capacitación o experiencia, ha demostrado, de manera exitosa, la capacidad para resolver problemas relacionados con la materia, el trabajo o el proyecto".

Cuando se especifica que todos los andamios deben ser diseñados por una persona cualificada, se pretende aplicar la definición anterior. La persona cualificada debe diseñar y planificar un proyecto de andamios y, luego, transferir el proyecto a una persona competente (según se define arriba) para que supervise la construcción. Es posible que una misma persona cumpla ambas funciones. Observe que no se exige que la persona cualificada tenga un título, sino que basta con que tenga los conocimientos adecuados para el proyecto en cuestión.

La normativa exige que un ingeniero matriculado diseñe cualquier andamio de más de 125 ft (38 m) de altura y determine el número adecuado de niveles de trabajo. Existen límites al número de niveles **entablados** y de trabajo en función del tipo de andamio montado (*Tabla 1*).

1.2.7 Rescate

Todo sitio de trabajo elevado debe contar con un plan de rescate y recuperación. La planificación es especialmente importante en las zonas remotas donde no es fácil conseguir ayuda. Antes de empezar a trabajar, asegúrese de conocer el plan de rescate de su empresa en caso de una caída. Averigüe qué equipo de rescate está disponible y dónde se encuentra. Aprenda a utilizar el equipo para el autorrescate y para el rescate de otras personas.

Si se produce una caída, cualquier empleado que cuelgue del sistema de detención de caídas debe ser rescatado de forma segura y rápida. Su empleador debería haber determinado con anterioridad los métodos de rescate para todas las víctimas. Estos métodos podrían incluir un equipo que permita que la víctima se rescate a sí misma, un sistema de rescate llevado a cabo por los compañeros de trabajo o una manera para alertar a la unidad de rescate entrenada. Si el rescate implica pedir ayuda fuera del lugar, como al departamento de bomberos o a una unidad de rescate, todos los números telefónicos necesarios deben estar a la vista en el área de trabajo. En caso de que un compañero de trabajo se caiga, siga el plan de rescate de su empleador. Llame a los servicios de rescate necesarios. Comuníquese con la víctima y vigílela constantemente durante el rescate. Después de una caída, todo el sistema de protección contra caídas implicado debe ser desechado.

No permita nunca que un trabajador que ha estado suspendido se recueste, ya que esto podría provocar un flujo repentino de sangre desoxigenada hacia el corazón y desencadenar un paro cardíaco. Esta condición se conoce como *traumatismo por suspensión*.

Tabla 1 Cantidad máxima de niveles entablados para cada clasificación de andamio

	Cantidad máxima de niveles entablados adicionales			**Altura máxima del andamio (ft)**
Cantidad de niveles de trabajo	Baja resistencia	Resistencia media	Alta resistencia	
1	16	11	6	125
2	11	1	0	125
3	6	0	0	125
4	1	0	0	125

Recursos adicionales

Basic Construction Safety and Health, Fred Fanning. 2014. CreateSpace Independent Publishing Platform.

Construction Safety, Jimmie W. Hinze. Segunda edición. 2006. Nueva York, NY: Pearson.

DeWalt Construction Safety/OSHA Professional Reference, Paul Rosenberg, American Contractors Educational Services. 2006. DEWALT.

Recursos en línea:

Código de Reglamentaciones Federales (*CFR*), **www.ecfr.gov**

Administración de Seguridad y Salud Ocupacional de Estados Unidos (OSHA), **www.osha.gov**

Videos de la OSHA, **www.osha.gov/video**

Repaso de la sección 1.0.0

1. La principal persona responsable de su seguridad es _____.
   a. su capataz
   b. su instructor
   c. usted
   d. su empleador
2. Uno de los enfoques para reconocer los peligros es realizar un(a) _____.
   a. JSA
   b. SDS
   c. OSHA
   d. EPP

Sección Dos

2.0.0 Requisitos reglamentarios y la OSHA

Objetivo

Identificar los motivos detrás de las normas de la OSHA que rigen el trabajo en altura en el sector de la construcción.

a. Comprender el rol de la OSHA en la regulación del lugar de trabajo en el sector de la construcción y saber dónde encontrar las normas, la capacitación y los requisitos de seguridad relacionados con el trabajo en altura.

Palabras técnicas

Equipo de protección personal (PPE): Equipo o ropa diseñados para prevenir o reducir las lesiones.

Excavaciones: Cortes, cavidades, zanjas o depresiones hechas por el hombre en la superficie de la tierra, formadas por la remoción de tierra. Las excavaciones pueden realizarse con el fin de construir estructuras de lo más diversas, desde sótanos hasta carreteras.

Sistema personal de detención de caídas (PFAS): Sistema utilizado para detener la caída de un empleado desde un nivel de trabajo. Se compone de un anclaje, conectores y un arnés corporal, y puede incluir una cuerda de seguridad, un dispositivo de desaceleración, una línea de vida o combinaciones adecuadas de estos elementos.

Hay muchas normas y procedimientos en vigor para mantener a los empleados seguros, muchos de los cuales son desarrollados por la OSHA. Para entender cómo se relaciona la OSHA con la industria de la construcción, es importante comprender la diferencia entre códigos, reglamentaciones y normas.

Un *código* es una colección sistemática y completa de leyes y normas. Una *reglamentación o normativa* es un principio, una regla o una ley que rige el comportamiento. Una *norma* es una definición de un grado o nivel de rendimiento. Las normas son desarrolladas y actualizadas por grupos de la industria, mientras que los códigos y las reglamentaciones son desarrollados por agencias gubernamentales.

2.1.0 La Administración de Seguridad y Salud Ocupacional

La Ley de Seguridad y Salud Ocupacional de 1970 autorizó a la OSHA, que forma parte del Departamento de Trabajo, a definir normas de seguridad y salud ocupacional para todos los lugares de trabajo, hacer cumplir las normas y proporcionar programas de investigación y educación para apoyar las prácticas de trabajo seguras.

La OSHA exige a cada empleador que proporcione un lugar de trabajo seguro y libre de peligros para cada empleado. Los empleados están obligados a cumplir las normas y las reglamentaciones de la OSHA relacionadas con su conducta en el trabajo. Las normas de la OSHA que se refieren a los herreros que participan en tareas de montaje de componentes de acero se incluyen en 29 *CFR* (*Código de Reglamentaciones Federales*) 1926, Subparte R. Esta normativa está disponible en **www.osha.gov**. Según las normas de la OSHA, los empleados tienen derecho a recibir formación en el trabajo.

En concreto, los nuevos empleados deben estar debidamente informados y equipados de acuerdo con lo siguiente:

- Se les debe decir lo que hay que hacer en el trabajo
- Se les debe enseñar a hacer las tareas que se les han asignado
- Se les deben proporcionar las herramientas y el equipo adecuados, incluido el **equipo de protección personal (EPP)**
- Deben ser advertidos de los peligros específicos en la zona de trabajo y en los alrededores
- Deben ser supervisados en lo relativo a la seguridad durante la realización del trabajo

2.1.1 El desarrollo y el objetivo de las reglamentaciones y las normas

El principal código o reglamentación que guía a la industria de la construcción es el código de la OSHA. Este código es una ley federal. Las infracciones al código se sancionan con multas u otras medidas similares. Cada estado tiene sus propios códigos, que también son aplicables por ley. El objetivo de todas estas leyes es brindar un lugar de trabajo seguro. Estas leyes se aplican a los trabajadores y a los empleadores por igual, y deben servir de base para todas las normas, políticas y comportamientos.

Las reglamentaciones de la OSHA constituyen el conjunto básico de normas que rigen el sector de la construcción. Estas normas abarcan todos los aspectos de los trabajos de construcción y los requisitos de seguridad, incluidos temas como el uso y el mal uso de los andamios. Las normas pueden ser muy complejas y confusas. La normativa de la OSHA está dividida en secciones que se encuentran en el *Código de*

Reglamentaciones Federales (*CFR*). Los requisitos reglamentarios de cada industria se tratan en una sección separada de los temas regulados:

- Norma general de la industria (29 *CFR* 1910)
- Norma marítima (29 *CFR* 1915, 1917 y 1918)
- Norma de construcción (29 *CFR* 1926)

Cada reglamentación está diseñada para tener jurisdicción sobre una industria que utiliza andamios.

Además de las reglamentaciones locales, estatales y federales, las organizaciones que trabajan con andamios han desarrollado normas que son de utilidad para el constructor de andamios.

- Cuerpo de Ingenieros del Ejército (ACE) (EM-385-1.1)
- Administración de Seguridad y Salud en Minas (MSHA)
- American National Standards Institute (ANSI)
- Contratistas y Constructores Asociados (ABC)
- Asociación de la Industria de los Andamios y del Acceso (SAIA)
- Instituto de Moldeado, Apuntalamiento y Andamiaje (SSFI)
- Asociación de Contratistas Generales (AGC)
- Diversos manuales de compañías fabricantes de andamios

Las copias de las normas publicadas por cada una de las asociaciones de la industria mencionadas se pueden obtener de la asociación correspondiente y no se incluyen en este módulo. Este programa de formación está destinado a la industria de la construcción. Las reglamentaciones generales de la industria se aplican a todos los tipos de andamios.

2.1.2 Disposiciones generales en materia de salud y seguridad

La OSHA proporciona reglamentaciones generales en materia de salud y seguridad que se aplican a toda la industria de la construcción. A continuación, se exponen algunos extractos de estas reglamentaciones relacionados con este programa de formación. Las citas reales de la normativa están en cursiva, y los comentarios y explicaciones en letra normal.

Estas son algunas de las responsabilidades en materia de prevención de accidentes:

- *Será responsabilidad del empleador implementar dichos programas, puesto que pueden ser necesarios para cumplir con esta parte.*
- *Dichos programas deberán prever la realización de inspecciones frecuentes y periódicas de los lugares de trabajo, los materiales y los equipos por parte de personas competentes designadas por los empleadores.*

Esta subparte exige que el empleador desarrolle e implemente un programa de seguridad. El objetivo del programa de seguridad debe ser construir, usar y desmontar un andamio de manera segura, conforme a las reglamentaciones generales de la industria. El empleador también debe designar a una persona competente para que realice inspecciones regulares del lugar de trabajo, así como de los materiales y el equipo utilizados en dicho lugar.

> **¿Lo sabía?**
>
> **Formación en seguridad**
>
> Las condiciones de trabajo seguras en las minas dependen de la Administración de Seguridad y Salud en las Minas (MSHA), y cualquier otro lugar de trabajo está regulado por la OSHA. Sin embargo, salvo algunos requisitos específicos del sector, la normativa es la misma.

2.1.3 Formación requerida por la OSHA

La OSHA exige que se imparta formación sobre el uso adecuado de cada uno de los dispositivos de protección contra caídas utilizados en el lugar de trabajo. El empleador también debe proporcionar una formación especial a todos los empleados que participen en la instalación y el mantenimiento del equipo de protección contra caídas, en la definición de zonas controladas de instalación de cubiertas y en la conexión de miembros estructurales.

> **PRECAUCIÓN**
>
> El entrenamiento sobre seguridad es un requisito para todas las actividades. No opere nunca herramientas, maquinaria ni equipos sin haber recibido un entrenamiento previo. Consulte siempre las instrucciones del fabricante.

2.1.4 Requisitos de protección contra caídas

Según la OSHA, las caídas causaron 384 muertes de trabajadores de la construcción en 2016. Esto representa el cuádruple de víctimas mortales que la segunda causa más común. La normativa de la OSHA está diseñada para abordar esta cuestión.

La construcción en altura suele requerir el uso de sistemas de protección contra caídas. Las áreas o actividades en las que se necesita protección contra caídas incluyen, entre otras, los andamios, las excavaciones, las zonas de elevación, los agujeros, las rampas, las pistas y otras pasarelas. También es obligatorio el uso de protección contra caídas para trabajos de encofrado e instalación de barras de refuerzo, trabajos en el borde de la estructura, lados y bordes no protegidos y otras superficies de paso/trabajo peligrosas.

Los contratistas deben proteger a sus trabajadores de los riesgos de caída y de la caída de objetos siempre que un trabajador esté 6 ft (1,8 m) o más por encima de un nivel inferior, o bien 4 ft (1,2 m) por encima de maquinaria abierta. Los trabajadores deben estar protegidos contra la caída dentro de equipos peligrosos. Las zonas de trabajo también deben estar protegidas contra la caída de objetos.

En la construcción de rascacielos, es común que los trabajadores se vean obligados a trabajar en lugares que requieren cables de acero o eslingas para el acceso. Estas eslingas y cuerdas de posicionamiento deben ser inspeccionadas diariamente por una persona cualificada. Según la normativa de la OSHA, no debe utilizarse ningún cable si, cuando se toma cualquier tramo continuo de un pie, más del 10 por ciento del total de los cables está deshilachado o roto.

Tres ejemplos comunes de equipos de protección contra caídas son una baranda, un **sistema personal de detención de caídas (PFAS)** o una red de seguridad. Estos dispositivos y su uso se rigen por 29 *CFR* 1926, subparte M.

29 *CFR* 1926, subparte M también cubre las barandas, pero las normas previstas en esta subparte no se aplican a las barandas de los andamios. Las normas relativas a las barandillas en los andamios están contenidas en 29 *CFR* 1926, subparte L. La OSHA exige básicamente que todos los trabajadores utilicen sistemas de barandillas, sistemas de redes de seguridad o sistemas personales de detención de caídas generalmente diseñados para protegerse de caídas de más de 6 ft (1,8 m) al suelo o a un nivel de trabajo inferior.

Recursos adicionales

Basic Construction Safety and Health, Fred Fanning. 2014. CreateSpace Independent Publishing Platform.

Construction Safety, Jimmie W. Hinze. Segunda edición. 2006. Nueva York, NY: Pearson.

DeWalt Construction Safety/OSHA Professional Reference, Paul Rosenberg, American Contractors Educational Services. 2006. DEWALT.

Recursos en línea:

Código de Reglamentaciones Federales (*CFR*), **www.ecfr.gov**

Administración de Seguridad y Salud Ocupacional de Estados Unidos (OSHA), **www.osha.gov**

Videos de la OSHA, **www.osha.gov/video**

Repaso de la Sección 2.0.0

1. El organismo que es el principal responsable de la regulación de la industria de los andamios es _____.
   a. la Asociación de la Industria de los Andamios y del Acceso
   b. la Administración de Seguridad y Salud Ocupacional
   c. el Consejo Nacional de Seguridad
   d. el Instituto Estadounidense de Normalización

2. ¿A quién exige la OSHA que desarrolle y aplique un programa de seguridad?
   a. empleadores
   b. empleados
   c. ingenieros
   d. inspectores certificados

Sección Tres

3.0.0 Incidentes y accidentes

Objetivo

Identificar incidentes, accidentes, causas, costos y consecuencias de las caídas en el lugar de trabajo.

a. Identificar las categorías de incidentes y accidentes en el lugar de trabajo.
b. Describir el costo de los incidentes y los accidentes en el lugar de trabajo.
c. Describir las causas de los incidentes y los accidentes en el lugar de trabajo e identificar los riesgos que resultan en caídas.

Palabras técnicas

Arnés corporal: Correas que pueden fijarse alrededor del trabajador de manera que distribuyan las fuerzas de detención de caídas sobre, al menos, los muslos, la pelvis, la cintura, el pecho y los hombros, con medios para fijarlas a otros componentes de un sistema personal de detención de caídas.

Barandilla intermedia: Tabla horizontal a altura intermedia que debe instalarse obligatoriamente en todos los lados abiertos de los andamios y las plataformas que están a más de 36 cm (14 pulg) de la superficie de la estructura y más de 3 m (10 pies) por encima del suelo. Se coloca entre el rodapié y la barra superior.

Barandilla superior: Tabla horizontal superior que debe instalarse obligatoriamente en todos los lados abiertos de los andamios y las plataformas que están a más de 36 cm (14 pulg) de la cara de la estructura y más de 3 m (10 pies) sobre el suelo.

Sistema de administración: Organización de la administración de una empresa, incluidos los procedimientos de informe, las responsabilidades de supervisión y la administración.

Los incidentes y los accidentes pueden producirse en cualquier lugar de trabajo. Las conductas de riesgo y las malas condiciones laborales pueden provocar estos eventos no deseados. Si adopta hábitos laborales seguros, comprende las causas de estos hechos y aprende a prevenirlos, puede ayudar a evitarlos.

Los términos *incidente* y *accidente* suelen utilizarse indistintamente. Sin embargo, según la OSHA, un incidente es un evento no planificado que puede o no resultar en daños materiales.

De todos modos, los incidentes deben documentarse para poder tomar las medidas necesarias a fin de evitar su recurrencia. Cuando se produce un incidente, no se provocan lesiones.

Un accidente se define como un evento no planificado que provoca lesiones o daños materiales. En consecuencia, un evento que solo provoca daños materiales podría considerarse un incidente o un accidente. Un suceso que provoca daños personales o una muerte se considera siempre un accidente.

Hay que tener en cuenta que existen diversas opiniones sobre el uso de los términos *incidente* y *accidente*. El Consejo Nacional de Seguridad de los EE. UU. define el término "incidente" como un evento no planificado y no deseado que afecta de manera adversa la finalización de una tarea. En esta definición, no se mencionan las lesiones ni los daños materiales. Es probable que otras organizaciones de seguridad de diversas partes del mundo también tengan sus propias definiciones de estos términos o usen términos completamente distintos.

Lo más importante es comprender que los incidentes y los accidentes son eventos negativos que tienen un efecto adverso sobre los proyectos y los trabajadores. No se sorprenda si escucha que otros trabajadores usan estas palabras de forma indistinta.

> **NOTA**
> Este módulo utiliza los términos *incidente* y *accidente* tal y como los define la OSHA.

Está en sus manos detectar y evitar condiciones peligrosas, y las lecciones de este módulo lo ayudarán a hacerlo. Siguiendo los procedimientos de seguridad y utilizando el sentido común, puede protegerse a sí mismo y a los demás de lesiones e incluso de la muerte.

3.1.0 Categorías de incidentes y accidentes

Los incidentes y los accidentes suelen clasificarse de la siguiente manera según su gravedad y sus consecuencias:

- *Cuasiaccidente* – Un evento no planificado en el que no se produjeron lesiones ni daños a la propiedad, pero podrían haberse producido. Los cuasiaccidentes son advertencias que deben informarse siempre; no deben ignorarse ni tomarse a la ligera.
- *Daños materiales* – Un evento no planificado que daña herramientas, materiales o equipos, pero no causa lesiones.
- *Lesiones menores* – Si el personal sufre cortes, contusiones o torceduras leves, pero vuelve a trabajar a pleno rendimiento en su siguiente turno de trabajo regular, sus lesiones se consideran leves.
- *Lesiones graves o incapacitantes* – Lesiones del personal que provocan una incapacidad temporal o permanente. En esta categoría, se incluyen los incidentes que ocasionan una pérdida de tiempo de trabajo, las situaciones de servicio o movimiento restringidos

y los casos en los que se produce una incapacidad parcial o total.
- *Accidentes mortales* – Muertes resultantes de eventos no planificados.

Los estudios han demostrado que, por cada lesión grave o incapacitante, se produjeron 10 lesiones de menor gravedad y 30 incidentes con daños a la propiedad. Un estudio más reciente reveló que, por cada lesión grave o incapacitante, se produjeron 600 cuasiaccidentes.

¡ADVERTENCIA!

La mayoría de los trabajadores que mueren por caídas llevan un **arnés de cuerpo entero** pero no se atan correctamente. Siga siempre las instrucciones del fabricante cuando use un arnés. Sepa y respete los procedimientos de seguridad de su empresa cuando trabaje en techos, escaleras y otros lugares elevados y asegúrese de contar con un punto de anclaje adecuado en todo momento.

3.2.0 Incidentes y accidentes

La mayoría de los accidentes pueden prevenirse mediante hábitos de trabajo seguros y un conocimiento profundo de los tipos de comportamientos y condiciones que causan accidentes. Según el Consejo Nacional de Seguridad, se pierden más de 90 000 vidas al año a causa de accidentes laborales, a pesar de la creciente preocupación de la dirección y del gobierno federal por el bienestar humano en el trabajo. Estos accidentes incluyen pérdidas como las siguientes:

- Muertes o lesiones incapacitantes de las personas implicadas
- Pérdida de tiempo de trabajo y de salarios
- Gastos médicos o funerarios
- Pérdida de destreza, experiencia o formación
- Aumento de las primas de seguro

Los incidentes y los accidentes cuestan miles de millones de dólares todos los años y provocan un sufrimiento innecesario. El Consejo Nacional de Seguridad calcula que el movimiento de seguridad organizado ha salvado más de 4,2 millones de vidas desde su inicio en 1913. Esta sección examina las causas de los incidentes y los accidentes, y el modo en que usted puede ayudar a prevenirlos.

Los accidentes que provocan lesiones o la muerte pueden tener un efecto duradero en las víctimas, sus familias, sus compañeros de trabajo y sus empleadores. Un trabajador que se lesiona y sufre una incapacidad por un accidente quizás deba afrontar gastos elevados de atención médica. Además de estos gastos, la familia del trabajador tal vez sufra la pérdida de los ingresos de los que dependía. El seguro no siempre se hace cargo de los costos. Si el trabajador se lesiona debido a que no cumplió con las reglas de seguridad establecidas, es posible que el seguro rechace su reclamación y que la empresa lo despida a causa de la infracción. Un trabajador que se ha lesionado en una caída por no haber utilizado protección contra caídas podría no recibir una indemnización. El modo en que se manejan estas cuestiones varía significativamente según cada empresa y cada país.

Los accidentes de trabajo también tienen enormes consecuencias para los empleadores. Una caída desde una viga, una falla en la línea de elevación o el manejo inadecuado de los electrodos o sopletes de soldadura pueden provocar lesiones personales, la muerte o la pérdida de equipos y materiales.

Los empleadores y los compañeros de trabajo pueden verse afectados, ya que la firma de muchos contratos depende, en parte, del registro de seguridad de la empresa. En consecuencia, los incidentes y los accidentes también pueden provocar la pérdida de futuros empleos, lo que repercute sobre la situación financiera de la empresa. Esto puede generar despidos, el cese de contrataciones o la incapacidad para comprar equipos o herramientas nuevos. De este modo, estos eventos no solo afectan a los empleados que se lesionan y a sus familias, sino que también afectan a todas las personas que trabajan en el lugar.

Un empleador puede verse obligado a gastar miles de dólares para reparar o sustituir equipos y materiales. Otras pérdidas que pueden afectar a un empleador son las siguientes:

- Retraso de la producción
- Costas judiciales
- Aumento de las primas de seguro para los trabajadores
- Pérdida de confianza del público

Hay muchos costos indirectos asociados con los accidentes, como se muestra en la *Figura 3*. Los costos directos, que son los visibles, son la punta del iceberg. No todos están cubiertos por el seguro. Los costos indirectos, más numerosos, no son fácilmente medibles, pero pueden representar una carga financiera mayor que los costos directos.

Cuando los empleadores pierden dinero, los empleados también. Los fondos disponibles para aumentos de sueldo y primas se ven seriamente mermados por un accidente laboral grave. Un buen programa de seguridad mantiene a todos en el negocio.

3.3.0 Causas de las caídas, los incidentes y los accidentes

A veces, las caídas pueden ser causadas por otros peligros aparentemente no relacionados. Los siguientes peligros comunes pueden provocar caídas:

- Riesgo de sufrir golpes
- Riesgo de quedar atrapado o ser aplastado
- Caída de objetos

Los riesgos de sufrir golpes, quedar atrapado o ser aplastado (En la *Figura 4*) suelen implicar los mismos

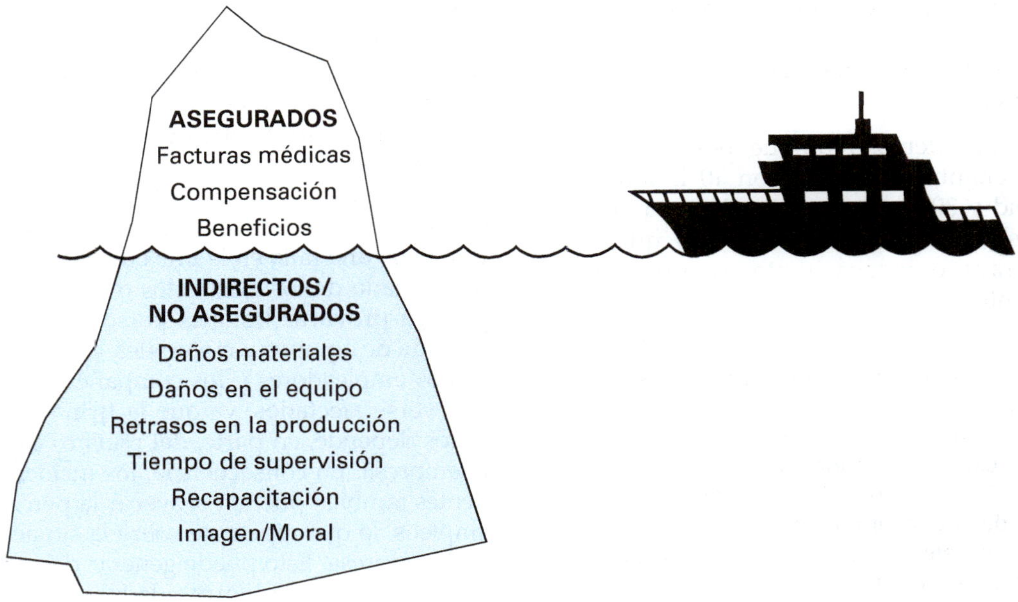

Figura 3 Costos asociados con los accidentes.

Figura 4 Balanceo de la cabina.

tipos de equipos, pero hay una diferencia entre ellos. El riesgo de sufrir golpes es el riesgo de recibir un impacto de un objeto en movimiento; el riesgo de quedar atrapado o ser aplastado es el riesgo de quedar atascado entre un objeto en movimiento y una superficie sólida. Estos ejemplos se ofrecen a modo de aclaración. Suponga que una persona está trabajando cerca de una grúa que tiene una carga suspendida y que la carga golpea a la persona. Este es un ejemplo de un incidente relacionado con el riesgo de sufrir golpes. Sin embargo, si el trabajador está detrás de la grúa y esta retrocede y lo encierra contra la pared, se trata de un incidente que se produjo debido a que el trabajador quedó atrapado o acorralado entre dos objetos.

En cualquier lugar de trabajo, existe el riesgo de sufrir golpes por la caída de objetos, como herramientas que caen desde un lugar elevado. Los objetos que vuelan por el aire, como las partículas de metal que se desprenden por el amolado y el cincelado, representan otro riesgo de sufrir golpes. En cualquier lugar donde haya equipos en movimiento o personas que trabajen cerca de carreteras, también existe el peligro de que algún vehículo choque al personal.

Según la OSHA, la caída de objetos mató a 93 trabajadores de la construcción en 2016—el 9 por ciento del total de trabajadores de la construcción muertos ese año. En 2002, la OSHA añadió dos nuevas normas para proteger a los trabajadores de la construcción de edificios altos contra la caída de objetos. En primer lugar, todos los materiales, equipos y herramientas que no se estén utilizando deben estar asegurados para evitar que se golpeen o caigan accidentalmente de la plataforma. En segundo lugar, el contratista de control debe prohibir otros procesos de construcción por debajo de las tareas de montaje de componentes de acero, a menos que se proporcione protección aérea a los empleados que trabajan debajo. Una red para escombros, también llamada *red de contención* (En la *Figura 5*), se utiliza en obras de construcción elevadas para evitar que las herramientas, los materiales, las partículas de desecho (como el polvo) y los objetos pequeños, como clavos, fijaciones y tornillos, caigan sobre las personas que están debajo. La OSHA exige la instalación de una red para escombros cuando una pila de materiales o equiposen un andamio es más alta que el borde superior de un rodapié estándar.

En estos casos, la red de escombros se instala desde la barra superior hasta el nivel de la cubierta, de manera que cubra completamente la zona de trabajo como una cortina protectora. La red para escombros promedio está hecha de una malla fina de plástico de polietileno resistente e ignífugo, que se vende en rollos de distintas anchuras y longitudes según la aplicación. La OSHA exige que las redes de escombros mantengan

Figura 5 Redes para escombros.

su flexibilidad en temperaturas extremas. La red de escombros no está diseñada para servir de protección contra caídas.

Mantenga la zona de trabajo segura. Prevenga las lesiones por caída de objetos siguiendo las siguientes pautas:

- Lleve siempre un casco.
- Mantenga las aberturas en los suelos cubiertas, aseguradas y debidamente señalizadas.
- No almacene materiales, excepto mampostería y mortero, a menos de 4 ft de los bordes de trabajo de un sistema de barandas.
- Mantenga la zona de trabajo despejada retirando regularmente el exceso de mortero, las unidades de mampostería rotas o dispersas y cualquier otro material o escombro.
- No trabaje ni camine nunca bajo cargas que estén siendo izadas por una grúa.
- Monte rodapiés o sistemas de barandas. Cuando se utilizan sistemas de barandas para evitar la caída de material de un nivel a otro, cualquier abertura debe ser lo suficientemente pequeña como para impedir el paso de objetos que puedan caer.
- Instale paneles o pantallas desde la superficie de tránsito/trabajo o el rodapié hasta el borde superior de la baranda superior o de la barandilla intermedia si hay herramientas, equipo o materiales apilados hasta una altura mayor al borde superior del rodapié.
- Eleve y baje herramientas y material con una cuerda y un cubo u otro dispositivo de elevación. Nunca arroje herramientas o material hacia ni desde una superficie elevada.

La OSHA exige a los empleadores que investiguen cada muerte, lesión o enfermedad grave relacionada con el trabajo, al igual que cada incidente que hubiera podido causar la muerte o un daño físico grave. El empleador debe documentar las conclusiones de la investigación, así como el plan de acción para evitar que se produzcan nuevos casos. El empleador debe llevar a cabo estas acciones inmediatamente, con fotos o videos si es posible. Es importante que la investigación descubra la causa del accidente para evitar incidentes similares en el futuro. En muchos casos, la causa raíz es una falla en el sistema que no reconoció la condición insegura o el potencial de un acto inseguro (En la *Figura 6*).

En general, muchos incidentes y accidentes pueden atribuirse a una de las siguientes causas fundamentales:

- Falta de comunicación
- Hábitos laborales de riesgo
- Abuso de alcohol o drogas
- Impericia
- Actos intencionales
- Actos inseguros
- Racionalización del riesgo
- Condiciones inseguras
- Falta de orden y limpieza
- Falla del sistema de administración

3.3.1 Falta de comunicación

Muchos incidentes y accidentes ocurren debido a la falta de comunicación. Por ejemplo, quizás aprenda a hacer las cosas de cierto modo en un empleo, pero ¿qué sucede cuando va a trabajar a un lugar diferente? Debe comunicarse con las personas del lugar de trabajo nuevo para saber si hacen las cosas del mismo modo en que usted aprendió a hacerlas. Si no se comunica con claridad, pueden ocurrir incidentes. Recuerde que las cosas se hacen de forma diferente según cada persona, cada empresa y cada lugar de trabajo.

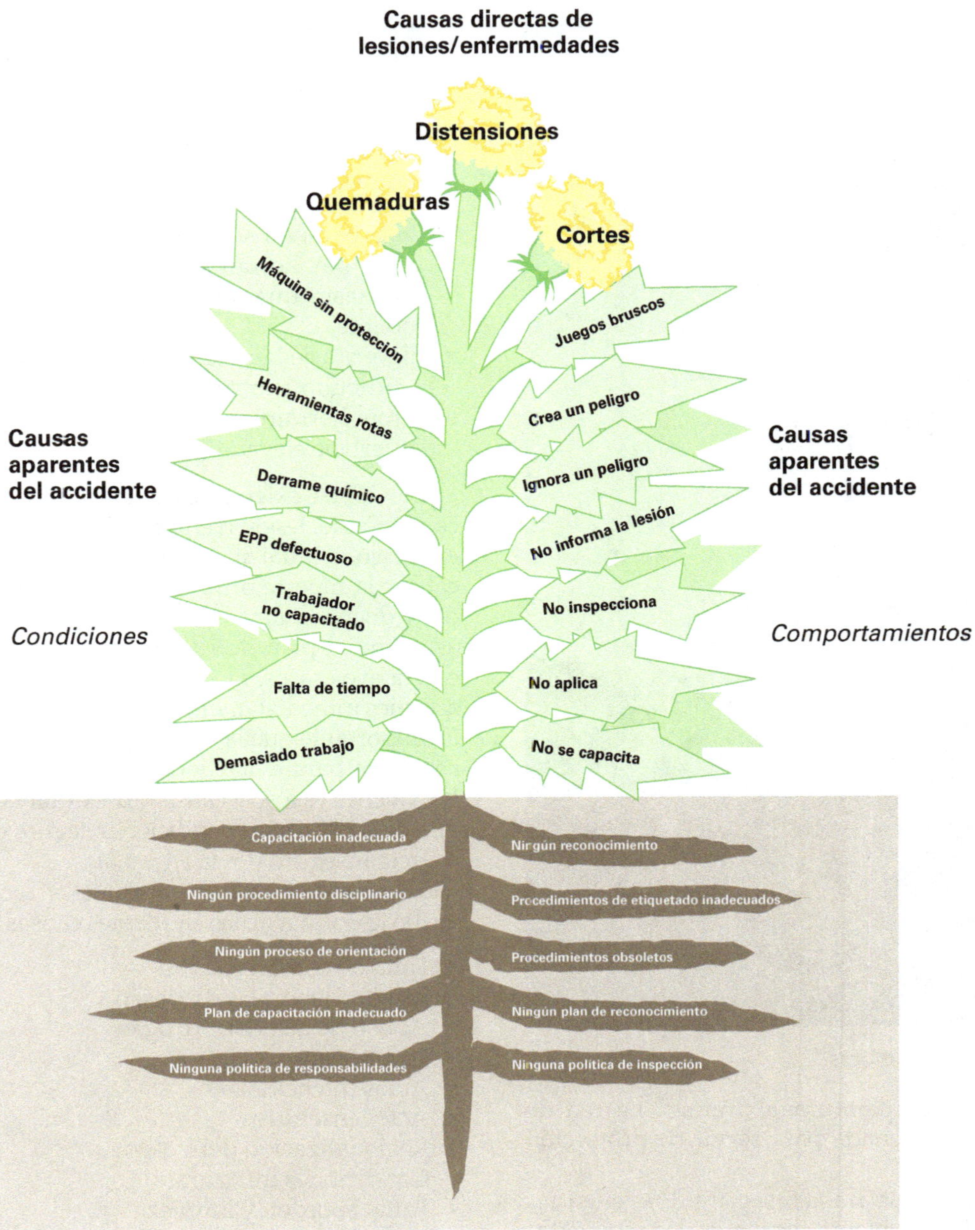

Figura 6 Causas fundamentales de los accidentes.

> **PRECAUCIÓN**
>
> Hacer suposiciones sobre lo que otros trabajadores saben y harán puede provocar incidentes y accidentes. Jamás suponga nada. Por ejemplo, es importante no utilizar términos y jerga que la gente pueda no entender, así como ser consciente de que algunos trabajadores son hablantes nativos del inglés. Otro ejemplo es suponer que una fuente de energía eléctrica está desconectada—Primero pregunte si la energía está desconectada y, luego, compruébelo usted mismo para estar completamente seguro.

Una de las formas de evitar accidentes es el uso de señales, etiquetas de seguridad, zonas delimitadas y barreras, así como otros dispositivos de advertencia. Cuando se utilizan correctamente, estos dispositivos no solo evitan los accidentes, sino que también ayudan a que el trabajo sea fluido y a que se complete en el plazo previsto. Aprenda a reconocer los tipos de señales:

- Señales informativas
- Señales de tránsito y de orden y limpieza
- Señales de indicación
- Señales de tránsito en el lugar
- Señales de seguridad
- Señales de precaución
- Señales de peligro
- Etiquetas de prevención de accidentes y advertencias temporales

En el lugar de trabajo

Charlas informativas

Las charlas informativas son una manera de mantener a todos los trabajadores informados sobre los problemas y las pautas de seguridad. Son reuniones de entre 5 y 10 minutos de duración en las que se revisan temas de salud y seguridad específicos y son muy frecuentes en obras de construcción de todo tipo.

Permanezca atento a la información y a las condiciones que puedan afectar a la seguridad de todos (En la *Figura 7*). No confíe en que otra persona lo mantenga a salvo. Piense bien el trabajo antes de empezarlo. Busque a su alrededor posibles peligros y manténgase alerta a los cambios en el área de trabajo. Recuerde lo siguiente:

- Los accidentes pueden matar e inutilizar.
- Los accidentes le cuestan dinero a usted y a su empresa.
- Los accidentes se pueden prevenir.

Señales informativas – Las señales informativas se utilizan cuando es necesario proporcionar información general que no está relacionada con la seguridad (En la *Figura 8*). El color estándar para estas señales es el azul. El fondo, toda la señal o solo un panel pueden ser azules. Estos son algunos ejemplos:

- Prohibido el ingreso
- No pasar
- Exclusivo para empleados

Señales de tránsito y de orden y limpieza – Las señales informativas en blanco y negro se utilizan como marcas de tránsito y de orden y limpieza. Estas señales identifican cosas como las siguientes:

- Pasillos o callejones sin salida
- Ubicación de las papeleras
- Ubicación y anchura de los pasillos
- Habitaciones o pasajes
- Escaleras (contrahuellas, sentido, bordes)
- Bebederos y máquinas expendedoras de alimentos

Figura 8 Señal informativa común.

Figura 7 Estar atento a las señales de seguridad.

Señales de indicación – Las señales de indicación ayudan a los trabajadores y a los visitantes a encontrar lugares como los baños, las escaleras y los vestuarios. Los colores estándar para las señales de indicación son el blanco y el negro. Las señales que marcan la ubicación de las salidas y de los extintores son señales de indicación especializadas que proporcionan información vital de seguridad y deben ser de un color distintivo. Son de color rojo y blanco, como se muestra en la *Figura 9*.

Señales de tránsito en el lugar – Las señales de tránsito en el lugar ayudan a la circulación segura de vehículos y peatones. Al igual que las señales de tránsito de las carreteras y calles públicas, las del lugar de trabajo deben respetarse.

El emblema de vehículo lento se utiliza en los vehículos que se mueven a una velocidad de 25 millas por hora (mph) o menos. El emblema es un triángulo amarillo y naranja fluorescente con un borde rojo oscuro reflectante (En la *Figura 10*). Se ve con frecuencia en equipos de construcción y agrícolas.

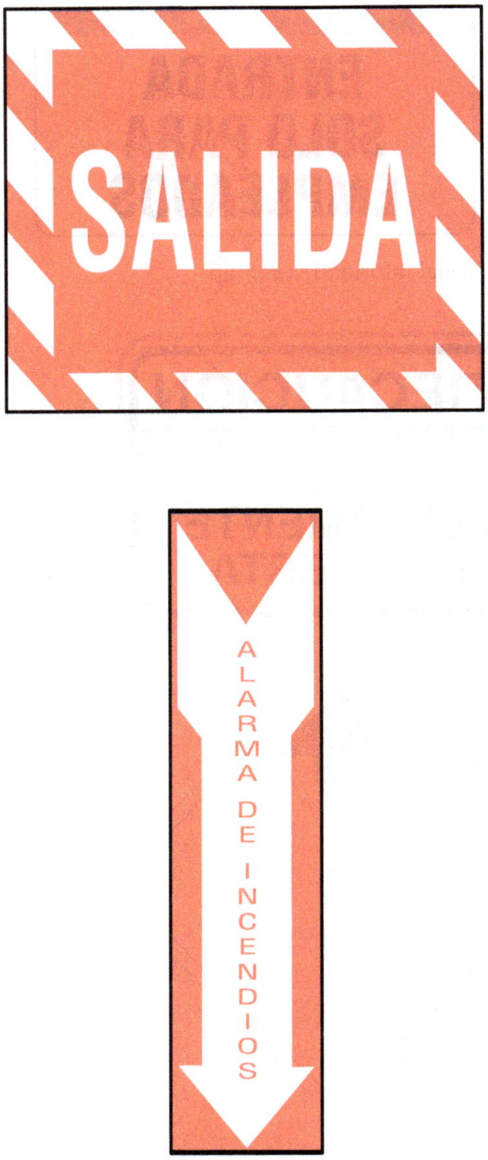

Figura 9 Señales de indicación.

Señales de seguridad – Las señales de seguridad ofrecen instrucciones y sugerencias generales sobre medidas de seguridad (En la *Figura 11*). El fondo y las letras de estas señales suelen ser de color blanco y verde, pero los colores pueden variar según el mensaje y la ubicación de la señal. Estas señales indican dónde se encuentran áreas importantes, como, por ejemplo:

- Las estaciones de primeros auxilios
- Las estaciones de emergencia para el lavado de ojos
- Las rutas de evacuación
- Las estaciones de hojas de datos sobre seguridad (SDS)
- Las salidas (generalmente, estas señales tienen letras blancas y un fondo rojo)

Estos son algunos ejemplos de lo que podría leerse en una señal de seguridad:

- Informe de todas las condiciones inseguras a su supervisor
- Camine, no corra
- Ayude a mantener la seguridad y la limpieza de la planta

Señales de precaución – Las marcas o señales de precaución (En la *Figura 12*) le informan de los posibles peligros o le advierten de los actos inseguros. Cuando vea una señal de precaución, deberá protegerse de un riesgo posible. Las señales de precaución son amarillas y tienen un panel negro con letras amarillas. Es posible que se usen para indicar lo siguiente:

Figura 10 Señal de vehículo lento.

Figura 11 Señal de seguridad común.

- Protección auditiva y ocular obligatorias
- Uso obligatorio de respiradores
- Prohibido fumar

Cuando vea una señal de precaución, tome las medidas necesarias para protegerse. Estos son algunos ejemplos de lo que podría leerse en una señal de precaución:

- Precaución – No operar
- Precaución – Mantener los pasillos despejados
- Precaución – Cerca electrificada

El amarillo es el color básico utilizado para las señales de precaución. Se utiliza para identificar los lugares en los que pueden producirse riesgos físicos por golpes contra objetos, tropiezos, caídas, tropezones y atrapamiento entre obstáculos. El amarillo sólido, las rayas amarillas y negras y las cuadrículas amarillas y negras advierten a los trabajadores de estos peligros.

Las señales de precaución instaladas en los sistemas de tuberías que contienen materiales peligrosos son de color amarillo. El amarillo también se utiliza para advertir a los trabajadores de que no pongan en marcha una máquina que se encuentra en reparación. Las barreras pintadas y las banderas deben situarse en el punto de partida o en la fuente de energía. Deben estar expuestas, de forma que los trabajadores las adviertan fácilmente en elementos como controles eléctricos, escaleras, andamios, bóvedas, válvulas, secadoras, calderas, ascensores y tanques.

Señales de peligro – Las marcas o señales de peligro (En la *Figura 13*) indican que existe un riesgo inmediato y que se deben tomar ciertas precauciones para evitar un incidente. Las señales de peligro son rojas, negras y blancas y pueden indicar lo siguiente:

- Equipo defectuoso
- Líquidos y gases comprimidos inflamables
- Barreras y barricadas de seguridad
- Botón de parada de emergencia
- Alta tensión

Estos son algunos ejemplos de lo que podría leerse en una señal de peligro:

- Peligro – Alta tensión
- Peligro – Prohibido fumar o encender fósforos o llamas abiertas
- Peligro – Mantenga distancia

Figura 12 Señal de precaución promedio.

Figura 13 Señal de peligro promedio.

Otros peligros que se pueden encontrar en una obra son la radiación y los riesgos biológicos. Esté atento también a este tipo de señales.

Etiquetas de prevención de accidentes – Las etiquetas de prevención de accidentes, también conocidas como *etiquetas de seguridad*, se utilizan como forma temporal de advertir a los trabajadores sobre los peligros inmediatos y potenciales (En la *Figura 14*). Son similares a las señales; sin embargo, no están diseñadas para ser utilizadas en lugar de las señales ni como medio de protección permanente. Por ejemplo, se puede utilizar una etiqueta de "Fuera de servicio" en los equipos dañados hasta que puedan ser eliminados o reparados. Del mismo modo, se puede colocar una etiqueta de "No encender" en una máquina durante los procedimientos de bloqueo. Las etiquetas pueden ser un medio eficaz para proteger a los trabajadores y los bienes. Las etiquetas y los dispositivos utilizados para fijarlas deben cumplir requisitos físicos específicos para garantizar su durabilidad y eficacia. Los siguientes son algunos de los tipos de etiquetas que puede encontrar en un sitio de trabajo:

- *Etiquetas de "no encender"* – Las etiquetas de "no encender" se utilizan para evitar la conexión inesperada de equipo que podría provocar lesiones, daños materiales o ambos. Las etiquetas deben colocarse en un lugar visible que bloquee efectivamente el mecanismo de arranque. La etiqueta es blanca. El panel cuadrado es de color rojo y las letras pueden ser blancas o grises o estar grabadas de forma visible en la etiqueta.
- *Etiquetas de peligro* – Las etiquetas de peligro se utilizan cuando existe un peligro inmediato. Indican a los trabajadores que hay que tomar precauciones específicas. Las etiquetas de peligro son blancas. Las letras blancas aparecen sobre un óvalo rojo dentro de un cuadrado negro. Una etiqueta de peligro puede decir, por ejemplo, "Peligro – Inseguro – No utilizar".
- *Etiquetas de precaución* – Las etiquetas de precaución se utilizan para advertir a los trabajadores de peligros potenciales y para prevenir a los trabajadores contra las prácticas inseguras. Estas etiquetas informan a los trabajadores de que deben tomar las precauciones adecuadas. Por ejemplo, una etiqueta podría decir "Precaución—Detener la máquina para limpiarla, aceitarla o repararla". Las etiquetas de

Figura 14 Ejemplos de etiquetas de seguridad.

precaución son amarillas. Contienen un panel cuadrado negro con letras amarillas.

- *Etiquetas de "fuera de servicio"* – Las etiquetas de "fuera de servicio" solo deben utilizarse para notificar a los trabajadores de que una determinada máquina o herramienta está fuera de servicio y que su uso puede suponer un peligro. Las etiquetas de "fuera de servicio" suelen ser blancas con letras negras.
- *Etiquetas de radiación* – Las etiquetas de radiación son amarillas con un panel rojizo-púrpura. Las letras utilizadas sobre el fondo amarillo son negras. El símbolo de radiación también debe aparecer en la etiqueta. Las etiquetas de radiación notifican a los trabajadores acerca de riesgos de radiación reales o potenciales.
- *Etiquetas de peligro biológico* – Las etiquetas de peligro biológico indican la presencia de un peligro biológico real o potencial. Los riesgos biológicos pueden incluir cualquier agente infeccioso que presente un riesgo real o potencial para los trabajadores. Las etiquetas de peligro biológico suelen ser de color blanco o naranja fluorescente con letras negras. La etiqueta también muestra el símbolo de peligro biológico o riesgo biológico.

3.3.2 Hábitos laborales de riesgo

Algunos ejemplos de hábitos laborales de riesgo son la procrastinación, los descuidos y los juegos bruscos. La procrastinación (dejar las cosas para el último momento) es una causa común de incidentes. Por ejemplo, posponer la reparación, la inspección o la limpieza de equipos y herramientas puede causar incidentes e incluso accidentes. Tratar de forzar las máquinas y los equipos más allá de sus capacidades operativas los pone a usted y a sus compañeros de trabajo en peligro.

Los hábitos y actitudes en el trabajo están muy relacionados. Si se resiste a cumplir órdenes, es posible que también se resista a escuchar advertencias. Si se distrae con facilidad, no podrá concentrarse. Si no se concentra, podría provocar un problema significativo.

Su seguridad se ve afectada no solo por cómo usted hace su trabajo sino también por cómo se comporta en el lugar de trabajo. Este es el motivo por el que la mayoría de las empresas tienen políticas estrictas que regulan el comportamiento de los empleados. Los juegos bruscos y otras conductas inadecuadas están prohibidos. Es posible que se despida a los trabajadores que tengan estas conductas en el lugar de trabajo.

Estas políticas estrictas tienen la finalidad de proteger a los trabajadores. Existen muchos riesgos en las obras de construcción. El comportamiento de cada persona—en el trabajo, en los descansos o en el almuerzo—debe seguir los principios de seguridad.

Una persona que le hace una broma a un compañero de trabajo podría pensar que solo se están divirtiendo, pero en realidad, podría provocar que su compañero sufra una lesión grave e incluso mortal. Si juega de forma brusca mientras trabaja, hace bromas o no se concentra en lo que está haciendo, manifiesta una actitud de trabajo deficiente que puede causar un incidente grave (En la *Figura 15*).

3.3.3 Abuso del alcohol y de las drogas

Todos los años, la industria de la construcción pierde millones de dólares a causa de incidentes, accidentes, pérdida de tiempo y pérdida de productividad ocasionados por el abuso de alcohol y drogas. El abuso de sustancias puede costar mucho más que dinero—puede costar vidas. Así como conducir en estado de ebriedad mata a miles de personas en nuestras carreteras todos los años, el abuso de alcohol y drogas mata en las obras de construcción.

Consumir alcohol o drogas crea el riesgo de que todas las personas que trabajan en la obra sufran lesiones. Muchos estados tienen leyes que evitan que los trabajadores cobren los beneficios del seguro si sufrieron alguna lesión mientras estaban bajo la influencia de alcohol o drogas ilegales.

¿Confiaría su vida a un operador de grúa que está bajo la influencia de drogas? ¿Apostaría su vida a las respuestas de un compañero de trabajo que está bajo la influencia de alcohol o drogas? El abuso de alcohol y drogas no tiene lugar en el lugar de trabajo. —Una persona que está en un lugar de trabajo bajo la influencia de estas sustancias, tarde o temprano, causará un

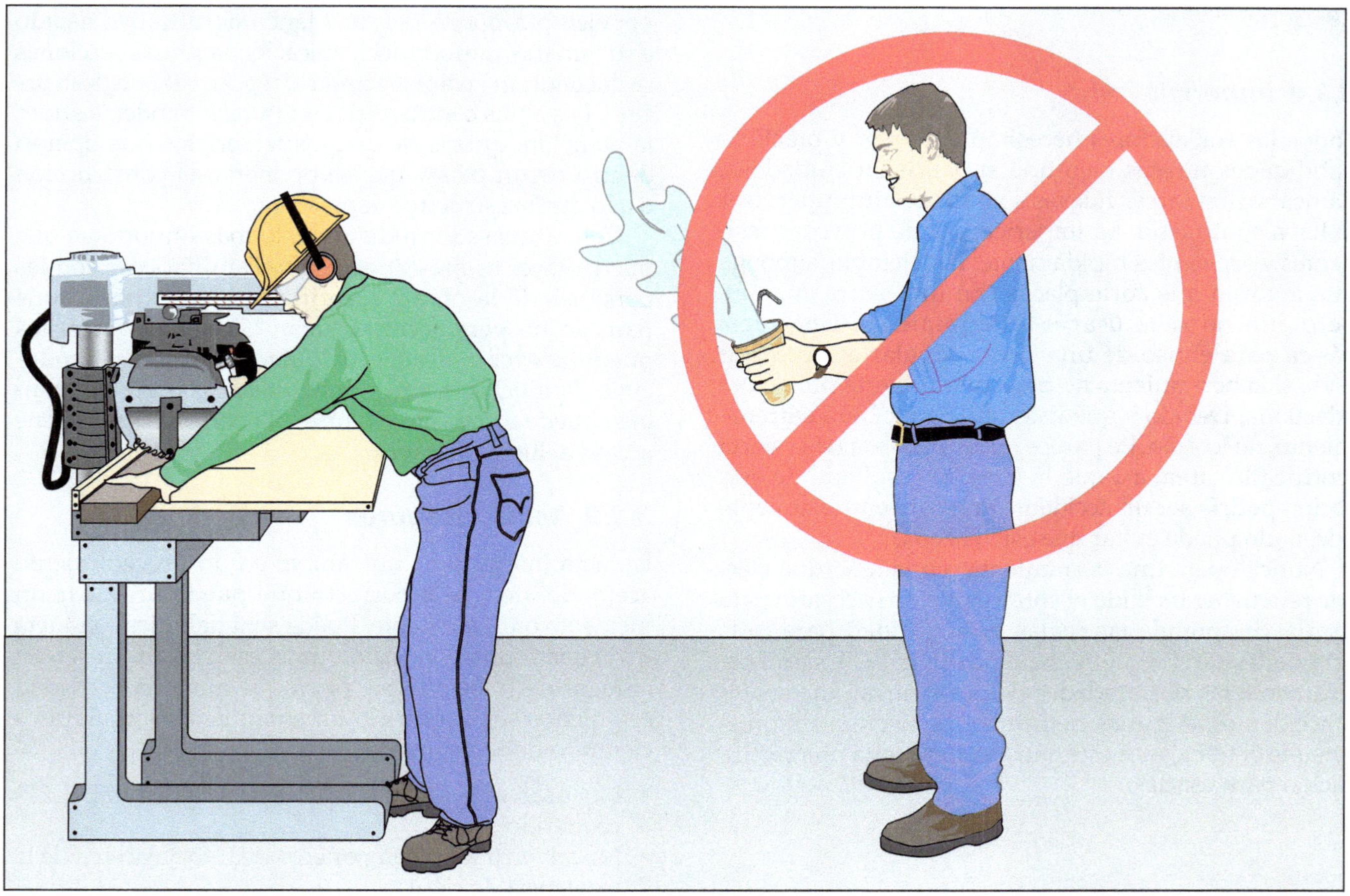

Figura 15 Ejemplo de juegos bruscos.

incidente o un accidente, posiblemente, incluso, un accidente mortal (En la *Figura 16*).

Las personas que trabajan mientras están bajo la influencia de alcohol o drogas corren el riesgo de provocar incidentes o accidentes y también ponen en riesgo a sus compañeros de trabajo. Por eso, la mayoría de los empleadores tienen una política formal sobre el abuso de sustancias. Conozca y siga la política de abuso de sustancias de su empleador. Evite consumir cualquier sustancia que pueda afectar su desempeño laboral; la vida que salve puede ser la suya.

No es necesario que consuma drogas como marihuana, cocaína o heroína para crear un riesgo de trabajo. Muchos medicamentos recetados y de venta libre que se toman por motivos legítimos pueden afectar su capacidad para trabajar de forma segura. Las anfetaminas, los barbitúricos y los antihistamínicos son solo algunos de los medicamentos legales y controlados con receta que pueden afectar la capacidad para trabajar u operar maquinarias de forma segura. Lo principal es comprender y respetar la política de abuso de sustancias de su empresa.

PRECAUCIÓN

Si su médico le receta cualquier medicamento que usted piense que podría afectar su desempeño laboral, consulte sobre sus efectos. Su seguridad y la de sus compañeros de trabajo depende de que todos estén alertas mientras trabajan.

3.3.4 Impericia

Todos los trabajadores necesitan aprender y practicar habilidades nuevas bajo una supervisión cuidadosa. Nunca realice tareas nuevas solo sin que un supervisor lo haya controlado. La impericia puede provocar incidentes y accidentes rápidamente. Por ejemplo, suponga que le dicen que corte placas con una sierra circular, pero aún no sabe usar esa herramienta. Una regla básica para el uso de una sierra circular es no cortar nada si la herramienta no tiene una cubierta protectora adecuada. Debido a que usted no ha recibido entrenamiento, no lo sabe. Le parece que la cubierta de la sierra lentifica la tarea, así que la abre. El resultado de esta acción podría ser un accidente grave. El entrenamiento adecuado puede evitar que esto suceda.

Nunca opere una herramienta o una máquina eléctrica sin haber recibido el entrenamiento necesario para usarla. Si aprende las reglas de seguridad para cada una de las tareas que realiza, puede reducir significativamente las posibilidades de que ocurran incidentes y accidentes. Algunas herramientas eléctricas requieren que el trabajador esté entrenado y tenga una certificación para usarlas.

Figura 16 ¡Un trabajador impedido es un trabajador peligroso!

3.3.5 Actos intencionales

Cuando una persona provoca daños materiales o lesiones de forma intencional, esto se denomina *acto intencional*. Un empleado enojado o disconforme puede crear voluntariamente una situación que provoque un incidente o un accidente. Si alguna persona con la que trabaja amenaza con vengarse de otra, informe a su supervisor de inmediato.

El terrorismo también debe tenerse en cuenta en el lugar de trabajo. El nivel de preocupación suele depender del lugar en sí y del tipo de estructura. Las tuberías, por ejemplo, pueden ser un blanco significativo debido a su tamaño, importancia, ubicación (algunas secciones se encuentran en áreas remotas) y potencial de destrucción. Las obras controversiales también tienden a atraer la atención, quizás de grupos terroristas que operan dentro de un país y que se oponen a la construcción o a lo que la estructura representa.

Como trabajador individual, lo más importante que puede hacer es prestar atención. Familiarícese con las personas de la obra e identifique a los extraños que parecen no pertenecer al lugar. Un ataque terrorista puede provenir desde cualquier dirección y producirse de muchas formas diferentes. No obstante, también puede comenzar con una sola persona que obtiene acceso al lugar de trabajo.

3.3.6 Actos inseguros

Un acto inseguro es un cambio en un procedimiento aceptado, normal o correcto que puede provocar un incidente o un accidente. Puede ser cualquier conducta que genere una exposición innecesaria a un riesgo en el lugar de trabajo o que provoque que una actividad sea menos segura que lo habitual. Estos son algunos ejemplos de actos inseguros:

- No usar el equipo de protección personal (EPP) requerido
- No advertir a los compañeros de trabajo acerca de la existencia de riesgos
- Levantar objetos de forma incorrecta

- Cargar o ubicar incorrectamente equipos o suministros
- Inutilizar los dispositivos de seguridad (como las cubiertas protectoras de las sierras)
- Operar equipos a velocidades incorrectas
- Operar equipos sin tener la autorización necesaria
- Reparar equipos que están en movimiento
- Adoptar una posición de trabajo inadecuada
- Usar equipos defectuosos
- Usar equipos de manera incorrecta

3.3.7 Racionalización del riesgo

Todo el mundo corre riesgos a diario. Cuando se sube a su automóvil para ir a trabajar, sabe que existe el riesgo de sufrir un accidente. Sin embargo, si aplica todas las prácticas de seguridad que ha aprendido, sabe que es altamente probable que llegue a su destino de forma segura. Conducir es un riesgo aceptable porque se tiene algo de control sobre la propia seguridad y la de los demás.

Algunos riesgos no son aceptables. En el trabajo, nunca debe correr riesgos que lo pongan en peligro o que pongan en peligro a los demás solo porque cree que puede justificarlo. Esto se conoce como *racionalizar el riesgo*. Racionalizar el riesgo significa ignorar las advertencias y las prácticas de seguridad. Por ejemplo, quizás decida cruzar una luz roja porque está llegando tarde al trabajo. Tal vez piense que el riesgo vale el tiempo que ahorra. Esto es un pensamiento inadmisible en la obra.

Los siguientes son ejemplos comunes de riesgos que se racionalizan en el trabajo:

- Cruzar barricadas o límites porque pareciera no haber actividad
- No usar guantes debido a que es más fácil trabajar con las manos descubiertas
- Quitarse el casco porque tiene calor y no ve a nadie trabajando encima de usted
- **No atar el equipo de protección contra caídas porque solo tiene que inclinarse una distancia aproximada de un pie**

Piense en la tarea antes de hacerla. Si cree que es insegura, probablemente lo sea. No trabaje hasta que sea seguro llevar a cabo la tarea. Comunique sus inquietudes a su supervisor. Su salud y su seguridad, junto con la de sus compañeros de trabajo, hacen que valga la pena tomar precauciones especiales.

3.3.8 Condiciones inseguras

Una condición insegura es un estado físico que difiere de las condiciones aceptables, normales o correctas para el lugar de trabajo. Por lo general, provoca un incidente o un accidente. Una condición insegura puede ser cualquier situación que reduzca el nivel de seguridad habitual. A continuación, se ofrecen ejemplos de condiciones inseguras:

- Lugar de trabajo congestionado
- Herramientas, equipos o suministros defectuosos
- Ruido excesivo
- Riesgos de explosión y de incendios
- Condiciones atmosféricas peligrosas (como gases, polvos, emanaciones y vapores)
- Soportes o protecciones inadecuadas
- Sistemas de advertencia inadecuados
- Área de trabajo desordenada
- Mala iluminación
- Ventilación deficiente
- Exposición a la radiación
- Piezas móviles sin protección, como poleas, cadenas de transmisión y correas

Todos los empleados deben contar con la autorización para dejar de trabajar cuando se detecta una condición insegura.

3.3.9 Falta de orden y limpieza

La limpieza implica mantener el área de trabajo limpia y sin desechos, obstrucciones ni derrames. También implica ser ordenado y organizado. No mantener buenos procedimientos de orden y limpieza aumenta en gran medida el riesgo de resbalones y caídas.
Guarde los materiales y los suministros de forma segura y etiquételos correctamente. También es importante acomodar las herramientas y los equipos de modo que permitan trabajar de forma segura y eficiente y limpiar con facilidad.

Si el lugar de trabajo es cerrado, asegúrese de que esté bien iluminado y ventilado. No permita que los pasillos y las salidas queden obstruidos con materiales y equipos. Asegúrese de que los líquidos inflamables se almacenen en recipientes de seguridad. La ropa engrasada debe colocarse solo en contenedores de metal aprobados y con cierre automático.

Recuerde que el objetivo principal de la limpieza es prevenir incidentes. Una buena limpieza reduce las posibilidades de resbalarse y de que se produzcan incendios, explosiones y caídas de objetos. A continuación, se presentan algunas reglas para una buena limpieza:

- Quite del área de trabajo todos los restos de materiales y de madera que tengan clavos que sobresalgan.
- Limpie los derrames para evitar caídas.
- Quite todos los restos de materiales combustibles regularmente.
- Asegúrese de tener recipientes para la recolección y la separación de los desechos. Los recipientes para los desechos inflamables o dañinos deben tener tapas.
- Elimine los desperdicios con frecuencia.
- Guarde todas las herramientas y los equipos en el lugar y en el estado correctos una vez que termine de usarlos.
- Mantenga los pasillos y los lugares de paso sin materiales ni herramientas.

Mantener el orden y la limpieza demuestra orgullo en el trabajo. Si lo que hace lo enorgullece, no dejará que se acumule basura a su alrededor. La actitud correcta en el lugar de trabajo se puede resumir en la frase "un lugar para todo y todo en su lugar".

3.3.10 Falla del sistema de administración

A veces, la causa de un incidente o un accidente es una falla del sistema de administración. El sistema de administración debe estar diseñado para prevenir o corregir las acciones y las condiciones que pueden crear riesgos para la seguridad. Si el sistema de administración de seguridad no funciona correctamente, es probable que se generen problemas.

¿Qué características podrían diferenciar un sistema de administración que falla de uno que funciona correctamente? Para implementar un buen sistema de administración, la empresa deberá hacer lo siguiente:

- Poner por escrito las políticas y los procedimientos de seguridad.
- Distribuir las políticas y los procedimientos de seguridad escritos a cada empleado.
- Revisar las políticas y los procedimientos de seguridad de forma periódica.
- Exigir el cumplimiento de las políticas y los procedimientos de seguridad de forma justa y coherente.
- Evaluar los suministros, los equipos y los servicios para determinar si son seguros.
- Ofrecer entrenamientos periódicos sobre seguridad a los empleados.

Recursos adicionales

Basic Construction Safety and Health, Fred Fanning. 2014. CreateSpace Independent Publishing Platform.

Construction Safety, Jimmie W. Hinze. Segunda edición. 2006. Nueva York, NY: Pearson.

DeWalt Construction Safety/OSHA Professional Reference, Paul Rosenberg, American Contractors Educational Services. 2006. DEWALT.

Recursos en línea:

Código de Reglamentaciones Federales (*CFR*), **www.ecfr.gov**

29 *CFR* 1926, Subparte G, Señales y etiquetas para la prevención de accidentes. **www.ecfr.gov**

Administración de Seguridad y Salud Ocupacional de Estados Unidos (OSHA), **www.osha.gov**

Videos de la OSHA, **www.osha.gov/video**

Repaso de la sección 3.0.0

1. El color que suele usarse para las señales de información es el _____.
   a. verde
   b. rojo
   c. amarillo
   d. azul

2. ¿Cuáles de las siguientes señales suelen ser blancas y verdes?
   a. Señal de información general
   b. Señal de seguridad
   c. Señal de precaución
   d. Señales de peligro

3. La señal utilizada para informar a los trabajadores de que existe un peligro inmediato es una _____.
   a. señal de precaución
   b. señal de peligro
   c. señal informativa
   d. señal de advertencia

Sección cuatro

4.0.0 Entornos de trabajo elevados

Objetivo

Identificar las cuestiones y los requisitos de seguridad relacionados con el trabajo en altura.

a. Identificar las zonas de trabajo donde es más probable que existan riesgos de caída.
b. Identificar las precauciones de seguridad relacionadas con los trabajos de albañilería en altura.
c. Identificar las precauciones de seguridad relacionadas con los trabajos de montaje de componentes de acero en altura.

Palabras técnicas

Protegido: Cerrado, vallado, cubierto o protegido con barreras, rieles, cubiertas o plataformas a fin de evitar un contacto peligroso.

Regla de los seis pies: Regla que establece que las plataformas o superficies de trabajo con lados o bordes no protegidos que están a una altura de 6 ft (1,8 m) respecto del suelo o del nivel inferior requieren protección contra caídas.

Zona controlada de instalación de cubiertas (CDZ): Zona en la que se pueden realizar determinados trabajos (por ejemplo, la instalación y colocación inicial de cubiertas metálicas) sin utilizar sistemas de barandillas, sistemas personales de detención de caídas, sistemas de retención contra caídas o sistemas de redes de seguridad. El acceso a estas zonas está controlado.

Zona de acceso controlado (CAZ): Zona de trabajo designada en la que se pueden realizar determinados tipos de trabajos de albañilería sin necesidad de utilizar sistemas convencionales de protección contra caídas.

Zonas de acceso limitado: Zonas restringidas junto a un muro de mampostería que está en construcción.

Las caídas desde zonas elevadas son una de las principales causas de mortalidad en el lugar de trabajo. Las caídas desde alturas elevadas son la causa de aproximadamente un tercio de todas las muertes en el oficio de la construcción. Alrededor del 85 % de los trabajadores lesionados pierden tiempo de trabajo, alrededor del 33 % deben ser hospitalizado y algunos jamás vuelven a trabajar.

La seguridad es la principal consideración a la hora de organizar un puesto de trabajo elevado. Mantener los materiales limpios y organizados es especialmente importante en un puesto de trabajo elevado, ya que el espacio es reducido. El peligro y los inconvenientes asociados con la caída de objetos aumentan con la altura. Disponga los materiales y equipos teniendo en cuenta los siguientes requisitos:

- Compruebe que el andamio esté bien montado y verifique su capacidad de carga nominal antes de utilizarlo.
- Mantenga los pasillos y las zonas de trabajo libres de materiales almacenados, herramientas, cuerdas, cables eléctricos y basura. Guarde las herramientas no utilizadas en un lugar contenido y alejado de las vías de circulación.
- Apile los materiales de construcción lo suficientemente separados para dejar espacio para el trabajo en curso. Las pilas, especialmente las de materiales de albañilería, no deben estar a más de 3 ft de altura ni a más de 6 ft de cualquier abertura.
- Apile los materiales de construcción directamente sobre los miembros del marco, lejos del borde de la plataforma del andamio, y nunca en los extremos de las tablas del andamio.

4.1.0 Áreas de trabajo peligrosas

Las caídas se clasifican en dos grupos: caídas desde un nivel superior y caídas desde el mismo nivel. Las caídas desde un nivel superior pueden producirse mientras se trabaja en andamios, plataformas de trabajo, cubiertas, encofrados de hormigón, escaleras móviles, escaleras fijas y excavaciones. Estas caídas suelen provocar la muerte a menos que se las detenga. Las caídas desde el mismo nivel generalmente se producen por tropiezos o resbalones. Los bordes afilados y los objetos puntiagudos, como las barras de refuerzo para hormigón que quedan expuestas (varillas de refuerzo), podrían cortar y lastimar a los trabajadores. Los tropiezos y los resbalones también suelen provocar otras lesiones.

En los Estados Unidos, es obligatorio el uso de protección contra caídas en las plataformas o superficies de trabajo con lados o bordes no protegidos que estén 6 ft (1,8 m) o más por encima del suelo o del nivel inferior. Esto se conoce comúnmente como la **regla de los seis pies** (En la *Figura 17*). Sin embargo, es posible que ciertas reglamentaciones internacionales y las políticas de ciertas empresas exijan contar con un sistema

Figura 17 Regla de los seis pies de la OSHA.

de protección contra caídas para alturas inferiores a los 6 ft (1,8 m).

4.1.1 *Superficies resbaladizas*

Los resbalones, los tropiezos y las caídas en superficies para caminar y trabajar causan el 15 % de todas las muertes accidentales en la industria de la construcción. Algunos incidentes ocurren por las condiciones ambientales; por ejemplo, por la nieve, el hielo o las superficies mojadas. Otros suceden por la falta de limpieza y el comportamiento descuidado, como dejar herramientas, materiales y equipos fuera de su lugar y sin supervisión. Conozca el entorno y respete las reglas de la obra para evitar resbalones, tropiezos y caídas. Recuerde estas pautas generales sobre las superficies para caminar y trabajar a fin de evitar incidentes:

- Mantenga todas las áreas para caminar y trabajar limpias y secas. Si ve un derrame o una zona con hielo, límpielos o coloque una barricada en el área hasta que pueda solucionarse el problema.
- Mantenga todas las superficies para caminar y trabajar ordenadas y sin desechos.
- Coloque los cables, las cuerdas extensibles y las mangueras por encima de la cabeza o en placas para cables para evitar el riesgo de sufrir tropiezos.
- No corra sobre andamios, plataformas de trabajo, entablados, techos u otras áreas de trabajo elevadas.

4.1.2 *Aleros, aberturas en la pared y agujeros en el piso sin protección*

Cualquier abertura en una pared o en el piso es un riesgo para la seguridad. Hay dos formas de protección para estas aberturas: (1) se pueden proteger o (2) se pueden cubrir. Cubra cualquier abertura en el piso siempre que sea posible. Las cubiertas de los agujeros deben estar marcadas claramente (En la *Figura 18*). Cuando no resulte práctico cubrir el agujero, use barricadas. Si el borde inferior de una abertura en la pared está menos de 39 in (1 m) por encima del suelo y permitiría que alguien cayera a 6 ft (1,83 m) o más, entonces se deben colocar elementos de protección alrededor de la abertura.

Figura 18 Protección de agujeros.

Los tipos de barreras y barricadas que se usan varían según cada lugar de trabajo. También puede haber diferentes procedimientos respecto al momento y la forma de colocar las barricadas. Aprenda y respete las políticas de su lugar de trabajo.

Las barreras y los sistemas de barandas se tratan con más detalle más adelante en este módulo. Las siguientes son algunas pautas generales para trabajar cerca de los lados sin protección, los agujeros en el suelo y las aberturas en la pared:

- Las cubiertas de los agujeros deben estar reforzadas, fijadas o aseguradas para evitar que se muevan hacia los costados o de forma horizontal.
- Las cubiertas deben extenderse de forma adecuada por encima de la superficie del agujero.
- Las cubiertas deben ser lo suficientemente fuertes para soportar dos veces el peso de cualquier cosa que pudiera colocarse sobre ellas. Además, deben estar marcadas claramente. Utilice madera contrachapada de $\frac{3}{4}$ in (2 cm) para tapar el agujero, siempre que una de las dimensiones de la abertura sea inferior a 18 in (46 cm); de lo contrario, se requiere madera de 2 in (5 cm).
- Nunca deje materiales ni equipos encima de las cubiertas de agujeros.
- Proteja todas las aberturas en el piso para escaleras (a excepción de la entrada) con barandas estándar y rodapiés.
- Proteja todas las aberturas de las paredes desde las que alguien pudiera caer más de 6 ft (2 m) y cuya parte inferior esté menos de 39 in (1 m) por encima de la superficie de trabajo.
- Vigile todos los pisos y plataformas de lados abiertos que se encuentren 6 ft (2 m) o más por encima del piso más cercano o del nivel del suelo utilizando una baranda estándar o un elemento equivalente.

4.2.0 Seguridad durante las tareas de albañilería en alturas

Trabajar con seguridad en una obra en alturas significa trabajar con inteligencia. Sea consciente de lo que puede hacer para mantener la seguridad del área de trabajo. Tome precauciones para evitar las caídas y protéjase contra la caída de objetos. Utilice siempre los elevadores de personal de forma correcta y segura.

Esta sección proporciona una revisión del equipo de protección personal (EPP) adecuado para los albañiles, las zonas de acceso a las tareas de albañilería y la información adicional que se aplica al trabajo en alturas.

4.2.1 *EPP para albañilería*

Recuerde tomar precauciones de seguridad cuando se vista para trabajar en la construcción. Se recomiendan las siguientes directrices:

- Contenga el pelo largo en una cola de caballo o en su casco. El cabello libre puede obstaculizar la visión o quedar atrapado en una máquina.
- Lleve ropa y equipo de protección personal adecuados.
  - Lleve siempre un casco.
  - Utilice gafas de protección cuando use herramientas de corte o amoladoras.
  - Lleve un chaleco de alta visibilidad.
  - Lleve ropa ajustada y camisa de mangas largas (mangas de al menos 4 in) para contar con protección extra si hay riesgo para la piel.
  - Utilice guantes cuando trabaje con mortero húmedo.
  - Lleve los pantalones por encima de las botas para evitar ensuciarse las piernas o los pies con mortero.
  - Mantenga los guantes y la ropa lo más secos posible.
  - Lleve el equipo de protección contra caídas necesario.
- Lleve protección facial y ocular cuando sea necesario, especialmente si hay riesgo de partículas que puedan salir despedidas, escombros u otros peligros como polvo de ladrillo o productos de limpieza.
- Lleve protección auditiva cuando sea necesario.
- Use protección para las vías respiratorias cuando sea necesario.
- Proteja cualquier parte expuesta de la piel con crema para la piel, loción corporal o vaselina.
- Utilice botas de trabajo resistentes o zapatos de trabajo con suela gruesa. Nunca se presente al trabajo vestido con zapatillas de deporte, mocasines ni zapatos deportivos.

4.2.2 Zonas de acceso para tareas de albañilería

Para evitar lesiones en cualquier proyecto en el que se vaya a construir un muro de mampostería elevado, el contratista debe definir zonas de acceso controlado y zonas de acceso limitado antes de que puedan comenzar las tareas de construcción. En esta sección, abordaremos el propósito de cada una de estas zonas de acceso y cómo definirlas establecerlas y mantenerlas.

Un zona de acceso controlado (CAZ) es un área de trabajo designada en la que se pueden realizar ciertos tipos de trabajos de albañilería sin el uso de sistemas convencionales de protección contra caídas, como barandas, sistemas personales de detención de caídas o redes de seguridad. Las zonas de acceso controlado se deben definir antes del inicio de las obras. Se deben crear y delimitar claramente para limitar la entrada solo a los trabajadores autorizados. Las directrices de la OSHA especifican que, si no hay barandas, únicamente se permite el acceso de albañiles a la CAZ. La altura de la CAZ es igual a la altura del muro más 4 ft (1,2 m). Si la pared tiene más de 8 ft (2,4 m), la CAZ debe permanecer definida hasta que el muro esté arriostrado.

La CAZ se marca del lado de la pared sin el andamio mediante una línea de control de cuerda, cable o cinta que recorre toda la longitud del borde no protegido y está conectada a cada lado de la baranda o la pared. El objetivo de la línea de control es restringir el acceso de los trabajadores que no están autorizados a trabajar allí. La OSHA también exige que los puntales de apoyo estén claramente señalizados o marcados a intervalos no mayores a 6 ft (1,8 m). La señalización de los puntales debe hacerse de manera que el punto más bajo no esté menos de 39 in (99 cm) ni más de 45 in (114 cm) por encima de la superficie de trabajo. La línea de control debe ser capaz de soportar al menos 200 lb de fuerza aplicada a ella.

Para la construcción de muros de bloques y ladrillos, la línea de control se debe levantar a un mínimo de 6 ft y a un máximo de 25 ft (7,6 m) del borde no protegido. Para la construcción de muros de hormigón prefabricado, la línea de control se debe levantar a un mínimo de 6 ft (1,8 m) y a un máximo de 60 ft (o la mitad de la longitud de la pieza prefabricada, la que sea menor) del borde. Si se utilizan técnicas de albañilería que requieran que el albañil se incline sobre el muro para construirlo, la línea de control debe estar a un mínimo de 10 ft (3 m) y a un máximo de 15 ft (4,6 m) del borde.

En los suelos y tejados en los que no se hayan colocado sistemas de barandas antes del inicio de las operaciones de albañilería que requieran que el albañil se incline sobre el muro, las zonas de acceso controlado deberán ampliarse de modo que encierren todos los puntos de acceso, las zonas de manipulación de materiales y las zonas de almacenamiento. En los pisos y techos donde los sistemas de barandas están en su lugar, pero deben ser removidos para permitir el trabajo de albañilería o el trabajo sobre el borde de la estructura, retire solo la porción de la baranda necesaria para llevar a cabo el trabajo del día.

Una zona de acceso limitado (LAZ) define una zona restringida junto a un muro de mampostería que está en construcción. Al igual que la CAZ, la LAZ se define antes de que comience la construcción. La altura de la LAZ es igual a la altura del muro más 4 ft (1,2 m) a lo largo de todo el muro (por el lado sin andamio). Si el muro tiene una altura menor o igual de 8 ft (2,4 m), la LAZ debe permanecer en su lugar hasta que el muro esté correctamente arriostrado. Si la pared tiene más de 8 ft (2,4 m), el muro debe ser arriostrado hasta que se apoye permanentemente.

Se utilizan elementos de delimitación para delimitar la LAZ. Solo los empleados que trabajan en la construcción del muro pueden acceder a la LAZ.

4.3.0 Seguridad en el montaje de componentes de acero

Se realizan tareas de montaje de elementos de acero durante la construcción de muchos tipos de estructuras, como edificios de gran altura, cubiertas metálicas, puentes, edificios de oficinas, escuelas, instalaciones médicas y tiendas minoristas. Los trabajos de montaje de componentes de acero pueden ser extremadamente peligrosos.

Entre los tipos más comunes de accidentes en la construcción con acero se encuentran las lesiones en las manos, las lesiones en la espalda y las caídas desde alturas. Los trabajadores también pueden ser golpeados o aplastados por la caída de cargas, electrocutados por líneas eléctricas o atropellados o atrapados por grúas.

Los peligros en el lugar de trabajo varían según el tamaño y la complejidad del proyecto. Sin embargo, hay ciertos principios fundamentales para la seguridad en el lugar de trabajo que deben ser observados por todos los trabajadores. La mayoría de los accidentes en el campo son consecuencia de un mantenimiento inadecuado del equipo, de una instrucción insuficiente en materia de prácticas de seguridad o del incumplimiento de las reglamentaciones de seguridad.

Preste especial atención a los peligros que conlleva trabajar por encima del suelo. Las operaciones de trabajo y el traslado de equipos y materiales suponen un riesgo mayor.

4.3.1 Peligros comunes

Mientras que los requisitos generales de protección contra caídas de la OSHA son de 6 ft (1,8 m) o más, en 29 *CFR* 1926.760 se describe el requisito de protección contra caídas durante las actividades de montaje de componentes de acero. Esta norma tiene por objeto proporcionar a cada trabajador una protección contra caídas del 100 % por encima de los 15 ft (4,6 m) cuando se realicen operaciones de instalación de cubiertas o detallado y de 30 ft (9,1 m) durante la construcción inicial. Esta protección incluye la instalación de sistemas de cables de seguridad perimetrales (En la *Figura 19*), sistemas de barandas, redes de seguridad y sistemas personales de detención de caídas (PFAS) (En la *Figura 20*) por cada trabajador que trabaje o camine sobre una superficie que se encuentre 15 ft (4,6 m) o más por encima del nivel inmediatamente inferior.

Figura 20 Arnés de seguridad usado con maniquíes de prueba.

> **¡ADVERTENCIA!**
>
> Los cinturones corporales pueden provocar lesiones graves durante una caída y no deben utilizarse.

4.3.2 Zonas controladas de instalación de cubiertas de acero

Una zona controlada de instalación de cubiertas (CDZ) puede definirse en un sitio donde se instalen cubiertas metálicas más de 15 ft (4,6 m) pero menos de 30 ft (9,1 m) por encima del nivel inmediatamente inferior. El acceso a la CDZ está restringido a aquellos empleados, como los conectores, que realizan trabajos

Figura 19 Cable de seguridad horizontal.

en el borde de la estructura y que han recibido formación para el trabajo en una CDZ.

Una CDZ es un sustituto admisible para las medidas de protección contra caídas en las zonas en las que se instalan cubiertas por primera vez. Solo se permite la presencia de trabajadores formados para el trabajo en las CDZ. La CDZ debe estar claramente delimitada. La zona no puede tener más de 90 ft (27,4 m) de ancho y 90 ft (27,4 m) de profundidad desde el borde de la estructura.

Todas las aberturas en pisos o techos deben estar cubiertas con materiales capaces de soportar el doble del peso de los trabajadores y del equipo que pueda colocarse sobre la cubierta. Estas cubiertas deben estar pintadas con pintura de alta visibilidad o marcadas con las palabras HOLE o COVER para advertir del peligro.

La OSHA exige que se imparta formación sobre el uso adecuado de cada uno de los dispositivos de protección contra caídas utilizados en el lugar de trabajo. El empleador también debe proporcionar una formación especial a todos los empleados que participen en la instalación y el mantenimiento del equipo de protección contra caídas, en la definición de las CDZ y en la conexión de miembros estructurales.

Recursos adicionales

Basic Construction Safety and Health, Fred Fanning. 2014. CreateSpace Independent Publishing Platform.

Construction Safety, Jimmie W. Hinze. Segunda edición. 2006. Nueva York, NY: Pearson.

DeWalt Construction Safety/OSHA Professional Reference, Paul Rosenberg, American Contractors Educational Services. 2006. DEWALT.

Recursos en línea:

Código de Reglamentaciones Federales (*CFR*), **www.ecfr.gov**

Administración de Seguridad y Salud Ocupacional de Estados Unidos (OSHA), **www.osha.gov**

Videos de la OSHA, **www.osha.gov/video**

Repaso de la sección 4.0.0

1. Los tipos más comunes de equipos de protección contra caídas son las barandas, los sistemas personales de detención de caídas y _____.
   a. las grandes bolsas de aire
   b. las canastillas de trabajo
   c. las redes de seguridad
   d. las estaciones de trabajo cerradas

2. El ancho de una zona de acceso limitado adyacente a un muro en construcción debe ser igual a _____.
   a. dos tercios de la altura del muro
   b. la altura del muro
   c. la altura del muro más 4 ft
   d. el doble de la altura del muro

3. Puede definirse una CDZ cuando se instalan cubiertas metálicas _____.
   a. hasta 10 ft (3 m) por encima del nivel inmediatamente inferior
   b. entre 5 y 15 ft (1,5 y 4,6 m) por encima del nivel inmediatamente inferior
   c. entre 10 y 20 ft (3 y 6 m) por encima del nivel inmediatamente inferior
   d. entre 15 y 30 ft (4,6 y 5,1 m) por encima del nivel inmediatamente inferior

Sección cinco

5.0.0 Equipo de protección contra caídas

Objetivo

Identificar el equipo apropiado de salvamento y protección contra caídas y describir su uso adecuado.

a. Describir los procedimientos para usar equipamiento de protección contra caídas.
b. Describir los requisitos que deben cumplir los puntos de anclaje.
c. Describir los requisitos de los arneses de cuerpo completo e identificar los pasos para colocarse el arnés.
d. Describir los requisitos relativos a las cuerdas de seguridad, las líneas de vida y los dispositivos de desaceleración.
e. Identificar las barreras, las barandas, las redes de seguridad y los dispositivos de ascenso.

Palabras técnicas

Caída libre: El acto de caer antes de que un sistema personal de detención de caídas comience a aplicar fuerza para detener la caída.

Capacidad: La cantidad total de peso, o carga, que puede soportar un componente del sistema personal de detención de caídas (PFAS), como un punto de anclaje o una cuerda de seguridad. Esto incluye el peso del personal, las herramientas, los materiales y el equipamiento.

Cuerda de seguridad: Sección de cuerda o correa que se usa para unir el arnés de seguridad del trabajador con un punto de anclaje firme ubicado por encima del área de trabajo.

Cuerda de seguridad autorretráctil (SRL): Dispositivo de desaceleración que contiene un cabo enrollado en un tambor que puede extraerse lentamente del tambor o retraerse en él bajo una ligera tensión durante el movimiento normal del trabajador y que, tras el inicio de una caída, bloquea automáticamente el tambor y detiene la caída.

Línea de vida: Componente que consiste en una línea flexible conectada verticalmente a un anclaje en un extremo (línea de vida vertical) o conectada horizontalmente a un anclaje en ambos extremos (línea de vida horizontal), y que sirve como medio para conectar otros componentes de un sistema personal de detención de caídas al anclaje.

Resistencia a la tensión: La resistencia de un material ante una fuerza que tiende a desgarrarlo.

Los sistemas personales de detención de caídas (PFAS) sujetan a los trabajadores después de la caída. Están diseñados para activarse solamente si ocurre una caída. Se instalan para evitar que un trabajador caiga más de 6 ft (1,8 m) hasta el suelo o un área de trabajo inferior. Es importante entender los siguientes términos para describir los sistemas personales de detención de caídas:

- **Caída libre** – El acto de caer antes de que un sistema personal de detención de caídas comience a aplicar fuerza para detener la caída.
- *Distancia de caída libre* – La distancia vertical de una caída libre.
- *Dispositivo de desaceleración* – Un dispositivo, como una **cuerda de seguridad** amortiguadora o una **línea de vida** autorretráctil, que detiene a una persona que cae sin lesionarla.
- *Distancia de desaceleración* – La distancia necesaria para detener la caída de una persona. La distancia de desaceleración requerida para un sistema anticaídas es de un máximo de $3\frac{1}{2}$ ft (1,07 m).
- *Fuerza de detención* – La fuerza necesaria para detener la caída de una persona. Cuanto mayor sea la distancia de caída libre, mayor será la fuerza necesaria para detener o parar la caída.

El equipo utilizado en los sistemas personales de detención de caídas incluye los siguientes elementos:

- Arneses corporales y cinturones
- Cuerdas de seguridad
- Dispositivos de desaceleración
- Líneas de vida
- Dispositivos de anclaje y conectores de equipos

Recuerde que un PFAS (En la *Figura 21*) es un sistema, no un componente aislado. Un PFAS completo está formado por 3 componentes principales: puntos de anclaje, un arnés corporal y dispositivos de conexión. Los puntos de anclaje se relacionan con la estructura; el tipo y la disponibilidad de puntos de anclaje contribuyen a determinar los demás tipos de equipos que deben usarse. El arnés para el cuerpo está formado por el sistema de correas, anillos o ganchos que usa el trabajador. Los dispositivos de conexión y las cuerdas de seguridad sirven para mantener la unión entre los puntos de anclaje y el PFAS. Estos emplean cuerdas de seguridad y otros elementos.

5.1.0 Uso de los sistemas personales de detención de caídas

Cuando se trata de sistemas personales de detención de caídas, no hay una "talla única". Un ajuste adecuado es esencial para evitar que el trabajador se lesione cuando se detenga una caída. En 29 *CFR* 1926.502, Subparte M, Sección (d) se enumeran los requisitos específicos, tales como la resistencia demostrada en los ensayos, el uso de anillos en D y ganchos de seguridad y las especi-

Figura 21 Sistema personal de detención de caídas.

ficaciones que se aplican a los puntos de anclaje en la estructura. Esta norma exige que un PFAS cumpla varias características importantes:

- Debe limitar la fuerza máxima de detención impartida al cuerpo a 1800 lb con un arnés de cuerpo entero.
- La distancia de caída libre (la distancia que tarda una persona en comenzar a detenerse cuando cae) debe limitarse a 6 ft (1,8 m) y el sistema estar preparado para evitar el contacto con cualquier cosa que esté por debajo.
- El sistema debe hacer que el cuerpo se detenga dentro de una distancia adicional de $3\frac{1}{2}$ ft (1,1 m).
- El sistema debe ser lo suficientemente fuerte como para soportar 5000 lb o el doble de la fuerza posible de un cuerpo que cae desde una distancia de 6 ft (1,8 m).

A menudo, verá referencias a las normas del Instituto Nacional de Normalización de Estados Unidos (ANSI) en relación con el rendimiento de los productos usados en PFAS. El ANSI publica normas sobre los equipos de PFAS que proporcionan a los fabricantes directrices para sus productos. Estas normas abarcan aspectos como el diseño, las pruebas, el marcado y el rendimiento. Los elementos que llevan las marcas de certificación del ANSI permiten al usuario saber que un producto ha sido fabricado y ensayado para garantizar su integridad. Muchas organizaciones exigen que los equipos de PFAS utilizados por sus empleados o agentes cumplan las normas ANSI y estén marcados en consecuencia, sin excepción.

La resistencia de un PFAS viene dada por su componente más débil. Los PFAS nunca deben utilizarse para ninguna otra tarea, como levantar herramientas o materiales hasta la zona de trabajo. Las especificaciones e instrucciones de uso de componentes como el arnés de cuerpo entero (En la *Figura 22*) identifican el límite de carga de trabajo, y este límite debe respetarse estrictamente. Los trabajadores deben utilizar el sentido común y no sobrecargarse con equipo, incluso si el peso combinado está dentro de los límites de las especificaciones del PFAS. Examine siempre los elementos de protección contra caídas antes de cada uso y no los utilice si están desgastados o dañados de algún modo. Consulte al fabricante antes de mezclar equipos de diferentes fabricantes. Todas las sustituciones deben ser aprobadas.

Antes de utilizar el equipo de protección contra caídas en el trabajo, los empleadores deben proporcionar a los empleados formación sobre los fundamentos de la protección contra caídas y el uso adecuado del equipo. Todos los equipos suministrados por los empleadores deben cumplir las normas de resistencia de la OSHA. Antes de cada uso, lea siempre las instrucciones y advertencias de cualquier equipo de protección contra caídas. Inspeccione el equipo siguiendo las siguientes pautas:

- Examine los arneses y las cuerdas de seguridad en busca de moho, desgaste, daños y deterioro.
- Asegúrese de que no haya correas cortadas, rotas, desgarradas ni raspadas.
- Compruebe si hay daños debidos al fuego o a productos químicos o corrosivos.
- Los componentes metálicos no deben tener grietas, bordes afilados ni quemaduras.
- Los mosquetones deben cerrarse y bloquearse firmemente, y las hebillas deben funcionar correctamente.
- Compruebe que las cuerdas no estén desgastadas, no tengan fibras rotas ni puntadas descosidas y no estén descoloridas.

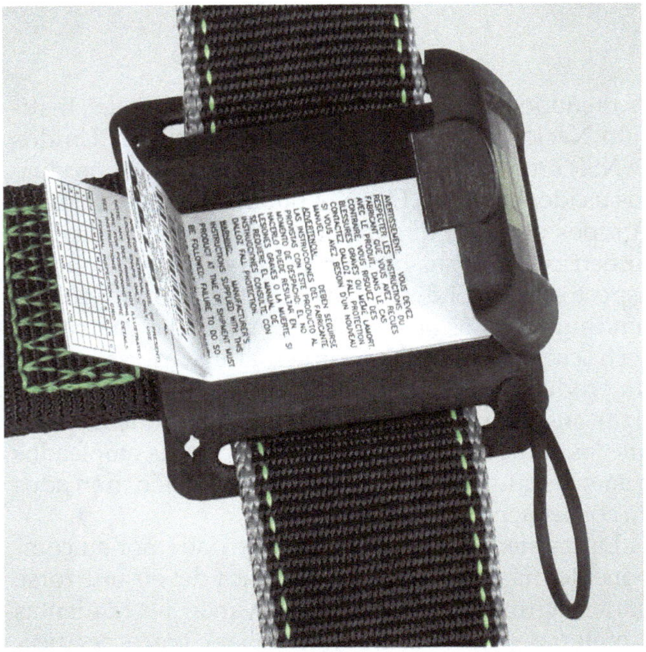

Figura 22 Etiquetado del arnés corporal.

- Asegúrese de que los anclajes y las fijaciones de las líneas de vida no estén sueltos ni dañados.

NOTA

Un supervisor debe aprobar la sustitución de cualquier equipo.

Todas las piezas dañadas o defectuosas deben ser inmediatamente retiradas del servicio y etiquetadas como inutilizables o ser destruidas. Si el equipo ha sufrido un impacto por una caída, retírelo del servicio hasta que pueda ser inspeccionado por una persona cualificada.

Una persona competente debe inspeccionar el PFAS de forma mensual. Este requisito debe implementarse a través del programa de seguridad de su empresa. La persona competente tiene la autoridad para aplicar medidas correctivas inmediatas a fin de eliminar los riesgos. Si existe alguna duda respecto de un defecto, independientemente de lo mínimo que parezca, es mejor ser precavido. Retire los componentes del equipo de detención de caídas para probarlos o reemplazarlos.

5.2.0 Puntos de anclaje

La OSHA exige que los puntos de anclaje (En la *Figura 23*) tengan una capacidad de rotura o **resistencia a la tracción** igual o superior a 5000 lb o el doble de la carga prevista. Dos trabajadores pueden conectar su elemento de amarre anticaídas a un único punto de anclaje siempre que este tenga una capacidad de 10 000 lb o el doble de la carga prevista. Dado que la carga potencial del anclaje en caso de una caída se duplica, también debe duplicarse la **capacidad** nominal del punto de anclaje.

El punto de anclaje ideal para la detención de caídas es directamente encima del anillo en D de la espalda (En la *Figura 24*) y se debe seleccionar de modo de minimizar cualquier peligro de la zona de oscilación, así como la posible distancia de caída libre. En caso de que se produzca una caída, las zonas de oscilación se reducen si el punto de anclaje se encuentra

Figura 23 Punto de anclaje promedio.

Figura 24 Anillo en D de la espalda.

directamente encima del trabajador. Las situaciones de trabajo con movimiento horizontal pueden ser mucho más peligrosas en términos de la zona de oscilación, ya que, en muchos casos, no será posible contar con un punto de anclaje directamente sobre el trabajador. Cuando una persona oscila como un péndulo y golpea un objeto inmóvil, puede sufrir lesiones y heridas graves. Si bien el PFAS puede evitar las caídas desde un punto elevado, el trabajador puede golpear un objeto que se encuentra en la zona de oscilación y sufrir lesiones graves o incluso morir.

Por lo general, es necesario contar con puntos de anclaje para fijar la posición del trabajador y permitir que este tenga las manos libres para llevar a cabo alguna tarea. Lo ideal es que los trabajadores seleccionen los puntos de anclaje y se conecten a ellos según sea necesario para mantener una distancia de caída potencial de no más de 2 ft. Las conexiones de posicionamiento juegan un papel en la detención de caídas, ya que la conexión a una correa de posicionamiento probablemente puede modificar la zona de oscilación o la distancia de la caída durante un accidente. Sin embargo, estas conexiones no pueden considerarse como el punto de anclaje principal. De acuerdo con la OSHA, los puntos de anclaje de posicionamiento deben tener una resistencia de 3000 lb en lugar de la resistencia de 5000 lb que se le exige al sistema principal de detención de caídas.

Recuerde que las cuerdas de seguridad para posicionamiento, que se conectan a anillos en D del arnés que no sean el anillo en D de la espalda ni del pecho, son cuerdas para evitar una caída más que sistemas de detención de caídas. Las cuerdas de posicionamiento no reemplazan las cuerdas de seguridad para la detención de caídas ni el punto de anclaje. Si realiza una conexión con la intención de poner peso o tensión en ella de alguna manera, considérela una conexión de posicionamiento.

5.2.1 Dispositivos de anclaje y conectores de equipos

Los dispositivos de anclaje, comúnmente llamados *puntos de amarre,* soportan todo el peso del sistema de detención de caídas. El anclaje debe poder soportar 22,2 kN (5000 lb) por cada trabajador que esté amarrado. Los cáncamos, las vigas aéreas y las partes integrales de las estructuras de los edificios son algunos tipos de puntos de anclaje.

Los anillos en D, las hebillas, los mosquetones y otros equipos que sujetan o conectan las partes de un sistema personal de detención de caídas se denominan *conectores.* Las reglamentaciones especifican cómo se deben fabricar los conectores y exigen que los anillos en D y los mosquetones tengan una resistencia a la tracción mínima de 5000 lb. Todos estos componentes deben diseñarse para ser usados con equipos enganchados. Solo se permite usar mosquetones con cierre en los sistemas personales de detención de caídas.

5.2.2 Selección de un punto de anclaje y amarre

Una vez colocado el arnés de cuerpo entero, el siguiente paso es conectarlo directa o indirectamente a un punto de anclaje seguro. Esto se conoce como *amarre.* El amarre se realiza siempre antes de ponerse en una posición en la que pueda producirse una caída. Siga siempre las instrucciones del fabricante para conocer los mejores métodos de amarre para el equipo. Tenga en cuenta las siguientes instrucciones y directrices generales a la hora de seleccionar un anclaje y amarrarse.

A la hora de seleccionar un punto de anclaje, asegúrese de que cumpla los siguientes criterios:

- Esté directamente encima del trabajador (siempre que sea posible)
- Sea fácilmente accesible
- No esté dañado y sea capaz de soportar 5000 lb por trabajador o el doble de la carga prevista o un factor de seguridad de al menos dos por cada trabajador conectado.
- Esté a una altura suficiente como para no golpear ningún nivel inferior en caso de una caída

Al momento de amarrarse, tenga en cuenta lo siguiente:

- Los amarres con nudos son más débiles que los que emplean otros métodos de sujeción. Los nudos pueden reducir la resistencia de la línea de vida o la cuerda de seguridad en un 50 % o más. Para compensar esto, se debe utilizar una línea de vida o una cuerda de seguridad más fuerte.

- Una caída libre más corta puede reducir las posibilidades de golpear obstáculos, ser herido por la fuerza de detención o dañar el equipo. Para limitar la distancia de caída libre, se puede utilizar una cuerda de seguridad más corta entre la línea de vida y el arnés. Elevar el punto de amarre de la línea de vida puede contribuir a reducir la holgura. El amarre a la línea de vida o al punto de anclaje debe estar siempre más alto que la conexión al arnés. Amárrese al punto más alto que sea posible.
- Si utiliza un sistema retráctil, tenga siempre en cuenta el efecto de péndulo.

5.3.0 Arneses

Los arneses de cuerpo entero, como el que se muestra en la *Figura 25*, están disponibles en distintos tamaños según la altura y el peso del usuario. El anillo en D de la espalda es el único que se usa para conectar el arnés al punto de anclaje en casos en los que el equipo se usa como sistema principal para la detención de caídas, a menos que esté subiendo una escalera. Para subir una escalera, es probable que el arnés de detención de caídas se conecte con el anillo en D para el pecho. Los anillos en D que se encuentran en la cadera se usan solo para el amarre y la sujeción en caso de caídas. Los anillos en D que se ubican en los hombros suelen usarse en situaciones de rescate. Todas ellas pueden usarse para la retención contra caídas, pero el anillo en D de la espalda es el punto de conexión principal para la detención de caídas.

Figura 25 Arnés de cuerpo entero.

El arnés para el cuerpo debe tener el tamaño correcto para poder ofrecer una protección adecuada. No haga orificios ni aberturas adicionales en los componentes del arnés en ninguna circunstancia. No debe modificar de ningún modo los arneses para el cuerpo ni las cuerdas de seguridad. Se incluyen instrucciones para la instalación, el mantenimiento y la inspección con todos los arneses, y el trabajador tiene la responsabilidad de leer y comprender los detalles sobre su equipo personal. Los trabajadores deben inspeccionar el arnés corporal cada vez que lo quieran usar.

Por lo general, las correas del arnés están diseñadas de modo que admiten un cierto estiramiento para ayudar a absorber parte de la fuerza de una caída. Esto significa que es esencial colocar el arnés correctamente y tensarlo para que el trabajador no se suelte de él en caso de que sufra una caída.

La Figura 26 muestra el procedimiento correcto para colocarse un arnés de cuerpo entero común. Los ajustes de mayor importancia son el de las correas para el pecho, el de las correas para la ingle y el de la posición final del anillo D para la espalda. Los detalles relacionados que se ofrecen a continuación deben tenerse en cuenta para la colocación y el uso de los arneses de cuerpo entero:

NOTA

Estas pautas son de carácter general; siempre debe dar prioridad a las instrucciones del fabricante para equipos específicos. El trabajador tiene la responsabilidad de estar totalmente familiarizado con la función de cada uno de los anillos y de las correas que forman parte del arnés.

- La ubicación del anillo en D de la espalda es esencial para que el equipo detenga las caídas correctamente. Coloque este anillo entre los omóplatos. Si está demasiado bajo, el cuerpo tenderá a quedar suspendido más bien horizontalmente cuando se detenga la caída, y esto aumentará la presión sobre el diafragma y afectará la respiración. Si está demasiado alto o flojo, es posible que golpee la cabeza del trabajador en la parte final de la caída y que las correas de los hombros ajusten demasiado el cuello y restrinjan el flujo sanguíneo. El impacto en la parte final de la detención de la caída puede ser significativo, de modo que la fuerza debe propagarse por todo el cuerpo para evitar lesiones en áreas específicas.

6 simples pasos que pueden salvar su vida

Cómo ponerse un arnés

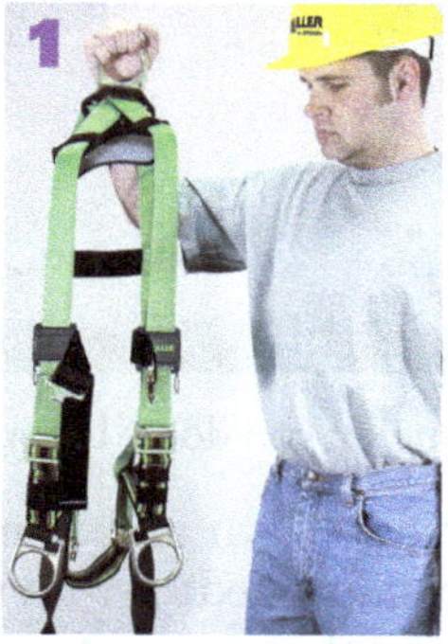

1 Sostenga el arnés de la argolla en D en la espalda. Sacuda el arnés para que todas las correas se coloquen en su lugar.

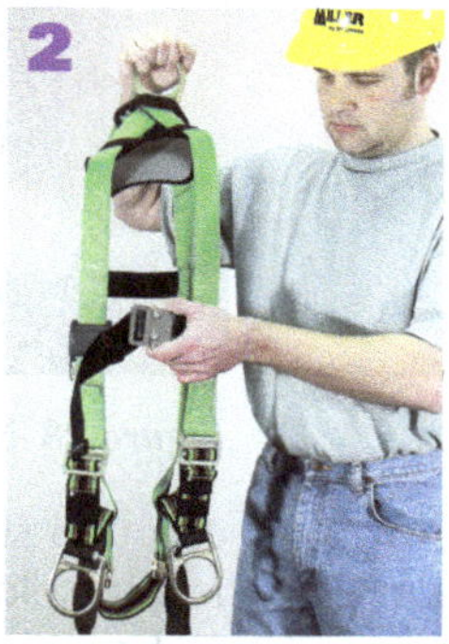

2 Si las correas del pecho, las piernas o la cintura están abrochadas, libere las correas y desabróchelas en este momento.

3 Deslice las correas sobre los hombros de manera que **el anillo en D quede en el centro de la espalda entre los omóplatos.**

4 Coloque la correa entre las piernas y conecte al extremo opuesto. Repita el paso con la segunda correa. Si es un arnés con cinturón, conecte la correa de la cintura después de la correa de las piernas.

5 **Conecte la correa del pecho y colóquela en la zona media del pecho.** Ajústela para que las correas de los hombros queden tensas.

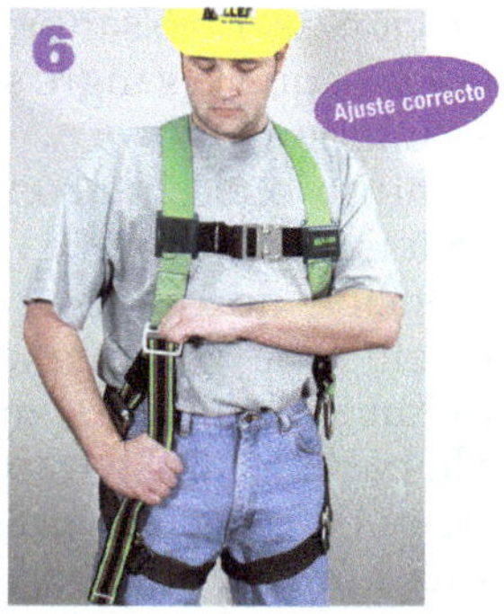

6 Después de abrochar todas las correas, ajuste las hebillas de manera que el arnés encaje bien pero que conceda una amplitud de movimiento total. Pase el exceso de correa a través de los pasadores.

Figura 26 Instalación del arnés para el cuerpo.

- Las correas para el pecho suelen formar las letras "H" o "X". Ajuste las correas con forma de "H" para que queden entre la parte inferior del esternón y el ombligo. Esto contribuye a garantizar que la línea horizontal de la "H" no toque la garganta ni asfixie al trabajador en caso de una caída. Es posible que el diseño de algunos arneses no permita hacer este ajuste y que la posición final de la "H" se base únicamente en el tamaño del arnés.
- La posición de las correas para el pecho también es esencial cuando se usan arneses de tipo "X". Coloque la "X" a la altura del esternón o debajo de este.
- Las correas para las piernas son una parte integral y necesaria de un PFAS. Acomode las correas para la ingle de modo que queden ajustadas correctamente. Si quedan flojas, causarán muchas molestias en caso de una caída, ya que el impacto las ajustará demasiado y el trabajador quedará suspendido de esta manera.
- Es aconsejable que el PFAS incluya una correa para evitar el traumatismo por suspensión. La correa se guarda en un estuche que está conectado al arnés y al alcance de la mano. Puede que un extremo de la correa esté cosido de forma permanente al arnés (de fábrica), que un extremo de la correa esté unido al arnés con un mosquetón (En la *Figura 27*) o que

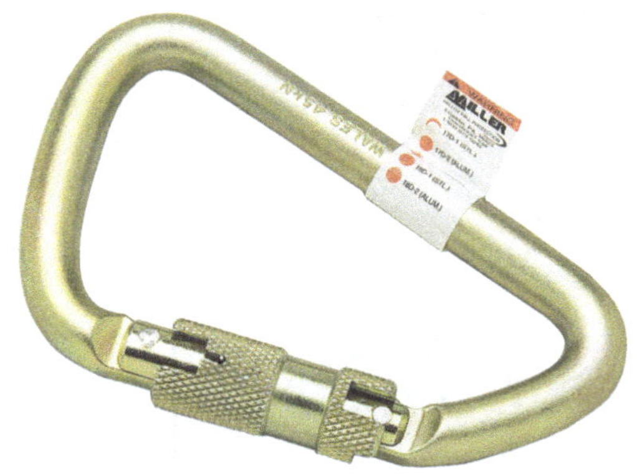

Figura 27 Mosquetón.

el estuche esté estrangulado alrededor de una correa del arnés o de un anillo en D de la cadera. De este modo, la correa puede quitarse fácilmente y usarse sin que se caiga. Una vez que está conectada, la correa permite que el trabajador se pare en el arnés para reducir el peso suspendido y disminuir la presión sobre la cadera y la ingle. Esto ayuda a aumentar la circulación del flujo sanguíneo de las piernas al corazón y evita que la sangre se acumule en las extremidades inferiores.

- La correa para la cintura o el cinturón de herramientas no se consideran componentes necesarios del sistema de detención de caídas, pero deben ajustarse correctamente. Se recomienda usarlos con los anillos en D ubicados precisamente en la cadera en lugar de la parte frontal o trasera. No los ajuste de modo que puedan ejercer presión sobre los riñones o la zona lumbar. Si la correa para la cintura no es un componente integral del arnés, no la coloque por fuera del arnés—Colóquela primero y, a continuación, colóquese el arnés sobre ella. Esto también se aplica para los cinturones de herramientas adicionales.
- Los asientos, al igual que las correas para la cintura, no se consideran componentes integrales ni necesarios del PFAS. Son piezas opcionales y, a menudo, desmontables. Suelen usarse para que el trabajador pueda sentarse mientras está suspendido en casos en los que la tarea exige permanecer en el mismo lugar por períodos prolongados.

Es importante observar que no todas las piezas se consideran componentes de un PFAS. Algunas solo deben usarse para conectar herramientas y equipos al trabajador o a estructuras. Las piezas que se usen como dispositivos de conexión del PFAS deben ser de acero forjado y deben tener un acabado resistente a la corrosión por niebla salina conforme a las normas del ANSI. Todos los ganchos deben tener mecanismos de seguridad o trabas para evitar que el objeto se desenganche accidentalmente. En la mayoría de los casos, se exige que los mecanismos de seguridad sean de dos pasos (también denominados *de doble acción*). Los diseños de estos mecanismos varían, pero suelen ser mejores los que permiten hacer los dos movimientos para abrirlos

Figura 28 Mosquetón con doble bloqueo.

con una sola mano. Usar ambas manos para manipular un solo conector puede ser un riesgo en sí mismo.

Los mosquetones con doble bloqueo (En la *Figura 28*) generalmente son curvos y tienen una abertura que permite conectarlos a una línea que luego se cierra con seguridad. Su apariencia no suele ser tan uniforme como la de los mosquetones, sino que vienen de distintas formas. Cuando se los usa como parte de un PFAS, el cierre de seguridad debe ser automático. Los mosquetones están diseñados para conectarse directamente a los anillos en D, no entre sí. En la mayoría de los casos, los mosquetones no se compran por separado, sino que ya están conectados a una cuerda de seguridad o un cabo para garantizar la integridad de la unión.

5.4.0 Cuerdas de seguridad, líneas de vida y dispositivos de desaceleración

Las cuerdas de seguridad son una parte importante de la estructura general del PFAS. Se usan para conectar el arnés de cuerpo entero o cinturón a una línea de vida, un dispositivo de desaceleración o un punto de anclaje. Cuando se utilizan correctamente junto con un anillo en D, pueden funcionar como un dispositivo de retención contra caídas. Es importante tener en cuenta la función específica y la capacidad de carga a la hora de elegir una cuerda de seguridad.

5.4.1 Cuerdas de seguridad

Las cuerdas de seguridad son cables cortos y flexibles que tienen conectores en cada extremo. Se usan para conectar el arnés de cuerpo entero o cinturón a una línea de vida, un dispositivo de desaceleración o un punto de anclaje. Existen muchos tipos de cuerdas de seguridad diseñadas para diferentes usos y situaciones de ascenso. Todas deben tener una resistencia mínima de rotura de 5000 lb. Las cuerdas de seguridad están disponibles en longitudes fijas y ajustables. Están hechas de acero, cuerda o tejido de nylon. Algunas tienen amortiguadores que absorben hasta el 80 % de la fuerza de detención de una caída. A la hora de elegir una cuerda de seguridad para un trabajo concreto, siempre es conveniente seguir las recomendaciones del fabricante. Los amortiguadores son un componente obligatorio de los sistemas de arneses y cuerdas de seguridad utilizados para la detención de caídas.

> **¡ADVERTENCIA!**
>
> Cuando una cuerda de seguridad con amortiguación se activa durante el proceso de detención de caídas, se estira para reducir la fuerza de detención. Este posible aumento en el largo siempre debe tenerse en cuenta cuando se determina la distancia de caída libre total desde un punto de anclaje. No determinar correctamente la distancia de caída libre puede ocasionar lesiones o incluso la muerte si se produce una caída.

Las cuerdas de seguridad consisten en un material de fabricación principal (cuerda, malla, cable para aviación, etc.) y un dispositivo de conexión en cada extremo. Las que se usan para detener caídas tienen amortiguación o son autorretráctiles (En la *Figura 29*). Las cuerdas de seguridad sin absorción de impactos, como la que se muestra en la *Figura 30*, se utilizan para

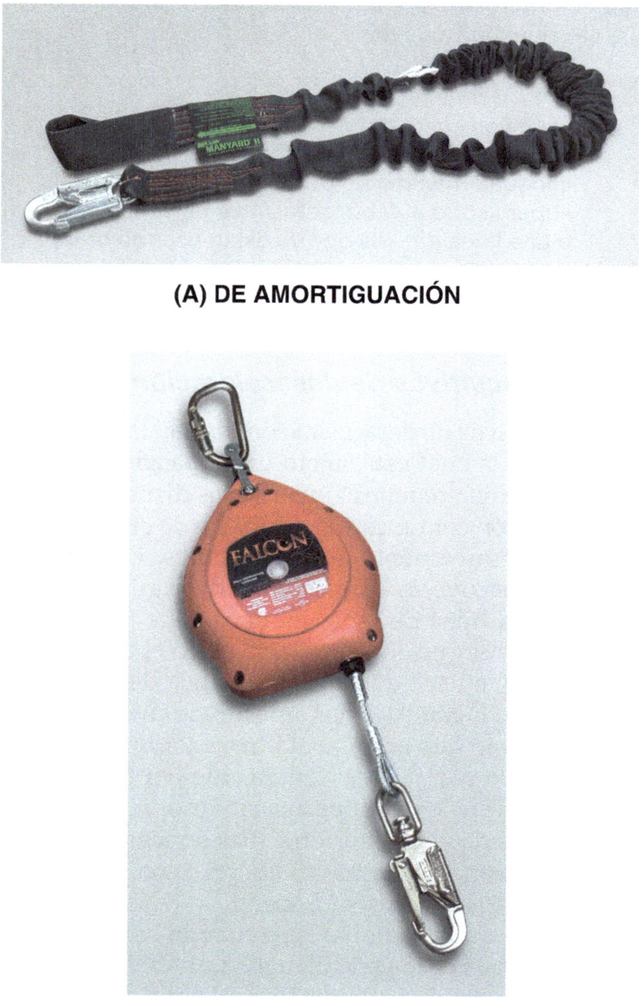

Figura 29 Cuerdas de detención de caídas.

Figura 30 Cuerda de seguridad no amortiguada.

el posicionamiento y para la retención contra caídas. Las cuerdas de seguridad de amarre no se consideran parte del sistema de detención de caídas; son elementos que ofrecen sujeción en caso de caídas y se conectan a los anillos en D del arnés, no al de la espalda. Debido a que la sujeción en caso de caídas consiste en evitar que se produzcan caídas, las cuerdas de seguridad para amarre no deben permitir una caída o un movimiento de más de 2 ft (0,61 m). Generalmente, se necesitan dos cuerdas de seguridad de este tipo para poder moverse de un lugar a otro.

El elemento de amarre anticaídas retráctil mostrado en la *Figura 29* (*B*) se está convirtiendo rápidamente en el dispositivo preferido. Debido a que se retrae o se libera de forma automática a medida que el trabajador se mueve, no se genera un exceso de holgura peligroso. Además, la distancia de caída posible se reduce significativamente.

Las cuerdas de seguridad de sujeción o de detención de caídas no deben fabricarse en el lugar de trabajo ni deben conectarse entre sí para aumentar su longitud. Según el uso, es posible añadirles un almohadillado durante la fabricación o en el lugar de trabajo para cubrir los bordes afilados. Nunca ate un nudo en una cuerda de seguridad, ya que los nudos pueden reducir el límite de carga significativamente. Tampoco debe rodear estructuras con la cuerda de seguridad y luego retraerla a menos que la cuerda esté diseñada para usarse de esta manera. Por lo general, la cuerda de seguridad suele estar conectada a un anillo en D especial y de mayor tamaño para este fin. Es importante recordar que debe estar completamente amarrado cuando use un PFAS. El PFAS es completamente inútil a menos que usted esté amarrado.

El anillo en D del PFAS para la detención de caídas solo puede conectarse a un dispositivo activo por vez. Esto puede presentar complicaciones para moverse de un lugar a otro, especialmente de forma horizontal. El usuario debe poder inclinarse hacia atrás para desconectar una cuerda de seguridad y, al mismo tiempo, debe mantener una cuerda de seguridad conectada en todo momento. Una cuerda de seguridad configurada en Y (En la *Figura 31*) puede utilizarse para este fin. Las cuerdas de seguridad de tipo Y tienen un solo punto de conexión en el anillo en D que se usa para admitir dos cuerdas de seguridad. También se

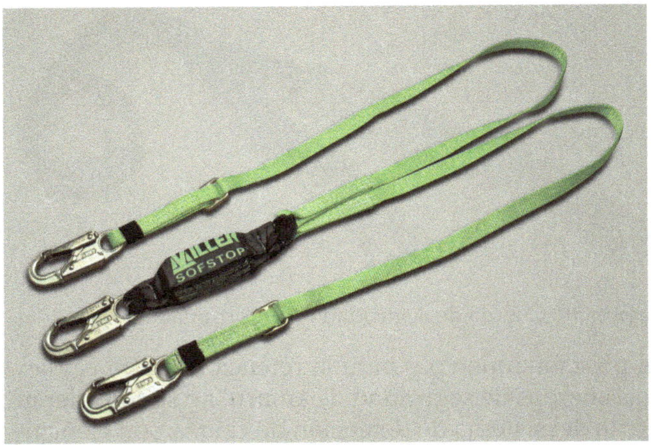

Figura 31 Cuerda de seguridad de tipo Y con amortiguación.

denominan *cuerdas de seguridad de dos piernas* o *cuerda de amarre*.

Antes de utilizar una cuerda de seguridad amortiguadora o una cuerda de seguridad autorretráctil (SRL), se debe determinar la distancia de caída potencial. Luego, se selecciona el equipo adecuado según el espacio libre de caída (vea la En *la Figura 32*). Observe en la figura que la distancia de caída con la cuerda de seguridad autorretráctil es significativamente menor que con una cuerda de seguridad amortiguadora. Esta es la razón de su creciente popularidad. Si no se selecciona el equipo adecuado ni se calcula la distancia de caída, el usuario puede sufrir lesiones graves o morir. Estos cálculos deben efectuarse en el lugar de trabajo y deben estar a cargo de personal experimentado y cualificado. Si se produce una caída y se acciona el sistema personal de detención de caídas, una persona competente debe inspeccionarlo antes de que se lo vuelva a usar. En la mayoría de los casos, es necesario reemplazarlo.

PRECAUCIÓN

Cuando se trabaja en lugares elevados, las caídas de herramientas pueden ser riesgos importantes. Si las herramientas tienen piezas móviles, como los taladros que funcionan con baterías, es probable que la caída las rompa. Existen cuerdas para herramientas (En la *Figura 33*) que están diseñadas específicamente para trabajar en entornos elevados. Sujetar las herramientas al cinturón para herramientas o a la muñeca puede evitar lesiones, proteger las herramientas, evitar daños en los componentes y evitar la pérdida del tiempo que lleva recuperarlas.

5.4.2 *Líneas de vida*

Una línea de vida es un cordel flexible, como un cable o una cuerda, que se conecta de forma vertical a un anclaje en uno de sus extremos (línea de vida vertical) o de forma horizontal a anclajes en ambos extremos (línea de vida horizontal). Sirve para conectar otros componentes del sistema personal de detención de caídas al anclaje disponible.

Las líneas de vida verticales quedan suspendidas de un anclaje fijo. Un dispositivo de detención de caídas, como un amarre de cuerda (En la *Figura 34*) o una cuerda de seguridad retráctil se conecta a la línea de vida. Un anclaje para viga o beamer (En la *Figura 35*) se utiliza a veces como anclaje para una línea de vida. Las líneas de vida verticales deben tener una resistencia a las roturas de 5000 lb (2267 kg) como mínimo, y los trabajadores deben usar líneas de vida verticales separadas. Las líneas de vida verticales deben tener una terminación en el extremo a menos que se extiendan hasta el suelo o hasta el próximo nivel inferior de la estructura.

Las líneas de vida horizontales (En la *Figura 36*) se conectan entre dos anclajes fijos. La cuerda de seguridad se conecta a la línea de vida. Las líneas de vida horizontales deben diseñarse, instalarse y usarse bajo la supervisión de una persona competente. La resistencia a las roturas de cualquier línea de vida de este tipo se determina según la cantidad de trabajadores que se conectarán a ella.

¡ADVERTENCIA!

Tenga en cuenta que los líneas de vida horizontales están diseñadas para admitir una cantidad máxima de trabajadores. Consulte a su supervisor o al fabricante antes de conectarse a una línea de vida que ya están usando otros trabajadores.

5.4.3 *Dispositivos de desaceleración*

Los dispositivos de desaceleración limitan la fuerza de detención a la cual está sujeto un trabajador cuando la caída se frena repentinamente. Dos dispositivos de desaceleración comunes son el amarre de cuerda y las cuerdas de salvamento autorretráctiles. Un amarre de cuerda se conecta a una cuerda de seguridad y se sujeta a una línea de vida. En el caso de una caída, la cuerda de seguridad tira hacia abajo el amarre de cuerda, lo que hace que apriete la línea de vida y se bloquee en el lugar. Algunos amarres de cuerda tienen un mecanismo que permite al trabajador desbloquear el dispositivo y descender lentamente por la línea de vida hasta el suelo o la superficie inferior.

Las líneas de vida autorretráctiles ofrecen la posibilidad de moverse sin restricciones, pero con protección contra caídas mientras se asciende y desciende por escaleras y equipos similares, o cuando se trabaja en varios niveles. Por lo general, tienen un cable de acero galvanizado de 25 a 100 ft (7,6 a 30,4 m) que recoge automáticamente la holgura de la cuerda de seguridad conectada, lo que mantiene la cuerda de seguridad

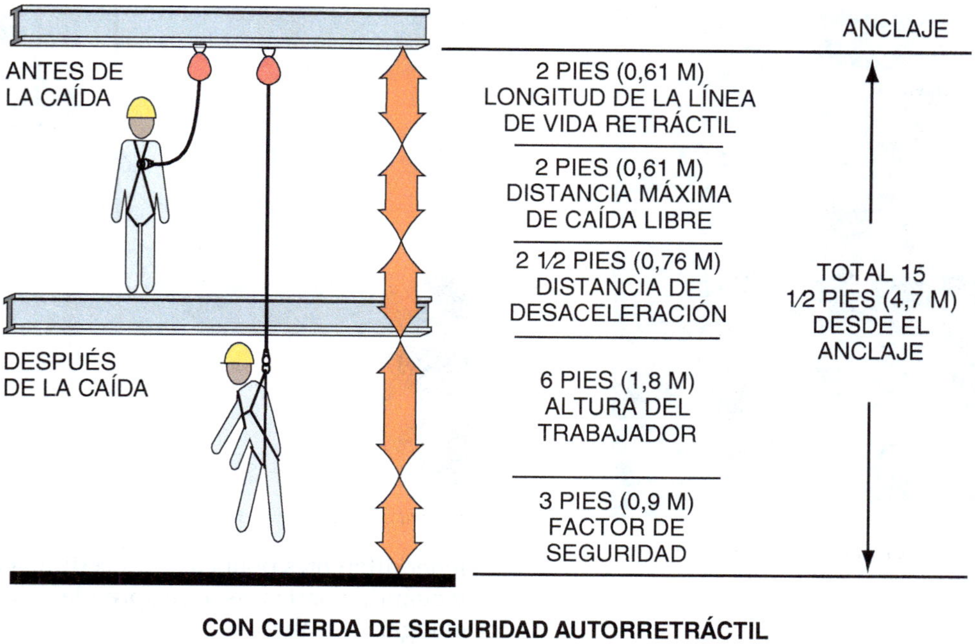

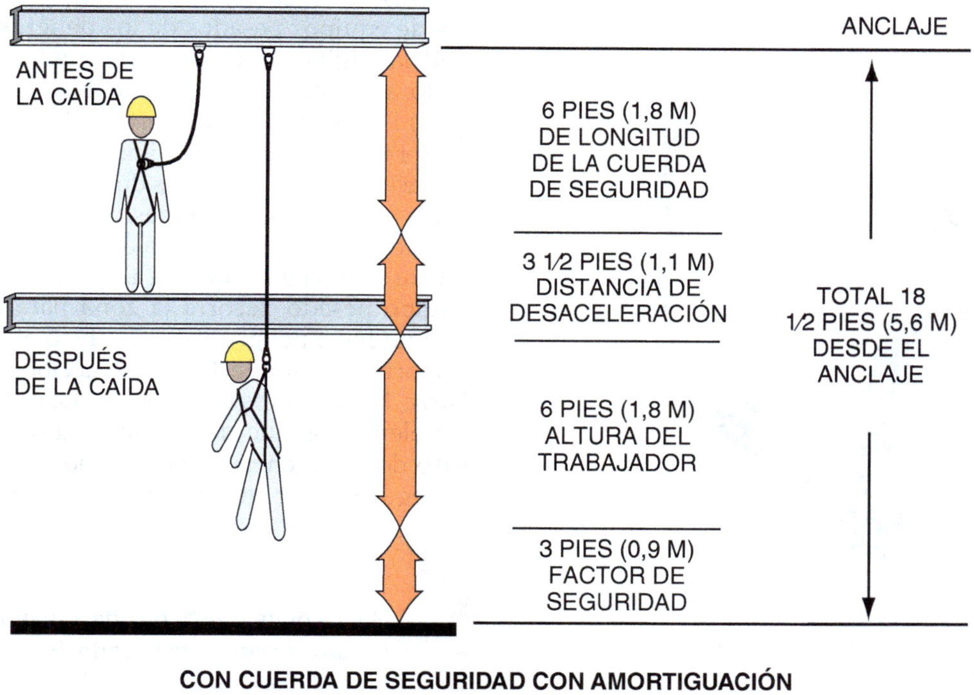

Figura 32 Distancias potenciales de caída con cuerdas de seguridad retráctiles.

fuera del camino del trabajador. En caso de que ocurra una caída, se activa un mecanismo de frenado centrífugo que limita la caída libre del trabajador. De acuerdo con los requisitos de la OSHA, las líneas de vida y las cuerdas de seguridad autorretráctiles que limitan la distancia de caída libre a 2 ft (0,61 m) o menos deben ser capaz de soportar una carga de tracción mínima de 3000 lb (13,3 kN). Las que no limitan la caída libre a 2 ft (0,61 m) o menos deben ser capaces de soportar una carga de tracción de al menos 5000 lb (22,2 kN). En *la Figura 37* se muestra un amarre de cuerda y una línea de vida autorretráctil.

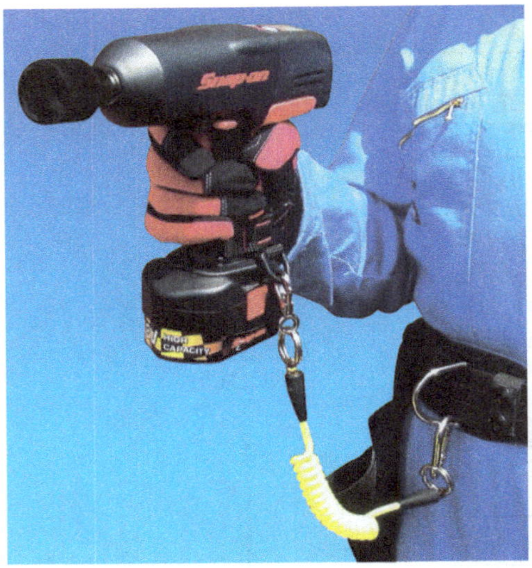

Figura 33 Cuerda de seguridad para herramientas.

Figura 34 Anclaje para cuerda.

5.5.0 Barreras, barandas y redes de seguridad

Mientras que los equipos PFAS están diseñados para proteger a los profesionales en sus espacios de trabajo designados, otros tipos de dispositivos son esenciales para mantener a los trabajadores alejados de ciertas áreas por completo. El uso de barreras, barandas y redes de seguridad entra en juego cuando determinadas zonas de la obra y sus alrededores pueden suponer un peligro especial.

5.5.1 Barreras y zonas delimitadas

Las barreras y las zonas delimitadas se utilizan para alertar a los trabajadores de posibles peligros y ayudar a prevenir accidentes. Cada lugar de trabajo puede

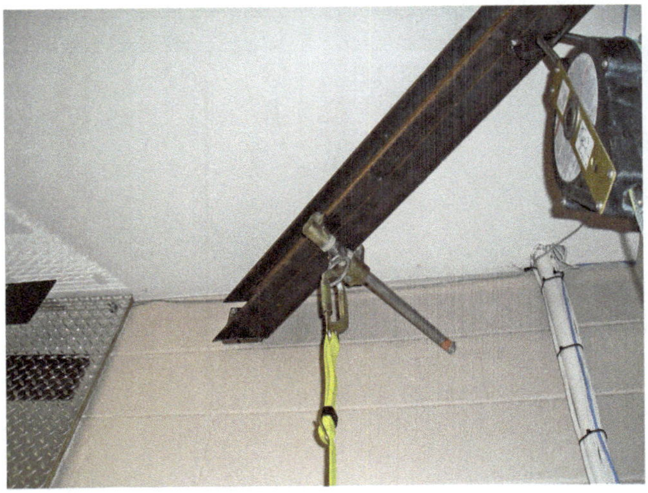

Figura 35 Anclaje para viga.

tener diferentes políticas y procedimientos sobre cómo y cuándo usarlas, así que aprenda y siga las reglas en el lugar de trabajo. A veces, las barreras se colocan en una zona para evitar que los trabajadores se lesionen y, otras veces, se colocan para alertar a los operadores de equipos pesados de los peligros. Por ejemplo, podría erigirse una barrera para evitar que una excavadora se acerque a un terreno de gran pendiente. En *la Figura 38*, se muestran los distintos usos de las barreras y las zonas delimitadas.

Las barreras y las zonas delimitadas ayudan a prevenir accidentes y lesiones, pero no son infalibles. Cuando sea asignado a una obra, examine cuidadosamente la zona en la que va a trabajar. Antes de mover equipo pesado, recorra la zona para asegurarse de que no haya peligros ocultos. Esto es especialmente importante cuando hay obstrucciones, como nieve, barro, hojas y otros residuos en la zona. Nunca mueva los elementos que delimitan la zona, ni siquiera en caso de emergencia, a menos que esté seguro de que es seguro entrar en la zona delimitada.

¡ADVERTENCIA!

Nunca quite una barricada a menos que tenga la autorización para hacerlo. Respete los procedimientos de su empleador para colocar y quitar barricadas.

5.5.2 Sistemas de barandas

Las barandas (En la *Figura 39*) son un elemento común de prevención de caídas. Estas protegen a los trabajadores proporcionando una barrera entre el área de trabajo y el suelo u otra área de trabajo que esté más abajo. Pueden estar hechas de madera, caño, acero o cable de acero y deben soportar 200 lb (90 kg) de fuerza aplicada en cualquier dirección sobre la baran-

Figura 36 Línea de vida horizontal.

Figura 37 Amarre de cuerda y línea de vida autorretráctil.

dilla superior y 150 lb (68 kg) de fuerza aplicada sobre la barandilla intermedia. Una baranda debe tener 42 in ±3 in (106 ± 8 cm) de altura hasta la barandilla superior y un rodapié con una altura mínima de 4 in (10 cm). Esto ayuda a evitar la caída accidental de herramientas o materiales a través de la barra inferior. El rodapié debe estar bien sujeto y estar separado no más de $^1/_4$ in (5 mm) del nivel del suelo.

Cualquier plataforma que esté más de 10 ft (3 m) por encima del suelo o del nivel inmediatamente inferior debe tener barandas (con barandillas intermedias y superiores) en todos los lados abiertos que se encuentren a más de 14 in de una estructura sólida. Los requerimientos para las barandas pueden variar según el estado.

- Las barandas deben soportar una fuerza de 200 lb aplicada hacia abajo o de manera horizontal.
- La altura mínima de la barandilla superior es de 38 a 45 in (11,6 a 13,7 m). Siempre consulte los requisitos regionales y estatales.
- Se debe colocar una barandilla intermedia a mitad de camino entre la plataforma y la barandilla superior.
- Se puede usar un cable de acero como baranda, pero este no debe curvarse por debajo de la altura mínima de las barandas.
- Las barandas no deben tener asperezas que puedan producir cortes. No se recomienda usar cintas de acero ni de plástico como barandas.

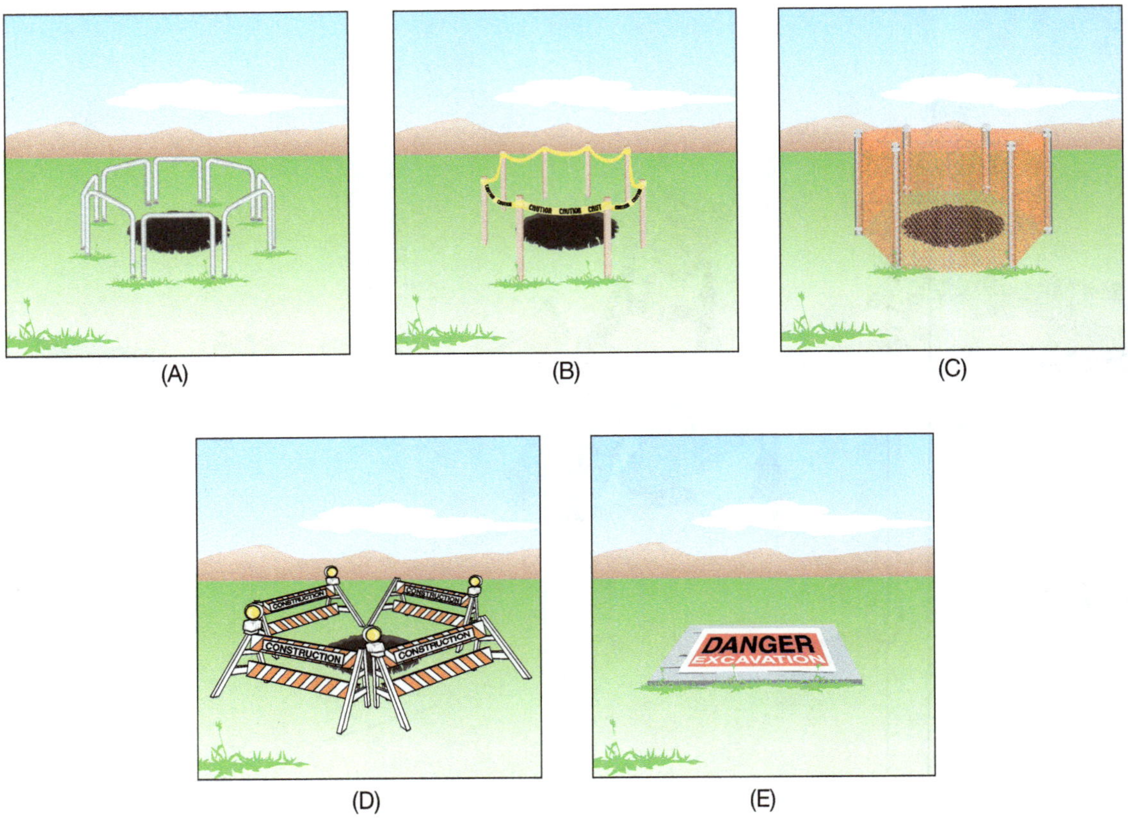

Figura 38 Tipos comunes de zonas delimitadas y barreras.

Figura 39 Barandas.

- Las crucetas pueden considerarse como parte de la barandilla superior o intermedia, según la altura de estas.

5.5.3 Redes de seguridad

Las redes de seguridad se usan como protección contra caídas en puentes y proyectos similares. Deben instalarse no más de 30 ft (9 m) por debajo del área de trabajo. Debe haber suficiente espacio libre debajo de la red de seguridad para evitar que un trabajador que caiga en ella choque contra la superficie que está debajo de la red. Tampoco debe haber obstrucciones entre el área de trabajo y la red.

Dependiendo de la distancia vertical real entre la red y el área de trabajo, la red debe extenderse entre 8 y 13 ft (2 y 4 m) más allá del borde del área de trabajo. Las aberturas en la red deben tener una superficie máxima de 36 in^2 (232 cm^2) y una longitud máxima de 6 in (15 cm). La cuerda del borde debe tener una resistencia mínima a la tracción de 5000 lb (2267 kg), y las conexiones entre los paneles de la red deben ser tan fuertes como la red en sí. Las redes de seguridad se deben inspeccionar al menos una vez por semana y después de cada suceso que las pueda haber dañado o debilitado. Las redes desgastadas o deterioradas deben desecharse.

5.5.4 Dispositivos de ascenso seguros

Existen diferentes sistemas y dispositivos que permiten a un trabajador ascender con más confianza y seguridad, a la vez que ayudan a eliminar situaciones peligrosas. En algunos casos, un trabajador debe conectarse a un anclaje, subir, conectarse a otro anclaje, desconectar el primer anclaje, subir un poco más, etc. Los dispositivos y sistemas de ascenso seguro ayudan a eliminar las numerosas desconexiones y permiten un ascenso más suave y seguro.

En el lugar de trabajo

De caídas en las redes de seguridad

Las redes de seguridad deben someterse a pruebas de caída en el lugar de trabajo antes de realizar la instalación inicial, cuando se reubiquen y después de arreglarlas y, al menos, cada seis meses si permanecen en el mismo lugar. La prueba de caída consiste en lanzar una bolsa de arena de 400 lb (181 kg) con un diámetro de 29 a 31 in (de 74 a 79 cm) a la red desde una altura de, al menos, 42 in (107 cm) por encima de la superficie para caminar o trabajar más alta en la cual los trabajadores se exponen a peligro de caídas. Si la red está intacta después de que se lanza la bolsa de arena, pasó la prueba.

Los amarres de cables, también llamados *correderas*, amarres de cuerda o dispositivos guiados de detención de caídas, se montan en el cable para que el trabajador los utilice como punto de conexión. El amarre de cable se agarra al cable para ayudar a frenar una caída cuando el movimiento es demasiado rápido o agresivo. En una situación normal, el amarre de cable simplemente sube a lo largo del cable junto con el usuario, deslizándose sin resistencia. Su libertad de movimiento hacia arriba es importante para que no se enganche ni se detenga repentinamente.

Al igual que otros equipos de protección contra caídas, los dispositivos de ascenso seguro deben ser inspeccionados antes de su uso y etiquetados como fuera de servicio si presentan algún daño o desgaste excesivo.

Recursos adicionales

Basic Construction Safety and Health, Fred Fanning. 2014. CreateSpace Independent Publishing Platform.

Construction Safety, Jimmie W. Hinze. Segunda edición. 2006. Nueva York, NY: Pearson.

DeWalt Construction Safety/OSHA Professional Reference, Paul Rosenberg, American Contractors Educational Services. 2006. DEWALT.

Recursos en línea:

Código de Reglamentaciones Federales (*CFR*), **www.ecfr.gov**

Administración de Seguridad y Salud Ocupacional de Estados Unidos (OSHA), **www.osha.gov**

Videos de la OSHA, **www.osha.gov/video**

Repaso de la sección 5.0.0

1. Los sistemas personales de detención de caídas están diseñados para evitar que un trabajador caiga más de _____.
   - a. 4 ft
   - b. 6 ft
   - c. 10 ft
   - d. 12 ft

2. Si dos trabajadores se conectan al mismo punto de anclaje, este debe tener una capacidad mayor o igual al doble de la carga prevista o _____.
   - a. 3000 lb
   - b. 5000 lb
   - c. 7000 lb
   - d. 10 000 lb

3. Los anillos en D y los mosquetones deben tener una resistencia a la tracción mínima de _____.
   - a. 1000 lb
   - b. 1500 lb
   - c. 3000 lb
   - d. 5000 lb

Figura SR01

4. La zona delimitada que se muestra en la *Figura SR01* es _____.
   - a. una barrera de la zona de trabajo
   - b. una zona delimitada de protección
   - c. una zona delimitada de advertencia
   - d. un marcador de zona

SECCIÓN SEIS

6.0.0 ESCALERAS Y ANDAMIOS

Objetivo

Identificar y describir el uso seguro de escaleras y andamios.

a. Describir los riesgos asociados con el uso de escaleras en el lugar de trabajo.
b. Identificar los requisitos de seguridad y el uso adecuado de distintos tipos de escaleras.
c. Identificar los tipos de andamios y describir cómo usarlos de forma segura.

Palabras técnicas

Almojayas: Miembros horizontales del andamio sobre los que se apoya la plataforma.

Carga máxima prevista: Peso total de todas las personas, los equipos, las herramientas, los materiales y las cargas que puede sostener una escalera a la vez.

Cuerda de maniobra: Cordel que se ata a una herramienta o un objeto para que el trabajador pueda tirar de él y levantarlo después de haber subido una escalera o un andamio.

Piso: Un término común para referirse a un nivel de un andamio.

Los accidentes más comunes asociados a las escaleras y los andamios son las caídas, los golpes de objetos que caen y la electrocución. En un caso, un trabajador resbaló de una escalera fija sujeta a una torre de agua y cayó 40 ft hasta el suelo. Murió porque no llevaba el equipo de seguridad adecuado.

La seguridad debe ser la máxima prioridad en un trabajo. Es su responsabilidad aprender a montar, utilizar y mantener las escaleras. También debe comprender los requisitos de construcción y los riesgos de seguridad asociados a los sistemas de andamios.

6.1.0 Peligros de las escaleras

Las escaleras móviles se usan todos los días para trabajar en lugares elevados. Cada vez que se trabaja por encima del nivel del suelo, existe el riesgo de que ocurran incidentes. Si inspecciona las escaleras cuidadosamente antes de usarlas y las utiliza correctamente, puede reducir este riesgo.

Sobrecargar significa sobrepasar la carga máxima prevista de una escalera. La sobrecarga puede provocar fallas en la escalera, lo que significa que esta puede torcerse, romperse o caerse. La carga máxima prevista es el peso total de todas las personas, los equipos, las herramientas, los materiales y las cargas que la escalera puede sostener al mismo tiempo. Revise las especificaciones del fabricante para determinar la carga máxima prevista. Las escaleras suelen tener una clasificación de servicio que indica su capacidad de carga, como se muestra en la *Tabla 2*. Observe que las escaleras diseñadas para el mercado que usa el sistema métrico generalmente no son equivalentes directos de las escaleras fabricadas para el mercado estadounidense. Las capacidades más comunes son 130 kg (286 lb) y 150 kg (330 lb) en la mayoría de los oficios. Las alturas de las escaleras también se indican en unidades métricas y quizás no sean iguales que las de las escaleras diseñadas para el mercado estadounidense.

¡ADVERTENCIA!

Use las escaleras solo para los fines previstos. Las escaleras no son intercambiables; si se las usan de forma incorrecta, pueden producirse lesiones o daños.

¡ADVERTENCIA!

Cuando use una escalera, asegúrese de mantener tres puntos de contacto con la escalera al subir o al bajar. Esto significa que siempre debe haber ambos pies y una mano o un pie y ambas manos en contacto con la escalera.

6.2.0 Tipos de escaleras y consideraciones para su uso

Se usan diferentes tipos de escaleras para diferentes tipos de trabajos (En la *Figura 40*). Es importante seleccionar la escalera correcta según el trabajo que se va a realizar para poder completar la tarea de la forma más segura y eficiente posible. Los tipos de escaleras más comunes son las escaleras rectas portátiles, las escaleras extensibles, las escaleras de tijera y las escaleras fijas. El uso seguro de las escaleras también es fundamental en el lugar de trabajo.

Las escaleras de aluminio son resistentes a la corrosión y pueden usarse en situaciones en las que

Tabla 2 Clasificaciones de servicio y capacidades de carga de escaleras

Capacidades nominales	Capacidades de carga
Tipo IAA	375 lb, uso extrapesado/profesional
Tipo IA	300 lb, uso extrapesado/profesional
Tipo I	250 lb, uso pesado/industrial
Tipo II	225 lb, uso medio/comercial
Tipo III	200 lb, uso ligero/doméstico

Historial de casos

Un trabajador estaba subiendo por una escalera de 10 ft (3,05 m) para acceder a un rellano, que se encontraba 9 ft (2,74 m) por encima del piso inferior. La escalera se deslizó hacia abajo, lo que ocasionó que el trabajador cayera al piso y sufriera lesiones mortales. Aunque la escalera tenía pies antideslizantes, no estaba asegurada, y las barandillas no se extendían 3 ft (0,91 m) por encima del rellano.

Figura 40 Diferentes tipos de escaleras móviles.

podrían estar expuestas a las inclemencias. Además, son livianas y pueden usarse en lugares en los que suele ser necesario levantarlas y trasladarlas.

Las escaleras de madera, que son más pesadas y firmes que las escaleras de fibra de vidrio o de aluminio, pueden usarse para subir y bajar cargas pesadas. Las escaleras de madera no deben pintarse. La pintura puede ocultar las grietas en los peldaños o los largueros. El barniz transparente, un sellador o un acabado con aceite conservante protegerán la madera sin ocultar los defectos.

Las escaleras de fibra de vidrio no son conductoras y también son muy duraderas, por lo que son útiles en situaciones que implican trabajos eléctricos o en las que es inevitable un trato un tanto brusco. La fibra de vidrio y el aluminio son más fáciles de limpiar que la madera.

Cuando seleccione una escalera, tenga en cuenta sus características y cómo se ajusta a las necesidades del trabajo. Tenga siempre en cuenta el tipo de trabajo y el límite de peso más alto necesario, así como los requisitos de altura. Una escalera demasiado larga o demasiado corta no permitirá alcanzar la superficie de trabajo con facilidad, seguridad o comodidad.

A la hora de seleccionar una escalera para un trabajo, es importante elegir una que se extienda al menos 36 in por encima de la superficie horizontal a la que se desea llegar. Coloque siempre la base de la escalera de forma que la distancia entre la base y la pared sea igual a un cuarto de la longitud de la escalera desde la elevación de la base hasta el punto en que la escalera toca la pared. Es muy importante colocar las escaleras rectas en el ángulo correcto antes de usarlas. Una escalera que se coloca en el ángulo incorrecto es inestable y puede provocar una caída. En *la Figura 41* se muestra una escalera recta correctamente colocada.

Tenga en cuenta las siguientes precauciones a la hora de montar y utilizar cualquier tipo de escalera:

- No utilice una escalera de aluminio cuando realice cualquier tipo de trabajo eléctrico o cuando exista la posibilidad de entrar en contacto con conductores eléctricos.
- Coloque la escalera de forma que quede estable.
- Coloque la escalera de manera que queden 6 in de espacio libre detrás de la escalera y 30 in de espacio libre delante de ella.
- Coloque la escalera de manera que se apoye en una superficie sólida e inamovible. Nunca coloque una escalera contra una ventana, una puerta, un marco, una pared suelta o móvil ni una caja.
- Mire hacia la escalera cuando suba o baje.
- Suba o baje la escalera un peldaño a la vez. Nunca suba ni baje corriendo por una escalera.
- No utilice escaleras cuando haya vientos fuertes. Si tiene que utilizar una escalera en condiciones de viento, asegúrese de amarrarla bien para evitar que se deslice.

Figura 41 Colocación adecuada de la escalera

- Compruebe que las suelas de sus zapatos no tengan aceite, barro ni grasa.
- Utilice una cuerda para subir y bajar las herramientas y materiales que pueda necesitar. De este modo, podrá mantener ambas manos libres para sujetar la escalera de forma segura mientras sube.
- Nunca apoye ninguna herramienta ni material en la parte superior de una escalera.
- Desplace la escalera en línea con el trabajo a realizar. No se incline nunca lateralmente hacia fuera de la escalera para alcanzar la zona de trabajo.
- Nunca se pare en los dos primeros peldaños de una escalera.

- Utilice las escaleras solo para períodos cortos de trabajo elevado. Si debe trabajar desde una escalera durante períodos prolongados, utilice un sistema personal de protección contra caídas.
- Coloque la escalera en el suelo cuando haya terminado de utilizarla, a menos que esté anclada de forma segura en la parte superior e inferior donde se está utilizando.
- No utilice nunca sustitutos improvisados para las escaleras.
- No utilice nunca escaleras de tijera para tareas que requieran escaleras rectas. Cada escalera está diseñada para un propósito y unas condiciones de ascenso específicas. Las escaleras generalmente se clasifican en estas cuatro categorías:
  - Recta
  - Extensible
  - De tijera
  - Fija

6.2.1 Escaleras rectas

Las escaleras rectas consisten en dos largueros, peldaños entre los largueros y patas de seguridad en la parte inferior de los largueros (En la *Figura 42*). Suelen ser de aluminio, madera o fibra de vidrio.

En la Figura 43 se muestra una escalera recta con las patas de seguridad colocadas. Asegúrese de que las patas estén aseguradas firmemente y que no estén dañadas ni gastadas. No use la escalera si las zapatas de seguridad no se encuentran en buen estado de funcionamiento.

La distancia entre la zapata de la escalera y la base de la estructura en la cual se apoya la escalera debe ser de un cuarto de la distancia entre el suelo y el punto en que la escalera toca la estructura. En otras palabras, debe haber una proporción de 4 a 1 entre las distancias. Por ejemplo, si la altura del muro que se muestra en la *Figura 41* es de 16 ft (4,9 m), la base de la escalera debe estar a 4 ft (1,2 m) de la base de la pared. Si va a bajar de una escalera a una plataforma o un techo, la parte superior de la escalera debe extenderse al menos 3 ft (0,9 m) por encima del punto en que la escalera toca la plataforma, el techo, las barandillas laterales, etc.

Las escaleras solo deben usarse en superficies estables y niveladas, salvo que estén aseguradas en la parte superior e inferior, para prevenir movimientos accidentales (*Figura 44*). Nunca intente mover una escalera si hay alguien en ella. Si es necesario colocar la escalera frente a una puerta que se abre para el lado de la escalera, la puerta debe cerrarse con llave o dejarse abierta y bloqueada. De lo contrario, alguien podría abrir la puerta y chocar la escalera.

Las escaleras están diseñadas solo para usarse de forma vertical. Nunca use una escalera como plataforma de trabajo, colocándola horizontalmente. Asegúrese de que la escalera que está por subir o bajar esté correctamente asegurada. Revise que las zapatas de la escalera estén bien fijadas sobre una superficie firme y nivelada.

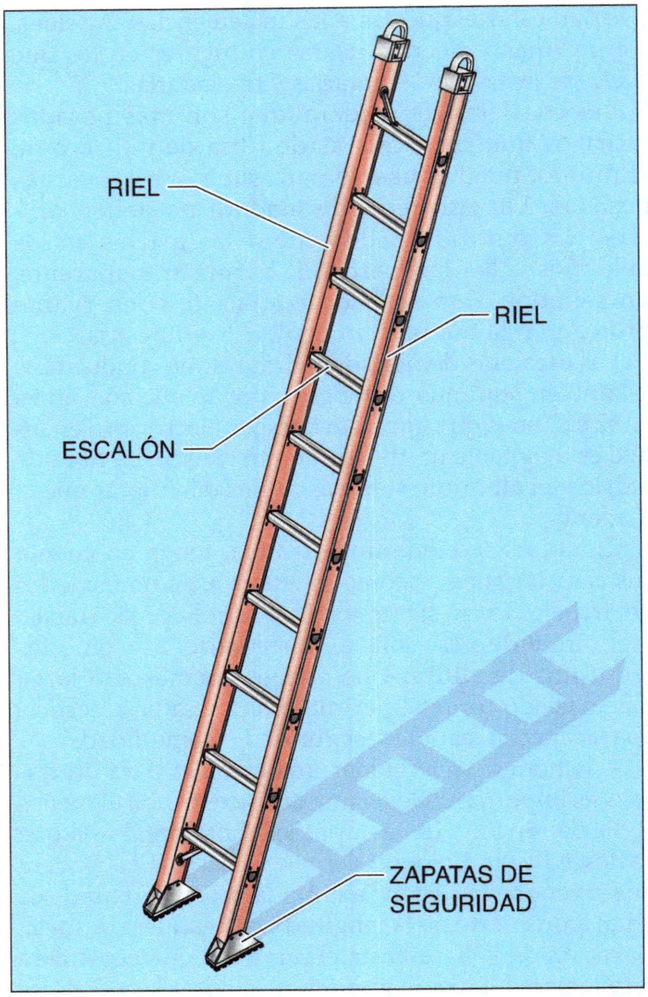

Figura 42 Escalera recta portátil.

Figura 43 Pata de seguridad de la escalera.

Figura 44 Cómo asegurar una escalera.

También debe verificar que la parte superior de la escalera esté firmemente colocada y que no exista el riesgo de que se mueva de lugar una vez que suba la escalera. Recuerde que su propio peso afectará la estabilidad de la escalera una vez que se suba a ella. Es importante probar la escalera antes y aplicar parte del propio peso en ella sin comenzar a subir verdaderamente. De este modo, se asegurará de que la escalera permanezca estable mientras asciende.

Cuando suba por una escalera recta, mantenga ambas manos sobre los largueros o peldaños. Mantenga tres puntos de contacto en todo momento, como se muestra en la figura. Puede usar ambos pies y una mano, o un pie y ambas manos. Siempre mantenga el peso de su cuerpo en el centro de la escalera entre los largueros. Mire la escalera en todo momento. Nunca suba o baje una escalera mirando hacia afuera de esta.

¡ADVERTENCIA!

Recuerde que su propio peso afectará la estabilidad de la escalera una vez que se suba a ella. Es importante probar la escalera antes y aplicar parte del propio peso en ella sin comenzar a subir verdaderamente. De este modo, se asegurará de que la escalera permanezca estable mientras asciende.

Si necesita llevar una herramienta mientras está en la escalera, utilice una cuerda de maniobra o cable de cola unido a la herramienta. Suba la escalera y, luego, levante la herramienta. No lleve herramientas en las manos mientras sube por la escalera.

6.2.2 Escaleras extensibles

Una escalera extensible se compone de dos escaleras rectas conectadas de modo tal que quedan superpuestas y permiten aumentar o disminuir la longitud de la escalera (En la *Figura 45*).

Las escaleras extensibles se colocan y aseguran siguiendo las mismas reglas que las escaleras rectas. Sin embargo, existen algunas medidas de seguridad que son exclusivas para las escaleras extensibles:

- Cuando ajuste el largo de una escalera extensible, siempre vuelva a colocar la sección móvil desde la parte inferior de la escalera y no desde la parte superior para asegurarse de que el cierre de los escalones esté enganchado correctamente después de hacer el ajuste (En la *Figura 46*).
- Asegúrese de que el mecanismo de bloqueo de sección se encuentre completamente enganchado en el escalón que desee.
- Asegúrese de que las cuerdas que se usan para extender y contraer la escalera no tengan obstáculos y estén desenredadas.
- Asegúrese de que la escalera extensible quede superpuesta entre las dos secciones (En la *Figura 47*). En escaleras que midan más de 36 ft (10,5 m) de largo, la superposición entre las secciones debe ser de 3 ft (0,9 m) como mínimo. En escaleras que midan entre 36 y 48 ft (entre 10,8 y 14,6 m) de largo, la superposición entre las secciones debe ser de 4 ft (1,2 m) como mínimo. En escaleras que midan entre 48 y 60 ft (entre 14,6 y 18,3 m) de largo, la superposición entre las secciones debe ser de 5 ft (1,5 m) como mínimo.

Figura 45 Ejemplos de escaleras extensibles.

Figura 46 Ganchos de bloqueo para peldaños.

- Nunca se pare encima del nivel seguro para estar parado más elevado en una escalera. En una escalera extensible, esto es el cuarto escalón desde la parte superior. Si usted se para más arriba, puede perder el equilibrio y caerse. Algunas escaleras cuentan con escalones de colores que muestran dónde no se debe parar.

¡ADVERTENCIA!

Las escaleras extensibles cuentan con un mecanismo de tope de extensión incorporado. No lo quite. Si lo hace, la escalera podría caerse mientras sostiene una carga.

- No transporte nada cuando use la escalera, ya que esto afectará el equilibrio y puede provocar que se caiga.
- Manténgase en el centro de la escalera. No se estire para alcanzar objetos, no se incline hacia un costado ni trate de mover la escalera mientras esté sobre ella.

6.2.3 Escaleras de tijera

Las escaleras de tijera son escaleras que se sostienen por sí mismas y están hechas de dos secciones unidas con bisagras en la parte superior (*En la Figura 48*). La sección de la escalera de tijera que se usa para subir cuenta con largueros y escalones como las escaleras rectas. La otra sección cuenta con largueros y travesaños. Los separadores son brazos con bisagras que se encuentran entre las secciones; mantienen la escalera estable y evitan que

Historial de casos

Piense antes de actuar

Durante la construcción de un edificio, un trabajador de albañilería recibió instrucciones de su capataz para preparar una partida de mortero en el segundo nivel y utilizar la escalera para llevarla al tercer nivel. Este trabajador decidió que sería más rápido y fácil utilizar la sección superior de una escalera extensible (sin patas de seguridad) en lugar de la escalera. Colocó la escalera con un extremo sobre el suelo de hormigón húmedo y el otro extremo apoyado contra la pared. A continuación, comenzó a subir. Cuando estaba a mitad de camino, la escalera resbaló en el suelo mojado, lo que le hizo caer aproximadamente 12 ft y morir.

Moraleja: Siga siempre las instrucciones de seguridad.

Fuente: Instituto Nacional para la Salud y Seguridad Ocupacional de los Estados Unidos (NIOSH)

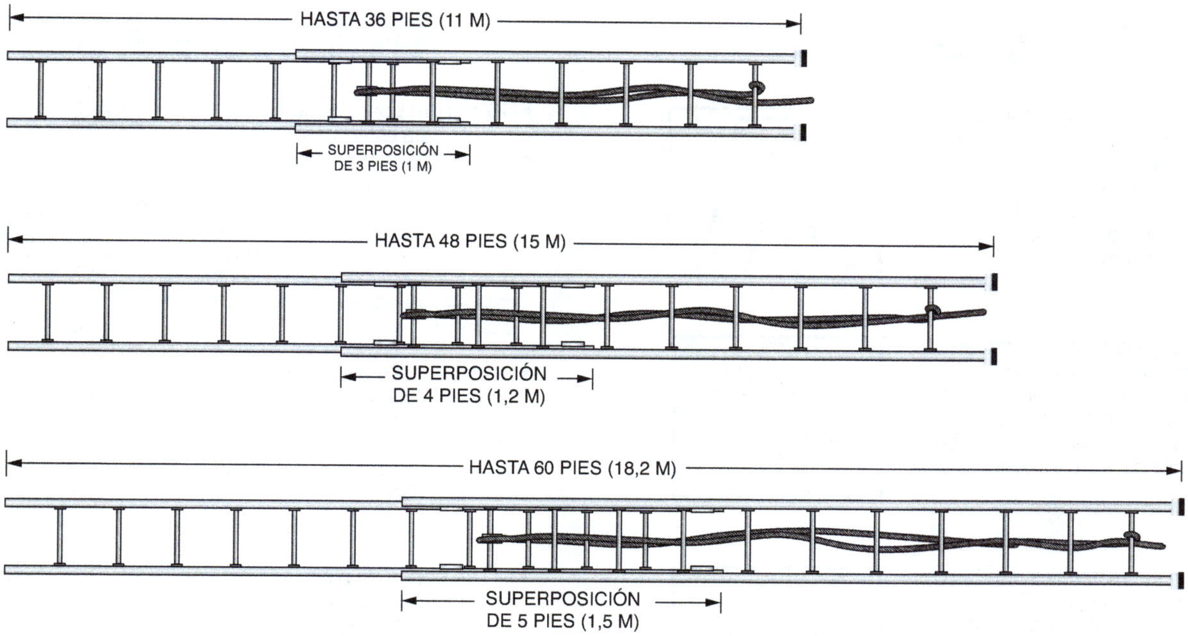

Figura 47 Longitudes de superposición de las escaleras extensibles.

se pliegue mientras está en uso. Una escalera de tijera puede tener un estante para apoyar un cubo de pintura o herramientas.

Figura 48 Ejemplo promedio de escalera de tijera de fibra de vidrio.

Inspeccione las escaleras de tijera de la misma manera que inspecciona las escaleras rectas y las extensibles. Preste especial atención a las bisagras y los separadores para asegurarse de que se encuentren en buen estado. También asegúrese de que los escalones estén limpios. Los peldaños de una escalera de tijera suelen ser planos, por lo que el aceite, la grasa o la suciedad pueden acumularse fácilmente en ellos y hacerlos resbaladizos.

Siga estas reglas cuando utilice escaleras de tijera (En la *Figura 49*):

- Asegúrese de que las cuatro patas estén sobre una superficie dura y uniforme cuando coloque una escalera de tijera. De lo contrario, la escalera podría tambalearse de un lado a otro o de esquina a esquina cuando suba.
- Nunca se pare en el escalón superior o en la parte superior de la escalera de tijera. Si pone su peso a esa altura, hará que la escalera esté inestable. La parte superior de la escalera está hecha para soportar las bisagras y no para usarla como un escalón.
- Asegúrese de que los separadores estén bloqueados en la posición totalmente abierta cuando la escalera esté en posición.
- Aunque pueden parecer peldaños, nunca utilice los tirantes para subir. No están diseñados para soportar su peso.

¡ADVERTENCIA!

No se pare sobre la escalera con las rodillas por encima de la parte superior de la escalera. Debe poder sostenerse de la escalera con la mano. Mantenga el cuerpo en el medio, entre los largueros.

QUÉ HACER

- Asegúrese de que la escalera se ha montado correctamente y que se utiliza de acuerdo con las instrucciones de seguridad y advertencias.
- Utilice calzado con suela antideslizante.

- Mantenga el cuerpo centrado en la escalera. Sujétese a la escalera con una mano mientras trabaja con la otra. Nunca deje que la hebilla del cinturón pase más allá del riel de la escalera.

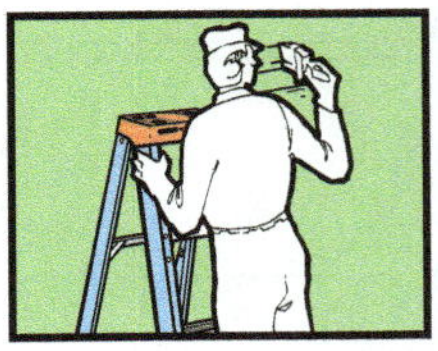

- Mueva los materiales con extrema precaución. Tenga cuidado al empujar o tirar de cualquier elemento mientras se encuentre en la escalera. Puede perder el equilibrio o inclinar la escalera.

- Solicite ayuda si la escalera es demasiado pesada para manejarla una sola persona. En la medida de lo posible, es conveniente que otra persona sujete la escalera cuando usted esté trabajando en ella.

- Suba de cara a la escalera. Centre el cuerpo entre los rieles. Mantenga un agarre firme.
- Muévase siempre paso a paso, colocando firmemente un pie antes de mover el otro.

- Transporte los materiales con una cuerda en lugar de llevarlos en las manos mientras sube por la escalera.
- Tenga mucha precaución al transportar algún material por la escalera.

Lea las etiquetas de la escalera para obtener más información.

QUÉ NO HACER

- NO se pare por encima del nivel seguro para estar más elevado.
- NO se pare en un peldaño superior al segundo peldaño desde arriba de una escalera de tijera o al cuarto peldaño desde arriba de una escalera extensible. Si una persona permanece en un punto más alto, puede perder el equilibrio y caerse.

- NO suba por una escalera de tijera cerrada. Podría resbalar bajo usted.
- NO suba por la parte posterior de una escalera de tijera. No está diseñada para soportar el peso de una persona.

- NO se ponga de pie ni se siente en la parte superior o plataforma de una escalera de tijera. No están diseñadas para soportar su peso.
- NO se suba a una escalera si no está preparado para ello tanto física como mentalmente.

- NO sobrepase la capacidad de carga, que es la capacidad máxima de carga de la escalera. No permita que haya más de una persona en una escalera de tijera de una sola cara o en ninguna escalera extensible.

- NO coloque la base de una escalera extensible demasiado cerca del edificio, pues podría volcar.
- NO coloque la base de una escalera extensible demasiado lejos del edificio, pues la parte inferior podría resbalar.

Consulte el cuadro de Relación 4 a 1.

- NO se estire para alcanzar objetos, no se incline hacia un costado ni trate de mover la escalera mientras esté sobre ella. Podría perder el equilibrio o inclinar la escalera.

Baje y coloque la escalera más cerca de donde tenga que realizar el trabajo.

RELACIÓN 4 A 1

Coloque una escalera extensible a un ángulo de 75-1/2°. La distancia a la pared ("S") debe ser de 1 ft por cada 4 ft de longitud ("L") hasta el punto superior de apoyo.

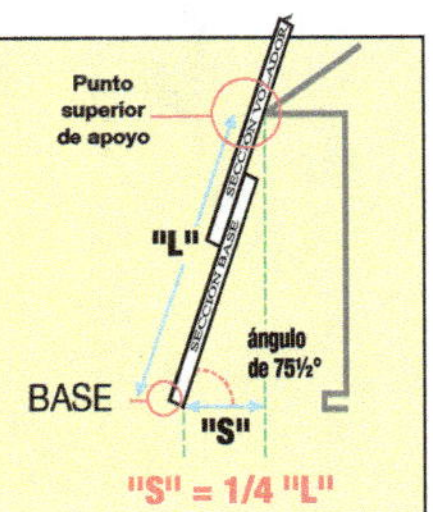

Figura 49 Consejos básicos para el uso de escaleras.

6.2.4 Escaleras fijas

Las escaleras fijas o estacionarias (En la *Figura 50*) son escaleras que no se pueden mover ni transportar fácilmente porque son una parte permanente de un edificio o una estructura. Las escaleras fijas deben ser capaces de soportar al menos dos cargas de 200 lb (91 kg) cada una. Cada escalón o peldaño debe ser capaz de soportar una carga mínima de al menos 200 lb aplicada en el centro del escalón o peldaño.

El ángulo de una escalera fija no debe ser superior a 90 grados con respecto a la horizontal, medidos en la parte posterior de la escalera. La escalera debe estar equipada con una jaula, una fosa, un dispositivo de seguridad de la escalera o una línea de vida autorretráctil cuando el ascenso sea inferior a 24 ft, pero la parte superior de la escalera esté a una distancia superior a 24 ft por encima de los niveles inferiores.

Las escaleras en las que la longitud total de ascenso sea igual o superior a 24 ft deberán estar equipadas con uno de los siguientes elementos:

- Dispositivos de seguridad para escaleras
- Líneas de vida autorretráctiles y plataformas de descanso a intervalos no mayores a 150 ft (15,2 m)
- Una jaula o una fosa y múltiples tramos de escalera

6.2.5 Escalinatas

Es común que se utilicen escalinatas en las obras de construcción en las que hay un desnivel de 19 in (46 cm) o más y no se dispone de rampas, pistas, terraplenes inclinados ni plataformas de elevación de personal. Muchos contratistas cambian a una escalinata temporal por encima del cuarto piso (nivel) de los andamios. Extienda la escalinata temporal hacia arriba a medida que avancen los trabajos. La escalinata debe mantenerse en condiciones de uso hasta que se haya completado al menos una escalera permanente.

Figura 50 Escalera fija promedio.

Las escalinatas deben estar debidamente iluminadas. Si se necesitan escalinatas provisionales, estas deberán estar adecuadamente arriostradas, ser lo suficientemente anchas para dos personas y estar equipadas con barandillas y rodapiés. Las rampas o pasarelas utilizadas en lugar de las escaleras también deben tener barandillas. Las escaleras y rampas no deben tener hielo, nieve, grasa, barro ni otros elementos que entrañen un peligro de resbalones.

Cuando use escaleras fijas en el lugar de trabajo, debe respetar las siguientes reglamentaciones que se basan en las normas de la OSHA:

- Las escaleras que tengan cuatro o más contrahuellas o que se eleven más de 30 in (76 cm) deben estar equipadas con al menos un pasamanos y un sistema de barandilla a lo largo de cada lado no protegido.
- Las escaleras de caracol y de espiral deben tener un pasamanos desviado de modo tal que no sea posible caminar en las partes de la escalera en las que el ancho de la huella sea inferior a 6 in (15 cm).
- Las barandillas de las escaleras deben tener no menos de 36 in (91 cm), medidos entre la superficie superior del sistema de barandilla de la escalera y la superficie del peldaño, en línea con la cara de la contrahuella en el borde delantero del peldaño.

Para reducir la probabilidad de que se produzcan resbalones, tropiezos o caídas, mantenga las escaleras limpias y sin obstrucciones. No deje herramientas ni materiales en las escaleras y limpie de inmediato los derrames de líquidos, el agua de lluvia o el lodo.

Las escaleras deben estar correctamente iluminadas. A veces, esto puede presentar problemas debido a que la iluminación permanente suele instalarse después de haber construido la escalera. Si la luz es inadecuada, debe instalarse un sistema de iluminación temporal en la escalera. Cada bombilla debe tener una cubierta protectora, y la instalación debe inspeccionarse todos los días para asegurarse de que no haya bombillas quemadas o rotas.

Cuando sea posible, evite usar las escaleras para transportar materiales de un piso a otro. Puede transportar materiales y herramientas pequeños siempre y cuando los materiales no obstruyan la visión. Subir o bajar escaleras mientras se transportan objetos grandes es una tarea agotadora y aumenta las probabilidades de sufrir lesiones y caídas. Use el elevador o el servicio de grúa del edificio para transportar materiales grandes de un piso a otro.

6.3.0 Andamios

Los andamios ofrecen una plataforma de trabajo elevada y segura para personas y materiales. Están diseñados y fabricados de acuerdo con estándares de seguridad estrictos, pero el desgaste y el uso normales o el exceso de peso accidental pueden debilitarlos y provocar que no sean seguros. Por ello, es importante inspeccionar todas las partes del andamio antes de cada uso. El personal responsable de ensamblar los andamios debe tener la certificación correspondiente.

El uso inadecuado o descuidado de los andamios puede provocar accidentes, lesiones o la muerte. Las personas que trabajan en andamios pueden minimizar sus riesgos siendo conscientes de los peligros que estos entrañan y siguiendo los procedimientos y directrices de seguridad adecuados para minimizar esos peligros.

Los principales riesgos que conlleva el uso de andamios son los siguientes:

- Caídas
- Golpes por caída de objetos
- Descargas eléctricas

Las caídas pueden ocurrir porque no se proporcionan elementos de protección o prevención contra caídas o porque estos elementos no se utilizan o instalan de forma adecuada. Los andamios mal entablados provocan muchas caídas. Trabajar en un andamio cuando las condiciones son peligrosas (por ejemplo, con vientos fuertes, hielo, lluvia y rayos) también provoca accidentes. También se producen caídas cuando los andamios se derrumban debido a una construcción inadecuada.

Se requiere protección contra caídas en cualquier andamio que esté 10 ft o más por encima de un nivel inferior. Tenga en cuenta que este es el requisito de la OSHA y que ciertos estados o localidades podrían tener requisitos más estrictos. Los dispositivos de protección contra caídas consisten en sistemas de barandillas, sistemas personales de detención de caídas o redes de seguridad. Un sistema de barandillas normalmente sirve como protección contra caídas adecuada para la mayoría de los andamios.

PRECAUCIÓN

Solo una persona competente tiene la autoridad para supervisar la colocación, el traslado y el desarmado de los andamios. Esta persona es la única que puede aprobar el uso de los andamios en la obra después de haberlos inspeccionado.

6.3.1 Tipos de andamios

En la industria de la construcción, se utilizan dos tipos básicos de andamios—: los andamios autoportantes y los andamios suspendidos—. Las normas de uso seguro se aplican a ambos. Los andamios que se sostienen por sí mismos pueden ser unidades ya fabricadas o pueden ensamblarse en el lugar de trabajo.

Los andamios fabricados (En la *Figura 51*) son de acero pintado, acero inoxidable o aluminio. Son más sólidos y más resistentes al fuego que los andamios de madera. Se ofrecen como unidades individuales listas para usar que se ensamblan en el lugar de trabajo. Los andamios rodantes tienen ruedas en las patas para poder transportarlos fácilmente. Las ruedas tienen frenos para que el andamio no se mueva mientras los trabajadores se encuentran en él.

¡ADVERTENCIA!

Nunca destrabe los frenos de las ruedas de un andamio rodante si hay personas en él. Las personas pueden perder el equilibrio y caerse.

Los andamios armados (En la *Figura 52*) se construyen desde cero en el lugar de trabajo con piezas de estructuras de acero y madera. Los andamios oscilantes (suspendidos), que se muestran en la *Figura 53 (A)*, están suspendidos por cuerdas o cables de manera que permiten subir o bajar según sea necesario. Otro tipo de andamio suspendido es la canastilla de trabajo, que se muestra en la *Figura 53 (B)*. Una canastilla de trabajo está generalmente suspendida con dispositivos de aparejamiento que se fijan en una viga doble T con abrazaderas y rodillos de distintos tamaños.

6.3.2 Riesgos y requisitos de seguridad de los andamios

Una plataforma de trabajo sobre andamios debería tener un sistema de barandas que incluya una barandilla superior, una barandilla intermedia, un rodapié y una pantalla. Para que sea segura y eficaz, la barandilla superior debe tener aproximadamente 42 in de altura, la barandilla intermedia debe estar situada a medio camino entre el rodapié y la barandilla superior, y el rodapié debe tener un mínimo de 4 in de altura (En la *Figura 54*).

Si van a pasar o trabajar personas bajo el andamio, la zona entre la barandilla superior y el rodapié debe estar protegida con una pantalla. Por último, los tablones de la plataforma deben colocarse muy juntos. Por razones

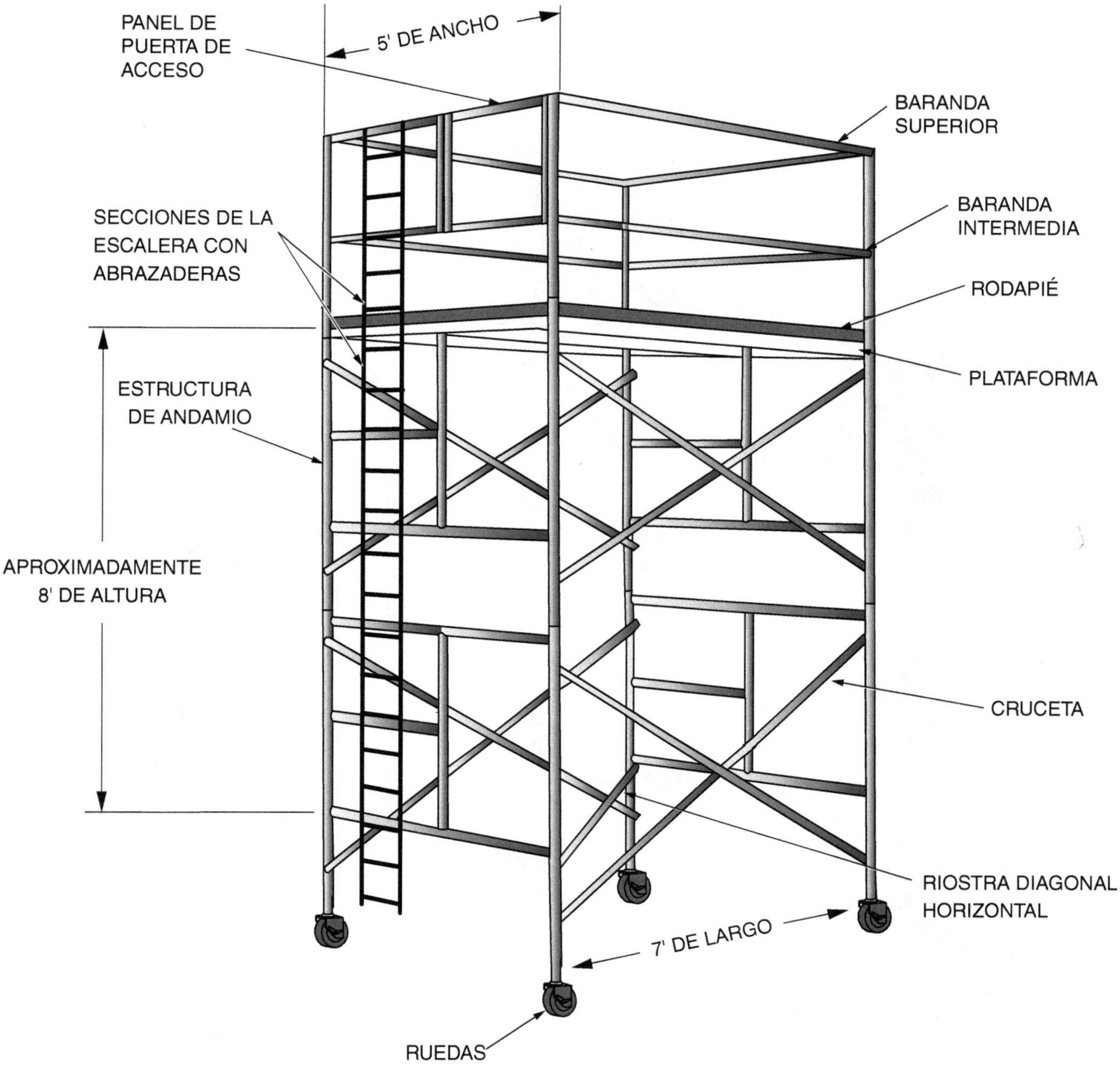

Figura 51 Andamio fabricado promedio.

de seguridad, los extremos de los tablones deben solaparse al menos 6 in y no más de 12 in.

Los sistemas de barandas deben extenderse alrededor de todos los lados abiertos del andamio. No es necesario que el lado que da a la superficie de trabajo tenga una barandilla, siempre y cuando esté situado a menos de 14 in de distancia de la superficie de trabajo. Cualquier abertura en la plataforma de un andamio debe estar protegida por un sistema de barandas, incluidas las aberturas de acceso y las plataformas que no se extienden por todo el ancho del andamio. Las personas que trabajan o pasan por debajo de los andamios pueden ser golpeadas por la caída de objetos. Por ejemplo, herramientas, materiales, escombros y piezas del andamio pueden caer a la superficie de abajo. Las personas que trabajan en un andamio también pueden lesionarse si hay otras personas trabajando por encima de ellas, o si la estructura o la pieza de trabajo se extiende por encima del nivel de trabajo del andamio. Todo trabajador expuesto al riesgo de caída de objetos está obligado a llevar un casco rígido. Dependiendo de la situación, puede ser necesaria una protección adicional, como redes, pantallas o mallas, estructuras de dosel y rodapiés. También se pueden utilizar zonas delimitadas que impidan el acceso por debajo del andamio para proteger a los trabajadores y a otras personas.

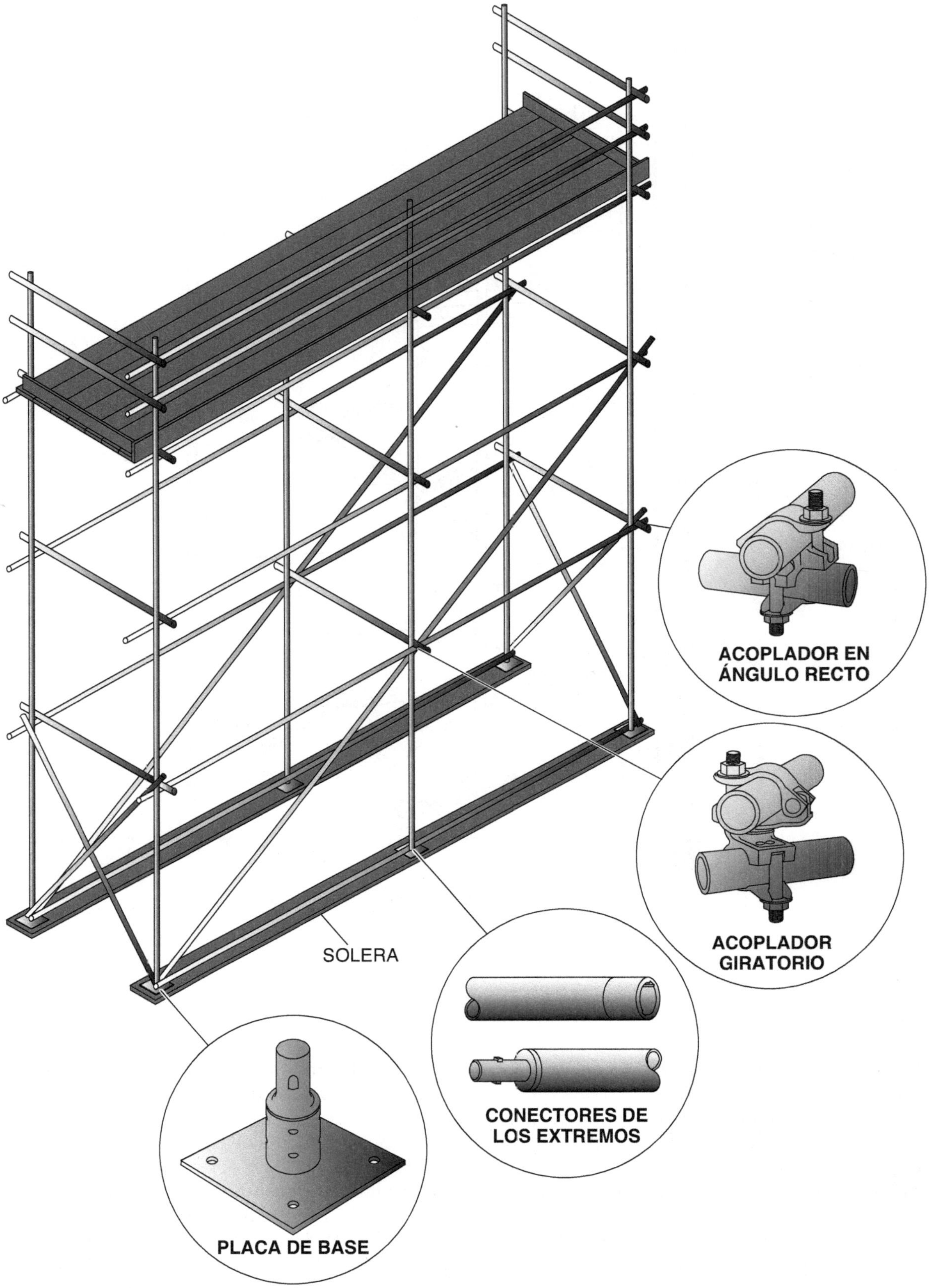

Figura 52 Andamio armado.

(A) ANDAMIO SUSPENDIDO

(B) CANASTILLA DE TRABAJO

Figura 53 Andamio volante y canastilla de trabajo.

¡ADVERTENCIA!

Si el andamio en el que está trabajando se desplaza o comienza a derrumbarse, deje lo que esté haciendo y salga del andamio inmediatamente.

Debido a que la mayoría de los andamios están hechos de metal, siempre existe la posibilidad de una descarga eléctrica. Nunca asuma que puede trabajar alrededor de cables de alta tensión simplemente evitando el contacto. Las altas tensiones pueden formar un arco a través del aire y provocar una electrocución sin contacto directo. Cuando haya que montar un andamio cerca de líneas eléctricas, habrá que llamar a la compañía eléctrica para que desactive las líneas, las desplace o las cubra con barreras protectoras aislantes.

NOTA

Consulte siempre a la persona competente en la obra si tiene alguna duda sobre la seguridad de los andamios.

La seguridad empieza por formarse en el uso correcto de los andamios. Es igualmente importante utilizar siempre el equipo de seguridad adecuado, como un casco y sistemas personales de protección contra caídas. Nunca trabaje en un andamio, en una canastilla de trabajo ni en una plataforma si padece alguna de las siguientes afecciones:

- Sufre convulsiones
- Se marea o se aturde cuando trabaja en alturas
- Toma medicamentos que puedan afectar su estabilidad o su rendimiento
- Está bajo la influencia de las drogas o el alcohol

Cuando trabaje en un andamio, siga siempre estas directrices:

- Suba a los andamios y utilícelos de acuerdo con las instrucciones del fabricante. Los andamios también deben montarse y utilizarse de acuerdo con todos los requisitos locales, estatales y federales (incluidos los de la OSHA).
- Una práctica recomendada de la industria es colocar una etiqueta verde, roja o amarilla, según sea necesario, a cualquier andamio que esté montado y erigido para alertar a los usuarios de su estado mecánico o de seguridad actual. Sin embargo, no confíe únicamente en la etiqueta. Inspeccione todas las partes del andamio antes de cada uso.

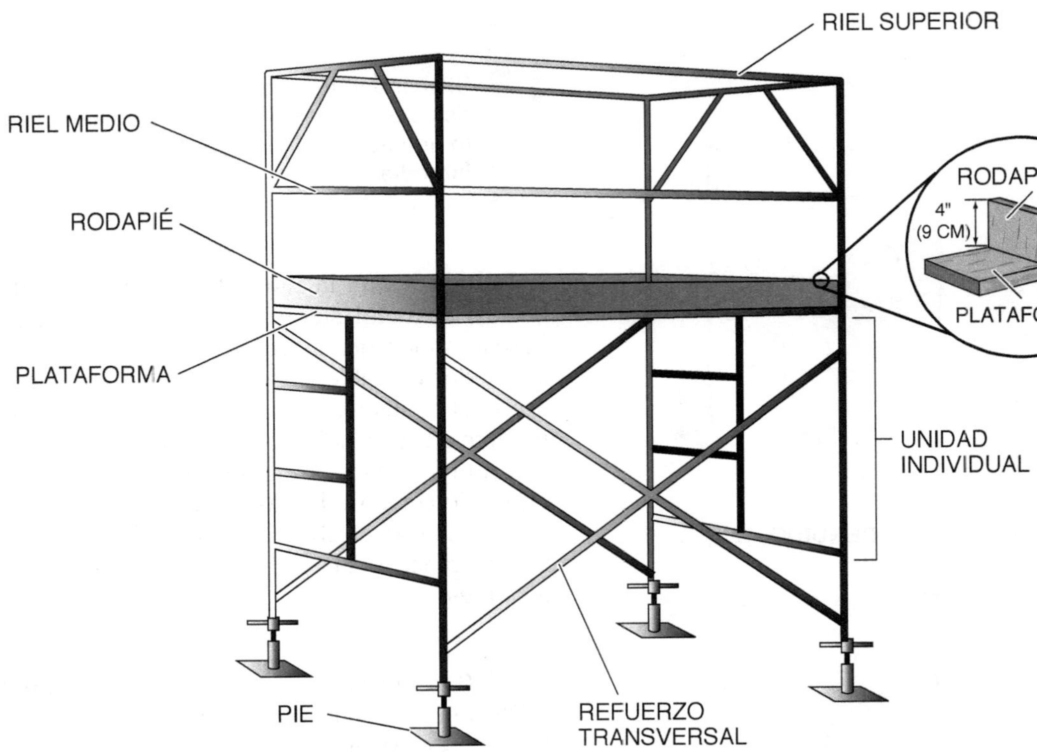

Figura 54 Distancia del rodapié del andamio.

- Si el andamio se desplaza, salga del andamio inmediatamente.

Directrices de seguridad para los andamios armados – Tenga en cuenta las siguientes directrices cuando monte y utilice andamios tubulares armados:

- Inspeccione todas las partes del andamio antes de subir a él.
- Nunca utilice partes que estén rotas, dañadas o deterioradas. Tenga cuidado con los materiales oxidados.
- Siga las recomendaciones del fabricante sobre los métodos adecuados para subir a los andamios y utilizarlos.
- No intercambie piezas de diferentes fabricantes a menos que el fabricante lo permita.
- No fuerce las riostras u otras partes para encajarlas. Ajuste el nivel del andamio hasta que pueda realizar las conexiones fácilmente.
- Proporcione soleras adecuadas con placas base para todos los andamios construidos en terrenos rellenos o blandos. Nivele el suelo irregular utilizando tornillos de ajuste o gatos de nivelación.
- No utilice cajas, bloques de hormigón, ladrillos u otros objetos similares para que sostengan un andamio.
- Mantenga los andamios ordenados y sin material resbaladizo.
- Asegúrese de que los andamios estén a plomo y nivelados en todo momento. Cumpla con los requisitos de espaciado y posicionamiento de las distintas partes del andamio. Ancle o amarre los andamios al edificio a los intervalos prescritos.
- Utilice escaleras para subir al andamio; no suba por las crucetas. Ubique las escaleras con precaución para evitar que la torre del andamio se vuelque.
- No trabaje en andamios de más de 10 ft de altura sin barandas, barandillas intermedias y rodapiés en los lados y los extremos abiertos.
- Bloquee o retire las ruedas de los andamios móviles cuando estén colocados para su uso.
- Evite construir andamios cerca de líneas eléctricas.

Directrices de seguridad para andamios colgantes y otros andamios suspendidos – Tenga en cuenta las siguientes directrices cuando monte y utilice andamios suspendidos:

- Siga las recomendaciones del fabricante para la instalación, el uso y el mantenimiento del equipo. Antes de la instalación, inspeccione todas las partes de la estructura a la que se fijarán los aparejos y las líneas de amarre para asegurarse de que pueden soportar la carga.
- Asegúrese de que los dispositivos de aparejamiento tengan el tamaño y el diseño adecuados para soportar el andamio y que estén instalados

correctamente. Si se utilizan contrapesos para asegurar el extremo interior de vigas estabilizadoras, estas se deben fijar a la viga. Los materiales para tejados y los sacos de arena no constituyen contrapesos adecuados.

- Compruebe que las líneas de amarre estén instaladas perpendicularmente a la cara de la estructura y estén aseguradas a un soporte sólido.
- Compruebe si hay líneas eléctricas o cables de servicio eléctrico en el lugar de trabajo. Si suponen un peligro, póngase en contacto con la compañía eléctrica para que los desactive temporalmente.
- Respete la capacidad de carga del andamio; nunca sobrecargue el equipo.
- Inspeccione todos los equipos de andamiaje cada día. Compruebe minuciosamente si los cables y las cuerdas están desgastados, deshilachados, corroídos, frágiles, dañados o en otras condiciones que puedan debilitarlos. Si es necesario sustituirlos, deje esta tarea en manos de personal cualificado.
- Mantenga los cables de suspensión rectos y perpendiculares a la plataforma durante su uso. No los fije a otros elementos para cambiar la línea de desplazamiento.
- Amarre el andamio al edificio o la estructura para evitar que se balancee.
- Aléjese de los andamios durante las tormentas o los vientos fuertes y tenga cuidado con las plataformas heladas o resbaladizas.
- Garantice un acceso seguro a la plataforma colgante en todo momento.
- Utilice radios bidireccionales para la comunicación entre los trabajadores en el andamio y en el suelo.
- No combine dos o más unidades de andamios colgantes con dos puntos de sujeción para formar una única unidad.
- Levante el andamio y amárrelo en una posición segura cuando no se utilice.

Historial de casos

Inspeccionar todos los materiales

Una cuadrilla que colocaba ladrillos en el piso superior de un edificio de tres pisos construyó una plataforma de 6 ft para conectar dos andamios. La plataforma estaba correctamente construida con dos tablones de 2 x 12 in con barandas estándar. Sin embargo, uno de los tablones no era de madera para andamios. También tenía una extensa podredumbre seca en el centro. Cuando un albañil pisó el tablón, este se quebró. El albañil cayó 30 ft y murió.

Moraleja: Asegúrese de que todo el entarimado sea sólido y seguro. Su vida depende de ello.

Fuente: OSHA

6.3.3 Inspección de andamios

Los andamios que se ensamblan en el lugar de trabajo deben tener etiquetas que indiquen si cumplen con las normas de la OSHA y si son seguros. Se utilizan etiquetas de tres colores: verde, amarillo y rojo (En la *Figura 55*).

- Las etiquetas verdes indican que el andamio cumple con las normas de la OSHA y es seguro.
- Las etiquetas amarillas indican que el andamio no cumple con todas las normas de la OSHA. Un ejemplo podría ser un andamio al que no se le puede instalar una barandilla debido a que esta interfiere con el equipo. Para usar un andamio que tiene una etiqueta amarilla, debe colocarse un arnés de seguridad conectado a una cuerda de seguridad.

Figura 55 Etiquetas comunes para andamios.

Es posible que también deba tomar otras medidas de seguridad.

- Las etiquetas rojas indican que el andamio se está armando o se está desarmando. No use nunca un andamio que tiene una etiqueta roja.

No confíe en las etiquetas únicamente; inspeccione todos los andamios antes de usarlos. Verifique que no haya tubos doblados, rotos o excesivamente oxidados. Verifique también que no haya uniones flojas entre los tubos. Estos problemas deben corregirse para poder usar el andamio.

Asegúrese de conocer el límite de peso del andamio que usará. Compare el límite de peso con el peso total de las personas, las herramientas, los equipos y los materiales que deberá sostener el andamio. No exceda nunca los límites de peso de los andamios.

Cuando examine un andamio rodante, verifique el estado de las ruedas y los frenos. Asegúrese de que los frenos funcionen correctamente y eviten que el andamio se mueva mientras se lo está usando. Verifique que todos los frenos estén accionados antes de usar el andamio.

6.3.4 Uso de andamios

Asegúrese de que una persona competente inspeccione el andamio antes de usarlo. Debe haber una superficie de apoyo firme debajo de cada zapata para poder aplicar peso sobre el andamio. Si trabaja sobre un suelo flojo o blando, puede colocar tablas o esteras debajo de las zapatas o las ruedas del andamio. Para mover un andamio rodante, primero destrabe los frenos. Una vez que lo haya cambiado de lugar, recuerde volver a accionar los frenos.

¡ADVERTENCIA!

Mantenga los andamios a un mínimo de 3 ft (91 cm) de las líneas eléctricas de hasta 300 voltios y a un mínimo de 10 ft (3,1 m) de las líneas eléctricas de más de 300 voltios. Nunca mueva un andamio mientras haya alguien en él.

Este es un breve listado de precauciones a tener en cuenta mientras se trabaja en andamios. No pretende ser un sustituto del uso adecuado de los andamios. La carga de los andamios debe controlarse constantemente. Además de la inspección final a cargo de una persona competente, los usuarios de andamios siempre deben realizar una inspección visual antes de usarlos.

- No use un andamio que no se haya inspeccionado durante su turno de trabajo. Controle si tiene una etiqueta que indique que el andamio es seguro y la fecha de la inspección.
- No utilice un andamio que no tenga un acceso adecuado.

¡ADVERTENCIA!

No trepe por las barandas ni las crucetas. Use solo escaleras, escalinatas o accesos aprobados desde una estructura existente. Las barandas y las riostras podrían fallar, lo cual puede ocasionar lesiones o incluso la muerte.

- No trabaje desde una plataforma que no esté totalmente entablada, a menos que utilice protección contra caídas.
- No use el andamio si las tablas no están calificadas para andamios, no se fabricaron específicamente para usar como entablado o no se encuentran en buenas condiciones.
- No utilice un andamio si las tablas se pandean más de $\frac{1}{60}$ del tramo. Eso corresponde a 2 in en un tramo de 10 ft.
- No use un andamio si no está firme, a plomo y a escuadra.
- No use un andamio que sea cuatro veces más alto que la dimensión mínima de la base, a menos que esté adecuadamente arriostrado.
- No trabaje sobre un andamio si se siente enfermo, mareado o débil.
- No suba las escaleras del andamio si está cargando herramientas o materiales. Use ambas manos para tomarse de los rieles laterales.
- No salte sobre el entablado.
- No use una escalera para extender la altura del andamio.
- No use un andamio si ve partes dañadas.
- No permita que el material, los escombros o incluso las herramientas creen un peligro en una plataforma.

¡ADVERTENCIA!

Debido al potencial riesgo de incendios, no use herramientas, equipos ni polispastos de gas cuando trabaje sobre un andamio suspendido. Si se produce un incendio, no hay ningún lugar donde escapar de sus efectos.

- No trabaje en una plataforma que esté cubierta de nieve o hielo, a menos que participe en su retirada.
- No trabaje sobre un andamio si hay vientos fuertes o tormentas.
- No use un andamio como plataforma para un polipasto, a menos que se haya diseñado y construido con ese objetivo.
- No cargue una plataforma por encima de su capacidad prevista.

- No concentre las cargas en un único punto de una estructura o plataforma.
- Respete las distancias entre las líneas eléctricas y de proceso.
- No use el andamio si no cuenta con la protección adecuada contra la caída de objetos.
- No suba a una torre de andamios rodante.
- No use equipos que generen llamas, a menos que se hayan tomado las precauciones adecuadas para proteger las áreas inflamables de los andamios.
- No conecte el equipo de detención de caídas a un sistema de barandas, salvo que esté recomendado por el fabricante del andamio.

No es necesario que los usuarios de andamios estén entrenados en la construcción de andamios. Sin embargo, la formación del usuario debe abarcar los riesgos que este puede encontrar, como los riesgos eléctricos, los riesgos de caída, los riesgos de caída de objetos y los riesgos de quedar atrapado o entre ellos. El entrenamiento de los constructores de andamios y de los empleados que podrían encargarse de modificar, reparar o inspeccionar los andamios es obligatorio, no opcional. Los empleados deben recibir entrenamiento cuando se modifiquen las condiciones y volver a ser entrenados siempre que sea necesario. Las prácticas de la industria estipulan lo siguiente:

- El empleador debe asegurarse de que cada empleado que trabaje sobre un andamio sea capacitado y entrenado por una persona calificada en la materia, a fin de poder reconocer los riesgos relacionados con el tipo de andamio utilizado y comprender los procedimientos para controlar o reducir estos riesgos. El entrenamiento debe incluir las siguientes áreas, según corresponda:
  - La naturaleza de cualquier riesgo eléctrico, riesgo de caídas y riesgo de caída de objetos en el área de trabajo.
  - Los procedimientos correctos para ocuparse de los riesgos eléctricos al construir el sistema de protección contra caídas y el sistema de protección contra la caída de objetos, darles mantenimiento o desmontarlos.
  - El uso adecuado del andamio y el manejo correcto de los materiales sobre el andamio.
  - La carga máxima prevista y la capacidad de carga del andamio utilizado.
  - Cualquier otro requisito relevante de esta subparte.
- El empleador debe instruir a cada empleado entrenado por una persona capacitada, que se encargue de la construcción, el desmontaje, el traslado, el funcionamiento, la reparación, el mantenimiento o la inspección de un andamio, para que reconozca los riesgos relacionados con el trabajo en cuestión. El entrenamiento debe incluir los siguientes temas, según corresponda:
  - La naturaleza de los riesgos relacionados con los andamios.
  - Los procedimientos correctos para construir, desmontar, trasladar, operar, reparar, inspeccionar y mantener el tipo de andamios en cuestión.
  - La capacidad de carga máxima prevista y el uso del andamio según los criterios de diseño.
  - Cualquier otro requisito relevante de esta subparte.
- Si el empleador cree que un empleado carece de la habilidad o la comprensión necesarias para trabajar de manera segura durante la construcción, el uso o el desmontaje de los andamios, el empleador debe volver a entrenar a dicho empleado para que alcance el nivel de competencia requerido. Será necesario repetir el entrenamiento al menos en las siguientes situaciones:
  - Los cambios en el lugar de trabajo representan un riesgo sobre el que el empleado no ha recibido entrenamiento previamente.
  - Los cambios en los tipos de andamios, la protección contra caídas, la protección contra la caída de objetos u otros equipos representan un riesgo sobre el que el empleado no ha recibido entrenamiento previamente.
  - La incompetencia en el trabajo de andamiaje de un empleado afectado indica que el empleado no cuenta con el nivel de competencia requerido.

6.3.5 Prevención del balanceo

Una vez construido el andamio, se deben tomar medidas para que el andamio no se balancee ni se desplace.

- Las patas, los postes o los refuerzos verticales deben estar aplomados, asegurados y arriostrados firmemente para evitar el balanceo o desplazamiento.
- Las almojayas deben cumplir las siguientes condiciones:
  - Las almojayas se usan solo para soportar el peso del personal. No coloque materiales sobre plataformas sostenidas por almojayas, a menos que estén diseñadas por una persona calificada.
  - Si miden más de 10 ft, se requieren soportes en las esquinas.
  - Según las cargas previstas, pueden ser necesarias almojayas poco espaciadas.

> **NOTA**
>
> Siga las recomendaciones del fabricante.

Recursos adicionales

Basic Construction Safety and Health, Fred Fanning. 2014. CreateSpace Independent Publishing Platform.

Construction Safety, Jimmie W. Hinze. Segunda edición. 2006. Nueva York, NY: Pearson.

DeWalt Construction Safety/OSHA Professional Reference, Paul Rosenberg, American Contractors Educational Services. 2006. DEWALT.

Fall Protection and Scaffolding Safety: An Illustrated Guide, Grace Drennan Gagnet, CSP. 2000. Government Institutes.

Recursos en línea:

Código de Reglamentaciones Federales (*CFR*), **www.ecfr.gov**

Administración de Seguridad y Salud Ocupacional de Estados Unidos (OSHA), **www.osha.gov**

Videos de la OSHA, **www.osha.gov/video**

Repaso de la sección 6.0.0

1. Las escaleras de metal no deben usarse cerca de _____.
   a. escaleras fijas
   b. andamios
   c. equipos eléctricos
   d. ventanas

2. Una escalera fija debe poder soportar al menos dos cargas de _____.
   a. 150 lb cada una
   b. 200 lb cada una
   c. 250 lb cada una
   d. 300 lb cada una

3. No es necesario que el lado del andamio que da a la superficie de trabajo tenga una barandilla, siempre y cuando esté situado a menos de _____.
   a. 14 in de distancia de la superficie de trabajo
   b. 16 in de distancia de la superficie de trabajo
   c. 18 in de distancia de la superficie de trabajo
   d. 24 in de distancia de la superficie de trabajo

SECCIÓN SIETE

7.0.0 PLATAFORMAS ELEVADORAS

Objetivo

Definir los lineamientos para el uso seguro de plataformas elevadoras.

a. Identificar los tipos de plataformas elevadoras y las precauciones para usarlas de forma segura.

Palabras técnicas

Elevadoras aéreos: Una plataforma de trabajo móvil diseñada para transportar y elevar personal, herramientas y materiales a zonas de trabajo elevadas.

A medida que el nivel de trabajo se hace más alto, las escaleras y escalinatas se descartan y se sustituyen por elevadores aéreos (también conocidas como elevadoras de personal) y elevadoras de materiales (En la *Figura* 56). Las plataformas elevadoras deben estar a plomo, firmemente arriostradas y cerradas en toda su altura con metal expandido o malla metálica. Las puertas deben tener una altura de 6 ft. Deben poder bloquearse y desbloquearse solo desde el interior. El mecanismo de bloqueo debe funcionar solo cuando la canastilla se detiene en el nivel de destino. El equipo de elevación debe inspeccionarse a fondo cada día y probarse siempre que se someta a un nuevo uso.

Las elevadoras deben estar equipadas con barandas, rodapiés y mandos manuales que se puedan accionar desde el suelo o desde la plataforma. Solo las personas que montan la plataforma deben poder bloquear las puertas. Los ascensores también deben tener frenos de seguridad para evitar la caída libre si el cableado falla.

La OSHA exige que las plataformas elevadoras de personal sean sometidas a una elevación de prueba y a un ensayo antes de ser utilizadas para elevar personas. Esto se consigue cargando el ascensor al 125 % de su capacidad, haciéndolo funcionar e inspeccionando el cableado. La capacidad de la plataforma elevadora debe estar señalizada para que no se sobrecargue por accidente. Todas las torres de elevación de personal (En la *Figura* 57) que estén fuera de la estructura deben estar cerradas a lo largo de toda su altura por los lados utilizados para entrar y salir de la estructura. En el rellano más bajo, el cerramiento de los lados no utilizados para entrar o salir de la estructura debe alcanzar una altura de al menos 10 ft. Otros lados de la estructura de la torre adyacentes a pisos o plataformas de andamios deben estar cerrados a una altura de 10 ft por encima del nivel de dichos pisos o andamios.

Figura 56 Plataformas elevadoras.

Figura 57 Torre de elevación de personal.

Las torres dentro de una estructura deben estar cerradas por los cuatro lados en toda su altura.

Normalmente, las plataformas elevadoras de materiales no tienen las mismas características de seguridad que las diseñadas para elevar personas. Sin embargo, en algunos casos, las plataformas de personal cumplen ambas funciones porque tienen cabinas cerradas, controles internos y frenos de seguridad. Asegúrese de que las elevadoras de materiales estén claramente marcadas para que todo el mundo sepa que no tienen el equipo de seguridad necesario para transportar a los trabajadores.

Aunque usar grúas para elevar personas era común en el pasado, las regulaciones de la OSHA, que se explican en 29 *CFR* 1926.550, ahora desaconsejan esta práctica. El uso de una grúa para elevar personal no está específicamente prohibido por la OSHA, pero solo se permite en situaciones especiales en las que no hay otro método adecuado. Cuando se permite, deben existir ciertos controles:

- El factor de diseño de la cuerda se duplica.
- La capacidad de elevación se reduce a la mitad.
- Se prohíbe toda caída libre.
- Se requieren dispositivos que proporcionen advertencias e impidan que el bloque de carga inferior (polea) o el gancho entren en contacto con el bloque de carga superior, la punta de la pluma o la maquinaria en la punta de la pluma, lo que podría provocar una falla de la cuerda o la liberación del bloque de carga o del gancho.
- La plataforma debe estar diseñada específicamente para la elevación de personal.
- Antes de utilizar la plataforma, esta debe probarse con un peso comparable y, luego, inspeccionarse.
- Cada uso previsto debe someterse a una prueba con pesos y no con personas.

También deben seguirse las precauciones de seguridad exclusivas de las plataformas elevadoras. Recuerde que las demás precauciones de seguridad ya comentadas en este módulo también se aplican a las plataformas elevadoras. Cada fabricante proporciona precauciones de seguridad específicas en el manual del operador que viene con el equipo. En concreto, en 29 *CFR* 1926.453 se definen y regulan aspectos del uso de las plataformas elevadoras, tal como se expresa en las siguientes precauciones:

- Evite usar la plataforma al aire libre cuando haya tormentas o vientos fuertes.
- Impida que las personas caminen por debajo de la zona de trabajo de la plataforma.
- Utilice equipo personal de detención de caídas (arnés corporal y cuerda de seguridad) en función del tipo de ascensor que utilice. Utilice puntos de anclaje aprobados.
- No utilice una plataforma elevadora en terrenos irregulares.
- Baje la plataforma elevadora y bloquéela en su lugar antes de mover el equipo. Baje la plataforma, apague el motor, accione el freno de mano y retire la llave antes de dejar la plataforma sin supervisión.
- Párese firmemente en el suelo de la canastilla o plataforma.

No se asome por las barandas de la plataforma y nunca se pare sobre ellas. No se siente ni se suba al borde de la canastilla ni utilice tablones, escaleras u otros dispositivos para ganar altura adicional.

7.1.0 Tipos de plataformas elevadoras y precauciones

Hay dos tipos principales de plataformas elevadoras: las de pluma y las de tijera. Ambos tipos están disponibles en varios modelos. Algunas se transportan en un vehículo hasta el lugar de trabajo, donde se descargan. Otras están montadas en un remolque y son arrastradas al lugar de trabajo por un vehículo. Otras se montan de forma permanente en un vehículo. Dependiendo de su diseño, las plataformas elevadoras pueden utilizarse para trabajos en interiores, en exteriores o ambos.

7.1.1 Plataformas elevadoras de pluma

Las Plataformas elevadoras de pluma (En la Figura *58*) son plataformas de trabajo montadas en el extremo de un brazo que puede elevarse y bajarse y puede extenderse más allá de la base móvil. Están diseñadas para su uso tanto en interiores como en exteriores y son capaces de albergar a uno o dos trabajadores. Algunos modelos tienen un brazo articulado que permite que la plataforma de trabajo se posicione tanto horizontal como verticalmente; por lo tanto, la parte de la pluma puede consistir en dos o más secciones telescópicas.

(A) ELEVADOR DE PLUMA ARTICULADO

(B) ELEVADOR DE PLUMA TELESCÓPICO

Figura 58 Plataformas elevadoras de pluma.

Por lo general, el operario puede manejar estas máquinas desde la plataforma. Sin embargo, también se proporcionan controles montados en la base, que suelen utilizarse solo en caso de emergencia.

7.1.2 Plataformas elevadoras de tijera

Las plataformas elevadoras de tijera (En la Figura 59) son plataformas elevadoras de personal motorizadas que elevan verticalmente una cabina de trabajo

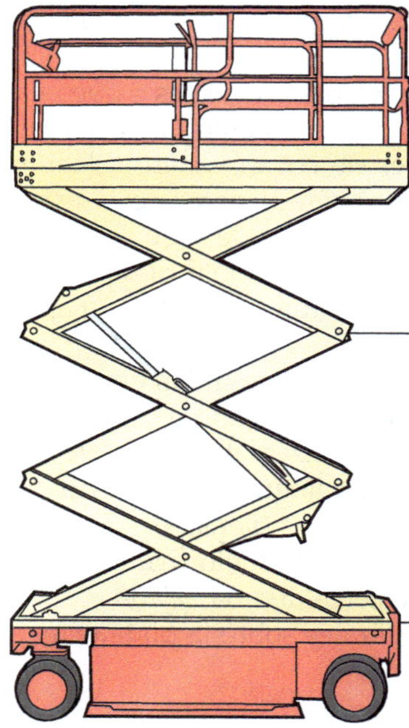

Figura 59 Plataforma elevadora de tijera.

mediante soportes entrecruzados. Utilizan cilindros hidráulicos para subir o bajar la plataforma. El sistema hidráulico se alimenta desde una batería, un motor de gasolina o un motor de gas licuado de petróleo (GLP). Los controles de la plataforma elevadora se encuentran en la estación del operador, sobre la misma plataforma. Algunos modelos incluyen también una estación del operador en tierra y al nivel de la plataforma. Además de controlar la altura de la plataforma, el operario también puede mover la unidad hacia la parte delantera o posterior y elegir la dirección mientras la mueve. Las alturas y capacidades de elevación varían según el modelo y el fabricante. Las alturas de elevación pueden llegar a los 41 ft y las capacidades, a las 2000 lb. La altura y la capacidad de la plataforma, por lo general, se indican en una calcomanía colocada en la plataforma. Algunos fabricantes ofrecen soportes estabilizadores opcionales, que se operan de forma manual, para mayor estabilidad.

Ninguna persona está autorizada a operar una plataforma elevadora de tijera sin entrenamiento previo sobre los procedimientos operativos correctos para el modelo en cuestión. Recuerde las siguientes pautas de seguridad cuando opere una plataforma elevadora de tijera:

- Lea y respete las advertencias y precauciones colocadas en la unidad.
- Asegúrese de que su arnés de seguridad esté correctamente anclado a un lugar apropiado cuando esté en la canastilla.
- Mantenga el vehículo y la plataforma de trabajo por lo menos a 10 ft de las líneas de alta tensión. Las plataformas elevadoras de tijera no tienen aislamiento

que ofrezca protección contra el contacto eléctrico ni los arcos eléctricos.

- Compruebe que no haya piezas sueltas o que falten antes de poner en funcionamiento la plataforma. Todo lo que no funcione correctamente debe ser retirado del servicio y reparado antes de su uso.
- No retire piezas ni dispositivos de seguridad.
- Asegúrese de que no haya personal ni obstrucciones en el área inmediata antes de subir o bajar la plataforma elevadora.
- Mantenga las cadenas y las barandas en su lugar cuando opere la plataforma elevadora.
- No se cruce en medio de dos plataformas elevadoras de tijera ni entre una plataforma y un edificio.
- Nunca entre en la zona de las tijeras.
- Opere el vehículo solo sobre suelo firme y sólido. No utilice el vehículo cerca de una bajada.
- No coloque cargas laterales sobre la plataforma de trabajo.
- No supere nunca la capacidad nominal de la plataforma elevadora.
- No opere el vehículo en atmósferas explosivas.
- Nunca se suba a las barandas.
- Solo se puede utilizar según las instrucciones del fabricante.

La mayoría de los modelos de plataformas elevadoras son autopropulsados, lo que permite a los trabajadores mover la plataforma mientras se realiza el trabajo. La energía para el movimiento puede provenir de varias fuentes, como motores eléctricos, motores de gasolina, de propano o diésel, y motores hidráulicos.

NOTA

Todos los procedimientos de puesta en marcha y parada deben seguir las instrucciones del fabricante.

Recursos adicionales

Basic Construction Safety and Health, Fred Fanning. 2014. CreateSpace Independent Publishing Platform.

Construction Safety, Jimmie W. Hinze. Segunda edición. 2006. Nueva York, NY: Pearson.

DeWalt Construction Safety/OSHA Professional Reference, Paul Rosenberg, American Contractors Educational Services. 2006. DEWALT.

Recursos en línea:

Código de Reglamentaciones Federales (*CFR*), **www.ecfr.gov**

Administración de Seguridad y Salud Ocupacional de Estados Unidos (OSHA), **www.osha.gov**

Videos de la OSHA, **www.osha.gov/video**

Repaso de la sección 7.0.0

1. Antes de que pueda ser utilizada, una plataforma elevadora de personal debe probarse con una carga igual a _____.
   a. el 90 por ciento de su capacidad
   b. el 125 por ciento de su capacidad
   c. el 150 por ciento de su capacidad
   d. el 200 por ciento de su capacidad

2. Las plataformas elevadoras de pluma son capaces de sostener hasta _____.
   a. dos trabajadores
   b. tres trabajadores
   c. cuatro trabajadores
   d. cinco trabajadores

Resumen

Si bien existen muchos riesgos en un lugar de trabajo promedio, esto no significa que el lugar sea peligroso. Su empleador tiene programas para controlar los riesgos posibles. Las normativas y las reglamentaciones básicas contribuyen a protegerlo a usted y a sus compañeros de trabajo de riesgos innecesarios.

El enfoque básico con el que se aborda la seguridad consiste en eliminar los riesgos presentes en los equipos y el lugar de trabajo, aprender las reglas y los procedimientos para trabajar de forma segura ante los riesgos restantes y aplicar dichas reglas y procedimientos.

Los empleados son responsables de mantener conciencia sobre la seguridad en todo momento. En 29 *CFR* 1926, Subparte R, se proveen directrices de seguridad para los trabajos de construcción en general. Todas las formas de construcción requieren que se preste mucha atención a los procedimientos de seguridad adecuados para ese aspecto del trabajo.

Las caídas son un tipo de accidente muy común y grave en las obras de construcción. Usted tiene la responsabilidad para consigo mismo y para con los demás de trabajar con seguridad y de utilizar equipos de protección contra caídas. Las caídas pueden causar lesiones graves o la muerte cuando no se utiliza ningún equipo de protección contra caídas o se utiliza el tipo de equipo incorrecto. Los tres tipos de protección contra caídas que se utilizan habitualmente cuando se trabaja en niveles elevados son las barandas, los sistemas personales de detención de caídas y las redes de seguridad.

Las caídas desde escaleras, andamios, ascensores o zonas de trabajo sin protección pueden causar lesiones graves o la muerte cuando no se utiliza ningún equipo de protección contra caídas o el tipo de equipo es incorrecto. Pueden producirse percances similares cuando el tipo de equipo es el adecuado, pero se utiliza de forma inadecuada.

Las plataformas elevadoras y las plataformas elevadoras de tijera se utilizan para subir y bajar a los trabajadores a zonas de trabajo elevadas. En 29 *CFR* 1926, subparte N, se define y regula el uso de las plataformas elevadoras.

Preguntas de revisión

1. Las cuatro principales causas de muerte en el sector de la construcción son los accidentes eléctricos, los accidentes por golpes, los accidentes por atrapamiento y _____.
   a. la asfixia
   b. las caídas
   c. la exposición a la radiación
   d. las quemaduras con sustancias químicas

2. ¿Cuál de las siguientes situaciones debe informar a su supervisor?
   a. Solo las lesiones importantes
   b. Solo los incidentes y las lesiones importantes
   c. Todas las lesiones y los incidentes
   d. Solo los incidentes en los que se produjo una muerte

3. ¿Cuál de las siguientes afirmaciones es cierta en relación con la terminología utilizada en la normativa de la OSHA?
   a. "debería (should)" significa que algo se recomienda, y "debe/deberá (shall)" significa que es obligatorio
   b. "debería (should)" y "debe/deberá (shall)" significan lo mismo
   c. Una "persona cualificada" supervisa las actividades del trabajo
   d. Un "incidente" siempre implica lesiones al personal

4. De acuerdo con la OSHA, una persona que, mediante un certificado o un título reconocidos, su trayectoria profesional o un vasto conocimiento, entrenamiento o experiencia, ha demostrado tener la capacidad para resolver problemas relacionados con una materia, un trabajo o un proyecto determinados es una _____.
   a. persona designada
   b. persona competente
   c. persona autorizada
   d. persona cualificada

5. El organismo que es el principal responsable de la regulación de la industria de los andamios es _____.
   a. la Asociación de la Industria de los Andamios y del Acceso
   b. la Administración de Seguridad y Salud Ocupacional
   c. el Consejo Nacional de Seguridad
   d. el Instituto Estadounidense de Normalización

6. ¿A quién exige la OSHA que desarrolle y aplique un programa de seguridad?
   a. empleadores
   b. empleados
   c. ingenieros
   d. inspectores certificados

7. Se debe instalar una red de escombros cuando _____.
   a. el andamio llega a un tercer piso
   b. se produce una lesión por caída de objetos
   c. las pilas de material o equipo son más altas que un rodapié estándar
   d. se elevan materiales de albañilería a los andamios

8. La señal utilizada para informar a los trabajadores de que existe un peligro inmediato es una _____.
   a. señal de precaución
   b. señal de peligro
   c. señal informativa
   d. señal de advertencia

9. Para informar a los trabajadores sobre posibles peligros o prácticas inseguras, se debería usar _____.
   a. una señal o etiqueta de precaución
   b. una señal o etiqueta informativa
   c. una bandera roja
   d. una señal giratoria PARE/DESPACIO

10. Una señal de peligro advierte a los trabajadores de que _____.
    a. existe un peligro inmediato y deben observarse precauciones específicas
    b. el equipo está fuera de servicio
    c. hay presencia de radiación
    d. se aplican las normas generales de seguridad

11. Las etiquetas de prevención de accidentes se utilizan _____.
    a. cuando es necesario comunicar a los trabajadores información no relacionada con la seguridad
    b. cuando es necesario informar a los trabajadores sobre las instrucciones generales relacionadas con las medidas de seguridad
    c. en los puntos de referencia en los que el tráfico debe reducir la velocidad o detenerse por completo
    d. como forma temporal de advertir a los trabajadores sobre los peligros inmediatos y potenciales

12. La OSHA exige que los puntales de apoyo en una zona de acceso controlado estén claramente señalizados o marcados a intervalos máximos de _____.

a. 3 ft
b. 6 ft
c. 9 ft
d. 12 ft

13. La OSHA exige que los puntos de anclaje de posicionamiento tengan una capacidad nominal de _____.

a. 1800 lb
b. 2400 lb
c. 3000 lb
d. 5000 lb

14. Una zona delimitada que alerta a los trabajadores de los peligros pero que no proporciona ninguna protección real se denominan _____.

a. cubierta de agujero
b. zona delimitada temporal
c. baranda
d. zona delimitada de advertencia

15. Cuando se coloca una escalera recta contra una pared, ¿qué distancia debe haber entre la base de la escalera y el muro?

a. 4 ft (1,2 m)
b. Un cuarto de la distancia desde el piso hasta el punto en el que la escalera toca el muro
c. La altura del muro menos 4 ft (1,2 m)
d. La mitad de la distancia desde el piso hasta el punto en el que la escalera toca la pared

16. Los dos tipos básicos de andamio son _____.

a. los que se sostienen por sí mismos y los volantes
b. los fijos y los portátiles
c. los de metal y los de madera
d. los ensamblados y los listos para usar

17. Si un andamio tiene una etiqueta amarilla, esto significa _____.

a. que solo puede haber una persona a la vez sobre el andamio
b. que el andamio está fuera de servicio y no puede usarse
c. que el usuario debe colocarse un arnés de seguridad
d. que el andamio se está armando y no puede usarse

18. No se considera aceptable acceder a los andamios a través de _____.

a. una escalinata
b. las crucetas
c. una escalera
d. Una estructura existente

19. Los mandos montados en la base de una plataforma elevadora de pluma se utilizan _____.

a. para fines de mantenimiento
b. principalmente en situaciones de emergencia
c. para el control primario
d. solo para elevar la pluma

20. ¿Cuál de las siguientes afirmaciones es cierta en relación con las plataformas elevadoras de tijera?

a. Están limitadas a una altura de elevación de 15 ft.
b. Su capacidad puede alcanzar las 2000 lb.
c. El funcionamiento de las plataformas de tijera es el mismo en todos los fabricantes.
d. Las plataformas elevadoras de tijera están aisladas contra el contacto eléctrico.

Apéndice

MISIÓN Y NORMAS DE LA OSHA

La misión de la Administración de Seguridad y Salud Ocupacional (OSHA) es salvar vidas, prevenir lesiones y proteger la salud de los trabajadores estadounidenses. Para ello, el gobierno federal y los gobiernos estatales cooperan con millones de trabajadores que están amparados por la Ley de Seguridad y Salud Ocupacional (Ley de OSH) de 1970.

La jurisdicción de la OSHA alcanza a prácticamente todos los trabajadores estadounidenses. Hay algunas excepciones, como los mineros, los trabajadores del transporte, muchos empleados públicos y los trabajadores independientes. Los estándares de la OSHA no se aplican a estos grupos en particular, pero la mayoría de ellos cuentan con la protección de estándares que elaboran las industrias específicas.

Código de Reglamentaciones Federales

En el *Código de Reglamentaciones Federales* (*CFR*), Parte 1910, se describen los estándares de la OSHA para la industria de la construcción. En 29 *CFR* 1926 se describen los estándares de la OSHA para la industria de la construcción. Según el lugar donde trabaje y el tipo de trabajo que realice, es posible que deba guiarse por una de estas partes o por ambas. Si una condición del lugar de trabajo está cubierta en el libro de los *CFR*, entonces se debe utilizar esa norma. No obstante, si figura un requisito más estricto en 29 *CFR* 1910, este también debería cumplirse. Consulte a su supervisor para saber qué normas se aplican a su trabajo.

29 *CFR* 1926 se divide en subpartes ordenadas de la A a la Z. Obtendrá más información sobre las subpartes que se aplican a su trabajo a medida que reciba entrenamiento sobre tareas específicas. La Subparte C de 29 *CFR* 1926 se aplica a todos los trabajos de construcción y mantenimiento. Describe las disposiciones generales en materia de salud y seguridad para la industria de la construcción y abarca los siguientes temas:

- Entrenamiento y educación sobre seguridad
- Informe y registro de lesiones
- Primeros auxilios y atención médica
- Limpieza
- Iluminación
- Sanidad
- Equipo de protección personal (EPP)
- Estándares incorporados como referencia
- Definiciones
- Acceso a los registros médicos y de exposición de los empleados
- Medios de salida
- Planes de acción ante emergencias para los empleados

Si desea obtener ayuda para identificar las partes, las secciones, los párrafos y los subpárrafos de un estándar de la OSHA, consulte la En *la Figura A01*.

Todos los requisitos de seguridad de la OSHA que figuran en el Código de Reglamentaciones Federales se aplican a trabajos de construcción residenciales y comerciales. Anteriormente, la OSHA regulaba la seguridad solo en obras comerciales. Como consecuencia de un aumento en la tasa de incidentes en las obras residenciales, la OSHA implementó pautas de seguridad para la construcción de casas y viviendas. En la actualidad, sin embargo, la OSHA sigue centrándose en garantizar el cumplimiento en el sector de la construcción comercial.

Cláusula de obligación general

Si un estándar no trata un riesgo específicamente, debe invocarse la cláusula de obligación general. Si su empleador no respeta esta cláusula, es probable que deba pagar multas elevadas. A continuación, se explica lo que establece la cláusula de obligación general.

En la práctica, la OSHA, la jurisprudencia y la comisión de revisión establecen que puede aplicarse una cláusula de obligación general si se cumplen las siguientes condiciones:

- Si los empleadores no fueron capaces de eliminar del lugar de trabajo un riesgo al que se expusieron sus empleados

Una referencia a la norma de la OSHA puede tener este aspecto:

29 CFR 1926.501 (a)(1)(i)(A)

y se descompone así:

29	=	Título (Trabajo)
CFR	=	Código de Reglamentaciones Federales
1926	=	Parte (Construcción)
.501	=	Sección
(a)	=	Párrafo
(1)	=	Subpárrafo
(i)	=	Subpárrafo
(A)	=	Subpárrafo

Figura A01 Cómo leer las normas de la OSHA.

- Si se reconoció la existencia del riesgo. Por ejemplo, a través del personal de seguridad, los empleados, la organización, una organización comercial o las costumbres de la industria.
- Si el riesgo provocó muertes o lesiones físicas graves o era probable que las provocara
- Si existía un método posible y útil de corregir el riesgo

Derechos y responsabilidades de los empleados

Los empleadores tienen la responsabilidad de cumplir con la cláusula de obligación general y otras reglamentaciones de la OSHA para mantener a los trabajadores seguros, pero los empleados también tienen derechos y responsabilidades en el lugar de trabajo. En primer lugar, los trabajadores deben respetar las reglas de seguridad de su empleador. Si bien la OSHA no puede citar ni multar a los trabajadores, puede aplicarles medidas disciplinarias por violar las reglas de seguridad de su empleador. Los empleados también deben usar el equipo de protección personal que se les proporcione. Además, deben informar a su capataz cualquier inquietud que tengan en relación con la salud y la seguridad en el trabajo.

La Sección 11(c) de la Ley de OSH prohíbe que los empleadores tomen medidas disciplinarias o discriminatorias en contra de cualquier trabajador que ejerza sus derechos conforme a la OSHA, lo que incluye la presentación de una queja. Usted tiene el derecho de presentar una queja si piensa que su empleador no está protegiendo su salud y su seguridad en el trabajo. Puede enviar una solicitud escrita a la OSHA para pedirle que inspeccione su lugar de trabajo. Si un trabajador presenta una queja, tiene el derecho de que su nombre se mantenga confidencial y no se comunique a su empleador, y la OSHA no revelará esta información.

Los trabajadores que deseen que se realice una inspección de la obra deben enviar una solicitud escrita. Cuando se realiza una inspección de la obra, usted tiene los siguientes derechos:

- Debe informársele acerca de los peligros inminentes. Un inspector de la OSHA debe decirle si existe algún peligro inminente al que usted se esté exponiendo. Un peligro inminente es una situación que podría provocar la muerte o lesiones graves en el presente o en el futuro cercano. El inspector también le pedirá a su empleador que cese cualquier actividad peligrosa.
- Usted tiene el derecho de acompañar al inspector de la OSHA en el recorrido de inspección. Entre las actividades del recorrido, se incluyen todas las conferencias de apertura y de cierre para explicar cómo se llevará a cabo la inspección.
- Además, tiene el derecho de saber sobre las citaciones que se expidan en su lugar de trabajo. Las notificaciones de las citaciones de la OSHA deben colocarse en algún sitio del lugar de trabajo que esté cerca del área donde se encuentra la infracción y deben permanecer a la vista durante tres días o hasta que se corrija el riesgo, según el período que sea mayor.

Una vez que lleve a cabo una inspección, la OSHA fijará una fecha límite para que el empleador solucione los riesgos citados. El empleador puede apelar contra esta fecha; la apelación debe presentarse dentro de los 15 días posteriores a la fecha de la citación. Los trabajadores tienen el derecho de reunirse con el inspector de la OSHA de forma privada para analizar los resultados de la inspección.

Si ha sufrido discriminación por ejercer sus derechos conforme a la OSHA, tiene el derecho de presentar una queja en la oficina de área de la OSHA dentro de los 30 días posteriores a la fecha del incidente. Asegúrese de presentar la queja lo antes posible, ya que el límite de tiempo se aplica estrictamente.

Además, tiene el derecho de ver cualquier registro médico suyo que haya obtenido el empleador y de hacerle copias. Su empleador está obligado por 29 *CFR* 1926.33 y 29 *CFR* 1910.1020 a conservar su historial médico durante 30 años después de dejar el empleo. Si trabaja durante menos de un año, su empleador puede conservar sus registros o entregárselos a usted cuando deje de trabajar.

Inspecciones

La OSHA lleva a cabo seis tipos de inspecciones para determinar si los empleadores cumplen con los estándares.

- *Inspecciones de peligro inminente* – Son las inspecciones de mayor prioridad para la OSHA y se llevan a cabo cuando los trabajadores se exponen a un riesgo inmediato de sufrir la muerte o lesiones graves.
- *Inspecciones de catástrofes* – Se llevan a cabo después de un incidente que exige la hospitalización de tres trabajadores o más. Los empleadores deben informar las muertes y las catástrofes a la OSHA dentro de las ocho horas.
- *Inspecciones de quejas y remisiones de los trabajadores* – Se realizan en respuesta a las quejas de los trabajadores o de un representante de los mismos, o por derivación de un profesional reconocido.
- *Inspección programada* – Se realizan en áreas de alto riesgo según los objetivos y los métodos de prioridad de la OSHA.
- *Inspección de seguimiento* – Se llevan a cabo después de una citación para asegurarse de que el empleador haya corregido los problemas.
- *Inspección de control* – Se realizan para efectuar un seguimiento de las correcciones a largo plazo o para asegurarse de que el empleador cumpla con las variaciones.

Para comenzar una inspección, el personal de la OSHA debe determinar, a partir de la queja, que hay motivos razonables para creer que se está violando un estándar de la OSHA o que existe un riesgo para la salud o la seguridad. Si la OSHA cuenta con información que indica que el empleador está al tanto del riesgo y lo está corrigiendo, no puede llevar a cabo una inspección después de obtener la documentación necesaria por parte del empleador.

Las inspecciones por quejas suelen limitarse a los riesgos que se detallan en la queja, aunque también pueden citarse otras violaciones que estén a la vista. Es posible que el inspector decida expandir la inspección según su juicio profesional o las conversaciones que mantuvo con los trabajadores.

Las inspecciones por quejas no respetan un orden temporal necesariamente. La OSHA clasifica las quejas según la gravedad del riesgo presunto y la cantidad de trabajadores que se exponen al riesgo. Por ello, es posible que las quejas de menor prioridad se resuelvan con mayor rapidez a través de comunicaciones telefónicas o por fax en lugar de inspecciones en el lugar de trabajo.

Las inspecciones suelen llevarse a cabo a través de un recorrido. Durante el recorrido de inspección, el inspector suele hacer lo siguiente:

- Observar las condiciones del lugar de trabajo
- Hablar con los trabajadores
- Inspeccionar los registros
- Examinar las advertencias y las señales de peligro
- Identificar riesgos y sugerir maneras de reducirlos o eliminarlos

Una vez que finaliza el recorrido de inspección, el inspector suele reunirse con el contratista de la obra o los gerentes de la empresa para llevar a cabo una conferencia de cierre. Durante la conferencia, el inspector comunica sus hallazgos, cita violaciones específicas y sugiere métodos para corregir los problemas. Es posible que los inspectores también conversen con los empleadores, los trabajadores y los representantes.

Violaciones

La OSHA puede imponer multas a los empleadores que violen sus reglamentaciones. Las multas no siempre son elevadas, pero pueden perjudicar la reputación de la empresa en el área de la seguridad. Las multas por violaciones de seguridad graves pueden ascender a los USD 7000. Las multas por cada violación que se considere voluntaria pueden ascender a los USD 70 000. En 2012, se impusieron multas a empleadores por un valor de casi USD 260 000 000. En la década anterior a 2012, el monto anual de las multas fue de alrededor de USD 150 000 000. Las disminuciones y los aumentos significativos en las multas anuales suelen depender de la administración federal del momento y del presupuesto que los legisladores federales le otorguen a la OSHA.

Cumplimiento

Así como los empleadores tienen la responsabilidad de cumplir con las reglamentaciones de la OSHA, los empleados deben respetar las políticas y las reglas de seguridad de su empresa. Los empleadores deben identificar los riesgos y los riesgos posibles en el lugar de trabajo y eliminarlos, controlarlos u ofrecer protección contra ellos. Esto solo puede lograrse a través de la colaboración entre el empleador y los empleados. Los empleadores deben proporcionar programas escritos y entrenamiento sobre riesgos, y los empleados deben seguir los procedimientos. Como empleado, usted debe leer y comprender el cartel de la OSHA que explica sus derechos y sus responsabilidades y que se encuentra en su lugar de trabajo. Si no está seguro de dónde está el cartel, pregúntele a su supervisor.

Para ayudar a los empleadores a ofrecer un lugar de trabajo seguro, la OSHA exige que las empresas dispongan de una persona competente para garantizar la seguridad de los empleados. En 29 *CFR* 1926, la OSHA define una persona competente como aquella que es capaz de detectar riesgos existentes y predecibles en el entorno o en las condiciones de trabajo y que cuenta con la autorización para tomar medidas correctivas con el fin de solucionar tales riesgos."

En comparación, en 29 *CFR* 1926 se define a una persona cualificada como aquella "que, sobre la base de un certificado o un título reconocidos, su trayectoria profesional, o su vasto conocimiento, capacitación o experiencia, ha demostrado, de manera exitosa, la capacidad para resolver problemas relacionados con la materia, el trabajo o el proyecto".

En otras palabras, una persona competente tiene experiencia y conocimientos sobre la operación específica y cuenta con la autoridad del empleador para corregir el problema o suspender la operación hasta que las condiciones sean seguras. Una persona calificada tiene los conocimientos y la experiencia para solucionar problemas. Una persona competente no es necesariamente una persona calificada.

Estos términos son importantes para su profesión. Es importante que sepa quién es la persona competente de su obra. La OSHA exige que una persona competente supervise muchas de las tareas que quizás deba realizar usted, como ingresar a un espacio cerrado, usar escaleras y hacer zanjas. Es posible que se designen varias personas competentes para tareas diferentes de acuerdo con su experiencia. Para garantizar su propia seguridad y la de sus compañeros, colabore con la persona calificada y con su supervisor.

Palabras técnicas presentadas en este módulo

Accidente: Según la definición de la OSHA, un suceso imprevisto que provoca lesiones personales o daños materiales.

Administración de Seguridad y Salud Ocupacional de Estados Unidos (OSHA): Agencia del Departamento de Trabajo de EE. UU. cuya misión es garantizar condiciones de trabajo seguras y saludables para los empleados, para lo cual define normas, fiscaliza su aplicación y proporciona capacitación, divulgación, educación y asistencia.

Almojayas: Miembros horizontales del andamio sobre los que se apoya la plataforma.

Andamios: Marco temporal construido o plataforma o área de trabajo suspendida diseñados para servir de apoyo para trabajadores, materiales y equipo en sitios de trabajo elevados o inaccesibles por otros motivos.

Aprendizaje en el ámbito laboral (OJL): Formación que un aprendiz adquiere mientras trabaja en el puesto bajo la supervisión de trabajadores más experimentados. También se conoce como *formación en el puesto de trabajo* (OJT).

Arnés corporal: Correas que pueden fijarse alrededor del trabajador de manera que distribuyan las fuerzas de detención de caídas sobre, al menos, los muslos, la pelvis, la cintura, el pecho y los hombros, con medios para fijarlas a otros componentes de un sistema personal de detención de caídas.

Barandilla intermedia: Tabla horizontal a altura intermedia que debe instalarse obligatoriamente en todos los lados abiertos de los andamios y las plataformas que están a más de 36 cm (14 pulg) de la superficie de la estructura y más de 3m (10 pies) por encima del suelo. Se coloca entre el rodapié y la barra superior.

Barandilla superior: Tabla horizontal superior que debe instalarse obligatoriamente en todos los lados abiertos de los andamios y las plataformas que están a más de 36 cm (14 pulg) de la cara de la estructura y más de 3 m (10 pies) sobre el suelo.

Caída libre: El acto de caer antes de que un sistema personal de detención de caídas comience a aplicar fuerza para detener la caída.

Capacidad: La cantidad total de peso, o carga, que puede soportar un componente del sistema personal de detención de caídas (PFAS), como un punto de anclaje o una cuerda de seguridad. Esto incluye el peso del personal, las herramientas, los materiales y el equipamiento.

Carga máxima prevista: Peso total de todas las personas, los equipos, las herramientas, los materiales y las cargas que puede sostener una escalera a la vez.

Cuerda de maniobra: Cordel que se ata a una herramienta o un objeto para que el trabajador pueda tirar de él y levantarlo después de haber subido una escalera o un andamio.

Cuerda de seguridad: Sección de cuerda o correa que se usa para unir el arnés de seguridad del trabajador con un punto de anclaje firme ubicado por encima del área de trabajo.

Cuerda de seguridad autorretráctil (SRL): Dispositivo de desaceleración que contiene un cabo enrollado en un tambor que puede extraerse lentamente del tambor o retraerse en él bajo una ligera tensión durante el movimiento normal del trabajador y que, tras el inicio de una caída, bloquea automáticamente el tambor y detiene la caída.

Cultura de la seguridad: Cultura que se crea cuando todos los miembros de una empresa reconocen el valor de un entorno de trabajo seguro.

Elevadores aéreos: Una plataforma de trabajo móvil diseñada para transportar y elevar personal, herramientas y materiales a zonas de trabajo elevadas.

Entablado: Que tiene piezas de material de 2 in de espesor o más y 15 cm (6 pulg) (15 cm) de ancho o más utilizadas como suelo, cubierta o plataforma de un andamio.

Equipo de protección personal (PPE): Equipo o ropa diseñados para prevenir o reducir las lesiones.

Excavaciones: Cortes, cavidades, zanjas o depresiones hechas por el hombre en la superficie de la tierra, formadas por la remoción de tierra. Las excavaciones pueden realizarse con el fin de construir estructuras de lo más diversas, desde sótanos hasta carreteras.

Incidente: Según la definición de la OSHA, acontecimiento imprevisto que no da lugar a lesiones personales, pero que puede provocar daños materiales o que merece ser registrado.

Línea de vida: Componente que consiste en una línea flexible conectada verticalmente a un anclaje en un extremo (línea de vida vertical) o conectada horizontalmente a un anclaje en ambos extremos (línea de vida horizontal), y que sirve como medio para conectar otros componentes de un sistema personal de detención de caídas al anclaje.

Persona cualificada: Según la OSHA, persona que, sobre la base de un certificado o un título reconocidos, su trayectoria profesional o su vasto conocimiento, capacitación o experiencia, ha demostrado de manera exitosa la capacidad para resolver problemas relacionados con la materia, el trabajo o el proyecto.

Persona competente: Según la definición de la OSHA, aquella que es capaz de detectar riesgos existentes y predecibles en el entorno, o condiciones de trabajo antihigiénicas, riesgosas o peligrosas para los empleados, y que cuenta con la autorización para tomar medidas correctivas con el fin de solucionar tales problemas.

Piso: Un término común para referirse a un nivel de un andamio.

Protegido: Cerrado, vallado, cubierto o protegido con barreras, rieles, cubiertas o plataformas a fin de evitar un contacto peligroso.

Regla de los seis pies: Regla que establece que las plataformas o superficies de trabajo con lados o bordes no protegidos que están a una altura de 6 ft (1,8 m) respecto del suelo o del nivel inferior requieren protección contra caídas.

Resistencia a la tensión: La resistencia de un material ante una fuerza que tiende a desgarrarlo.

Sistema de administración: Organización de la administración de una empresa, incluidos los procedimientos de informe, las responsabilidades de supervisión y la administración.

Sistema personal de detención de caídas (PFAS): Sistema utilizado para detener la caída de un empleado desde un nivel de trabajo. Se compone de un anclaje, conectores y un arnés corporal, y puede incluir una cuerda de seguridad, un dispositivo de desaceleración, una línea de vida o combinaciones adecuadas de estos elementos.

Zona de acceso controlado (CAZ): Zona de trabajo designada en la que se pueden realizar determinados tipos de trabajos de albañilería sin necesidad de utilizar sistemas convencionales de protección contra caídas.

Zona controlada de instalación de cubiertas (CDZ): Zona en la que se pueden realizar determinados trabajos (por ejemplo, la instalación y colocación inicial de cubiertas metálicas) sin utilizar sistemas de barandillas, sistemas personales de detención de caídas, sistemas de retención contra caídas o sistemas de redes de seguridad. El acceso a estas zonas está controlado.

Zonas de acceso limitado: Zonas restringidas junto a un muro de mampostería que está en construcción.

Recursos adicionales

En este módulo, se presentan recursos detallados para capacitaciones sobre tareas. Para un estudio más avanzado, se sugiere consultar los siguientes materiales de referencia.

Basic Construction Safety and Health, Fred Fanning. 2014. CreateSpace Independent Publishing Platform.

Construction Safety, Jimmie W. Hinze. Segunda edición. 2006. Nueva York, NY: Pearson.

DeWalt Construction Safety/OSHA Professional Reference, Paul Rosenberg, American Contractors Educational Services. 2006. DEWALT.

Fall Protection and Scaffolding Safety: An Illustrated Guide, Grace Drennan Gagnet, CSP. 2000. Government Institutes.

Recursos en línea:

Código de Reglamentaciones Federales (*CFR*), **www.ecfr.gov**

29 *CFR* 1926, Subparte G, Señales y etiquetas para la prevención de accidentes. **www.ecfr.gov**

Administración de Seguridad y Salud Ocupacional de Estados Unidos (OSHA), **www.osha.gov**

Videos de la OSHA, **www.osha.gov/video**

Créditos de las figuras

JLG Industries, Inc., Figuras 56, 58A y 58B

Cortesía de Louisville Ladders, Figuras 40, 45 y 48

LPR Construction, MO, Figuras 19 y 20

Materiales de protección contra caídas suministrados por Miller Fall Protection, Franklin, PA, Figuras 21 a 27, 29, 31, 34 y 37

Cortesía de PERI Formwork Systems, Inc., Figura 5

Cortesía de Snap-on Industrial, Tools at Height Program (Programa de Herramientas en Altura), Figura 33

Spider Staging, Figuras 53A y 53B

Werner Co., Figura 49

Respuestas del repaso de la sección

Respuesta	Referencia de sección	Objetivo
Sección Uno		
1. c	1.0.0	1
2. a	1.2.3	1b
Sección Dos		
1. b	2.1.1	2a
2. a	2.1.2	2a
Sección tres		
1. d	3.3.1	3c
2. b	3.3.1	3c
3. b	3.3.1	3c
Sección cuatro		
1. c	4.2.0	4b
2. c	4.2.2	4b
3. d	4.3.2	4c
Sección cinco		
1. b	5.0.0	5
2. d	5.2.0	5b
3. b	5.2.1	5b
4. b	5.5.1	5e
Sección seis		
1. c	6.2.0	6b
2. b	6.2.4	6b
3. a	6.3.2	6c
Sección siete		
1. b	7.0.0	7
2. a	7.1.1	7a

CURRÍCULOS NCCER — ACTUALIZACIÓN DE USUARIO

NCCER hace todo lo posible para mantener sus libros de texto actualizados y sin errores técnicos. Se agradece su ayuda en este proceso. Si encuentra un error, un error tipográfico o un dato incorrecto en los currículos de NCCER, complete este formulario (o una fotocopia de este) o el formulario en línea que se encuentra en **www.nccer.org/olf**. Asegúrese de incluir el número de identificación exacto del módulo, el número de la página, una descripción detallada y la corrección que recomienda. Su aporte se dará a conocer al Equipo de autores. Gracias por su ayuda.

Instructores: Si tienen alguna idea para mejorar este libro de texto o se dieron cuenta de que se necesitaron materiales adicionales para enseñar este módulo de manera eficaz, infórmenoslo para que podamos presentar sus sugerencias al Equipo de autores.

Revisión y desarrollo de productos de NCCER

13614 Progress Blvd., Alachua, FL 32615

Correo electrónico: curriculum@nccer.org

En línea: www.nccer.org/olf

❑ Guía de entrenamiento ❑ Planes de clases ❑ Examen ❑ PowerPoints Otro ________________

Oficio/nivel: Fecha de derechos de autor:

Título/número de identificación del módulo:

Número(s) de las secciones:

Descripción:

Corrección recomendada:

Su nombre:

Dirección

Correo electrónico: Teléfono:

Planos de construcción de techos

GENERALIDADES

Los planos de construcción se utilizan para representar un edificio y sus componentes. Brindan información específica acerca del diseño y las partes de una estructura y los tipos de materiales que se van a utilizar. Los techistas deben poder interpretar los planos y los documentos de construcción, e identificar la información necesaria para instalar un sistema de techos.

Módulo 16103

Los estudiantes que hayan finalizado los módulos con éxito pueden ser elegibles para la acreditación mediante el Registro del NCCER. Para obtener más información, visite **www.nccer.org** o comuníquese con nosotros llamando al 1.888.622.3720. En nuestro sitio web, **www.nccer.org**, podrá obtener información sobre los lanzamientos de productos y capacitaciones más recientes.

Nos interesa recibir sus comentarios. Puede enviarlos a **curriculum@nccer.org**, enviar comentarios y consultas generales a **info@nccer.org** o completar el formulario de Actualización de usuario en la parte posterior de este módulo.

Esta información es de carácter general y está destinada únicamente a la capacitación. El desempeño real de las actividades descritas en este manual requiere el cumplimiento de todos los procedimientos de operación, servicio, mantenimiento y seguridad aplicables bajo la dirección de personal calificado. Las referencias en este manual sobre dispositivos patentados o registrados no constituyen una recomendación de su uso.

16103 V1.0

16103

Planos de construcción de techos

Objetivo

Luego de finalizar este módulo, podrá hacer lo siguiente:

1. Identificar cada uno de los planos dentro de un juego de planos, incluidos sus componentes y características fundamentales, y describir cómo se utilizan los documentos de construcción en un proyecto de construcción de techos.
   a. Identificar los diferentes tipos de planos de construcción.
   b. Identificar y describir los componentes básicos de los planos de construcción.
   c. Identificar y describir diferentes elementos de los planos y explicar el uso de dimensiones y escalas en los planos.
   d. Explicar cómo buscar detalles e información acerca de un proyecto de construcción de techos en los documentos de construcción.

Tareas prácticas

Este es un módulo teórico. No hay tareas prácticas.

Palabras técnicas

Albardillas
Desglose
Diagrama de tuberías
Diseño asistido por computadora (CAD)
Juego de planos
Largueros
Leyenda
Manual del proyecto
Modelado de información de construcción (BIM)
Planos conforme a obra
Planos de detalle
Planos de registro
Reconstrucción de techos
Tablas
Tamaño nominal
Tapajuntas

Credenciales reconocidas por la industria

Si está realizando una capacitación mediante un patrocinador acreditado por el NCCER, probablemente cumpla con los requisitos para obtener las credenciales del Registro del NCCER. El número de identificación de este módulo es 16103. Recuerde que es posible que este módulo se haya utilizado en otros planes de estudio del NCCER y pueda usarse para finalizar otros niveles. Para obtener más información, comuníquese con el Registro del NCCER llamando al 1.888.622.3720 o visite **www.nccer.org.**

NOTA

Las figuras y los planos de construcción que se muestran en este módulo no están a escala (NTS).

Índice

Figuras

SECCIÓN UNO

1.0.0 DOCUMENTOS Y PLANOS DE CONSTRUCCIÓN

Objetivo

Identificar cada uno de los planos dentro de un juego de planos, incluidos sus componentes y características fundamentales, y describir cómo se utilizan los documentos de construcción en un proyecto de construcción de techos.

a. Identificar los diferentes tipos de planos de construcción.
b. Identificar y describir los componentes básicos de los planos de construcción.
c. Identificar y describir diferentes elementos de los planos y explicar el uso de dimensiones y escalas en los planos.
d. Explicar cómo buscar detalles e información acerca de un proyecto de construcción de techos en los documentos de construcción.

Palabras técnicas

Albardillas: cubierta sobre la parte superior de una pared que está expuesta a la intemperie, usualmente hecha de metal, ladrillo o piedra. Generalmente, la marquetería tiene pendiente para desagotar el agua.

Desglose: proceso de análisis, medición, clasificación y contabilización de todos los materiales y equipos necesarios para un proyecto de construcción.

Diagrama de conductos de subida: planos esquemáticos que representan el diseño, los componentes y las conexiones de un sistemas de tuberías.

Diseño asistido por computadora (CAD): confección de un conjunto de planos de construcción con la ayuda de una computadora.

Juego de planos: el juego de planos detallados o de planos a escala dibujados por un arquitecto o ingeniero, que muestran toda la información y las dimensiones necesarias para construir o remodelar una estructura.

Largueros: miembros estructurales secundarios horizontales que transfieren cargas hacia la estructura principal.

Leyenda: en mapas, planos y diagramas, una tabla explicativa en donde se define la información simbólica que se incluye en el documento.

Manual del proyecto: documentos preparados por el arquitecto o ingeniero para el propietario a fin de ejecutar un proyecto. Los documentos en un manual de proyecto incluyen los documentos de licitación, contratos, detalles del proyecto y una lista de los planos de construcción. También se denomina *libro de especificaciones*.

Modelado de información de construcción (BIM): un proceso inteligente que utiliza bases de datos de computadora y dibujo asistido por computadora (CAD) para crear un modelo interactivo y dinámico de una estructura completa y para rastrear su ciclo de vida.

Planos conforme a obra: los planos de una instalación completa, que reflejan la estructura que se construyó y muestran los cambios inesperados que se realizaron durante la construcción.

Planos de registro: planos que muestran un registro de los cambios imprevistos que se realizaron durante la construcción de una estructura.

Planos detallados: planos a mayor escala para mostrar conexiones o características específicas.

Retechado: el proceso de volver a cubrir o de quitar y reemplazar un sistema de techo existente.

Tablas: cuadros que describen y especifican los distintos tipos y tamaños de materiales de construcción que se emplean en una edificación. Los tipos más comunes son las tablas de puertas, de ventanas y de terminaciones. Otros tipos son las tablas de equipos, de vigas, de columnas y de bases.

Tamaño nominal: tamaño aproximado con el cual se conocen y se venden los materiales. El tamaño nominal suele ser levemente más grande que el tamaño real.

Tapajuntas: componentes que se usan para sellar los bordes de un sistema de techos en perímetros, penetraciones, paredes, juntas de expansión, valles, drenajes y otros lugares donde se interrumpe o no continúa la cobertura del techo.

Los planos de construcción se utilizan para representar una estructura o sistema antes de construirlos. La mayoría de los planos de construcción son obra de arquitectos, ingenieros y diseñadores, quienes los crean mediante un **software de diseño asistido por computadora** (CAD). El software CAD les permite a los diseñadores crear un modelo virtual 3D de una edificación y todos sus componentes. Estos modelos 3D luego se utilizan para generar e imprimir los planos (a veces llamados *cianotipos* o *impresiones*) y armar un **juego de planos**. CAD también puede usarse con el **modelado de información de construcción (BIM)**, que permite que los modelos y los datos de la construcción puedan verse desde cualquier lugar y se utilicen para realizar el seguimiento del ciclo de vida del edificio o de la estructura.

Los planos transmiten a los profesionales de distintos oficios la información que necesitan para construir o reparar una edificación. Los planos y los documentos que se necesitan para un proyecto de construcción de techos varían según el proyecto. Los proyectos de construcción de techos se dividen en las siguientes categorías generales:

- *Construcción nueva:* — cuando se aplica un sistema de techos a una nueva estructura, durante el proyecto, los trabajadores deben consultar el juego de planos y el manual del proyecto. En conjunto, se denominan *documentos de construcción* y transmiten toda la información necesaria para que se complete un proyecto de construcción.
- Reconstrucción de techos: — cuando se vuelve a cubrir o se reemplaza un sistema de techos existente, los trabajadores pueden consultar un plano de reemplazo de techo. También pueden consultar el juego de planos original, los planos conforme a obra o los planos de registro, si están disponibles.

Los fabricantes de materiales de techos suelen tener planos y diagramas que indican cómo deben instalarse sus productos, incluidos los patrones de ajuste del aislamiento y el diseño de paneles.

1.1.0 Tipos de planos

Hay varios tipos de planos de construcción (*Figura 1*). Estos planos se agrupan en el juego de planos (*Figura 2*). Los planos del juego ilustran varias vistas diferentes para transmitir información completa sobre la estructura.

A cada tipo de plano dentro del juego se le asigna una letra. Por ejemplo, como a los planos eléctricos se les asigna la letra E, los primeros planos eléctricos dentro de un juego se numeran como E1, E2, E3 y así sucesivamente. Un juego de planos completo suele incluir los siguientes tipos de planos:

- Generales — G
  - Portada
  - Índice de planos
  - Abreviaturas

¿Sabía usted?

Historia de los cianotipos

En 1861, el químico francés Alphonse Louis Poitevin descubrió que el galato ferroso, un químico que se encuentra en la resina, se vuelve azul cuando se expone a luz solar fuerte. Con este químico se cubría el papel para el proceso de cianotipia. El plano original se colocaba sobre el papel sensible a la luz y, luego, se exponía a la luz solar, dejando que la luz ultravioleta atravesara el plano y produjera una copia.

Hoy en día, la mayoría de los planos se crean por computadoras y, luego, se imprimen. Sin embargo, el término *cianotipo* se sigue usando ampliamente para referirse a las copias hechas a partir de planos originales.

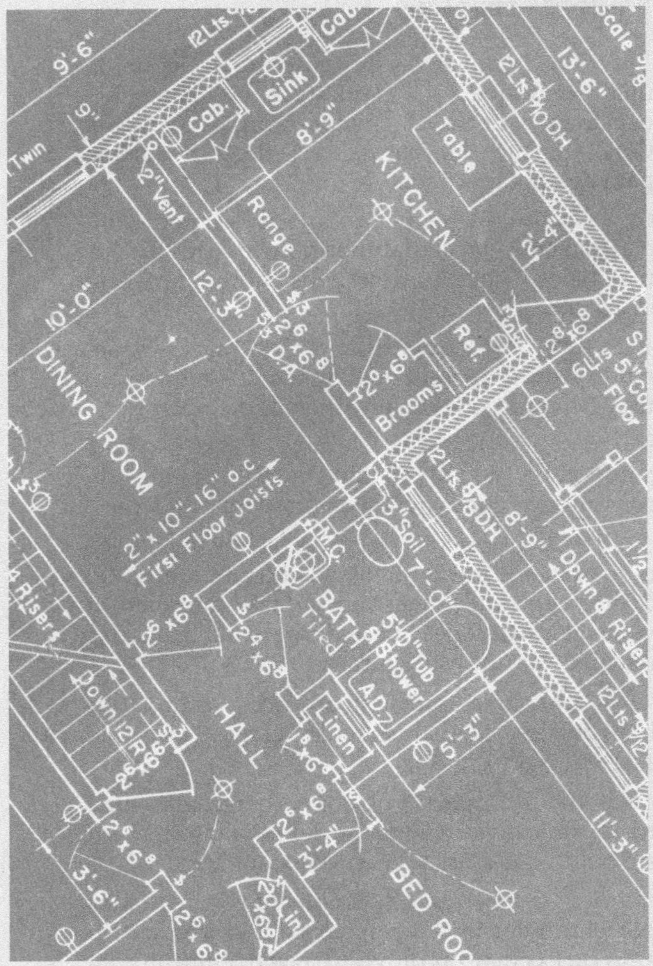

Figura cortesía de: iStock@Michael Burrell

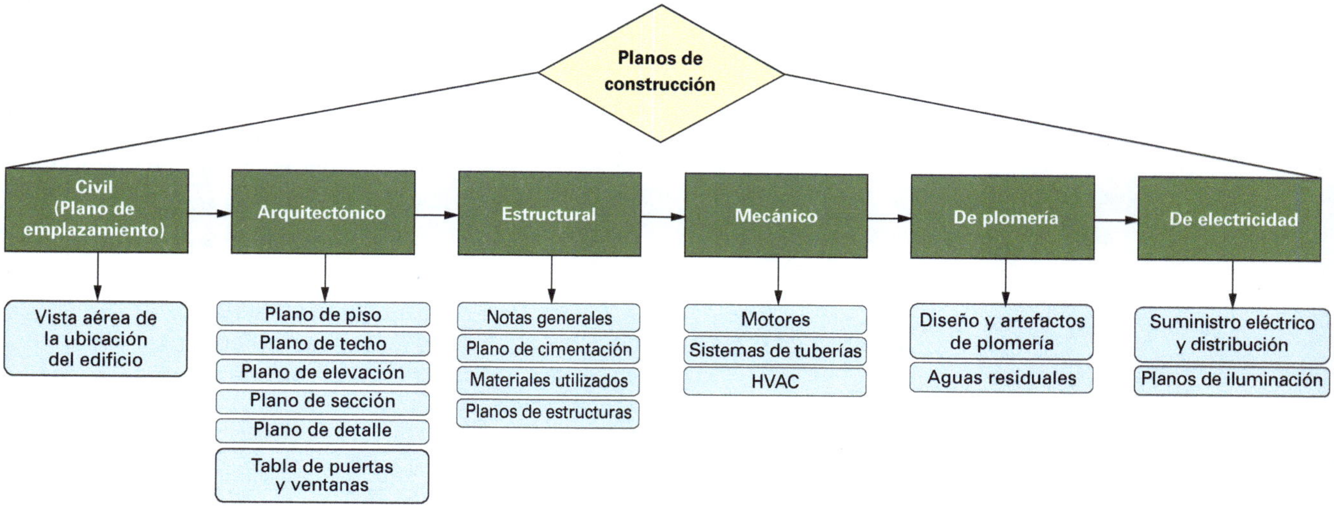

Figura 1 Tipos de planos de construcción.

- Civiles — C
- Arquitectónicos — A
  - Vistas de planta (techo, piso y plantas de techo reflejadas)
  - Vistas de elevación
  - Secciones de pared
  - Tablas
  - Planos de detalle
- Estructurales — S
  - Plano de cimentación
  - Planos de estructuras
- Mecánicos — M
  - Planos de los sistemas de calefacción, refrigeración y ventilación (HVAC)
- Plomería/tuberías — P
- Eléctricos — E
- Protección contra incendios — F o FP

1.1.1 Planos civiles

Un plano civil (*Figura 3*), a veces llamado *plano de emplazamiento* o *plano de parcela*, muestra la ubicación de la edificación en el lugar desde una vista aérea. Un plano civil también puede mostrar el contorno del terreno que rodea el lugar de la edificación. También pueden incluir la siguiente información:

- fuentes de agua (estanques, lagos, ríos y estanques de retención de aguas pluviales);
- aceras, accesos, cordones y desagües;
- servicios públicos;
- dimensiones de la propiedad;
- notas relacionadas con gradaciones;

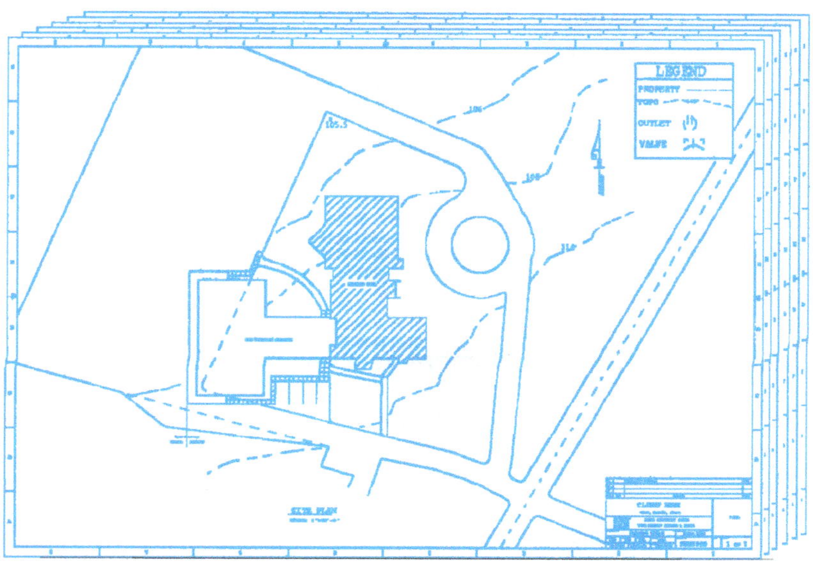

Portada(s)
Planos civiles
Planos arquitectónicos
- Planos de planta
- Elevaciones en interior/exterior
- Secciones
- Detalles
- Tablas

Planos estructurales
- Plano de cimentación
- Planos de estructuras

Planos mecánicos
Planos de electricidad
Planos de tuberías

Figura 2 Organización típica de un juego de planos de construcción.

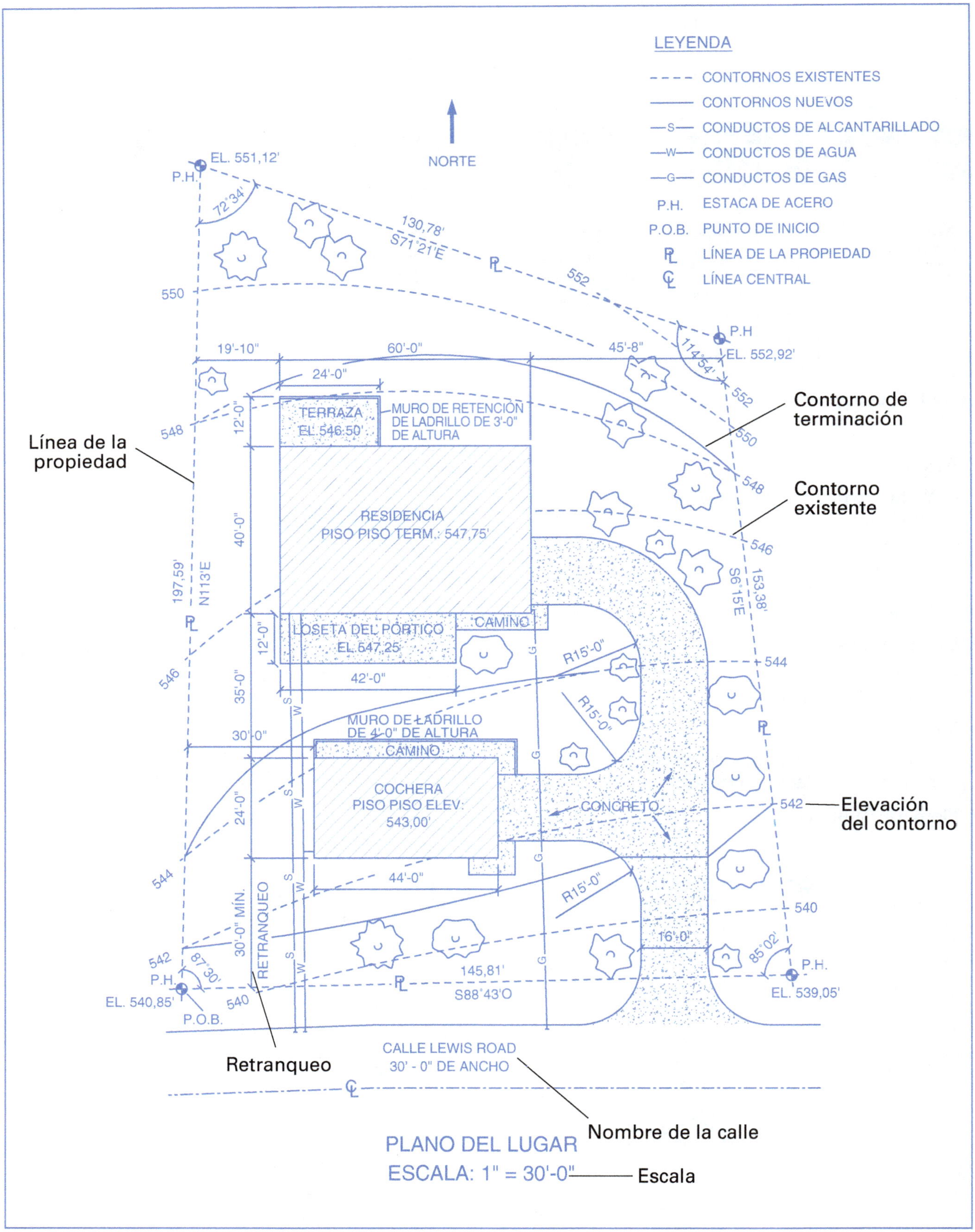

Figura 3 Plano civil típico que muestra las características topográficas.

- descripción legal de la propiedad;
- drenaje del sitio.

Las líneas de contornos espaciadas a intervalos regulares (por lo general, 1 pie) se utilizan para mostrar las elevaciones y depresiones del terreno. Si las líneas de contornos están muy juntas en el plano, esto significa que la pendiente del terreno es abrupta. Cuanto más separadas se dibujan, más gradual es la pendiente que se representa.

1.1.2 Planos arquitectónicos

Un plano arquitectónico incluye varios planos que muestran cómo debería verse cada parte del edificio desde diferentes vistas. Estas vistas incluyen planos de elevación y los planos piso, techo y cielo raso. Los planos arquitectónicos también incluyen tablas que describen las cantidades, tipos y tamaños de elementos, como puertas y ventanas. También indican el tipo de cielo raso y la altura de determinadas habitaciones.

Planos de piso, de techo y de cielo raso

Los planos de piso muestran el diseño de una estructura. Para un plano de piso, se traza una línea horizontal imaginaria a través de la estructura a diferentes alturas para que puedan verse todas las características importantes, como ventanas, puertas y accesorios de plomería. En el caso de edificios de varios pisos, por lo general se proporcionan planos individuales para cada piso. *En la Figura 4*, se muestra un ejemplo de un plano de piso básico.

Los planos de piso muestran los tipos de materiales de construcción a utilizar, así como también las ubicaciones de las siguientes partes de una estructura:

- Paredes externas, incluidas las aberturas exteriores
- Paredes y tabiques internos
- Puertas y ventanas
- Escalinatas
- Gabinetes, equipos eléctricos y mecánicos, y accesorios
- Líneas de plano de corte

Los planos de techo proporcionan información sobre la pendiente del techo, la ubicación de drenajes y otra información, como desagües, bajadas pluviales y chapas ornamentales de metal. Si corresponde, el plano de techo también puede indicar la ubicación de las unidades de aire acondicionado, los extractores de aire y otros equipos de ventilación. En la *Figura 5*, *Figura 6* y *Figura 7*, se muestran ejemplos de planos de techo.

Algunos juegos de planos pueden incluir un plano de techo reflejado que muestre la ubicación de los difusores de aire, las rejillas de extracción y los componentes estructurales y mecánicos.

Planos de elevación

Un plano de elevación (*Figura 8*) muestra una vista frontal de una edificación, habitación o parte de una edificación, tales como un hueco de escalera o de ascensor. Estos planos se denominan *planos de elevación* porque muestran la altura.

Un museo de arquitectura

El Ateneo de Filadelfia es un museo de arquitectura estadounidense. El museo, que ha recopilado obras de alrededor de 1000 arquitectos estadounidenses, cuenta con 150.000 planos, 50.000 fotografías y muchos documentos arquitectónicos.

Figura cortesía de: archivo "The Athenaeum from north.jpg", el cual tiene licencia de Creative Commons Attribution-Share Alike 4.0 International, 3.0 Unported, 2.5 Generic, 2.0 Generic and 1.0 Generic.

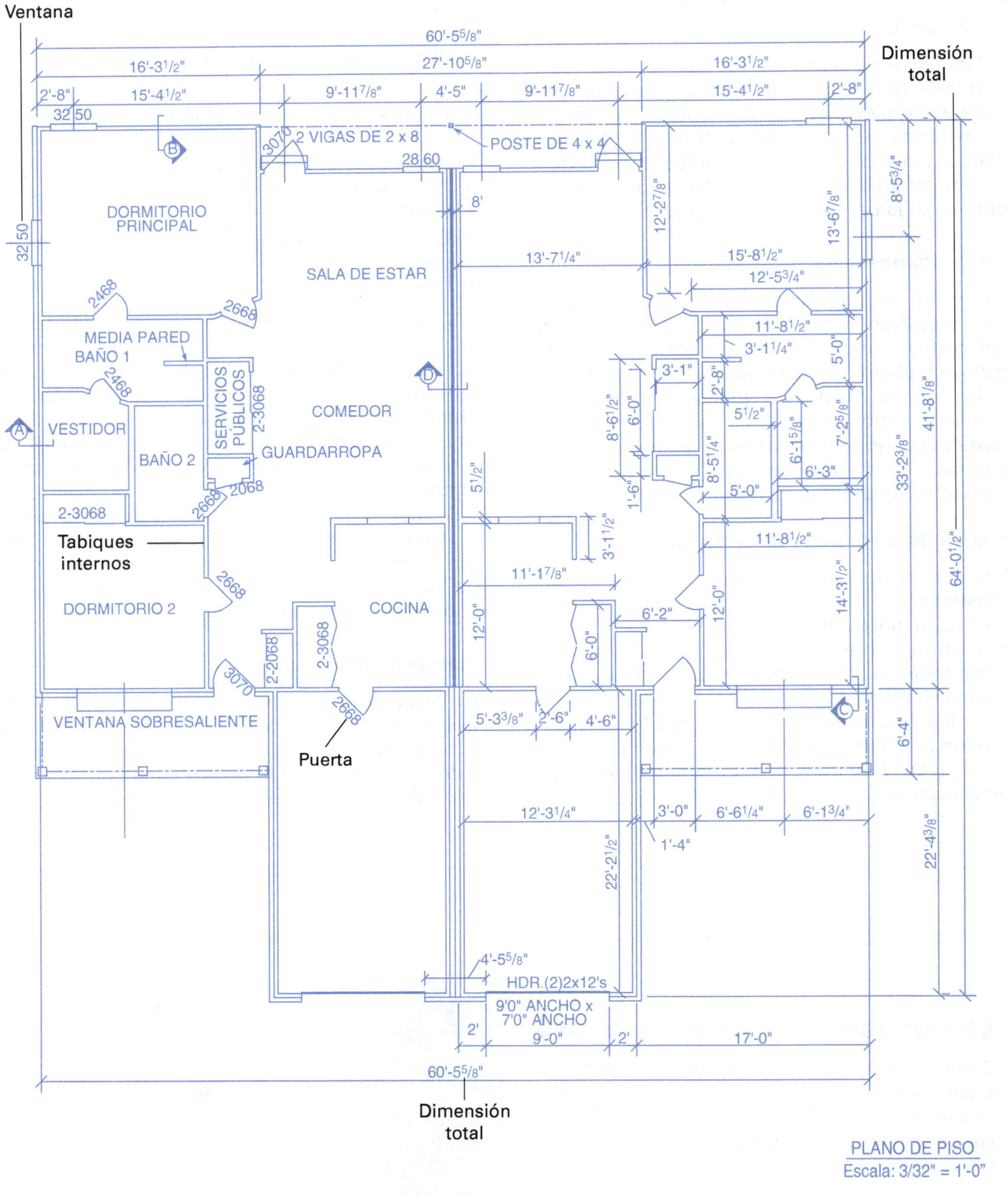

Figura 4 Plano de piso básico.

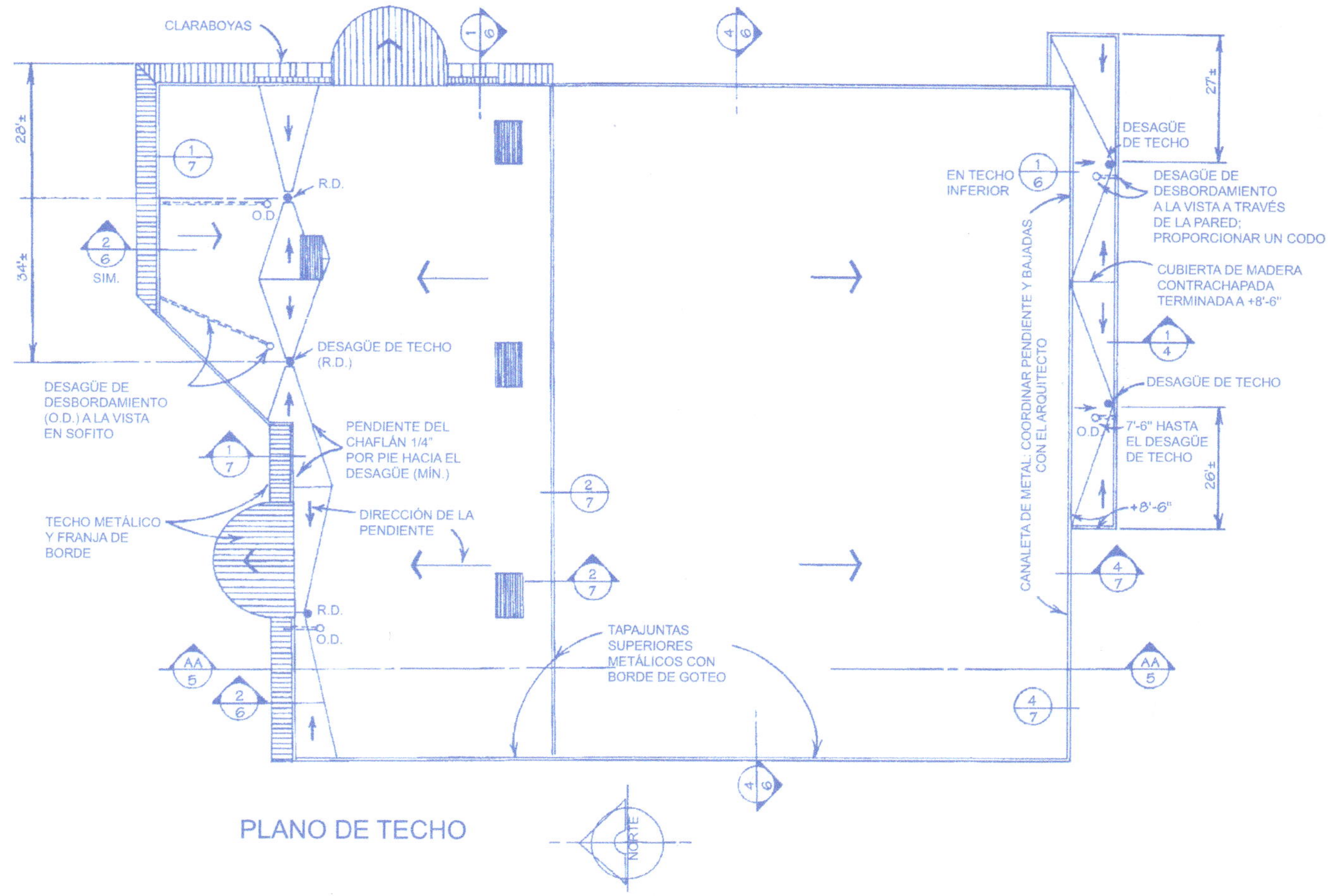

Figura 5 Plano de techo (ejemplo 1).

Un juego de planos suele incluir dos tipos de planos de elevación: una vista de presentación y varias vistas de trabajo. La vista de presentación brinda una imagen completa de cómo se verá la edificación. Las vistas de trabajo pueden ser a nivel del piso, a nivel del techo o a nivel del cielo raso, e incluyen datos como la pendiente del techo.

Las vistas de elevación incluyen la siguiente información:

- estilo exterior de la edificación;
- altura de la edificación;
- ubicación de puertas, ventanas, chimeneas, entradas cubiertas y terminaciones decorativas;
- materiales de acabado exterior.

1.1.3 Planos estructurales

Los planos estructurales son obra de un ingeniero estructural y acompañan los planos del arquitecto. Los planos estructurales muestran los requisitos de elementos estructurales de la edificación, incluidos pisos y sistemas de techos, columnas, vigas, escaleras, doseles y muros portantes. Además, muestran información relacionada con el trabajo del techo, como la siguiente:

- Tipo de cubierta de techo (importante a la hora de seleccionar los elementos de sujeción)
- Grado de pendiente (si hubiera) incorporado a la cubierta
- Lugares donde la cubierta cambia de dirección y se necesitan juntas de expansión
- Ubicaciones de los **largueros**

1.1.4 Planos mecánicos, eléctricos y de plomería

En muchos trabajos de construcción, la información mecánica, eléctrica y de plomería (MEP) se incluye en los planos de piso básicos (*Figura 9*). Sin embargo, para proyectos comerciales complejos, la información de MEP suele mostrarse en planos de planta separados.

NOTA

Aunque los techistas suelen trabajar con planos arquitectónicos, en los planos se incorporan vistas y notas útiles en otras secciones, sobre todo en las secciones mecánicas y de plomería. Por ejemplo, los planos mecánicos muestran las penetraciones asociadas con las unidades HVAC en azoteas, y los de plomería muestran las penetraciones del sistema de drenaje.

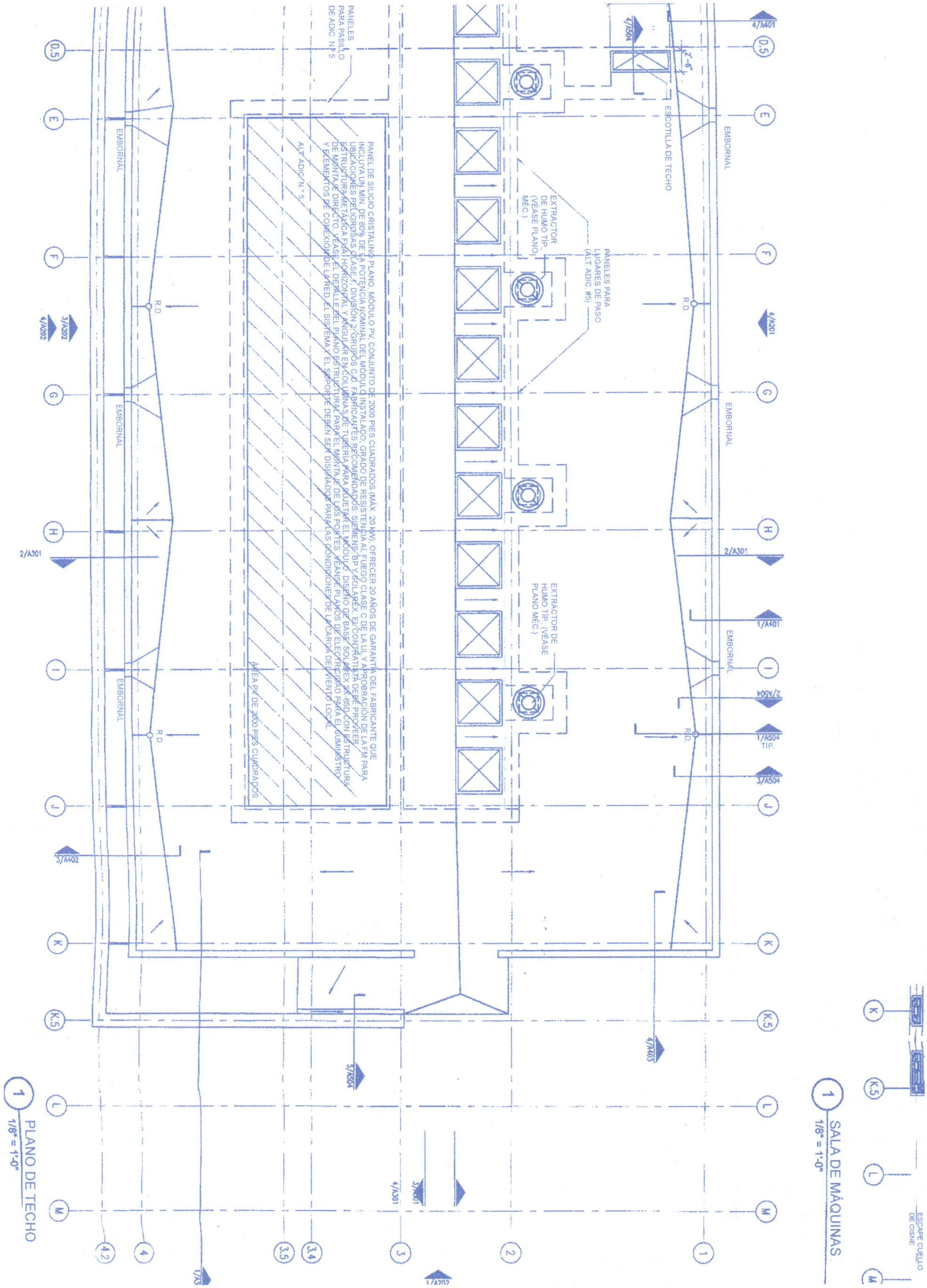

Figura 6 Plano de techo (ejemplo 2).

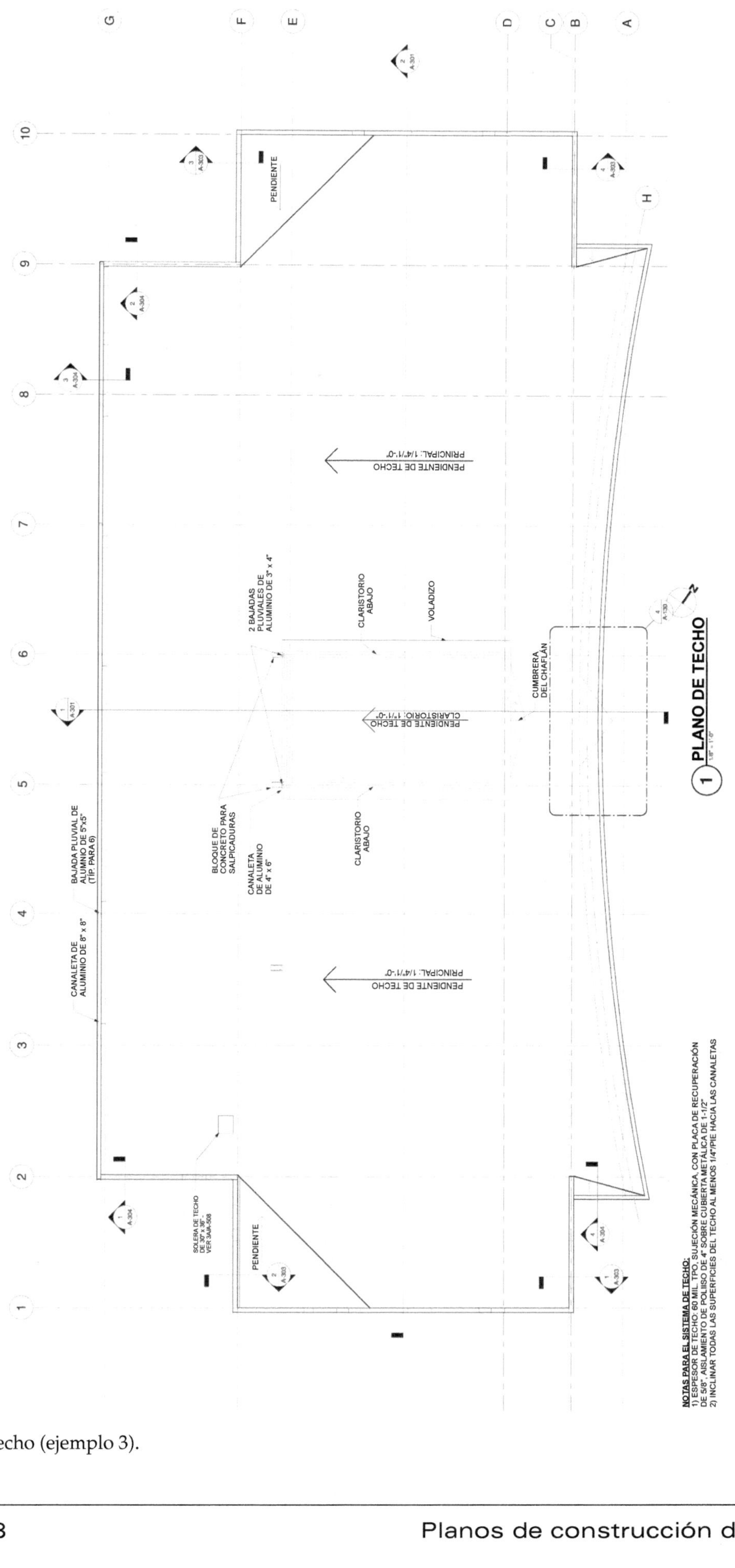

Figura 7 Plano de techo (ejemplo 3).

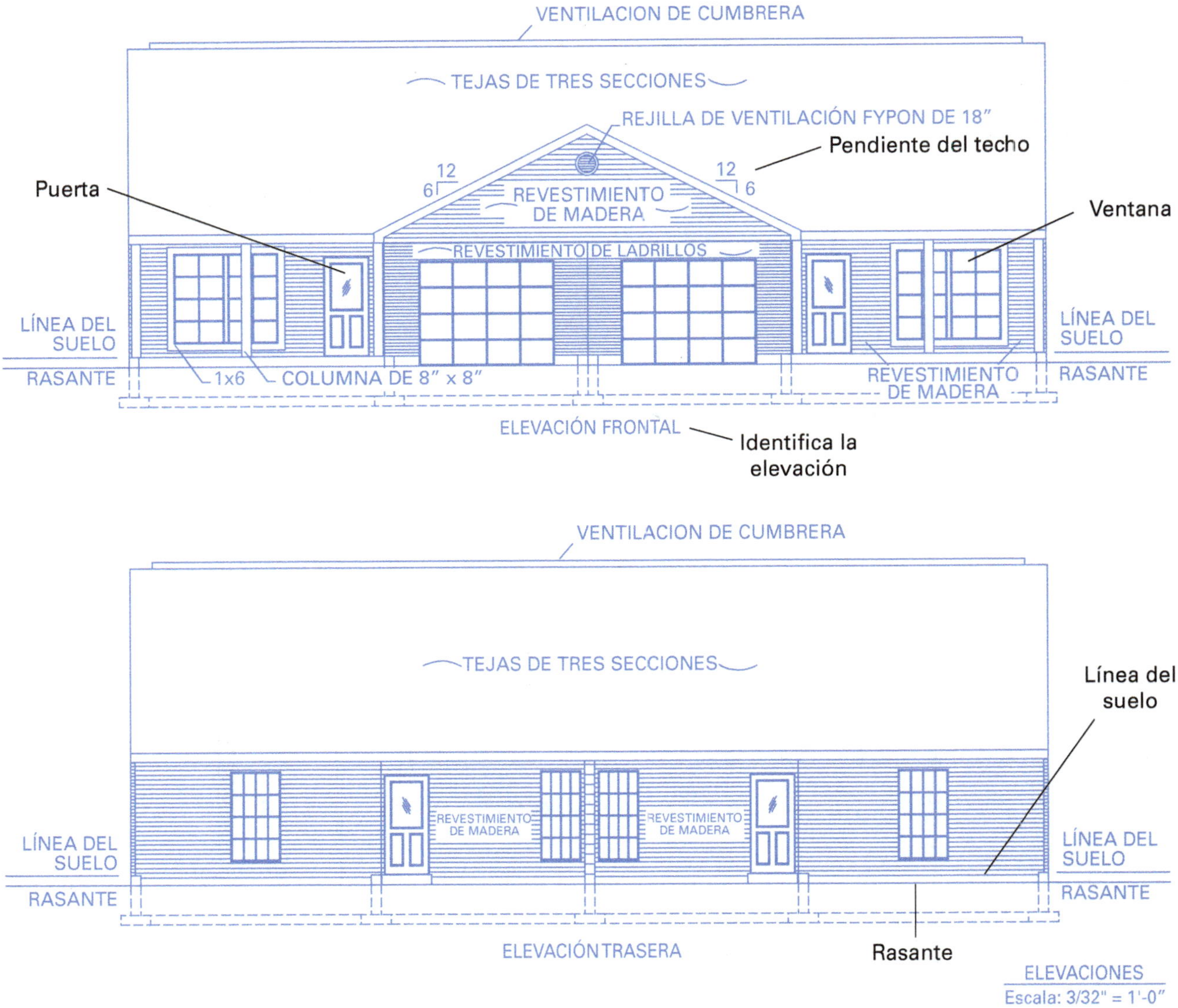

Figura 8 Ejemplo de vistas de elevación.

Planos de presentación

Los planos de presentación se obtienen de modelos 3D para mostrar una edificación desde un lugar estratégico junto con sus características más interesantes. Los planos de presentación no brindan información detallada para la construcción. Los utilizan principalmente el arquitecto o el contratista para vender el diseño de una casa o edificio a un posible cliente.

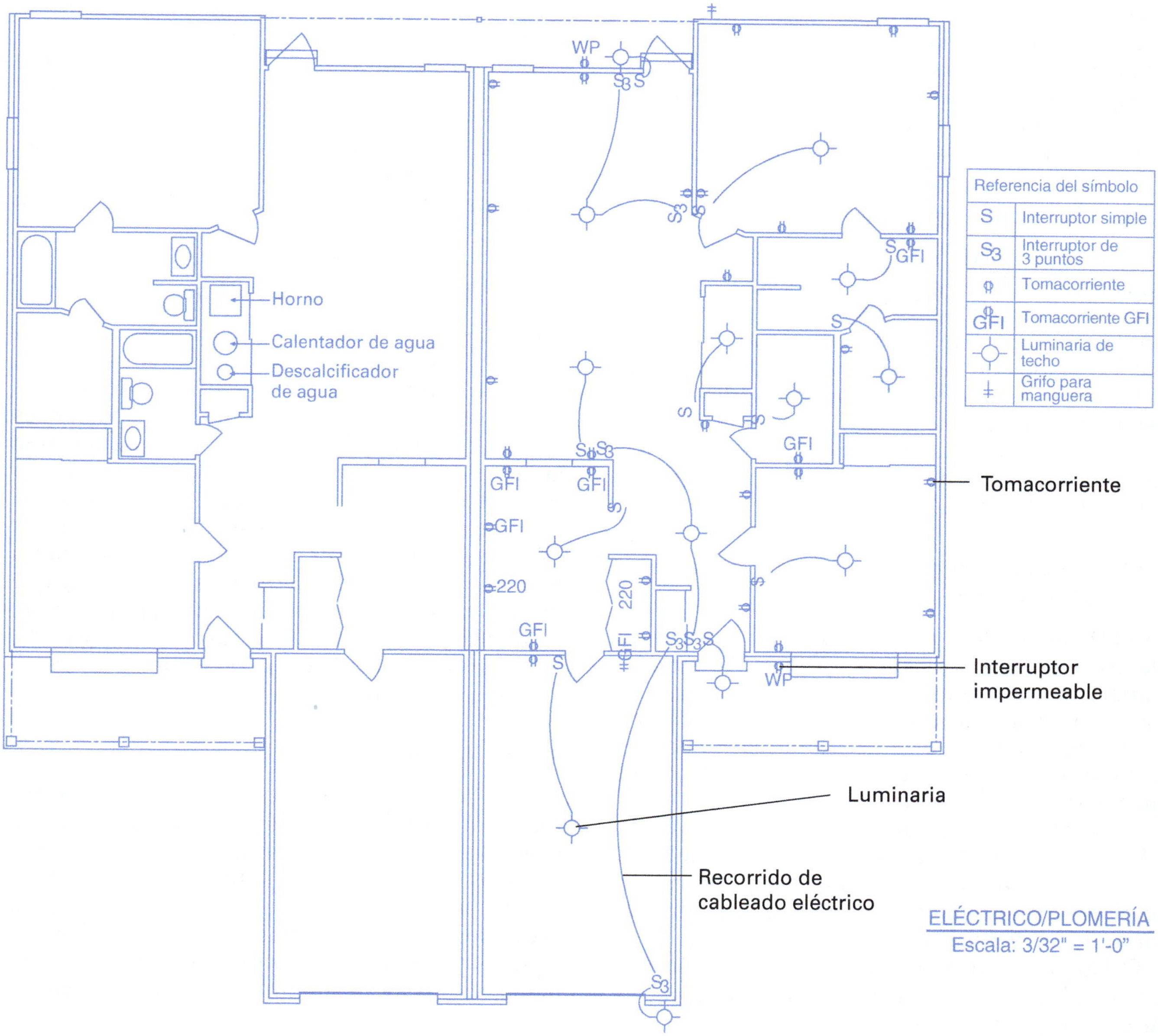

Figura 9 Ejemplo de plano de plomería/eléctrico.

Los planos mecánicos muestran detalles para la instalación del sistema de HVAC y otros equipos. Según el clima de la región, pueden incluir un diagrama de las tuberías de refrigeración que muestre los tipos y tamaños de tuberías y la identificación de los accesorios. Además, pueden incluir referencias que definan los símbolos de HVAC que se emplean en el plano.

Los planos eléctricos muestran los detalles para la instalación del sistema eléctrico y los equipos. Muestran la ubicación del medidor, el tablero de distribución, los accesorios, los interruptores y otros elementos especiales, así como las especificaciones sobre capacidades de carga y tamaño de los cables. Además, pueden incluir referencias que definan los símbolos que se emplean en el plano.

Los planos de plomería muestran la distribución de los sistemas y accesorios de suministro de agua y eliminación de aguas residuales. Por lo general, los planos del sistema de plomería incluyen un **diagrama de conductos de subida** independiente que muestra el diseño y la identificación de tuberías y accesorios. Se suelen ubicar referencias de plomería en el plano.

1.1.5 Planos de protección contra incendios

Los planos de protección contra incendios muestran las tuberías, válvulas, cabezales de aspersión, interruptores y otros componentes que forman parte del sistema de aspersión de la estructura. Por lo general, se incluye una lista de símbolos de aspersión en una hoja aparte, junto con las especificaciones, los detalles, los planos de ensamblaje y los diagrama de tuberías. Para mayor exhaustividad, muchas veces se incluye el sistema de aspersión como parte de los planos mecánicos generales a fin de mostrar cómo se relaciona su instalación con otros sistemas mecánicos.

1.2.0 Componentes básicos de los planos

Una vez que puede recorrer un juego de planos para buscar las hojas que necesita, el siguiente paso es poder interpretarlas. Las portadas muestran información genérica sobre un plano, mientras que los planos de sección y de detalle muestran vistas más detalladas y ampliadas dentro de sistemas grandes. Entre los componentes que se pueden encontrar en una portada, podemos mencionar bloques de título, bloques de revisión, notas y referencias.

1.2.1 Portada, bloques de título y bloques de revisión

La portada se ubica al comienzo de un juego de planos o de una sección de planos importante. La portada incluye un índice de otros planos, una lista de abreviaturas utilizadas en los otros planos y sus significados y otro tipo información, como la ubicación del proyecto, el tamaño del lote y el tamaño de la edificación.

Las portadas se deben revisar meticulosamente a fin de entender las abreviaturas y los símbolos específicos que se utilizan a lo largo del juego de planos. Estos símbolos y abreviaturas pueden variar de un plano a otro.

El bloque de título y el bloque de revisión por lo general se colocan en el ángulo inferior derecho de cada página del juego de planos (*Figura 10*). También es común que el bloque de título abarque todo el lado derecho de la hoja.

Un bloque de título suele contener el nombre de la compañía que elaboró los planos, el nombre del dueño y el nombre y la dirección del proyecto. También incluye el título y el número de la página, la fecha de elaboración, la escala utilizada y las iniciales o nombres de las personas que elaboraron y revisaron el plano.

El bloque de revisión se suele mostrar en cada página del juego de planos, por lo general en el ángulo inferior o superior derecho de la hoja, cerca o dentro del bloque de título. El bloque de revisión se utiliza para registrar cualquier cambio que se realice en el plano (revisiones). Cuando se hace una revisión, se agrega una entrada en el bloque de revisión. Una entrada suele contener el número o letra de revisión (que corresponde a una ubicación en el plano), una breve descripción del cambio, la fecha y las iniciales de la persona que lo realiza.

Cuando se utilizan planos, es fundamental observar la revisión en cada uno de ellos y garantizar que sea la más reciente. Si esto no se hace, quizás se generen errores costosos. Si no está seguro del estado de revisión de un plano, consulte a su supervisor para asegurarse de estar usando la versión más reciente.

1.2.2 Planos de detalle y de sección

Los planos de sección básicamente muestran un corte transversal de un objeto o estructura. Al mostrar cómo se vería la estructura terminada si se cortara a la mitad, resulta más fácil ver los materiales y entender cómo se armó. La mayoría las vistas de sección son verticales, pero también se pueden incluir vistas de sección horizontales.

Los planos de sección suelen dibujarse a mayor escala que otros planos para poder ver los detalles con mayor facilidad. Los planos de detalle, que muchas veces se incluyen en los planos de sección, se amplían a una escala aún mayor. *En la Figura 11*, se muestra un ejemplo de un plano de sección y, en la *Figura 12*, de un plano de detalle.

1.2.3 Tablas

Las tablas son cuadros que describen y especifican los distintos tipos y tamaños de materiales de construcción que se emplean en una edificación. Las más comunes son las tablas de puertas, ventanas y terminaciones. Los juegos de planos para proyectos comerciales también incluyen tablas de equipos y controles mecánicos, accesorios de plomería, accesorios de iluminación y otros equipos.

1.2.4 Notas, abreviaturas y referencias

En cada juego de planos se incluyen notas generales, así como leyendas de los símbolos y abreviaturas que se utilizan en los planos. En la *Figura 13*, se muestran las notas generales de un plano mecánico.

Las hojas pueden incluir notas con información necesaria para la construcción o la instalación de componentes específicos. Si hubiera, se suelen ubicar cerca de la parte superior o inferior de la página.

1.3.0 Elementos, dimensiones y escala de los planos

Los planos de construcción utilizan líneas, símbolos, abreviaturas y notas para transmitir el mensaje del arquitecto de la manera más clara

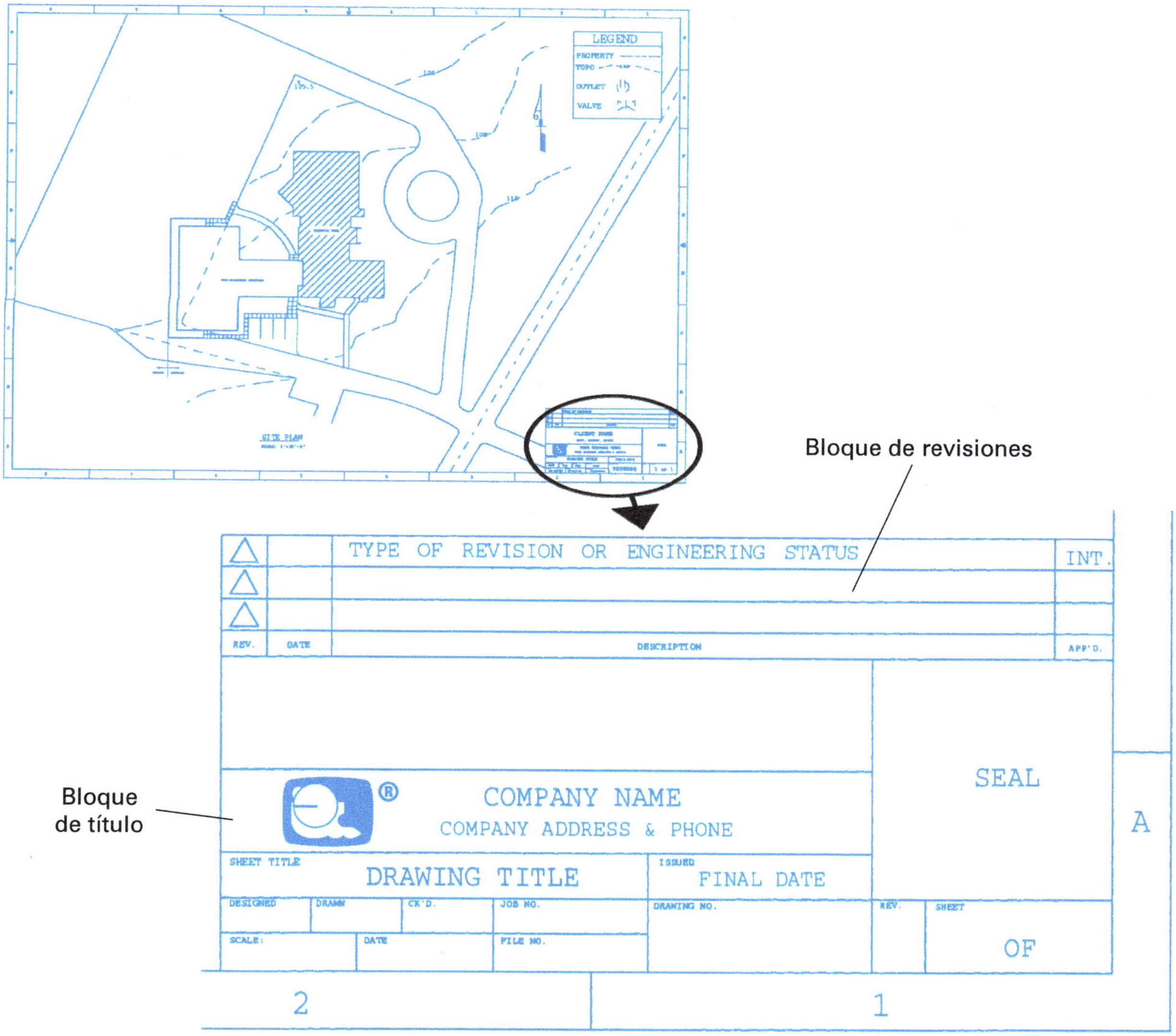

Figura 10 Bloques de título y revisión.

y concisa posible. Si bien los planos se deben crear a una escala menor que la de las edificaciones que representan, mantienen las proporciones exactas de estas a fin de garantizar que representen la estructura prevista de manera exacta.

1.3.1 Dimensiones y escala de los planos

Las dimensiones provistas en los planos indican los tamaños, distancias y medidas reales de los objetos y espacios que representan. Como se muestra en la *Figura 14*, las dimensiones pueden indicarse desde afuera hasta el centro, de centro a centro, de pared a pared o desde afuera hasta afuera.

Los planos se elaboran utilizando una escala específica a fin de garantizar que todas las dimensiones sean proporcionales, lo que permite utilizarlos para calcular las dimensiones reales de la estructura. En un plano, se utilizan pulgadas o fracciones de pulgada para representar pies en las medidas reales de una edificación. Por ejemplo, en un plano dibujado a una escala de $^1/_4$ pulgada, $^1/_4$ pulgada en el plano representa 1 pie de la edificación. En el plano, la escala se indicaría como $^1/_4$ pulgada = 1 pie.

Por lo general, los planos se dibujan a una escala de $^1/_4$ pulgada, y los detalles se dibujan a una escala de $^3/_4$ pulgada. La escala de un plano suele colocarse directamente debajo o encima del plano.

> **NOTA**
> En el caso de que todos los detalles de una página se dibujen a la misma escala, la escala se puede indicar en el bloque de título de la página. Es posible que no pueda usarse la misma escala para todos los planos que conforman un juego de planos completo.

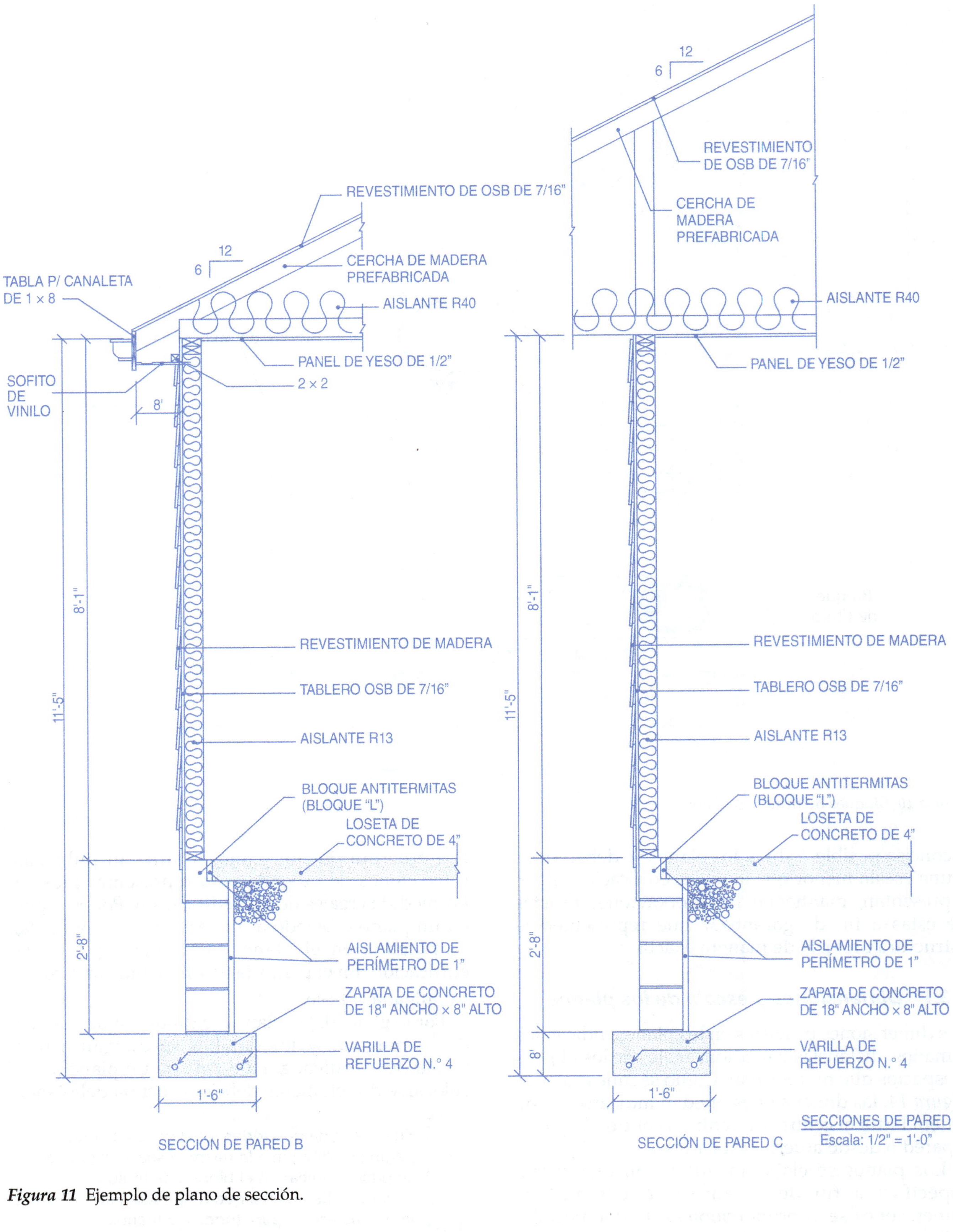

Figura 11 Ejemplo de plano de sección.

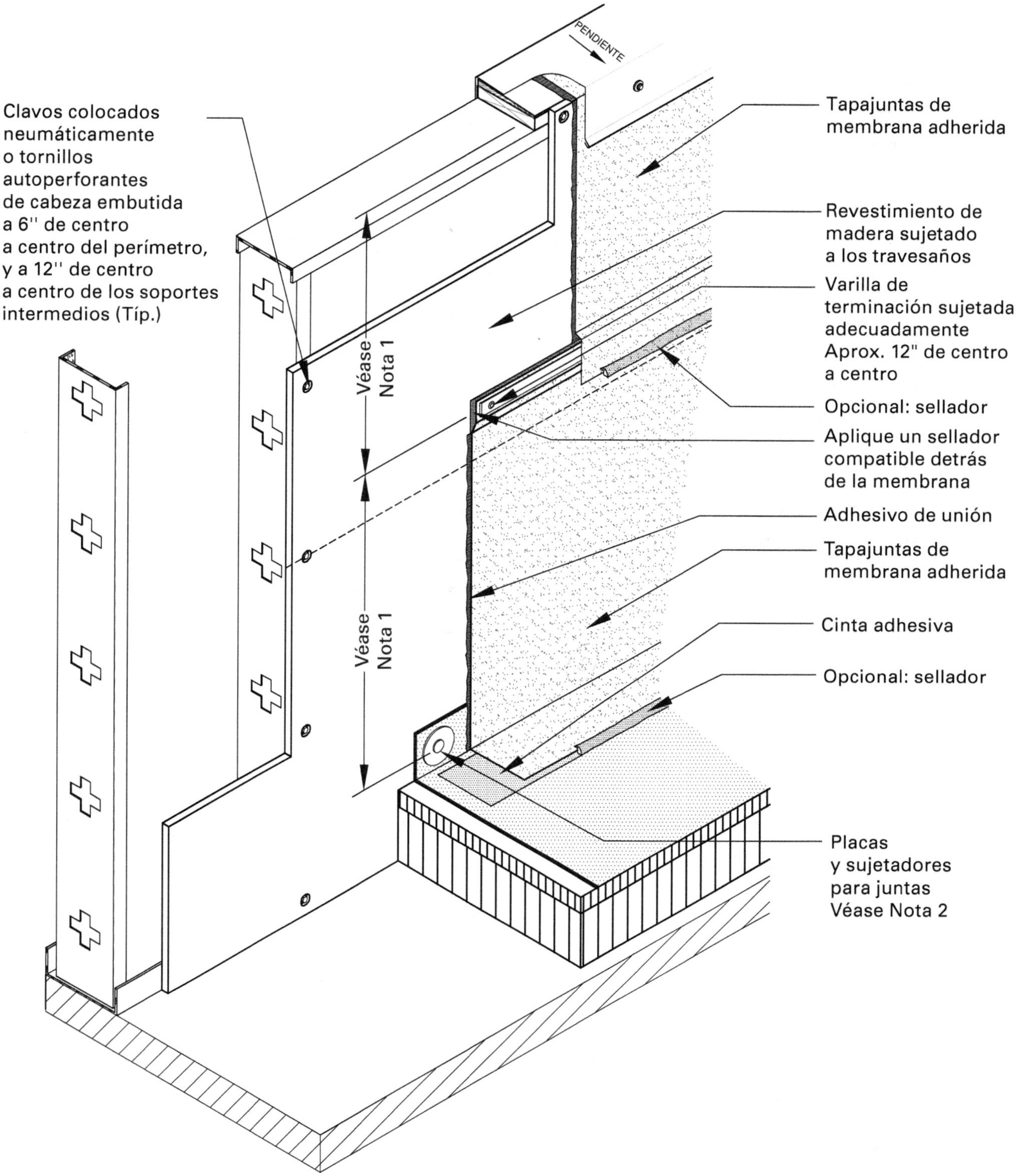

NOTA:

1. Espaciado máximo para la sujeción del tapajuntas de la membrana recomendado por el fabricante.
2. Consulte en la introducción del capítulo de detalles constructivos para ver otras opciones de sujeción de la base.

Figura 12 Ejemplo de detalle de construcción de techo.

NOTAS GENERALES

1. VERIFICACIÓN DE CONDICIONES EXISTENTES

1,1 Las dimensiones indicadas en los planos, que tienen una relación directa con la construcción existente, deben verificarse en el campo antes de construir, fabricar o instalar cualquier trabajo relacionado con dicha construcción. Estas dimensiones y elevaciones pueden ser, entre otras, dimensiones del edificio alturas y espesores de parapetos, etc. Si las medidas que se toman en la obra son distintas a las que indica el plano, el contratista debe documentar las condiciones reales y enviárselas al arquitecto. Si fuera necesario, se podrá emitir una directiva de obra (Orden de cambio) para aclarar los requisitos del trabajo.

2. VERIFICACIÓN DE CONSTRUCCIÓN DE TECHO EXISTENTE

2,1 Para conveniencia del contratista, en los planos se indica la construcción del techo existente, incluidos la cubierta, aislantes, clavadores de madera y membrana. Esta información no tiene garantías de ser precisa ni completa. El contratista es responsable de verificar, antes de la licitación, la construcción del techo existente en relación con su impacto en las operaciones de demolición y eliminación. No se tendrá en cuenta el hecho de que el contratista no haya obtenido dicha información sobre las condiciones existentes antes de la licitación, salvo lo indicado a continuación..

3. El contratista debe garantizar que todos los trabajos cumplan con los códigos federales, estatales y locales y las agencias reguladoras de la jurisdicción.

4. El ámbito del trabajo incluye, entre otros, el trabajo especificado en todos los parapetos, tapajuntas, bloques de madera, coronamientos metálicos, franjas de borde metálicas, aislantes de techo, soleras, tubos de plomería, desagües de techo, elementos ahusados, asientos, chaflanes, membranas, soportes de equipos, penetraciones, tubos de calefacción, tubos de ventilación, soleras de techo, etc.

5. El área de almacenamiento, de andamiaje, límites del contracto y zona de estacionamiento que el contratista sugiere se muestran en la hoja 'SP.1', y se examinarán en la conferencia anterior a la licitación.

6. Todas las áreas de trabajo y preparación se deben delimitar con cinta de seguridad, conos naranjas, mallas de seguridad naranja, señales de advertencia como, por ejemplo, "Cuidado. Área de trabajo", "Trabajo en elevación en curso", "No ingresar. Área de trabajo", etc.

7. El área de almacenamiento y andamiaje, los límites del contracto y la zona de estacionamiento para los empleados que el contratista sugiera se deben verificar junto con el propietario antes de comenzar con el trabajo.

8. Cuando los equipos mecánicos existentes en la azotea deban permanecer, se deberán elevar los equipos, conductos, etc. y los tapajuntas según sea necesario o se indique en los planos, a fin de cumplir con los requisitos de la garantía del techo.

9. Quite todas las membranas existentes, el sistema de tapajuntas, el peralte existente, el contratapajuntas metálico, donde se indique, hasta llegar al sustrato del techo y según se requiera para la instalación del techo nuevo.

10. Desagües de techo/bajadas pluviales: el contratista debe verificar que todos los desagües y bajadas pluviales escurran bien el agua. Debe notificar por escrito que todos los desagües del techo y las bajadas pluviales se inspeccionaron y probaron, y que funcionan correctamente. Notifique por escrito al propietario sobre los desagües y las bajadas pluviales que estén obstruidos, o si el agua escurre muy lento.

11. Cuando los equipos mecánicos, extractores, ventiladores de gravedad, soleras de techo, claraboyas, etc. deban permanecer en la azotea existente, desconecte y eleve otros equipos y proporcione nuevos bloques de madera y tapajuntas según sea necesario para cumplir con los requisitos de la garantía del techo. Reinicie y vuelva a conectar la(s) unidad(es) cuando sea necesario. La desconexión y reconexión de los equipos de la azotea se deberá coordinar con el propietario y serán responsabilidad del contratista.

11,1 El contratista debe notificar al propietario con una anticipación mínima de setenta y seis (76) horas, por escrito, antes de desconectar/volver a conectar o realizar cualquier paralización de los ventiladores, unidades HVAC, condensadores u otros equipos mecánicos.

11,2 Los planos de taller (revisados y aprobados por el fabricante) se deben presentar, según las especificaciones, para la revisión/aprobación final antes de comenzar la construcción.

12. Cuando las líneas de gas, conductos, cables, cableado, etc., permanezcan sobre la superficie del techo, móntelos en soportes de tubería de caucho prefabricados a 4'-0" de centro a centro. Los soportes deben tener unistruts y sujetador(es) de acero inoxidable para anclar tuberías, conductos, cables, cableados, etc., en su parte superior.

13. Cuando los postes de soporte de cableado/tubería/conductos/unidades, etc. ingresan a la construcción a través del techo, el contratista debe aplicar impermeabilizante líquido o una bota de techo para su penetración.

14. Mantenga el techo impermeabilizado en todo momento, antes y durante la construcción.

* NO se permite la construcción por etapas. Retire solo la cantidad de techo y aislamiento existentes que puedan quedar cubiertos por la nueva membrana y aislante en el mismo día.

15. El contratista debe verificar, en la obra, todas las dimensiones y ubicaciones de equipos antes de encargar materiales.

16. Si hay discrepancias o errores en los planos o si se encuentran problemas durante la construcción que pudieran generar dificultades al contratista, este deberá notificar al propietario antes de continuar con el trabajo.

17. Las áreas que deban ser parchadas deberán recibir sus parches de manera que estos coincidan con las superficies y terminaciones adyacentes.

18. El contratista es responsable de cerrar, emparchar y reparar todos los orificios, aberturas y daños en las superficies, como tapas de coronamiento metálicas, paredes de mampostería, cubiertas de techo, etc., que se generen durante la construcción a cargo suyo o del subcontratista.

19. El contratista es responsable de mantener la seguridad del lugar de trabajo, las áreas de preparación, el área de almacenamiento y estacionamiento, equipos, herramientas, etc.

20. La protección de todos los servicios y equipos debe ser cuidadosa.

Figura 13 Notas generales de un plano mecánico.

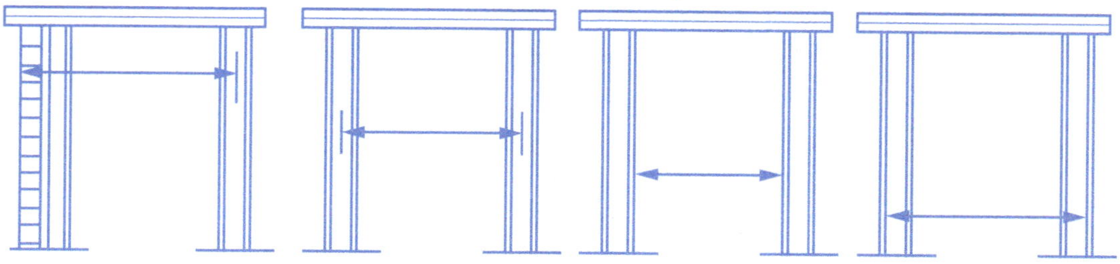

Figura 14 Métodos habituales para indicar dimensiones en los planos.

Para pensar

Cómo escalar un plano

Medir un objeto en un plano y convertir la medición a la longitud real del objeto se conoce como "escalar un plano". Si una línea en un plano de piso mide 6 pulgadas y el objeto a representar se dibuja a una escala de $^1/_4$ pulgada = 1 pie, ¿cuál es la longitud real del objeto?

NOTA

Cuando no se encuentra una dimensión en un plano, a veces se mide con escalímetro. Esta práctica no es muy confiable. Si tiene dudas sobre las dimensiones, el capataz puede comunicarse con el arquitecto para confirmar las dimensiones faltantes.

Las vistas de detalle y de sección pueden usar un **tamaño nominal** en el rótulo. Los tamaños o dimensiones nominales son los tamaños aproximados con los que se suelen vender los insumos, tales como maderas, tuberías, etc. Por ejemplo, se lo llama 2 × 4 por sus dimensiones nominales (2 pulgadas × 4 pulgadas), pero en realidad mide $1^1/_2$ pulgadas × $3^1/_2$ pulgadas.

1.3.2 Símbolos de los planos

En los planos de construcción, se utilizan símbolos para indicar diferentes tipos de materiales, accesorios y elementos estructurales. Algunos símbolos son estándar, mientras que otros pueden variar según la región. Por lo general, un juego de planos incluye una hoja donde se identifican los símbolos que se emplean en el juego y sus significados. Un juego de planos puede incluir los siguientes tipos de símbolos:

- símbolos de materiales (*Figura 15*);
- símbolos eléctricos (*Figura 16*);
- símbolos de plomería (*Figura 17*);

Medición de techos

Los planos se utilizan para medir y calcular la cantidad de material que se necesita para construir el techo. Al medir un plano bidimensional (o plano) que muestra un techo con pendiente desde arriba, se utiliza el factor de pendiente (a veces llamado *factor de conversión*) para representar un techo que no es plano. La tabla que se incluye a continuación ilustra los factores de pendiente para diferentes pendientes de techo. Por ejemplo, si una sección de un techo de 5:12 mide 200 pies^2 en el plano, este valor se debe multiplicar por el factor de pendiente correspondiente de 1,083 para calcular la superficie real del techo (200 pies^2 × 1,083 = 216,6 pies).

Pendiente del techo	Factor de pendiente	Factor de limahoya y limatesa
1:12	1,0035	1,4167
2:12	1,0138	1,4240
3:12	1,0308	1,4362
4:12	1,0541	1,4530
5:12	1,0833	1,4743
6:12	1,1180	1,5000
7:12	1,1577	1,5298

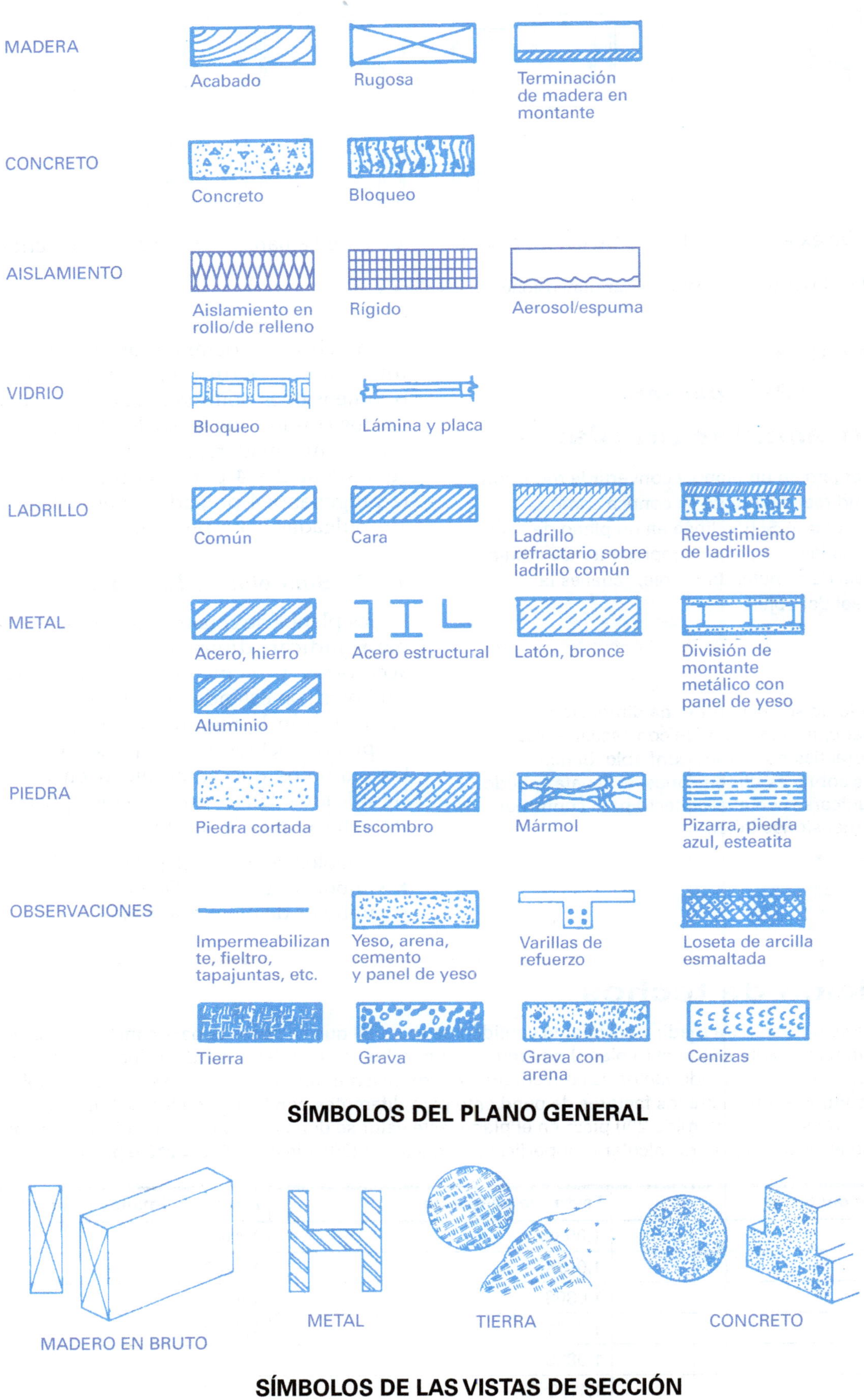

Figura 15 Ejemplo de símbolos de materiales.

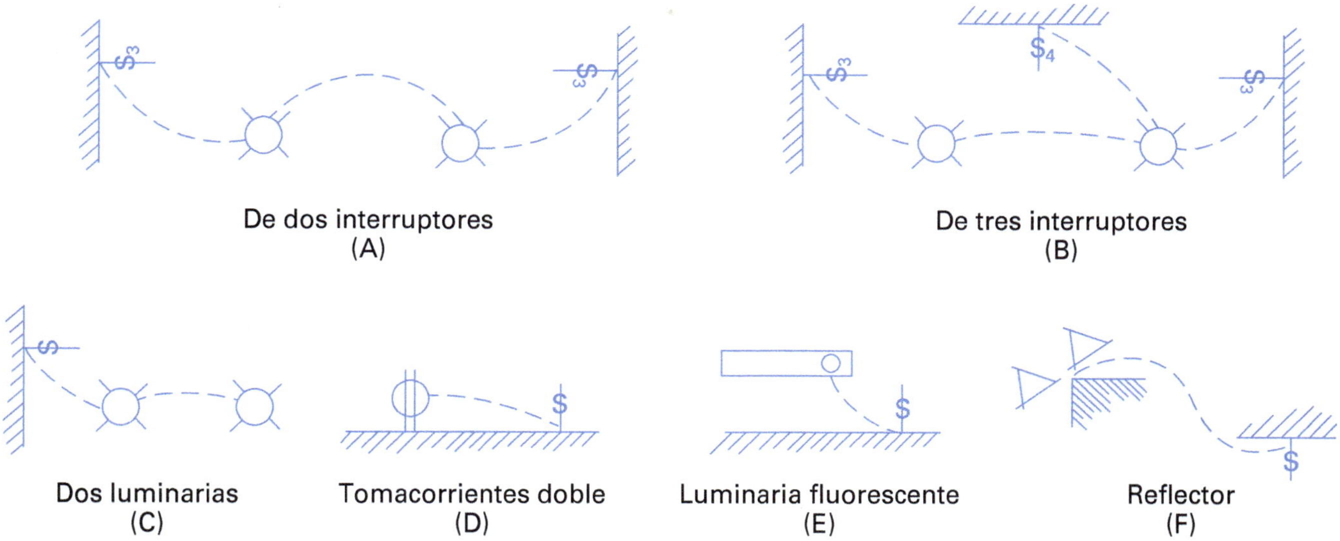

Figura 16 Símbolos eléctricos que muestran el control de apliques de luz o enchufes.

- símbolos del sistema de HVAC (*Figura 18*);
- símbolos del plano de emplazamiento y agrimensura topográfica (*Figura 19*);
- símbolos de elementos estructurales (*Figura 20*).

> **NOTA**
> Todos los trabajadores del proyecto deben poder localizar con exactitud el lugar donde deben hacer su trabajo. Para ayudar a los trabajadores a orientarse en el emplazamiento, todas las vistas de planta incluyen una flecha que indica la dirección del norte en el plano.

1.3.3 Tipos de líneas

Se utilizan muchos tipos de líneas diferentes para dibujar y describir una estructura. Las líneas pueden ser gruesas o finas, claras u oscuras, continuas o discontinuas, y cada una tiene un significado específico. En la *Figura 21*, se muestran los tipos de líneas más usadas en los planos de construcción. a continuación, se incluye una descripción de cada tipo de línea:

- *Línea de objeto:* — línea gruesa que se utiliza para mostrar el perfil principal de una estructura, incluidos muros exteriores, tabiques internos, pórticos, patios, aceras, estacionamientos y accesos.
- *Líneas de dimensión y extensión:* — líneas finas que se utilizan para mostrar las dimensiones de un objeto. Las líneas de extensión van de un extremo al otro del objeto medido. La línea de dimensión se dibuja paralela al objeto medido y señala las líneas de extensión a ambos lados. Para facilitar su visualización, las líneas de extensión y las líneas de objetos no se tocan. a veces, se deja un espacio en la línea de dimensión, donde se indica la medida.
- *Línea de centro:* — se utiliza para designar el centro de un área o de un objeto, y proporciona un punto de referencia para el dimensionamiento. Las líneas de centro suelen usarse para indicar el centro de los objetos, como columnas, postes, bases y puertas.
- *Línea de plano de corte:*— se utiliza para indicar una sección de un dibujo que se corta y se muestra por separado en una vista de sección. Las flechas en los extremos de la línea de plano de corte indican la dirección en la que se ve la sección. Las letras identifican la vista de sección de esa parte específica de la estructura. En juegos de planos más grandes se usan métodos de etiquetado de líneas de plano de corte más elaborados (*Figura* 22) en los que se utilizan muchas secciones. La vista de sección puede estar en la misma página que la línea de plano de corte o en otra.
- *Línea de ruptura:* — se utiliza para indicar que un objeto o área no se está mostrando en su totalidad.
- *Línea guía:* — se utiliza para unir una nota o dimensión con una parte relacionada del plano. Por lo general, las líneas guía se trazan curvas o en ángulo desde el objeto para evitar que se confundan con otras líneas.
- *Línea oculta:* — se utiliza para indicar un perfil que es invisible para el observador porque está tapado por otra superficie u objeto que se encuentra más cerca del observador. Las líneas ocultas suelen ser discontinuas.
- *Línea fantasma:* — se utiliza para indicar posiciones alternativas de las piezas móviles,

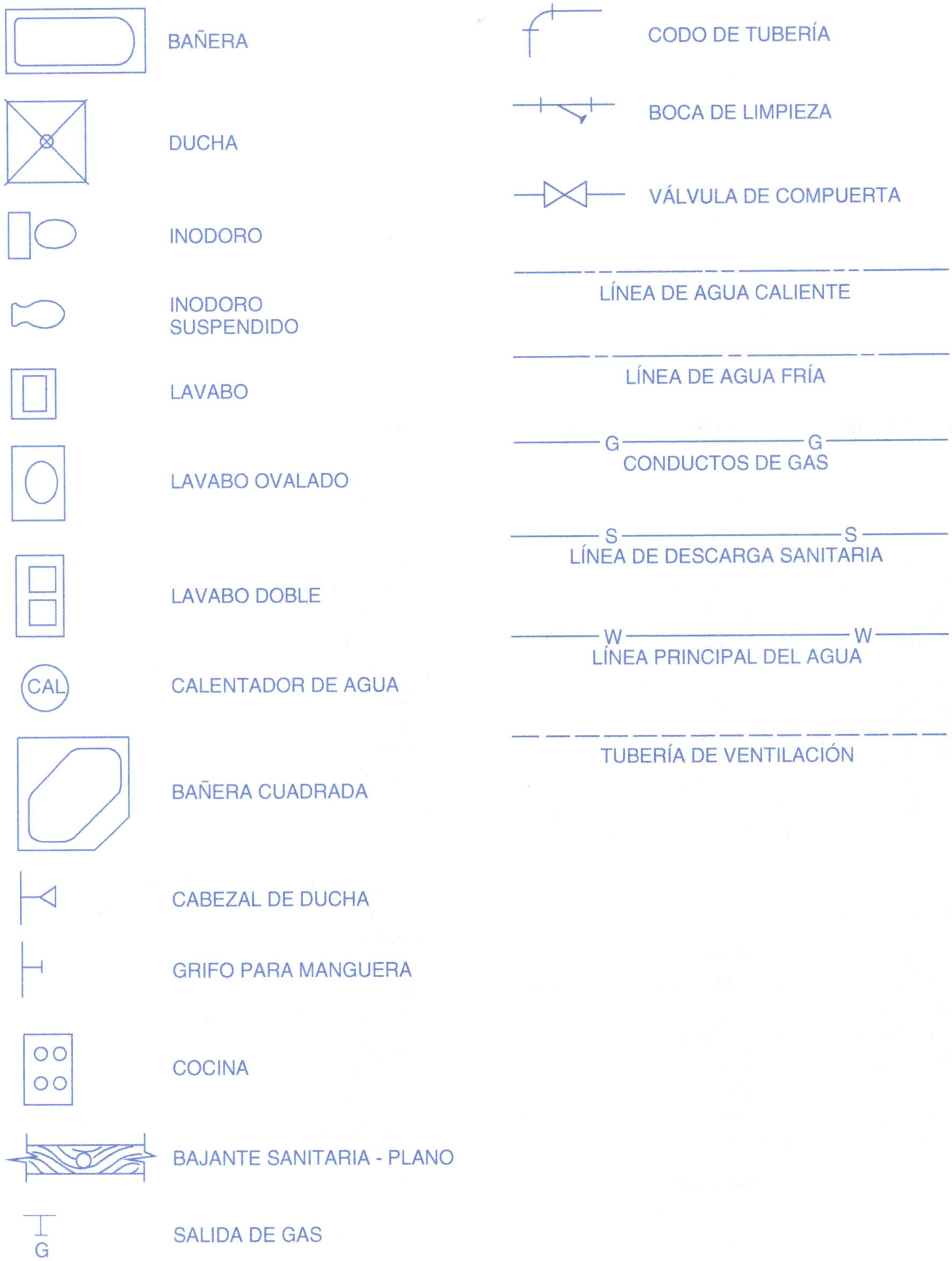

Figura 17 Símbolos de plomería.

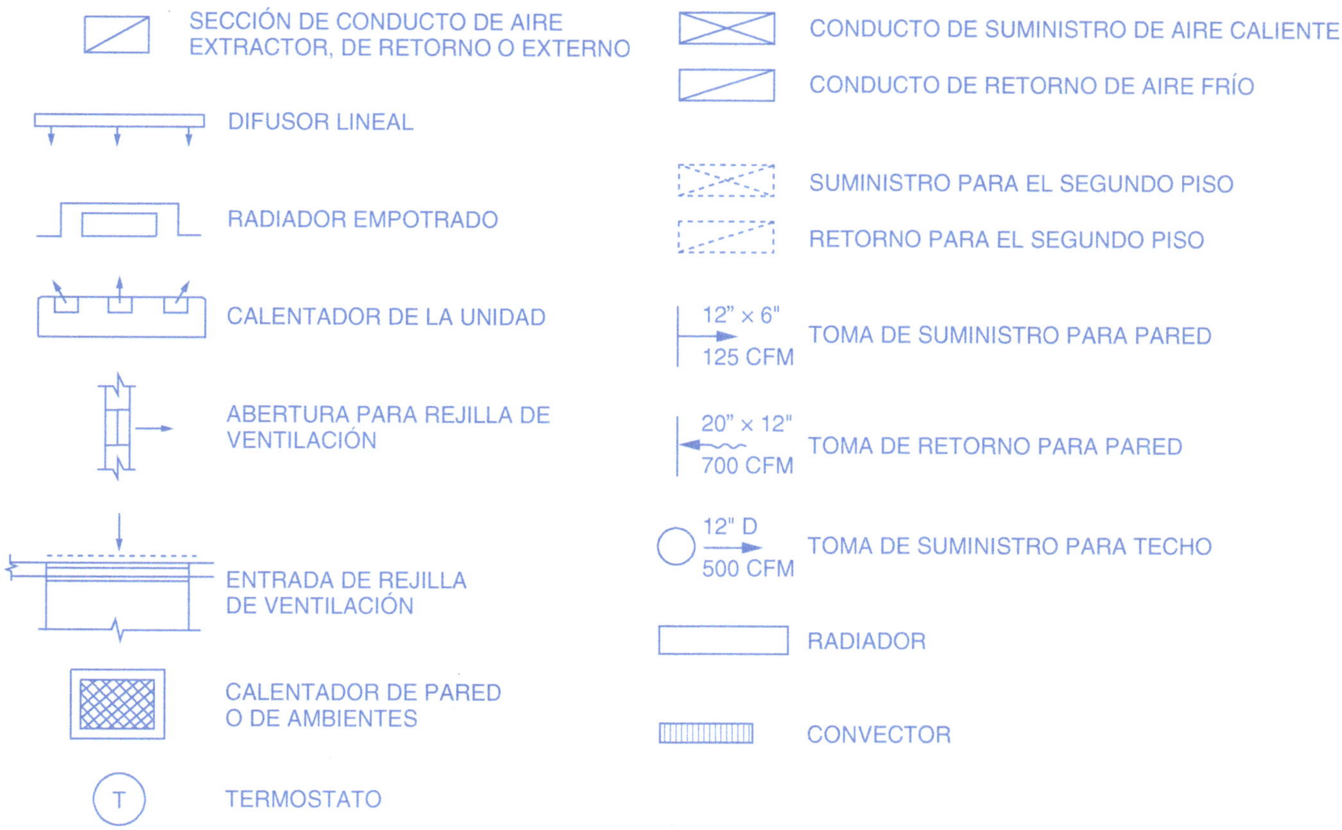

Figura 18 Símbolos del sistema de HVAC.

como la oscilación de un regulador de tiro o posiciones adyacentes de partes relacionadas. Las líneas fantasmas también se pueden utilizar para representar detalles repetidos. Suelen ser discontinuas, pero con guiones más largos que las líneas ocultas.

- *Línea indicadora de escalera:* — línea corta con cabeza de flecha que muestra la dirección ascendente o descendente de una escalera en un plano de piso.
- *Línea de contorno:* — se utiliza en planos civiles para mostrar los cambios de elevación o el contorno del terreno. Se utilizan líneas discontinuas para mostrar la pendiente natural, mientras que las líneas continuas muestran la pendiente final que se desea lograr durante la construcción. Cada línea que atraviesa el terreno representa una elevación diferente en relación con un punto de referencia, por ejemplo, el nivel del mar. Se dibujan a un cambio de cota uniforme, por ejemplo, cada 10 pies. Cuanto más cerca están las líneas de contorno, más pronunciada es la pendiente del terreno.

1.4.0 Documentos del proyecto de construcción de techos

Antes de comenzar un proyecto de construcción de techos, los profesionales del sector deben utilizar los documentos de construcción para conocer la información básica del proyecto y determinar qué recursos se necesitarán para completarlo (*Figura 23*).

Los documentos para un proyecto de construcción nueva incluyen el juego de planos y el manual del proyecto. El manual del proyecto contiene las especificaciones y los contratos del proyecto. Para un proyecto de reconstrucción de techo, los trabajadores deben consultar un plano de reemplazo de techo.

1.4.1 Construcción nueva

Antes de instalar un sistema de techo en una edificación nueva, los trabajadores pueden utilizar los documentos de construcción para saber qué tipo de sistema se instalará, su tamaño y ubicación y qué tipo de cubierta tiene (*Figura 24*). Comenzando desde la información general hasta la más detallada, se puede lograr comprender mejor el proyecto.

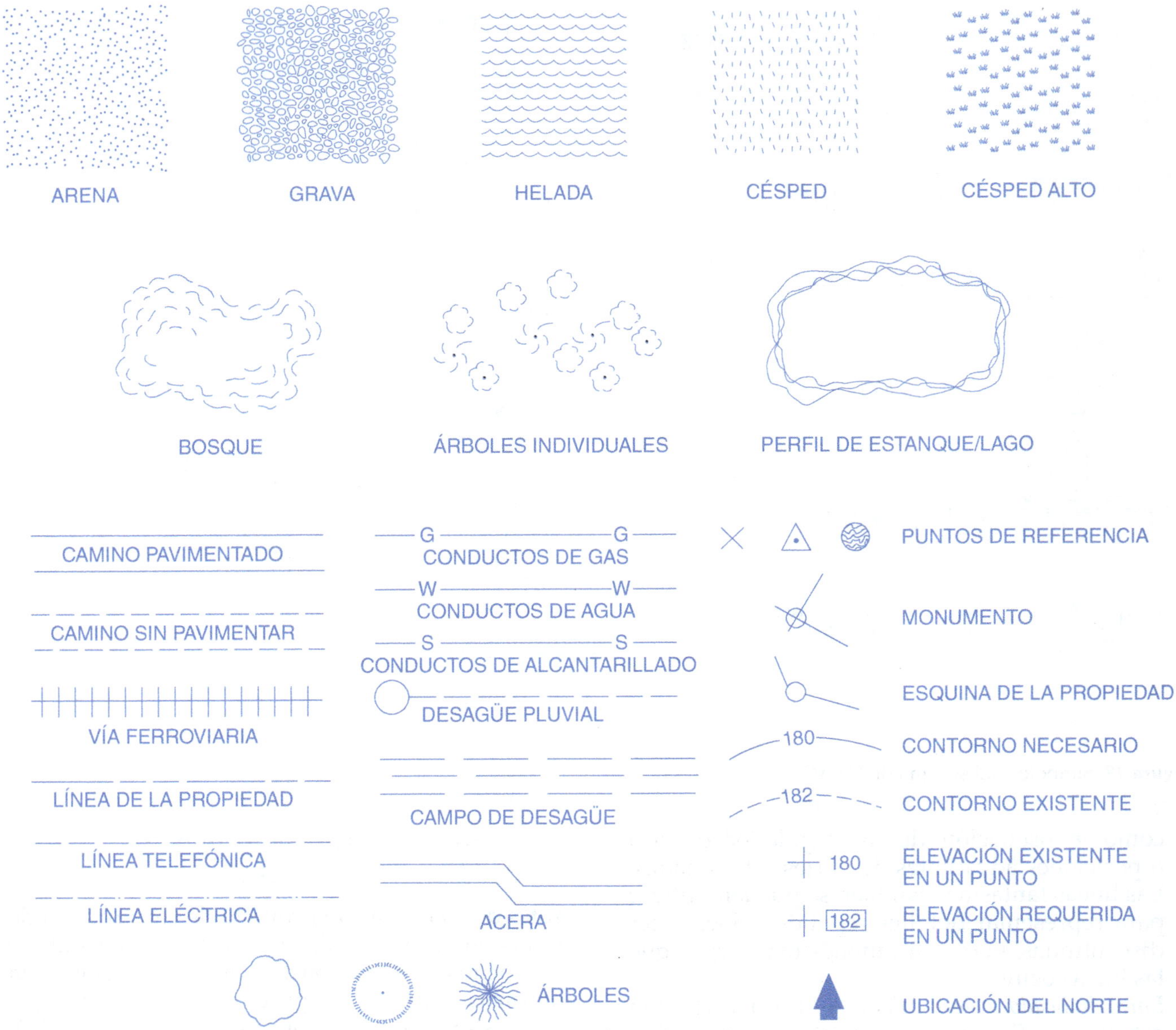

Figura 19 Símbolos de plano de emplazamiento.

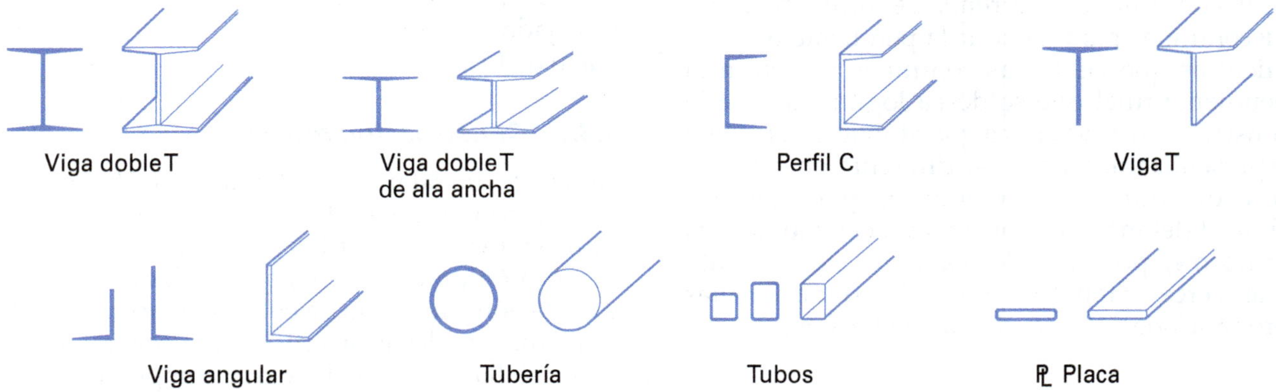

Figura 20 Símbolos de elementos estructurales.

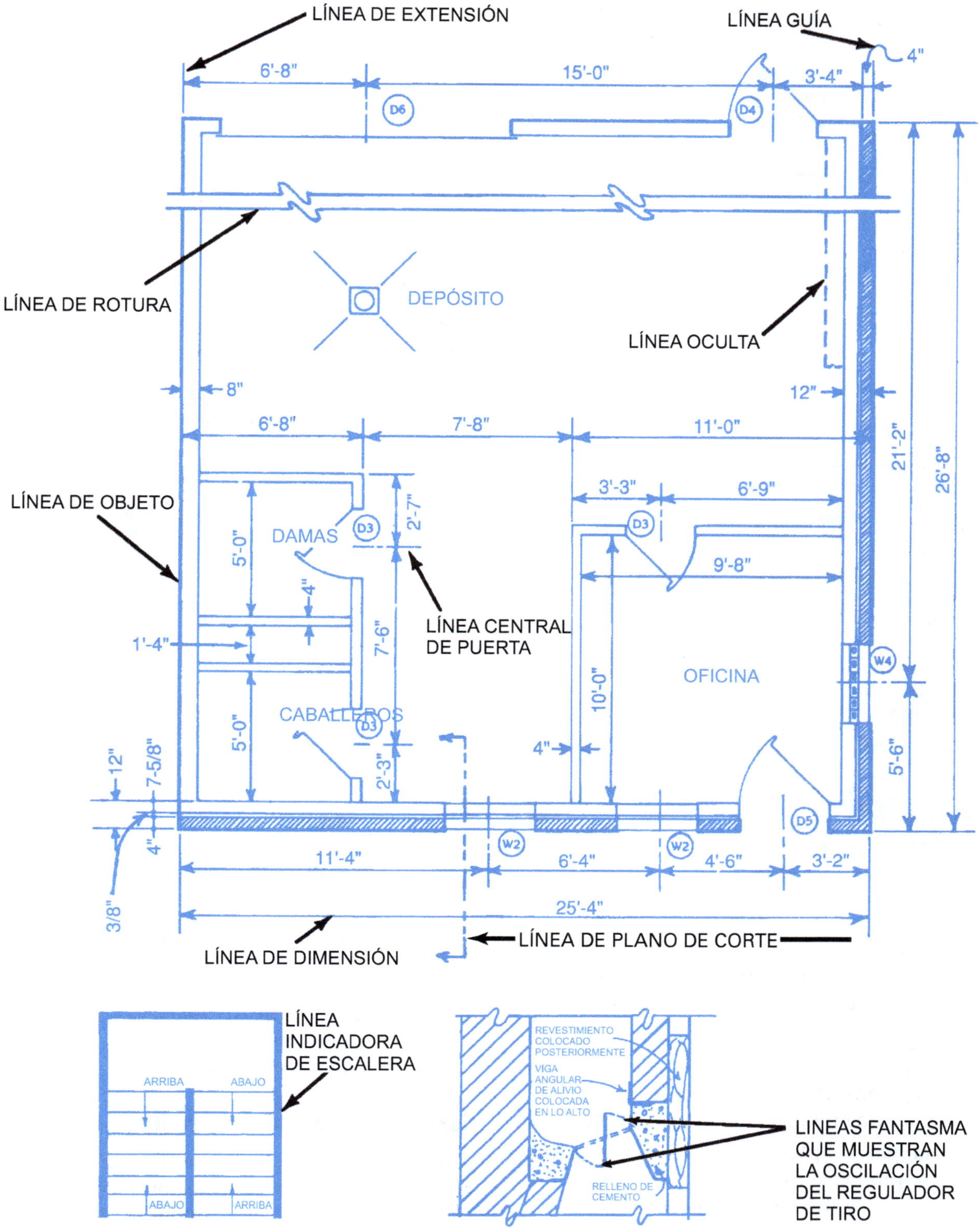

Figura 21 Líneas usadas en los planos de construcción.

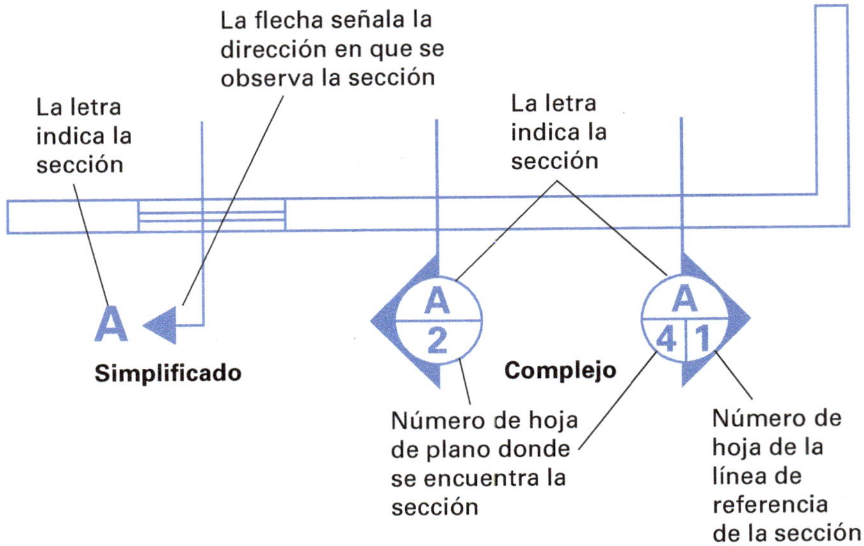

Figura 22 Métodos de rotulación de líneas de plano de corte.

Figura 23 Profesionales del oficio interpretando planos de construcción.

Figura 24 Documentos de construcción en una obra.

Los siguientes pasos generales describen cómo identificar la información del proyecto de construcción de techos en un juego de planos:

Paso 1 Buscar el plano de techo en el juego de planos. Como el plano de techo es un dibujo arquitectónico, por lo general se encuentra en la sección arquitectónica (A).

Paso 2 Analizar los planos mecánicos, eléctricos y de plomería (MEP) para detectar penetraciones como las siguientes:

- Tubos de plomería
- Tubos de calefacción
- Ventilaciones
- Líneas de gas y eléctricas
- Unidades de aire acondicionado
- Líneas de refrigeración (en especial en edificaciones comerciales/industriales, como fábricas)
- Tapajuntas, desagües y valles

Paso 3 Buscar vistas de sección y de detalle relevantes para componentes tales como albardillas y tapajuntas.

- Detalles de drenaje
- Detalles del perímetro
- Detalles de penetración

Especificaciones del proyecto

Como en los planos no hay suficiente espacio como para incluir toda la información técnica requerida sobre el proyecto, el diseñador desarrolla un conjunto de especificaciones (*Figura 25*) para proporcionar información técnica importante sobre el trabajo y la calidad de los materiales. El juego de planos indica lo que hay que instalar, y las especificaciones explican qué materiales utilizar y cómo hacerlo.

Mientras que los planos muestran la ubicación y las dimensiones exactas de los objetos, las especificaciones describen los materiales a utilizar,

Figura 25 Especificaciones del proyecto.

los requerimientos en cuanto a tornillos y otros lineamientos para el desarrollo del proyecto. Los contratistas y sus empleados son responsables de cumplir las especificaciones del proyecto y las normas de calidad.

Las especificaciones tienen tres objetivos generales:

- Definir las responsabilidades del diseñador, el propietario, el contratista y los subcontratistas.
- Complementar los planos de trabajo con información técnica detallada relacionada con la calidad del trabajo y los materiales a utilizar.
- Respaldar los planos como parte de los documentos del contrato.

NOTA

En general, en el caso de que exista alguna discrepancia entre el juego de planos y las especificaciones, prevalecen las especificaciones. Consulte siempre al líder de su equipo si tiene dudas acerca de la información incluida en los documentos de construcción.

Por motivos de practicidad, velocidad y facilidad de uso, las especificaciones se disponen en una serie de secciones que abordan los requisitos de construcción para las diferentes áreas de trabajo de un proyecto de construcción. Las personas que utilizan las especificaciones deben poder encontrar toda la información que necesitan sin perder demasiado tiempo buscándola.

Los materiales y los métodos de construcción se han expandido mucho a través de los años. Del mismo modo, las especificaciones escritas para los trabajos de construcción se ampliaron de algunas páginas a documentos de más de 500. Después de la Segunda Guerra Mundial, las especificaciones se estandarizaron y se separaron en divisiones. a partir de 2004, este formato se expandió al formato de escritura de especificaciones que más se utiliza en América del Norte, el MasterFormat®, con 5 grupos principales y 49 divisiones. La versión 2016 de MasterFormat® se muestra en la *Figura 26*.

Según los estándares de 2016, la división de Protección térmica y contra la humedad (07) es la más importante para los techistas.

Capataz de obras de construcción de techos

Los equipos de construcción de techos brindan un servicio fundamental a sus comunidades, ya que instalan y mantienen sistemas de techos que protegen a las edificaciones de agentes externos. Cada miembro del equipo desempeña un papel importante en un proyecto de construcción de techos. Un capataz de obras de construcción de techos profesional dirige al equipo. El capataz debe poder interpretar los documentos de construcción y brindar orientación y conocimientos a los demás miembros del equipo. Ante cualquier duda, los miembros del equipo deben recurrir al capataz de la obra.

Figura cortesía de: la NRCA.

Guía de aplicaciones

Grupos, subgrupos y divisiones de MasterFormat

GRUPO DE REQUISITOS DE COMPRAS Y CONTRATACIÓN

División 00 – Requisitos de compras y contratación
Información introductoria
Requisitos de compras
Requisitos de contratación

GRUPO DE ESPECIFICACIONES

REQUISITOS GENERALES

División 01 – Requisitos generales

SUBGRUPO DE CONSTRUCCIÓN DE INSTALACIONES

División 02 – Condiciones existentes
División 03 – Hormigón
División 04 – Albañilería
División 05 – Metales
División 06 – Madera, plásticos y compuestos
División 07 – Protección térmica y antihumedad
División 08 – Aberturas
División 09 – Acabados
División 10 – Especialidades
División 11 – Equipos
División 12 – Mobiliario
División 13 – Construcción especial
División 14 – Equipos de transporte
División 15 – Reservada para ampliaciones futuras
División 16 – Reservada para ampliaciones futuras
División 17 – Reservada para ampliaciones futuras
División 18 – Reservada para ampliaciones futuras
División 19 – Reservada para ampliaciones futuras

SUBGRUPO DE SERVICIOS PARA INSTALACIONES

División 20 – Reservada para ampliaciones futuras
División 21 – Extinción de incendios

División 22 – Plomería
División 23 – Calefacción, ventilación y aire acondicionado (HVAC)

División 24 – Reservada para ampliaciones futuras
División 25 – Automatización integrada
División 26 – Electricidad
División 27 – Comunicaciones
División 28 – Seguridad y protección electrónicas
División 29 – Reservada para ampliaciones futuras

SUBGRUPO DE EMPLAZAMIENTOS E INFRAESTRUCTURAS

División 30 – Reservada para ampliaciones futuras
División 31 – Movimiento de tierras
División 32 – Mejoras exteriores
División 33 – Servicios
División 34 – Transporte
División 35 – Construcción marina y canales
División 36 – Reservada para ampliaciones futuras
División 37 – Reservada para ampliaciones futuras
División 38 – Reservada para ampliaciones futuras
División 39 – Reservada para ampliaciones futuras

SUBGRUPO DE EQUIPOS DE PROCESO

División 40 – Interconexiones de procesos
División 41 – Equipos de procesamiento y manipulación de materiales
División 42 – Equipos de calefacción, enfriamiento y secado para pr3ocesos
División 43 – Equipos de manipulación, purificación y almacenamiento de gases y líquidos de proceso
División 44 – Equipos de control de contaminación y desechos
División 45 – Equipos de fabricación industriales específicos
División 46 – Equipos de tratamiento y depuración de aguas
División 47 – Reservada para ampliaciones futuras
División 48 – Generación de energía eléctrica
División 49 – Reservada para ampliaciones futuras

19 **Introducción y guía de aplicaciones**

Figura 26 MasterFormat® versión 2016.

Realidad aumentada

La realidad aumentada (AR) se está transformando rápidamente en una herramienta útil para la construcción. El BIM se puede integrar en plataformas de AR, lo cual les permite a los usuarios ver modelos 3D en escenarios reales. Esto ofrece la posibilidad de visualizar e interactuar con los datos de BIM desde cualquier lugar. Estas herramientas suelen ser compatibles con dispositivos móviles, como teléfonos inteligentes y tabletas, para lograr un fácil acceso y colaboración.

1.4.2 Reconstrucción de techos

Para proyectos de reconstrucción de techos, es posible que el juego de planos original para el techo existente no esté disponible o no aplique. En ese caso, el propietario del edificio o un diseñador elaboran un plano de reemplazo de techos. Si bien los techistas no participan en la creación del plano, es útil que entiendan cómo se elaboró.

Un plano de reemplazo de techos se elabora realizando una investigación en el sitio del sistema de techos existente y utilizando las medidas conforme a obra. Este proceso involucra los siguientes pasos generales:

Paso 1 Realizar el desglose del techo y medir sus dimensiones físicas.

Paso 2 Anotar las posiciones de los componentes, incluso la distancia de los largueros.

Paso 3 Anotar la dirección y el grado de pendiente de la cubierta.

Paso 4 Realizar un ensayo de tensión y registrar los resultados.

Paso 5 Un profesional de diseño (por ejemplo, un constructor de techos, ingeniero, etc.) utiliza los datos recopilados para elaborar un plano de reemplazo de techos, incluido el aislamiento, el diseño de la membrana y los patrones de sujeción.

NOTA

El paso 5 no lo realizan los instaladores de techos.

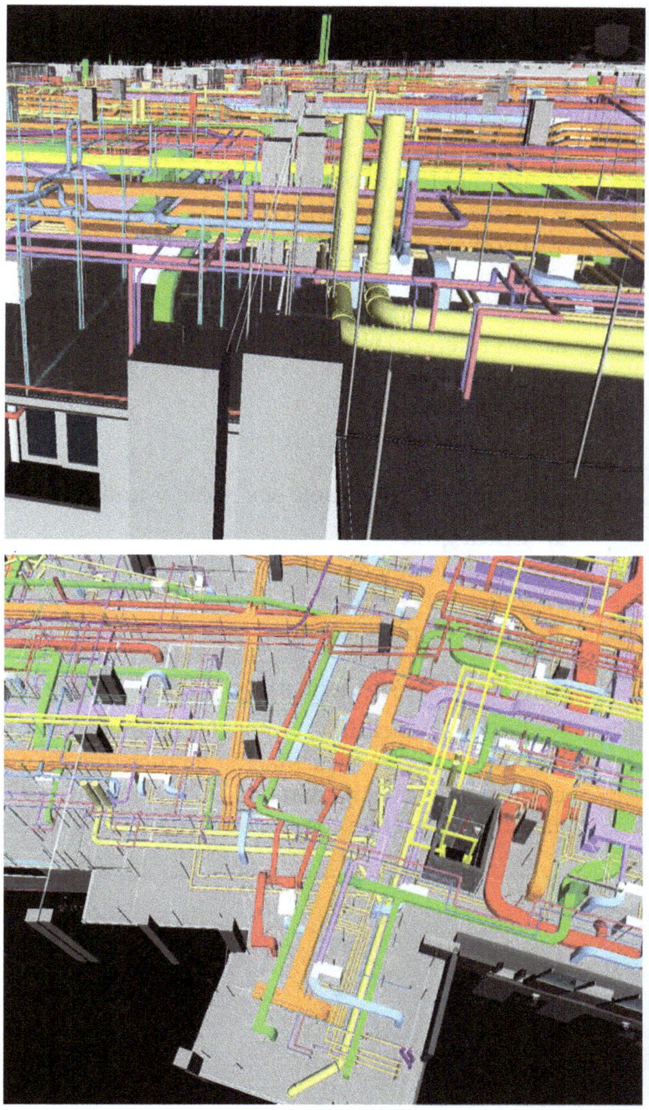

Figura 27 Ejemplos de planos de BIM.

1.4.3 Modelado de información de construcción

El modelado de información de construcción (BIM) es un proceso inteligente que utiliza bases de datos de computadora y diseño CAD para crear un modelo interactivo y dinámico de una estructura completa (*Figura 27*). El BIM se utiliza para proporcionar información de diseño, construcción y gestión de las edificaciones. Permite a los contratistas y propietarios de las edificaciones visualizar la estructura y colaborar durante todo el proceso de construcción. Los trabajadores pueden utilizar dispositivos móviles para acceder a los modelos 3D mientras están en la obra.

Con el BIM, las personas pueden caminar virtualmente por el edificio antes de que se construya para ver cómo será cuando esté terminado. Esto les permite a los diseñadores identificar a tiempo problemas y conflictos con los diferentes componentes y corregirlos antes de que termine la construcción. El BIM también permite que los diseñadores calculen los costos de la construcción del edificio e incluso el mantenimiento de las instalaciones a lo largo del tiempo.

El BIM se puede usar para preparar planos de coordinación y planos conforme a obra. Si bien no reemplaza a los planos de construcción, ofrece una manera innovadora y mejorada de ver los sistemas dentro de una edificación. En los Estados Unidos, Canadá y Europa, se están desarrollando estándares para el BIM. Otras formas de BIM incluyen el *entorno de edificación virtual (VBE)* y el *diseño y construcción virtual (VDC)*.

Repaso de la Sección 1.0.0

1. *La mayoría* de los planos de construcción son obra de _____.
   a. un techista
   b. un capataz de obra
   c. diseñadores de edificios
   d. propietarios de edificios

2. Cuando se hace un cambio en un plano, se agrega una entrada en _____.
   a. las referencias
   b. la portada
   c. el bloque de título
   d. el bloque de revisión

3. ¿Qué tipo de línea suele ser curva y une una nota o una dimensión con una parte relacionada del plano?
   a. Línea guía
   b. Línea de objeto
   c. Línea de centro
   d. Línea de plano de corte

4. ¿Cuáles de las siguientes declaraciones sobre las especificaciones del proyecto son *verdaderas*?
   a. No están incluidas en los documentos del proyecto.
   b. Proporcionan información técnica que no está incluida en el juego de planos.
   c. Las elabora el techista.
   d. Los equipos de construcción de techos no las necesitan.

Preguntas de revisión

1. Las hojas de un juego de planos marcadas con la letra a son _____.
   a. planos arquitectónicos
   b. planos auxiliares
   c. los planos conforme a obra
   d. abreviaturas

2. ¿Qué tipo de plano muestra la ubicación de la edificación en el emplazamiento desde una vista aérea?
   a. Plano de estructura de techo
   b. Plano MEP
   c. Plano de piso
   d. Plano civil

3. ¿Qué tipo de plano muestra la distribución (incluidas habitaciones, paredes y puertas) en una estructura?
   a. Plano mecánico
   b. Plano HVAC
   c. Plano de piso
   d. Plano de emplazamiento

4. Los planos de protección contra incendios muestran _____.
   a. la ubicación de los aspersores
   b. las rutas de evacuación
   c. los detectores de humo
   d. los equipos eléctricos

5. ¿Cuáles de los siguientes elementos se podrían encontrar en una portada?
   a. Una tabla de puerta
   b. Un índice a otros planos
   c. Planos de sección
   d. Planos de detalle

6. El tamaño aproximado con el cual se conocen y venden los insumos se denomina _____.
   a. tamaño a escala
   b. tamaño real
   c. tamaño proporcional
   d. tamaño nominal

7. ¿Cuál de las siguientes opciones se utiliza para indicar diferentes tipos de materiales, accesorios y elementos estructurales en un plano?
   a. Símbolos
   b. Líneas ocultas
   c. Especificaciones
   d. El bloque de título

8. ¿Qué tipo de línea muestra el perfil principal de una estructura?
   a. Línea de centro
   b. Línea de contorno
   c. Línea de objeto
   d. Línea de dimensión

9. ¿En qué parte del juego de planos se puede encontrar información sobre penetraciones, como tubos de plomería, ventilaciones, líneas de gas y eléctricas y unidades de aire acondicionado?
   a. Planos MEP
   b. Planos arquitectónicos
   c. Planos generales
   d. Planos de emplazamiento

10. ¿Cuál de las siguientes opciones corresponde a uno de los objetivos de las especificaciones del proyecto?
    a. Mostrar información topográfica sobre el emplazamiento.
    b. Enumerar las abreviaturas y los símbolos que se utilizan en los planos.
    c. Proporcionar información sobre los materiales y la calidad del trabajo.
    d. Mostrar las dimensiones y ubicaciones de los componentes del edificio.

Cuestionario de palabras técnicas

Complete los espacios en blanco con las palabras correctas que aprendió al estudiar este módulo.

1. El proceso de elaboración de un juego de planos de construcción mediante un software de computadora se denomina _______________.
2. Los componentes que se utilizan para sellar los bordes de un sistema de techo en los perímetros y las penetraciones se denominan _______________.
3. Los planos de detalle elaborados por un arquitecto o ingeniero que muestran toda la información y las dimensiones necesarias para construir una estructura se encuentran en _______________.
4. Un plano esquemático que representa el diseño, los componentes y las conexiones de un sistema de tuberías se denomina _______________.
5. Las representaciones de una instalación completa que reflejan la estructura que fue construida y muestran los cambios inesperados realizados durante el proyecto se denominan _______________.
6. Las dimensiones aproximadas con las que se conoce y se vende un material se denominan _______________.
7. El proceso de volver a cubrir o quitar y reemplazar un sistema de techo existente se denomina _______________.
8. El proceso de análisis, medición, detalle y contabilización de todos los materiales y equipos necesarios para un proyecto de construcción se denomina _______________.
9. Los planos elaborados a mayor escala para que se vean conexiones o características específicas se denominan _______________.
10. Los documentos escritos que elabora un arquitecto o ingeniero para el propietario con el fin de ejecutar un proyecto se encuentran en el _______________.
11. Las piezas que cubren la parte superior de un muro que está a la intemperie se denominan _______________.
12. Las tablas que describen y especifican los distintos tipos y tamaños de materiales de construcción que se utilizan en una edificación se denominan _______________.
13. Los elementos estructurales horizontales secundarios que transfieren las cargas hacia la estructura principal se denominan _______________.
14. Una tabla explicativa que contiene toda la información de los símbolos incluidos en un juego de planos es un(a) _______________.
15. Un proceso inteligente que utiliza bases de datos de computadora y diseño CAD para crear un modelo interactivo y dinámico de una estructura completa se denomina _______________.
16. Los planos que muestran un registro de los cambios imprevistos realizados durante la construcción se denominan _______________.

Palabras técnicas

Albardillas
Desglose
Diagrama de tuberías
Diseño asistido por computadora (CAD)
Juego de planos
Largueros
Leyenda
Manual del proyecto
Modelado de información de construcción (BIM)
Planos conforme a obra
Planos de detalle
Planos de registro
Reconstrucción de techos
Tablas
Tamaño nominal
Tapajuntas

Principios básicos de las habilidades

Clay Thomas

Director de proyecto
Advanced Roofing, Inc.

¿Cómo eligió su carrera en la industria?

Como a muchos en este sector, la construcción de techos me eligió a mí. Soy la tercera generación de techistas en el negocio familiar. Durante mi trayectoria, he trabajado en otras áreas de la construcción, pero los techos son lo mío. (Sí, el olor del asfalto por la mañana...)

¿Quién lo inspiró para ingresar a la industria?

Mi padre. Era un hombre de negocios exitoso que había cursado hasta octavo grado. Estaba convencido de que una ética de trabajo sólida y la integridad son el camino al éxito. Era un excelente profesional. Cuando terminé la secundaria, ya sabía lo que requería este trabajo y el negocio en sí.

¿Qué tipos de capacitación ha recibido?

Estoy certificado como instructor de la Asociación Nacional de Contratistas de Techos (NRCA), el NCCER, el ABCI y Advanced Roofing, tengo todas las certificaciones que obtienen las personas a las que capacito. Siempre me preocupo por progresar; por eso, si creo que algo suma valor al conjunto de mis habilidades y que va a mejorar mi desempeño, me anoto. Sin embargo, la vida me ha enseñado las mejores y más duras lecciones. Solo tenemos que estar dispuestos a aceptarlas y aprender de ellas.

¿Qué tan importante son la educación y la capacitación en la construcción?

Siempre es importante poner en práctica el oficio para dominarlo. Las personas se dan cuenta cuando uno intenta mejorar. Sobresalir entre la multitud. Para un empleador, la educación y la capacitación de su fuerza de trabajo mejora la base de conocimiento de la compañía y proporciona una cartera de talentos interna. Como dicen, el "conocimiento es poder".

¿Qué tipos de trabajo realizó a lo largo de su carrera?

Al principio, clasificaba clavos y hacía "coladores chinos" en el taller metalúrgico de mi padre. a los 15 años, ya dirigía equipos de corte, secado y limpieza. Durante algunos veranos, también coloqué losetas. Me recibí de ingeniero e hice trabajos de diseño, pero lo que más me apasionó siempre fue la construcción de techos. Pasé 10 años construyendo edificios de lujo en Miami Beach. Pero al final, regresé a mis orígenes en la construcción de techos.

Háblenos de su trabajo actual.

Trabajo en RR. HH., donde acompaño el proceso de contratación, creo contenido para las capacitaciones y las dicto dentro de Advanced Roofing. Ayudo a los empleados a que desarrollen su carrera profesional y logren sus objetivos. Participo en diferentes comités y juntas directivas (BOD) que impulsan la capacitación y la educación de los trabajadores. Además, soy instructor del Programa de Aprendices de la Construcción de Techos del ABCI.

¿Qué es lo que más le gusta de su trabajo?

La oportunidad de trabajar con la próxima generación de profesionales de la construcción de techos y ser su tutor. También he entablado excelentes relaciones con gente maravillosa. Las personas son el elemento fundamental de nuestro negocio. Sin un equipo, no se hace ningún techo.

¿Cuáles son los factores que más contribuyeron a su éxito?

Las habilidades interpersonales. La buena comunicación, el trato respetuoso, la integridad... la reputación puede hacer triunfar o hundir a una persona, por eso es importante tomar decisiones sabias. Seguir siempre hacia adelante y hacer lo que uno se propone. También han sido claves las personas que creyeron en mí y me dieron la oportunidad de triunfar.

¿Recomendaría la construcción como carrera para otras personas? ¿Por qué?

Sin duda, especialmente si tienen habilidades manuales y les gusta estar al aire libre. Tener un techo es una necesidades básica. y es una industria sumamente diversificada. Ofrece muchas oportunidades. En esta rama, uno puede llegar lejos si tiene un buen sentido común, brinda un trato justo y tiene una ética sólida de trabajo.

¿Qué consejos daría a quienes se acaban de incorporar al sector?

El respeto es muy valioso en este negocio. Es una industria bastante unida. Se debe desarrollar una mentalidad de aprendizaje constante y tener la voluntad de trabajar duro para aprender el oficio. Para llegar a la cima, es importante haber trabajado desde abajo.

Un logro o hecho interesante relacionado con su carrera:

A los 15 años, ya dirigía a mi propio equipo durante los veranos. Mi padre me inicio en el negocio desde muy joven. Algunos de los techos escalonados de las "Bermudas" que construyó mi padre en la década del 50 y del 60 todavía siguen en pie aquí en el sur de Florida.

¿Cómo define el oficio?

Usar la mente y las manos para ofrecer una obra— de arte visual.

Palabras técnicas presentadas en este módulo

Albardillas: cubierta sobre la parte superior de una pared que está expuesta a la intemperie, usualmente hecha de metal, ladrillo o piedra. Generalmente, la marquetería tiene pendiente para desagotar el agua.

Desglose: proceso de análisis, medición, clasificación y contabilización de todos los materiales y equipos necesarios para un proyecto de construcción.

Diagrama de conductos de subida: planos esquemáticos que representan el diseño, los componentes y las conexiones de un sistemas de tuberías.

Diseño asistido por computadora (CAD): confección de un conjunto de planos de construcción con la ayuda de una computadora.

Planos conforme a obra: los planos de una instalación completa, que reflejan la estructura que se construyó y muestran los cambios inesperados que se realizaron durante la construcción.

Juego de planos: el juego de planos detallados o de planos a escala dibujados por un arquitecto o ingeniero, que muestran toda la información y las dimensiones necesarias para construir o remodelar una estructura.

Largueros: miembros estructurales secundarios horizontales que transfieren cargas hacia la estructura principal.

Leyenda: en mapas, planos y diagramas, una tabla explicativa en donde se define la información simbólica que se incluye en el documento.

Manual del proyecto: documentos preparados por el arquitecto o ingeniero para el propietario a fin de ejecutar un proyecto. Los documentos en un manual de proyecto incluyen los documentos de licitación, contratos, detalles del proyecto y una lista de los planos de construcción. También se denomina *libro de especificaciones.*

Modelado de información de construcción (BIM): un proceso inteligente que utiliza bases de datos de computadora y dibujo asistido por computadora (CAD) para crear un modelo interactivo y dinámico de una estructura completa y para rastrear su ciclo de vida.

Planos detallados: planos a mayor escala para mostrar conexiones o características específicas.

Planos de registro: planos que muestran un registro de los cambios imprevistos que se realizaron durante la construcción de una estructura.

Retechado: el proceso de volver a cubrir o de quitar y reemplazar un sistema de techo existente.

Tablas: cuadros que describen y especifican los distintos tipos y tamaños de materiales de construcción que se emplean en una edificación. Los tipos más comunes son las tablas de puertas, de ventanas y de terminaciones. Otros tipos son las tablas de equipos, de vigas, de columnas y de bases.

Tamaño nominal: tamaño aproximado con el cual se conocen y se venden los materiales. El tamaño nominal suele ser levemente más grande que el tamaño real.

Tapajuntas: componentes que se usan para sellar los bordes de un sistema de techos en perímetros, penetraciones, paredes, juntas de expansión, valles, drenajes y otros lugares donde se interrumpe o no continúa la cobertura del techo.

Recursos adicionales

En este módulo, se presentan recursos detallados para capacitaciones sobre tareas. Se sugiere el siguiente material de referencia para un estudio más profundo.

Asociación Nacional de Contratistas de Techos (National Roofing Contractors Association, NRCA), **www.nrca.net**.

Módulo 00105 del NCCER, *Introducción a los planos de construcción*.

Créditos de las figuras

iStock@yangwenshuang, apertura del módulo

Cortesía de la Asociación Nacional de Contratistas de Techos, Figura 12

Patrick D Murphy Co., Inc., Architects, Figura 13

iStock@Cineberg, Figura 23

iStock@tawanlubfah, Figura 24

iStock@piyaphun, Figura 25

© 2018 The Construction Specifications Institute, Inc. (CSI). Fragmento y marcas registradas de MasterFormat® utilizadas con el permiso del CSI, Figura 26

Cortesía de Lake Mechanical Contractors Inc., Figura 27

Respuestas del repaso de la sección

Sección 1.0.0

Respuesta	Referencia de sección	Objetivo
1. c	1.0.0	1
2. d	1.2.1	1b
3. a	1.3.3	1c
4. b	1.4.1	1d

CURRÍCULOS NCCER — ACTUALIZACIÓN DE USUARIO

NCCER hace todo lo posible para mantener sus libros de texto actualizados y sin errores técnicos. Se agradece su ayuda en este proceso. Si encuentra un error, un error tipográfico o un dato incorrecto en los currículos de NCCER, complete este formulario (o una fotocopia de este) o el formulario en línea que se encuentra en **www.nccer.org/olf**. Asegúrese de incluir el número de identificación exacto del módulo, el número de la página, una descripción detallada y la corrección que recomienda. Su aporte se dará a conocer al Equipo de autores. Gracias por su ayuda.

Instructores: Si tienen alguna idea para mejorar este libro de texto o se dieron cuenta de que se necesitaron materiales adicionales para enseñar este módulo de manera eficaz, infórmenoslo para que podamos presentar sus sugerencias al Equipo de autores.

Revisión y desarrollo de productos de NCCER

13614 Progress Blvd., Alachua, FL 32615

Correo electrónico: curriculum@nccer.org

En línea: www.nccer.org/olf

❑ Guía de entrenamiento ❑ Planes de clases ❑ Examen ❑ PowerPoints Otro ________________

Oficio/nivel: Fecha de derechos de autor:

Título/número de identificación del módulo:

Número(s) de las secciones:

Descripción:

Corrección recomendada:

Su nombre:

Dirección

Correo electrónico: Teléfono:

Introducción a los techos de pendiente pronunciada

Generalidades

Los techos de pendiente pronunciada se ven en todo el mundo, tanto en construcciones residenciales como industriales. Se componen de elementos básicos, como pueden ser una cubierta, una membrana impermeabilizante, una cobertura que repele el agua y tapajuntas de metal. Es importante que los techistas profesionales estén familiarizados con las características de los techos de pendiente pronunciada para que puedan instalar estos sistemas de manera segura.

Módulo 16105

Los estudiantes que hayan finalizado los módulos con éxito pueden ser elegibles para la acreditación mediante el Registro del NCCER. Para obtener más información, visite **www.nccer.org** o comuníquese con nosotros llamando al 1.888.622.3720. En nuestro sitio web, **www.nccer.org**, podrá obtener información sobre los lanzamientos de productos y capacitaciones más recientes.

Nos interesa recibir sus comentarios. Puede enviarlos a **curriculum@nccer.org**, enviar comentarios y consultas generales a **info@nccer.org** o completar el formulario de Actualización de usuario en la parte posterior de este módulo.

Esta información es de carácter general y está destinada únicamente a la capacitación. El desempeño real de las actividades descritas en este manual requiere el cumplimiento de todos los procedimientos de operación, servicio, mantenimiento y seguridad aplicables bajo la dirección de personal calificado. Las referencias en este manual sobre dispositivos patentados o registrados no constituyen una recomendación de su uso.

16105 V1.0

16105
INTRODUCCIÓN A LOS TECHOS DE PENDIENTE PRONUNCIADA

Objetivos

Luego de finalizar este módulo, podrá hacer lo siguiente:

1. Identificar los tipos de cubiertas de techo y membranas impermeabilizantes que se utilizan en los sistemas de techos de pendiente pronunciada.
   a. Describir los tipos de cubiertas populares para techos de pendiente pronunciada.
   b. Evaluar los tipos comunes de membranas impermeabilizantes que se utilizan en las aplicaciones de pendiente pronunciada.
2. Reconocer los tipos de sistemas de techos de pendiente pronunciada.
   a. Clasificar estilos comunes de techos de pendiente pronunciada.
   b. Explicar los conceptos básicos de los sistemas de techos de pendiente pronunciada.
3. Explicar la finalidad y la ubicación de los tapajuntas en sistemas de pendiente pronunciada.
   a. Comprender los fundamentos básicos de los tapajuntas en pendientes pronunciadas.

Tareas prácticas

Este es un módulo teórico. No hay tareas prácticas.

Palabras técnicas

Aleros
Bajadas pluviales
Codos
Contralistones
Cubierta
Desagües
Fieltro
Hidrodinámica
Laja
Limahoyas abiertas
Limahoyas de corte cerrado
Listones
Membrana impermeabilizante
Pendiente baja
Pendiente pronunciada
Ripias de madera
Tapajuntas escalonado
Tapajuntas superior
Techo abuhardillado de dos aguas
Techo de cuatro aguas
Techo de dos aguas
Techo de media agua
Techo mansarda
Tejas asfálticas
Tejas de arcilla
Tejas de concreto
Tejas de madera

Credenciales reconocidas por la industria

Si está realizando una capacitación mediante un patrocinador acreditado por el NCCER, probablemente cumpla con los requisitos para obtener las credenciales del Registro del NCCER. El número de identificación de este módulo es 16105. Recuerde que es posible que este módulo se haya utilizado en otros planes de estudio del NCCER y pueda usarse para finalizar otros niveles. Para obtener más información, comuníquese con el Registro del NCCER llamando al 1.888.622.3720 o visite **www.nccer.org**.

Índice

Figuras y tablas

Sección Uno

1.0.0 Cubiertas y membranas impermeabilizantes para techos de pendiente pronunciada

Objetivo

Identificar los tipos de cubiertas de techo y membranas impermeabilizantes que se utilizan en los sistemas de techos de pendiente pronunciada.

a. Describir los tipos de cubiertas populares para techos de pendiente pronunciada.
b. Evaluar los tipos comunes de membranas impermeabilizantes que se utilizan en las aplicaciones de pendiente pronunciada.

Palabras técnicas

Contralistones: rejillas de tramos de metal o de madera vertical que se instalan debajo de listones horizontales que ayudan en la instalación de sistemas y ventilación.

Cubierta: componente estructural del techo de una construcción, capaz de soportar de manera segura el peso del sistema de impermeabilización o del techo, así como las cargas vivas adicionales que exigen los códigos de edificación correspondientes. La cubierta proporciona el sustrato sobre el que se aplica el sistema de impermeabilización o del techo.

Fieltro: una lámina flexible que se fabrica entrelazando fibras con un aglutinante o mediante la combinación de trabajo mecánico, humedad y calor.

Hidrodinámica: desagotar líquido o nieve de un techo.

Listones: tramos horizontales de material sólido, generalmente madera, que ofrecen un punto de fijación para conectar un sistema de techo.

Membrana impermeabilizante: fieltro saturado de asfalto u otras planchas de material compuesto o sintético (a veces, autoadherente) que se instala entre una cubierta y una cobertura de techo, que generalmente se usa en la construcción de un techo con pendiente pronunciada. La membrana impermeabilizante se usa principalmente para separar la cobertura de la cubierta de techo, repeler el agua y brindar protección contra incendios y protección secundaria contra la intemperie.

Pendiente baja: categoría de techo que generalmente incluye tipos de membrana impermeabilizante de sistemas de techos instalados sobre pendientes de 3:12 o menos.

Pendiente pronunciada: categoría de techo que generalmente incluye tipos de cobertura con materiales que repelen el agua que se instalan sobre pendientes de más de 3:12.

Un techo está formado por muchos componentes que interactúan entre sí, incluida la cubierta, la barrera de aire o vapor (si corresponde), el aislante y el recubrimiento principal diseñado para impermeabilizar la estructura (por ejemplo, una membrana o tejas). Por lo general, la estructura de un techo está formada por una cubierta estructural y un sistema de techo.

Todos los elementos que se encuentran por encima de la cubierta constituyen el sistema de techo. Los sistemas de techos se dividen en categorías de pendiente pronunciada o pendiente baja, según el grado de inclinación del techo, lo que se conoce como su *pendiente*. Los techos de pendiente pronunciada por lo general se ven en casas residenciales (*Figura 1*). Los techos de pendiente baja (a veces conocidos como *techos planos*) suelen verse en edificaciones más grandes (*Figura 2*).

La pendiente de un techo es una de las diferencias principales entre las estructuras de techo. El ángulo de la pendiente del techo permite que el agua corra por acción de la gravedad, lo que propicia el drenaje. Sin la pendiente, el agua podría acumularse en el techo y causar daños importantes o incluso el derrumbe de la edificación.

El método que habitualmente se emplea para expresar la pendiente de un techo es una relación entre la elevación vertical de un techo y el tramo horizontal, como se ilustra en la *Figura 3*. Por lo general, se expresa en pulgadas de elevación por pie (12 pulgadas) de tramo, o en pies de elevación por 12 pies de tramo. En este ejemplo, la elevación es de 8 pies y el tramo es de 12 pies, por lo tanto, la pendiente del techo es de 8:12.

La pendiente de un techo se puede expresar de diferentes maneras. Informalmente, la pendiente se conoce como *inclinación*. Por ejemplo, un trabajador podría llegar a referirse a un techo con una pendiente de 4:12 como un *techo de inclinación 4:12* o *con un tercio de inclinación*. (Tenga en cuenta que en inglés, el término *"pitch"* [inclinación] también puede referirse a un material derivado del alquitrán mineral que se emplea en la construcción de techos). A una pendiente de 4:12 también se la puede denominar *pendiente de 4 en 12*. En cuanto a su forma escrita, se la puede expresar como 4-12, 4/12 y 4 en 12. También se puede expresar en grados. En la *Tabla 1*, se muestran las pendientes expresadas en grados y relaciones.

Tabla 1 Tabla de conversión para pendientes de techo

Pendiente del techo	Ángulo
1:12	4,76°
2:12	9,46°
3:12	14,04°
4:12	18,43°
5:12	22,62°
6:12	26,57°
7:12	30,26°
8:12	33,69°
9:12	36,37°
10:12	39,81°
11:12	42,51°
12:12	45°

Figura 1 Techo de pendiente pronunciada.

El Programa de construcción de techos del NCCER define a los techos de pendiente baja y a los techos de pendiente pronunciada de la siguiente manera:

- *Pendiente baja* — pendiente de 3:12 o menos
- *Pendiente pronunciada* — pendiente de más de 3:12

NOTA

En el Programa de construcción de techos del NCCER, el término pendiente pronunciada hace referencia a una pendiente mayor que 3:12. Esto no coincide con la definición de techos de pendiente pronunciada de la OSHA (pendiente mayor que 4:12). Al instalar o reparar sistemas de techos, siempre compruebe los códigos federales, estatales, locales y de la empresa. En caso de contradicción entre los códigos aplicables, prevalece el más estricto.

Los sistemas de techos de pendiente pronunciada están diseñados para desagotar el agua. Mientras que un techo de pendiente baja es hidrostático, los de pendiente pronunciada son **hidrodinámicos**. Un techo hidrostático, como los que incluyen un sistema de panel metálico estructural, es impermeable y se suele instalar en techos de pendiente baja. Un techo hidrodinámico, como los que incluyen un sistema de tejas asfálticas, depende de la gravedad para desagotar el agua de lluvia y solo se instala en techos de pendiente pronunciada.

Por lo general, un techo de pendiente pronunciada incluye una membrana impermeabilizante, una cobertura y tapajuntas de metal. En este tipo de techos, el aislante se suele ubicar debajo de la cubierta (en el piso del ático), por lo que casi nunca lo instala el techista profesional. Los elementos básicos de los sistemas de pendiente pronunciada y de pendiente baja son diferentes, como se muestra en la *Figura 4*.

1.1.0 Cubiertas de pendiente pronunciada

Si bien los techistas profesionales no son responsables de linstalar la cubierta, sí deben poder identificar los daños que presente y asegurarse de que sea un sustrato apto para colocar el sistema de techo. En el caso de que se encuentren defectos en la cubierta del techo, se deben corregir antes de comenzar a instalar el sistema. Compruebe que la cubierta esté limpia, seca y lisa antes de comenzar la instalación.

Figura 2 Techo de pendiente baja.

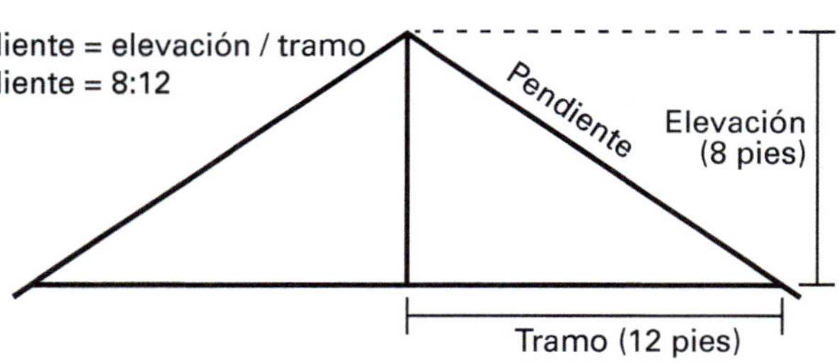

Figura 3 Pendiente del techo.

1.1.1 Cubiertas de madera

A las cubiertas se las denomina según el tipo de material. Las cubiertas de madera son las más comunes en sistemas de pendiente pronunciada, ya que son económicas y fáciles de conseguir. Además, este sustrato permite clavar fácilmente la membrana impermeabilizante y el sistema de techo directamente utilizando clavos o tornillos para techo. Como sucede con todos los tipos de cubiertas, las de madera se deben colocar de acuerdo con los requerimientos del código de edificación local. Los profesionales del sector también deben inspeccionar la cubierta antes de colocar cualquier elemento del sistema.

Las cubiertas de madera se pueden dividir en dos categorías: paneles de madera que, por lo general, son de madera contrachapada o tableros OSB; y planchas o tablas de madera.

Las cubiertas de paneles de madera son de madera contrachapada o tableros OSB. Ambos tipos de paneles se deben colocar con una luz de $\frac{1}{8}$ pulgada entre sí para fines de dilatación. Los paneles de madera contrachapada (*Figura 5*) son de de madera contrachapada o finas capas de madera extraídas de los troncos y pegadas entre sí. La Asociación Nacional de Contratistas de Techos (NRCA) establece la preferencia de utilizar cubiertas de madera contrachapada en lugar de tableros OSB, ya que pueden perder la estabilidad estructural cuando se humedecen.

Los paneles OSB (*Figura 6*) son de conglomerado de madera y suelen utilizarse más que los de madera contrachapada porque son más económicos. Como sucede con todas las cubiertas, el techista profesional debe estar seguro de que la cubierta sobre la que instalará el sistema de techo podrá soportar el peso del sistema durante mucho tiempo.

Tanto las cubiertas de planchas como las de tablas de madera (*Figura 7*) son de madera maciza. Sin embargo, las planchas son más largas y gruesas (de 5 a 12 cm [de 2 a 5 pulgadas] de espesor) que las tablas (menos de 5 cm [menos de 2 pulgadas] de espesor).

1.1.2 Cubiertas de concreto

Cuando se utilice concreto para una cubierta de techo, las bases y la estructura de la edificación deben ser lo suficientemente fuertes como para soportar una cubierta más pesada. Existen varias maneras de utilizar concreto como material de cubierta. El hormigón de concreto estructural se puede hacer en obra y tiene la capacidad de soportar cargas muy pesadas. Si bien las cubiertas se pueden hacer de concreto estructural liviano, la cubierta que se obtiene es de menor densidad. Las cubiertas pueden incluir concreto y acero si se emplea acero como base sobre la que se aplica el concreto. Una cubierta de concreto puede tener colocados listones comunes o contralistones para facilitar la instalación del sistema. Los listones comunes son de

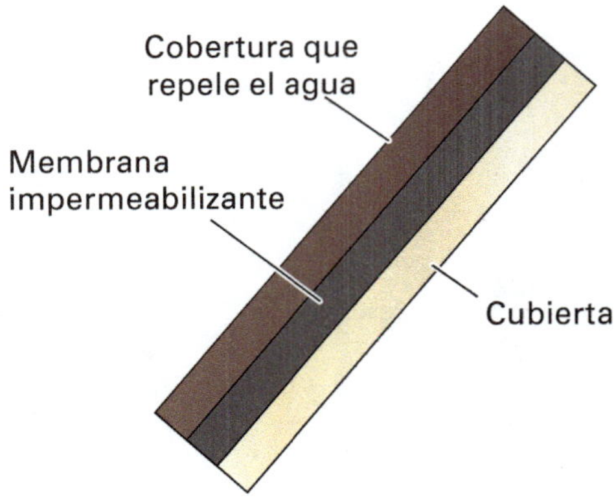

(A) Componentes del sistema de techos de pendiente pronunciada (escurrimiento del agua)

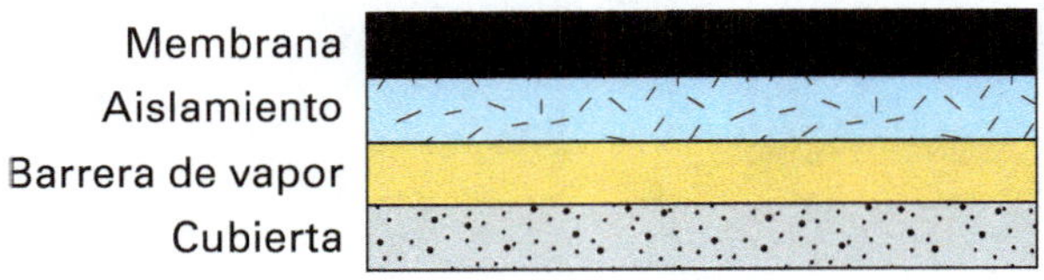

(B) Componentes del sistema de techos de pendiente baja (impermeable)

Figura 4 Elementos básicos de un sistema de techo.

Figura 5 Cubierta de techo de madera contrachapada.

Figura 6 Cubierta de techo de tableros OSB.

material macizo, por lo general de madera, y ofrecen un punto de sujeción para conectar el sistema de techo. Los listones de refuerzo son cuadrículas de listones verticales que se instalan debajo de los listones horizontales para facilitar la ventilación y la instalación del sistema.

1.1.3 Cubiertas de acero

Algunas cubiertas de acero se consideran energéticamente eficientes y se pueden fabricar de manera sostenible con materiales reciclados. Las cubiertas de acero ofrecen mayor vida útil que otras opciones de materiales para cubiertas. Por lo general, no se utilizan para estructuras residenciales. Las cubiertas de acero de pendiente pronunciada se suelen ver más en techos comerciales e institucionales.

Por lo general, este tipo de cubierta cuenta con paneles de madera instalados por encima, que facilitan la colocación del sistema de techo. Los listones comunes y de refuerzo permiten una mejor ventilación, ya que elevan y separan este sustrato de la superficie de la cubierta.

1.2.0 Membranas impermeabilizantes comunes

La membrana impermeabilizante (*Figura 8*) se utiliza para separar la cobertura del techo de la cubierta, lo que brinda una barrera impermeable adicional para la humedad que se pueda filtrar a través de la cobertura y los tapajuntas. Estas membranas ofrecen una protección temporal para la cubierta del techo antes de que se instale el resto del sistema.

Las membranas impermeabilizantes deben cumplir con los códigos de edificación nacionales y locales. Además, deben tener un grado de resistencia al fuego de clase A, B o C.

NOTA

Antes de instalar la membrana impermeabilizante, se debe procurar que el ático de la edificación tenga una buena ventilación. El control de la ventilación y la condensación adecuadas del ático se aborda en más detalle en el módulo 16104 del NCCER, *Sustratos, cubiertas y aislamiento del techo.*

Figura 7 Cubierta de techo de tablas de madera.

Existen tipos de membranas comunes con características específicas con las que un techista profesional debería estar familiarizado. Antes de colocar la membrana impermeabilizante, asegúrese de que la cubierta esté limpia, seca y lisa. Las cubiertas también deben ser adecuadas para la cobertura de techo que se intenta colocar con el sistema; por ejemplo, a una cubierta de madera contrachapada de 12 mm ($^1/_2$ pulgadas) no se le debe colocar una cobertura pesada de losetas de concreto encima. Consulte siempre las instrucciones del fabricante del sistema de techo para conocer las advertencias y los requerimientos más específicos del material de la membrana antes de comenzar la instalación. Los techistas profesionales deben conocer los siguientes tipos de membranas impermeabilizantes comunes:

- Fieltros de asfalto
- Sintéticos
- Betún modificado con polímeros

Figura 8 Cómo colocar una membrana impermeabilizante.

Tipos de carga

El conjunto de un techo debe ser capaz de soportar tanto cargas muertas como cargas vivas. Las cargas muertas, o el peso de un objeto permanente sobre el techo, constituyen el peso del sistema de techo en sí. Las cargas vivas, o el peso variable y temporal que se le agrega a la estructura, son todos los pesos momentáneos que se suman. En las cargas vivas se incluye cualquier peso, por ejemplo, el de los techistas durante la colocación del sistema o el de la nieve acumulada luego de una tormenta antes de que se derrita. Debe revisar y respetar el código de edificación local para asegurarse de que la cubierta y el sistema de techo puedan soportar el peso combinado de las cargas muertas y vivas.

Carga variable
Peso temporal que el techo debe poder soportar, pero no de manera permanente.

Ejemplo: la nieve que se acumula en el techo después de una nevada.

Carga muerta
Peso permanente que la estructura debe poder soportar en todo momento.

Por ejemplo: el sistema de techos mismo.

Colocación de paneles OSB

Los paneles OSB tienen un sello de clasificación expuesto en uno de los lados que contiene información importante sobre sus características y condiciones de instalación. Como la instalación correcta del panel OSB depende de su orientación, consulte el sello de clasificación para asegurarse de colocarlos de manera adecuada.

Para obtener más información sobre los paneles OSB, visite la página web de APA –The Engineered Wood Association, **www.apawood.org**.

La figura "osb texture" es cortesía de Rick, con licencia conforme a la atribución de Creative Commons 2.0 (CC BY 2.0)

Cuando coloque la membrana de base, debe hacer lo siguiente:

- Utilizar el equipo de seguridad adecuado (incluso protección contra caídas y guantes).
- Desenrollar la membrana de base en sentido paralelo a los aleros del techo antes de sujetarla en su lugar.
- Continuar con la instalación de la membrana impermeabilizante en la aplicación estilo tejas y respetar los requerimientos de superposición mínima que se indican en las instrucciones del fabricante.

1.2.1 Fieltros de asfalto

Durante años, se emplearon fieltros de asfalto en los techos. Este tipo de membrana se divide en dos categorías: orgánicos e inorgánicos.

Fieltro se solían sujetar con grapas. Sin embargo, se recomienda el uso de clavos para techo, tapas para clavos y tiras contra vientos para evitar que el agua se filtre a través de las perforaciones de las grapas en la membrana impermeabilizante.

Mientras que los fieltros orgánicos pueden incluir componentes como lienzo de algodón, fibras de madera y otras fibras de celulosa, los fieltros inorgánicos son de fibra de vidrio o fibra de poliéster.

1.2.2 Membranas impermeabilizantes sintéticas

Desde que se introdujeron las membranas sintéticas al mercado a principios de la década de 2000, se han convertido en el producto favorito. Los rollos de membrana sintética son más grandes que los de fieltro y pesan mucho menos, lo que permite que la instalación sea más rápida y sencilla. Además, esta membrana funciona mejor que el fieltro en varias condiciones climáticas porque se sujeta de manera más eficaz a la cubierta, absorbe menos calor y es más flexible a temperaturas bajas.

Aprobado por la ASTM

La ASTM International, una organización internacional que analiza y elabora normas técnicas para productos, publica las Normas para Construcción de Techos sobre la adecuada fabricación e instalación y los peligros potenciales relacionados con los productos para techos.

Si una membrana impermeabilizante en particular está aprobada por la ASTM, se la considera superior.

Para obtener más información, visite la página web de la ASTM en **www.astm.org/Standards/roofing-standards**.

La mayoría de las membranas sintéticas son de polietileno o polipropileno hilado o tejido. La fabricación de este tipo de membranas permite flexibilidad y variación, —ya que algunos rollos se pueden hacer más delgados que otros, o se los puede hacer con especial atención a la protección de los rayos UV. Consulte con el fabricante para comprender las características específicas de la membrana que desea colocar. Es importante corroborar que la membrana que está utilizando sea compatible con el resto del sistema del techo.

NOTA

Es posible que algunas regiones exijan el uso de clavos con tapa para techo cuando se instala la membrana. Consulte siempre los códigos locales y las instrucciones del fabricante antes de colocarla.

1.2.3 Betún modificado con polímeros

Las planchas de betún modificado con polímeros, que por lo general están reforzadas con una malla de fibra de vidrio o poliéster, se pueden utilizar como membrana impermeabilizante para techos de pendiente pronunciada. Esta membrana se debe instalar utilizando un método similar al de la membrana de fieltro.

Dentro los betunes modificados con polímeros, está el subconjunto de membranas autoadherentes, que suelen ser de material a base de polímeros. La membrana autoadherente brinda protección contra el agua y la acumulación de hielo, y a veces se instala en una sola capa. Como su nombre lo indica, esta membrana se adhiere a la cubierta del techo sin necesidad de utilizar otro método de sujeción.

Estos son los pasos para instalar una membrana autoadherente:

Paso 1 Desenrolle con cuidado la membrana a lo largo de la superficie del techo en sentido paralelo a los aleros.

Paso 2 Coloque la membrana en su lugar. Retire la película de protección de la parte posterior del material y comience a presionar la parte autoadherente de la membrana para que se adhiera directamente a la cubierta.

Paso 3 Utilice un rodillo con peso para que la membrana se adhiera con firmeza a la cubierta.

Paso 4 Si desea superponer planchas de membrana para cubrir la cubierta del techo, consulte las instrucciones del fabricante.

La membrana autoadherente se sella alrededor de los elementos de sujeción, lo que proporciona una protección adicional contra la lluvia impulsada por el viento y las acumulaciones de hielo. A veces, esta membrana se coloca solo en determinadas partes de la cubierta, no en toda la superficie, según las condiciones climáticas. Es posible que las membranas autoadherentes restrinjan la circulación del aire y generen problemas, como hinchazón de la cubierta o formación de moho. Es importante asegurarse de que el sistema del techo y el ático estén bien ventilados en el momento de colocar la membrana.

Para pensar

ASTM *D1970*, se indica el espesor, la resistencia, la adhesión y otras propiedades físicas de las planchas autoadherentes de betún modificado con polímeros,— justo el tipo de membrana impermeabilizante autoadherente con las que se suelen encontrar los techistas.

Repaso de la Sección 1.0.0

1. ¿Qué material para cubierta es el *más* común en los sistemas de pendiente pronunciada?
   a. Acero
   b. Madera
   c. Concreto
   d. Listones
2. ¿Cuál de los siguientes elementos separa la cubierta de la cobertura en un techo y proporciona una barrera impermeable adicional?
   a. FSI
   b. Tapajuntas
   c. Membranas impermeabilizantes
   d. Cubiertas

Sección Dos

2.0.0 Tipos de techos de pendiente pronunciada

Objetivo

Reconocer los tipos de sistemas de techos de pendiente pronunciada.

a. Clasificar estilos comunes de techos de pendiente pronunciada.
b. Explicar los conceptos básicos de los sistemas de techos de pendiente pronunciada.

Palabras técnicas

Aleros: los bordes horizontales en el perímetro de un techo.

Pizarra: material natural hecho de piedra.

Pizarras de madera: cobertura de techo que parte de maderos. Generalmente tienen superficies rugosas texturadas.

Techo abuhardillado: también se denomina *tejado de hastiales holandés*. Este estilo de techo usualmente es asimétrico con dos pendientes a cada lado. Su pendiente más baja es más pronunciada que su pendiente superior.

Techo de cuatro aguas: un estilo de techo formado por pendientes sobre los cuatro lados de un edificio, que se unen en la parte superior del techo para formar una arista.

Techo de dos aguas: estilo de techo que recibe su nombre por los prominentes hastiales o triángulos que se forman entre los bordes de los lados opuestos en la intersección de las pendientes.

Techo de mansarda: también denominado *techo francés*. Techo decorativo de pendiente pronunciada que se coloca sobre el perímetro del edificio.

Techo de media agua: estilo de techo con pendiente en un solo sentido. Suele encontrarse en edificios pequeños o integrarse con otros estilos de techo.

Tejas de arcilla: una cobertura de techo que se fabrica moldeando arcilla para formar una teja y hornearla.

Tejas de asfalto: tejas fabricadas con un recubrimiento de material de refuerzo (fieltro de papel o malla de fibra de vidrio) con base de asfalto que tienen gránulos minerales del lado que queda expuesto a la intemperie.

Tejas de concreto: una cobertura de techo que se fabrica dando forma de teja a una mezcla de cemento, arena y agua.

Tejuelas de madera: cobertura de techo que parte de maderos. Generalmente tienen superficies planas y suaves.

En los sistemas de pendiente pronunciada se utilizan muchos estilos y coberturas de techo diferentes. Cada tipo de sistema tiene algunas características básicas en común. En la *Figura 9*, se muestra la terminología básica que los techistas profesionales utilizan cuando instalan un techo de pendiente pronunciada.

Todos los techos tienen secciones diferentes que usted debe conocer:

- *Ático:* — el área entre el techo y la parte habitable de la casa.
- *Buhardilla:* — proyección a través del plano inclinado de un techo de pendiente pronunciada que, por lo general, tiene una ventana.
- *Aleros:* — los bordes horizontales del perímetro de un techo.
- *Franja de borde:* — tabla de terminación orientada en sentido vertical que se monta sobre viguetas, tirantes o cabriadas en el borde perimetral de un techo.
- *Superficie de pendiente:* — parte abierta principal de un techo sobre la que se coloca la cobertura.
- *Tapajuntas:* — elementos que se utilizan para reforzar, impermeabilizar o sellar un techo en sus bordes, penetraciones y transiciones.
- *Colocar tapajuntas:* — reforzar bordes, penetraciones y transiciones de techo para obtener un sistema impermeable.
- *Limatesa:* — intersección entre dos pendientes de un techo que forma un ángulo externo. El agua se escurre de las limatesas.
- *Viga inclinada:* — bordes inclinados en el perímetro de un techo.
- *Cumbrera:* — intersección entre dos pendientes de un techo que forma un ángulo externo horizontal a ambas pendientes. El agua se escurre de las cumbreras.
- *Sofito:* — parte inferior de un alero sobresaliente, por lo general cerrado, que se suele usar frecuentemente en la ventilación de un ático.
- *Limahoya:* — intersección entre dos pendientes de un techo que forma un ángulo interno entre ambas pendientes. El agua corre hacia las limahoyas.
- *Ventilación:* — se agrega a un techo para permitir la circulación de aire. Los diferentes tipos de ventilaciones son la del ático, del hastial, de fontanería, de cumbrera y de sofito.

NOTA

Esta sección abarca los estilos y coberturas más comunes para techos de pendiente pronunciada. Es posible que encuentre otros estilos que no hayamos abordado aquí. Si trabaja con un estilo o cobertura de techo sobre los que tiene dudas, consulte con su supervisor.

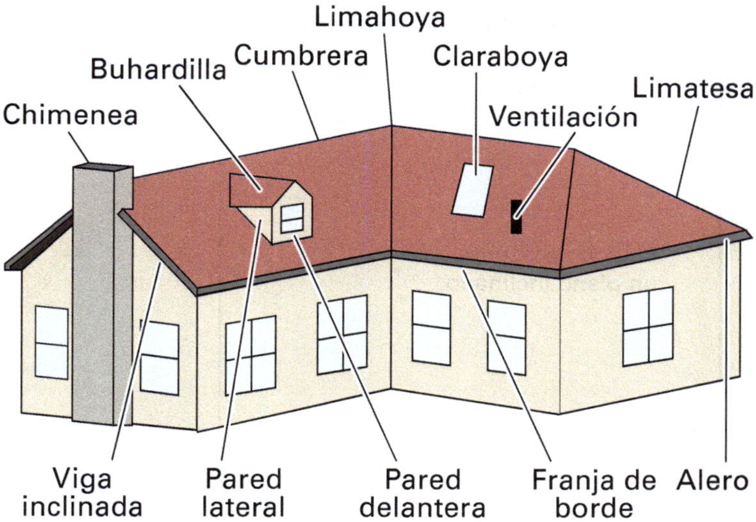

Figura 9 Anatomía de un techo de pendiente pronunciada.

2.1.0 Estilos de pendiente pronunciada

Durante la vida profesional, un techista se encontrará con variaciones de los estilos de techos de pendiente pronunciada; algunos de ellos se muestran en la *Figura 10*. Es importante que se familiarice con estos estilos comunes.

> **NOTA**
> Los techos suelen combinan varios de los estilos que se abordan en esta sección. Por ejemplo, un techo mansarda podría tener un estilo de un agua en el plano inferior. Además, los techos pueden combinar estilos de pendiente pronunciada y pendiente baja. Es posible que en una misma obra haya diferentes contratistas trabajando en las partes de pendiente pronunciada y pendiente baja de un techo.

2.1.1 Techo de media agua

Un techo de media agua (*Figura 11*) se inclina en una sola dirección. A pesar de que este estilo de techo tiene solo un plano, califica como de pendiente pronunciada y no como de pendiente baja porque es hidrodinámico o repelente de agua.

El techo de media agua obtiene su nombre de su única pendiente que escurre el agua. Es un estilo simple, adecuado para estructuras pequeñas, aunque también se lo puede ver en techos más grandes. Además, se lo suele ver integrado con otros estilos de techo, como los techos mansarda o los de cuatro aguas que analizaremos más adelante en esta sección.

Los techos de media agua tienen un diseño simple que los hace más fáciles de construir que otros estilos populares.

2.1.2 Techo de dos aguas

Un techo de dos aguas, también denominado *techo de extremo hastial*, lleva su nombre por sus prominentes hastiales o triángulos que se forman entre los bordes de los lados opuestos en la intersección de las pendientes (*Figura 12*).

Este diseño puede variar mucho en términos de pendiente y altura del techo. Los techos de dos agua son más populares en regiones de clima frío. Las zonas con nevadas fuertes requieren de techos con pendiente suave, que permiten soportar mejor el peso adicional de la nieve. Por el contrario, las regiones con lluvias fuertes aprovechan mejor las pendientes más pronunciadas, ya que escurren mejor el agua.

Es posible que los techos de dos aguas (*Figura 13*) sean más propensos a dañarse con el viento que otros estilos. Sin embargo, este estilo continúa siendo muy popular, ya que es simple, asequible y flexible en cuanto al diseño.

Existen diferentes variaciones populares del estilo de techo de dos aguas:

- *Techo de dos aguas lateral:* — dos lados inclinados en ángulo se cruzan en la cumbrera en el centro de la edificación.
- *Techo de dos aguas cruzado:* — dos o más techos de dos aguas se cruzan en ángulo para crear una forma de techo dinámica.

¿Sabía usted?

Diferencias regionales

El techo de un agua se puede conocer con otros nombres según la región en donde se ubique. A veces se lo conoce como *techo de una sola inclinación* o *tejadillo*. En Australia y Nueva Zelanda, se conocen como *techos Skillion*.

Estilos comunes de techos de pendiente pronunciada

Estilo de techo	Descripción	Ejemplo
Techo de media agua	El techo presenta solo un plano inclinado.	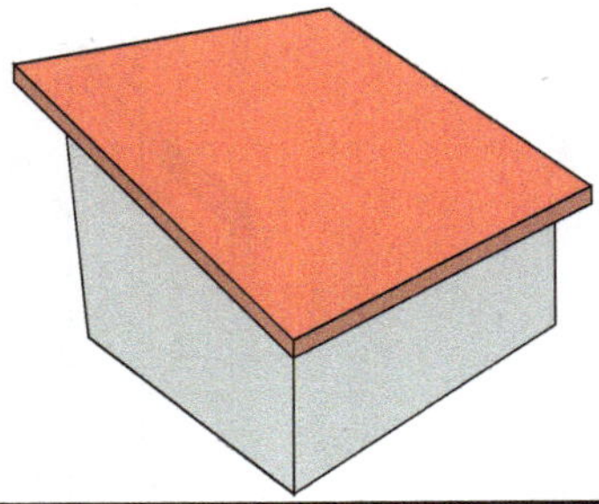
Techo de dos aguas	El techo tiene una sola cumbrera y finaliza en los extremos del hastial.	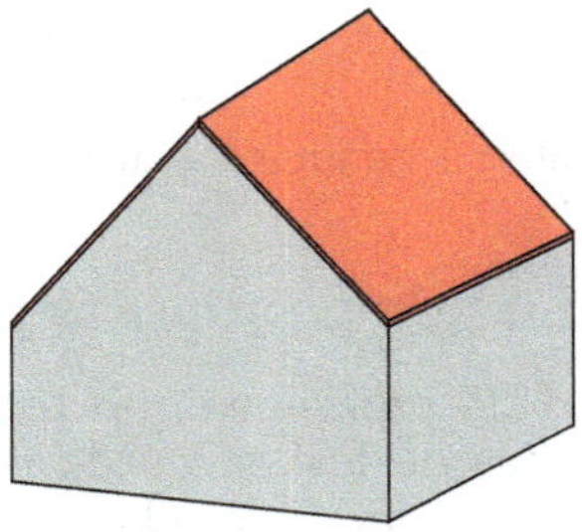
Techo de cuatro aguas	Dos pendientes en intersección que forman un ángulo externo inclinado.	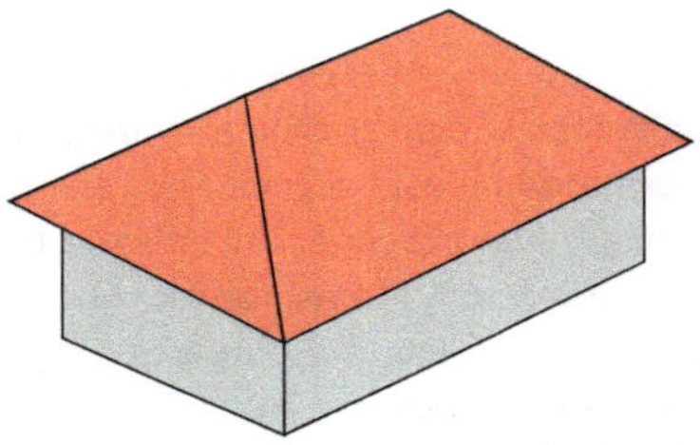
Techo abuhardillado de dos aguas	El techo tiene dos pendientes de cada lado, en las cuales la pendiente de la parte superior es menos pronunciada que la de la parte inferior.	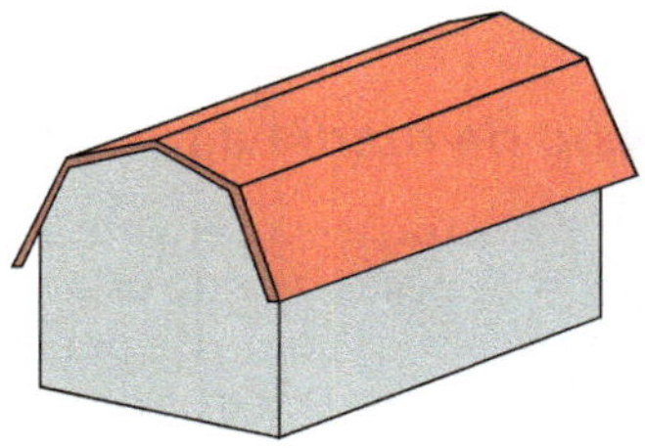
Techo mansarda	El techo tiene dos pendientes de cada lado, en las cuales la pendiente de la parte superior es menos pronunciada que la de la parte inferior.	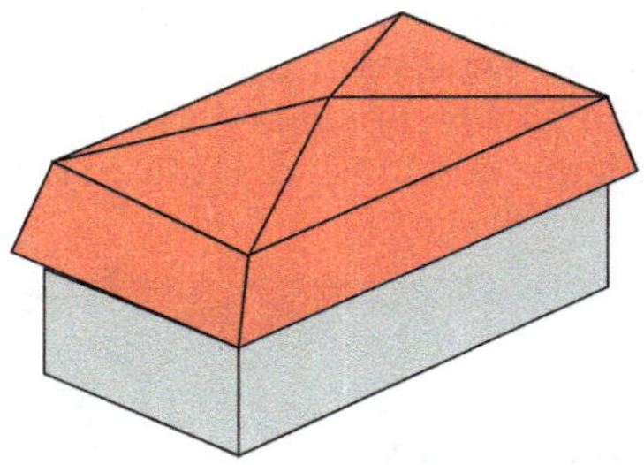

Figura 10 Estilos comunes de techos de pendiente pronunciada.

Figura 11 Pequeña edificación con techo de media agua.

Figura 12 Forma del hastial remarcado con un triángulo rojo.

Figura 13 Techo de dos aguas con paneles solares.

¿Sabía usted?

Wimpergs

Un frontón ornamental es un tipo de hastial decorativo que se suele observar en la arquitectura gótica en la parte más alta de un edificio. Esta decoración cambia la apariencia del edificio de manera significativa, ya que lo hace parecer más alto. Este tipo de hastial se utiliza principalmente en la construcción de catedrales europeas.

Figura cortesía de iStock@Florelena

- *Techo de dos aguas frontal:* — también denominado *casa de hastial frontal*, en el que el hastial da al frente de la entrada a la edificación.
- *Techo de dos aguas holandés:* — híbrido entre el estilo de dos aguas y de cuatro aguas.

2.1.3 Techo de cuatro aguas

Un techo de cuatro aguas está formado por pendientes en los cuatro lados de la construcción, que se juntan en la parte superior para formar una cumbrera (*Figura 14*).

Figura 14 Techo de cuatro aguas.

Estos techos ofrecen más estabilidad que los techos de un agua o de dos aguas. Esa estabilidad adicional hace que los techos a cuatro aguas sean más populares en regiones donde prepondera el viento y la nieve. Los laterales oblicuos del techo favorecen el escurrimiento del agua, y su estructura sólida puede soportar para cargas vivas, como la nieve. Los techos de cuatro aguas suelen ser más caros que los de dos aguas, ya que tienen un diseño más complejo que demanda más tiempo y materiales.

Al igual que los techos de dos aguas, los de cuatro aguas adoptan diversas formas:

- *Techo de cuatro aguas simple:* — tiene pendientes suaves en los cuatro lados.
- *Techo de cuatro aguas cruzado:* — consiste en dos techos de cuatro aguas en forma de L que se cruzan de forma perpendicular.
- *Techo de cuatro aguas parcial:* — integra los estilos de dos aguas y de cuatro aguas, pero reemplaza los vértices superiores del techo de dos aguas por un pequeño plano inclinado.

2.1.4 Techo abuhardillado de dos aguas

Un techo abuhardillado de dos aguas (*Figura 15*), también denominado *techo holandés*, tiene un estilo simétrico con dos pendientes de cada lado—la pendiente inferior es más pronunciada que la superior. Este estilo se puede observar en graneros y en construcciones de estilo holandés y colonial. La forma del

Figura 15 Granero con techo abuhardillado de dos aguas.

techo permite aprovechar mejor el espacio dentro de la edificación, en comparación con estilos de techo más altos como los abuhardillados de dos aguas.

2.1.5 Techo mansarda

Un techo mansarda, o *techo estilo francés*, comparte algunas similitudes con el techo abuhardillado de dos aguas. En los techos mansarda, la pendientes doble de cada lado se une para formar una pendiente baja en la capa superior y una pendiente más pronunciada en la capa inferior. En la *Figura 16*, se muestra un techo mansarda; el área de la pendiente baja, instalada sobre las buhardillas, no se puede observar desde el nivel del suelo.

2.2.0 Sistemas de techos de pendiente pronunciada

Los sistemas de pendiente pronunciada que se pueden encontrar en obra incluyen tejas asfálticas, ripias y tejas de madera, coberturas de techo de metal, losetas de arcilla y concreto, laja y coberturas sintéticas. En esta sección, presentamos las características importantes de estos sistemas.

Cada sistema de techo requiere una membrana impermeabilizante específica diseñada para cumplir con las exigencias de instalación y rendimiento de ese sistema en particular. Por ejemplo, un sistema de techo de metal requiere una membrana más resistente al calor, mientras que un sistema de techo de tejas necesita una membrana más duradera. Consulte las instrucciones del fabricante y los códigos de edificación para instalar la membrana correcta con el sistema que vaya a utilizar.

2.2.1 Tejas asfálticas

Las tejas asfálticas (*Figura 17*) son la cobertura de techo de pendiente pronunciada más popular. Los tipos comunes de tejas asfálticas son las de tres secciones, las dimensionales y las arquitectónicas. Las tejas asfálticas son hidrodinámicas y se colocan superponiendo las hiladas de arriba sobre las de abajo de manera sucesiva para que el agua escurra hacia el alero. Esta cobertura de techo se fabrica con un material base (como fieltro o fibra de vidrio), asfalto y un material de revestimiento (gránulos). Por lo general, se las vende en tiras para evitar que el viento las levante y para facilitar y agilizar su instalación. Los gránulos sobre la superficie del material ofrecen resistencia adicional contra el fuego.

Las tejas asfálticas se deben instalar en patrones superpuestos para que el agua escurra con facilidad.

Figura 16 Techo mansarda visto desde el nivel del suelo.

Figura 17 Colocación de tejas asfálticas.

La instalación de las tiras se debe comenzar desde los aleros del techo para poder superponer las tejas de manera adecuada. Agregue tapajuntas en zonas vulnerables que necesiten protección extra contra la humedad. Para sujetar este sistema, utilice los clavos de techo especificados por el fabricante en las instrucciones.

2.2.2 Pizarras y tejas de madera

Pizarras de madera (*Figura 18*) y las tejas de madera se desprenden de los troncos, y se les da forma para su uso comercial. Vienen de distintos espesores y suelen ser más gruesas que las tejas asfálticas cerca de su extremo inferior. Las ripias y tejas de madera se venden con retardantes ignífugos y conservantes para evitar incendios y hacerlas más duraderas. Los conservantes naturales hacen que las ripias y las tejas de madera sean resistentes a la humedad.

Se deben utilizar al menos dos clavos de techo para sujetar cada ripia o teja a la cubierta. Al igual que con las tejas asfálticas, se deben instalar comenzando desde los aleros para facilitar el escurrimiento del agua.

Por lo general, son de distintos árboles, por ejemplo, de cedro rojo, pino, ciprés y secuoya. El fabricante trata la madera con pintura, tinte o barniz para protegerla de las termitas y otros insectos que la degradan.

2.2.3 Coberturas de techo de metal

Las coberturas de techo de metal de pendiente pronunciada (*Figura 19*) se dividen en las siguientes categorías:

- Paneles metálicos arquitectónicos
- Paneles metálicos estructurales
- Tejas metálicas

Los paneles metálicos arquitectónicos y las tejas metálicas se utilizan para techos de pendiente pronunciada. Los paneles metálicos estructurales se pueden utilizar para aplicaciones tanto de pendiente pronunciada como de pendiente baja. En los sistemas metálicos, la cobertura metálica se prensa para darle una forma específica. Los paneles metálicos se suelen sujetar a la cubierta con tornillos para techo, caballetes de cumbrera y juntas selladoras. Las tejas metálicas se colocan en hileras superpuestas, como las tejas asfálticas.

Estas coberturas son más resistentes y necesitan menos mantenimiento que las de madera o asfalto. El acero, popular como material de cobertura de techo,

Figura 18 Techo de ripias de madera.

soporta vientos fuertes y le da resistencia ignífuga al techo. Otros de los metales que se utilizan en este sistema son el aluminio, el cobre y el zinc. Como las coberturas metálicas tienden a formar condensación en su cara inferior, se debe prestar especial atención a la barrera de vapor, el aislamiento y la ventilación del sistema.

Los sistemas de techos de metal son muy pesados y se deben instalar sobre una estructura y cubierta capaces de soportar el peso del metal.

¡ADVERTENCIA!

Por lo general, los techos de metal son más resbaladizos que otros sistemas; por lo tanto, es importante tomar medidas de seguridad adicionales para compensar esta diferencia.

2.2.4 Tejas de arcilla y concreto

Tejas de arcilla, se moldea la arcilla en forma de teja y se cuecen los moldes en un horno a 1093 °C (2000 °F). Como resultado, podemos encontrar diferentes formas, tamaños y colores de losetas. Los sistemas de loseta de arcilla cuentan con losetas accesorias para utilizar en cumbreras, limatesas y extremos del hastial. Se venden losetas de arcillas de diferentes estilos, como las losetas de un color, dos colores, de encaje y planas.

Tejas de concreto (*Figura 20*) se fabrican con una mezcla de cemento, arena y agua. A veces tienen orejas en la superficie inferior para poder colgarlas en un listón de anclaje durante la instalación. Los sistemas de loseta de concreto cuentan con piezas accesorias para ayudar a sellar las cumbreras, limatesas y extremos del hastial.

Figura 19 Techo de metal.

Las losetas de arcilla y concreto se sujetan de diferentes maneras. Se las puede clavar a un sustrato con clavos de techo. También se las puede colgar o sujetar de las orejas con un alambre de un sistema de listones. Estas losetas son resistentes y brindan una impermeabilización confiable.

Los sistemas de loseta son pesados. La estructura y la cubierta del techo deben ser capaces de soportar el gran peso de la instalación del sistema.

2.2.5 Lajas

Lajas (*Figura 21*) son un material para techo de procedencia natural que se extrae de las rocas. Los sistemas de laja tienen diferentes texturas y colores, según sus materiales de origen. Los techos pueden construirse con lajas rugosas o lisas de diferentes largos, espesores y colores.

Para este sistema, se utilizan clavos de cobre para laja. Cada laja del techo debe tener al menos dos clavos que atraviesen todas las capas del conjunto para sujetar con firmeza el sistema a la cubierta.

La laja no es un material inflamable y su alta densidad lo hace impermeable. Sin embargo, debido al peso de este sistema, se debe evaluar la integridad estructural de la construcción para verificar que la cubierta pueda soportar el peso muerto de la laja.

PRECAUCIÓN

Al cortar las lajas, el techista profesional puede estar expuesto a peligros de seguridad, como el polvo de sílice. Cuando lo haga, cumpla con los requerimientos de la OSHA en cuanto a protección respiratoria y cualquier medida de seguridad adicional.

Figura 20 Techo de losetas de concreto.

2.2.6 Coberturas sintéticas

Las coberturas sintéticas son productos de plástico, caucho u otros materiales que simulan ser tejas o losetas. Son mucho más livianos que la mayoría de los otros sistemas y, de por sí, son retardantes ignífugos y resistentes a las algas.

Como este sistema no entró al mercado hasta principios de la década de los 90, es importante verificar los códigos de edificación locales y tener cuidado cuando se instale este tipo de cobertura.

Figura 21 Techo de lajas.

Repaso de la Sección 2.0.0

1. Las tablas de terminación que se colocan en sentido vertical para impedir el ingreso de humedad se llaman _____.
   a. buhardillas
   b. franja de borde
   c. paredes laterales
   d. limatesas
2. ¿Qué tipo de material para techo utiliza una mezcla de cemento, arena y agua?
   a. Losetas de concreto
   b. Losetas metálicas
   c. Losetas de arcilla
   d. Tejas asfálticas

SECCIÓN TRES

3.0.0 TAPAJUNTAS PARA TECHOS DE PENDIENTE PRONUNCIADA

Objetivo

Explicar la finalidad y la ubicación de los tapajuntas en sistemas de pendiente pronunciada.

a. Comprender los fundamentos básicos de los tapajuntas en pendientes pronunciadas.

Palabras técnicas

Bajante pluvial: tubos que descargan el agua de la canaleta al suelo o a un drenaje.

Canaletas: ayudan a drenar el agua fuera de la edificación y se suelen sujetar con flejes y ménsulas de apoyo.

Codos: ayudan a direccionar el flujo de un bajante pluvial.

Limahoyas de corte cerrado: limahoyas con tejas que se extienden a través del valle de un lado, mientras que las tejas del otro lado se recortan desde la línea central.

Tapajuntas escalonados: impermeabilización que se instala desde debajo de las tejas hasta una pared lateral.

Tapajuntas superior: tapajuntas secundario que se coloca a lo largo del borde superior del tapajuntas principal para proteger la superficie y los elementos de sujeción.

Valles abiertos: valles que recortan el material de cobertura del techo en ambos lados para dejar expuesto el revestimiento de metal del valle que ayuda a desagotar el agua del techo.

Todos los techos tienen dos áreas funcionales: la superficie de la pendiente y los tapajuntas. La superficie de la pendiente de un techo es la sección abierta principal. Los tapajuntas se utilizan en las partes del sistema del techo donde se interrumpe o termina la pendiente. Se produce una interrupción cuando un objeto, por ejemplo, una tubería de ventilación o una buhardilla, penetra en el techo. El techo se termina en una pared o borde. Como los techos de pendiente pronunciada son hidrodinámicos o repelentes de agua (*Figura 22*), asegúrese de que todas las zonas expuestas tengan tapajuntas para facilitar el escurrimiento del agua.

3.1.0 Tapajuntas e impermeabilización de techos de pendiente pronunciada

Los techos de pendiente pronunciada precisan tapajuntas e impermeabilizantes para que el agua se escurra de manera correcta. Los tapajuntas son delgados y están hechos de hojalata, aluminio, cobre u otros materiales de membrana flexibles. Se utilizan para sellar superficies vulnerables a filtraciones. Para colocarlos, se pueden utilizar adhesivos, clavos o tornillos para techo. Se deben colocar tapajuntas en todos los lugares donde se interrumpa el plano del techo, incluidas las limahoyas, limatesas, tuberías y paredes frontales y laterales.

3.1.1 Tapajuntas de aleros y vigas inclinadas

Los aleros son los bordes horizontales del perímetro de un techo. Se deben colocar tapajuntas donde termina el techo. Las vigas inclinadas y los bordes oblicuos de un techo de dos aguas donde termina el techo también necesitan tapajuntas.

Los tapajuntas para bordes de goteo permiten que el agua se escurra correctamente del borde del techo o de la viga inclinada y expulsan el agua de lluvia hacia afuera. Los bordes de goteo suelen ser de metal en forma de T y L (*Figura 23*) y se deben colocar al ras de la cubierta y de la franja de borde (tabla de terminación en sentido vertical que va por debajo del sistema del techo). Por lo general, los metales de goteo se sujetan a la cubierta uno al lado del otro, de manera superpuesta, con clavos para techo. Estos tapajuntas deben cubrir el perímetro del techo (*Figura 24*).

3.1.2 Tapajuntas en superficies verticales

Las interrupciones verticales en la pendiente de un techo necesitan tapajuntas entre el techo y la superficie sobresaliente para evitar la filtración de agua. Los objetos sobresalientes en techos de pendiente pronunciada pueden ser chimeneas, tragaluces y buhardillas.

El tapajuntas de faldón impermeabiliza la parte del techo que se cruza con una pared delantera o el espacio donde el techo termina en una pared paralela al alero. Vemos paredes delanteras en buhardillas, chimeneas y otras interrupciones verticales del techo.

En las paredes laterales, los tapajuntas se deben colocar en la unión entre la pared y la parte inclinada del techo. Los tapajuntas escalonados se suelen usar para impermeabilizar las paredes laterales de sistemas que tienen cobertura de techo con más de una capa (por ejemplo, tejas superpuestas); los tapajuntas de canaleta o *tapajuntas de bandeja* se utilizan en paredes laterales con sistemas de capa simple (por ejemplo, paneles metálicos).

Figura 22 Escurrimiento de agua de un techo de pendiente pronunciada.

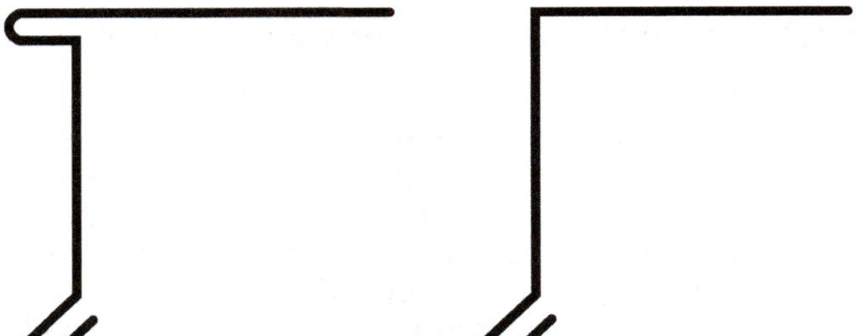

Figura 23 Tipos comunes de bordes de goteo.

En la parte posterior o la pendiente ascendente de una chimenea o penetración refrenada del techo, se debe colocar un fondo de tapajuntas o chaflán. Los fondos de tapajuntas se utilizan para sellar penetraciones de menos de 61 cm (24 pulgadas) de ancho, por lo general con tragaluces. Los chaflanes se utilizan del lado de la pendiente ascendente de una chimenea u otras penetraciones de 61 cm (24 pulgadas) o más de ancho.

Los tapajuntas de desviación en L se utilizan para dirigir el agua lejos de la intersección entre un alero y una superficie vertical continua. Este tipo de tapajuntas se utiliza mucho en los bordes de los techos de las plantas más bajas que se cruzan con una de las paredes de una edificación.

Los tapajuntas de faldón, escalonados, desviadores y de fondo también requieren un **tapajuntas superior** para evitar que el agua se filtre a través de los bordes superiores. Se instala a lo largo del borde superior del tapajuntas base para proteger esa base y los elementos de sujeción. En la *Figura 25*, se muestran ejemplos de tapajuntas de faldón, escalonado y superior.

NOTA

Los tragaluces por lo general no requieren tapajuntas superior porque vienen equipados con sistemas de tapajuntas de base y superior integrados en el marco.

Figura 24 Colocación de un borde de goteo.

3.1.3 Tapajuntas para penetraciones

Las penetraciones, por ejemplo, tuberías, ventiladores y calderas, interrumpen la pendiente de un techo y requieren tapajuntas. A veces, se utilizan bridas planas alrededor de una penetración para impermeabilizar la zona. Estas bridas se colocan por debajo de la cobertura del techo en la parte de pendiente ascendente de la penetración y sobre ella en la parte de pendiente descendente. Para sellar el borde de la penetración y lograr mayor impermeabilización, se adosa un cilindro o caja a la brida. Las botas de techo (*Figura 26*) suelen ser bridas premoldeadas que se utilizan para tuberías o caños de ventilación que penetran la cobertura del techo. A veces, las botas se conocen como *pasatechos*.

3.1.4 Accesorios para cumbrera y limatesa

Los accesorios para cumbrera y limatesa ayudan a impermeabilizar el ángulo externo de un techo donde se juntan dos pendientes adyacentes. El caballete de cumbrera o el cubre limatesa deben extenderse sobre ambos lados de la intersección y la cobertura del techo para ayudar a expulsar el agua fuera del techo (*Figura 27*). Se deben colocar igual que las tejas, es decir, cada nuevo caballete debe superponerse al anterior. Comience la instalación desde el ángulo inferior de una limatesa o cumbrera y agregue impermeabilización adicional cuando así lo exijan los códigos de edificación y las instrucciones del fabricante.

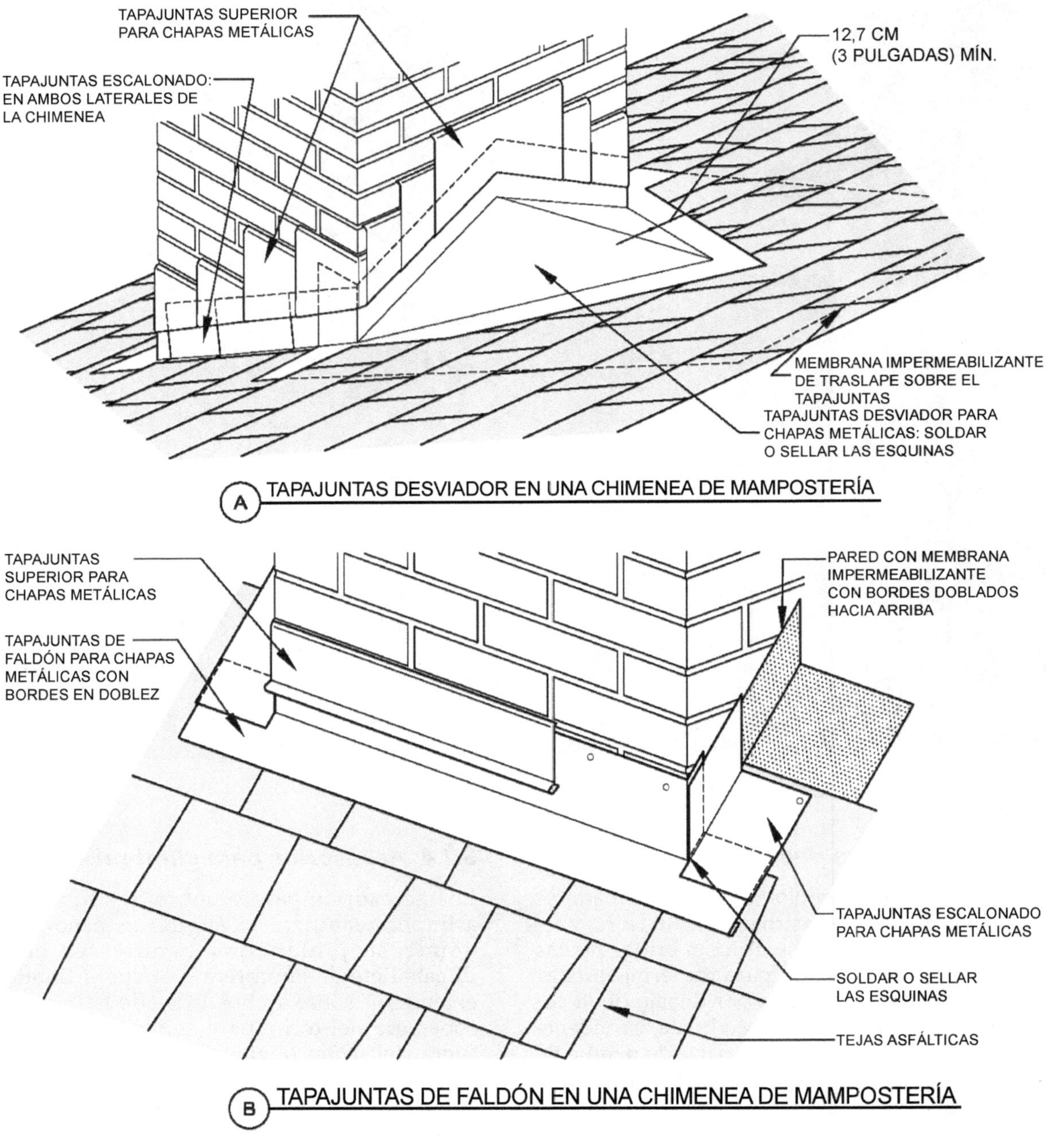

Figura 25 Tapajuntas en una penetración de superficie vertical.

Figura 26 Bota de techo colocada en una penetración.

Figura 27 Colocación de un caballete de cumbrera.

3.1.5 Tapajuntas para limahoyas

Las limahoyas son los ángulos internos que se forman en la intersección de dos planos inclinados. Se les debe prestar mucha atención cuando se instala el sistema, ya que son vulnerables a la filtración por el gran volumen de agua que se junta en estas zonas.

Las limahoyas se pueden dividir en dos categorías: abiertas y cerradas. Las limahoyas de corte cerrado (*Figura 28*) tienen tejas o losetas que se extienden a lo largo de la limahoya de un lado, mientras que las tejas del otro lado se cortan antes de la línea central. Las limahoyas abiertas (*Figura 29*) cortan el material de la cobertura del techo a ambos lados para dejar expuesto el tapajuntas metálico de la limahoya que expulsa el agua del techo.

Dado que algunos sistemas de tejas y losetas solo admiten limahoyas abiertas o cerradas, consulte las instrucciones del fabricante antes de instalar las limahoyas.

PRECAUCIÓN

No se deben colocar nunca penetraciones dentro de una limahoya, ya que pueden interrumpir la circulación del agua.

3.1.6 Canaletas y bajadas pluviales

Canaletas (*Figura 30*) drenan el agua fuera de la construcción, y las hay de diferentes formas y materiales. Por lo general, se sujetan con flejes y ménsulas de apoyo. Los flejes se pueden sujetar a la parte de adelante o de atrás de la canaleta de modo tal que el borde frontal quede a una distancia determinada de la parte posterior de la canaleta. Las ménsulas de apoyo sostienen el peso de la canaleta y deben ser capaces de soportar condiciones climáticas hostiles. Los tramos de canaleta se pueden soldar o sellar en la zona de superposición. La cara frontal de la canaleta se debe colocar 25 mm (1 pulgada) más abajo que la cara posterior para que el agua drene bien.

Bajadas pluviales son tuberías que transportan agua desde la canaleta hasta el suelo o un drenaje. Se sujetan a la pared mediante ganchos y flejes que se fijan a la edificación con tornillos anticorrosivos. Estos tubos se conectan a la canaleta por medio de un adaptador de bajada pluvial. La brida del tubo de salida se ajusta a la canaleta y, luego, se sella o se suelda a fin de garantizar que el agua que se junta pueda circular bien y abandonar la edificación. Los codos ayudan a dirigir el agua de una bajada pluvial. Los codos tipo A inclinan la bajada pluvial hacia arriba o hacia abajo, mientras que los tipo B lo hacen hacia la izquierda o hacia la derecha.

Figura 28 Limahoya de corte cerrado.

Figura 29 Limahoya abierta.

Figura 30 Instalación de una canaleta.

Repaso de la Sección 3.0.0

1. ¿Cuál de los siguientes elementos se utiliza para desviar el agua de las zonas vulnerables a la filtración?
   a. Limahoyas
   b. Vigas inclinadas
   c. Penetraciones
   d. Tapajuntas

2. ¿Cuál de los siguientes elementos es un tubo que transporta agua desde una canaleta hasta el suelo?
   a. Parapeto
   b. Alero
   c. Bajada pluvial
   d. Limahoya

Preguntas de revisión

1. ¿Cuál de los siguientes elementos *no* es parte del sistema de techo?
   a. Cubierta
   b. Tejas
   c. Membrana impermeabilizante
   d. Tapajuntas

2. ¿Qué aspecto de un techo de pendiente pronunciada permite que la gravedad expulse el agua del techo y facilite el desagüe?
   a. Material de la cubierta
   b. Aislante
   c. Pendiente
   d. Penetraciones

3. ¿Cuál de los siguientes tipos de cubierta en techos de pendiente pronunciada se considera el *más* energéticamente eficiente?
   a. OSB
   b. Madera contrachapada
   c. Listones comunes y de refuerzo
   d. Acero

4. Antes de colocar una membrana impermeabilizante, *debe* _____.
   a. colocar las canaletas
   b. verificar que esté colocado el aislante
   c. colocar tapajuntas
   d. asegurarse de que la cubierta esté limpia, seca y lisa

5. La primera fila de tejas asfálticas se debe colocar _____.
   a. a partir del alero
   b. a partir de la viga inclinada
   c. a partir de una pared lateral
   d. antes de la membrana impermeabilizante

6. ¿Qué tipo de material de cobertura para techo de pendiente pronunciada podemos encontrar comúnmente con *ambos* sistemas, el de paneles y el de tejas?
   a. Asfalto
   b. Metal
   c. Madera
   d. Arcilla

7. Las coberturas sintéticas de techo son de _____.
   a. asfalto
   b. laja
   c. plástico o caucho
   d. cobre

8. Los tapajuntas para bordes de goteo se deben instalar _____.
   a. en las buhardillas
   b. en la cubierta y franja de borde del perímetro del techo
   c. en la unión entre la pared lateral y la parte inclinada del techo
   d. en la intersección entre el techo y una pared

9. ¿Cuál de los siguientes elementos es un ejemplo de penetración?
   a. Una limatesa
   b. Una cumbrera
   c. Un borde de goteo
   d. Una buhardilla

10. ¿Cuál de los siguientes tapajuntas impermeabiliza la zona donde se cruzan dos pendientes adyacentes?
    a. Tapajuntas de cumbrera
    b. Brida plana
    c. Tapajuntas de desviación en L
    d. Tapajuntas escalonado

Cuestionario de palabras técnicas

Complete los espacios en blanco con las palabras correctas que aprendió al estudiar este módulo.

1. _______________ son tramos de material sólido que ofrecen un punto de fijación para conectar un sistema de techo.
2. _______________ ayudan a drenar el agua fuera de la edificación y se suelen sujetar con flejes y ménsulas de apoyo.
3. _______________ ayudan a dirigir el agua de una bajada pluvial.
4. _______________ es el tapajuntas secundario que se coloca en el borde superior del tapajuntas principal.
5. Un techo con cuatro pendientes que se juntan en un vértice con cuatro ramales de techo separados es un _______________.
6. _______________ son limahoyas que cortan el material de la cobertura del techo a ambos lados para dejar expuesto el tapajuntas metálico de la limahoya.
7. Un(a) _______________ es un estilo de techo que se inclina solo una vez en una sola dirección.
8. _______________ es una categoría de techo que por lo general incluye tipos de cobertura con materiales que repelen el agua que se instalan sobre pendientes mayores que 3:12.
9. _______________ es un impermeabilizante que se coloca por debajo de las tejas o losetas y hacia arriba por la pared lateral.
10. Para crear la cobertura de techo llamada _______________, se debe moldear arcilla en forma de teja y cocerla en un horno.
11. _______________ se fabrican mediante el revestimiento de un material de refuerzo con una capa a base de asfalto y que tiene gránulos minerales del lado que queda expuesto a la intemperie.
12. Para crear la cobertura de techo llamada _______________, se debe preparar una mezcla de cemento, arena y agua y darle forma de loseta.
13. _______________ significa que repele el agua.
14. _______________ son una cobertura de techo que se desprende de troncos o maderos y suelen tener superficies rugosas texturadas.
15. _______________ son tuberías que transportan agua desde la canaleta hasta el suelo o un drenaje.
16. _______________ es un fieltro saturado de asfalto u otras planchas de material compuesto o sintético que se instala entre una cubierta y una cobertura del techo, que generalmente se usa en la construcción de un techo de pendiente pronunciada.
17. La categoría de techo que por lo general incluye tipos de membrana impermeabilizante para sistemas de techos instalados sobre pendientes de 3:12 o menos es _______________.
18. Un(a) _______________, también conocido como techo francés, es un techo de pendiente pronunciada decorativo ubicado sobre el perímetro de una edificación.
19. _______________ son los bordes horizontales del perímetro de un techo.

20. Un(a) _______________ es un estilo de techo que recibe su nombre por los prominentes hastiales o triángulos que se forman entre los bordes de los lados opuestos en la intersección de las pendientes.

21. _______________ son una cobertura de techo que se desprende de la madera y suele tener una superficie lisa y suave.

22. El material para techo de procedencia natural que se extrae de las rocas es _______________.

23. Un(a) _______________ es un estilo de techo que suele ser simétrico, con dos pendientes de cada lado, —y la pendiente inferior es más pronunciada que la superior.

24. El componente estructural del techo de una construcción capaz de soportar de manera segura el peso del sistema de impermeabilización o del techo, así como las cargas vivas adicionales que requieren los códigos de edificación correspondientes, es el/la _______________.

25. _______________ son cuadrículas de listones horizontales y verticales que facilitan la ventilación y la instalación del sistema.

26. _______________ es una lámina flexible hecha de fibras entrelazadas con aglutinante o mediante la combinación de trabajo mecánico, humedad y calor.

27. Las limahoyas con tejas que se extienden a través del valle de un lado, mientras que las tejas del otro lado se cortan antes de la línea central, se llaman _______________.

Palabras técnicas

Aleros
Bajadas pluviales
Codos
Contralistones
Cubierta
Desagües
Fieltro
Hidrodinámica
Laja
Limahoyas abiertas
Limahoyas de corte cerrado
Listones
Membrana impermeabilizante
Pendiente baja
Pendiente pronunciada
Pizarras de madera
Tapajuntas escalonado
Tapajuntas superior
Techo abuhardillado de dos aguas
Techo de cuatro aguas
Techo de dos aguas
Techo de un agua
Techo mansarda
Tejas asfálticas
Tejas de arcilla
Tejas de concreto
Tejas de madera

básicos de las habilidades

Amy Staska

Experta en la materia
NRCA

¿Cómo eligió su carrera en la industria?

Como les suele pasar a muchos. Al principio, —necesitaba un trabajo y conocía a alguien que, a su vez, tenía sus contactos. Durante un tiempo me fui de la NRCA para capacitarme en otra industria, pero luego opté por la construcción de techos y volví a la asociación en 2011.

¿Qué tan importante son la educación y la capacitación en la construcción?

¿Cuánto me puedo explayar sobre este tema? Creo que la formación no consiste solo en cambiar de conducta,— aunque esa sea la razón principal y más importante—, sino que también es una herramienta de selección y retención. Genera lealtad y ayuda a las personas a sentirse bien acerca del desarrollo de sus habilidades y sus contribuciones a la compañía. Fomenta la camaradería, el sentido de pertenencia y de estima.

¿Qué tipos de trabajo realizó a lo largo de su carrera?

He llevado a cabo y desarrollado capacitaciones para adultos en distintos ámbitos, paradójicamente, todos sin fines de lucro: universidades, ministerios y la Asociación Nacional de Contratistas de Techos (NCRA).

Háblenos de su trabajo actual.

Desde seminarios web hasta clases en línea y presenciales, nos encanta crear oportunidades en las que los contratistas y techistas profesionales pueden transmitir su conocimientos a su empleados— para ayudarlos a perfeccionarse en su trabajo y comprender, además, su valor dentro de este maravilloso oficio.

¿Qué es lo que más le gusta de su trabajo?

A nivel macro, saber que nosotros (NRCA) brindamos recursos que la mayoría de las empresas pequeñas no pueden obtener por sí mismas. Fortalecemos a los negocios pequeños para fortalecer a su personal.

En el día a día, me encanta trabajar con mi equipo en la creación de recursos nuevos y creativos para que las personas amplíen su comprensión de ellas mismas y sus carreras.

¿Recomendaría la construcción como carrera para otras personas? ¿Por qué?

¡Por supuesto! No estoy en contra de la universidad, como muchas de las personas que intentan seleccionar personal hoy en día en la industria. Sin embargo, no todos desean continuar sus estudios y terminar trabajando con términos, fórmulas matemáticas o negociaciones diplomáticas entre países. A algunas personas les gustan los trabajos manuales y les encanta ver horizontes llenos de viviendas, negocios y otros espacios que ayudaron a crear con sus propias manos. Es una sensación intensa de creatividad, realización y orgullo.

¿Qué consejos daría a quienes se acaban de incorporar al sector?

Que trabajen duro, que lleguen temprano, que siempre adopten una actitud de aprendizaje y respeten el trabajo y a las personas que trabajen con ellos.

Un logro o hecho interesante relacionado con su carrera:

A los 20 años, hice cambios importantes en mi vida para poder estudiar medicina, incluso una tecnicatura en emergencias médicas para poder superar mi aprehensión paralizante... solo para darme cuenta de que lo único que me interesaba el aspecto educativo de la medicina. Por suerte, no saqué ningún préstamo estudiantil para asistir a la facultad de medicina antes de darme cuenta de que, en realidad, lo que me atraía era el campo de la capacitación/educación.

Palabras técnicas presentadas en este módulo

Aleros: los bordes horizontales en el perímetro de un techo.

Bajante pluvial: tubos que descargan el agua de la canaleta al suelo o a un drenaje.

Canaletas: ayudan a drenar el agua fuera de la edificación y se suelen sujetar con flejes y ménsulas de apoyo.

Codos: ayudan a direccionar el flujo de un bajante pluvial.

Contralistones: rejillas de tramos de metal o de madera vertical que se instalan debajo de listones horizontales que ayudan en la instalación de sistemas y ventilación.

Cubierta: componente estructural del techo de una construcción, capaz de soportar de manera segura el peso del sistema de impermeabilización o del techo, así como las cargas vivas adicionales que exigen los códigos de edificación correspondientes. La cubierta proporciona el sustrato sobre el que se aplica el sistema de impermeabilización o del techo.

Fieltro: una lámina flexible que se fabrica entrelazando fibras con un aglutinante o mediante la combinación de trabajo mecánico, humedad y calor.

Hidrodinámica: desagotar líquido o nieve de un techo.

Limahoyas de corte cerrado: limahoyas con tejas que se extienden a través del valle de un lado, mientras que las tejas del otro lado se recortan desde la línea central.

Listones: tramos horizontales de material sólido, generalmente madera, que ofrecen un punto de fijación para conectar un sistema de techo.

Membrana impermeabilizante: fieltro saturado de asfalto u otras planchas de material compuesto o sintético (a veces, autoadherente) que se instala entre una cubierta y una cobertura de techo, que generalmente se usa en la construcción de un techo con pendiente pronunciada. La membrana impermeabilizante se usa principalmente para separar la cobertura de la cubierta de techo, repeler el agua y brindar protección contra incendios y protección secundaria contra la intemperie.

Pendiente baja: categoría de techo que generalmente incluye tipos de membrana impermeabilizante de sistemas de techos instalados sobre pendientes de 3:12 o menos.

Pendiente pronunciada: categoría de techo que generalmente incluye tipos de cobertura con materiales que repelen el agua que se instalan sobre pendientes de más de 3:12.

Pizarra: material natural hecho de piedra.

Pizarras de madera: cobertura de techo que parte de maderos. Generalmente tienen superficies rugosas texturadas.

Tapajuntas escalonados: impermeabilización que se instala desde debajo de las tejas hasta una pared lateral.

Tapajuntas superior: tapajuntas secundario que se coloca a lo largo del borde superior del tapajuntas principal para proteger la superficie y los elementos de sujeción.

Techo abuhardillado: también se denomina *tejado de hastiales holandés*. Este estilo de techo usualmente es asimétrico con dos pendientes a cada lado. Su pendiente más baja es más pronunciada que su pendiente superior.

Techo de cuatro aguas: un estilo de techo formado por pendientes sobre los cuatro lados de un edificio, que se unen en la parte superior del techo para formar una arista.

Techo de dos aguas: estilo de techo que recibe su nombre por los prominentes hastiales o triángulos que se forman entre los bordes de los lados opuestos en la intersección de las pendientes.

Techo de mansarda: también denominado *techo francés*. Techo decorativo de pendiente pronunciada que se coloca sobre el perímetro del edificio.

Techo de media agua: estilo de techo con pendiente en un solo sentido. Suele encontrarse en edificios pequeños o integrarse con otros estilos de techo.

Tejas de arcilla: una cobertura de techo que se fabrica moldeando arcilla para formar una teja y hornearla.

Tejas de asfalto: tejas fabricadas con un recubrimiento de material de refuerzo (fieltro de papel o malla de fibra de vidrio) con base de asfalto que tienen gránulos minerales del lado que queda expuesto a la intemperie.

Tejas de concreto: una cobertura de techo que se fabrica dando forma de teja a una mezcla de cemento, arena y agua.

Tejuelas de madera: cobertura de techo que parte de maderos. Generalmente tienen superficies planas y suaves.

Valles abiertos: valles que recortan el material de cobertura del techo en ambos lados para dejar expuesto el revestimiento de metal del valle que ayuda a desagotar el agua del techo.

Recursos adicionales

En este módulo, se presentan recursos detallados para capacitaciones sobre tareas. Se sugiere el siguiente material de referencia para un estudio más profundo.

APA – The Engineered Wood Association, **www.apawood.org**.

Asociación Nacional de Contratistas de Techos (National Roofing Contractors Association, NRCA), **www.nrca.net**.

Módulo 16201 del NCCER, *Sistemas de techos de tejas asfálticas*.

Módulo 16202 del NCCER, *Sistemas de techos de losetas de arcilla y concreto.*

Módulo 16203 del NCCER, *Sistemas de techos de madera*.

Módulo 16204 del NCCER, *Sistemas de techos de laja*.

Módulo 16205 del NCCER, *Sistemas de techos metálicos*.

Módulo 75901 del NCCER, *Orientación sobre protección contra caídas*.

Occupational Outlook Handbook, Roofers (Manual del panorama ocupacional para techistas), Oficina de Estadísticas Laborales de los EE. UU., Departamento de Trabajo de los EE. UU., **www.bls.gov/ooh/construction-and-extraction/roofers.htm**.

Administración de Seguridad y Salud Ocupacional de los Estados Unidos (OSHA), Departamento de Trabajo de los EE. UU., **www.osha.gov**.

OSHA 3755-05, *Protección de los trabajadores de la construcción de techos*. Departamento de Trabajo de los EE. UU., **www.osha.gov/Publications/OSHA3755.pdf**.

Créditos de las figuras

iStock@Olga_Gavrilova, apertura del módulo

Cortesía de la Asociación Nacional de Contratistas de Techos, Figuras 2, 24–26, 29

iStock@JenDen2005, Figura 5

iStock@brizmaker, Figura 6

Cortesía de la NRCA, Figura 7

Cortesía de GAF, Figuras 8, 17, 27–28

iStock@HildaWeges, Figura 11

iStock@filmfoto, Figura 13

iStock@Westhoff, Figura 15

iStock@jimplumb, Figura 16

iStock@cbglp2, Figura 18

iStock@titine974, Figura 19

Eagle Roofing Products, Figura 20

"Canaleta de cobre para techos de laja" de Brock Builders bajo licencia CC BY 2.0, Figura 21

iStock@Ivan Elizondo, Figura 22

iStock@ronstik, Figura 30

Respuestas del repaso de la sección

SECCIÓN 1.0.0

Respuesta	Referencia de sección	Objetivo
1. b	1.1.1	1a
2. c	1.2.0	1b

SECCIÓN 2.0.0

Respuesta	Referencia de sección	Objetivo
1. b	2.0.0	2
2. a	2.2.4	2b

SECCIÓN 3.0.0

Respuesta	Referencia de sección	Objetivo
1. d	3.1.0	3a
2. c	3.1.6	3a

CURRÍCULOS NCCER — ACTUALIZACIÓN DE USUARIO

NCCER hace todo lo posible para mantener sus libros de texto actualizados y sin errores técnicos. Se agradece su ayuda en este proceso. Si encuentra un error, un error tipográfico o un dato incorrecto en los currículos de NCCER, complete este formulario (o una fotocopia de este) o el formulario en línea que se encuentra en **www.nccer.org/olf**. Asegúrese de incluir el número de identificación exacto del módulo, el número de la página, una descripción detallada y la corrección que recomienda. Su aporte se dará a conocer al Equipo de autores. Gracias por su ayuda.

Instructores: Si tienen alguna idea para mejorar este libro de texto o se dieron cuenta de que se necesitaron materiales adicionales para enseñar este módulo de manera eficaz, infórmenoslo para que podamos presentar sus sugerencias al Equipo de autores.

Revisión y desarrollo de productos de NCCER

13614 Progress Blvd., Alachua, FL 32615

Correo electrónico: curriculum@nccer.org
En línea: www.nccer.org/olf

❏ Guía de entrenamiento ❏ Planes de clases ❏ Examen ❏ PowerPoints Otro ________________

Oficio/nivel: Fecha de derechos de autor:

Título/número de identificación del módulo:

Número(s) de las secciones:

Descripción:

Corrección recomendada:

Su nombre:

Dirección

Correo electrónico: Teléfono:

Introducción a los techos de pendiente baja

Generalidades

Existen edificaciones de todas las formas y tamaños con techos de pendiente baja, como —supermercados, estadios, edificios de oficinas, escuelas y otras instalaciones comerciales e industriales. Los techos de pendiente baja poseen varios componentes esenciales que permiten aislar la edificación e impedir las filtraciones de agua. Estos componentes incluyen aislamiento, cobertura (o membrana) impermeable y tapajuntas. Los techistas deben estar familiarizados con los componentes y el funcionamiento del sistema de techo para lograr que la edificación se mantenga cálida y seca.

Módulo 16106

Los estudiantes que hayan finalizado los módulos con éxito pueden ser elegibles para la acreditación mediante el Registro del NCCER. Para obtener más información, visite **www.nccer.org** o comuníquese con nosotros llamando al 1.888.622.3720. En nuestro sitio web, **www.nccer.org**, podrá obtener información sobre los lanzamientos de productos y capacitaciones más recientes.

Nos interesa recibir sus comentarios. Puede enviarlos a **curriculum@nccer.org**, enviar comentarios y consultas generales a **info@nccer.org** o completar el formulario de Actualización de usuario en la parte posterior de este módulo.

Esta información es de carácter general y está destinada únicamente a la capacitación. El desempeño real de las actividades descritas en este manual requiere el cumplimiento de todos los procedimientos de operación, servicio, mantenimiento y seguridad aplicables bajo la dirección de personal calificado. Las referencias en este manual sobre dispositivos patentados o registrados no constituyen una recomendación de su uso.

16106 V1.0

16106
INTRODUCCIÓN A LOS TECHOS DE PENDIENTE BAJA

Objetivos

Luego de finalizar este módulo, podrá hacer lo siguiente:

1. Definir los sistemas de techos de pendiente baja e identificar sus componentes básicos.
   a. Identificar los tipos de cubiertas de pendiente baja.
   b. Identificar los tipos de aislamiento y paneles de revestimiento habituales.
   c. Describir los tipos de sistemas de techos de pendiente baja y membranas.
2. Explicar cómo se instalan y funcionan los sistemas de techos de pendiente baja.
   a. Describir el drenaje positivo y explicar cómo se utiliza el aislamiento ahusado para encausar el agua.
   b. Identificar los métodos que se emplean para adosar sistemas de techos de pendiente baja.
   c. Enumerar los métodos de costura de membranas de techo.
   d. Explicar el propósito de los tapajuntas y dónde deben colocarse.

Tareas prácticas

Este es un módulo teórico. No hay tareas prácticas.

Palabras técnicas

Asientos
Betún
Bloques premoldeados
Canaletas
Celda cerrada
Cerramiento exterior
Chaflanes
Combustible
Cubierta
Drenaje positivo
Embornal
Pendiente baja
Pendiente pronunciada
Secado al aire
Superficie de pendiente
Sustrato
Tapajuntas
Tapajuntas base
Tapajuntas superior
Valor R

Credenciales reconocidas por la industria

Si está realizando una capacitación mediante un patrocinador acreditado por el NCCER, probablemente cumpla con los requisitos para obtener las credenciales del Registro del NCCER. El número de identificación de este módulo es 16106. Recuerde que es posible que este módulo se haya utilizado en otros planes de estudio del NCCER y pueda usarse para finalizar otros niveles. Para obtener más información, comuníquese con el Registro del NCCER llamando al 1.888.622.3720 o visite **www.nccer.org**.

Índice

Figuras y tablas

Sección Uno

1.0.0 Techos de pendiente baja

Objetivo

Definir los sistemas de techos de pendiente baja e identificar sus componentes básicos.

a. Identificar los tipos de cubiertas de pendiente baja.
b. Identificar los tipos de aislamiento y paneles de revestimiento habituales.
c. Describir los tipos de sistemas de techos de pendiente baja y membranas.

Palabras técnicas

Betún: sustancia pegajosa de color oscuro que se encuentra en asfaltos, alquitranes y breas. También puede hacer referencia a cualquier material compuesto principalmente por betún, como el asfalto o el alquitrán de hulla.

Celda cerrada: estructura de aislamiento celular en la cual las estructuras celulares diminutas se empaquetan bien juntas pero no se conectan entre sí. Las células de material pueden ser sólidas o huecas.

Cerramiento exterior: sistemas de un edificio que separan el interior del edificio del exterior, incluido el techo, las paredes, las ventanas y las puertas.

Combustible: que tiene la capacidad de arder.

Cubierta: componente estructural del techo de una construcción, capaz de soportar de manera segura el peso del sistema de impermeabilización o del techo, así como las cargas vivas adicionales que requieren los códigos de edificación correspondientes. La cubierta proporciona el sustrato sobre el cual se aplica el sistema de impermeabilización o del techo.

Pendiente baja: categoría de techo que generalmente incluye tipos de membrana impermeabilizante de sistemas de techos instalados sobre pendientes de 3:12 o menos.

Pendiente pronunciada: categoría de techo que generalmente incluye tipos de cobertura con materiales que repelen el agua que se instalan sobre pendientes de más de 3:12.

Sustrato: superficie sobre la cual se aplica una membrana para techo o impermeabilizadora (como un tablero estructural o aislamiento con panel rígido).

Valor R: medición de la capacidad de un material para resistir la transferencia de calor a través de sí mismo. También se denomina *resistencia térmica*.

La estructura de un techo está formada por muchos componentes que interactúan entre sí, incluida la **cubierta**, la barrera de aire o vapor (si corresponde), el aislante y el recubrimiento principal diseñado para impermeabilizar la estructura (por ejemplo, una membrana o tejas). Por lo general, la estructura de un techo está formada por una cubierta estructural y un sistema de techo.

Todos los elementos que se encuentran por encima de la cubierta constituyen el sistema de techo. Los sistemas de techos se dividen en categorías de **pendiente baja** o **pendiente pronunciada,** según el grado de inclinación del techo, lo que se conoce como su *pendiente*. Los techos de pendiente baja (a veces conocidos como *techos planos*) suelen verse en edificaciones más grandes (*Figura 1*). Los techos de pendiente pronunciada por lo general se ven en casas residenciales (*Figura 2*).

Figura 1 Techo de pendiente baja.

Figura 2 Techo de pendiente pronunciada.

La pendiente de un techo es una de las diferencias principales entre las estructuras de techo. El ángulo de la pendiente del techo permite que el agua corra por acción de la gravedad, lo que propicia el drenaje. Sin la pendiente, el agua podría acumularse en el techo y causar daños importantes o incluso el derrumbe de la edificación.

El método que habitualmente se emplea para expresar la pendiente de un techo es una relación entre la elevación vertical de un techo y el tramo horizontal, como se ilustra en la *Figura 3*. Por lo general, se expresa en pulgadas de elevación por pie (12 pulgadas) de tramo, o en pies de elevación por 12 pies de tramo. En este ejemplo, la elevación es de 8 pies y el tramo es de 12 pies, por lo tanto, la pendiente del techo es de 8:12.

La pendiente de un techo se puede expresar de diferentes maneras. Informalmente, la pendiente se conoce como *inclinación*. Por ejemplo, un trabajador podría llegar a referirse a un techo con una pendiente de 4:12 como un *techo de inclinación 4:12* o *con un tercio de inclinación*. (Tenga en cuenta que en inglés, el término *"pitch" [inclinación]* también puede referirse a un material derivado del alquitrán mineral que se emplea en la construcción de techos). A una pendiente de 4:12 también se la puede denominar *pendiente de 4 en 12*. En cuanto a su forma escrita, se la puede expresar como 4-12, 4/12 y 4 en 12. También se puede expresar en grados. En la *Tabla 1*, se muestran las pendientes expresadas en grados y relaciones.

El Programa de construcción de techos del NCCER define a los techos de pendiente baja y a los techos de pendiente pronunciada de la siguiente manera:

- *Pendiente baja* — pendiente de 3:12 o menos
- *Pendiente pronunciada* — pendiente de más de 3:12

NOTA

En el Programa de construcción de techos del NCCER, el término *pendiente pronunciada* hace referencia a una pendiente mayor que 3:12. Esto no coincide con la definición de techos de pendiente pronunciada de la OSHA (pendiente mayor que 4:12). Al instalar o reparar sistemas de techos, siempre compruebe los códigos federales, estatales, locales y de la empresa. En caso de contradicción entre los códigos aplicables, prevalece el más estricto.

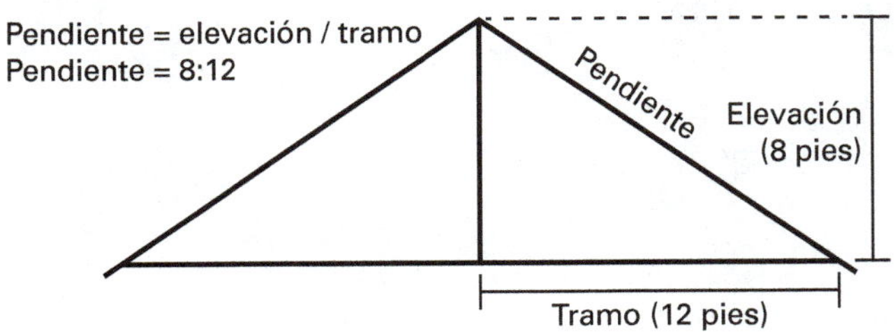

Figura 3 Pendiente del techo.

Tabla 1 Tabla de conversión para pendientes de techo

Pendiente del techo	Ángulo
1:12	4,76°
2:12	9,46°
3:12	14,04°
4:12	18,43°
5:12	22,62°
6:12	26,57°
7:12	30,26°
8:12	33,69°
9:12	36,37°
10:12	39,81°
11:12	42,51°
12:12	45°

Los sistemas de techos de pendiente baja se ensamblan en capas sobre la superficie de la cubierta. Los componentes básicos de un sistema de techo de pendiente baja incluyen placas aislantes y una membrana impermeabilizante. De ser necesario, también pueden incluir una barrera de vapor. Los elementos básicos de los sistemas de pendiente baja y de pendiente pronunciada son diferentes, como se muestra en la *Figura 4*.

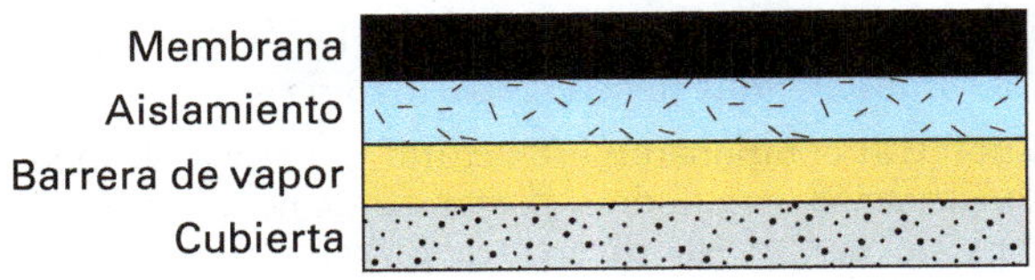

(A) Componentes del sistema de techos de pendiente baja (impermeable)

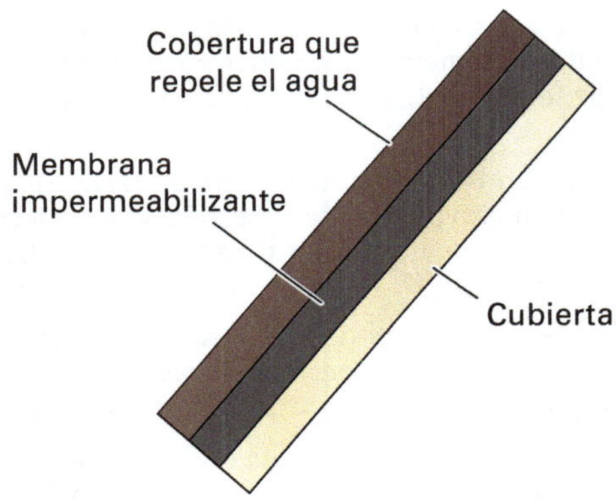

(B) Componentes del sistema de techos de pendiente pronunciada (escurrimiento del agua)

Figura 4 Elementos básicos de un sistema de techo.

1.1.0 Cubiertas de pendiente baja

La cubierta es la estructura que soporta al sistema de techo. Forma la parte superior de la edificación antes de que se instale cualquier componente impermeabilizante. La ubicación y el clima pueden influir en el material, la pendiente, la separación de los tirantes y otras características estructurales de una cubierta de techo. Las cubiertas se clasifican en función de si pueden arder o no (si son combustibles o no), y de si admiten o no elementos de sujeción mecánicos (si son clavables o no). En la *Tabla 2*, se muestra la clasificación de las cubiertas de techos.

> **NOTA**
> Las cubiertas las instala el contratista general o experto en cubiertas. Si bien los techistas no se encargan de instalar la cubierta, deben conocer los diferentes tipos que existen y cómo prepararlas de manera segura.

1.1.1 Cubiertas de acero

Las cubiertas de acero (*Figura 5*) se suelen utilizar en sistemas de techos de pendiente baja. Se confeccionan con láminas o paneles de acero. Cada panel está formado por un perfil acanalado con nervaduras como refuerzo (*Figura 6*). Se consideran clavables porque admiten fácilmente ciertos tipos de elementos de sujeción mecánica.

1.1.2 Cubiertas de concreto

Se suelen utilizar cubiertas de concreto en sistemas de techos de pendiente baja (*Figura 7*). Las cubiertas de concreto se pueden llenar en obra o pueden ser de paneles prefabricados que se colocan con una grúa.

Para hacer concreto, se deben combinar agregados (como piedra triturada, pizarra u otros materiales), cemento Portland y agua. El concreto estructural contiene piedra triturada y grava, lo que lo hace muy pesado y fuerte. El concreto estructural liviano contiene esquisto, arcilla o pizarra para que sea más liviano. El concreto liviano puede usarse encima del concreto estructural para crear una pendiente y facilitar el drenaje.

Figura 5 Cubierta de acero.

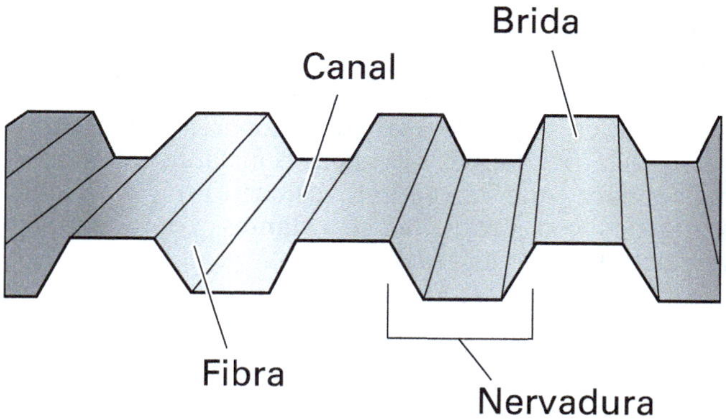

Figura 6 Anatomía de un panel de acero.

Tabla 2 Clasificación de tipos de cubiertas de techo

	Clavable	**No clavable**
Combustible	Paneles de madera	
	Planchas de madera	
No combustible	Paneles de fibra de madera cementosa	Concreto estructural (normal y liviano)
	Acero	
	Concreto aislante liviano	

Figura 7 Cubierta de concreto.

Otro tipo de concreto que se puede usar en las estructuras de techos es el concreto aislante liviano. Muchas veces se utiliza encima de una cubierta de acero estructural existente por sus propiedades aislantes. También se puede usar sobre concreto estructural para darle pendiente. El concreto aislante liviano es más liviano que el concreto estructural y contiene agregados con propiedades aislantes, como perlita, vermiculita o perlas aislantes.

1.1.3 Cubiertas de madera

Las cubiertas de madera (*Figura 8*) están hechas de tablones, tablas o paneles. Los tablones y los paneles son angostos y se colocan juntos para formar la superficie de la cubierta. Si bien ambos son de madera aserrada, los tablones son más grandes que los paneles. Los paneles están hechos de madera contrachapada o tableros OSB. Se lo suele llamar *paneles de madera estructural* o *revestimiento*.

1.1.4 Cubiertas de fibra de madera cementosa

Los paneles de fibra de madera cementosa están compuestos por un aglutinante y un compuesto de fibra de madera, lo que crea una superficie que se asemeja al trigo triturado. Muchas veces se los llama *Tectum®*, ya que es la marca con la que suelen asociarse. Proporcionan un acabado interior al cielo raso y favorecen el aislamiento acústico. Por lo tanto, son una opción muy solicitada para auditorios, gimnasios, teatros, escuelas y bibliotecas. En la *Figura 9*, se muestra una cubierta de fibra de madera cementosa.

PRECAUCIÓN

Los paneles de fibra de madera cementosa son porosos y absorben más agua que otros tipos de cubiertas. La humedad puede debilitarlos y volverlos quebradizos. Se los debe proteger de la humedad y reemplazarlos si se humedecen.

¿Sabía usted?

Perlita

La perlita es un material aislante común hecho de roca volcánica. La roca se calienta, explota y se transforma en trocitos blancos. Además de usarse en algunos tipos de concreto, muchas veces se agrega perlita a la tierra y sustratos para macetas con el fin de airear la tierra y fortalecer las raíces.

Figura cortesía de iStock@praisaeng

Figura 8 Cubierta de madera de pendiente baja durante un proyecto de reconstrucción de techo.

Figura 9 Cubierta de panel de fibra de madera cementosa.

1.2.0 Aislamiento y paneles de revestimiento

El aislamiento y los paneles de revestimiento proporcionan resistencia térmica al sistema de techo. Por lo general, se instalan en la parte superior de la cubierta y proporcionan un sustrato sobre el cual se puede aplicar la membrana (*Figura 10* y *Figura 11*). El techo es una de las superficies más grandes del cerramiento exterior por donde se puede escapar el calor del interior. El aislamiento ayuda a mantener la temperatura en el interior de un edificio a un nivel más agradable y constante.

El calor siempre pasa de las áreas más cálidas a las más frías. Se conoce como *transferencia de calor.* En invierno, el calor del interior de la edificación intentará desplazarse hacia el frío del exterior. En verano, el calor del exterior de la edificación intentará desplazarse hacia el aire más frío del interior. Como el calor naturalmente sube, es posible que las edificaciones pierdan la mayor cantidad de calor a través del techo.

Para pensar

Clima agradable

- ¿Qué impide que ingrese humedad en una edificación y protege todo lo que hay dentro de ella?
- ¿Qué mantiene el calor en el interior durante el invierno? ¿Y qué mantiene el calor en el exterior en el verano?
- Como el calor sube, ¿cuál cree que es la barrera final para evitar que el calor se escape?

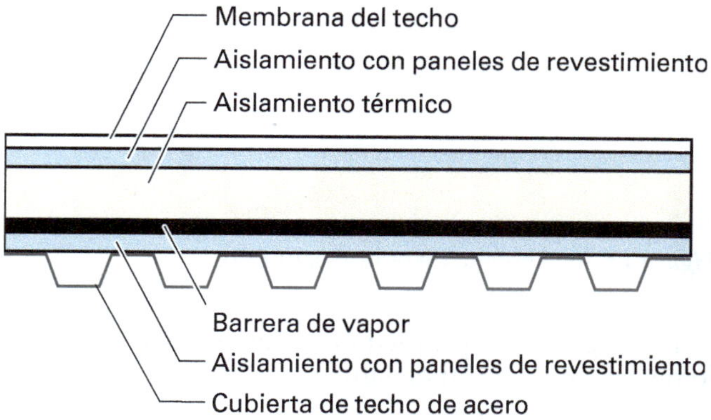

Figura 10 Ejemplo de aislamiento en un conjunto de techo de pendiente baja.

El aislamiento combate la transferencia de calor. El valor R de un material aislante determinado corresponde a su resistencia a la transferencia de calor. Cuanto mayor es el valor R, mejor es el aislamiento.

1.2.1 Poliisocianurato (Iso)

El poliisocianurato es un material aislante común de celda cerrada que se utiliza en la construcción de techos (*Figura 12*). Se fabrica con espuma de poliisocianurato rígida colocada entre dos capas de revestimiento. Las capas de revestimiento incluyen láminas de aluminio, revestimientos celulósicos reforzados con fibra de vidrio, revestimientos de fibra de vidrio recubiertos o no recubiertos y unidos con polímeros u otros materiales de paneles rígidos. Al poliisocianurato se lo suele llamar *poliiso* o *iso,* por su forma corta.

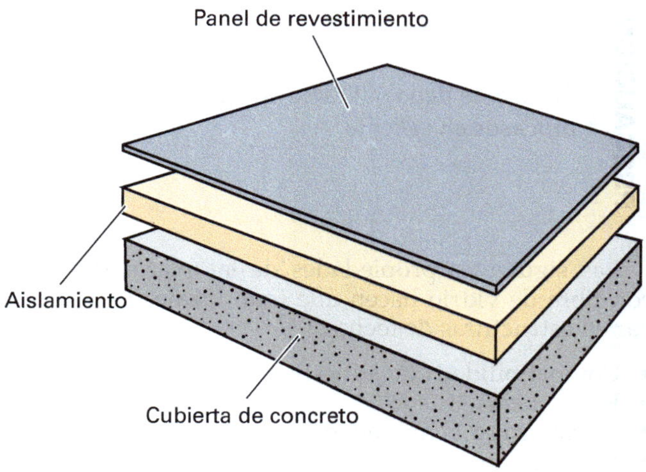

Figura 11 El panel de revestimiento es una capa delgada que sirve como sustrato para la membrana.

Figura 12 Aislamiento de poliisocianurato.

Las siguientes propiedades del poliisocianurato lo hacen un material aislante efectivo:

- Compatibilidad con betún y adhesivos
- Resistencia a impactos
- Resistencia al fuego
- Durabilidad
- Resistencia a la humedad
- Resistencia térmica
- Capacidad de unión

1.2.2 Yeso

El yeso, también conocido como *"placa de yeso"*, es un material que se utiliza principalmente para el acabado de paredes y techos. El yeso que se utiliza para la construcción de techos está formado por un núcleo a base de yeso colocado entre dos mallas de fibra de vidrio (*Figura 13*). El yeso no suele clasificarse como aislante. Se utiliza como barrera térmica para proporcionar resistencia al fuego, como sustrato para barreras de aire y vapor y como panel de revestimiento debajo de las membranas para techo. En inglés, también se lo conoce como *"gyp"*, la forma corta de "gypsum" (yeso).

PRECAUCIÓN

El yeso no debe utilizarse en aplicaciones con procesos en caliente.

Las siguientes propiedades de las placas de yeso con fibra de vidrio hacen que sean ideales para utilizar en estructuras de techos:

- Compatibilidad con adhesivos
- Resistencia al fuego
- Resistencia a la humedad
- Valor R estable
- Capacidad de unión
- Estabilidad dimensional
- Resistencia a la compresión

1.2.3 Perlita

El panel de perlita que se utiliza para la construcción de techos es un material aislante rígido que combina minerales volcánicos expandidos con fibras orgánicas y aglutinantes (*Figura 14*). Por lo general, a la parte superior del aislamiento de techos con panel de perlita se le aplica un tratamiento con emulsión de asfalto para reducir la absorción de betún.

Figura 13 Yeso con fibra de vidrio.

Las siguientes propiedades del aislamiento con panel de perlita lo convierten en un material aislante efectivo:

- Compatibilidad con betún y adhesivos
- Resistencia a impactos
- Resistencia al fuego
- Resistencia térmica
- Valor R estable
- Capacidad de unión

1.2.4 Fibra de madera

El aislamiento con fibra de madera (*Figura 15*) es un material rígido que se fabrica con fibras de caña o madera y diferentes aglutinantes. Es un material

Figura 14 Aislamiento con panel de perlita.

Figura 15 Aislamiento con panel de fibra de madera.

natural y renovable con propiedades aislantes y de aislamiento acústico.

Las siguientes propiedades del panel de fibra de madera lo convierten en un material aislante efectivo:

- Compatibilidad con betún y adhesivos
- Resistencia a impactos
- Durabilidad
- Resistencia térmica
- Valor R estable
- Capacidad de unión
- Estabilidad dimensional

1.2.5 Poliestireno (EPS y XPS)

Los dos tipos de aislamiento de poliestireno más comunes que se emplean en la construcción de techos son el poliestireno expandido (EPS) y el poliestireno extruido (XPS). La principal diferencia entre ellos radica en el proceso de fabricación.

El EPS se fabrica a partir de microesferas de poliestireno expandidas en un proceso de moldeo en el que se fusionan con calor y presión. A este tipo de panel se lo conoce también como *placa de poliestireno*. En la *Figura 16*, se muestra el aislamiento para techos de EPS.

El XPS se fabrica mediante un proceso de extrusión continua que genera un aislamiento con espuma de celda cerrada. En la *Figura 17*, se muestra el aislamiento para techos de XPS.

Otra diferencia entre el EPS y el XPS radica en su utilización dentro de un sistema de techo. Tradicionalmente, el EPS se incorpora dentro del sistema de techo. Por el contrario, el XPS se suele instalar arriba, por fuera del sistema de techo.

Las siguientes propiedades del poliestireno lo convierten en un material aislante efectivo:

- Compatibilidad con el asfalto a temperaturas asfálticas bajas
- Resistencia a impactos
- Durabilidad
- Resistencia a la humedad
- Resistencia térmica
- Valor R estable

1.2.6 Lana mineral

La lana mineral se fabrica combinando y calentando minerales naturales hasta que se funden y, luego, hilándolos en una material fibroso conocido comúnmente como *lana mineral*. Las fibras de lana mineral se unen con un agente aglutinante para formar un panel aislante rígido.

Las siguientes propiedades de la lana mineral la convierten en un material aislante efectivo:

- Compatibilidad con betún y adhesivos
- Resistencia al fuego
- Durabilidad
- Resistencia térmica
- Valor R estable
- Estabilidad dimensional

1.3.0 Sistemas de techos de pendiente baja

Existen diversas membranas que se utilizan para impermeabilizar techos de pendiente baja. Los siguientes son algunos de los tipos más comunes:

- Sistemas de una sola capa
- Sistemas bituminosos
- Sistemas con componentes de aplicación en líquido

Los paneles metálicos estructurales (*Figura 18*) también pueden utilizarse como sistema de techo de pendiente baja.

Figura 16 Aislamiento de techos EPS.

Figura 17 Aislamiento de techos XPS.

Figura 18 Sistema de techo estructural metálico.

1.3.1 Sistemas de una sola capa

La membrana de techos de una sola capa consiste en una capa de material impermeabilizante. Las membranas de una sola capa se dividen en dos categorías: termoestables y termoplásticas (*Figura 19*). El EPDM es, por mucho, el tipo de membrana termoestable más común, mientras que las membranas de PVC y TPO son termoplásticas. Muchas membranas de una sola capa se fabrican con refuerzo de poliéster o fibra de vidrio, lo que fortalece las láminas para que puedan resistir roturas y perforaciones. Algunas membranas no son reforzadas y son muy elásticas.

La principal diferencia entre las membranas termoestables y las termoplásticas es su reacción al calor. Los materiales termoestables son estables y se pueden adherir para lograr un resultado fuerte y confiable. Las superposiciones se sellan con adhesivos o cinta. Los materiales termoplásticos pueden volver a modelarse una y otra vez cuando se calientan. Las superposiciones se cosen mediante soldadura con aire caliente.

Los materiales termoestables se han utilizado durante décadas para techos de pendiente baja (*Figura 20*). Pueden resultar muy rentables, confiables y resistentes a altas temperaturas. Una vez instalados, los materiales termoestables no pueden volver a moldearse.

Los sistemas de techos termoplásticos (*Figura 21*) pueden elegirse porque su color claro refleja el calor en lugar de absorberlo, lo que los hace energéticamente eficientes. Además, son reciclables, duraderos y resistentes a perforaciones. Tienen un aspecto final limpio y agradable, y son fáciles de mantener y reparar.

1.3.2 Sistemas bituminosos

Los sistemas de techos bituminosos contienen una sustancia llamada *betún*. El betún es el aglutinante líquido que se utiliza en el asfalto. Existen dos tipos de sistemas de techos bituminosos comunes: los sistemas de techos BUR (Built-Up Roof) y los sistemas modificados con polímeros.

Los sistemas BUR están formados por varias capas de láminas revestidas, fieltros saturados, telas o mallas ensambladas en un patrón de superposición con capas de betún entre medio. Se denominan *Build-Up* (armados) porque las capas se ensamblan (arman) sobre el techo. Se aplica un adhesivo de betún, como puede ser betún aplicado en frío, asfalto embebido en caliente o asfalto modificado con polímeros, sobre el sustrato y se enrollan láminas o fieltros en él (*Figura 22*). Luego, se recubre el sistema con agregados minerales, materiales bituminosos, revestimientos de aplicación en líquido o capas superiores con superficies granuladas. En la *Figura 23*, se muestra un ejemplo de los componentes generales que conforman un sistema BUR.

En los Estados Unidos, los sistemas modificados con polímeros (también conocidos como *mod-bit* o *de betún modificado*) se utilizan desde la década del 70. El betún modificado con polímeros es betún que ha sido modificado mediante el agregado de un polímero. Los polímeros que se utilizan son componentes sintéticos derivados del petróleo.

Los sistemas modificados con polímeros consisten en placas laminadas y capas superiores similares a un sistema BUR. Sin embargo, estas placas laminadas están prefabricadas con telas de refuerzo que se incorporan al betún modificado con polímeros. Luego, estas láminas se instalan en capas para formar una membrana de techo de varias capas. Las láminas pueden instalarse de varias maneras:

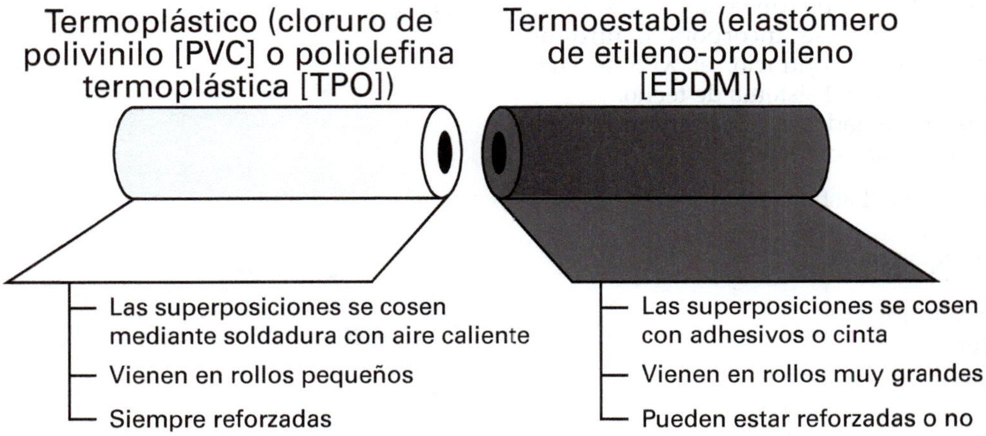

Figura 19 Sistemas de techos termoplásticos vs. termoestables.

Figura 20 Sistema de techos termoestables (EPDM).

Figura 21 Sistema de techos termoplásticos.

- colocando adhesivos aplicados en frío;
- colocando asfalto embebido en caliente o modificado con polímeros;
- calentando el betún con un soplete hasta que se funda y se impregne en la lámina hasta el sustrato (*Figura 24*);
- usando láminas autoadherentes.

1.3.3 Sistemas con componentes de aplicación en líquido

Los sistemas con componentes de aplicación en líquido se pueden dividir en dos categorías: los sistemas de techos con membrana líquida (*Figura 25* [A]) y los sistemas de revestimientos de techo (*Figura 25* [B]). Suelen ser de resina a base de polímeros o componentes modificados con polímeros.

Por lo general, los sistemas de techos de membrana líquida se aplican en dos capas que incluyen refuerzos, como tela de poliéster o vellón. La resina o el componente se curan para formar una membrana impermeabilizante. Los sistemas con componentes de aplicación en líquido pueden incluir revestimiento adicional, por ejemplo, áridos u otra capa. Estos sistemas de techos han adquirido popularidad, especialmente en proyectos de reconstrucción de techos.

Los sistemas de revestimiento de techos se aplican sobre un sistema de techo existente. Esto se puede hacer para restaurar el sistema de techo y prolongar su garantía.

Figura 22 Instalación de membrana BUR.

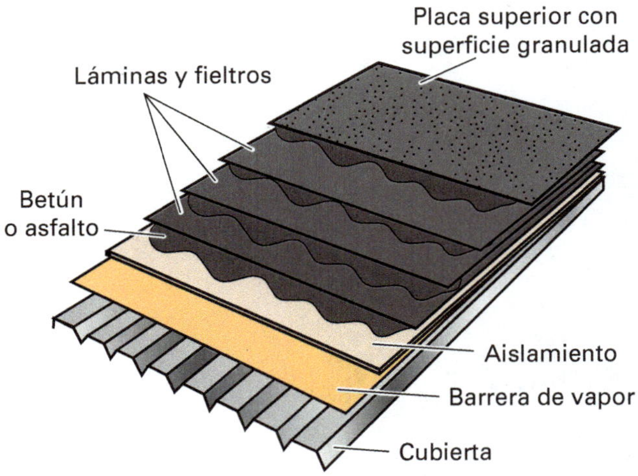

Figura 23 Componentes de un sistema BUR.

(A) Sistema de techos de membrana líquida

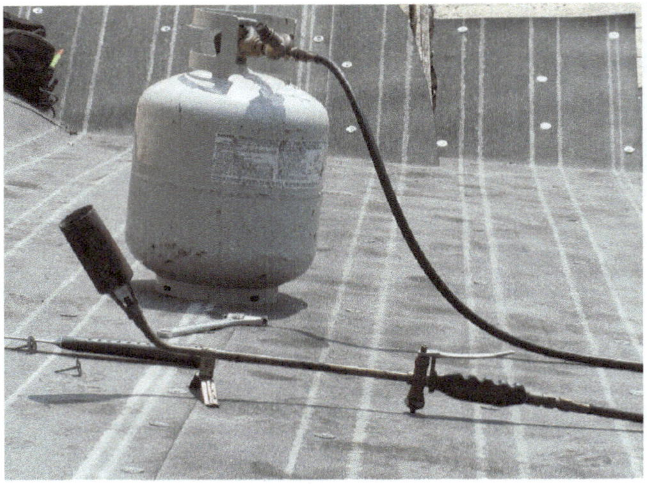

Figura 24 Sopletes para sistemas bituminosos.

(B) Sistema de revestimiento de techos

Figura 25 Sistemas con componentes de aplicación en líquido.

Repaso de la Sección 1.0.0

1. La estructura que soporta todo el sistema de techo se denomina _____.
   a. aislamiento
   b. paneles de revestimiento
   c. cubierta
   d. membrana impermeabilizante

2. ¿Cuál de las siguientes opciones es uno de los objetivos del aislamiento de un sistema de techo?
   a. Impedir que se escape el calor
   b. Impermeabilizar la estructura
   c. Proporcionar estabilidad estructural
   d. Brindar protección contra el vapor de agua

3. ¿Qué tipo de membrana de techo es la de TPO?
   a. BUR
   b. EPDM
   c. Termoestable
   d. Termoplástica

SECCIÓN DOS

2.0.0 INSTALACIÓN Y FUNCIÓN DE LOS SISTEMAS DE TECHOS DE PENDIENTE BAJA

Objetivo

Explicar cómo se instalan y funcionan los sistemas de techos de pendiente baja.

a. Describir el drenaje positivo y explicar cómo se utiliza el aislamiento ahusado para encausar el agua.
b. Identificar los métodos que se emplean para adosar sistemas de techos de pendiente baja.
c. Enumerar los métodos de costura de membranas de techo.
d. Explicar el propósito de los tapajuntas y dónde deben colocarse.

Palabras técnicas

Asientos: pequeñas estructuras inclinadas que ayudan a canalizar el agua de la superficie de pendiente hacia los desagües, que suelen encontrarse en una limahoya. Los asientos suelen construirse como un pequeño techo a cuatro aguas o pirámide con una base con forma de rombo. También se denomina *techo falso romboidal*.

Bloques premoldeados: losas prefabricadas, por lo general de concreto, que se usan como peso (o lastre) para sujetar un sistema de techo y que proporcionan un acabado funcional y una superficie sobre la que se puede caminar.

Canaletas: componentes canalizados que se instalan a lo largo del perímetro de un techo para conducir el agua hacia los conductos o bajadas de desagüe.

Chaflanes: componentes que se utilizan para desviar y alejar el agua de una chimenea, pared, junta de expansión u otra interrupción de la superficie de pendiente de un techo.

Drenaje positivo: condición en la cual se diseña y se le da forma a un techo a fin de garantizar el drenaje apropiado del área del techo dentro de las 48 horas posteriores a la precipitación.

Embornal: abertura de drenaje a través de una pared, pared de parapeto o borde de techo elevado, a la que se le suele colocar un encamisado de chapa.

Secado al aire: cuando se cura un adhesivo o se seca lo suficiente como para que dos piezas se peguen entre sí. Es pegajoso al tacto pero no deja residuos en los guantes.

Superficie de pendiente: superficie principal e ininterrumpida de un techo.

Tapajuntas: componentes que se usan para impermeabilizar o sellar los bordes de un sistema de techos en perímetros, penetraciones, paredes, juntas de expansión, valles, drenajes y otros lugares donde se interrumpe o no continúa la cobertura del techo. Por ejemplo, los tapajuntas base cubren el borde de la membrana colocada sobre la superficie de pendiente, mientras que los tapajuntas superiores protegen los bordes superiores de los tapajuntas base.

Tapajuntas base: capas o tiras de material de membrana para techo que se utilizan a fin de cerrar o sellar un techo en intersecciones horizontales a verticales, por ejemplo, en la unión del techo con una pared. El revestimiento base cubre el borde de una membrana de superficie de pendiente y se extiende hacia arriba en la superficie vertical.

Tapajuntas superior: componente del sistema de techo, generalmente de metal, que se utiliza para cubrir o proteger los bordes superiores del tapajuntas base de la membrana o del tapajuntas de pared.

Todos los sistemas de techos están diseñados para evitar que el agua ingrese al edificio a través del techo. Si el agua se acumula o ingresa a través de las costuras del techo, puede causar daños y corrosión al sistema de techo, provocando filtraciones e incluso daños estructurales. Al instalar un sistema de techos, en todos los pasos del proceso se debe evitar que el agua ingrese al edificio o se acumule sobre el techo (*Figura 26*).

2.1.0 Drenaje positivo

Los techos de pendiente baja muchas veces se ven completamente planos, pero siempre tienen algo de pendiente para facilitar el drenaje positivo y evitar la acumulación de agua. Toda acumulación de agua sobre el techo debe drenar o secarse por completo en 48 horas. Drenaje positivo significa que la forma del techo evita la acumulación de agua o permite el drenaje hacia los desagües.

> **NOTA**
> Consulte los códigos de edificación locales para tener una definición precisa de drenaje positivo en su zona.

Figura 26 Acumulación de agua en un techo.

Existen varias maneras de crear un drenaje positivo en un sistema de techo de pendiente baja, incluido el uso de aislamiento ahusado y chaflanes para conducir el agua hacia los desagües. Los techos de pendiente baja pueden tener desagües en la superficie de pendiente del techo, o una salida conocida como embornal (*Figura 27*). Los desagües se ubican en puntos bajos del techo. Los embornales suelen utilizarse como drenaje secundario para techos de pendiente baja con muros de parapeto. Se instalan canaletas a lo largo del perímetro del techo para conducir el agua desde el techo a los conductos o bajadas de desagüe.

2.1.1 Aislamiento ahusado

El aislamiento ahusado está prefabricado y es más grueso en un extremo para aportar pendiente cuando se instala sobre una superficie plana. Puede usarse para que el agua corra hacia los desagües.

El aislamiento ahusado viene en piezas, cada una con su respectivo rótulo de acuerdo al orden de colocación. Están moldeadas de manera de que encajen entre sí y creen una pendiente suave, como se muestra en la *Figura 28*. En este ejemplo, el juego incluye las letras AA, A, B y C. Las piezas etiquetadas con AA son las más delgadas y las C, las más gruesas.

Figura 27 Desagüe y embornal de desbordamiento en un techo termoplástico.

2.1.2 Chaflanes y asientos

A veces, que haya una pendiente en una sola dirección no es suficiente. Es posible que el agua se acumule porque no hay ninguna pendiente a la mitad de la superficie del techo que la conduzca hacia los desagües. En estos casos, es posible que el agua necesite más ayuda para llegar al desagüe.

Los chaflanes y los asientos son piezas de aislamiento cortadas o fabricadas especialmente para conducir el agua hacia el desagüe (*Figura 29*). Un chaflán se utiliza para desviar el agua lejos de una intersección horizontal en el techo, como una claraboya o muro. Un asiento es una estructura inclinada que canaliza el agua superficial hacia los desagües. Los asientos también se conocen como *chaflanes romboidales*.

2.2.0 Métodos de unión

Los sistemas de techos pueden estar unidos a una edificación de tres maneras: mediante elementos mecánicos, adheridos y lastrados. Otro método que se está volviendo cada más popular es la soldadura por inducción.

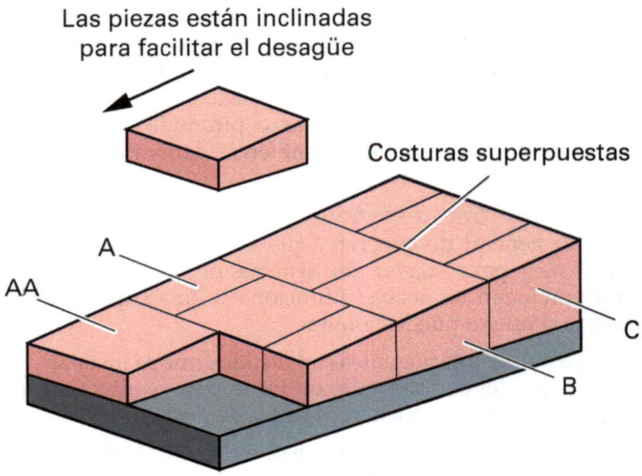

Figura 28 Ejemplo de aislamiento ahusado.

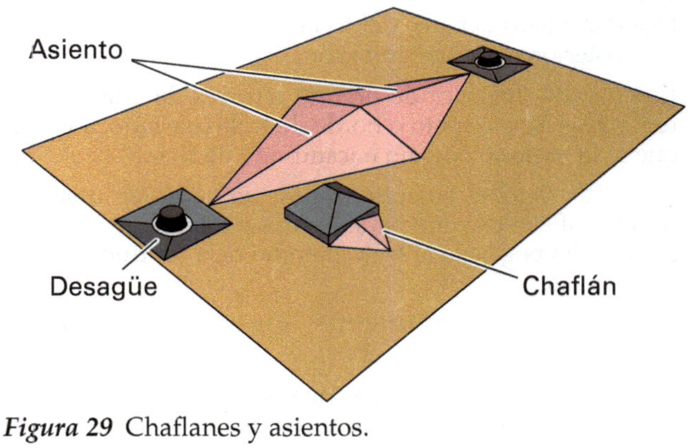

Figura 29 Chaflanes y asientos.

Lucha contra el agua

Cuando de techos se trata, el agua es el enemigo. Todos los esfuerzos que realizan los equipos de construcción de techos se centran en impedir que se filtre agua dentro de la edificación. Para cumplir con esta tarea, los techistas deben entender los siguientes principios básicos sobre el movimiento del agua:

- **El agua corre hacia abajo.** Puede correr lateralmente e incluso hacia arriba cuando se interrumpe su flujo natural o cuando encuentra uniones u otras superficies por donde fluir.
- **Los techos son más efectivos cuando el agua drena lo más rápido posible.** El agua busca otro paso cuando algo se interpone en su camino. Un buen techo favorece el desplazamiento del agua hacia los desagües o los bordes del techo para evitar filtraciones en otros lugares.
- **Con el tiempo, el agua destruye todo lo que encuentra a su paso.** El agua puede corroer materiales, abrir caminos nuevos y debilitar los sistemas de techos.

Figura cortesía de iStock@Beeldbewerking

2.2.1 Unión mediante elementos mecánicos

Los techos unidos mediante elementos mecánicos son habituales porque se pueden instalar más rápido y de manera más económica que otros. Permiten a los fabricantes inspeccionar y verificar fácilmente su correcta instalación, por lo que son una opción muy solicitada entre los propietarios de edificios. Estos techos se unen mediante elementos de sujeción mecánica (*Figura 30*).

Estos son los pasos de un procedimiento general para unir un sistema de techo de una sola capa mediante elementos mecánicos:

> **NOTA**
> Este procedimiento es un ejemplo y se da por hecho que ya se ha instalado el aislamiento sobre la cubierta. Cumpla siempre con los procedimientos de la compañía y las instrucciones del fabricante al instalar una membrana para techos.

Paso 1 Extienda el rollo de membrana.

Paso 2 Perfore directamente las placas aislantes con los elementos de sujeción hasta traspasar incluso la cubierta ubicada debajo, a la altura del borde del rollo de membrana (*Figura 31*).

Paso 3 Extienda el siguiente rollo de membrana de tal manera que los elementos de sujeción queden tapados con el borde de la membrana.

Paso 4 Repita los pasos 1 a 3, extendiendo cada rollo y superponiéndolos entre sí.

Paso 5 Selle las superposiciones para impermeabilizar la costura. En el caso de un sistema EPDM, adhiéralas con cinta. En el caso de un sistema termoplástico, suelde las membranas con calor utilizando un soldador de aire caliente.

Figura 30 Membrana para techo EPDM unida mediante elementos mecánicos.

2.2.2 Adhesivos

Los sistemas de techos adheridos se pegan al sustrato mediante un adhesivo. Los propietarios o diseñadores de edificaciones pueden elegir este método para proporcionar mayor resistencia al viento. Sin embargo, es posible que resulte más lento y costoso. Se deben rociar o esparcir grandes cantidades de adhesivo a la temperatura adecuada. Luego, se debe dejar secar al aire o curar hasta que el adhesivo alcance el nivel de adherencia justo antes de colocar la membrana utilizando un rodillo con peso (*Figura 32*).

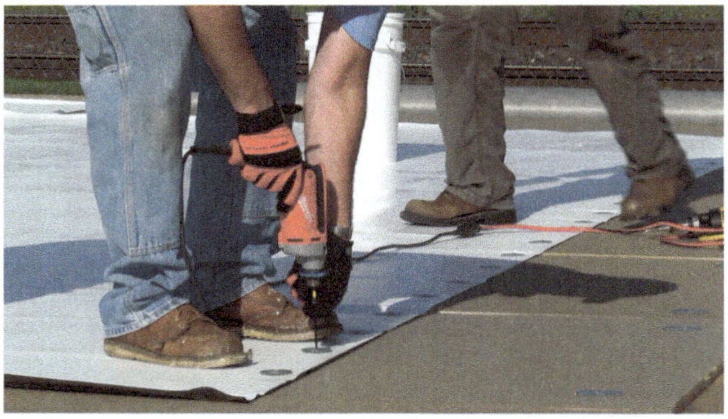

Figura 31 Sujeción de una membrana termoplástica.

2.2.3 Lastre

Los sistemas de techos lastrados o sueltos se suelen utilizar en edificaciones que tienen pasajes o áreas de alto tránsito en el techo. Para unirlos, se utiliza un material de lastre sobre la membrana que, por el peso, no permite que se levante (*Figura 33*). Los materiales de lastre pueden incluir agregados redondeados, bloques premoldeados o vegetación.

2.2.4 Soldadura por inducción de materiales termoplásticos

La soldadura por inducción está ganando popularidad como método de unión. Muchos contratistas de la construcción de techos consideran que este método reduce la mano de obra en proyectos de mayor envergadura. Además, elimina algunas restricciones que plantean los sistemas adheridos en climas fríos y preocupaciones relacionadas con el viento en sistemas unidos mediante elementos mecánicos.

Este método utiliza placas de metal especialmente revestidas que se ubican debajo de una membrana termoplástica. Una vez colocada la membrana en la parte superior de las placas, se utiliza un soldador por inducción termomagnética para calentar las placas. El calor derrite el recubrimiento y la membrana, y los fusiona. Al final del proceso, se colocan imanes en la parte superior

Figura 32 Rodillo con peso.

Figura 33 Sistema de techo lastrado.

de la membrana (donde están las placas) durante unos minutos, para mantenerla asegurada hasta que se enfríe y se adhiera.

2.3.0 Costuras y soldaduras

Las costuras son las áreas en donde se superponen las láminas de membrana. Deben impermeabilizarse para evitar que el agua se filtre entre las láminas. Para lograr esto, los techistas emplean los siguientes métodos:

- *Adhesivos:* — se utilizan adhesivos entre las láminas para unirlas en las costuras (*Figura 34*).

¿Sabía usted?

Inducción electromagnética

El proceso de inducción se produce cuando un conductor se carga de electricidad por estar cerca de otro objeto con carga eléctrica o se magnetiza por estar dentro de un campo magnético. Esta acción se denomina *inducción* porque no es necesario que los objetos se toquen físicamente para recibir cargar eléctrica (la carga se induce).

- *Cinta de costura:* — esta cinta se utiliza entre las láminas para que se adhieran en las costuras (*Figura 35*).
- *Soldadura con aire caliente:* — se aplica aire extremadamente caliente, por lo general a más de 260 °C (500 °F), en la costura para que las láminas se derritan y se adhieran (*Figura 36*).

2.4.0 Superficie de pendiente y tapajuntas

Todo techo tiene dos áreas principales: la superficie de pendiente y los tapajuntas. La superficie de pendiente es la zona despejada principal de un techo. Puede estar interrumpida por penetraciones. Las penetraciones son áreas donde algo se atraviesa o se interpone en el camino de la membrana para techo. Es por las penetraciones donde el agua tiene más probabilidades de ingresar a una edificación; por lo tanto, deben tratarse meticulosamente mediante la colocación de tapajuntas.

Los tapajuntas protegen las áreas vulnerables contra la filtración de agua. Impermeabilizan o sellan el techo en el área del perímetro, de penetraciones,

Figura 34 Costura adhesiva en un sistema de techo EPDM.

muros, juntas de expansión y desagües— en cualquier lugar donde la membrana para techo se vea interrumpida. Los códigos de edificación hacen referencia a los lugares donde deberían colocarse tapajuntas. Estas áreas incluyen claraboyas, desagües, embornales y muros de parapeto. En la *Figura 37*, se muestran ejemplos de diferentes tipos de tapajuntas.

El término *tapajuntas* (tapar juntas) se suele utilizar como sustantivo y como verbo. Por ejemplo, es posible que el desagüe de un sistema de techo de pendiente baja necesite tapajuntas (sustantivo), y también puede ver indicaciones para tapar las juntas (verbo) de un desagüe. En este caso, tapar las juntas de un desagüe se refiere al acto de instalar materiales que sellen esta penetración.

Para tapar las juntas, se utilizan dos componentes básicos: los tapajuntas base y los tapajuntas superiores. Se puede usar otro elemento de construcción como tapajuntas superior.

En los sistemas de pendiente baja, los tapajuntas suelen ser del mismo material que la membrana para techo. Se cortan las láminas del material de membrana para adaptarlas al área donde se debe colocar el tapajuntas. Pueden adherirse o unirse mediante elementos de sujeción mecánicos.

Según las especificaciones del sistema de techo, se pueden utilizar distintos tipos de tapajuntas con diferentes componentes en función del área en cuestión. Estos son algunos componentes de los tapajuntas base:

- *Listón achaflanado:* — los listones achaflanados ayudan a proporcionar una transición en la intersección entre la cubierta de techo horizontal y la proyección vertical del tapajuntas. Los hay de distintos materiales, incluso perlita, fibra de madera, fibra de vidrio, lana mineral y madera. A veces, se vierten en obra sobre una cubierta de concreto.
- *Adhesivos:* — en los sistemas de techos, se utilizan diversos adhesivos, como asfalto caliente y asfalto aplicado en frío, sobre el concreto del techo. Algunos tapajuntas con betún modificado se adhieren calentando el betún que se encuentra en el reverso de la lámina. En general, las membranas tapajuntas se adhieren y, luego, se unen mediante elementos mecánicos que se colocan a lo largo del borde superior.
- *Placas laminadas para tapajuntas* — Las placas laminadas para tapajuntas base, a veces llamadas *placas de soporte*, son las capas preliminares de una membrana tapajuntas y pueden ser las mismas placas laminadas que se emplean para la superficie de pendiente del techo. Estas placas pueden ser del mismo material que la placa reforzada. Por lo general, están hechas a partir de placas de membrana de betún modificado. Además, es posible que ya vengan con un revestimiento aplicado en fábrica.

Figura 35 Cinta de costura.

(A) Soldadura por calor de una unión con una cerradora manual

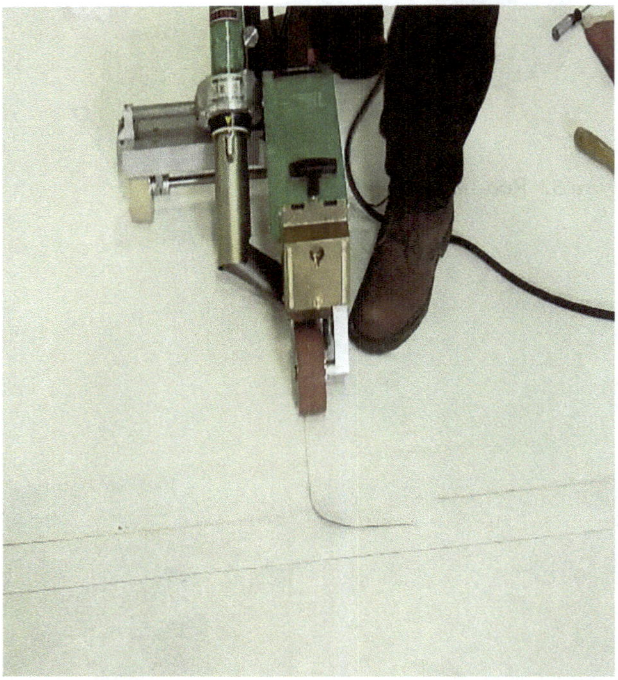

(B) Soldadura por calor de una unión con un soldador de aire caliente

Figura 36 Soldadura por calor de una costura.

(A) Tapajuntas para banqueta

(B) Tapajuntas base

(C) Tapajuntas para pared

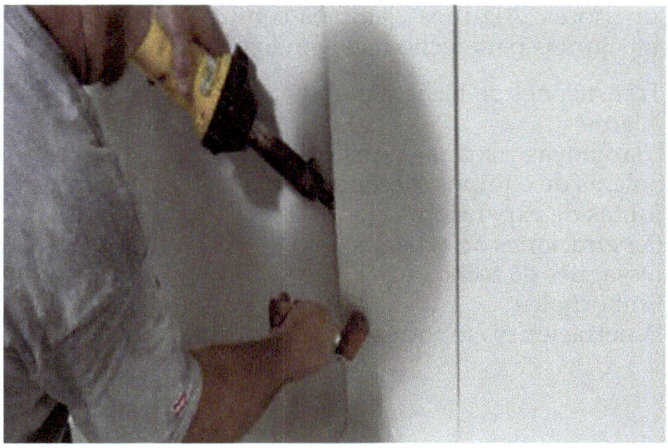

(D) Empalme para tapajuntas de pared

(E) Tapajuntas para tuberías

Figura 37 Tipos de tapajuntas.

La mayoría de los tapajuntas se fijan a los sustratos verticales u horizontales utilizando los elementos de sujeción que se describen en las especificaciones. Las capas de tapajuntas se superponen para que el agua corra por encima de las costuras y no vuelva con fuerza contra ellas. Las partes lisas y expuestas de todos los materiales de los tapajuntas requieren un recubrimiento para evitar que se dañen, ya que están expuestos a agentes externos.

Los tapajuntas metálicos vienen de distintos tipos de metales. Los techistas profesionales deben conocer todos los componentes de los tapajuntas y cómo se instalará cada uno antes de comenzar a trabajar. En las especificaciones y los planos de detalle se indicarán el tipo, la cantidad y las medidas de todos los componentes requeridos para instalar el sistema de tapajuntas completo.

Si bien se pueden utilizar los mismos materiales, los detalles de los tapajuntas del techo deben contemplar la necesidad de componentes de tapajuntas base y superiores. Algunos ejemplos comunes de detalles de tapajuntas para techo incluyen los siguientes:

- Transiciones de techo a pared
- Aleros
- Claraboyas y soleras de escotillas
- Soleras de equipos mecánicos
- Juntas de expansión
- Penetraciones de tuberías
- Desagües de techo
- Embornales
- Penetraciones empotradas

NOTA

Es posible que a los sistemas de techos de paneles metálicos se apliquen requerimientos de tapajuntas especiales y exclusivos para ese sistema de techo en particular. Es posible que los tapajuntas del sistema de techo de paneles metálicos se deban fabricar a medida en taller. Los componentes de los tapajuntas metálicos se abordan en más detalle en el módulo 16107 del NCCER, *Planchas de metal para techos.*

NOTA

Algunos tapajuntas para sistemas de techo a base de espuma de poliuretano en aerosol (SPF) se rocían en el lugar y no requieren materiales adicionales.

Repaso de la Sección 2.0.0

1. Cualquier acumulación de agua en un techo debe secarse dentro de las _____.
   a. 8 horas
   b. 24 horas
   c. 48 horas
   d. 72 horas

2. ¿Cuál de los siguientes métodos de unión utiliza elementos de sujeción como clavos o tornillos?
   a. El de unión mediante elementos mecánicos
   b. El de lastre
   c. El de adhesión
   d. El de soldadura por inducción

3. Las áreas donde se superponen las capas de membrana se denominan _____.
   a. penetraciones
   b. uniones
   c. bloques premoldeados
   d. asientos

4. ¿Qué indica el tipo, la cantidad y la medida de todos los componentes de tapajuntas requeridos para un sistema de techo en particular?
   a. Las penetraciones
   b. Las especificaciones y los planos detallados
   c. Los códigos de edificación
   d. Los métodos de unión

Preguntas de revisión

1. ¿Cuál de los siguientes elementos *no* es parte del sistema de techo?
   a. Cubierta
   b. Aislamiento
   c. Membrana
   d. Tapajuntas

2. ¿Qué aspecto de un techo permite que el agua corra por acción de la gravedad hacia los desagües?
   a. Material de la cubierta
   b. Aislamiento
   c. Pendiente
   d. Penetraciones

3. ¿Cuál de los siguientes tipos de cubierta es combustible?
   a. Concreto estructural
   b. Concreto liviano
   c. Acero
   d. Madera

4. ¿Cuál de las siguientes afirmaciones sobre el calor es *verdadera?*
   a. El calor siempre pasa de las áreas más cálidas a las más frías.
   b. El calor siempre pasa de las áreas más frías a las más cálidas.
   c. El calor se disipa naturalmente.
   d. El aislamiento aumenta la transferencia de calor.

5. ¿Cuál de los siguientes elementos *no* se suele clasificar como aislante?
   a. Poliisocianurato
   b. EPS
   c. XPS
   d. Yeso

6. Los sistemas de techos termoestables _____.
   a. pueden volver a moldearse una vez instalados
   b. son reciclables
   c. se cosen con adhesivos o cinta
   d. se cosen mediante soldadura con aire caliente

7. ¿Qué tipo de techo está formado por varias capas de láminas (como fieltros o mallas) ensambladas en el techo con capas intercaladas de betún?
   a. BUR
   b. Termoplástico
   c. Termoestable
   d. Aplicación en líquido

8. ¿Cuál de los siguientes componentes está formado por piezas aislantes cortadas especialmente y utilizadas para desviar el agua lejos de una intersección horizontal en el techo?
   a. Embornal
   b. Desagüe
   c. Chaflán
   d. Placa de inducción

9. ¿Qué método de unión utiliza placas de metal revestidas debajo de la membrana?
   a. El de soldadura por inducción
   b. El de unión mediante elementos mecánicos
   c. El de lastre
   d. El de adhesión

10. ¿Qué se instala para impermeabilizar o sellar las penetraciones del techo?
   a. Embornales
   b. Tapajuntas
   c. Adhesivos
   d. Asientos

Cuestionario de palabras técnicas

Complete los espacios en blanco con las palabras correctas que aprendió al estudiar este módulo.

1. Un material que tiene la capacidad de arder se denomina ______________.
2. La principal área de superficie ininterrumpida de un techo se denomina ______________.
3. Los sistemas que separan el interior y el exterior del edificio conforman el ______________.
4. Las capas o tiras de material de membrana que se utilizan para sellar un techo en una intersección horizontal o vertical se denominan ______________.
5. La categoría de techos que por lo general incluye sistemas de techos que repelen el agua se conoce como ______________.
6. Las losetas prefabricadas que se utilizan para lastrar un sistema de techo se denominan ______________.
7. El componente del sistema de techo que se utiliza para cubrir o proteger los bordes superiores de los tapajuntas base de la membrana o de los tapajuntas de pared se denomina ______________.
8. Los componentes que se utilizan para impermeabilizar o sellar los bordes de un sistema de techos en los perímetros, penetraciones, muros, juntas de expansión, valles, etc. se denominan ______________.
9. La sustancia cementosa de color oscuro que se encuentra en asfaltos, alquitranes, breas y asfaltitas se denomina ______________
10. La categoría de techos que suele incluir sistemas de techos de membrana impermeabilizante se conoce como ______________.
11. La condición en la cual se diseña y se le da forma a un techo a fin de garantizar el drenaje del área dentro de las 48 horas de producirse la precipitación se denomina ______________.
12. La abertura de drenaje a través de una pared, pared de parapeto o borde de techo elevado, a la que se le suele colocar un revestimiento de chapa, se denomina ______________.
13. El componente estructural de un techo que soporta el peso del sistema de techo se denomina ______________.
14. Los componentes que se utilizan para desviar y alejar el agua de una chimenea, pared, junta de expansión u otra interrupción de la superficie de pendiente de un techo se denominan ______________.
15. Las pequeñas estructuras inclinadas que ayudan a canalizar el agua a los desagües se denominan ______________.
16. Antes de presionar una membrana adherida contra el adhesivo mediante un rodillo con peso, el adhesivo debe ______________.
17. Los componentes canalizados que se instalan a lo largo del perímetro de un techo para conducir el agua a los conductos o bajadas de desagüe se denominan ______________.
18. El aislamiento en el cual estructuras celulares diminutas se empaquetan bien juntas pero no se conectan entre sí se conoce como ______________.
19. La medición de la capacidad de un material para resistir la transferencia de calor a través de sí mismo se denomina ______________.
20. La superficie sobre la cual se aplica una membrana para techo o impermeabilizante se denomina ______________.

Palabras técnicas

Asientos
Betún
Bloques premoldeados
Canaletas
Celda cerrada
Cerramiento exterior
Chaflanes
Combustible
Cubierta
Drenaje positivo
Embornal
Pendiente baja
Pendiente pronunciada
Secado al aire
Superficie de pendiente
Sustrato
Tapajuntas
Tapajuntas base
Tapajuntas superior
Valor R

Principios básicos de las habilidades

Brian Davis
Director de Servicios Técnicos
GAF

¿Cómo eligió su carrera en la industria?

Siempre me interesaron las edificaciones, las estructuras y el diseño. Después de recibirme de arquitecto, decidí buscar trabajo y ver los tipos de trabajo que ofrecían. Trabajé algunos veranos con un contratista instalando techos de tejas asfálticas, así que ya tenía algo de experiencia en la construcción de techos. GAF fue una de las primeras compañías que se comunicó conmigo. Investigué un poco y descubrí que eran una de las empresas más grandes en la industria de la construcción de techos, y estaban buscando un operador de CAD (diseño asistido por computadora). Les interesó el hecho de que ya tuviera algún conocimiento previo sobre el tema, y me ofrecieron un puesto en GAF apenas terminé la facultad. Desde entonces, sigo trabajando en el sector.

¿Quién lo inspiró para ingresar a la industria?

Muchas personas me inspiraron para ingresar y permanecer en la industria a lo largo de los años. He tenido algunos grandes mentores dentro de la organización, como Helene Hardy-Pierce y William Woodring. Entre los dos suman más de 80 años de experiencia en la industria de la construcción de techos, y siempre tuvieron una gran predisposición para compartir sus conocimientos conmigo y con otras personas.

¿Qué tipos de capacitación ha recibido?

He invertido mucho tiempo en capacitaciones a lo largo de estos años. Considero que es muy importante. Para mí, la palabra *capacitación* es variable. Puede ser algo tan simple como una conversación, una llamada o un video. O puede ser algo más complejo como material práctico o capacitaciones presenciales. De todas formas, creo que la capacitación nunca es suficiente. Los productos, las tecnologías y los códigos de edificación están en constante evolución. Capacitarse y mantenerse actualizado contribuye al éxito.

¿Qué tan importante son la educación y la capacitación en la construcción?

La educación y la capacitación en la construcción son muy importantes. Al recibir la capacitación adecuada, uno aprende a realizar las tareas no solo de manera correcta, sino también de manera segura.

¿Qué tipos de trabajo realizó a lo largo de su carrera?

Ha sido fantástico trabajar para GAF, y mis 15 años de carrera los hice con ellos. Me dedico principalmente a la parte técnica de la construcción de techos. Cuando comencé como analista de servicios contratados, dibujaba los detalles de los techos. Luego, dirigí el departamento de aislamiento térmico de poliiso durante 10 años, aproximadamente. En la actualidad, estoy a cargo de la publicación de nuestros manuales de aplicación y especificaciones para techos tanto de pendiente baja como de pendiente pronunciada. Además, trabajo de transversalmente con otros departamentos, contratistas, arquitectos y especialistas en diferentes proyectos de construcción de techos.

Háblenos de su trabajo actual.

En mi puesto actual, superviso a un equipo de cinco personas. Mis principales responsabilidades incluyen el mantenimiento de todos los manuales y bibliografía técnica, los planos de detalle de los techos y el embalaje de productos. También asisto a organizaciones de la industria de la construcción de techos, como la Asociación Nacional de Contratistas de Techos (NRCA), ARMA y SPRI, y participo en ellas.

¿Qué es lo que más le gusta de su trabajo?

Disfruto de viajar y conocer gente nueva. También es muy reconfortante saber que lo que hacemos tiene un gran impacto en la vida de las personas y el medio ambiente.

¿Cuáles son los factores que más contribuyeron a su éxito?

Preguntar y aprender lo más posible. La capacitación, el pensamiento creativo y el trabajo duro también han contribuido a mi éxito.

¿Recomendaría la construcción como carrera para otras personas? ¿Por qué?

La construcción en general tiene muchas vetas. La construcción de techos es una de las ramas con mayor potencial de crecimiento, y existe una gran demanda de personas especializadas en este momento. El programa ProCertification® de la NRCA ayuda a estos trabajadores a certificarse en instalaciones de sistemas de techos específicos. Una vez que se adquieren esas habilidades, se puede comenzar a trabajar de inmediato.

¿Qué consejos daría a quienes se acaban de incorporar al sector?

Lo fundamental es empezar con una base sólida. Es importante recibir cuanto antes la capacitación adecuada. Poder demostrar los conocimientos adecuados, la seguridad y la habilidad es esencial para quienes recién ingresan al sector.

Un logro o hecho interesante relacionado con la carrera

Cuento con las certificaciones LEED AP (Profesional Acreditado en Diseño, Desarrollo y Aplicación a Proyectos de Arquitectura & Obras de Construcción) y GRP (Profesional de techos verdes). Las obtuve durante mi empleo en GAF.

¿Cómo define el oficio?

Para mí, el oficio se logra cuando uno puede sentirse orgulloso de la calidad de su trabajo y presta atención a los detalles al realizar una tarea.

Palabras técnicas presentadas en este módulo

Asientos: pequeñas estructuras inclinadas que ayudan a canalizar el agua de la superficie de pendiente hacia los desagües, que suelen encontrarse en una limahoya. Los asientos suelen construirse como un pequeño techo a cuatro aguas o pirámide con una base con forma de rombo. También se denomina techo falso romboidal.

Betún: sustancia pegajosa de color oscuro que se encuentra en asfaltos, alquitranes y breas. También puede hacer referencia a cualquier material compuesto principalmente por betún, como el asfalto o el alquitrán de hulla.

Bloques premoldeados: losas prefabricadas, por lo general de concreto, que se usan como peso (o lastre) para sujetar un sistema de techo y que proporcionan un acabado funcional y una superficie sobre la que se puede caminar.

Canaletas: componentes canalizados que se instalan a lo largo del perímetro de un techo para conducir el agua hacia los conductos o bajadas de desagüe.

Celda cerrada: estructura de aislamiento celular en la cual las estructuras celulares diminutas se empaquetan bien juntas pero no se conectan entre sí. Las células de material pueden ser sólidas o huecas.

Cerramiento exterior: sistemas de un edificio que separan el interior del edificio del exterior, incluido el techo, las paredes, las ventanas y las puertas.

Chaflanes: componentes que se utilizan para desviar y alejar el agua de una chimenea, pared, junta de expansión u otra interrupción de la superficie de pendiente de un techo.

Combustible: que tiene la capacidad de arder.

Cubierta: componente estructural del techo de una construcción, capaz de soportar de manera segura el peso del sistema de impermeabilización o del techo, así como las cargas vivas adicionales que requieren los códigos de edificación correspondientes. La cubierta proporciona el sustrato sobre el cual se aplica el sistema de impermeabilización o del techo.

Drenaje positivo: condición en la cual se diseña y se le da forma a un techo a fin de garantizar el drenaje apropiado del área del techo dentro de las 48 horas posteriores a la precipitación.

Embornal: abertura de drenaje a través de una pared, pared de parapeto o borde de techo elevado, a la que se le suele colocar un encamisado de chapa.

Pendiente baja: categoría de techo que generalmente incluye tipos de membrana impermeabilizante de sistemas de techos instalados sobre pendientes de 3:12 o menos.

Pendiente pronunciada: categoría de techo que generalmente incluye tipos de cobertura con materiales que repelen el agua que se instalan sobre pendientes de más de 3:12.

Secado al aire: cuando se cura un adhesivo o se seca lo suficiente como para que dos piezas se peguen entre sí. Es pegajoso al tacto pero no deja residuos en los guantes.

Superficie de pendiente: superficie principal e ininterrumpida de un techo.

Sustrato: superficie sobre la cual se aplica una membrana para techo o impermeabilizadora (como un tablero estructural o aislamiento con panel rígido).

Tapajuntas: componentes que se usan para impermeabilizar o sellar los bordes de un sistema de techos en perímetros, penetraciones, paredes, juntas de expansión, valles, drenajes y otros lugares donde se interrumpe o no continúa la cobertura del techo. Por ejemplo, los tapajuntas base cubren el borde de la membrana colocada sobre la sup*erficie de pendiente*, mientras que los tapajuntas superiores protegen los bordes superiores de los tapajuntas base.

Tapajuntas base: capas o tiras de material de membrana para techo que se utilizan a fin de cerrar o sellar un techo en intersecciones horizontales a verticales, por ejemplo, en la unión del techo con u*na pared. El revestim*iento base cubre el borde de una membrana de superficie de pendiente y se extiende hacia arriba en la superficie vertical.

Tapajuntas superior: componente del sistema de techo, generalmente de metal, que se utiliza para cubrir o proteger los bordes superiores del tapajuntas base de la membrana o del tapajuntas de pared.

Valor R: medición de la capacidad de un material para resistir la transferencia de calor a través de sí mismo. También se denomina resistencia térmica.

Recursos adicionales

En este módulo, se presentan recursos detallados para capacitaciones sobre tareas. Se sugiere el siguiente material de referencia para un estudio más profundo.

Asociación Nacional de Contratistas de Techos (National Roofing Contractors Association, NRCA), **www.nrca.net**.

Módulo 16205 del NCCER, *Sistemas de techos metálicos*.

Módulo 16206 del NCCER, *Sistemas de techos termoplásticos*.

Módulo 16207 del NCCER, *Sistemas de techos EPDM*.

Módulo 16208 del NCCER, *Sistemas de techos BUR*.

Módulo 16209 del NCCER, *Sistemas de techos de betún modificado*.

Módulo 16210 del NCCER, *Construcción de techos de aplicación en líquido*.

Créditos de las figuras

Cortesía de la Asociación Nacional de Contratistas de Techos, Figuras 1, 5, 7, 22, 27, 30, 34, 35, 36 (A), 37 (A–C)

Patrick D Murphy Co., Inc., Architects, Figuras 8, 9, 14, 18, 33

Cortesía de GAF, Figuras 12, 13, 15, 21, 25 (ambas imágenes), 31, 36 (B), 37 (D–E)

iStock@Svetlana123, Figura 20

iStock@Michael Vi, Figura 26

Respuestas del repaso de la sección

SECCIÓN 1.0.0

Respuesta	Referencia de sección	Objetivo
1. c	1.1.0	1a
2. a	1.2.0	1b
3. d	1.3.1	1c

SECCIÓN 2.0.0

Respuesta	Referencia de sección	Objetivo
1. c	2.1.0	2a
2. a	2.2.1	2b
3. b	2.3.0	2c
4. b	2.4.0	2d

CURRÍCULOS NCCER — ACTUALIZACIÓN DE USUARIO

NCCER hace todo lo posible para mantener sus libros de texto actualizados y sin errores técnicos. Se agradece su ayuda en este proceso. Si encuentra un error, un error tipográfico o un dato incorrecto en los currículos de NCCER, complete este formulario (o una fotocopia de este) o el formulario en línea que se encuentra en **www.nccer.org/olf**. Asegúrese de incluir el número de identificación exacto del módulo, el número de la página, una descripción detallada y la corrección que recomienda. Su aporte se dará a conocer al Equipo de autores. Gracias por su ayuda.

Instructores: Si tienen alguna idea para mejorar este libro de texto o se dieron cuenta de que se necesitaron materiales adicionales para enseñar este módulo de manera eficaz, infórmenoslo para que podamos presentar sus sugerencias al Equipo de autores.

Revisión y desarrollo de productos de NCCER

13614 Progress Blvd., Alachua, FL 32615

Correo electrónico: curriculum@nccer.org
En línea: www.nccer.org/olf

❑ Guía de entrenamiento ❑ Planes de clases ❑ Examen ❑ PowerPoints Otro ________________

Oficio/nivel: Fecha de derechos de autor:

Título/número de identificación del módulo:

Número(s) de las secciones:

Descripción:

Corrección recomendada:

Su nombre:

Dirección

Correo electrónico: Teléfono:

Sustratos, cubiertas y aislamiento de techo

GENERALIDADES

La cubierta es el elemento estructural del conjunto de un techo. Los materiales de un techo, como la membrana impermeabilizante en los sistemas de pendiente pronunciada o el aislamiento en los de pendiente baja, se fijan a la cubierta. Los sistemas de techos se diseñan e instalan de tal modo de proteger a la edificación de los elementos y de evitar que el sistema mismo se dañe por la posible humedad dentro de la edificación. En este módulo, se resumen los tipos y las categorías de cubiertas y aislamientos de techo, se describen las deficiencias que se deben abordar antes de instalar un sistema de techo y se explica cómo manejar el desplazamiento del calor y los vapores en los sistemas.

Módulo 16104

Los estudiantes que hayan finalizado los módulos con éxito pueden ser elegibles para la acreditación mediante el Registro del NCCER. Para obtener más información, visite **www.nccer.org** o comuníquese con nosotros llamando al 1.888.622.3720. En nuestro sitio web, **www.nccer.org**, podrá obtener información sobre los lanzamientos de productos y capacitaciones más recientes.

Nos interesa recibir sus comentarios. Puede enviarlos a **curriculum@nccer.org**, enviar comentarios y consultas generales a **info@nccer.org** o completar el formulario de Actualización de usuario en la parte posterior de este módulo.

Esta información es de carácter general y está destinada únicamente a la capacitación. El desempeño real de las actividades descritas en este manual requiere el cumplimiento de todos los procedimientos de operación, servicio, mantenimiento y seguridad aplicables bajo la dirección de personal calificado. Las referencias en este manual sobre dispositivos patentados o registrados no constituyen una recomendación de su uso.

16104 V1.0

16104
SUSTRATOS, CUBIERTAS Y AISLAMIENTO DE TECHO

Objetivos

Luego de finalizar este módulo, podrá hacer lo siguiente:

1. Identificar los tipos de cubiertas y sustratos, y explicar cómo se aborda el movimiento de la cubierta.
   a. Enumerar los tipos de cubiertas y las consideraciones a tener en cuenta.
   b. Explicar la finalidad de las juntas de expansión.
2. Describir la forma en que se utilizan la ventilación, las barreras de vapor y el aislamiento para controlar los efectos de la condensación y la transferencia de calor en los sistemas de techos.
   a. Enumerar las tres formas generales en que se produce la transferencia de calor.
   b. Explicar los principios básicos del desplazamiento del vapor y describir los procedimientos de instalación de las barreras de vapor y los sistemas de ventilación en pendientes pronunciadas.
   c. Repasar procedimientos generales para la instalación, la manipulación y el almacenamiento del material aislante y las placas de protección.

Tareas prácticas

Bajo supervisión, deberá poder hacer lo siguiente:

1. Inspeccionar visualmente una cubierta a fin de detectar defectos evidentes.
2. Colocar dos capas de aislamiento con juntas escalonadas y desfasadas.
3. Colocar el aislamiento mediante elementos de sujeción mecánica.

Palabras técnicas

Carpintero
Condensación
Evaporación
Infrarrojo
Persona competente
Punto de rocío
Vapor de agua

Credenciales reconocidas por la industria

Si está realizando una capacitación mediante un patrocinador acreditado por el NCCER, probablemente cumpla con los requisitos para obtener las credenciales del Registro del NCCER. El número de identificación de este módulo es 16104. Recuerde que es posible que este módulo se haya utilizado en otros planes de estudio del NCCER y pueda usarse para finalizar otros niveles. Para obtener más información, comuníquese con el Registro del NCCER llamando al 1.888.622.3720 o visite **www.nccer.org**.

Índice

Figuras y tablas

SECCIÓN UNO

1.0.0 SUSTRATOS Y CUBIERTAS DE TECHO

Objetivo

Identificar los tipos de cubiertas y sustratos, y explicar cómo se aborda el movimiento de la cubierta.

a. Enumerar los tipos de cubiertas y las consideraciones a tener en cuenta.
b. Explicar la finalidad de las juntas de expansión.

Tarea de desempeño

1. Inspeccionar visualmente una cubierta a fin de detectar defectos evidentes.

Palabras técnicas

Carpintero: especialista que construye, arma, instala y repara estructuras de madera u otros materiales.

Persona competente: según lo define la OSHA, un individuo que tiene la capacidad de identificar peligros existentes y predecibles en el entorno, o condiciones de trabajo que no son higiénicas o que son peligrosas para los empleados y que tiene autorización para tomar medidas correctivas a fin de eliminar dichos peligros.

La cubierta es el elemento estructural del conjunto de un techo. En los sistemas de techos de pendiente pronunciada, la membrana impermeabilizante se suele sujetar directamente a la cubierta antes de colocar las tejas o losetas. En los sistemas de techos de pendiente baja, el aislamiento y las placas de protección se sujetan a la cubierta antes de colocar la membrana impermeabilizante.

Antes de instalar un sistema de techo, el contratista debe inspeccionar visualmente la cubierta a fin de determinar que funcione como sustrato adecuado que se adaptará a la aplicación del sistema a ser utilizado. Un sustrato es cualquier superficie sobre la que se puede aplicar una membrana para techo o impermeabilizante.

NOTA

Se recomienda que una persona competente inspeccione la cubierta visualmente por debajo a fin de detectar zonas deterioradas antes de comenzar a trabajar sobre el techo. Si bien no se puede responsabilizar a los techistas por la integridad de la estructura de la cubierta, sí deben ser capaces de reconocer problemas evidentes, si hubiera alguno, durante la inspección inicial. Notifique siempre a su jefe si observa algún daño o condición fuera de lo normal.

Una cubierta debe estar seca, limpia y libre de contaminantes o escombros, ser razonablemente lisa, no tener huecos ni depresiones, y estar bien sujeta a los elementos estructurales subyacentes. Debe mantenerse rígida para evitar la desviación excesiva cuando reciba cargas vivas.

En proyectos de reconstrucción de techos, es posible que se detecten problemas con la cubierta al quitar el techo existente. Si la cubierta está dañada o corroída, se deberá reparar antes de instalar los materiales del techo. Los daños los debe reparar un contratista especializado en construcción de cubiertas.

1.1.0 Tipos de cubiertas

La ubicación y el clima pueden influir en el material, la separación de los tirantes, la pendiente y otras características estructurales de una cubierta de techo. Por lo general, los sistemas de techos de pendiente pronunciada tienen cubiertas de madera. Para techos de pendiente baja y otras aplicaciones comerciales se utilizan otros tipos diferentes de cubierta.

Las cubiertas se clasifican en función de si pueden arder o no (si son combustibles o no), y de si admiten o no elementos de sujeción mecánicos (si son clavables o no). En la *Tabla 1*, se muestra la clasificación de las cubiertas de techos.

Tabla 1 Clasificación de tipos de cubiertas de techo

	Clavable	No clavable
Combustible	Paneles de madera	
	Planchas de madera	
No combustible	Paneles de fibra de madera cementosa	Concreto estructural (normal y liviano)
	Acero	
	Concreto aislante liviano	

1.1.1 Cubiertas de techos de pendiente baja

Las cubiertas de techos de pendiente baja pueden ser de acero, concreto, paneles de fibra de madera cementosa o madera dimensional. En la *Figura 1*, se muestran algunas de las cubiertas más comunes para techos de pendiente baja. Antes de comenzar a trabajar en una cubierta de techo de pendiente baja, asegúrese de que esté limpia, seca y sin defectos evidentes, como marcas, orificios u óxido. Es importante utilizar sopladoras o escobas para quitar los escombros antes de instalar el sistema del techo. Informe al líder de equipo si observa algo fuera de lo normal que le genera dudas.

Cubiertas de acero

cubiertas de acero (*Figura 1* [A]) se consideran clavables porque son compatibles con algunos tipos de elementos de sujeción mecánicos que se colocan en las nervaduras de los paneles metálicos. Por lo general, se debe colocar un aislamiento o placas de protección por encima de estas cubiertas antes de instalar la membrana. Los paneles de acero deben estar bien alineados, y la intersección con paredes y estructuras debe ser en escuadra.

Los paneles de acero oxidados o corroídos se deben reemplazar (*Figura 2*). En el acanalado de una cubierta de acero se suelen juntar hojas, suciedad y escombros. Límpiela con una sopladora o escoba y séquela antes de instalar los materiales del techo.

(A) Cubierta de acero

(B) Cubierta de concreto

(C) Cubierta de panel de fibra de madera cementosa

(D) Cubierta de madera con pendiente baja

Figura 1 Cubiertas comunes para techos de pendiente baja.

Figura 2 Reparación de una cubierta de acero oxidada.

Cubiertas de concreto

cubiertas de concreto (*Figura 1* [B]) pueden ser de diferentes tipos. Este material se fabrica combinando agregados (como piedra partida), cemento Portland y agua. El concreto estructural contiene piedra triturada y grava, lo que lo hace muy pesado y fuerte. El concreto estructural liviano contiene esquisto, arcilla o pizarra para que sea más liviano. El concreto liviano puede usarse encima del concreto estructural para crear una pendiente y facilitar el drenaje.

El concreto aislante liviano es más liviano que el concreto estructural y contiene agregados con propiedades aislantes, como perlita, vermiculita o perlas aislantes. Se puede utilizar sobre una cubierta de acero estructural existente. También se puede usar sobre concreto estructural para darle pendiente.

En general, las cubiertas de concreto se llenan en obra y se deben dejar curar un tiempo antes de instalar los sistemas del techos. La humedad que queda dentro de las cubiertas de concreto que no se hayan curado correctamente puede provocar daños en los sistemas de techos.

Estas cubiertas no son clavables, y, por lo tanto, se deben usar adhesivos para sujetar el aislamiento o las placas de protección, no elementos de sujeción mecánicos (*Figura 3*).

Cubiertas de paneles fibra de madera cementosa

Los paneles de fibra de madera cementosa, a los que muchas veces se los llama *Tectum*®, están compuestos por un aglutinante y un compuesto de fibra de madera, lo que crea una superficie que se asemeja al trigo triturado (*Figura 1* [C]). Proporcionan un acabado interior al cielo raso y favorecen el aislamiento acústico.

Estas placas son clavables y no combustibles. Se las debe manipular con cuidado, ya que los bordes se dañan con facilidad. Además, se deterioran si están a la intemperie. Si no se las protege, se pueden manchar o deteriorar, y deberán reemplazarse.

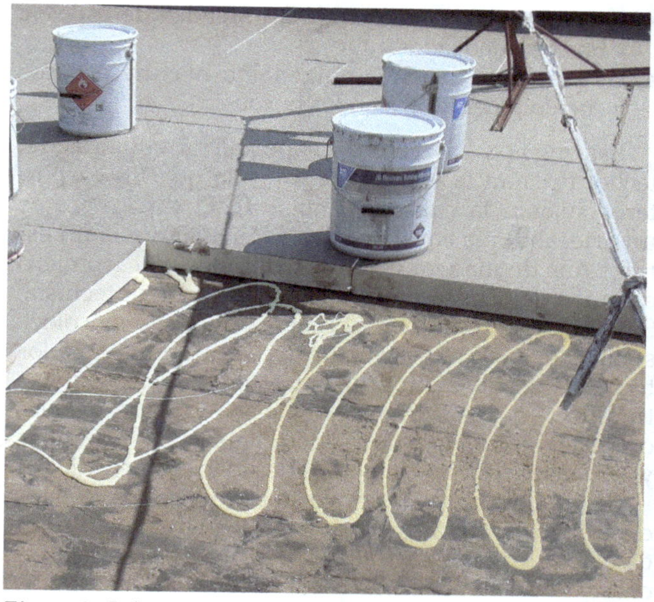

Figura 3 Colocación del aislamiento en una cubierta de concreto con un adhesivo de dos componentes.

Cubiertas de madera

Las cubiertas de madera de pendiente baja suelen ser de tablas o planchas de madera maciza (*Figura 1* [D]). Se pueden deteriorar si se las expone a la humedad o a la intemperie. Los paneles de madera se deben guardar y proteger de las inclemencias del clima mientras estén en la obra y después de haberlos colocado. Las obras de construcción del techo se debe comenzar lo antes posible una vez que se haya instalado la cubierta.

Es posible que a algunas maderas se les apliquen conservantes que pueden corroer los elementos de sujeción. Consulte con el fabricante para obtener recomendaciones específicas acerca de aplicaciones sobre cubiertas de madera tratada con conservantes.

1.1.2 Cubiertas de pendiente pronunciada y membrana impermeabilizante

La madera es el material más común para la construcción de cubiertas de pendiente pronunciada en los EE. UU. y Canadá. Las cubiertas de madera se clasifican en dos tipos: revestimiento de madera y madera dimensional.

Los revestimientos de madera vienen de distintos espesores, entre ½ pulgada y ¾ pulgada. Por lo general, vienen en paneles de 4 × 8 pies. Los dos tipos de revestimiento de madera que se suelen usar para cubiertas son la madera contrachapada y los tableros OSB. La madera contrachapada está formada por chapas (capas finas de madera) que se pegan entre sí bajo condiciones de calor y presión. Los tableros OSB son de fibras de madera orientadas en ángulos rectos antes de darles forma, comprimirlas y pegarlas para formar paneles.

La madera dimensional es madera maciza y aserrada en forma de tablas o planchas. Las tablas y las planchas se diferencian por su espesor y el perfil del borde:

- las tablas tienen menos de 2 pulgadas de espesor y bordes cuadrados.
- las planchas tienen 2 pulgadas o más de espesor y suelen tener juntas en los bordes.

Las vigas y las cerchas soportan la cubierta del techo. Forman la estructura sobre la que los carpinteros sujetan la cubierta (*Figura 4*). El **carpintero** es un artesano que construye, arma, instala y repara estructuras de madera u otros materiales. El carpintero es quien coloca las vigas y las cerchas, no el techista. Sin embargo, dado que el sistema de techo se coloca sobre este conjunto estructural, es importante que los techistas sepan distinguir entre una cubierta estructural bien hecha y una mal hecha. Ya sea de paneles o tablas, la cubierta de madera se sujeta a las vigas y cerchas mediante elementos de sujeción mecánicos.

Se puede sujetar con clavos o tornillos. Los códigos de edificación locales especifican los tamaños y tipos de clavos que se deben utilizar para las vigas, las cerchas y la construcción de la cubierta.

En los EE. UU., un clavo calibre 2 (catalogado como *2d*) tiene 1 pulgada de largo. Cada número que aumenta el calibre equivale a un aumento de $\frac{1}{4}$ pulgada en el largo, hasta llegar al calibre 10. No existen los clavos calibre 11, pero el de calibre 12 mide $3\frac{1}{4}$ pulgadas de largo. Un clavo calibre 16 es $\frac{1}{4}$ pulgada más largo que el de calibre 12. En la *Tabla 2*, se muestra la clasificación de tamaños de los clavos. A los clavos se los suele llamar *sinker* (clavo común para madera).

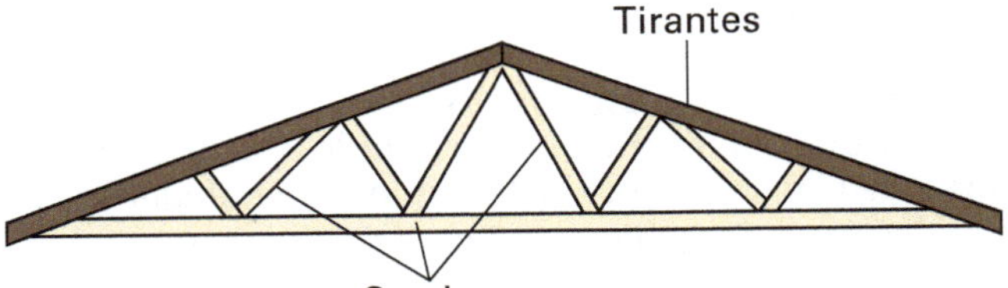

Figura 4 Vigas y cerchas.

Tabla 2 Equivalencia de calibres y pulgadas para clavos

Tamaño del clavo	Longitud en pulgadas
2d	1"
3d	$1\frac{1}{4}$"
4d	$1\frac{1}{2}$"
5d	$1\frac{3}{4}$"
6d	2"
7d	$2\frac{1}{4}$"
8d	$2\frac{1}{2}$"
9d	$2\frac{3}{4}$"
10d	3"
12d	$3\frac{1}{4}$"
16d	$3\frac{1}{2}$"

En la construcción de techos también se pueden utilizar clavos con vástago anillado. Estos clavos tienen nervaduras o ranuras que brindan mayor capacidad de sujeción.

En las cubiertas de techo, los carpinteros utilizan clavos revestidos o galvanizados, que tienen mayor resistencia a la intemperie. Para las vigas y cerchas, se utilizan clavos 16d. Para revestimientos con madera dimensional, se emplean clavos 16d o mayores. Para las cubiertas de paneles o tablas de madera de hasta $\frac{1}{4}$ pulgada de espesor, se usan clavos 8d.

PRECAUCIÓN

Los tamaños de los clavos no son intercambiables. Si se utiliza uno muy pequeño o muy grande, se podrían generar problemas estructurales.

En una construcción nueva, la cubierta se instalará antes de que llegue el equipo de techistas. En el caso de reconstrucciones de techo, la cubierta ya está instalada. Los techistas siempre deben prestar atención al estado en que se encuentra la cubierta y avisarle al líder del equipo si observan algún problema.

Una cubierta se puede perforar a causa del desgaste por el uso o porque se ha quitado un tragaluz. Los orificios de más de 2 pulgadas se deben cubrir y marcar para que nadie los pise.

Verifique que el recubrimiento no esté húmedo ni podrido (*Figura 5*). Es posible que los techistas tengan que cambiar algunas tablas antes de colocar una cubierta nueva.

PRECAUCIÓN

La madera contrachapada y los tableros OSB están específicamente diseñados para cubiertas de techo. Todos los productos de revestimiento de madera que se empleen en cubiertas de pendiente pronunciada deben tener un sello APA. Si no lo tienen, no los utilice.

Figura 5 Cubierta de madera podrida.

El sustrato sobre el que se instalará la nueva cobertura del techo puede ser la cubierta en sí o una capa de alguna otra cobertura existente, por ejemplo, tejas asfálticas. En cualquier caso, el sustrato debe estar limpio, seco y en buenas condiciones antes de instalar el nuevo sistema por encima.

Barra siempre los escombros, reemplace el revestimiento dañado y asegúrese de que la superficie esté lista para colocar una nueva cobertura.

Membrana impermeabilizante

La membrana es la primera capa impermeabilizante que se coloca sobre la cubierta de un techo de pendiente pronunciada. Estas membranas también suelen llamarse *fieltros*. La membrana impermeabilizante es un fieltro saturado con asfalto que se coloca entre la cubierta y la cobertura del techo. Por lo general se utilizar en la construcción de techos de pendiente pronunciada (*Figura 6*). Se utiliza principalmente para separar la cobertura de la cubierta del techo, repeler el agua y brindar protección secundaria contra la intemperie.

La membrana cubre toda la superficie de la cubierta del techo. La cobertura (p. ej., las tejas asfálticas) se instala directamente sobre la membrana. Se la llama membrana impermeabilizante porque es la primera capa de material impermeabilizante que se coloca por debajo de las tejas.

Por lo general, las membranas se sujetan a la cubierta mediante elementos de sujeción mecánicos. Existen también membranas autoadherentes que sellan la zona de los elementos de sujeción, lo que proporciona una protección adicional contra la lluvia impulsada por el viento y las acumulaciones de hielo (*Figura 7*). Estas membranas se pueden utilizar sobre toda la cubierta o solo en algunas secciones, según el clima de la región.

Las membranas vienen en rollos. Dependiendo del material, cada rollo puede cubrir unos 400 pies cuadrados. Los materiales de techo se suelen medir en cuadrados. Un cuadrado equivale a 100 pies cuadrados; por lo tanto, 400 pies cuadrados equivalen a 4 cuadrados.

Estos son los pasos de un procedimiento general para la colocación de membrana impermeabilizante:

Paso 1 Verifique que la cubierta esté limpia, seca y en buenas condiciones. Utilice una escoba o sopladora para retirar los escombros y reemplace todo revestimiento de madera dañado o podrido.

Paso 2 Coloque la membrana por partes, las más grandes que pueda manejar de manera segura sobre el techo. Comenzando desde el borde inferior, desenróllela a lo largo del alero.

Paso 3 Vaya subiendo por la pendiente de la cubierta sucesivamente con cada fila. Asegúrese de que quede al menos 2 pulgadas superpuesta con la fila anterior. En los extremos, la superposición debe ser de 4 pulgadas como mínimo.

> **NOTA**
> Consulte las especificaciones del fabricante para verificar la cantidad de pulgadas que debe superponer.

Paso 4 Sujete la membrana a la cubierta con clavos para techo.

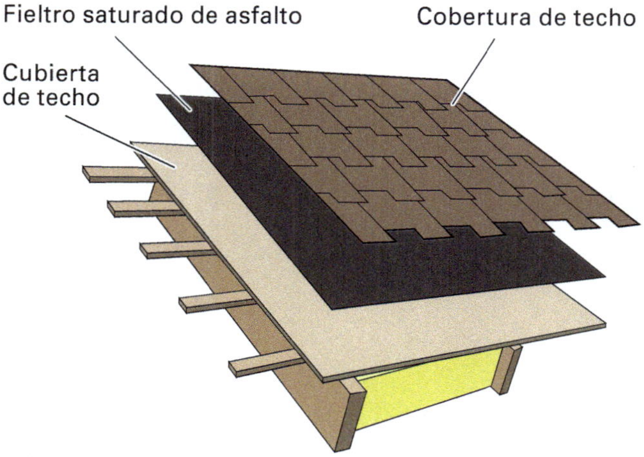

Figura 6 Construcción de un techo básico de pendiente pronunciada.

Figura 7 Acumulación de hielo.

Si la instalación requiere una membrana de doble capa, significa que se deben colocar dos capas para mayor protección. En este caso, las planchas se deben superponer la mitad de su ancho más 1 pulgada. En el extremo, se deben superponer 4 pulgadas como mínimo. Consulte siempre las especificaciones del fabricante para verificar la cantidad de pulgadas que debe tener la superposición.

1.2.0 Movimiento de la cubierta y juntas de expansión

Los sistemas de techos suelen sufrir daños por expansión, contracción y movimiento de la cubierta. Este movimiento se debe a factores externos, como cambios de clima y temperatura. En los techos, se usan juntas de expansión para minimizar los efectos de las tensiones y los movimientos de los elementos de una edificación. Estas tensiones pueden provocar separaciones, deformaciones o rebordes, y dañar el sistema de techo.

Los sistemas de techos deben estar diseñados de forma tal que puedan adaptarse al movimiento de la cubierta alrededor de las juntas de expansión sin que se dañen. Cuando instale un sistema de techo, siempre siga las instrucciones del fabricante en cuanto a la colocación de tapajuntas alrededor de las juntas de expansión. En la *Figura 8*, se muestra un ejemplo de un tapajuntas colocado sobre una junta de expansión en una pendiente pronunciada.

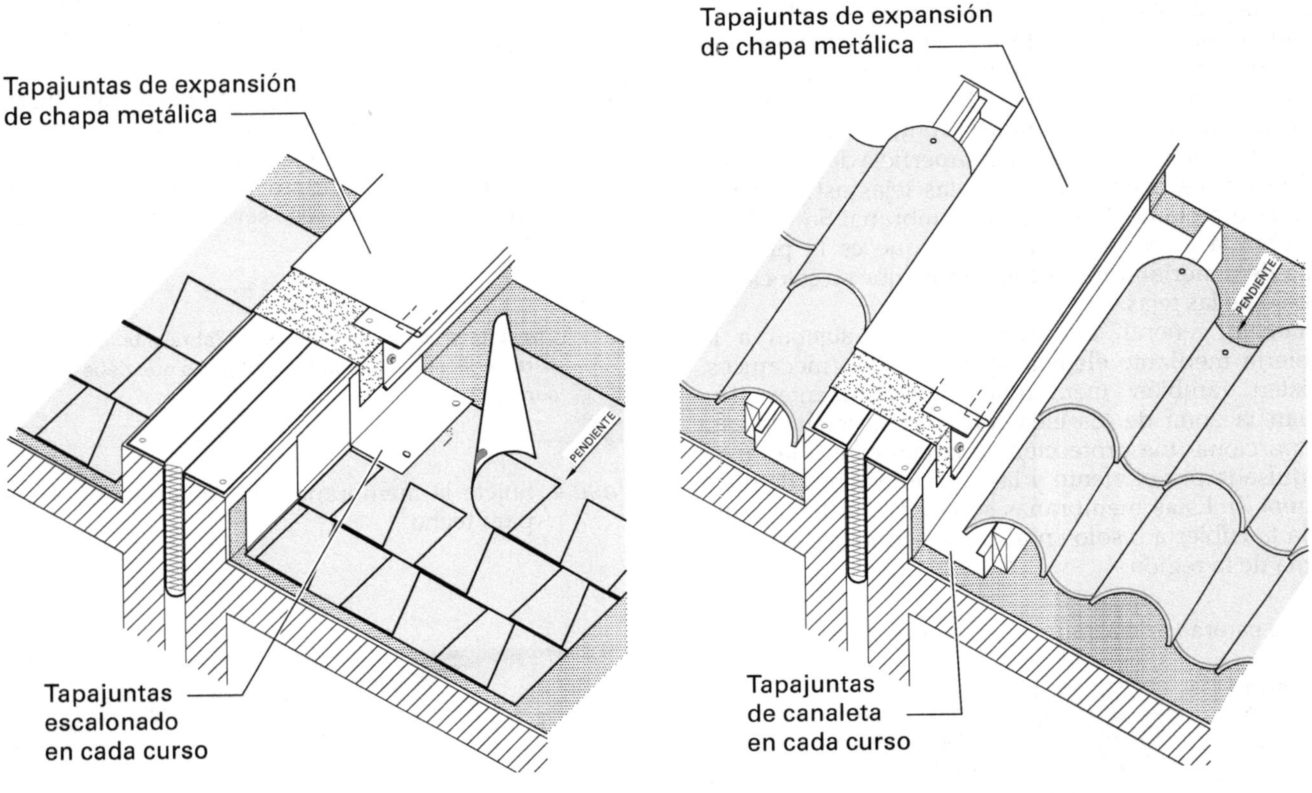

Figura 8 Tapajuntas para junta de expansión en techo de pendiente pronunciada.

Repaso de la Sección 1.0.0

1. ¿Cuál de los siguientes pasos es el que realizan *primero* los techistas antes de colocar un sistema de techo?
   a. Instalar vigas y cerchas.
   b. Instalar la cubierta del techo
   c. Inspeccionar visualmente la cubierta.
   d. Instalar placas de protección.

2. Las juntas de expansión se utilizan para _____.
   a. minimizar los efectos del vapor
   b. minimizar los efectos de movimiento de la cubierta
   c. estirar las membranas impermeabilizantes para que se adapten a la expansión de la cubierta
   d. unir dos trozos de membrana

SECCIÓN DOS

2.0.0 CONTROL DE CONDENSACIÓN Y AISLAMIENTO

Objetivo

Describir la forma en que se utilizan la ventilación, las barreras de vapor y el aislamiento para controlar los efectos de la condensación y la transferencia de calor en los sistemas de techos.

a. Enumerar las tres formas generales en que se produce la transferencia de calor.
b. Explicar los principios básicos del desplazamiento del vapor y describir los procedimientos de instalación de las barreras de vapor y los sistemas de ventilación en pendientes pronunciadas.
c. Repasar procedimientos generales para la instalación, la manipulación y el almacenamiento del material aislante y las placas de protección.

Tareas prácticas

2. Colocar dos capas de aislamiento con juntas escalonadas y desfasadas.
3. Colocar el aislamiento mediante elementos de sujeción mecánica.

Palabras técnicas

Condensación: conversión de vapor de agua u otro gas a la fase líquida a medida que se reduce la temperatura o se incrementa la presión atmosférica.

Evaporación: cambio natural de líquido a vapor a una temperatura que está por debajo de su punto de ebullición.

Infrarrojo: tipo de energía de luz invisible que emiten todos los objetos. Este tipo de energía es el más eficaz para producir calefacción radiante cuando se absorbe.

Punto de rocío: temperatura a la cual el aire se satura con vapor de agua y tiene una humedad relativa del 100 por ciento.

Vapor de agua: agua en forma de vapor (gas), especialmente por debajo del punto de ebullición y que se disipa en la atmósfera.

Las edificaciones están diseñadas para mantener un ambiente interior agradable. Como el aire caliente sube, quizás se pierda una gran cantidad de calor a través del techo. El aislamiento impide que se pierda calor y mantiene la temperatura estable dentro de la edificación.

Por lo general, los techistas no colocan aislamiento en techos de pendiente pronunciada, ya que en esos casos se coloca debajo de la cubierta o del ático. Sin embargo, los sistemas de pendiente baja incorporan capas de material aislante para impedir que se pierda calor a través del techo.

Las diferencias de temperatura entre el aire interior y el exterior pueden hacer que el vapor de agua que se encuentra en el aire se condense (se transforme en líquido) y dañe los materiales del techo. En algunos sistemas de pendiente baja, se debe colocar una barrera de vapor para que el material aislante no se deteriore por la humedad. Algunos techos de pendiente pronunciada cuentan con sistemas de ventilación para impedir que se acumule humedad en el techo.

Desde la forma en que se dispone el aislamiento hasta la elección de los elementos de sujeción, cada paso en la instalación de un techo se diseña teniendo en cuenta los efectos del calor, el vapor y la condensación. Es importante que los techistas comprendan los principios básicos de la transferencia de calor y el desplazamiento del vapor.

2.1.0 Transferencia de calor

La transferencia de calor se produce de tres formas: por conducción, convección y radiación. En la *Figura 9*, se muestra el impacto que tiene la transferencia de calor sobre el cerramiento exterior. El sol irradia calor sobre el techo (*radiación*). Ese calor ingresa al edificio a través del techo (*conducción*). El calor aumenta dentro de la edificación por *convección* e ingresa al espacio del ático.

2.1.1 Conducción

La conducción consiste en la transferencia de energía (calor) entre dos objetos en contacto físico. Por ejemplo, si se calienta una varilla de metal sobre una llama, el calor viaja por conducción desde el extremo caliente hasta el extremo frío. Este tipo de transferencia puede producirse dentro de un objeto o sustancia, y también entre diferentes sustancias que estén en contacto.

Conciencia ecológica

Ahorro de energía

Una edificación con aislamiento tradicional puede sufrir una pérdida de energía del 55 por ciento debido a que el calor se escapa a través de sus paredes externas y del techo, y a que penetra aire desde el exterior. Como resultado, aumenta no solo el costo de calefacción, sino también el uso de combustibles fósiles en las plantas generadoras de energía. Esta es una de las muchas razones por las que se hace hincapié en el correcto aislamiento de las edificaciones.

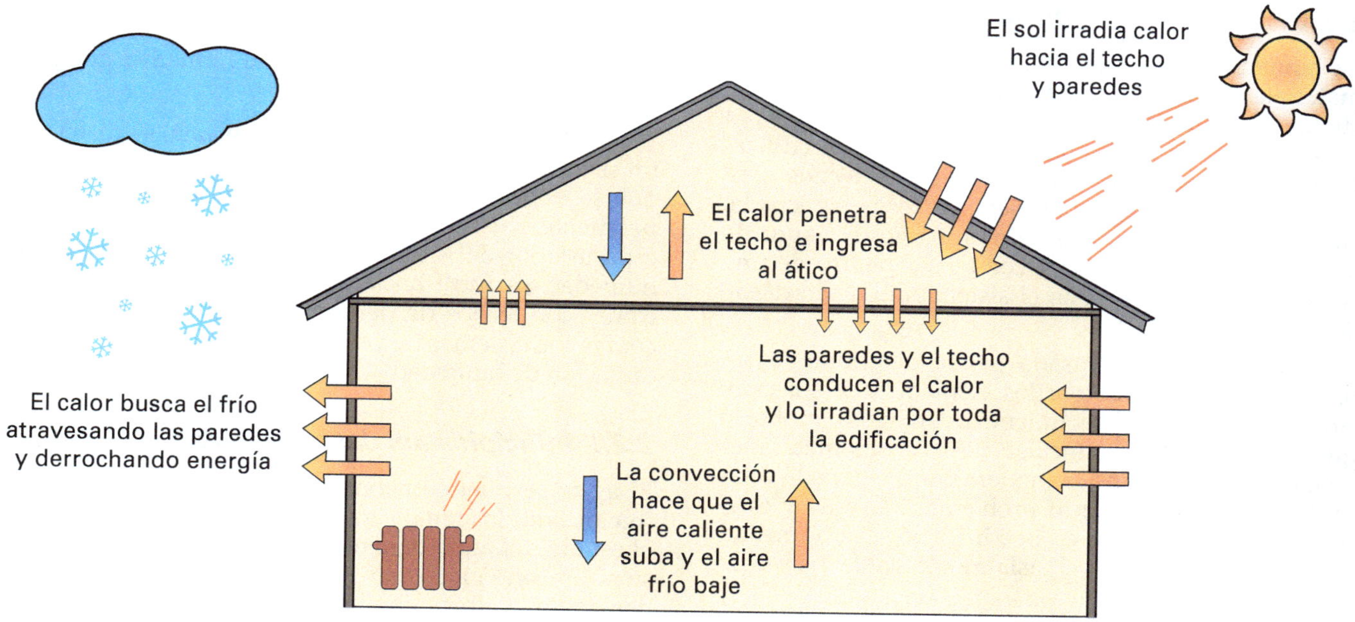

Figura 9 Transferencia de calor en un cerramiento exterior.

Algunos materiales de construcción conducen el calor más rápido que otros. Por ejemplo, el metal conduce más rápido el calor que la madera. Los malos conductores como la madera o la fibra de vidrio son buenos aislantes.

2.1.2 Convección

La convección consiste en la transferencia de calor mediante la circulación de aire o líquido caliente hacia un lugar más frío. Un ejemplo de convección es el aire caliente y menos denso que se eleva desde un radiador, mientras el aire más frío y denso de una habitación baja y lo empuja hacia arriba. Por este motivo, la temperatura siempre es mayor en el techo que al nivel del suelo. Un material aislante eficiente bloquea la convección del calor en la superficie donde se aplique.

2.1.3 Radiación

El calor que se transfiere por radiación no necesita viajar a través de un material. La calefacción radiante se produce cuando una fuente, por ejemplo, el sol, produce energía lumínica y otro objeto la absorbe. La energía lumínica incluye ondas de radio, infrarrojo, luz visible, rayos ultravioletas, rayos X y rayos gamma. Esta energía calienta levemente el aire cuando lo atraviesa. Por ejemplo, un techo que absorbe la energía lumínica del sol convierte esa energía en calor. El techo puede alcanzar una temperatura de hasta 82 °C (180 °F) con los rayos del sol, pero el aire que pasa por esa misma luz puede llegar solo a los 27 °C (80 °F).

Los objetos irradian energía lumínica infrarroja. Cuanto mayor sea la temperatura del objeto, mayor será la cantidad de calor que irradia. Los objetos también pueden absorber energía infrarroja. Las superficies más oscuras y rugosas absorben más calor radiante que las superficies claras.

Experimentos de transferencia de calor

- *Conducción:* – tome un fragmento de un tubo de cobre y sujete un termómetro en uno de los extremos. Cuando la lectura de la temperatura se estabilice, caliente el otro extremo del tubo y observe cómo aumenta la temperatura. Luego, inténtelo con un tubo de acero del mismo diámetro y longitud y observe si la temperatura parece aumentar a la misma velocidad.
- *Convección:* – consiga una bolsa plástica liviana. Sostenga la bolsa boca abajo y llénela de aire caliente con un secador de cabello. Retire el secador, suelte la bolsa y observe cómo se eleva porque el aire de adentro es menos denso que el aire más frío del entorno. A medida que el aire se enfríe, la bolsa comenzará a descender.
- *Radiación:* – consiga dos termómetros. Coloque uno a la sombra y el otro al rayo del sol. Observe que la temperatura que se lee en el termómetro que está al rayo del sol es mucho mayor.

2.2.0 Control de la condensación

La humedad puede deteriorar significativamente los materiales de construcción. La principal finalidad de cualquier conjunto de techo es evitar que la humedad en su estado líquido— (agua) —ingrese a la edificación a través del techo. La mayoría de los techos, si se los diseña, construye y mantiene de forma adecuada, cumplen con esta función. Sin embargo, el vapor de agua se puede acumular y condensar dentro de una construcción, lo que daña el sistema del techo desde adentro.

La humedad condensada puede deteriorar la cubierta del techo y corroer los elementos de sujeción. Además, favorece el crecimiento de hongos y moho, lo que puede debilitar o incluso destruir los materiales de construcción, como la madera contrachapada o las vigas de madera, y causar problemas de salud y estéticos a quienes residen en la edificación. La humedad que queda atrapada en el aislamiento del techo puede reducir su efectividad.

NOTA

Muchos de los métodos que se utilizan para controlar la acumulación de humedad en las edificaciones exceden el control de los techistas y están fuera del alcance de su trabajo. Por ejemplo, sellar huecos y penetraciones en barreras de aire y vapor ubicados en el cielo raso, debajo del espacio de un ático o en las paredes, está fuera del alcance de trabajo de un techista. También está fuera de su alcance sellar barreras de aire y vapor en las paredes que llegan hasta el conjunto de techo de una edificación.

A fin de evitar la acumulación de humedad en los conjuntos de techo, el diseñador del edificio debe conocer la fuente y cantidad de humedad dentro de la construcción. Las posibles fuentes de humedad que se pueden encontrar dentro de una edificación son las siguientes:

- *Humedad de la construcción:* — se pueden generar grandes cantidades de vapor de agua debido a procesos constructivos, como revoque y pintura de paredes y techos. Por lo general, el vapor de agua que se genera en los procesos constructivos es temporal, aunque una mayor concentración en áreas reducidas puede dañar de manera permanente algunas partes de la edificación. Se pueden utilizar medidas temporales, como ventilación adicional, para evitar daños por humedad durante estas actividades.
- *Humedad por ocupación de la edificación:* — una de las causas habituales de los problemas de humedad en las edificaciones es el exceso de humedad interior. El vapor de agua se puede generar debido a fuentes internas, como piscinas, centros de lavandería o procesos de fabricación que utilicen cantidades importantes de agua.
- *Condiciones climáticas:* — el clima de la región en la que esté ubicada la edificación afectará bastante en el tipo, la dirección y el nivel de humedad que circule dentro y fuera de ella.

Si la humedad interior es un problema, se diseñará un sistema de techo que tenga esto en cuenta e impida que se deterioren los materiales. En los sistemas de pendiente baja, se utilizan barreras de vapor como capa inferior del sistema de techo para evitar que la humedad se filtre hacia el aislamiento. Las edificaciones con techos de pendiente pronunciada pueden contar con sistemas de ventilación que impidan la acumulación de humedad.

2.2.1 Principios del desplazamiento del vapor

El agua se puede encontrar en tres estados: sólido (hielo), líquido (agua) y gaseoso (vapor). Por lo general, el estado del agua depende de su temperatura y presión. En condiciones de presión atmosférica (es decir, dentro de la atmósfera de la Tierra), el agua suele ser como se menciona a continuación:

- sólida a temperaturas por debajo de su punto de congelación (0 °C o 32 °F);
- líquida a temperaturas entre 0 °C(32 °F) y 100 °C (212 °F);
- gaseosa a temperaturas superiores a su punto de ebullición (100 °C o 212 °F).

Normalmente, el agua pasa de estado líquido a gaseoso por **evaporación**, incluso si la temperatura ambiente circundante es inferior al punto de ebullición. Se puede transferir energía térmica a las moléculas de agua y lograr que pasen del estado líquido al gaseoso. Cuando el vapor se enfría, pierde energía y vuelve al estado líquido (es decir, se *condensa*).

Cuando el aire saturado de humedad se enfría, parte del vapor de humedad del aire se condensa. Este proceso se denomina *condensación*. La temperatura a la cual el aire se satura con vapor de humedad y comienza a condensarse se denomina **punto de rocío** del aire.

Si el diseño de un edificio no permite controlar bien el paso del vapor de agua, se puede generar condensación. Este vapor se desplaza a través o a lo largo de obstáculos por medio de dos mecanismos: fuga de aire y difusión. Por lo general, la fuga de aire permite que se desplacen mayores cantidades de vapor de agua que la difusión.

Las zonas que no estén cerradas herméticamente, como las penetraciones, las interrupciones y los perímetros de un techo, pueden tener fugas de aire importantes. Estas fugas se producen por las diferencias de presión del aire a lo largo del cerramiento exterior. Los siguientes factores contribuyen a estas diferencias:

- *Efecto chimenea:* — a medida que el aire caliente interior se eleva hasta lo alto de la edificación, las diferentes densidades entre el aire caliente interior y el aire frío exterior producen una pequeña presión en el techo y generan una fuga de aire.
- *Presión del viento:* — la presión del viento puede causar una fuga de aire en un sistema de techo, sobre todo porque la velocidad del viento es mayor en el techo que en el suelo.
- *Ventilación mecánica:* — el funcionamiento de equipos mecánicos en el edificio aporta una pequeña presión, según si los ventiladores inyectores o extractores se usan para crear presión positiva (el caudal del aire inyectado es mayor que el extraído) o presión negativa (el caudal del aire extraído es mayor que el inyectado).

La difusión se produce cuando el vapor de agua pasa a través de un material. Algunos materiales permiten que la difusión se produzca más rápidamente que otros. La capacidad de un material para permitir la difusión del agua se mide por su permeabilidad. La permeabilidad se expresa en unidades denominadas *perms*. Los materiales con perms de menor valor son más resistentes a la difusión del vapor de agua que los materiales con un valor de perm mayor. Un material con un valor de perm de 0,0 prácticamente no permite la difusión del vapor de humedad por su interior.

2.2.2 Barreras de vapor en sistemas de pendiente baja

Cuando se sospeche que la humedad puede provenir del interior de una edificación e ingresar al aislamiento del sistema de techo, se puede agregar una barrera de vapor. Estas barreras protegen al sistema de techo de los daños que puede provocar la condensación. Las barreras de vapor deben tener un valor de perm muy bajo.

Por lo general, se fabrican con láminas de betún o de plástico. Se pueden dividir en dos categorías:

- *Barreras de vapor bituminosas:* — tipo de barrera de vapor de betún formada por dos capas de láminas de fibra de vidrio, también llamado *fieltro*. Las láminas se colocan paralelas entre sí, y la segunda se centra sobre las costuras de la primera. Estas barreras también pueden ser autoadherentes e instalarse con un soplete, o pueden tener uno de los lados con adhesivo ya incorporado.
- *Barreras de vapor de plástico:* — estas barreras se fabrican con láminas de plástico. Se venden en rollos de película plástica de 5 a 20 pies y pueden tener cientos de pies de longitud. Si bien no son muy habituales, es bueno tener conocimientos básicos en caso de que necesite instalar una.

NOTA

Los términos *betún* y *asfalto* se pueden utilizar de forma indistinta cuando nos referimos a productos para la construcción de techos.

Colocación de barreras de vapor bituminosas

Los métodos de colocación de las barreras de vapor bituminosas son los siguientes:

- Adhesión con betún embebido en caliente
- Adhesión con asfalto aplicado en frío
- Con soplete
- Con adhesivo incorporado (por lo general se denominan *láminas autoadhesivas*, incluyen un adhesivo integrado en la parte posterior y se colocan directamente)

A continuación, se detalla el procedimiento general de colocación de una barrera de vapor sobre una cubierta no clavable utilizando betún en caliente:

Paso 1 Verifique que la cubierta esté limpia, seca y en buenas condiciones.

Paso 2 Coloque una pintura base para que el betún se adhiera mejor a la cubierta.

Paso 3 Una vez que la pintura base esté seca, aplique una capa de betún en caliente.

¡ADVERTENCIA!

Colocar betún en caliente es muy peligroso. Tenga siempre mucho cuidado y utilice equipo de protección personal (PPE), como botas de trabajo, pantalones largos y protector facial, como protección contra posibles quemaduras.

Paso 4 Extienda dos capas de fieltro, y continúe aplicando betún caliente a los fieltros.

NOTA

La película de betún es el componente principal que repele el vapor. El fieltro se utiliza solo para que el betún no se mueva.

En las cubiertas clavables, se debe colocar una lámina base para evitar que el betún en caliente se escape por las juntas de la cubierta. Además, esta lámina base permite extraer la barrera de vapor con mayor facilidad durante las tareas de reconstrucción del techo, sin dañar la cubierta. A continuación, se detalla el procedimiento general para colocar una barrera de vapor sobre una cubierta clavable utilizando betún en caliente:

Paso 1 Verifique que la cubierta esté limpia, seca y en buenas condiciones.

Paso 2 Clave una lámina base mediante un elemento de sujeción aprobado por el fabricante.

Paso 3 Aplique una capa de betún en caliente.

Paso 4 Extienda dos capas de fieltro y continúe aplicando el betún en caliente sobre los fieltros.

Colocación de barreras de vapor de plástico

La barrera de vapor de plástico se coloca mejor sobre sustratos continuos a fin de evitar perforaciones durante la construcción. A pesar de que no es habitual, es importante tener conocimientos básicos sobre cómo se instala. Se puede colocar de una de las siguientes maneras:

- *Suelta:* — la barrera de vapor se coloca sobre el sustrato instalado sobre la cubierta.
- *Pegada:* — se aplica un adhesivo que se coloca en forma de serpentina, para pegar el plástico al sustrato instalado sobre la cubierta.

Si la barrera plástica se coloca directamente sobre una cubierta de acero, lo más probable es que la barrera se perfore. Los espacios que genera el acanalado de una cubierta de acero no permiten el apoyo completo de la lámina, lo que la hace vulnerable a las perforaciones (*Figura 10*). Por lo tanto, se suele colocar una placa de protección sobre la cubierta de acero antes de instalar una barrera de vapor plástica.

PRECAUCIÓN

No use betún caliente en instalaciones con barreras de vapor de plástico. Por ejemplo, si se utiliza betún caliente para pegar un aislamiento, es posible que el betún se escape por las juntas del aislamiento, derrita el plástico y destruya la barrera de vapor.

2.2.3 Sistemas de ventilación en techos de pendiente pronunciada

Un conjunto de techo de pendiente pronunciada se puede ubicar sobre el espacio del ático o de las cerchas, en cuyo caso los materiales del cielo raso se clavan directamente en las cerchas del techo. Es posible que el material aislante se encuentre sobre el piso del ático o debajo de la cubierta, entre las separaciones de las cerchas; o se puede aplicar aislamiento en espuma del lado de abajo de la cubierta de techo.

Según la configuración del techo y el tipo y la ubicación del aislamiento, los techos de pendiente pronunciada pueden estar ventilados o no. En conjuntos ventilados, el espacio de ventilación suele estar adyacente al lado de abajo de la cubierta de techo. En conjuntos de ático acondicionados y no ventilados, se coloca un aislamiento térmico directamente en la parte de abajo de la cubierta, y el espacio ubicado justo debajo se convierte en un espacio interior acondicionado. Por lo general, los techos de pendiente pronunciada no llevan aislamiento por encima de la cubierta.

En la ventilación de techos de pendiente pronunciada, se utilizan aberturas de toma y extracción de aire para permitir que el aire exterior ingrese a los espacios del ático y de las cerchas y salga de ellos.

Las aberturas de toma de aire se suelen ubicar a lo largo del alero más bajo del techo, o dentro o cerca de los sofitos o aleros. Por lo general, las colocan los contratistas especializados en revestimiento u otras áreas.

Las aberturas de extracción de aire se utilizan para expulsar el aire que se encuentra en los espacios del ático y de las cerchas hacia el exterior. Estas aberturas se suelen ubicar en la cumbrera o punto alto del techo, o cerca de esta. Es posible que los techistas deban perforar orificios en el lugar donde van a estar las aberturas, colocarlas y sellarlas con un tapajuntas.

Estos son algunos de los tipos habituales de aberturas de extracción:

- Abertura de cumbrera (*Figura 11*)
- Ventilación estática (*Figura 12*)
- Abertura de hastial
- Ventilación de turbina
- Ventilación eléctrica

2.3.0 Aislamiento y placas de protección

Por lo general, en sistemas de pendiente baja, el aislamiento y las placas de protección se colocan sobre la cubierta para aislar el techo del edificio y proporcionar un sustrato donde se pueda aplicar la membrana. Los tipos comunes de placas aislantes que se utilizan en los techos se muestran en la *Figura 13*.

El aislamiento combate la transferencia de calor. Todos los aislamientos tienen un valor R, que expresa la medida de su resistencia térmica o la resistencia que tiene el material contra la transferencia de calor. Cuanto mayor es el valor R, mejor es el aislamiento (*Figura 14*).

Figura 10 El acanalado de una cubierta de acero puede perforar una barrera de vapor.

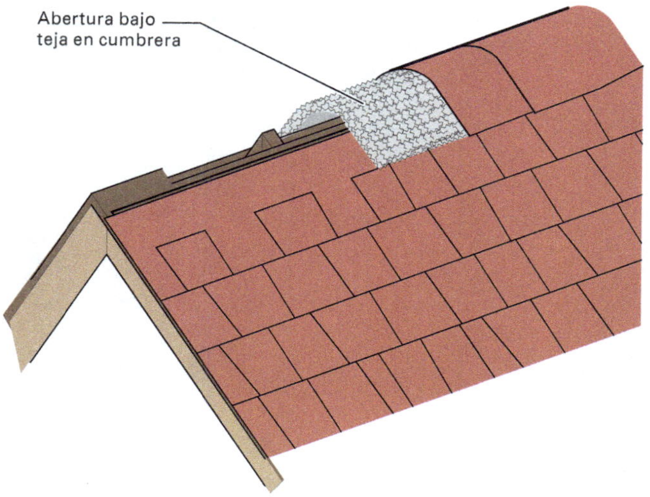

Figura 11 Ejemplo de abertura bajo teja en cumbrera.

2.3.1 Diseño e instalación del aislamiento

El aislamiento se debe colocar siguiendo un patrón específico en los techos de pendiente baja. Se debe cubrir la superficie del techo en su totalidad, sin dejar espacios. Esto permite que se mantenga una temperatura estable dentro de la edificación y proporciona un sustrato firme para colocar la membrana.

Las juntas entre la primera y la segunda capa de material aislante no deben estar alineadas. Esto genera un cambio mayor para la transferencia de calor a través de las juntas. Al superponer las juntas de la primera y la segunda capa, se reduce la posibilidad de transferencia de calor (*Figura 15*).

En este módulo, abarcamos la instalación de nuevas construcciones y damos por sentado que el sustrato es la cubierta del techo. Cuando se realice la instalación sobre un sistema existente, lo más probable es que primero se deba colocar una capa de placas de protección para lograr un buen sustrato.

El aislamiento se puede sujetar al techo de dos maneras:

- *Sujeción mecánica:* — implica el uso de elementos de sujeción, como tornillos o clavos, para unir el aislamiento al sustrato.
- *Adhesión:* — implica el uso de adhesivos para pegar el aislamiento al sustrato. Las sustancias que habitualmente se utilizan para adherir el aislamiento son espuma de baja altura, asfalto en caliente y adhesivo aplicado en frío.

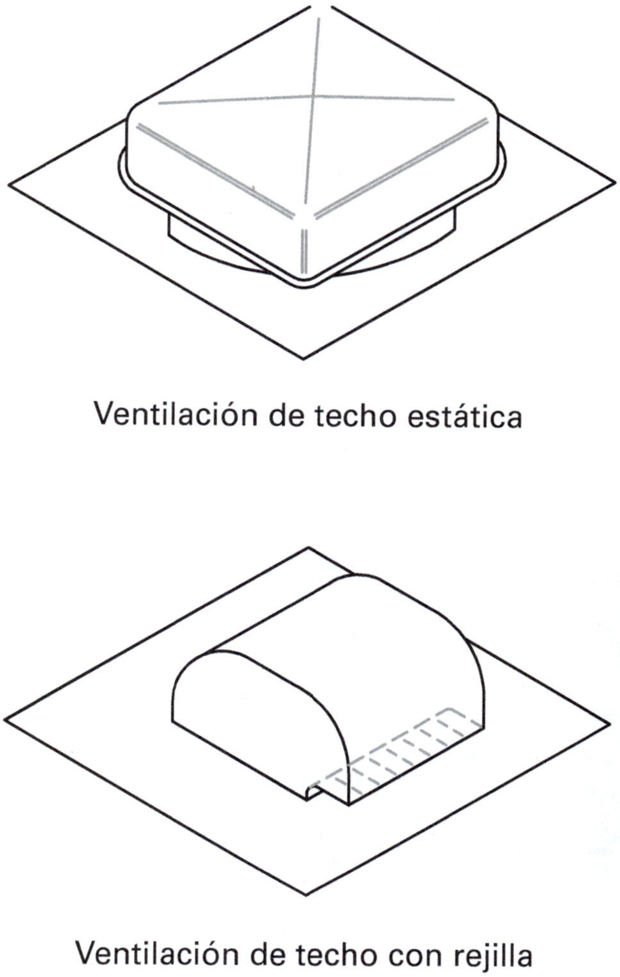

Figura 12 Ventilación estática.

Según el material, algunos aislamientos se fijan mejor mediante elementos de sujeción mecánica, y otros, con adhesivos. Sin embargo, la forma de colocación de un aislamiento suele tener más que ver con el material de la cubierta que con el del aislamiento. Por ejemplo, no se pueden utilizar tornillos ni clavos en cubiertas no clavables como el concreto; en cambio, se debe utilizar un adhesivo. Además, estos elementos de sujeción pueden afectar la estabilidad estructural de una cubierta de fibra de madera cementosa.

(A) Poliisocianurato (iso)

(B) Yeso con revestimiento de vidrio

(C) Perlita

(D) Placa de fibra de madera

(E) EPS

(F) XPS

Figura 13 Tipos comunes de placas aislantes rígidas para techo.

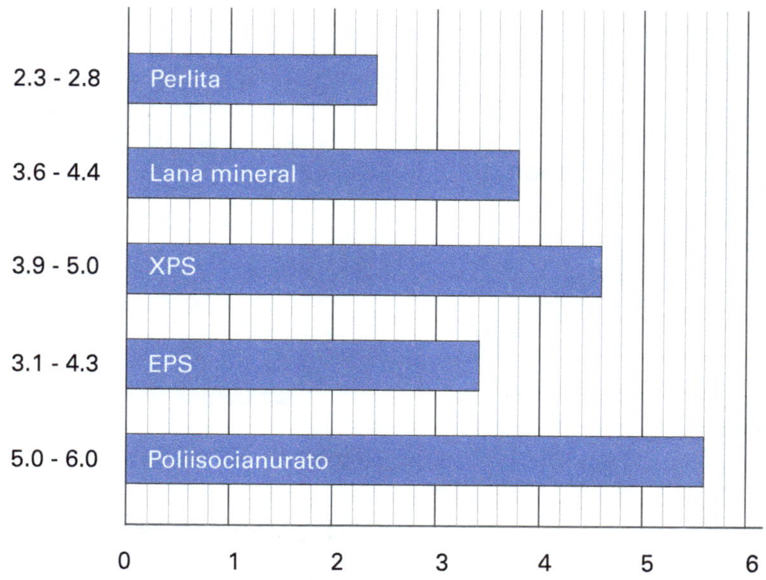

Figura 14 Valores de R típicos de materiales aislantes comunes (por pulgada de espesor).

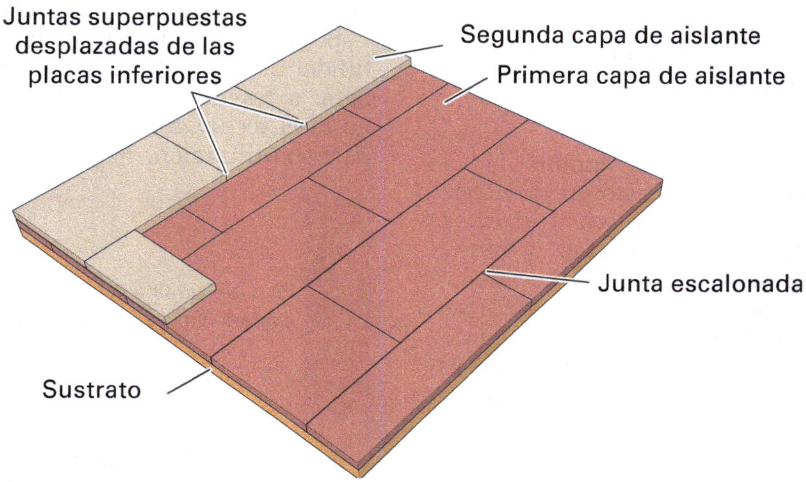

Figura 15 Placas aislantes colocadas con juntas escalonadas y desfasadas.

En cubiertas clavables como las de madera o acero, la primera capa de aislamiento muchas veces se fija mediante elementos de sujeción mecánica a la cubierta, y la segunda se pega a la primera.

Sujeción mecánica

Este tipo de sujeción implica el uso de elementos adecuados para unir el aislamiento al sustrato. Cada uno de estos elementos suele tener una arandela de ala ancha para repartir la carga y no permitir que el aislamiento se rompa y se salga del sujetador (*Figura 16*). Por ejemplo, el panel de la *Figura 17* (A) está mejor sujeto que el de la *Figura 17* (B). Si se tirara con fuerza del panel sin las arandelas, se saldría con facilidad de la cabeza de los sujetadores. Si se aplicara una fuerza similar en el panel con arandelas, se mantendrá en su lugar.

Sujeción con adhesivos elastoméricos

Cuando utilice adhesivos para pegar aislamiento, siempre verifique que el sustrato esté limpio, seco y libre de contaminantes antes de la instalación. Los adhesivos no pegan si alguna de las dos superficies está sucia. Las superficies de concreto se deben curar o dejar secar antes de la colocación, ya que los adhesivos no son eficaces en superficies húmedas.

Existen dos tipos de adhesivos elastoméricos en la construcción de techos:

- *De un componente* — Estos adhesivos se secan al entrar en contacto con el aire. Por lo tanto, los techistas deben esperar entre la aplicación del adhesivo y la colocación del aislamiento. El fabricante debe especificar cuánto tiempo se debe esperar para colocar las placas.

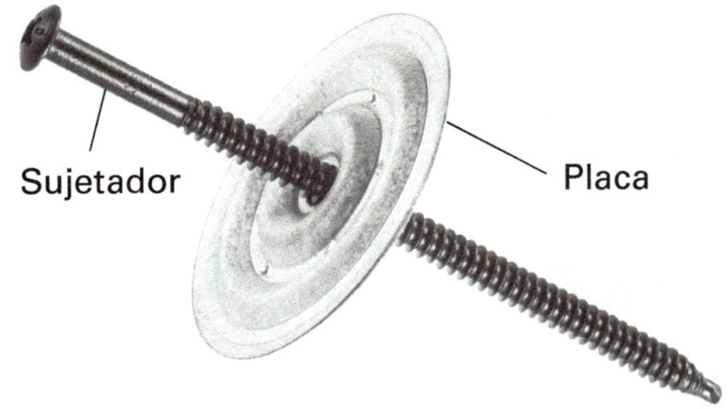

Figura 16 Tornillo y arandela de ala ancha para la sujeción mecánica de la membrana.

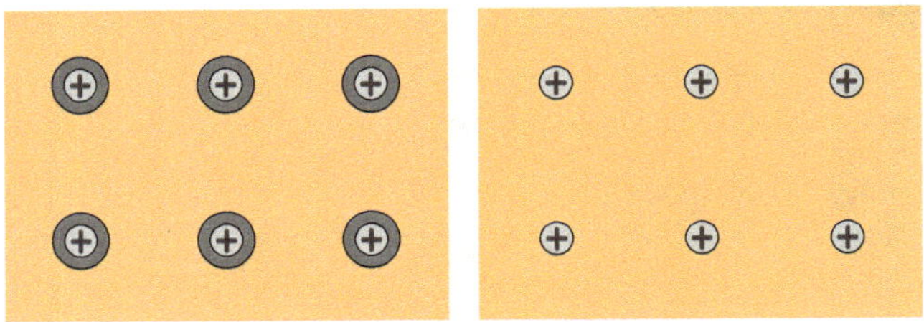

(A) Sin placas (B) Con placas

Figura 17 Placas aislantes sujetadas con y sin arandelas.

- *De dos componentes* — Como su nombre lo indica, este tipo de adhesivo consiste en dos componentes separados, que vienen en cartuchos. Habitualmente, se los rotula como *Parte 1* y *Parte 2* (*Figura 18*). A medida que se aplica el adhesivo, los componentes se van integrando, y comienza a secarse apenas terminan de mezclarse. Por lo tanto, las placas se pueden colocar directamente. Para la aplicación de los adhesivos de dos componentes se pueden utilizar aplicadores manuales, como pistolas de calafateo, aplicadores con ruedas y carros mezcladores.

Los adhesivos de espuma se aplican en franjas, según se especifica en las instrucciones del fabricante. En la *Figura 19*, se muestra un ejemplo de instrucciones del fabricante sobre el espaciado de las franjas. En aplicaciones sobre la superficie de la pendiente, el espaciado suele ser de 12 pulgadas entre centros, es decir que hay una distancia de 12 pulgadas entre el centro de una franja y el centro de la siguiente. En perímetros y esquinas de techo, se recomienda un espaciado de 4 a 6 pulgadas entre centros; de hecho, la recomendación más frecuente es la de 6 pulgadas.

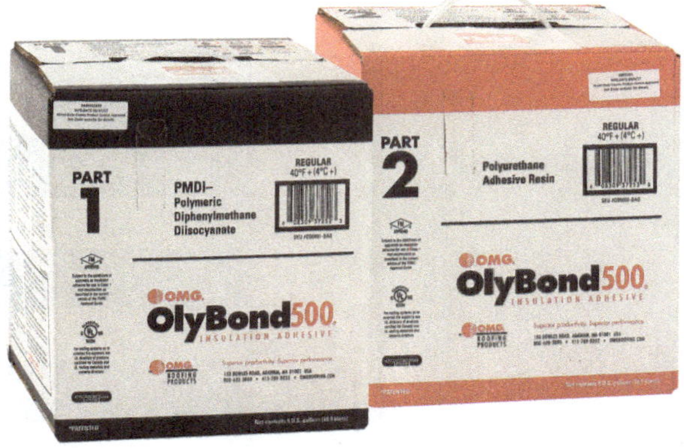

Figura 18 Adhesivo de dos componentes.

Adhesión con betún

Un método común para colocar aislamientos es pegarlos con betún. Se lo puede aplicar tanto en caliente (*Figura 20*) como en frío (*Figura 21*). En esta sección, se abarca la aplicación en caliente dado que se deben tener en cuenta muchas medidas de seguridad.

Se calienta el betún en una caldera hasta que se funde. Este líquido fundido se bombea desde la caldera, a través de una tubería debidamente aislada, hasta el techo, donde se lo vierte en tachos o baldes para su utilización.

¡ADVERTENCIA!

Para utilizar una caldera, se debe tener mucho cuidado y capacitación especial.

El betún caliente se aplica sobre la superficie del techo con mopas. Se lo puede aplicar en una capa maciza que cubra la totalidad de la superficie o por sectores.

Por lo general, este tipo de instalación se suele ejecutar en equipo, donde uno de los trabajadores aplica el betún mientras los otros extienden las paneles aislantes detrás de él. Una vez colocados los paneles, se camina sobre ellos. Según el material del sustrato, la aplicación de asfalto en caliente puede requerir una capa de pintura base previa.

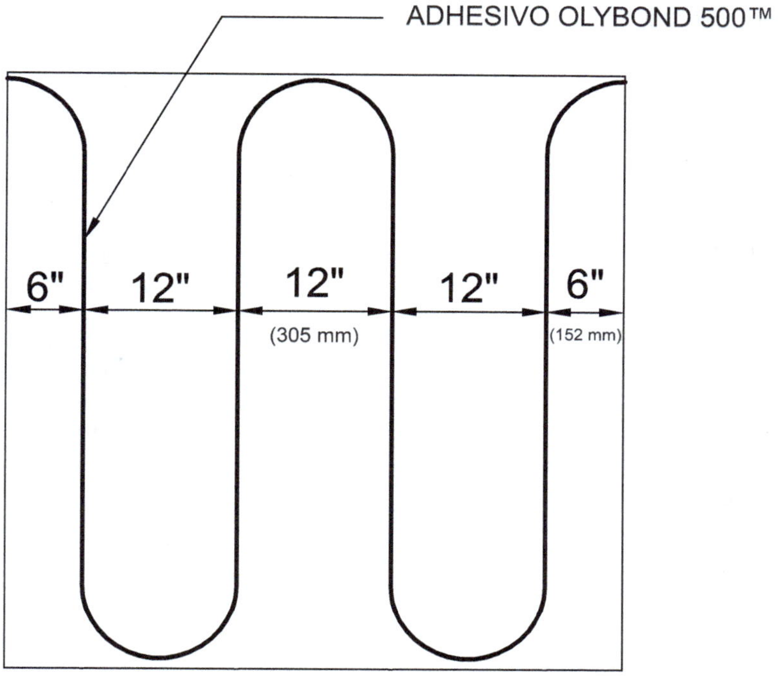

NOTAS

1. DEJE QUE EL ADHESIVO OLYBOND SE EXPANDA DE ¾" (14,1 mm) A 1" (25,4 mm)

GAF®	OLYBOND SERIES	PATRÓN DE SUJECIÓN PARA ADHESIVO OLYBOND 30,48 cm (12") de centro a centro	DIBUJO N.º 003	SISTEMA OLY-4
www.gaf.com 1 Campus Drive. Parsippany, NJ 07054	PLACA AISLANTE	PLACA DE 4 x 4	ESCALA N.T.S.	FECHA DE EMISIÓN/ REVISIÓN 8-11-14

Figura 19 Ejemplo de patrón de colocación de adhesivo del fabricante.

Figura 20 Colocación de aislamiento con betún en caliente.

Figura 21 Betún aplicado en frío.

¡ADVERTENCIA!

Respete las siguientes medidas de seguridad cuando trabaje con betún en caliente:

- Tenga siempre cerca dos extintores de fuego cargados.
- Use PPE para protegerse la piel, incluso guantes y ropa de protección. El betún caliente puede alcanzar los 260 °C (500 °F) y provocar quemaduras graves.
- Si se salpica con betún caliente sobre la piel, busque ayuda de inmediato.
- Tenga mucho cuidado cuando mueva un tacho lleno de líquido fundido. Estos tachos son muy pesados; por lo tanto, resultan difíciles de mover y fáciles de volcar. Empuje siempre el tacho en lugar de tirar de él.
- Tenga cuidado de no volcar el material cuando use baldes con ruedas o de mano para transportar el betún caliente.

2.3.2 Aislamiento ahusado

El aislamiento ahusado está prefabricado y es más grueso en un extremo para aportar pendiente cuando se instala sobre una superficie plana. Puede usarse para que el agua corra hacia los desagües. Viene en piezas, cada una con su respectivo rótulo de acuerdo al orden de colocación. Están moldeadas de manera de que encajen entre sí y creen una pendiente suave.

Figura 22, se muestra un ejemplo de un juego de piezas de aislamiento ahusado etiquetadas como AA, A, B y C. Las piezas AA son las más delgadas y las C, las más gruesas. Las piezas más delgadas se colocan más cerca del drenaje, mientras que las más gruesas van más alejadas.

Cuando se requiere aislamiento ahusado, el techista suele comunicarse con el fabricante para que diseñe un plano de aislamiento ahusado. Se deben enviar todos los planos de construcción (incluso el plano del techo) para indicar la pendiente deseada, los puntos bajos y la ubicación de canaletas, embornales y desagües. El fabricante cuenta con programas especiales que convierten esta información en planos de aislamiento ahusado y determinan la cantidad de paneles aislantes que se necesitan para el sistema. En la *Figura 23*, se muestra un ejemplo de un plano de aislamiento ahusado.

Los fabricantes suelen preparar este plano y el presupuesto sin cargo. Luego, el techista compra al fabricante los materiales necesarios para colocar el aislamiento ahusado. Además, los fabricantes pueden ofrecer capacitación sobre la instalación de aislamiento ahusado.

El plano de aislamiento ahusado muestra dónde se deben ubicar las piezas. Los techistas deben dibujar líneas con tiza en las intersecciones de las pendientes y, luego, cortar los paneles para que encajen. Al igual que los paneles aislantes, el aislamiento ahusado se debe colocar con juntas escalonadas para lograr mayor estabilidad y resistencia térmica.

Cuando un drenaje o desagüe no se ubique en el borde de una pendiente, se puede utilizar el aislamiento ahusado para crear una contrapendiente y evitar la formación de charcos debajo del desagüe, como se muestra en la *Figura 24*. Este tipo de aislamiento también se puede usar para crear chaflanes y asientos que aparten el agua de zonas donde podrían formarse charcos.

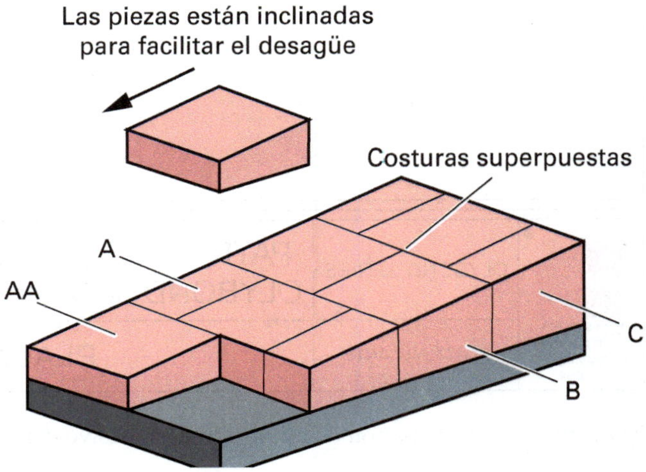

Figura 22 Ejemplo de aislamiento ahusado.

2.3.3 Colocación de placas de protección

La placa de protección es una capa delgada que sirve como sustrato para la membrana. Es recomendable instalarlas sobre el aislamiento antes de colocar la membrana.

Muchas de estas placas también son aislantes. Sin embargo, se considera que esta capa debe ser independiente de la capa aislante. Existen varios tipos de placas de protección adecuadas, incluidas los siguientes:

- Placas de yeso con fibra de vidrio
- Placas de yeso reforzadas con fibra
- Lana mineral
- Placas de perlita
- Placas de poliisocianurato de alta densidad
- Placas de fibra de madera

El diseñador del sistema de techo debe determinar y especificar el tipo de placa de protección que se utilizará. Estas placas cumplen los siguientes propósitos en un sistema de techo:

- Proporcionar un sustrato liso y proteger la membrana de áreas desniveladas o irregularidades en el aislamiento
- Proteger el aislamiento de los daños por golpes, como granizo o caída de herramientas
- Aumentar la resistencia del sistema del techo contra vientos ascendentes
- Funcionar como barrera ignífuga en caso de incendios externos
- Permitir juntas escalonadas y desfasadas, en especial si se coloca una sola capa de aislamiento

Las placas de protección se pueden clavar a la cubierta o pegar al aislamiento con adhesivos o asfalto caliente. Al igual que las capas aislantes, siempre se deben escalonar las juntas al colocarlas. Evite alinear las juntas de las placas con las juntas de la capa aislante superior. Esto ayudará a minimizar la circulación del calor a través de las juntas y a distribuir las cargas mecánicas de manera pareja en el sistema del techo.

NOTA

Siempre siga las instrucciones del fabricante para saber cuál es el adhesivo correcto o la cantidad de elementos de sujeción y la separación entre ellos.

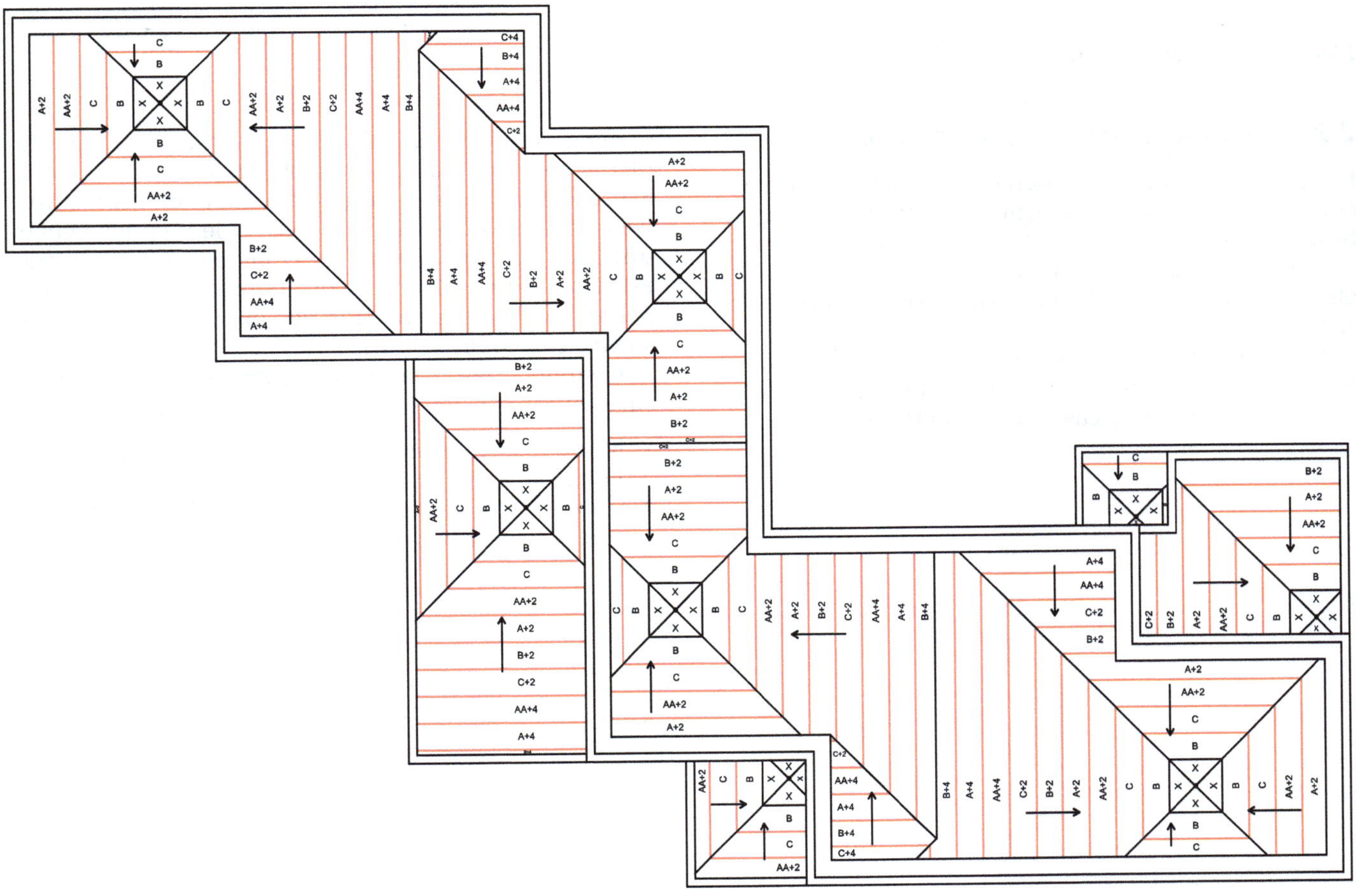

Figura 23 Plano de aislamiento ahusado.

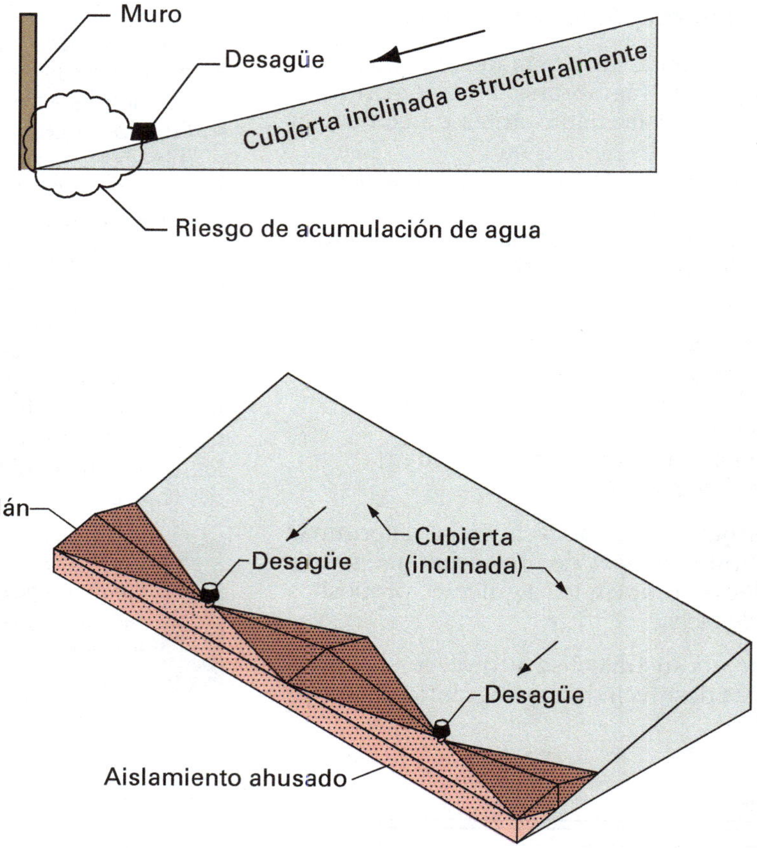

Figura 24 Aislamiento ahusado utilizado como contrapendiente.

2.3.4 Manipulación y almacenamiento

Las placas aislantes se deben manipular y almacenar con cuidado para evitar que se rompan, absorban humedad, se dañen o se vuelen con el viento.

Por lo general, se suben al techo en tarimas con un elevador. Solo aparejadores capacitados pueden recibir cargas en una azotea.

Como el aislamiento se daña con facilidad, todos los techistas deben proteger con cuidado los lados y los bordes de las placas durante su transporte.

Tenga cuidado cuando desenvuelva una carga de placas aislantes, ya que el viento las vuela fácilmente. Si está cargando una placa, puede funcionar como una vela y tirarlo del techo. Además, el viento puede volar una placa y golpear a una persona desprevenida que esté trabajando sobre el techo. También puede volarse del techo y golpear a otras personas que estén en el suelo o caer sobre el tráfico.

Cuando guarde las placas sobre el techo o en el suelo durante la noche, tome los siguientes recaudos:

- Mantenga el aislamiento en los palets de envío y en la envoltura de envío del fabricante.
- Cubra las placas aislantes con una lona impermeable y colóquele peso encima.

Repaso de la Sección 2.0.0

1. La transferencia de calor mediante la circulación de aire caliente a un lugar más frío se denomina _____.
   a. infrarrojo
   b. conducción
   c. convección
   d. radiación

2. ¿Cuál de los siguientes elementos se utiliza para proteger el aislamiento de un techo de la humedad interna del edificio?
   a. Placa de protección
   b. Radiación
   c. Juntas de expansión
   d. Barrera de vapor

3. ¿Cuál de los siguientes elementos de un sistema de techo se usa para combatir la transferencia de calor?
   a. Aislamiento
   b. Membrana
   c. Asfalto
   d. Betún

Preguntas de revisión

1. Un sustrato _____.
   a. es cualquier superficie sobre la que se coloca una membrana
   b. está encima de la membrana para techo
   c. está siempre debajo de la cubierta
   d. se clasifica según su permeabilidad

2. ¿Cuál de los siguientes tipos de cubiertas es no clavable?
   a. Paneles de madera
   b. Planchas de madera
   c. Acero
   d. Concreto estructural

3. ¿Cuál de los siguientes materiales es el *más* común para las cubiertas de pendiente pronunciada?
   a. Concreto
   b. Paneles de fibra de madera cementosa
   c. Acero
   d. Madera

4. ¿Cuál de los siguientes elementos se utiliza para minimizar los efectos de movimiento de la cubierta por cambios climáticos y de temperatura?
   a. Placas de protección
   b. Barreras de vapor
   c. Juntas de expansión
   d. OSB

5. En edificaciones con techos de pendiente pronunciada, el aislamiento suele estar _____.
   a. debajo de la cubierta
   b. debajo de las tejas
   c. extendido sobre la cubierta
   d. colocado por techistas

6. ¿A qué temperatura se encuentra en estado sólido el agua?
   a. Por debajo de los 0 °C (32 °F)
   b. A los 10 °C (50 °F)
   c. A los 50 °C (122 °F)
   d. Por encima de los 100 °C (212 °F)

7. Cuando instale una barrera de vapor sobre una cubierta clavable utilizando betún en caliente, debe _____.
   a. usar una sola capa de fieltro
   b. sujetar una capa base antes de aplicar una capa de betún en caliente
   c. sujetar una capa base después de aplicar una capa de betún en caliente
   d. aplicar una pintura base sobre la superficie de la cubierta

8. Los adhesivos de dos componentes _____.
   a. no se deben utilizar en cubiertas de concreto
   b. no se recomiendan para la construcción de techos
   c. tardan mucho en secar
   d. se secan cuando los dos componentes se mezclan

9. ¿Cuál de los siguientes elementos es más grueso en un extremo para aportar pendiente cuando se instala sobre una superficie plana?
   a. Aislamiento ahusado
   b. Yeso con fibra de vidrio
   c. Membrana impermeabilizante
   d. Espuma de baja altura

10. El plano de aislamiento ahusado *suele* diseñarlo _____.
    a. un colocador de techos
    b. un techista
    c. el fabricante
    d. el propietario del edificio

Cuestionario de palabras técnicas

Complete los espacios en blanco con las palabras correctas que aprendió al estudiar este módulo.

1. El cambio natural de un líquido a vapor a una temperatura por debajo de su punto de ebullición se denomina ______________.
2. La persona capaz de identificar peligros y autorizada a corregirlos se llama ______________.
3. El agua en estado gaseoso que se disipa en la atmósfera se denomina ______________.
4. El tipo de energía lumínica visible que emiten todos los objetos se llama ______________.
5. Un especialista que construye, arma, instala y repara estructuras de madera se llama ______________.
6. La temperatura a la que el aire se satura con vapor de agua y tiene una humedad relativa del 100 % se denomina ______________.
7. La transformación del vapor de agua en líquido a medida que la temperatura disminuye o la presión atmosférica aumenta se llama ______________.

Palabras técnicas

Carpintero
Condensación
Evaporación
Infrarrojo
Persona competente
Punto de rocío
Vapor de agua

Principios básicos de las habilidades

Thomas R. Shanahan
Vicepresidente de gestión de riesgo empresarial y educación ejecutiva
Asociación Nacional de Contratistas de Techos (NRCA)

¿Cómo eligió su carrera en la industria?

Vine a trabajar a la NRCA porque es una organización sin fines de lucro. Por mi formación, entré como gerente de riesgos para ocuparme de cuestiones de higiene y seguridad. Ya hace 32 años que trabajo en la NRCA, en especial porque la industria de la construcción de techos es una familia maravillosa que cuida de sus miembros y les permite desarrollarse profesionalmente de formas que uno no se imagina, a menos que seas parte de esto. ¡Fue la mejor decisión que pude tomar!

¿Qué tipos de capacitación ha recibido?

La NRCA ha apoyado mi desarrollo de la misma manera que los contratistas de techos apoyan a sus equipos. Gracias a eso, pude completar dos programas universitarios de posgrado.

¿Qué tan importante son la educación y la capacitación en la construcción?

Son muy importantes. La construcción de techos se ha vuelto una actividad sofisticada debido a la variedad y complejidad de los sistemas de techos que se instalan hoy en día. Además de ser emocionante, es todo un desafío.

¿Qué tipos de trabajo realizó a lo largo de su carrera?

En mi puesto, doy muchas capacitaciones sobre seguridad, higiene y liderazgo para la industria.

¿Qué es lo que más le gusta de su trabajo?

Trabajar junto a excelentes profesionales de la construcción de techos.

¿Cuáles son los factores que más contribuyeron a su éxito?

Un entorno en el que se fomenta el aprendizaje y el crecimiento, si eso es lo que quieres para tu carrera.

¿Qué consejos daría a quienes se acaban de incorporar al sector?

Que sean curiosos y trabajen duro; —encontrarán muchas oportunidades diferentes para hacer carrera en esta industria tan dinámica.

Un logro o hecho interesante relacionado con la carrera

He formado parte de varios equipos que desarrollaron programas de capacitación excepcionales y específicos de la industria que dieron resultados muy buenos. Hemos creado programas que reducen los accidentes, que convierten a los estudiantes en mejores gerentes y líderes y,— lo más importante, —que logran que las personas vuelven sanas y salvas a sus casas.

¿Cómo define el oficio?

Como la capacidad de crear adquirida a través del estudio y la experiencia. En la industria de la construcción de techos, sería la capacidad de influir en la instalación profesional de techos a fin de potenciar la belleza de una edificación y la seguridad de sus ocupantes y sus pertenencias.

Palabras técnicas presentadas en este módulo

Carpintero: especialista que construye, arma, instala y repara estructuras de madera u otros materiales.

Condensación: conversión de vapor de agua u otro gas a la fase líquida a medida que se reduce la temperatura o se incrementa la presión atmosférica.

Evaporación: cambio natural de líquido a vapor a una temperatura que está por debajo de su punto de ebullición.

Infrarrojo: tipo de energía de luz invisible que emiten todos los objetos. Este tipo de energía es el más eficaz para producir calefacción radiante cuando se absorbe.

Persona competente: según lo define la OSHA, un individuo que tiene la capacidad de identificar peligros existentes y predecibles en el entorno, o condiciones de trabajo que no son higiénicas o que son peligrosas para los empleados y que tiene autorización para tomar medidas correctivas a fin de eliminar dichos peligros.

Punto de rocío: temperatura a la cual el aire se satura con vapor de agua y tiene una humedad relativa del 100 por ciento.

Vapor de agua: agua en forma de vapor (gas), especialmente por debajo del punto de ebullición y que se disipa en la atmósfera.

Recursos adicionales

En este módulo, se presentan recursos detallados para capacitaciones sobre tareas. Se sugiere el siguiente material de referencia para un estudio más profundo.

GAF Roofing. "Installing a Tapered System | Roofing it Right with Dave & Wally by GAF" (Colocación de un sistema con pendiente | Cómo instalarlo correctamente con Dave y Wally de GAF). Video de YouTube. 4:35. 11 de abril de 2020. **www.youtube.com**.

GAF Roofing. "Staggered Insulation Board Layout Detail | TPO Commercial Roofing | GAF Drawing 120" (Detalle de disposición de placa aislante con junta escalonada | Techos comerciales con TPO | Plano n.° 120 de GAF). Video de YouTube. 1:01. 19 de marzo de 2019. **www.youtube.com**.

Hunter Panels Roof and Wall Polyiso. "Tapered 101" (Aislamiento ahusado para principiantes). Video de YouTube. 10:07. 20 de junio de 2017. **www.youtube.com**.

Asociación Nacional de Contratistas de Techos (National Roofing Contractors Association, NRCA), **www.nrca.net**.

Créditos de las figuras

Cortesía de GAF, apertura de módulo, Figuras 13 (A–B, D), 16, 23–24

Cortesía de la NRCA, Figuras 1 (A–B), 2–6, 8, 10–12, 15, 17, 18–19

Patrick D Murphy Co., Inc., Architects, Figuras 1 (C–D), 13 (C), 20

iStock@LegART, Figura 7

iStock@Niko_Cingaryuk, Figura 21

Respuestas del repaso de la sección

SECCIÓN 1.0.0

Respuesta	Referencia de sección	Objetivo
1. c	1.0.0	1
2. b	1.2.0	1b

SECCIÓN 2.0.0

Respuesta	Referencia de sección	Objetivo
1. c	2.1.2	2a
2. d	2.2.2	2b
3. a	2.3.0	2c

CURRÍCULOS NCCER — ACTUALIZACIÓN DE USUARIO

NCCER hace todo lo posible para mantener sus libros de texto actualizados y sin errores técnicos. Se agradece su ayuda en este proceso. Si encuentra un error, un error tipográfico o un dato incorrecto en los currículos de NCCER, complete este formulario (o una fotocopia de este) o el formulario en línea que se encuentra en **www.nccer.org/olf**. Asegúrese de incluir el número de identificación exacto del módulo, el número de la página, una descripción detallada y la corrección que recomienda. Su aporte se dará a conocer al Equipo de autores. Gracias por su ayuda.

Instructores: Si tienen alguna idea para mejorar este libro de texto o se dieron cuenta de que se necesitaron materiales adicionales para enseñar este módulo de manera eficaz, infórmenoslo para que podamos presentar sus sugerencias al Equipo de autores.

Revisión y desarrollo de productos de NCCER
13614 Progress Blvd., Alachua, FL 32615

Correo electrónico: curriculum@nccer.org
En línea: www.nccer.org/olf

❑ Guía de entrenamiento ❑ Planes de clases ❑ Examen ❑ PowerPoints Otro ________________

Oficio/nivel: Fecha de derechos de autor:

Título/número de identificación del módulo:

Número(s) de las secciones:

Descripción:

Corrección recomendada:

Su nombre:

Dirección

Correo electrónico: Teléfono:

Chapas metálicas en la construcción de techos

GENERALIDADES

La mayoría de los sistemas de techos contienen elementos esenciales fabricados a partir de chapas metálicas. Estos elementos los puede proporcionar el fabricante del sistema, se pueden fabricar a pedido en un taller o se pueden crear en obra a medida que avanza el proyecto del techo. Los techistas profesionales deben estar familiarizados con los tipos de chapas metálicas que se emplean en los sistemas de techos, y sus respectivas características. Además, deben poder identificar los elementos de metal que contienen y las herramientas que se utilizan para crearlos y colocarlos.

Módulo 16107

16107 V1.0

16107
CHAPAS METÁLICAS EN LA CONSTRUCCIÓN DE TECHOS

Objetivos

Luego de finalizar este módulo, podrá hacer lo siguiente:

1. Explicar las propiedades básicas de los metales e identificar los elementos metálicos presentes en un sistema de techo.
   a. Comprender las propiedades físicas básicas de los metales.
   b. Identificar los tipos de chapas metálicas que se suelen encontrar en los sistemas de techos.
2. Describir las herramientas y los métodos básicos de instalación que se utilizan en la construcción de techos con chapas metálicas.
   a. Identificar las herramientas y los equipos que se emplean para los elementos de techo fabricados a partir de chapas metálicas.
   b. Explicar algunos de los procedimientos habituales para la manipulación de los elementos de techo fabricados a partir de chapas metálicas.

Tareas prácticas

Bajo supervisión, deberá poder hacer lo siguiente:

1. Utilizar tijeras de aviación para cortar un orificio circular de 15 cm (6 pulgadas) en una chapa metálica.
   - Medir el orificio.
   - Dibujar un círculo con un compás.
   - Cortar el orificio con tijeras de aviación.
2. Dimensionar, ajustar y cortar dos piezas de borde metálico en forma de L.

Palabras técnicas

Corrosión
Corrosión galvánica
Dilatación térmica
Distorsión térmica
Diámetro
Ensamblaje
Mil
Oxidar
Pátina
Refuerzos metálicos

Credenciales reconocidas por la industria

Si está realizando una capacitación mediante un patrocinador acreditado por el NCCER, probablemente cumpla con los requisitos para obtener las credenciales del Registro del NCCER. El número de identificación de este módulo es 16107. Recuerde que es posible que este módulo se haya utilizado en otros planes de estudio del NCCER y pueda usarse para finalizar otros niveles. Para obtener más información, comuníquese con el Registro del NCCER llamando al 1.888.622.3720 o visite **www.nccer.org**.

Índice

Figuras

SECCIÓN UNO

1.0.0 EL METAL EN LOS SISTEMAS DE TECHOS

Objetivo

Explicar las propiedades básicas de los metales e identificar los elementos metálicos presentes en un sistema de techo.

a. Comprender las propiedades físicas básicas de los metales.
b. Identificar los tipos de chapas metálicas que se suelen encontrar en los sistemas de techos.

Palabras técnicas

Corrosión: rotura o destrucción de un material, especialmente el metal, provocada por reacciones químicas. La forma más común de corrosión es el óxido, que se produce cuando el hierro se combina con oxígeno para formar óxido de hierro.

Corrosión galvánica: forma de corrosión (oxidación) que se produce al generarse una corriente eléctrica que circula entre distintos metales que entran en contacto entre sí.

Dilatación térmica: incremento en la dimensión o el volumen de un cuerpo debido a variaciones de temperatura.

Distorsión térmica: distorsiones físicas en la planicidad del metal. Esta condición solo afecta el aspecto del metal, no posee efectos negativos sobre la integridad estructural.

Mil: unidad de medición equivalente a una milésima parte de una pulgada, o 0,001 pulgada (0,0254 mm).

Oxidar: combinar con oxígeno, por ejemplo, en quemaduras (oxidación rápida) o formación de óxido (oxidación lenta).

Pátina: película de óxido verde o marrón que se forma sobre la superficie del cobre y de las aleaciones de cobre.

Refuerzos metálicos: tiras continuas de metal o piezas en ángulo que se utilizan para asegurar elementos de metal.

Muchos elementos y accesorios fundamentales en un sistema de techo se fabrican a partir de chapas metálicas (*Figura 1*). Estos elementos se pueden prefabricar en un taller antes de comenzar el trabajo de techo. Los techistas profesionales deben ser capaces de reconocer estos elementos, saber cómo se encastran y poder ajustarlos y colocarlos en un sistema de techo. Cuando trabaje con chapas metálicas, debe estar familiarizado con los diferentes tipos de metales, sus características básicas y de qué manera se relacionan entre sí y con el entorno.

> **¿Sabía usted?**
>
> **SMACNA**
>
> La Asociación Nacional de Contratistas de Chapas Metálicas y Aire Acondicionado (Sheet Metal and Air Conditioning Contractors' National Association, SMACNA), es una asociación internacional profesional que ofrece estándares y manuales técnicos útiles para los profesionales del sector que trabajan con chapas metálicas. Para obtener más información, visite **www.smacna.org**.

1.1.0 Características del metal

Los elementos metálicos de un sistema de techo pueden fabricarse de distintos metales, incluso acero, acero inoxidable, aluminio, cobre, plomo y zinc. Todos los metales se oxidan cuando quedan expuestos a la intemperie. a veces, esta oxidación protege al metal, y otras, se convierte en corrosión y daños indeseados.

Además de reaccionar frente al aire, la humedad y la temperatura, los metales también reaccionan entre sí. Cuando un techista integra diferentes tipos de metales en un mismo sistema, los elementos se deben elegir y combinar con cuidado para evitar la corrosión.

1.1.1 Espesor y calibre

En general, un metal se considera chapa metálica cuando tiene menos de 6 mm (¼ pulgada) de espesor. Un metal más grueso ya se considera placa de metal en lugar de chapa.

Figura 1 Chapas metálicas.

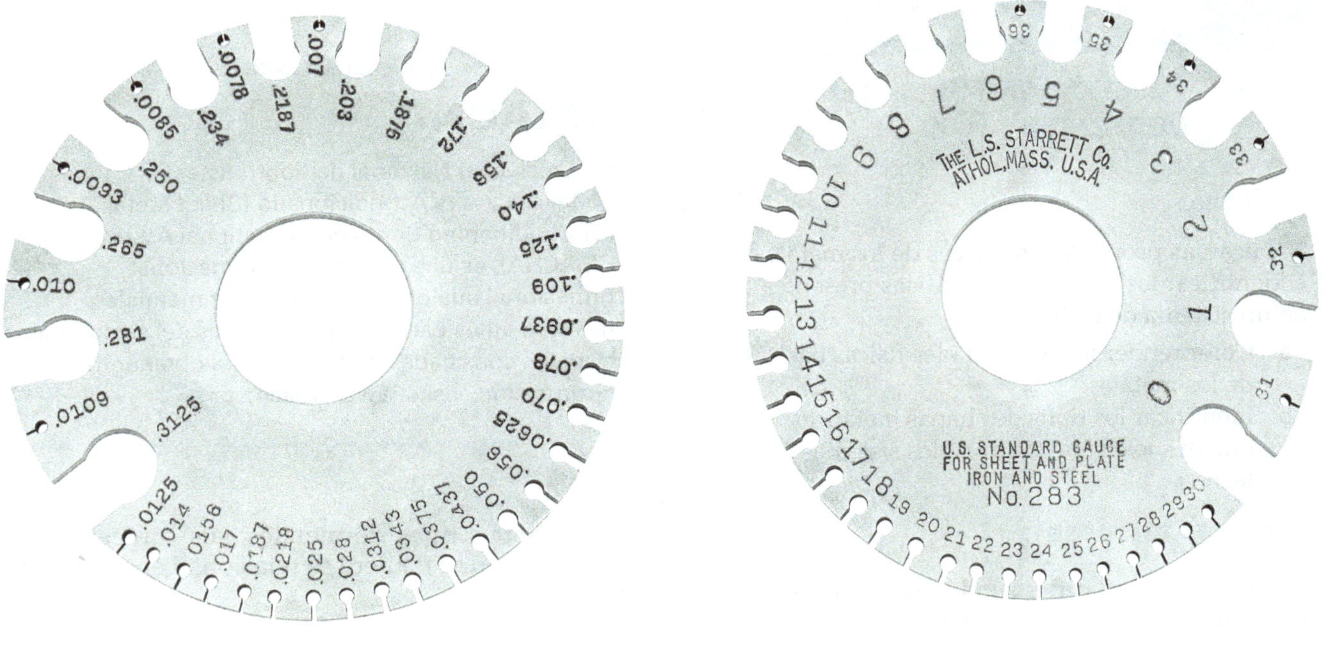

Figura 2 Calibre de espesor estándar de los EE. UU.

La herramienta que se utiliza para medir el espesor de una chapa metálica se denomina *calibre de espesor* (*Figura 2*). De un lado, se indica el calibre junto a cada ranura de la herramienta. Los valores decimales y fraccionarios correspondientes a cada espesor se indican del otro lado. Para medir una chapa metálica, busque la ranura en la que la chapa calce mejor (ajustada, pero no muy apretada ni muy suelta).

Para el acero, los espesores de chapas metálicas se suelen indicar por número de calibre. Cada valor de calibre designado representa un espesor específico de metal. Cuanto menor es el número de calibre, más gruesa es la chapa. En el [2]) para cada tipo de lámina metálica, según su calibre. En general, las láminas metálicas de calibre 24 son las que más se utilizan en elementos de techo.*Apéndice A*, se incluye una tabla que muestra los espesores y pesos en libras por pie cuadrado (libra/pie

NOTA

Cuando se miden metales revestidos, el calibre real de la chapa metálica subyacente suele ser un calibre más delgado que el que indica la herramienta de medición.

El espesor de algunos materiales de chapas, como el aluminio o el zinc, se miden en mils. Un **mil** es una unidad de medida que equivale a la milésima parte de una pulgada, o 0,001 pulgadas (0,0254 mm). Para medir el espesor de estos materiales, se utiliza un micrómetro (*Figura 3*).

1.1.2 Dilatación térmica

El metal se expande y se contrae con los cambios de temperaturas. a esto se lo conoce como **dilatación térmica**. Algunos metales se dilatan más que otros. El coeficiente de dilatación de un metal es un número que indica cuánto se dilata un metal por grado de cambio de temperatura.

Si no se la tiene en cuenta, la dilatación térmica puede causar graves problemas en un sistema de techo. Esta dilatación se debe tener en cuenta en las técnicas de sujeción del sistema y en las juntas de expansión. La expansión y contracción de las chapas metálicas pueden generar desplazamientos que desgarren la membrana del techo, aflojen los elementos de sujeción o causen otros daños en el sistema. a continuación, se detallan algunos métodos para reducir los efectos nocivos de la dilatación térmica:

- Asegurar los tapajuntas con sujetadores diseñados para permitir el desplazamiento térmico (*Figura 4*)
- Utilizar nervios de refuerzo (*Figura 5*), muescas en V o pliegues punta diamante

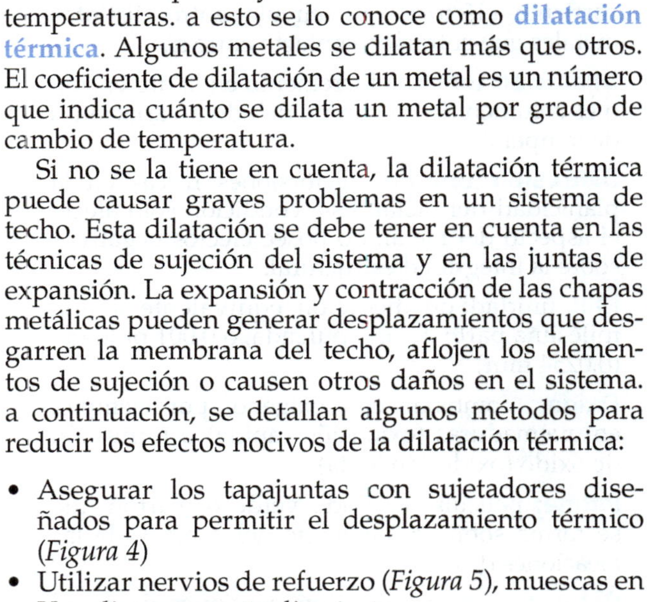

Figura 3 Micrómetro.

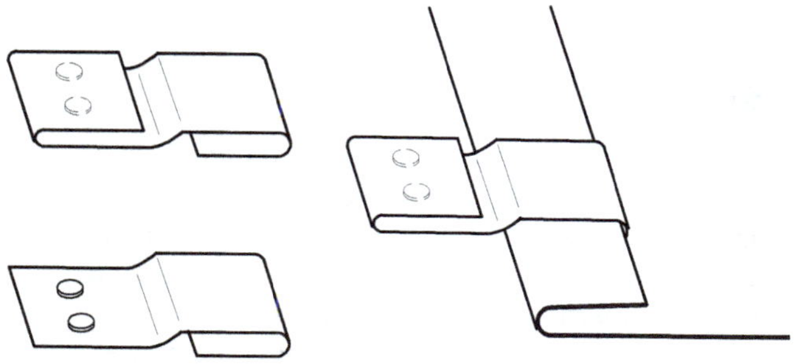

Figura 4 Elementos de sujeción metálicos.

1.1.3 Corrosión y metales diferentes

La oxidación de un metal cuando se lo expone al agua es una forma de corrosión. Cuando dos metales distintos entran en contacto y se los expone al agua, es posible que uno de ellos sufra mayor corrosión que el otro. Esta reacción se denomina corrosión galvánica. En la *Figura 6*, se muestra corrosión en un techo metálico.

Cuando se tengan que utilizar distintos metales en un sistema de techo, se los debe combinar con cuidado para evitar la corrosión galvánica. Por ejemplo, evite combinar acero con aluminio, ya que el acero hace que el aluminio se corroa rápido. Si utiliza estos metales juntos en un sistema de techo, podría poner en peligro la integridad estructural.

¡ADVERTENCIA!

Las chapas que contienen zinc, latón, bronce, cadmio o berilio liberan gases tóxicos cuando se calientan para soldarlas. Estos materiales se deben soldar en un espacio que tenga sistemas adecuados de ventilación y extracción mecánica de aire. En el caso de que no se pueda proporcionar la ventilación suficiente, se debe usar un respirador durante la soldadura o el corte del material. Si se recomienda el uso de respiradores, también podría ser necesario un examen médico. Consulte con su supervisor estas consideraciones sobre seguridad.

1.1.4 Recubrimientos de protección

En general, las chapas metálicas se revisten como protección contra el óxido y la corrosión. El acero recubierto con una capa protectora de zinc se llama *acero galvanizado*. Si el recubrimiento está bien aplicado, suele proteger al metal subyacente de la corrosión entre 15 y 30 años, o más, según el entorno.

A veces, se utilizan pinturas o recubrimientos para proteger distintos tipos de metales base, y también para mejorar su aspecto. Estas pinturas y recubrimientos se pueden aplicar en fábrica o en obra. Es importante aplicar cualquier material de tratamiento previo necesario antes de pintar o revestir el metal.

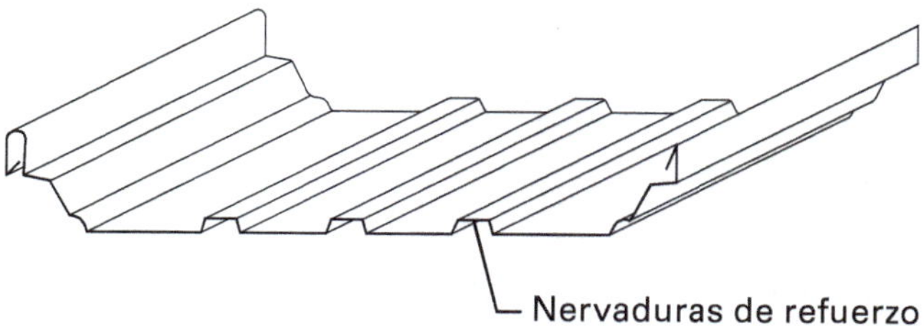

Figura 5 Nervaduras de refuerzo.

1.1.5 Tipos de metales

Las chapas metálicas vienen de distintos metales base (*Figura 7*). Se seleccionan en función del costo y de su compatibilidad con el sistema de techo, los códigos de edificación locales, el entorno y otros materiales que se empleen. Los tipos de chapas metálicas más utilizados en la construcción de techos son los siguientes:

- *Acero galvanizado:* — el acero galvanizado es acero revestido con zinc. Es uno de los metales con recubrimiento metálico más antiguos y comunes. El recubrimiento de zinc funciona como capa de protección que le añade resistencia a la intemperie. El acero galvanizado se oxida a diferente ritmo según el peso del recubrimiento y el entorno. Entre los factores ambientales, podemos mencionar la humedad y el rocío, el contenido salino de la humedad (por proximidad al mar) y la contaminación industrial. Cuanto más severas sean las condiciones, más rápido se perderá el zinc y, por lo tanto, la protección.
- *Acero inoxidable:* — el acero inoxidable es un material resistente a la corrosión, que se suele usar en entornos hostiles. Por lo general, no mancha a ningún metal contiguo. Podemos encontrar este tipo de acero en varios acabados, desde mate apagado hasta muy pulido. El acero inoxidable se clasifica por calibre.
- *Aluminio:* — e aluminio es un metal liviano y fácil de moldear que, en la mayoría de los casos, no necesita ningún recubrimiento de protección. Este metal

Figura 6 Corrosión en un techo metálico.

Figura 7 Ejemplos de tipos de chapas metálicas.

desarrolla una delgada película de óxido sobre la superficie que es impermeable para muchos contaminantes aéreos. El aluminio tiene un coeficiente de dilatación alto en comparación con la mayoría de los metales que se utilizan en un techo.

- *Cobre:* — el cobre no necesita un acabado de protección. Con el tiempo, el cobre adquiere un tono bronce, marrón o verde azulado, según su ubicación geográfica. Este color es el resultado de una capa protectora de sulfato de cobre, conocido como **pátina**, que se forma sobre el metal cuando queda expuesto a otros elementos. El agua que corre y cae desde un elemento de cobre puede producir manchas del color de la pátina sobre materiales de construcción de color claro, como el concreto. Por lo tanto, se recomienda derivar esa escorrentía de agua directamente a canaletas y bajadas pluviales.
- *Plomo:* — el plomo se utiliza para accesorios de techo por su durabilidad y maleabilidad. Este metal es muy blando y se lo puede moldear con la mano, lo que lo vuelve útil para sellar formas irregulares y puntos críticos. Por ejemplo, es común utilizar plomo en los sistemas de techos bituminosos de pendiente baja como material de tapajuntas para desagües internos del techo. Las chapas de plomo no se clasifican por calibre, sino por peso. Para aplicaciones en sistemas de techos, se suelen utilizar chapas de entre 2 lb/ft^2 y 4 lb/ft^2. Sin embargo, en el caso de que deban soldarse, el peso deberá ser mayor.
- *Zinc* — El zinc es un material autocurativo al que, por acción de la intemperie, se le genera una pátina azul grisácea que lo protege de la corrosión. Es duradero y flexible. El zinc se utiliza para elementos de desagüe, coberturas de techo y revestimientos de pared. Para evitar reacciones adversas, no se lo debe combinar con cobre ni debe entrar en contacto con agua que escurra desde un elemento de cobre o determinados tipos de madera. El zinc se clasifica por calibre.

Serie galvánica

La corrosión galvánica se produce cuando se genera una corriente eléctrica entre dos metales distintos (uno anódico y otro catódico). Esto hace que se forme más rápidamente una capa de óxido sobre la superficie del metal anódico.

Un método habitual para predecir el efecto de la corrosión galvánica entre metales consiste en hacer una lista de los metales, ordenados según su potencial de corrosión (del más anódico al más catódico). Esta lista se denomina *serie galvánica*. Al observar la posición relativa de los dos metales en la lista, es posible anticipar cuál de los metales sufrirá más corrosión.

Anódico
(–)

Magnesio
Aleaciones de magnesio
Zinc
Acero galvanizado
Aluminio 1100
Aluminio 6053
Alclad
Cadmio
Aluminio 2024 (4,5 Cu, 1,5 Mg, 0,6 Mn)
Acero dúctil
Hierro forjado
Hierro fundido
Acero inoxidable con 13 % de cromo tipo 410 (activo)
Acero inoxidable 18-8 tipo 304 (activo)
Acero inoxidable 18-12-3 tipo 316 (activo)
Soldadura de plomo y estaño
Plomo
Estaño
Metal Muntz
Bronce al manganeso
Latón naval
Níquel (activo)
Aleación 76 Ni-16 Cr-7 Fe (activo)
60 Ni-30 Mo-6 Fe-1 Mn
Latón amarillo
Latón almirantazgo
Latón al aluminio
Latón rojo
Cobre
Bronce al silicio
Cuproníquel 70:30
Bronce G
Bronce M
Soldadura de plata
Níquel (pasivo)
Aleación 76 Ni-16 Cr-7 Fe (pasivo)
Aleación 67 Ni-33 Cu (monel)
Acero inoxidable con 13 % de cromo tipo 410 (pasivo)
Titanio
Acero inoxidable 18-8 tipo 304 (pasivo)
Acero inoxidable 18-12-3 tipo 316 (pasivo)
Plata
Grafito
Oro
Platino

Catódico
(+)

¡ADVERTENCIA!

Luego de manipular plomo, quítese los guantes y lávese bien las manos antes de beber o ingerir alimentos. La ingesta accidental de plomo es un grave peligro.

¿Sabía usted?

Revestimientos metálicos

El revestimientos combina dos metales distintos. Puede recubrirse con PVC o TPO para fines de impermeabilización. En algunos casos, otros profesionales del sector ofrecen y colocan elementos de revestimiento metálico en un sistema de techo.

1.2.0 Elementos metálicos en la construcción de techos

Los elementos metálicos en un sistema de techo pueden incluir marquetería, canaletas, bajadas pluviales, embornales, embudos recibidores y muchos tipos de tapajuntas. Los tapajuntas se colocan en bordes de techo, paredes y penetraciones o interrupciones en la superficie del techo para desviar el agua e impedir filtraciones. Por lo general, son de chapa metálica, aunque también pueden ser de material de membrana flexible (como caucho o PVC).

Todos los sistemas de techos están diseñados para evitar que el agua ingrese al edificio a través del techo. Si el agua se acumula o ingresa a través de las costuras del techo, puede causar daños y corrosión al sistema de techo, provocando filtraciones e incluso daños estructurales.

El agua siempre corre hacia abajo. Todo lo que se interponga en su camino es vulnerable a daños, corrosión o filtraciones. Los elementos de desagüe metálicos están diseñados y configurados de modo tal que garanticen que el agua se escurra del techo a fin de proteger al edificio contra filtraciones. Estos elementos que instalan los techistas incluyen embornales, desagües, canaletas y bajadas pluviales.

1.2.1 Tapajuntas en los bordes del perímetro

En sistemas de techo de pendiente pronunciada, los bordes de goteo metálicos brindan un borde de acabado continuo a lo largo de las orillas externas del techo. Suelen ser el punto de terminación de membranas impermeabilizantes y paneles metálicos.

Los perfiles más comunes de bordes de goteo metálicos son los bordes en T y en L (*Figura 8*). En la *Figura 9*, se puede observar un borde de goteo en T.

En sistemas de techo de pendiente baja, los bordes metálicos perimetrales brindan un borde de acabado continuo a lo largo de las orillas externas del techo. Suelen funcionar como punto de terminación y sujetan el borde perimetral de la membrana de techo. Además, ayudan a contener la grava o el lastre suelto en el borde del techo.

Se pueden observar ejemplos de bordes perimetrales en la *Figura 10*. El perfil tipo A, comúnmente conocido como *tope para grava*, se suele usar en aplicaciones de pendiente baja. La altura de la barrera biselada (la parte que se extiende hacia arriba desde el borde del techo) varía según el tipo y el espesor del lastre que se utilice. El perfil tipo L se usa, por lo general, en sistemas de techos sin superficie de agregados o cuando se desea lograr una superficie lisa. El perfil tipo T se suele usar con sistemas de techos con paneles metálicos. Por lo general, el borde metálico en T se superpone.

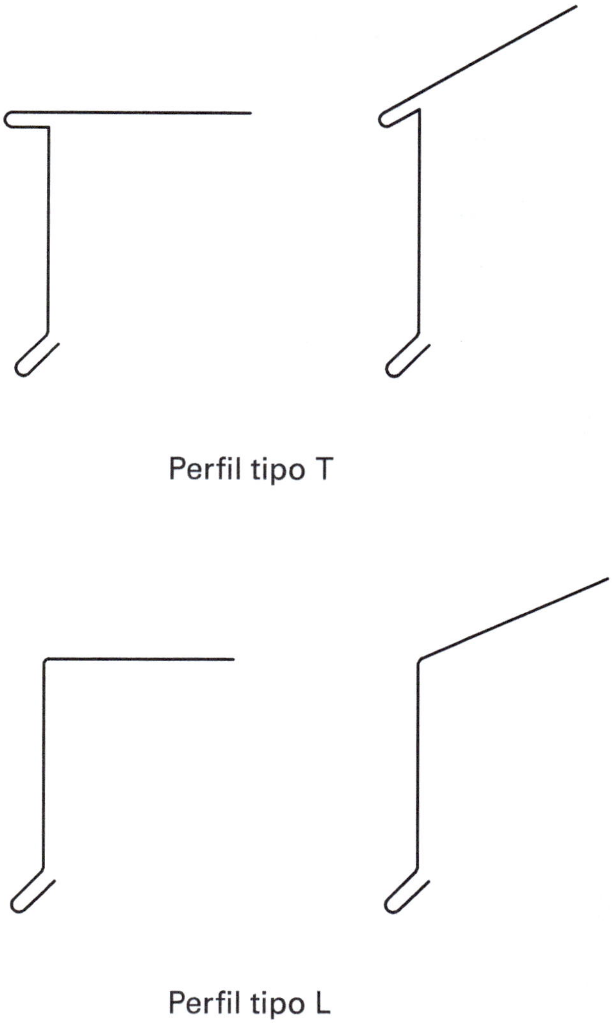

Figura 8 Perfiles comunes de bordes de goteo metálicos.

Figura 9 Borde de goteo metálico tipo T.

Los bordes o franjas perimetrales de metal con superficies extensas y planas pueden sufrir distorsión térmica. Esta posibilidad se puede reducir con nervios de refuerzo o chapas metálicas de mayor calibre.

Refuerzos metálicos son tiras continuas de metal o piezas en ángulo que se utilizan para sujetar elementos metálicos. Estos refuerzos se pueden utilizar en la colocación del borde perimetral combinado con marquetería. En la *Figura 11*, se muestra un ejemplo de marquetería con refuerzo metálico para perímetro de pendiente baja.

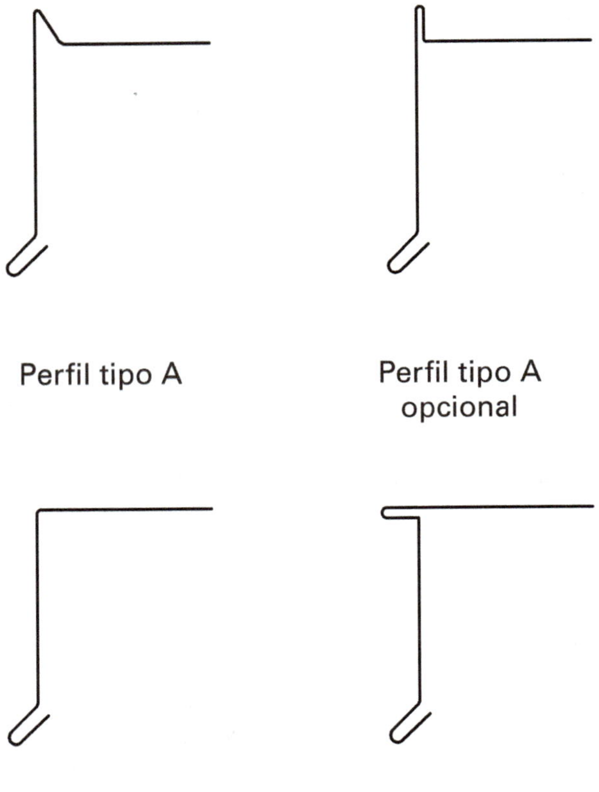

Figura 10 Perfiles comunes de bordes metálicos perimetrales.

1.2.2 Tapajuntas base y superior

Los tapajuntas base se apoyan sobre la cubierta, en la intersección de un plano horizontal con uno vertical, para guiar la corriente de agua sobre la cobertura del techo (*Figura 12*). Cubren el borde de la membrana de superficie de pendiente y se extienden hacia arriba en la superficie vertical.

Los tapajuntas superiores suelen ser de metal o membrana. Se sujetan sobre una pared, solera u otro elemento (por ejemplo, una ventilación, equipo mecánico o chimenea), o dentro de ellos, para cubrir y proteger el borde superior del tapajuntas base y sus respectivos elementos de sujeción.

NOTA

El tapajuntas superior de dos piezas ofrece una mejor terminación y facilita las futuras reparaciones del techo. Siempre que se pueda, se recomienda utilizar un tapajuntas superior de dos piezas para mejorar la calidad general del sistema de techo.

1.2.3 Limahoya metálica

La limahoya se forma en la intersección interna de dos pendientes en un techo (*Figura 13*). El agua que se escurre de las pendientes del techo se junta en la limahoya, lo que hace que esta zona sea especialmente vulnerable a las filtraciones. Las limahoyas se deben impermeabilizar para lograr un desagüe limpio y despejado que permita que el agua se escurra con rapidez.

Se deben colocar únicamente después de que se hayan aplicado a la cubierta las capas de membrana necesarias y cualquier material de revestimiento de limahoyas especificado.

1.2.4 Penetraciones

Las penetraciones son interrupciones en la superficie de un sistema de techo. En un techo de pendiente pronunciada, pueden ser chimeneas, tragaluces, tuberías de ventilación y extractores. En un techo de pendiente baja, las penetraciones pueden ser

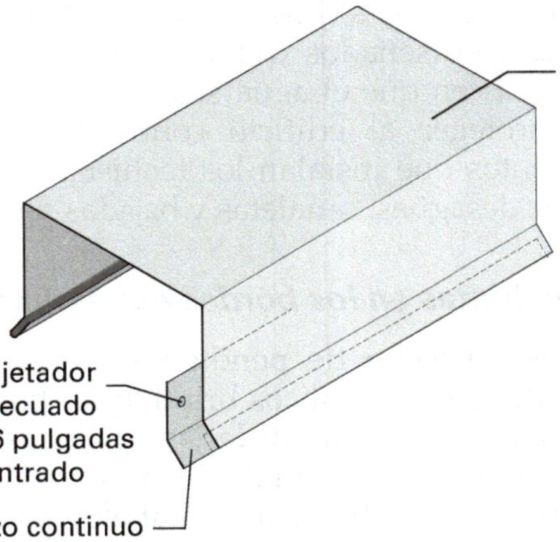

Figura 11 Marquetería perimetral con refuerzo para sistema de pendiente baja.

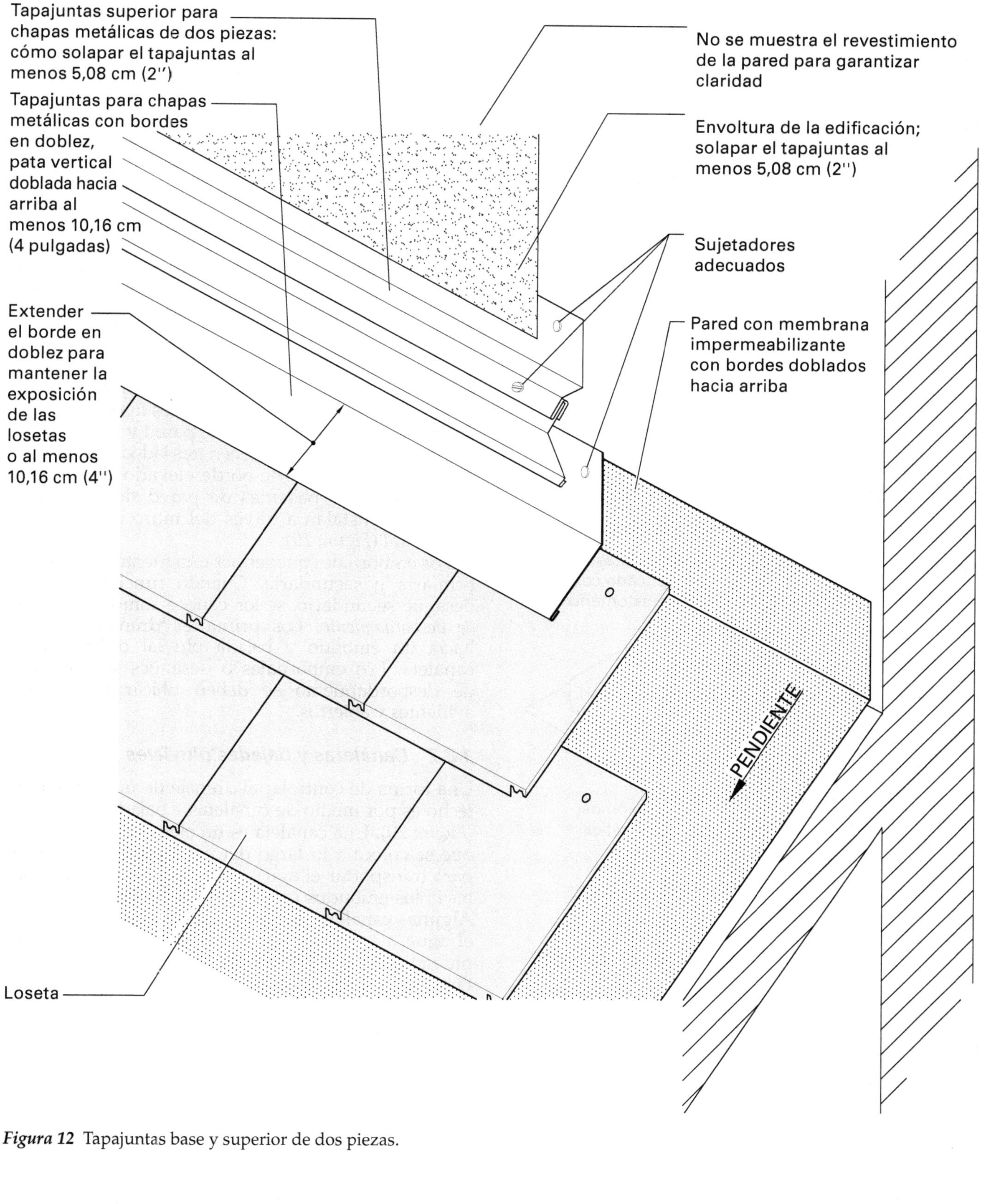

Figura 12 Tapajuntas base y superior de dos piezas.

Figura 13 Ejemplo de un tapajuntas de limahoya.

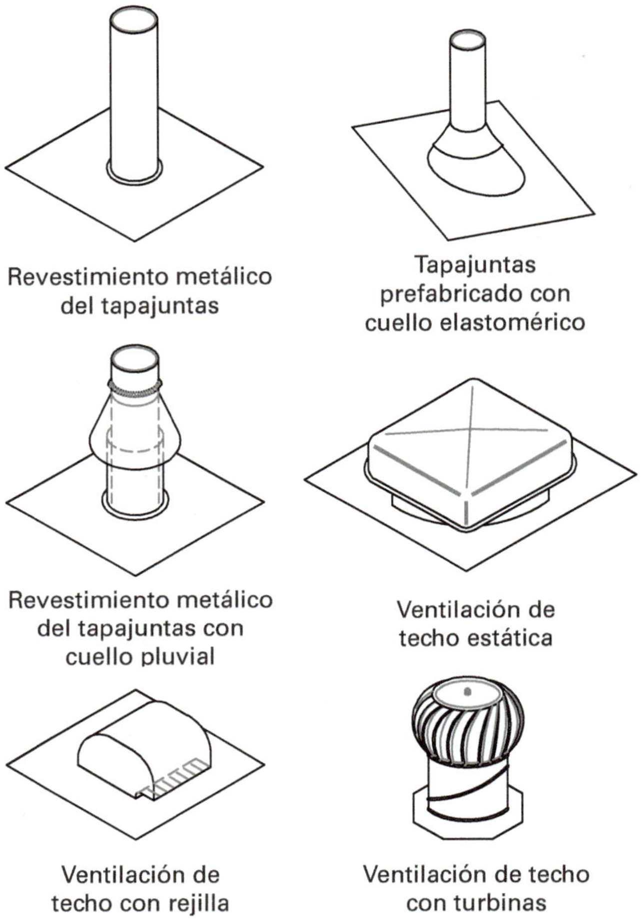

Figura 14 Ejemplos de tapajuntas para penetraciones en sistemas de pendiente pronunciada.

líneas de suministro, conductos eléctricos y equipos montados en el techo, por ejemplo, unidades de HVAC. Se pueden observar ejemplos de tapajuntas para pendientes pronunciadas y bajas en la *Figura 14* y en la *Figura 15*.

1.2.5 Marquetería

Los muros de parapeto se deben proteger de manera adecuada de la humedad para evitar que se deterioren y que se dañe el sistema del techo y la edificación. La marquetería se utiliza para cubrir la parte superior del parapeto y proporcionar una especie de tapa impermeable que selle y proteja al muro contra el ingreso de humedad. En la *Figura 16*, se muestra un ejemplo de marquetería de esquina. La marquetería también lleva refuerzos metálicos (*Figura 17*) que facilitan la colocación y mejoran la calidad del sistema de techo.

A veces, requiere del uso de un listón. Los listones de madera ofrecen protección adicional para el sistema y un sustrato donde sujetar los tapajuntas. Estos listones deben estar debidamente sujetados a la cubierta del techo, a una pared o a un apoyo estructural para evitar que el viento los levante.

1.2.6 Embornales

Los embornales se colocan en los bordes de los techos de pendiente baja. Existen dos tipos generales de embornales: los pasantes de pared y los abiertos. Los embornales abiertos tienen tres lados y se colocan dentro de un diseño de borde elevado (*Figura 18*). Los embornales pasantes de pared tienen cuatro lados y se instalan a través del muro de parapeto perimetral (*Figura 19*).

Los embornales pueden ser una fuente de desagüe primaria o secundaria. Cuando funcionan como desagüe secundario, se los conoce como *embornales de desbordamiento*. Los primarios drenan el agua hacia un embudo y bajada pluvial o hacia una canaleta. Los embornales o desagües secundarios de desbordamiento se deben ubicar en puntos evidentes y abiertos.

1.2.7 Canaletas y bajadas pluviales

Una forma de controlar el drenaje de un sistema de techo es por medio de canaletas y bajadas pluviales (*Figura 20*). Una canaleta es un elemento encauzado que se coloca a lo largo del perímetro de un techo para transportar el agua que se escurre del sistema hacia los embudos recolectores o bajadas pluviales. Algunas canaletas utilizan embornales para drenar el agua a través de un embudo hacia una bajada pluvial (*Figura 21*). Las canaletas deben tener el tamaño correcto para desagotar adecuadamente la cantidad de agua que se escurre de un techo determinado. Se pueden utilizar muchos tipos de chapas metálicas para fabricar canaletas y bajadas pluviales. Las más comunes son de aluminio, cobre y acero, por mencionar algunas. Existen dos tipos de canaletas: las que se sujetan de manera externa (colgantes) y las empotradas. Estas últimas no son habituales, y se las utiliza con mayor frecuencia en techos de pendiente pronunciada.

La bajada pluvial se une a la canaleta a través de un tubo de salida insertado en un orificio en la base de la canaleta. Por lo general, ese orificio lo corta el techista en obra. El tamaño de este orificio debe ser igual al diámetro externo del tubo de salida.

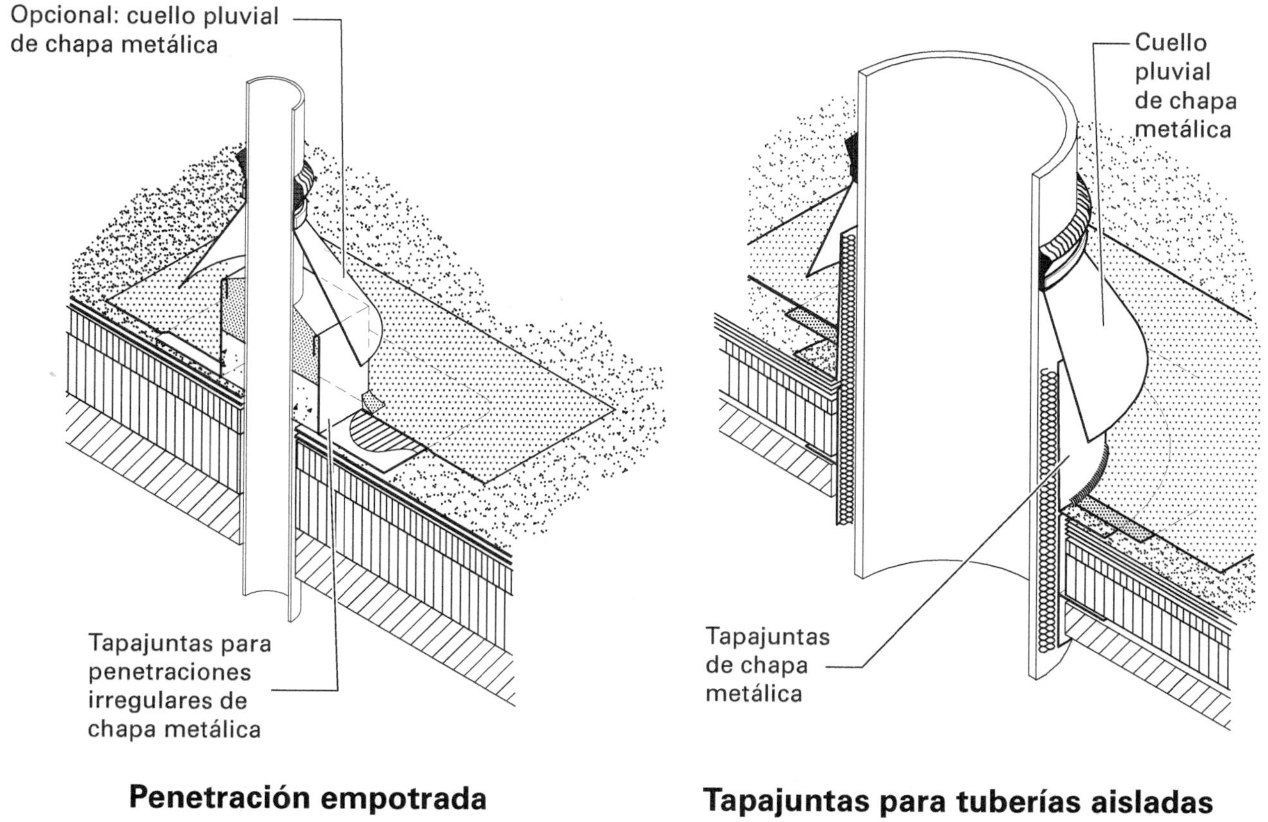

Figura 15 Ejemplos de tapajuntas para penetraciones en sistemas de pendiente baja.

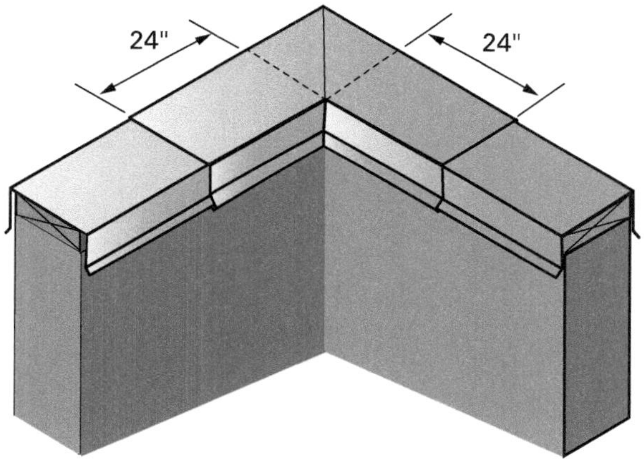

Figura 16 Marquetería de esquina.

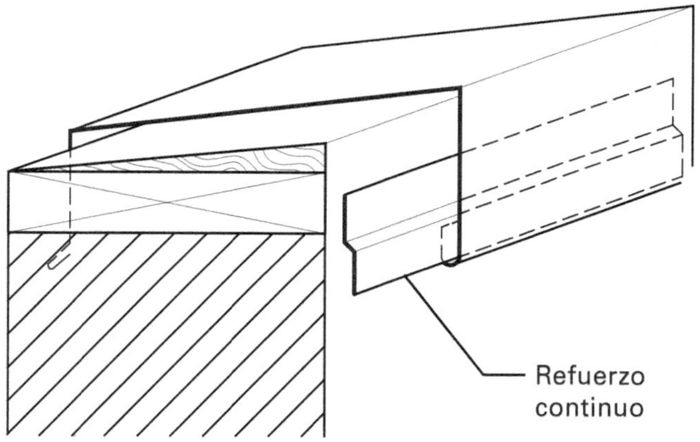

Figura 17 Refuerzo metálico de una marquetería.

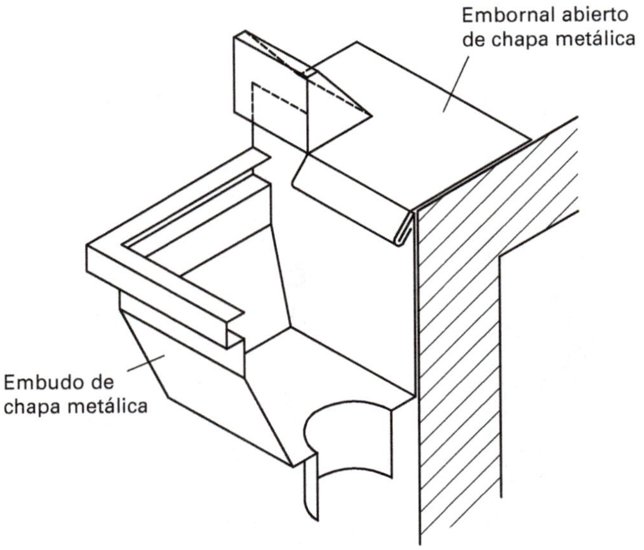

Figura 18 Embornal abierto.

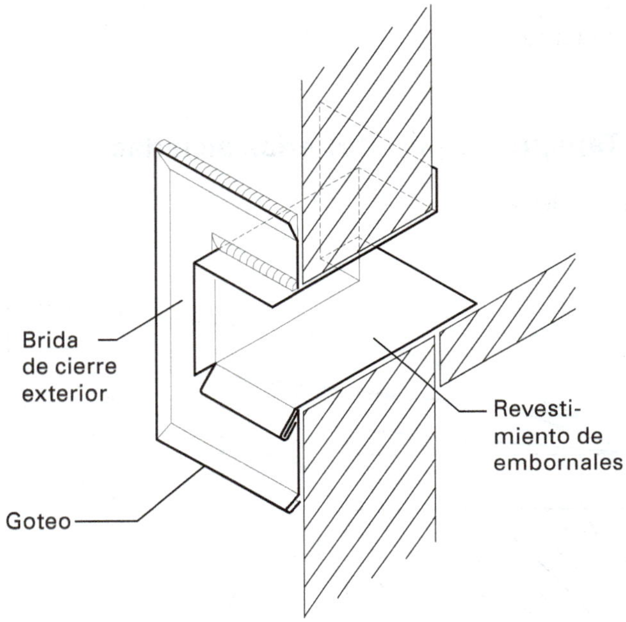

Figura 19 Embornal pasante de pared.

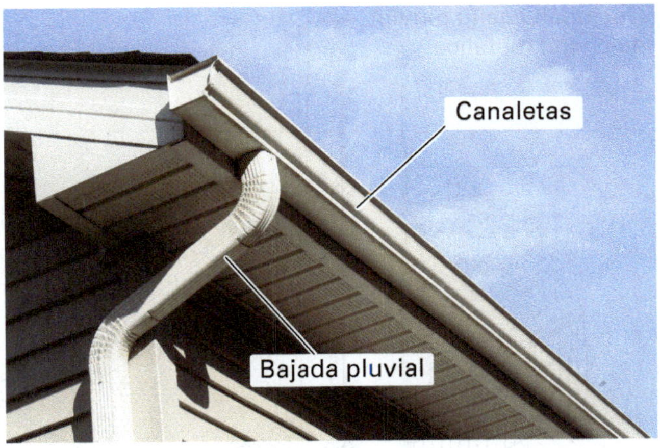

Figura 20 Canaleta y bajada pluvial.

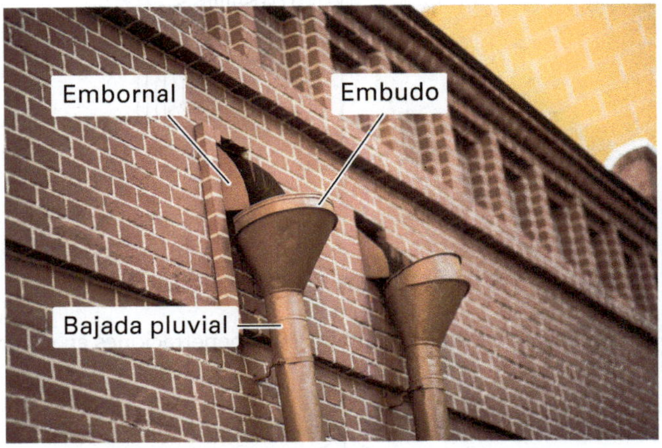

Figura 21 Embornal, embudo y bajada pluvial.

Repaso de la Sección 1.0.0

1. ¿Qué le sucede a *todos* los metales cuando quedan expuestos a la intemperie?
   a. Corrosión
   b. Oxidación
   c. Sellado
   d. Calibración
2. ¿Qué son las tiras continuas metálicas que se usan para sujetar elementos metálicos?
   a. Mils
   b. Pátinas
   c. Micrómetros
   d. Refuerzos metálicos

Sección Dos

2.0.0 Herramientas y equipo para chapas metálicas

Objetivo

Describir las herramientas y los métodos básicos de instalación que se utilizan en la construcción de techos con chapas metálicas.

a. Identificar las herramientas y los equipos que se emplean para los elementos de techo fabricados a partir de chapas metálicas.
b. Explicar algunos de los procedimientos habituales para la manipulación de los elementos de techo fabricados a partir de chapas metálicas.

Tareas prácticas

1. Utilizar tijeras de aviación para cortar un orificio circular de 15 cm (6 pulgadas) en una chapa metálica.
   - Medir el orificio.
   - Dibujar un círculo con un compás.
   - Cortar el orificio con tijeras de aviación.
2. Dimensionar, ajustar y cortar dos piezas de borde metálico en forma de L.

Palabras técnicas

Diámetro: segmento de línea recta invisible que parte desde un extremo de un círculo, atraviesa el punto central y llega al otro extremo.

Ensamblaje: proceso de unión de al menos dos piezas de chapa metálica.

Existen diferentes herramientas y procedimientos que se utilizan para medir, cortar, modelar y colocar chapas metálicas. En esta sección, se describen varias de las herramientas que los techistas utilizan para colocar chapas metálicas. Además, se resumen algunos procedimientos básicos de instalación que se emplean en la construcción de techos con chapas metálicas.

NOTA

Las herramientas básicas de la industria de la construcción se cubren en detalle en el módulo 00103 del NCCER, *Introducción a las herramientas manuales* y en el módulo 00104, *Introducción a las herramientas eléctricas.*

2.1.0 Herramientas

El diseño consiste en medir y marcar una trozo de chapa metálica como preparación para cortarla, doblarla y moldearla a fin de crear un elemento de techo. Los techistas profesionales deben conocer las siguientes herramientas de diseño y medición:

- *Punzones:* — se utilizan para endentar el metal a fin de marcarlo.
- *Gramil:* — se usa para marcar las chapas metálicas.
- *Escuadras combinadas y de carpintero:* — se utilizan para medir y marcar ángulos.
- *Reglas:* — tienen un borde recto para medir y marcar las chapas metálicas.
- *Compases:* — se utilizan para dibujar los círculos que se van a cortar en la chapa metálica, por ejemplo, para una bajada pluvial. Además, se los utiliza en taller para cortar las bases de las aberturas de ventilación.

Para medir, trazar y cortar un orificio del tamaño correcto en una chapa metálica, siga estos pasos utilizando las siguientes herramientas.

Paso 1 Ubique el centro del orificio que desee cortar utilizando una regla.

Paso 2 Coloque un extremo del compás en el punto central del círculo que desea dibujar.

Paso 3 Calcule la mitad del ancho del **diámetro** del círculo.

- Por ejemplo, si necesita un círculo de 15 cm (6 pulgadas), debe medir 7,5 cm (3 pulgadas) desde el centro para marcar un círculo de 15 cm (6 pulgadas) con el compás.

Paso 4 Utilice la medida de la mitad del diámetro del círculo para colocar el otro extremo del compás desde el punto central.

- Por ejemplo, si desea cortar un orificio de 15 cm (6 pulgadas), coloque el otro extremo del compás a 7,5 cm (3 pulgadas) del centro del círculo.

Paso 5 Sin mover el centro del compás, gire el brazo exterior del compás alrededor del punto central del círculo hasta que se marque el círculo completo en la chapa metálica.

Además de las herramientas de diseño y medición, existen varias herramientas adicionales que se usan para cortar y modelar chapas. Es importante que los techistas estén familiarizados con ellas, ya que manipulan chapas metálicas.

¡ADVERTENCIA!

Tenga cuidado al utilizar herramientas filosas y manipular chapas metálicas. Asegúrese de usar el PPE adecuado, como guantes resistentes a los cortes, respiradores y gafas de seguridad.

¿Sabía usted?

Tijeras de aviación

Las tijeras de aviación, un tipo de tijeras de hojalatero, reciben su nombre a principios del siglo XX, cuando se las utilizaba para la fabricación de aeronaves. En general, a las tijeras de aviación se las conoce simplemente como *tijeras* en la industria de la construcción de techos. Sin embargo, son las únicas con un código de color determinado para identificar especialmente las de corte derecho o izquierdo.

Figura cortesía de iStock@frankpeters

2.1.1 Tijeras de hojalatero

Las tijeras de hojalatero se usan como tijeras comunes para cortar metal delgado y blando. Por lo general, estas tijeras pueden cortar metal de hasta calibre 18 de espesor.

Las tijeras de hojalatero tienen mangos largos, lo que permite una mayor palanca. Es importante no ejercer demasiada fuerza sobre el mango. Si, extiende el mango para forzar un corte, aplica el peso del cuerpo sobre las hojas o las golpea, es muy probable que las tijeras se dañen de manera permanente. Esto suele separar las hojas de corte y dejar demasiada luz entre ellas. Una vez que las puntas ya no se toquen, no se podrá realizar ni una simple muesca. Mantenga las tijeras en buenas condiciones de funcionamiento y no las fuerce más de la capacidad indicada. Si el metal que debe cortar es muy grueso o duro para las tijeras, elija otra herramienta más adecuada.

Podemos encontrar tijeras de hojalatero en modelos de corte recto, izquierdo y derecho (*Figura* 22). En ocasiones, a estas tijeras con orientación direccional se las conoce como *tijeras de aviación*. Las de corte derecho cortan curvas cerradas a la derecha, mientras que las de corte izquierdo, lo hacen hacia la izquierda. Las hojas de corte están dentadas para que se agarren al metal con fuerza.

Es fácil distinguir entre los tres tipos según el diseño de la mordaza. Si la hoja de corte superior está a la derecha, es una tijera de corte derecho. Si la hoja de corte superior está a la izquierda, es una tijera de corte izquierdo. No obstante, los fabricantes también usan un código de color en el mango para distinguirlas. Las tijeras de corte recto tienen mango amarillo, las de corte izquierdo, rojo y las de corte derecho, verde.

Corte derecho

Corte recto

Corte izquierdo

Figura 22 Tijeras de hojalatero.

2.1.2 Pinzas

pinzas (*Figura* 23) también se conocen como *cerradora* o *pinza de presión manual*. Se utilizan para modelar y aplanar el metal cuando no tenemos una plegadora o cuando no la podemos usar para formar la costura. La mordaza superior de la pinza suele tener una regla graduada cada 6 mm ($^1/_4$ de pulgada) que ayuda al operador a realizar plegados y rebordes con precisión. Las pinzas no funcionan bien sobre metales de calibre grueso, ya que son de accionamiento manual.

2.1.3 Plegadoras y pinzas de presión

Una plegadora (*Figura* 24) es un dispositivo muy simple. Para formar pliegues en una chapa metálica, introduzca la chapa en la ranura superior y utilice la herramienta para hacer un pliegue. Esta herramienta manual funciona bien en chapas de calibre delgado.

Las plegadoras son herramienta que pliegan las chapas metálicas. Estas máquinas utilizan una barra de sujeción para sostener el material con firmeza mientras se lo dobla automáticamente o con el uso de una palanca manual o pedal.

Figura 23 Pinzas.

Figura 24 Herramienta de plegado.

2.1.4 Cortadoras y cizallas

Una cortadora (*Figura 25*) puede ser eléctrica, manual o neumática, y portátil o de banco. Puede realizar cortes rectos o circulares. Una cuchilla de acero templado corta muescas del metal contra una matriz a medida que la chapa metálica se va moviendo hacia la cortadora o la cortadora portátil se aplica a la chapa. Si bien estas herramientas pueden cortar formas irregulares y alrededor de rincones complicados, no suelen dejar bordes rectos y bien terminados. Las virutas que se generan por el corte se expulsan hacia abajo, lejos del operario. En general, el ancho de corte es mayor a $^1/_8$ de pulgada.

¡ADVERTENCIA!

Para las herramientas eléctricas que se encuentran permanentemente en obra, se deben utilizar siempre cables o receptáculos con disyuntor de descarga a tierra (GFCI). Los dispositivos GFCI están diseñados para interrumpir la electricidad a fin de proteger al usuario en caso de descarga a tierra.

Las cizallas de corte simple y de doble corte son herramientas de precisión que se usan para cortar chapas metálicas. Mientras que las de corte simple utilizan una sola hoja para cortar de forma limpia a través del metal, las de doble corte emplean dos cuchillas separadas que remueven una delgada tira de metal a medida que la herramienta va cortando la chapa. No se recomiendan las cizallas de doble corte para hacer cortes curvos. Para los dos tipos de cizallas, existen modelos manuales y eléctricos.

2.1.5 Sierras sable

Las sierras sable (*Figura 26*) pueden cortar una gran variedad de materiales. Se utilizan para cortar formas y orificios irregulares, y son prácticas en espacios estrechos. Además, son aptas para trabajos de demolición.

Las hojas de corte rectas y metálicas son intercambiables y, en general, miden hasta 30 cm (12 pulgadas) de largo × 2,5 cm (1 pulgada) de ancho. Las hojas hacen un movimiento de vaivén y cortan en la carrera de retroceso. Tenga en cuenta que funciona al revés que la carrera de corte de la sierra de arco. En la carrera de avance, una leva levanta la hoja levemente para evitar que friccione contra el metal. Muchas sierras sable tienen velocidad de corte variable. Por lo general, los cortes a baja velocidad son más adecuados para trabajar con metal.

2.2.0 Procedimientos para chapas metálicas

En general, los elementos metálicos de un sistema de techo se cortan, cosen, ensamblan y sujetan de diversas formas. Muchos de estos elementos funcionan como vía para drenar agua. Por lo tanto, siempre se debe tener en cuenta su impermeabilidad y el escurrimiento de agua durante su colocación.

Figura 25 Cortadora manual.

Figura 26 Sierra sable.

2.2.1 Corte

Antes de cortar una chapa metálica, asegúrese de tener todas las herramientas y el PPE adecuados para el trabajo. El corte de chapas metálicas lo expone a muchos riesgos de seguridad, como bordes filosos o fragmentos de metal sueltos. Verifique la hoja de datos de seguridad y consulte a su supervisor para obtener orientación en cuanto a este tema.

Resulta útil medir, diseñar y marcar el metal antes de hacer cualquier corte a fin de garantizar un proceso sin inconvenientes. Cuando se complica el uso de tijeras u otras herramientas manuales para cortar metal, quizás conviene utilizar otra herramienta.

A veces, es posible que tenga que cortar un orificio en el centro de una pieza de chapa metálica grande, —por ejemplo, para introducir una penetración de tubería en un panel de techo metálico. a continuación, se detallan procedimientos generales para cortar el trozo central de una chapa metálica con tijeras.

Paso 1 Utilice el PPE apropiado y compruebe que las tijeras sean la herramienta adecuada para el trabajo.

Paso 2 Planifique, mida y marque el corte que hará en la chapa metálica.

Paso 3 Realice un orificio piloto con la herramienta manual o eléctrica adecuada.

Paso 4 Introduzca las tijeras en el espacio abierto y continúe cortando con cuidado la forma que desee en la chapa.

PRECAUCIÓN

Asegúrese de hacer orificios piloto solo en partes de la lámina que retirará del sistema de techo.

Si desea cortar trozos de metal más grandes o gruesos, utilice una cizalla eléctrica para cortes rectos y una cortadora para cortes curvos. Al igual que con las herramientas manuales, mantenga un ritmo lento y constante cuando use herramientas eléctricas para cortar chapas metálicas.

2.2.2 Ensamblaje

Ensamblaje es el proceso de unión de al menos dos piezas de chapa metálica. Las uniones se pueden hacer con elementos de sujeción mecánicos, métodos de costura acoplada a tope, placas de refuerzo de chapa metálica, selladores, soldadura con electrodo y oxigas, o mediante una combinación de estos métodos.

En general, el tipo de ensamblaje que se utilice dependerá de la función y ubicación de la junta de las chapas, su exposición al agua y el tipo de metal. Algunas juntas están construidas para repeler el agua, mientras que otras requieren un sellado más impermeable. Los métodos de ensamblaje de chapas metálicas son los siguientes:

- *Elementos de sujeción mecánicos:* — una forma simple y común de unir chapas consiste en utilizar elementos de sujeción mecánicos, como tornillos, pernos y remaches. Sin embargo, este método de unión es difícil de impermeabilizar. Los elementos de sujeción mecánicos se pueden utilizar con selladores, juntas (de caucho) o soldaduras para impermeabilizar la unión.
- *Engaste y fijación:* — los metales prepintados se suelen unir sin el uso de soldaduras porque el revestimiento no lo permite. El engaste es un método habitual que se emplea para unir solapas en elementos de chapa metálica. Por ejemplo, el engatillado es un tipo de costura de cierre. Otro ejemplo puede ser el lado externo de un embornal pasante de pared, —donde el embornal se superpone a la brida, las dos piezas de metal se engarzan y cierran entre sí. La marquetería y los refuerzos metálicos se unen de la misma manera.
- *Soldadura con electrodo y oxigas:* — las juntas soldadas constituyen una unión entre dos piezas de metal. Una junta soldada con electrodo es una junta estructural formada por la fusión entre dos metales, utilizando temperatura elevada y un material de relleno. Una junta soldada con oxigas no es estructural. a pesar de tener algunas características estructurales, es simplemente un método para unir dos metales. Que un metal se pueda

soldar de una u otra forma depende principalmente del tipo de metal, el espesor del material, el equipo y la habilidad.

- *Ingletado:* — un inglete se realiza cortando dos partes de metal para formar un ángulo de 45 grados en una unión de 90 grados.

> **¡ADVERTENCIA!**
> Los dos tipos de soldadura explicados exponen al profesional a gases peligrosos. La exposición prolongada puede provocar daño pulmonar y otros problemas de salud graves. Por lo tanto, será necesario usar protección respiratoria si los métodos de trabajo y la ventilación no reducen el contacto con los gases tóxicos. Si se recomienda el uso de respiradores, también podría ser necesario un examen médico.

> **NOTA**
> La soldadura es un oficio calificado y un área de especialización. El NCCER cuenta con un Programa de soldadura de cuatro años que prepara a sus estudiantes para que se desempeñen como soldadores capacitados, eficientes y seguros. Para obtener más información, visite **www.nccer.org**.

A continuación, se detallan algunos tipos habituales de costuras que se emplean en sistemas de techos:

- *Engatillado solapado:* — se debe colocar un tramo hembra de 22 mm ($^7/_8$ pulgada de alto como mínimo sobre el tramo macho de la pieza metálica adyacente y plegarlo para completar la costura. a veces, se coloca sellador o cinta de butilo en el tramo hembra antes de la colocación para brindar mayor impermeabilidad. La costura se sujeta mediante el método de endentado o con remaches. Consulte la *Figura 27* (A).
- *Engatillado simple:* — se debe colocar un tramo hembra de 22 mm ($^7/_8$ pulgada) de alto como mínimo sobre el tramo macho de la pieza metálica adyacente. El tramo hembra se pliega sobre el tramo macho, y ambos tramos se doblan a 90 grados. a veces, se coloca sellador o cinta de butilo en el tramo hembra antes para brindar mayor impermeabilidad. Consulte la *Figura 27* (B).
- *Engatillado doble:* — se debe colocar un tramo hembra de 22 mm ($^7/_8$ pulgada) de alto como mínimo sobre el tramo macho de la pieza metálica adyacente. Ambos tramos se pliegan sobre sí mismos dos veces para completar el doble engatillado. Esto tipos de costuras son impermeables sin necesidad de agregar selladores ni cintas selladoras. Consulte la *Figura 27* (C).
- *Engatillado con tapa:* — consiste en dos engatillados simples construidos con dos tramos verticales adyacentes y una tapa. Por lo general, se los utiliza cuando el movimiento libre es fundamental, como en las juntas de expansión y con fines ornamentales. Consulte la *Figura 27* (D).
- *Costura engatillada plana:* — las costuras engatilladas planas deben ser de 12 mm ($^1/_2$ pulgada) de ancho como mínimo para cobre de hasta 20 onzas, y de 19 mm ($^3/_4$ pulgada) de ancho como mínimo para pesos mayores. Consulte la *Figura 27* (E).
- *Doble costura engatillada plana:* — es una costura engatillada doble aplanada que puede estar soldar o desoldada (para metales que no se pueden soldar con oxigas). Consulte la *Figura 27* (F).
- *Costura con refuerzo deslizante:* — se debe colocar un refuerzo deslizante plegado de 5 cm (2 pulgadas) de ancho como mínimo sobre los extremos doblados de dos piezas metálicas. El espacio entre los extremos de las piezas metálicas dependerá del tipo de material que se utilice, el espesor del calibre y la ubicación en el edificio. Consulte la *Figura 27* (G).
- *Costura con refuerzo en S:* — se debe colocar un refuerzo en S de 5 cm (2 pulgadas) de ancho como mínimo entre los extremos sin plegar de dos piezas metálicas. Se recomienda colocar un sellador en los tramos hembra antes de colocar la pieza metálica para brindar mayor impermeabilidad. El espacio entre los extremos de las piezas metálicas dependerá del tipo de material que se utilice, el espesor del calibre y la ubicación en el edificio. Consulte la *Figura 27* (H).
- *Costura con refuerzo en doble S:* — es similar a la costura con refuerzo deslizante pero con dos tramos hembra a cada lado del refuerzo para recibir los extremos sin plegar de las dos piezas metálicas. Consulte la *Figura 27* (I).
- *Costura con placa de refuerzo:* — se debe colocar una placa de refuerzo de unión expuesta de 15 cm (6 pulgadas) de ancho como mínimo, dividida en forma pareja sobre los bordes de dos piezas metálicas adyacentes. El espacio entre los extremos de las piezas metálicas adyacentes dependerá del tipo de material que se utilice, el espesor del calibre y la ubicación en el edificio. Cada lado del espacio requiere sellador; se deben colocar al menos dos bandas de sellador debajo la placa de refuerzo. Consulte la *Figura 27* (J).
- *Costura con placa de apoyo oculta:* — se debe colocar una placa de unión oculta de 15 cm (6 pulgadas) de ancho como mínimo, dividida en forma pareja sobre los bordes de dos piezas metálicas adyacentes. El espacio entre los extremos de las piezas metálicas adyacentes dependerá del tipo de material que se utilice, el espesor del calibre y la ubicación en el edificio. Cada lado del espacio requiere sellador; se deben colocar al menos dos bandas de sellador sobre la placa de apoyo. Consulte la *Figura 27* (K).
- *Junta con placas de refuerzo y de apoyo:* — se debe colocar una placa de unión oculta y otra placa expuesta de 15 cm (6 pulgadas) de ancho como

mínimo, distribuidas en forma pareja entre los bordes de dos piezas metálicas adyacentes. El espacio entre los extremos de las piezas metálicas adyacentes dependerá del tipo de material que se utilice, el espesor del calibre y la ubicación en el edificio. Cada lado del espacio requiere sellador; se deben colocar al menos dos bandas de sellador o cinta de butilo debajo la placa de refuerzo. Consulte la *Figura 27* (L).

- *Costura solapada:* — en un ensamble simple, se solapan los extremos adyacentes de dos piezas de chapa metálica. a veces, se utilizan elementos de sujeción mecánicos o remaches para fijar el metal en su lugar. Se deben colocar dos piezas metálicas sucesivas de 7,5 cm (3 pulgadas), superpuestas una sobre la otra. Se puede hacer una ranura en el doblez que vuelve a lo largo del borde inferior del metal que recibe y traba la pieza anterior. Para que la instalación sea impermeable, se debe colocar sellador o soldadura en la costura. Consulte la *Figura 27* (M).
- *Costura con cierre Pittsburgh:* — este tipo de costura se utiliza en esquinas para unir dos piezas de metal. La pieza metálica horizontal tiene una brida doblada hacia abajo. La pieza vertical tiene moldeado un bolsillo vertical, donde se inserta el borde bridado. El extremo extendido de la pieza vertical se pliega por encima de la superficie horizontal para completar el cierre. Consulte la *Figura 27* (N).

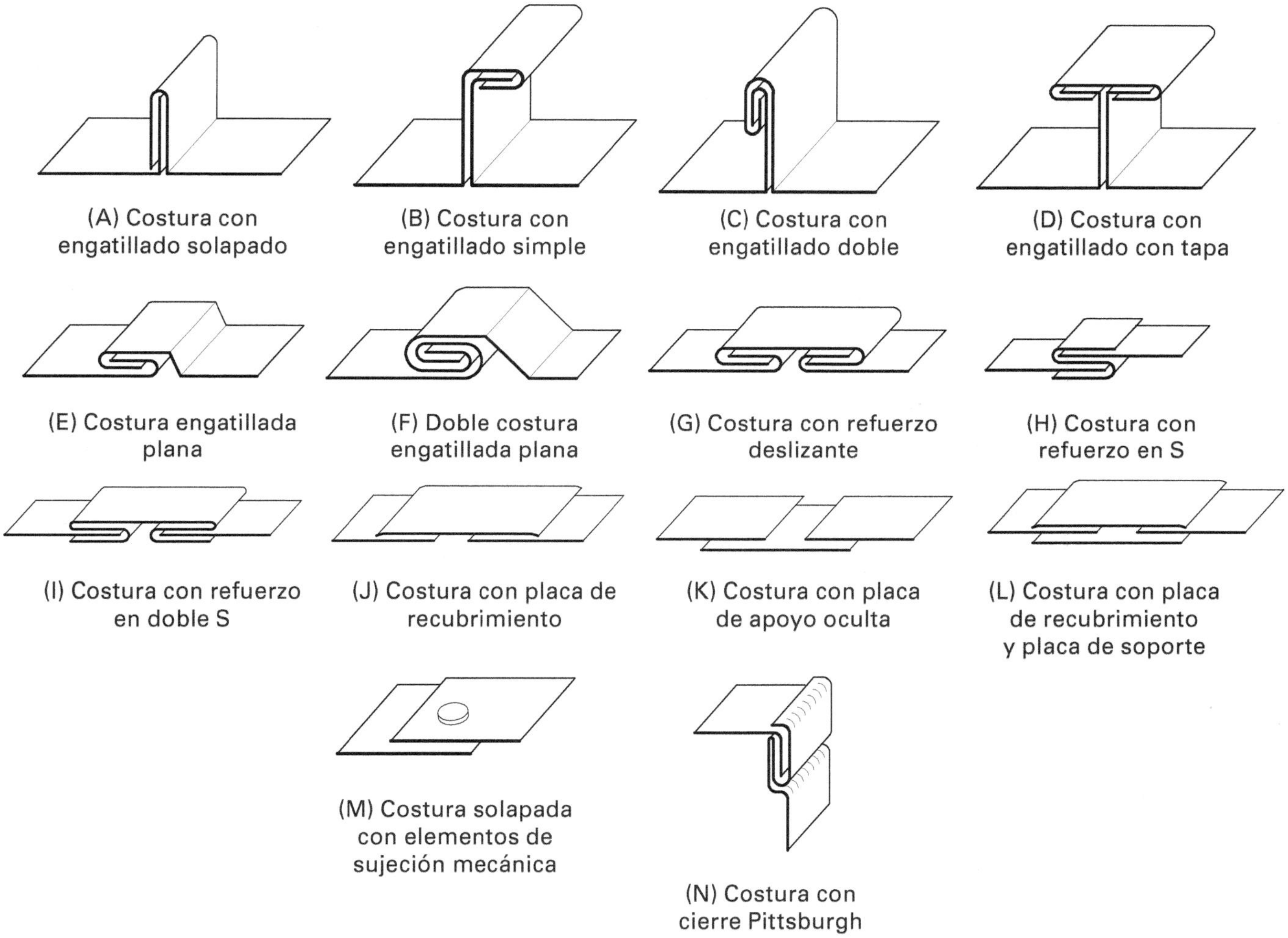

Figura 27 Tipos de costuras.

Repaso de la Sección 2.0.0

1. ¿Cuál de las siguientes herramientas de diseño y medición se usa *principalmente* para marcar una chapa metálica?

   a. Punzón
   b. Gramil
   c. Regla
   d. Compás

2. ¿Cuál de las siguientes costuras es una costura engatillada doble aplanada que puede estar soldada o desoldada?

   a. Costura engatillada plana
   b. Doble costura engatillada plana
   c. Costura con refuerzo en S
   d. Costura con placas de refuerzo y de apoyo

Preguntas de revisión

1. Un metal que tiene menos de 6 mm ($^1/_4$ pulgada) de espesor se considera _____.
   a. chapa metálica
   b. placa de metal
   c. aluminio
   d. acero

2. ¿Qué herramienta se usa para medir el espesor de una chapa metálica?
   a. Corrosión
   b. Regla para chapa metálica
   c. Calibre de espesor
   d. Pátina

3. La expansión y contracción del metal cuando experimenta cambios de temperatura se denomina _____.
   a. coeficiente de dilatación
   b. dilatación térmica
   c. pátina
   d. corrosión

4. ¿Cuál de los siguientes elementos se utiliza para brindar un borde de acabado continuo a lo largo de las orillas externas de un sistema de techo?
   a. Limahoya metálica
   b. Embornales
   c. Bajadas pluviales
   d. Borde de goteo

5. Un tubo de ventilación es un ejemplo de _____ de techo.
   a. limahoya metálica
   b. marquetería
   c. penetración
   d. tapajuntas base

6. Con el fin de ofrecer un sustrato para sujetar tapajuntas, a veces la marquetería requiere del uso de un/a _____.
   a. listón
   b. embornal
   c. canaleta
   d. bajada pluvial

7. ¿Cuál de las siguientes herramientas de diseño y medición se usa para endentar el metal para marcarlo?
   a. Punzón
   b. Gramil
   c. Regla
   d. Compás

8. ¿Cuál es la mitad del diámetro de un círculo de 20 cm (8 pulgadas) de ancho?
   a. 5 cm (2 pulgadas)
   b. 7,5 cm (3 pulgadas)
   c. 10 cm (4 pulgadas)
   d. 15 cm (6 pulgadas)

9. Las tijeras de corte derecho suelen tener _____.
   a. mango verde
   b. mango amarillo
   c. mango rojo
   d. mango azul

10. A las pinzas también se las conoce como _____.
   a. tijeras de aviación
   b. cortadoras
   c. pinza de presión
   d. cizalla

Cuestionario de palabras técnicas

Complete los espacios en blanco con las palabras correctas que aprendió al estudiar este módulo.

1. _______________ es una forma de oxidación que se produce al generarse una corriente eléctrica que circula entre distintos metales que entran en contacto entre sí.
2. _______________ son tiras continuas de metal o piezas en ángulo que se utilizan para sujetar elementos metálicos.
3. La película de óxido verde o marrón que se forma sobre la superficie del cobre y sus aleaciones se llama _______________.
4. _______________ es el incremento en la dimensión o el volumen de un cuerpo debido a variaciones de temperatura.
5. _______________ es un segmento de línea recta invisible que parte desde un extremo de un círculo, pasa a través del punto central y llega al otro extremo.
6. El proceso de unión de dos o más piezas de chapa metálica se llama _______________.
7. La unidad de medición equivalente a una milésima parte de una pulgada, o 0,001 pulgada (0,0254 mm) se llama _______________.
8. _______________ se refiere a las distorsiones físicas en la planicidad del metal.
9. _______________ es la rotura o destrucción de un material, especialmente el metal, provocada por reacciones químicas. La forma más común es el óxido, que se produce cuando el hierro se combina con oxígeno para formar óxido de hierro.
10. _______________ significa que se combina con oxígeno, como en una combustión u oxidación.

Palabras técnicas

Corrosión	Distorsión térmica	Mil	Refuerzos metálicos
Corrosión galvánica	Diámetro	Oxidar	
Dilatación térmica	Ensamblaje	Pátina	

Principios básicos de las habilidades

Mike Silvers
Experto en la materia
NRCA

¿Cómo eligió su carrera en la industria?

Mi padre trabajaba para un constructor de techos en Indiana. En 1961, nos mudamos en familia a San Petersburgo, Florida, donde inició su propia compañía. Yo tenía 8 años y cero cabida en la decisión. Caminaba todos los días hasta el negocio después de la escuela. Pronto, llegó a mis manos una escoba. La escoba dio paso a tijeras, martillos y llaves. Por lo tanto, a temprana edad, ya estaba abocado de lleno a la industria de la construcción de techos. Desde entonces, llevé adelante mi propia empresa y hace casi 40 años que soy techista certificado en el estado de Florida.

¿Quién lo inspiró para ingresar a la industria?

Mis referentes siempre fueron mis padres. Los dos trabajaban en nuestros negocios y me demostraban a diario cómo había que manejarse en ese entorno y más allá. Además, de joven tuve la suerte de que otro contratista me alentara a participar en las reuniones de nuestra asociación local de techistas, lo que me condujo a la Asociación de Contratistas de Techos y Chapas Metálicas de Florida (Florida Roofing and Sheet Metal Contractors Association, FRSA). Mi padre había fallecido y la orientación que recibí de la competencia fue generosa e invaluable.

¿Qué tipos de capacitación ha recibido?

El contacto diario con las actividades de la construcción de techos fue la fuente de prácticamente toda mi primera formación. No solo me gustaba fabricar piezas, sino que también tenía la habilidad para hacerlo, así que asistí a todos los talleres que pude. El más importante de todos fue el curso de chapas metálicas que tomé durante la secundaria (gracias, Sr. Nelson). Como parte de mi desarrollo profesional, he asistido a muchos cursos y seminarios relacionados con este oficio y dictado otros.

¿Qué tan importante son la educación y la capacitación en la construcción?

A medida que avanzaba mi carrera, me di cuenta de cuánto aprovechaba la información que había recibido a través de la educación, formación y trabajo. Desde la educación formal y la formación en el aula hasta las muchas otras maneras en las que aprendemos por exposición, todas nos permiten ampliar nuestras habilidades fundamentales y, con suerte, servir de vehículo para ayudar a que otros también aprendan.

¿Qué tipos de trabajo realizó a lo largo de su carrera?

He tenido la suerte de tener empleados increíbles cuyas habilidades en determinadas tareas son mucho mejores que las mías, pero estoy orgulloso de tener la capacidad de hacer todas las tareas de los servicios que ofrecemos. Casi toda mi experiencia es en la construcción de techos, pero eso es solo el comienzo. Tenemos que saber sobre ventas, geometría, cálculos, contratación, recursos humanos, logística y, quizás, mecánica o algo de soldadura antes de dedicarnos a esto. y también están los requisitos de la OSHA y CDL. Además, hay que sumar la complejidad de los techos, la gran cantidad de tipos, tamaños, formas y ubicaciones de las distintas edificaciones con las que nos topamos, todos los distintos tipos de sistemas de techos que se utilizan y las técnicas que se emplean para su remoción e instalación.

Háblenos de su trabajo actual.

Di un paso atrás en la dirección de mi propia compañía para trabajar como director técnico de la FRSA. Me enfoco principalmente en el Código de Edificación de Florida y otras cuestiones técnicas. Voy recopilando consultas de contratistas, fabricantes, maestros mayores de obra, arquitectos, ingenieros y clientes. Además, dicto capacitaciones en seminarios para casi todo lo que ya mencionamos sobre estos temas.

¿Qué es lo que más le gusta de su trabajo?

Cuando alguien viene con un problema complejo, lo ayudas a resolverlo y observas cómo aprende. También me ha ayudado a saciar la sed eterna de conocimiento e información. Tengan sed de conocimiento, amigos.

¿Cuáles son los factores que más contribuyeron a su éxito?

El hecho de ser curioso, perseverante, empático, estar dispuesto a enfrentar desafíos y la insaciable sed de conocimiento.

¿Recomendaría la construcción como carrera para otras personas? ¿Por qué?

Sí, siempre y cuando estén dispuestos a aceptar desafíos. Es muy gratificante construir y mejorar físicamente las estructuras en las que vivimos y trabajamos, y de las que dependemos para nuestro estilo de vida, y también un gran orgullo hacer un buen trabajo. Además, me ha permitido a mí y muchas otras personas obtener rédito financiero por nuestros esfuerzos.

¿Qué consejos daría a quienes se acaban de incorporar al sector?

No subestimen la voluntad que tienen los techistas profesionales de compartir su conocimiento. Esfuércense por estar en contacto con esa información.

Un logro o hecho interesante relacionado con su carrera:

Después de ser testigo de un accidente automovilístico y de reaccionar para sacar al conductor del vehículo volcado y en llamas, y extinguir el fuego, un transeúnte me preguntó si era bombero o paramédico. Le respondí: "No, señor, soy techista". y me miró un poco desconcertado. La experiencia obtenida a través de una vida llena de formación y contacto con el saber le puede servir a uno en momentos tan inesperados como importantes.

¿Cómo define el oficio?

El artesano combina habilidades mentales y físicas para completar una determinada tarea de forma práctica y estéticamente agradable. Además, comprende la importancia de un trabajo bien hecho y se comporta de manera acorde con el oficio que ha elegido.

Palabras técnicas presentadas en este módulo

Corrosión: rotura o destrucción de un material, especialmente el metal, provocada por reacciones químicas. La forma más común de corrosión es el óxido, que se produce cuando el hierro se combina con oxígeno para formar óxido de hierro.

Corrosión galvánica: forma de corrosión (oxidación) que se produce al generarse una corriente eléctrica que circula entre distintos metales que entran en contacto entre sí.

Dilatación térmica: incremento en la dimensión o el volumen de un cuerpo debido a variaciones de temperatura.

Distorsión térmica: distorsiones físicas en la planicidad del metal. Esta condición solo afecta el aspecto del metal, no posee efectos negativos sobre la integridad estructural.

Diámetro: segmento de línea recta invisible que parte desde un extremo de un círculo, atraviesa el punto central y llega al otro extremo.

Ensamblaje: proceso de unión de al menos dos piezas de chapa metálica.

Mil: unidad de medición equivalente a una milésima parte de una pulgada, o 0,001 pulgada (0,0254 mm).

Oxidar: combinar con oxígeno, por ejemplo, en quemaduras (oxidación rápida) o formación de óxido (oxidación lenta).

Pátina: película de óxido verde o marrón que se forma sobre la superficie del cobre y de las aleaciones de cobre.

Refuerzos metálicos: tiras continuas de metal o piezas en ángulo que se utilizan para asegurar elementos de metal.

Apéndice A

Espesores y pesos de los metales por calibre

Para mayor practicidad, en el *Apéndice B* se incluye una tabla de equivalencias en pulgadas de las dimensiones decimales y fraccionarias.

Galvanizado			Inoxidable				Aluminio		Cobre	
Calibre	Espesor del fabricante para acero + 0,0037 pulgadas	Peso en libras por pie cuadrado	Calibre	Espesor normalizado estadounidense aproximado en partes decimales de una pulgada	Libras por pie cuadrado		Calibre	Onzas por pie cuadrado	Onzas por pie cuadrado	Espesor aproximado en pulgadas
					Cromo	Níquel				
									96	—
							—	0,0403	88	1/8 0,1250
							9	0,0359	72	7/64 0,1080
							—	0,0320	64	3/32 0,0972
10	0,1382	5,781	10	0,140	5,793	5,906	10	1/32 0,0313	56	0,0863
							—	0,0253	48	5/64 0,0647
12	0,1084	4,531	12	0,109	4,506	4,593	12	0,0226	44	1/16 0,0647
							—	0,0201	40	0,0593
							13	0,0179	36	0,0539
14	0,0785	3,281	14	0,078	3,218	3,281	14	0,0159	32	3/64 0,0485
							—	1/64 0,0156	28	0,0431
							15	0,0142	24	0,0377
16	0,0635	2,656	16	0,062	2,575	2,625	16	0,0126	20	1/32 0,0323
							—	0,0113	18	0,0270
							—	0,0100	16	0,0243
18	0,0516	2,156	18	0,050	2,060	2,100			15	0,0216
20	0,0396	1,656	20	0,037	1,545	1,575			14	0,0202
22	0,0336	1,406	22	0,310	1,287	1,312			13	0,0189
24	0,0276	1,156	24	0,250	1,030	1,050			12	0,0175
26	0,0217	0,906	26	0,018	0,772	0,787			11	1/64 0,0162
28	0,0187	0,781	28	0,015	0,643	0,656			10	0,0148
30	0,0157	0,656	30	0,012	0,515	0,525			9	0,0135
									8	0,0121

Apéndice B

Equivalencia en pulgadas de las dimensiones fraccionarias y decimales

Fracción	Decimal	Fracción	Decimal	Fracción	Decimal	Fracción	Decimal
1/64	0,015625	17/64	0,265625	33/64	0,515625	49/64	0,76525
1/32	0,03125	9/32	0,28125	17/32	0,53125	25/32	0,78125
3/64	0,046875	19/64	0,296875	35/64	0,546875	51/64	0,796875
1/16	0,0625	5/16	0,3125	9/16	0,5625	13/16	0,8125
5/64	0,078125	21/64	0,328125	37/64	0,578125	53/64	0,828125
3/32	0,09375	11/32	0,34375	19/32	0,59375	27/32	0,84375
7/64	0,109375	23/64	0,359375	39/64	0,609375	55/64	0,859375
1/8	0,125	3/8	0,375	5/8	0,625	7/8	0,875
9/64	0,140625	25/64	0,390625	41/64	0,640625	57/64	0,890625
5/32	0,15625	13/32	0,40625	21/32	0,65625	29/32	0,90625
3/16	0,1875	7/16	0,4375	11/16	0,6875	15/16	0,9375
13/64	0,203125	29/64	0,453125	45/64	0,703125	61/64	0,953125
7/32	0,21875	15/32	0,46875	23/32	0,71875	31/32	0,96875
15/64	0,234375	31/64	0,484375	47/64	0,734375	63/64	0,984375
1/4	0,250	1/2	0,500	3/4	0,750	1	1,000

Recursos adicionales

En este módulo, se presentan recursos detallados para capacitaciones sobre tareas. Se sugiere el siguiente material de referencia para un estudio más profundo.

Asociación Nacional de Contratistas de Techos (National Roofing Contractors Association, NRCA), **www.nrca.net**.

Módulo 00103 del NCCER, *Introducción a las herramientas manuales*.

Módulo 00104 del NCCER, *Introducción a las herramientas eléctricas*.

Módulo 04102 del NCCER, *Herramientas y equipo para chapas metálicas*.

Módulo 04307 del NCCER, *Chapas metálicas arquitectónicas*.

Asociación Nacional de Contratistas de Chapas Metálicas y Aire Acondicionado (Sheet Metal and Air Conditioning Contractors' National Association, SMACNA), **www.smacna.org**.

Créditos de las figuras

Shutterstock.com/Blaze986, apertura del módulo

iStock@SimoneN, Figura 1

Cortesía de L.S. Starrett Company, Figuras 2–3

Cortesía de la NRCA, Figuras 4–5, 7–15, 17–19, 27

iStock@Wendy Townrow, Figura 6

iStock@db_beyer, Figura 20

iStock@DENIS Starostin, Figura 21

Imagen propiedad de Stanley Black & Decker. Utilizadas con permiso, Figuras 22, 23–24, 26

"Nibbler2.jpg" de Hydrargyrum es de dominio público, Figura 25

Respuestas del repaso de la sección

SECCIÓN 1.0.0

Respuesta	Referencia de sección	Objetivo
1. b	1.1.0	1a
2. d	1.2.1	1b

SECCIÓN 2.0.0

Respuesta	Referencia de sección	Objetivo
1. b	2.1.0	2a
2. b	2.2.2	2b

CURRÍCULOS NCCER — ACTUALIZACIÓN DE USUARIO

NCCER hace todo lo posible para mantener sus libros de texto actualizados y sin errores técnicos. Se agradece su ayuda en este proceso. Si encuentra un error, un error tipográfico o un dato incorrecto en los currículos de NCCER, complete este formulario (o una fotocopia de este) o el formulario en línea que se encuentra en **www.nccer.org/olf**. Asegúrese de incluir el número de identificación exacto del módulo, el número de la página, una descripción detallada y la corrección que recomienda. Su aporte se dará a conocer al Equipo de autores. Gracias por su ayuda.

Instructores: Si tienen alguna idea para mejorar este libro de texto o se dieron cuenta de que se necesitaron materiales adicionales para enseñar este módulo de manera eficaz, infórmenoslo para que podamos presentar sus sugerencias al Equipo de autores.

Revisión y desarrollo de productos de NCCER
13614 Progress Blvd., Alachua, FL 32615
Correo electrónico: curriculum@nccer.org
En línea: www.nccer.org/olf

❑ Guía de entrenamiento ❑ Planes de clases ❑ Examen ❑ PowerPoints Otro ________________

Oficio/nivel: Fecha de derechos de autor:

Título/número de identificación del módulo:

Número(s) de las secciones:

Descripción:

Corrección recomendada:

Su nombre:

Dirección

Correo electrónico: Teléfono:

Prácticas de aparejamiento

GENERALIDADES

El aparejamiento consiste en la preparación de una carga para su manipulación, así como también la de los elementos y otros componentes que se utilizan para conectar la carga a una grúa. Esta práctica se relaciona con todos los tipos de grúas, pero también se requieren habilidades de aparejamiento para mover y posicionar equipos dentro de zonas de trabajo en las que no se utilizan grúas.

Module 38102

Los estudiantes que hayan finalizado los módulos con éxito pueden ser elegibles para la acreditación mediante el Registro del NCCER. Para obtener más información, visite **www.nccer.org** o comuníquese al 1-888-622-3720. Nuestro sitio web cuenta con información sobre los lanzamientos de productos y entrenamientos más recientes, así como versiones en línea de nuestra revista *Cornerstone* y el catálogo de productos de Pearson.

Nos interesa recibir sus comentarios. Puede enviar sus comentarios por correo electrónico a **curriculum@nccer.org**, enviar comentarios y consultas generales a **info@nccer.org** o completar el formulario de Actualización de usuario al final de este módulo.

Esta información es de carácter general y está destinada únicamente a la capacitación. El desempeño real de las actividades descritas en este manual requiere el cumplimiento de todos los procedimientos de operación, servicio, mantenimiento y seguridad aplicables bajo la dirección de personal calificado. Las referencias en este manual sobre dispositivos patentados o registrados no constituyen una recomendación de su uso.

38102 V3

38102

Prácticas De Aparejamiento

Objetivos

Cuando haya completado este módulo, podrá hacer lo siguiente:

1. Identificar y describir los distintos tipos de elementos de aparejamiento.
   a. Identificar y describir distintos ganchos, grilletes, cáncamos y abrazaderas.
   b. Identificar y describir distintas orejetas, tensores, placas y vigas de suspensión.
2. Identificar y describir los diversos tipos de eslingas y enganches de eslingas.
   a. Identificar y describir eslingas de cable de acero y su correcto cuidado.
   b. Identificar y describir eslingas sintéticas y su correcto cuidado.
   c. Identificar y describir eslingas de cadena y su correcto cuidado.
   d. Explicar el significado de ángulos de eslinga y describir los enganches habituales.
   e. Describir cómo aparejar y manipular correctamente tuberías y varillas de refuerzo.
   f. Identificar y describir el uso de cuerdas guía y nudos para el control de la carga.
   g. Identificar las precauciones de seguridad habituales relacionadas con el aparejamiento.
3. Identificar y describir el uso de distintos tipos de equipos de izamiento y elevación.
   a. Identificar y describir el uso de equipos de izamiento manuales y eléctricos.
   b. Identificar y describir el uso de gatos.

Tareas prácticas

Bajo la supervisión del instructor, el alumno deberá poder hacer lo siguiente:

1. Inspeccionar distintos tipos de componentes de aparejamiento y realizar informes de estado de idoneidad para una tarea.
2. Configurar una eslinga para armar un enganche de canasta simple.
3. Configurar una eslinga para armar un enganche de canasta de doble vuelta.
4. Configurar una eslinga para armar un enganche estrangulador simple.
5. Configurar una eslinga para armar un enganche estrangulador de doble vuelta.
6. Seleccionar la cuerda guía correcta para una aplicación determinada.
7. Hacer nudos específicos seleccionados por el instructor.
8. Seleccionar, inspeccionar y demostrar el uso seguro de los siguientes aparejos:
   - Polipasto
   - Elevador de cadena
   - Motor para levantar cargas con palanca de trinquete
   - Uno o más tipos de gato

Palabras técnicas

Alma de acero de cable independiente (IWRC)
Ángulo de eslinga
Asiento
Carga nominal
Centro de gravedad (CG)
Conectores de aparejamiento
Cuerda de arrastre
Cuerda guía
Deshiladura
Enganche de brida
Enganche de canasta
Enganche estrangulador
Enganche vertical
Grúa pórtico
Orificio ciego
Placas igualadoras
Ramales de cable
Resistencia mínima a la rotura (MBS)
Vía auxiliar
Vigas de suspensión
Vigas niveladoras

Credenciales reconocidas por la industria

Si está realizando una capacitación mediante un patrocinador acreditado por el NCCER, probablemente cumpla con los requisitos para obtener las credenciales del Registro del NCCER. El número de identificación de este módulo es 38102. Recuerde que es posible que este módulo se haya utilizado en otros planes de estudio del NCCER y pueda usarse para finalizar otros niveles. Para comunicarse con el Registro del NCCER y obtener más información, llame al 888-622-3720 o visite **www.nccer.org** para obtener más información.

Nota

Si bien este módulo proporciona instrucciones e información acerca de los aparejos y las configuraciones de enganche habituales, no brinda ningún nivel de certificación. Toda consulta sobre procedimientos o equipos de aparejamiento se debe realizar al instructor o supervisor.

Índice

Figuras y tablas

Sección Uno

1.0.0 Equipos de aparejamiento

Objetivo

Identificar y describir los distintos tipos de elementos de aparejamiento.

a. Identificar y describir distintos ganchos, grilletes, cáncamos y abrazaderas.
b. Identificar y describir distintas orejetas, tensores, placas y vigas de suspensión.

Tarea práctica

1. Inspeccionar distintos tipos de componentes de aparejamiento y realizar informes de estado e idoneidad para una tarea.

Palabras técnicas

Ángulo de eslinga: ángulo formado por los ramales de una eslinga con respecto al plano horizontal cuando se aplica tensión sobre el aparejo.

Asiento: parte del gancho ubicada justo debajo del centro del cáncamo para izamiento.

Carga nominal: carga de trabajo máxima admitida por el fabricante de un componente bajo un conjunto específico de condiciones. La carga nominal también puede *expresarse como límite de carga de trabajo (WLL), capacidad nominal y carga de trabajo segura (SWL).*

Centro de gravedad (CG): punto en el que el peso completo de un objeto se considera concentrado, de modo que, al cargar el objeto en este punto específico, la parte restante quede en posición equilibrada.

Conectores de aparejamiento: enlaces o placas con dos orificios que se utilizan como elementos de terminación a puntos para izamiento adecuados.

Enganche de brida: tipo de enganche formado por dos o más eslingas que soportan una carga atada a un punto para izamiento común.

Orificio ciego: orificio que penetra el material, pero no lo traspasa.

Placas igualadoras: tipo de placa de aparejamiento con tres o más orificios, que se utiliza para nivelar cargas cuando las eslingas son de longitudes diferentes.

Resistencia mínima a la rotura (MBS): cantidad de fuerza requerida para que un componente de aparejamiento llegue a su punto de rotura. La MBS es un factor a tener en cuenta cuando se calcula la capacidad de carga nominal de un componente.

Vigas de suspensión: vigas o barras que se utilizan para distribuir la carga de un izamiento a través de más de un punto para aumentar la estabilidad. Las vigas de suspensión suelen utilizarse cuando el objeto que se desea izar es demasiado largo o grande para hacerlo desde un solo punto, o cuando el uso de eslingas alrededor de la carga podría aplastar los laterales.

Vigas niveladoras: vigas que se utilizan para distribuir el peso de una carga en izamientos con varias grúas. La viga se conecta a la carga ubicada abajo, y se conectan dos o más grúas a los cáncamos para izamiento en la parte superior.

Los elementos que se utilizan para el aparejamiento incluyen eslingas, ganchos, grilletes, cáncamos, **vigas de suspensión, vigas niveladoras** y bloques. Además, hay muchos elementos únicos que se diseñan para aplicaciones específicas. Todos estos elementos se deben elegir cuidadosamente en función de la carga que se desea izar, a fin de garantizar la integridad de la carga y de los trabajadores que se encuentren en el área. Es fundamental inspeccionar cuidadosamente y mantener todos los elementos para izamiento a fin de que el material se manipule de forma segura y eficaz. Siempre se deben inspeccionar los elementos de aparejamiento antes de cada uso.

Para comprender estos elementos y sus aplicaciones, es importante familiarizarse con los términos relacionados con la capacidad de un objeto para soportar una carga o fuerza. Muchos de estos términos se utilizan de forma indistinta. El término **carga nominal** para los componentes de aparejamiento se puede definir simplemente como el peso que un componente puede izar de manera segura sin riesgo de romperse, según las pruebas del fabricante. En las especificaciones del producto, es posible que los fabricantes empleen otros términos para referirse a la carga nominal, como *capacidad nominal* y *límite de carga de trabajo (WLL).*

> **NOTA**
>
> *La norma ASME B30.10*, que se refiere exclusivamente a ganchos, se utiliza el término *carga nominal* para indicar la cantidad máxima de carga o fuerza que se le puede aplicar a un componente. Por esta razón, se utilizará principalmente carga nominal a lo largo del módulo.

Para determinar el peso que un componente puede izar sin riesgo de romperse y garantizar un servicio seguro por parte de los elementos de aparejamiento, se realizan pruebas para calcular el punto de rotura. Por lo general, esto se conoce como la **resistencia mínima a la rotura (MBS)**. Para determinar la carga nominal de un componente, se aplica un factor a la MBS. La carga nominal suele ser solo el 20 % de la MBS y dar como resultado un factor de seguridad de 5.

En todo el mundo

Carga de trabajo segura (SWL)

El término *carga de trabajo segura (SWL)*, a veces denominada *carga normal de trabajo (NWL)*, fue el término principal que se utilizó durante años para indicar la capacidad de carga segura de un componente o pieza, como puede ser una eslinga. Sin embargo, como su definición no era muy específica, sobre todo a nivel mundial, se produjeron conflictos legales.

Aunque todavía se lo puede oír o ver escrito en algún lado, en los Estados Unidos se dejó de usar el término en la década del 90. Unos años después, la Organización Internacional de Normalización (ISO) y las organizaciones europeas de normalización también lo dejaron de utilizar. No obstante, varias organizaciones y sitios web continúan utilizándolo como si nada hubiera cambiado. Como regla general, el término *límite de carga de trabajo (WLL)* ha reemplazado a la carga de trabajo segura en casi todas las aplicaciones relacionadas con la operación de grúas.

Por ejemplo, si la MBS de un gancho es de 2449 kg (5400 libras) y el factor utilizado es del 20 %, la carga nominal sería de 490 kg (1080 libras). Esto quiere decir que, para que los elementos de aparejamiento se apliquen de forma adecuada, la carga deberá ser siempre menor que el punto de rotura. Dado que los factores de seguridad pueden variar, es importante no suponer que la carga nominal es de $^1/_5$ de la MBS. Trabaje siempre dentro de la carga nominal especificada del componente.

PRECAUCIÓN

Consulte siempre las instrucciones del fabricante para todos los tipos de aparejos y su aplicación correcta.

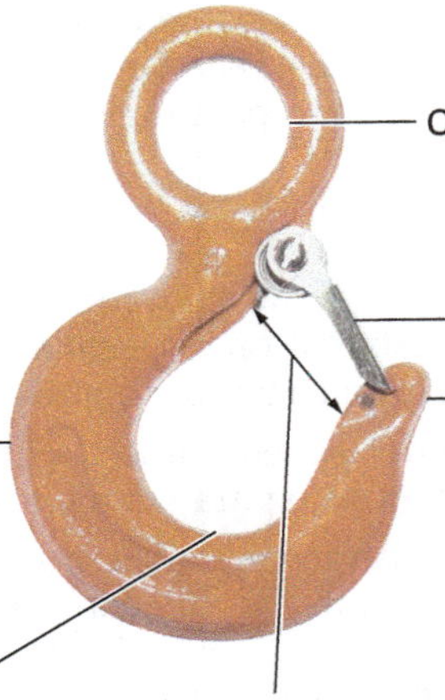

Figura 1 Gancho de ojo típico.

1.1.0 Ganchos, grilletes, cáncamos y abrazaderas

Los ganchos y grilletes son objetos indispensables para el aparejamiento de prácticamente todas las cargas. También suelen utilizarse cáncamos y abrazaderas en los izamientos. Estos dispositivos vienen de distintos tipos, y se deben respetar diversos lineamientos para garantizar un manejo seguro.

1.1.1 Ganchos

Por lo general, se utiliza un gancho de aparejamiento para conectar una eslinga a una carga. El gancho de ojo (*En la Figura 1*) es el tipo más común. Los ganchos que se utilizan para el aparejamiento deben contar con pestillos de seguridad para que la conexión no se resbale del gancho si se afloja la eslinga. La capacidad de un gancho de aparejamiento se determina según su material de construcción, tamaño y dimensiones físicas. El fabricante o el distribuidor autorizado siempre pueden brindar información acerca de la capacidad específica de un gancho.

Inspeccione siempre los ganchos antes de usarlos. Revise que el asiento del gancho no esté desgastado. El desgaste no debería superar el 10 % de las dimensiones del gancho original.se establece, además, que todo gancho cuya garganta se haya agrandado un 5 % del tamaño original, hasta un máximo de $^1/_4$" (6,4 mm), se debe dejar de utilizar. *En la Figura 2* se muestran algunos de los puntos de inspección en un gancho.

Entre otros problemas que obligan a dejar de usar un gancho, podemos mencionar los siguientes:

- falta de información sobre el fabricante o la carga nominal, o información ilegible;
- evidencia clara de que el gancho está doblado o torcido;
- grietas, muescas o mellas que pudieran comprometer su resistencia;
- pestillos dañados o rotos que no cierran correctamente la garganta del gancho;
- cualquier signo de modificaciones, como desbaste, perforación o mecanizado.

Nunca se debe utilizar una eslinga en un gancho si el ojal de la eslinga es de tamaño reducido y se lo debe forzar a entrar en el gancho. El diámetro del cuerpo del gancho debe encajar fácilmente dentro del ojal de la eslinga. (Tenga en cuenta que la información acerca cómo colocar correctamente el ojal de la eslinga

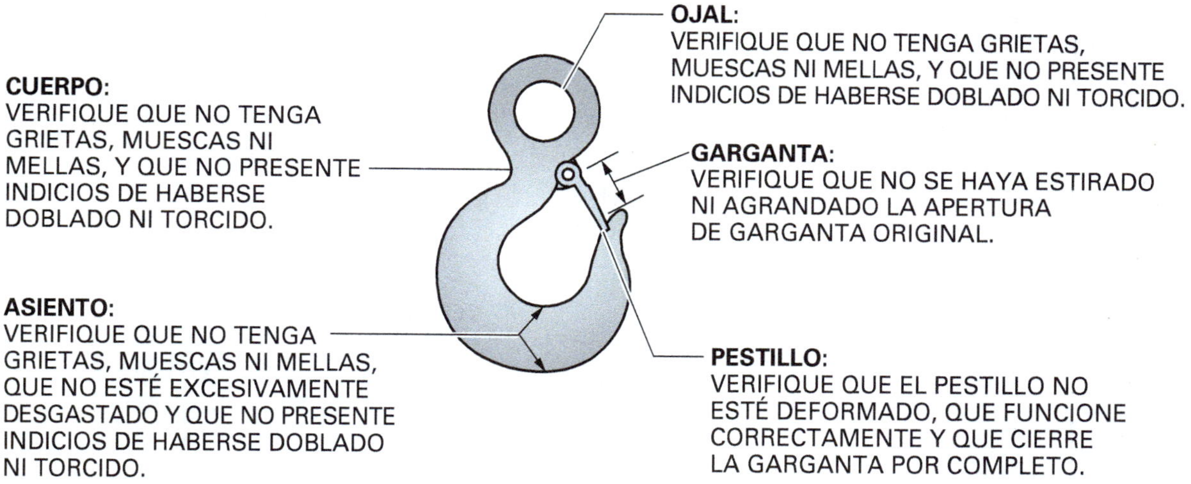

Figura 2 Puntos de inspección en ganchos de aparejamiento.

en otro elemento de izamiento varía según el tipo de eslinga y el enganche utilizado. Analizaremos con más detalle el tema de eslingas y enganches en las próximas secciones).

La carga nominal del gancho es exacta solo cuando la carga se cuelga del asiento del gancho. El asiento es la parte del gancho que se ubica justo debajo del centro del cáncamo para izamiento. Si la carga se aplica en cualquier parte entre el asiento y la punta del gancho, la carga nominal se reduce considerablemente, como se muestra *En la Figura 3*. La carga sobre la punta, como también se observa en la figura, es inaceptable.

1.1.2 Grilletes

Los grilletes se utilizan para conectar un elemento a una carga o para unir eslingas. Se los puede utilizar para conectar el extremo de un cable de acero a un cáncamo para izamiento, gancho u otro tipo de conector. Los grilletes para izamiento son de acero forjado y se los clasifica según el diámetro del acero del cuerpo o de la sección de la corona. Sin embargo, en la información de catálogo se indica la capacidad de carga nominal, el tamaño del pasador y la distancia entre las orejetas. Los grilletes se fabrican con perno roscado o pasante como medida de cierre de seguridad, como se muestra *En la Figura 4*. Los grilletes con pasador roscado, el tipo más conocido, tienen rosca y pernos roscados que se atornillan directamente en el cuerpo del grillete. No necesitan tuerca ni pasador de chaveta de seguridad. Los grilletes con pasador roscado diseñados para eslingas de fibra sintética permiten que el material se asiente en la garganta del grillete, como también se muestra *En la Figura 4*.

El cuerpo de un grillete de perno pasante no tiene rosca. Si bien el perno pasante tiene rosca, está diseñado para atravesar por completo el cuerpo del grillete. Al perno roscado se le coloca una tuerca y un pasador de chaveta para que la tuerca no se afloje. A este tipo de grillete también se lo conoce como *grillete de seguridad*, ya que el perno es más seguro.

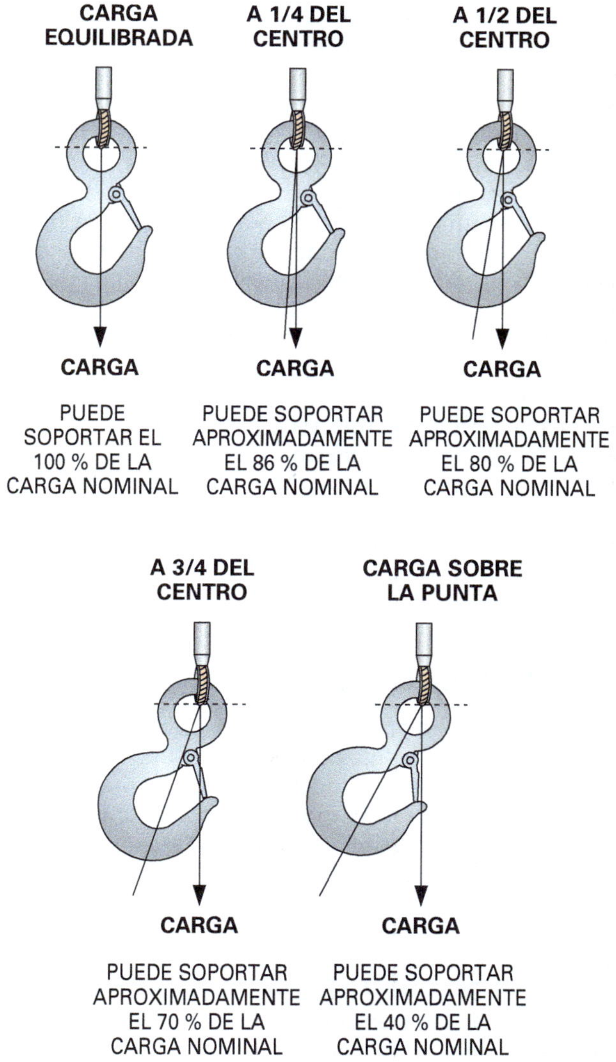

Figura 3 Cargas balanceadas y descentradas.

Figura 4 Grilletes de perno roscado y de perno pasante.

El perno roscado de un grillete con pasador roscado debe estar perfectamente asentado para que el grillete trabaje a su capacidad nominal plena. En la práctica, el perno roscado se suele dejar flojo para que sea más fácil retirarlo después, ya que el izamiento de la carga tiende a ajustarlo. Cuando está ajustado, se debe utilizar una herramienta para desenroscarlo. Sin embargo, la capacidad puede verse significativamente afectada si se deja el perno flojo, y la vibración podría hacer que se deslice hacia atrás y se salga. El perno debe estar totalmente asentado en todos los casos para que sea seguro.

Cuando utilice grilletes, asegúrese de que todos los pernos estén derechos, bien asentados y que todos los de perno pasante tengan colocados pasadores de chaveta. Se recomienda cambiar los pasadores de chaveta de los grilletes después de cada uso a fin de garantizar su integridad.

Nunca se debe reemplazar un perno de grillete por un perno común. Los pernos comunes no son lo suficientemente duros y no soportan la fuerza que, por lo general, se le aplica a un perno de grillete. Se deben dejar de usar los grilletes que estén estirados o cuyas coronas o pernos presenten un desgaste mayor al 10 % de su tamaño original.

Solo se pueden usar para izamiento grilletes con capacidad de carga adecuada. Al igual que los ganchos, los grilletes deben tener la información de la carga nominal en el cuerpo. Cuando se utiliza un grillete en un gancho, se debe colgar el perno del grillete en el gancho, mientras que la carga se coloca en la corona del grillete (*En la Figura 5*). Se pueden utilizar espaciadores, p. ej., arandelas grandes, sobre el perno, a cada lado del gancho, para mantener el grillete centrado. Nunca utilice un grillete de perno roscado en el caso de que el pasador pueda girar por influencia de la carga, como se muestra *En la Figura 6*.

Integridad de los ganchos

El gancho de una grúa es una pieza fundamental para muchos izamientos que se utiliza una y otra vez. Un gancho se puede romper en cualquier momento por muchos factores, como fatiga acumulada, sobrecarga y maltrato mecánico ocasionado, por ejemplo, por caída libe sobre una superficie dura.

Los ganchos pueden inspeccionarse visualmente en el lugar de trabajo, pero también se los debe retirar, desarmar y probar periódicamente para comprobar su integridad. Para llevar a cabo una revisión exhaustiva de las partes que no siempre son visibles para el operador, se pueden realizar ensayos no destructivos con técnicas como las que utilizan líquidos penetrantes, partículas magnéticas o caucho magnético. Estas técnicas pueden ayudar a detectar fatiga o daños que deriven en fallas. En esta fotografía se muestra el ensayo por partículas magnéticas realizado sobre un gancho. El ensayo por partículas magnéticas, o por magnaflux, permite detectar fallas de la superficie y defectos que se encuentran apenas por debajo de la superficie en metales ferrosos.

Figura cortesía de Credit Konecranes Americas, Inc.

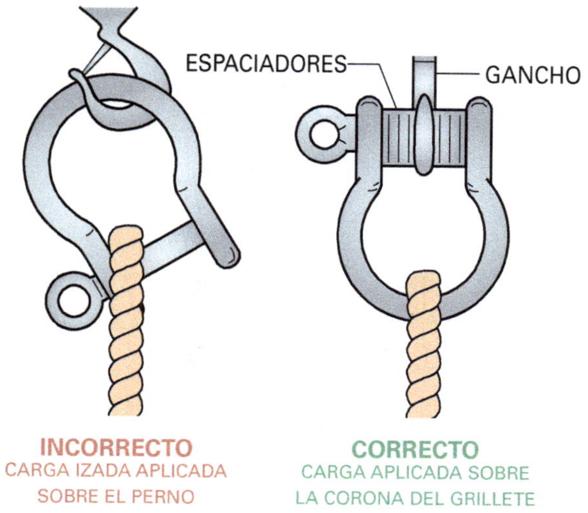

Figura 5 Posicionamiento del grillete.

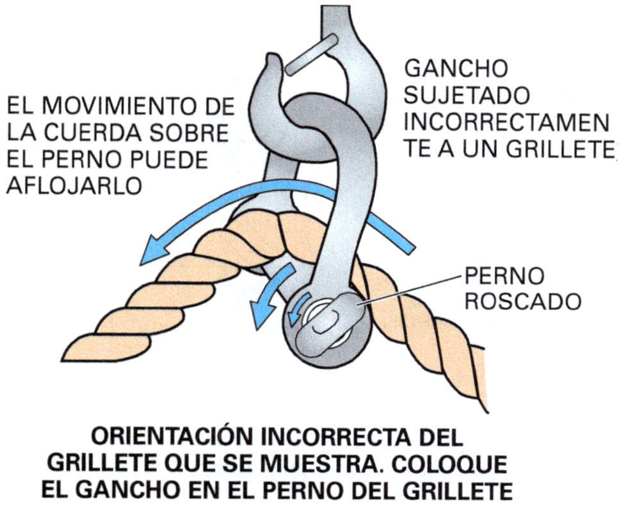

Figura 6 Colocación incorrecta del grillete que hace que el pasador gire.

1.1.3 Cáncamos

Los cáncamos (*En la Figura 7*) suelen conectarse a cargas pesadas para ayudar en su manipulación e izamiento. Pueden ser de hombro o sin hombro. Se recomienda el tipo de hombro para aplicaciones de izamiento porque es más fuerte y resistente a la flexión cuando se ejerce tracción en ángulo. El hombro brinda una amplia superficie de contacto entre el ojal del perno y la carga, lo que estabiliza al perno. El tipo sin hombro está diseñado solo para izamiento de cargas verticales.

Independientemente del tipo que se utilice, la carga nominal de todos los cáncamos se reduce durante las cargas angulares. Las cargas se deben aplicar siempre en el mismo plano que el del ojal a fin de reducir las posibilidades de que se doble. Es muy importante alinear el ojal del cáncamo con el grillete u otro conector cuando se utiliza un enganche de brida. La orientación correcta e incorrecta del cáncamo se muestra en el ángulo inferior izquierdo *De la Figura 7.*

Cuando se instale, la superficie del hombro del cáncamo debe hacer pleno contacto con la superficie de la carga. Se pueden utilizar arandelas u otros espaciadores adecuados para asegurarse de que los hombros hagan firme contacto con la superficie de trabajo. El orificio ciego roscado para un cáncamo debe tener una profundidad mínima de $1\frac{1}{2}$ veces el diámetro del perno para garantizar una correcta inserción de la rosca. Sin embargo, esto no garantiza que la rosca del orificio sea lo suficientemente profunda como para permitir que el hombro haga contacto firme con la superficie. Para los cáncamos de hombro, la profundidad de los orificios ciegos debe ser tal que la rosca sea más profunda que la longitud del vástago roscado del cáncamo. Esto evita que el cáncamo toque el fondo o alcance el extremo de la rosca antes de asentarse por completo.

Se pueden utilizar argollas basculantes para izamiento, que también se muestran *En la Figura 7,* en lugar de cáncamos. Estos dispositivos basculan hacia la posición de izamiento deseada y, por lo tanto, no requieren de ninguna reducción de la capacidad de carga por tracción angular.

1.1.4 Garras de viga y de placa

Las garras de viga (*En la Figura 8*) se utilizan para conectar dispositivos de izamiento a vigas y poder así levantarlas y posicionarlas. Tenga en cuenta los siguientes lineamientos cuando utilice garras de viga:

- no utilice garras a menos que estén diseñadas, sometidas a pruebas de carga y selladas por un ingeniero; nunca utilice garras caseras;
- compruebe que la garra calce en la viga y tenga la capacidad de carga nominal necesaria;
- asegúrese de que la garra se sujete de manera segura a la viga;
- tenga cuidado cuando utilice garras de viga en casos en los que se requiere izamiento angular. La mayoría están diseñadas únicamente para cargas verticales;
- asegúrese de que la carga nominal se indique en la garra y sea legible. Nunca cargue una garra de viga por encima de su capacidad de carga nominal;
- para conectar un aparejamiento a la garra, utilice un grillete; no coloque un gancho para izamiento directamente en el cáncamo de la garra;
- inspeccione la garra a fin de detectar los siguientes defectos y no la utilice si observa alguno:
  - las mordazas de la garra se han abierto más del 15 % de su apertura normal;
  - el cáncamo para izamiento está desgastado, doblado o estirado;
  - se observa excesiva corrosión u óxido;
  - la información acerca de la capacidad y el tamaño de las vigas es ilegible.

Las garras de placa (*En la Figura 9*) se adosan rápidamente a las placas de acero estructurales para facilitar la conexión del aparejamiento y la manipulación de la

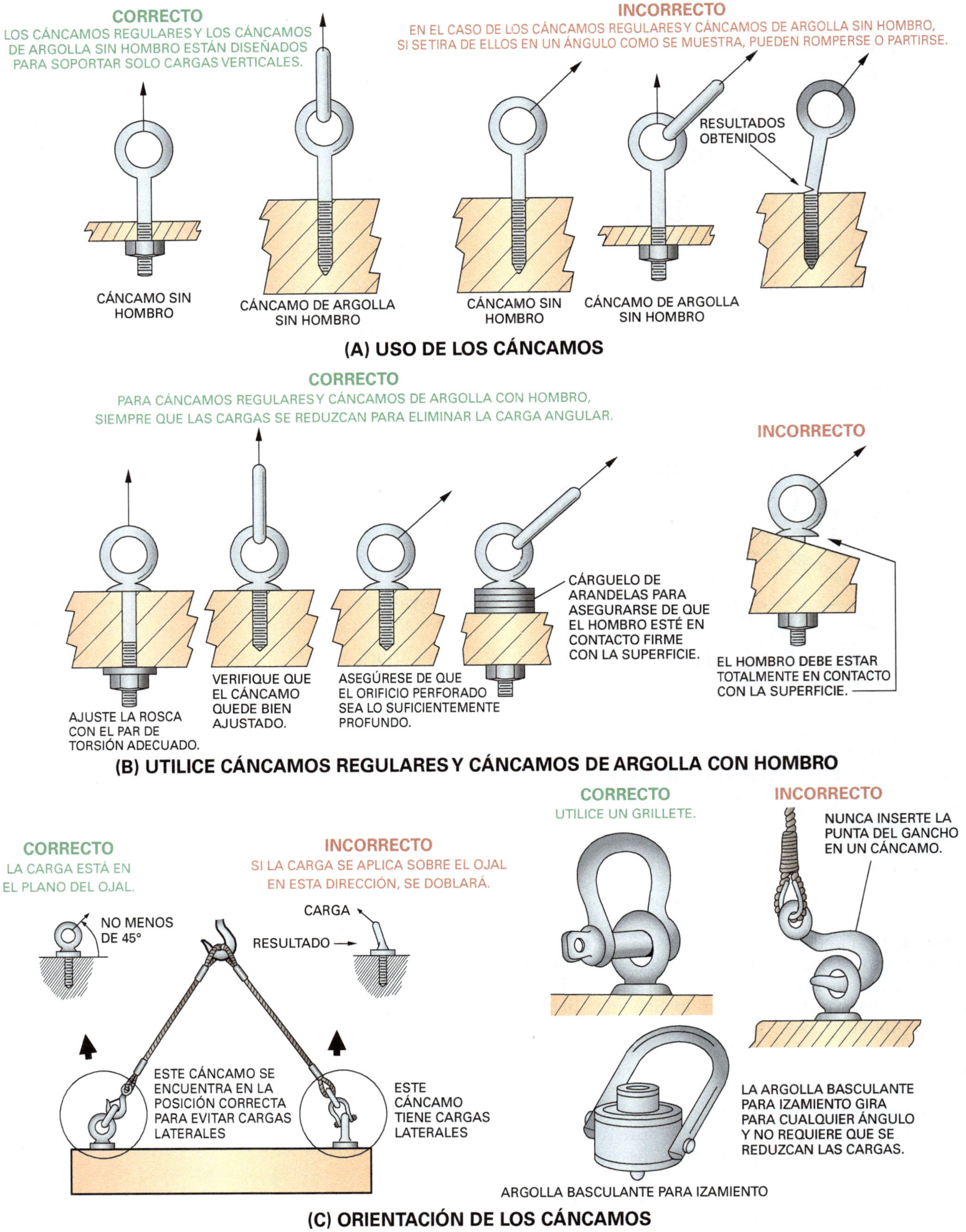

Figura 7 Instalación de los cáncamos y criterios de izamiento.

Figura 8 Aplicación habitual de una garra de viga.

placa. Existen dos tipos básicos de garras de placa: garras de mordaza dentada y de tornillo.

Las garras de mordaza dentada están diseñadas para sujetar una sola placa para su izamiento y cuentan con un dispositivo de bloqueo. Las mordazas de estas garras se accionan por levas; cuando la placa comienza a zafarse, las mordazas rotan levemente hacia abajo y ejercen más presión contra la placa. Tenga en cuenta que todas las garras para izamiento de placa están diseñadas para levantar de a una placa por vez. Siga siempre las recomendaciones del fabricante para su uso y no exceda la carga nominal.

Las garras para izamiento de placa deben examinarse antes de cada uso y dejar de utilizarse si presentan alguno de los siguientes problemas:

- falta de información de identificación o carga nominal, o información ilegible;
- deformación de la abertura o desgaste de los dientes de la mordaza;
- grietas en el cuerpo;
- remaches sueltos o dañados;
- el cáncamo para izamiento está desgastado, doblado o estirado;
- se observa excesiva corrosión u óxido;

1.2.0 Orejetas, tensores, placas y vigas

Se utilizan muchos tipos diferentes de elementos para aplicaciones comunes y particulares de aparejamiento. Entre ellos, podemos mencionar orejetas para izamiento, tensores, placas y vigas de suspensión. Los aparejadores y los operadores de grúa deben estar familiarizados con las diferentes variedades de estos componentes y saber cómo utilizarlos de manera segura y eficaz.

1.2.1 Orejetas para izamiento

Por lo general, los fabricantes sueldan o atornillan orejetas para izamiento a un objeto a fin de poder moverlo o levantarlo con mayor facilidad. Se observa una orejeta para izamiento soldada *En la Figura 10*. Se las suele diseñar y ubicar de modo de suspender una carga cerca de su centro de gravedad (CG) y soportarla de manera segura. Las orejetas se deben utilizar solo para el izamiento de cargas rectas y verticales. Si se las emplea para cargas laterales, es más probable que se doblen o no funcionen. Cuando se instalen orejetas en el campo, se debe evaluar cómo se las utilizará en el izamiento y en qué dirección se aplicará la fuerza.

1.2.2 Tensores

Los tensores vienen de distintos tamaños. Se utilizan para regular el largo de las conexiones de aparejamiento sin torcer cables ni sogas. Dos tipos comunes de tensores son los que tienen ojales y mordazas en sus extremos (*En la Figura 11*). Se los puede combinar de cualquier manera. También existen tensores

Figura 9 Garras de placa.

Figura 10 Orejeta soldada para izamiento en una viga de suspensión.

con ganchos, pero no se los debe usar para fines de aparejamiento, ya que se pueden desenganchar con facilidad y su capacidad de carga nominal es inferior a la de los otros tipos. La carga nominal de los tensores depende del diámetro de las varillas roscadas.

Tenga en cuenta los siguientes lineamientos y consideraciones cuando seleccione un tensor:

- los tensores deben ser de acero forjado y no deben estar soldados;
- no utilice tensores con ganchos abiertos para el aparejamiento de cargas;

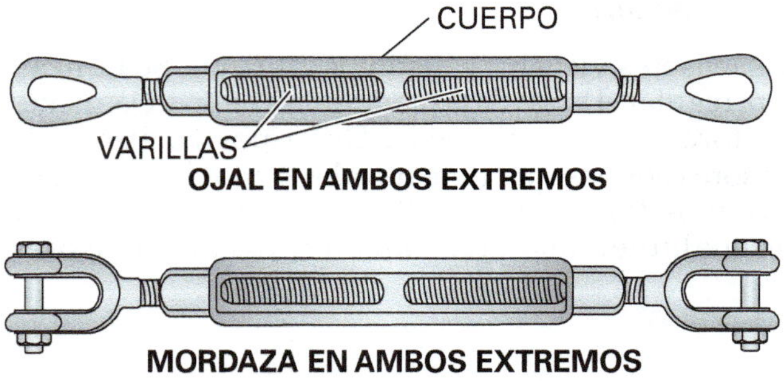

Figura 11 Tensores.

- si emplea tensores con eslingas de varios ramales, no use más de un tensor por ramal;
- no utilice contratuercas en tensores si no vienen de fábrica;
- los tensores no deben ajustarse demasiado. Para ajustarlos, use una llave del tamaño adecuado y aplique solo fuerza manual, sin hacer palanca.

Cuando revise los tensores, verifique que las varillas no estén dobladas, que las roscas no estén dañadas y que el cuerpo, las varillas roscadas y los extremos no presenten grietas.

1.2.3 Placas y conectores de aparejamiento

Las placas y los conectores de aparejamiento (*En la Figura 12*) se fabrican para usos específicos. Los orificios de las placas o conectores pueden ser de diferentes tamaños y ubicarse en distintas partes de las placas. Como consecuencia, se obtienen elementos de conexión que se pueden emplear una y otra vez para el izamiento del mismo tipo de objetos. Las placas que tienen dos orificios se denominan conectores de aparejamiento. Las placas que tienen tres orificios o más se denominan placas igualadoras. Estas placas se pueden utilizar para nivelar cargas cuando los ramales de una eslinga son desiguales. Se conectan al aparejo con pasadores o pernos de alta resistencia.

Revise las placas y los conectores de aparejamiento antes de cada uso y no los utilice si observa alguno de estos inconvenientes:

- grietas en el cuerpo;
- cáncamo para izamiento desgastado o estirado;
- se observa excesiva corrosión u óxido;

1.2.4 Vigas de suspensión y niveladoras

Las vigas de suspensión (*En la Figura 13*) se utilizan para soportar y proteger cargas largas. Estos dispositivos impiden que la carga se incline, se deslice o se doble. Disminuyen la posibilidad de un ángulo de eslinga bajo y ayudan a evitar que la eslinga aplaste la carga. Las vigas niveladoras se utilizan para equilibrar la carga en los ramales de la eslinga y para repartirla

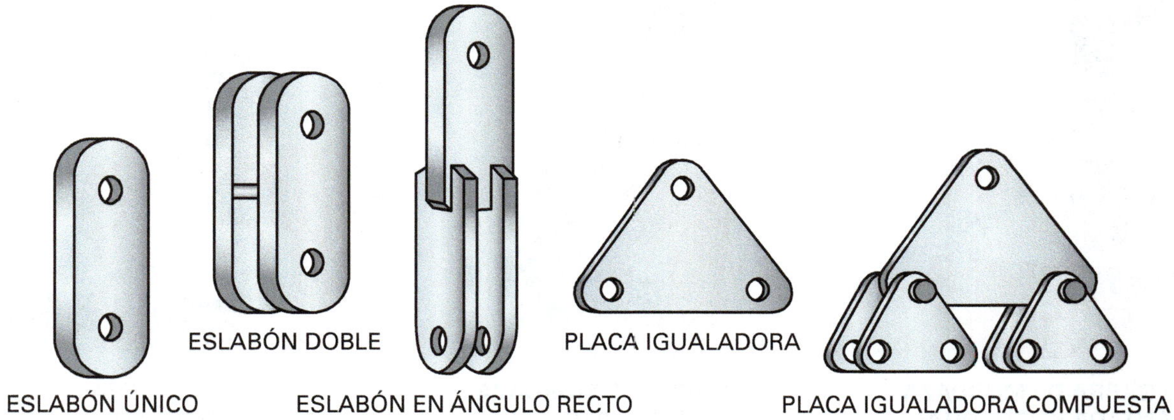

Figura 12 Placas y conectores de aparejamiento.

en cuerdas de elevación dobles cuando se realizan izamientos con varias grúas o en tándem.

> **NOTA**
> Las vigas de suspensión y niveladoras se analizan en más detalle en *Operaciones con grúas móviles, nivel dos* y *Operaciones con grúas móviles, nivel tres del NCCER*.

Ambos tipos de vigas se suelen fabricar para aplicaciones específicas. Por lo general, están hechas de tramos de tubos gruesos, vigas doble T u otros materiales aptos. Las vigas de suspensión o niveladoras personalizadas las debe diseñar una persona calificada (en general, un ingeniero) y deben tener la capacidad de carga claramente estampada en uno de sus lados. Todas estas vigas se deben someter a ensayo al 125 % de su carga nominal. Se debe registrar toda la información sobre las vigas que estén en uso.

La capacidad de carga nominal de las vigas diseñadas para utilizarse con varios puntos de amarre depende de la distancia entre esos puntos. Por ejemplo, si la distancia entre los puntos de amarre se duplica, la capacidad de la viga se suele reducir a la mitad.

Antes de utilizar las vigas de suspensión o niveladoras, se deben inspeccionar las vigas para confirmar lo siguiente:

Figura 13 Uso habitual de una viga de suspensión.

- que la viga tenga marcada claramente la siguiente información:
  - Nombre y dirección del fabricante
  - Número de serie
  - Peso del dispositivo, si supera los 45 kg (100 libras)
  - Carga nominal
  - Categoría de diseño
  - Clase de servicio

Desplazamiento de materiales utilizando los principios de vacío

Existen muchos dispositivos que utilizan las grúas y otras maquinarias pesadas para agarrar, izar y desplazar materiales de construcción. Sin embargo, existe un método un poco menos habitual que los demás.

Los elevadores por vacío están equipados con bombas de vacío, por lo general impulsadas por un pequeño motor diésel, que extraen el aire entre el mecanismo de izamiento y la carga. Las superficies irregulares que no permiten un sellado hermético no sirven para el izamiento por vacío, ya que la integridad del sello es fundamental para su funcionamiento. Estos equipos están específicamente diseñados para levantar tuberías, losetas, vigas y otros objetos similares. Una de las ventajas de este método es que no requiere de muchos de elementos de aparejamiento ni de mano de obra para montarlos antes del izamiento, lo que ahorra tiempo y dinero. Estos equipos y sus criterios de diseño se abordan en la *norma ASME B30.20, Equipos de izamiento para debajo del gancho*, y *norma ASME BTH-1, Diseño de equipos de izamiento para debajo del gancho*. La fuerza de un elevador por vacío es sorprendente; — la capacidad de carga nominal de los más potentes superan las 20 toneladas (18 toneladas métricas).

(A) ELEVADOR DE PLACAS

(B) ELEVADOR DE LOSETAS

Figura cortesía de VaculiftTM , Inc. d.b.a. Vacuworx®

- que las soldaduras no presenten grietas ni otras fallas significativas;
- que no se observen grietas, muescas, mellas ni corrosión;
- que los puntos de amarre no estén dañados ni deformados.

NOTA

La norma ASME BTH-1 hace referencia a la norma ASME en cuanto al diseño de los equipos de izamiento para debajo del gancho (BTH), donde se definen las categorías de diseño y las clases de servicio.

Recursos adicionales

Norma ASME B30.5, Grúas móviles y locomotoras. Edición actual. Nueva York, NY: American Society of Mechanical Engineers (Sociedad Estadounidense de Ingenieros Mecánicos).

Norma ASME B30.10, Ganchos. Edición actual. Nueva York, NY: American Society of Mechanical Engineers (Sociedad Estadounidense de Ingenieros Mecánicos).

Norma ASME B30.20, Equipos de izamiento para debajo del gancho. Edición actual. Nueva York, NY: American Society of Mechanical Engineers (Sociedad Estadounidense de Ingenieros Mecánicos).

Norma ASME BTH-1, Diseño de equipos de izamiento para debajo del gancho. Edición actual. Nueva York, NY: American Society of Mechanical Engineers (Sociedad Estadounidense de Ingenieros Mecánicos).

29 *CFR* 1926, subsección CC, **www.ecfr.gov**

29 *CFR* 1926.251, **www.ecfr.gov**

29 *CFR* 1926.753, **www.ecfr.gov**

Mobile Crane Safety Manual (Manual de seguridad en operación de grúas móviles) (AEM MC-1407). 2014. Milwaukee, WI: Association of Equipment Manufacturers.

Willy's Signal Person and Master Rigger Handbook (Manual para señaleros y aparejadores avanzados de Willy), Ted L. Blanton Sr., edición actual. Altamonte Springs, FL: NorAm Productions, Inc.

En el sitio web de North American Crane Bureau, Inc., se ofrecen recursos sobre productos y capacitaciones:
www.cranesafe.com

Repaso de la Sección 1.0.0

1. ¿Cuál de las siguientes afirmaciones sobre los grilletes es verdadera?
   a. Se deben dejar de usar los grilletes cuyos pernos presenten un desgaste mayor al 10 % de su tamaño original.
   b. El tamaño de un grillete depende del tamaño de su perno.
   c. Cuando se conecta un grillete a un gancho, el cuerpo del grillete se cuelga del gancho.
   d. Si se ejerce tracción en ángulo en lugar de tracción recta sobre un grillete, su carga nominal aumenta.

2. ¿Cuál de estos dispositivos de aparejamiento debe tener la categoría de diseño y clase de servicio que se establece en Diseño de los dispositivos de elevación debajo del gancho en la etiqueta?
   a. Vigas de suspensión
   b. Grilletes
   c. Ganchos
   d. Cáncamos

Sección Dos

2.0.0 Eslingas y enganches

Objetivo

Identificar y describir los diversos tipos de eslingas y enganches de eslingas.

a. Identificar y describir eslingas de cable de acero y su correcto cuidado.
b. Identificar y describir eslingas sintéticas y su correcto cuidado.
c. Identificar y describir eslingas de cadena y su correcto cuidado.
d. Explicar el significado de ángulos de eslinga y describir los enganches habituales.
e. Describir cómo aparejar y manipular correctamente tuberías y varillas de refuerzo.
f. Identificar y describir el uso de cuerdas guía y nudos para el control de la carga.
g. Identificar las precauciones de seguridad habituales relacionadas con el aparejamiento.

Tareas prácticas

1. Inspeccionar distintos tipos de componentes de aparejamiento y realizar informes de estado e idoneidad para una tarea.
2. Configurar una eslinga para armar un enganche de canasta simple.
3. Configurar una eslinga para armar un enganche de canasta de doble vuelta.
4. Configurar una eslinga para armar un enganche estrangulador simple.
5. Configurar una eslinga para armar un enganche estrangulador de doble vuelta.
6. Seleccionar la cuerda guía correcta para una aplicación determinada.
7. Hacer nudos específicos seleccionados por el instructor.

Palabras técnicas

Alma de acero de cable independiente (IWRC): cable de acero con alma de cable de acero, y no con alma de una sola hebra o de fibra; se lo considera el más duradero para aplicaciones de aparejamiento.

Cuerda guía: cuerda que se ata a una carga izada para controlar su giro y balanceo, o que se utiliza para estabilizar y controlar accesorios en suspensión.

Deshiladura: deformación del cable de acero que hace que las hebras o alambres se separen y se curven hacia afuera como los barrotes verticales de una jaula para aves.

Enganche de canasta: enganche común que se hace pasando una eslinga alrededor de una carga o a través de una conexión y amarrando ambos ojales de eslinga a la cuerda de elevación.

Enganche estrangulador: enganche que se hace pasando una eslinga alrededor de la carga y luego pasando un ojal de eslinga a través del otro. Ese ojal luego se conecta a la cuerda de elevación y crea una llave de estrangulamiento sobre la carga.

Enganche vertical: enganche simple en el que uno de los extremos de la eslinga se conecta a un punto de la carga y el otro, a la cuerda de elevación. También se lo conoce como *enganche de línea recta*.

Vía auxiliar: ramal relativamente corto que sale de una vía ferroviaria principal hacia un destino de carga o descarga. Una vía auxiliar por lo general tiene conexión con la vía principal solo en su punto de origen (sin salida).

Las eslingas vienen en distintas configuraciones. Entre ellas, podemos mencionar a las eslingas de cable de acero, de fibra sintética y de cadena, las cuales vamos a presentar en esta sección. Si bien algunas son de fibras naturales o cuerdas sintéticas, no se las suele utilizar para aplicaciones de aparejamiento que involucren grúas móviles. Es probable que todos los tipos de eslingas necesiten protección para garantizar que no se dañen con bordes filosos, protuberancias y otras posibles fuentes de daños. En muchos casos, la carga misma también se beneficia de esa protección. Al igual que con los ganchos que se emplean para el aparejamiento, una de las normas ASME se refiere exclusivamente a eslingas. En la *norma ASME B30.9, Eslingas*, se brinda gran cantidad de información sobre eslingas y su correcta aplicación. Además, el tema de las eslingas también se desarrolla en 29 *CFR* 1910.184.

2.1.0 Eslingas de cable de acero

Las eslingas de cable de acero (*En la Figura 14*) se fabrican con cables acero de alta resistencia con forma de hebra y enrollados alrededor de un alma que los sostiene. Son más livianas y fáciles de manipular que las eslingas de cadena, y pueden soportar un uso bastante extremo y temperaturas relativamente altas. No obstante, se suelen preferir las eslingas sintéticas, ya que las eslingas de cable de acero se pueden resbalar. Como las eslingas de cable de acero se siguen utilizando, es importante obtener información acerca de su diseño, características, aplicaciones, inspección y mantenimiento.

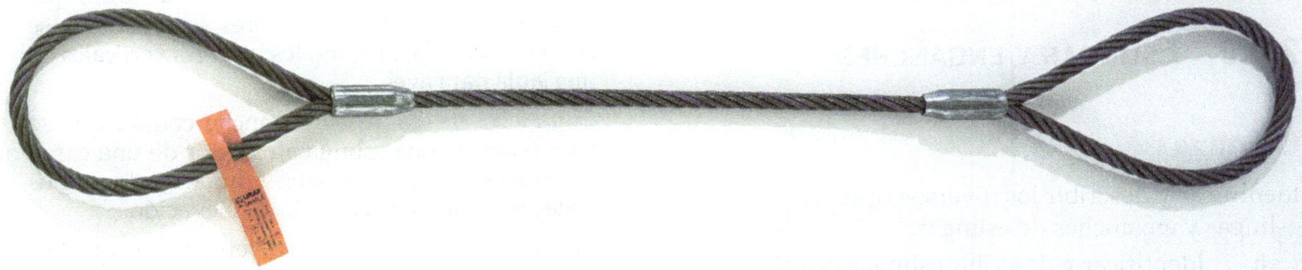

Figura 14 Eslinga de cable de acero típica.

2.1.1 Características y aplicaciones

Por lo general, las eslingas de cable de acero están formadas por 6 hebras que, a su vez, contienen un promedio de 19 alambres (se expresa como 6 x 19), colocados alrededor de un alma de cable de acero con un patrón específico. También existen otros tipos de almas, como las de fibra, pero el alma de acero de cable independiente (IWRC) es la más común y la más duradera. Los cables de acero pierden solo un 1 % de su fuerza si un alambre se corta. *En la Figura 15,* se muestran ejemplos de las aplicaciones más comunes de las eslingas de cable de acero para el aparejamiento en la construcción.

La eslinga de cable de acero se debe proteger en los lugares en los que entra en contacto con los bordes filosos del objeto que se vaya a izar (*En la Figura 16*). Claro que, a veces, la eslinga también puede dañar la carga. Aunque el borde de la carga sea de un material blando que no pueda cortar la eslinga, uno o más alambres individuales se pueden cortar si están muy doblados. Si una eslinga de cable de acero está retorcida, la fuerte carga de flexión y las hebras desplazadas permiten la distribución asimétrica de la carga viva, por eso algunas hebras soportan más carga de lo normal. El daño que produce la torcedura en el cable de acero suele ser permanente, lo que hace que las eslingas tengan algunas fallas y deban desecharse.

Los materiales de protección pueden incluir simples trozos de madera que separen la eslinga de la carga. Sin embargo, también existen materiales de protección fabricados con distintas formas. *En la Figura 17,* se muestran ejemplos de algunos materiales diseñados para este fin. Los protectores plásticos que vemos aquí tienen imanes incorporados que les permiten mantenerse en su lugar sobre materiales ferrosos antes de colocar la eslinga. Otros son de aleaciones metálicas y están diseñados para deslizarse alrededor de una eslinga de cable de acero hasta cualquier punto de ella. Casi siempre se necesita algún tipo de material protector para cualquier tipo de eslinga, dependiendo del enganche que se utilice y de la naturaleza de la carga que se vaya a izar. Estos materiales de protección no se utilizan solo con cables de acero.

Existe un tipo especial de eslinga de cable de acero, denominada *eslinga de malla,* en la que se entrelazan seis o más cables de acero de diámetro pequeño. Como resultado, se obtiene una eslinga con una superficie de apoyo amplia y plana, muy resistente y flexible en todas las direcciones. Son especialmente aptas para los enganches de canasta o los enganches estranguladores, donde encontramos dobleces pronunciados.

Los elementos de aparejamiento que se coloquen en el ojal de la eslinga deben ser los adecuados para evitar fallas o daños. *norma ASME B30.10,* sección 2.10.4(p), se establece que "el ancho del objeto que se coloca en el ojal de una eslinga (de cable de acero) no debe ser mayor que la mitad de la longitud del ojal ni menor que el diámetro nominal de la eslinga". Por ejemplo, si el ojal de una eslinga de cable de acero es de 15 cm (6 pulgadas) de largo, no se debe colocar ningún elemento de más de 7,5 cm (3 pulgadas) de ancho a través del ojal (la mitad de 15 cm es 7,5 cm o la mitad de 6 pulgadas es 3 pulgadas). La segunda parte se refiere al ancho mínimo del elemento que se coloca en el ojal de la eslinga; su diámetro nunca debe ser menor que el de la eslinga misma. Los fabricantes de eslingas proporcionan información acerca de la aplicación de sus productos que también se debe cumplir.

2.1.2 Almacenamiento e inspección

Guarde las eslingas en un perchero para mantenerlas alejadas del piso. El perchero debe estar en un espacio libre de humedad y lejos de ácidos, gases ácidos o calor extremo. Tanto la humedad como los gases pueden provocar corrosión. Nunca apoye eslingas en el suelo en áreas donde podría pasarles por encima maquinaria pesada ni donde se puedan llenar de arena y otros abrasivos.

¡ADVERTENCIA!

Los alambres cortados de una eslinga de acero son muy filosos y pueden cortar o perforar la piel con facilidad. Use siempre guantes cuando manipule estas eslingas y las inspeccione deslizando la mano a lo largo de ellas.

Las eslingas se deben inspeccionar periódicamente para detectar alambres rotos, torceduras o conectores dañados. Se debe realizar una inspección visual antes de cada uso. Se deben realizar inspecciones al principio de cada turno o día laboral, tal como se establece en.

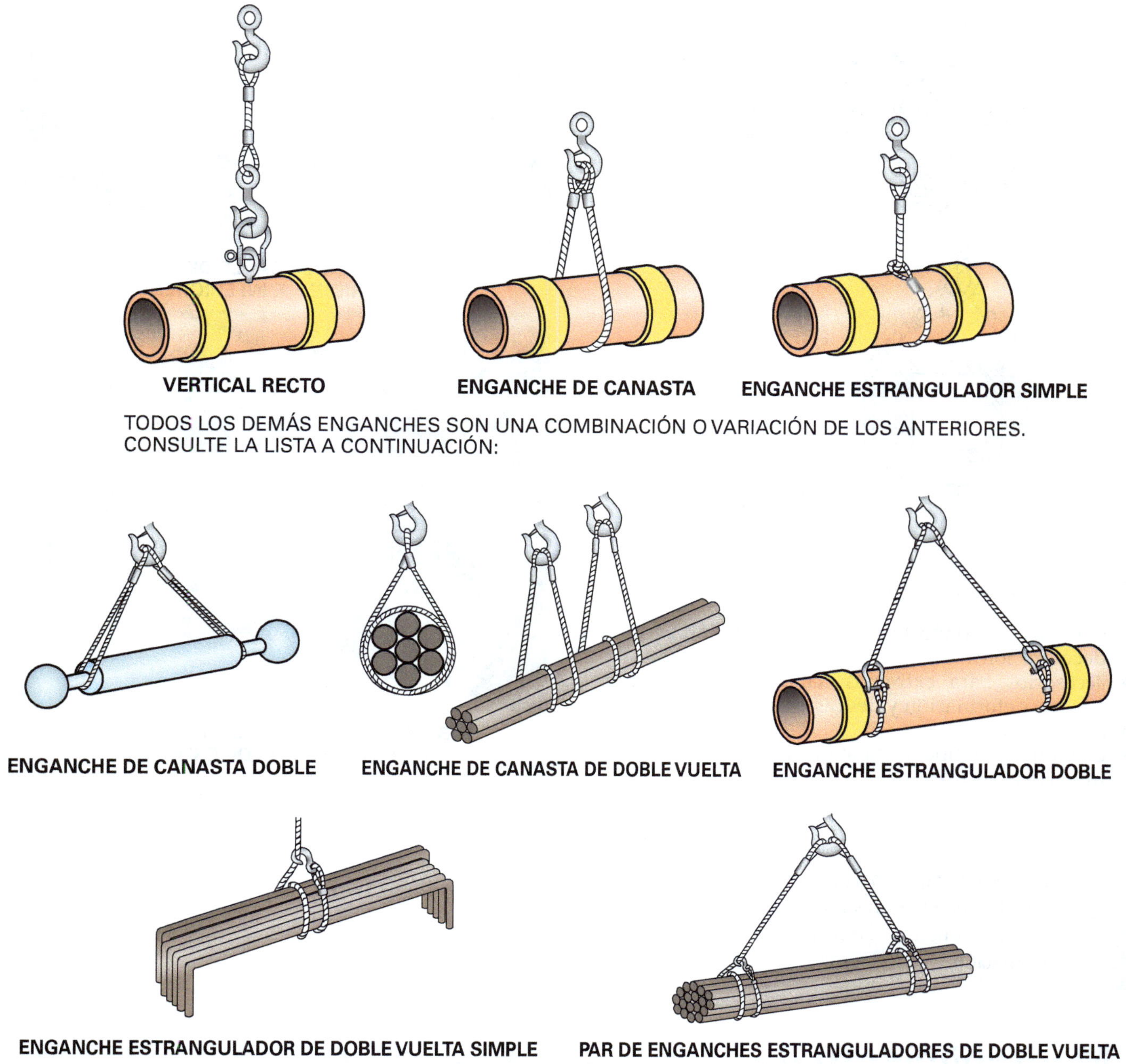

Figura 15 Ejemplos de aplicaciones de una eslinga de acero.

Las eslingas defectuosas deben dejar de utilizarse, y se las debe reparar o desechar. Solo el fabricante u otra persona calificada puede intentar reparar una eslinga.

Las eslingas de cable de acero deben estar debidamente etiquetadas con información específica. Tanto las normas ASME como las OSHA así lo exigen. *En la Figura 18*, se muestra una etiqueta típica de un cable de acero. Si la eslinga no tiene la etiqueta identificadora o la placa de datos, o son ilegibles, debe desecharse. La etiqueta debe contener la siguiente información:

- nombre o marca del fabricante o de la empresa que la repara;
- carga nominal para al menos un enganche y el ángulo que se tuvo en cuenta;
- tamaño/diámetro;
- cantidad de ramales, si tiene más de uno.

Además, las eslingas de cable de acero se deben dejar de usar ante cualquiera de las siguientes condiciones (consulte *La Figura 19* para ver ejemplos):

- abrasión o raspado localizado que reduce el diámetro de la eslinga más del 5 % de su tamaño original;
- deformación del cable, lo que incluye torcedura, aplastamiento y **deshiladura**;

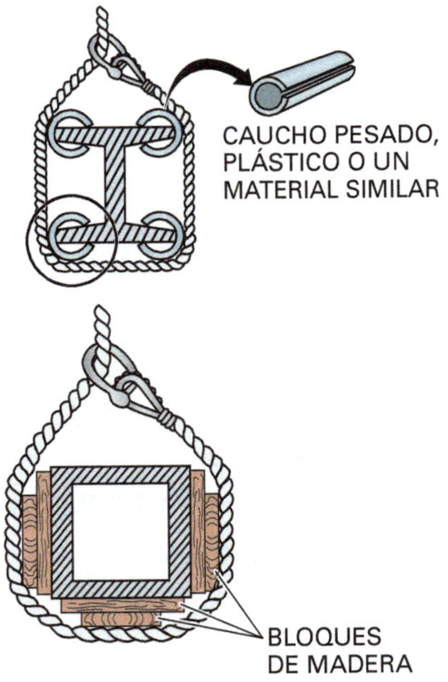

Figura 16 Uso de protecciones de eslingas.

- evidencia de daño térmico, que suele indicarlo la decoloración;
- accesorios para extremos dañados, por ejemplo, grietas, deformación y desgaste excesivo;
- corrosión severa;
- cualquier otro tipo de daño que haga dudar sobre la integridad de la eslinga;
- alambres cortados.

(A) ASIENTOS DE CABLE DE ACERO SUPERIORES E INFERIORES

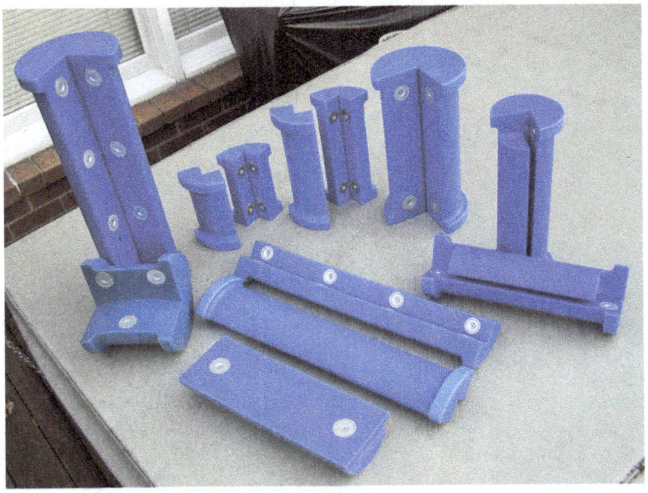

(B) PROTECTORES PLÁSTICOS PARA TODOS LOS TIPOS DE ESLINGA

Figura 17 Productos de protección de eslingas.

NOTA

La norma ASME B30.9 permite una cantidad específica de alambres cortados según el diseño del cable; consulte la norma para obtener más información.

Mantenimiento de eslingas

Las eslingas se deben inspeccionar periódicamente. se exige que se conserve la documentación de la inspección periódica más reciente. Se debe designar a un encargado de conservar esa documentación y las eslingas mismas.

Hoy en día, casi todos los fabricantes ofrecen chips de identificación por radiofrecuencia (RFID) conectados de manera permanente a las eslingas nuevas. Los chips RFID pasivos, denominados transpondedores, se escanean a través de dispositivos que reciben la señal y sincronizan la información importante con una base de datos a partir del número de serie integrado. Las etiquetas RFID son muy resistentes y utilizan tecnología Bluetooth; se las puede localizar, y también se puede descargar información desde una distancia moderada y sin una línea de visión directa al receptor. Esta tecnología no se usa solo para las eslingas, sino también para muchos componentes de aparejamiento, como ganchos y grilletes.

Figura cortesía de Lift-All Company, Inc.

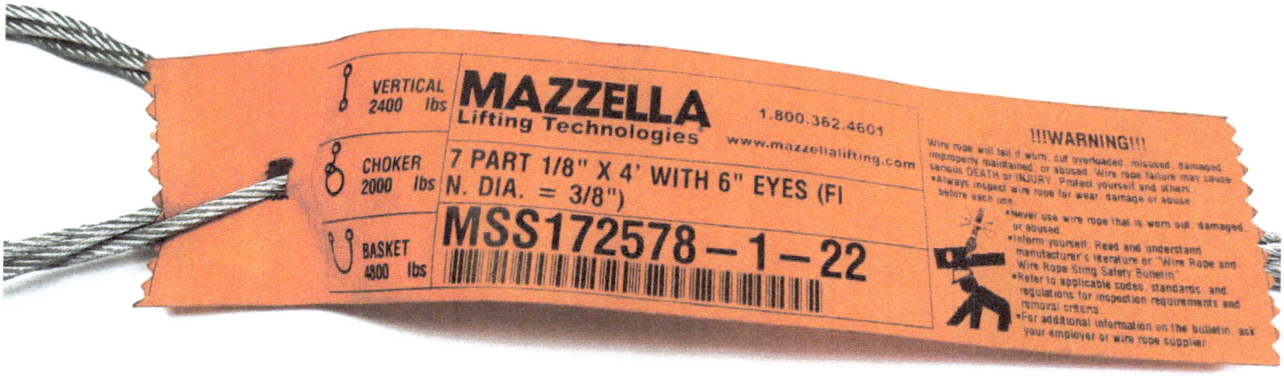

Figura 18 Etiqueta para eslinga de cable de acero.

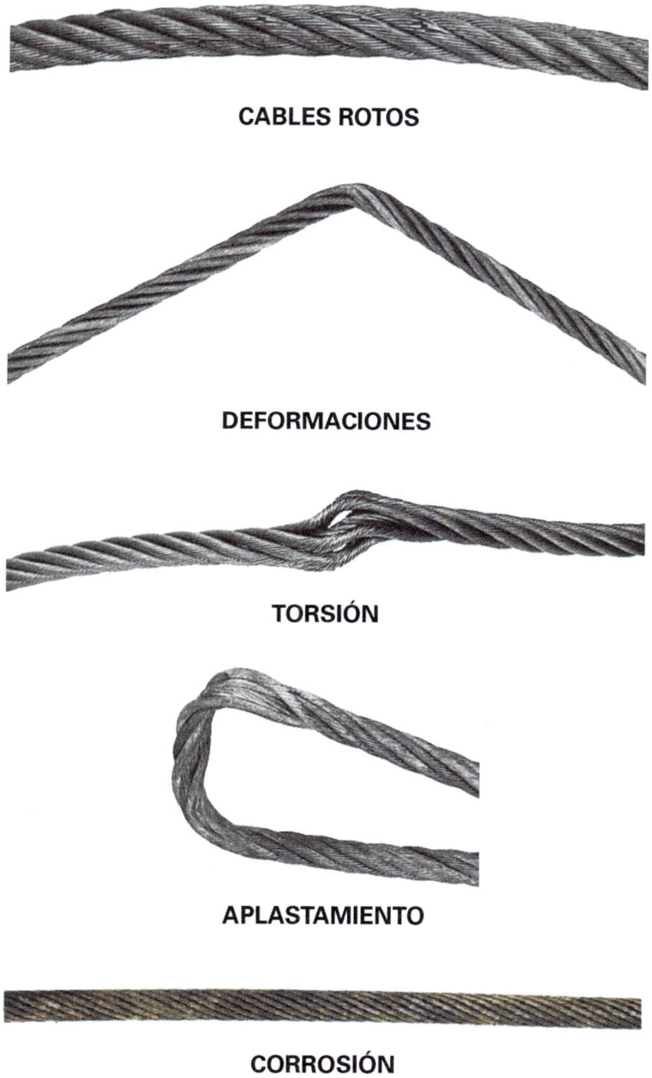

Figura 19 Daños habituales en eslingas de cable de acero.

2.2.0 Eslingas de fibra sintética

Las eslingas sintéticas se utilizan mucho para izar cargas, en especial cargas frágiles. En las secciones siguientes se detallan los tipos comunes de eslingas sintéticas, su almacenamiento e inspección.

2.2.1 Características y aplicaciones

Las eslingas de fibra sintética que más se utilizan para el aparejamiento en la construcción son de poliéster, nailon u otros materiales sintéticos de alto rendimiento. Si bien estas eslingas son útiles en muchas situaciones, suelen dañarse en algunas aplicaciones y entornos.

Las eslingas de fibra sintética vienen en diferentes configuraciones; las más comunes se muestran *En la Figura 20*. Entre ellas, podemos mencionar las siguientes:

- *Eslingas sin fin* – También se conocen como *eslingas de bucle continuo* o *eslingas de anillo*. Se colocan los extremos de la malla uno sobre el otro y se los cose para formar un bucle sin fin. Se pueden utilizar para un enganche vertical, de brida, estrangulador o de canasta.
- *Eslingas estándar con ojales en ambos extremos* – La malla de estas eslingas se cose para formar un cuerpo plano con un ojal en cada extremo. El ojal está en el mismo plano que el cuerpo de la eslinga. Se utilizan para los mismos fines que las eslingas de cable de acero de diseño similar.
- *Eslingas tubulares* – Vienen en diseño sin fin y con ojales en ambos extremos. Por lo general, se confeccionan con un tejido de filamento de poliéster continuo recubierto por una funda tejida. La eslinga tubular con ojales en ambos extremos simplemente tiene una funda envuelta de ambos lados, que forma ojales en el extremo.
- *Eslingas de ojal torcido* – En las eslingas de ojal torcido, los ojales se cosen en ángulo recto con respecto al plano del cuerpo de la eslinga.
- *Eslingas con accesorios* – También hay eslingas sintéticas con accesorios triangulares y estranguladores en los extremos.

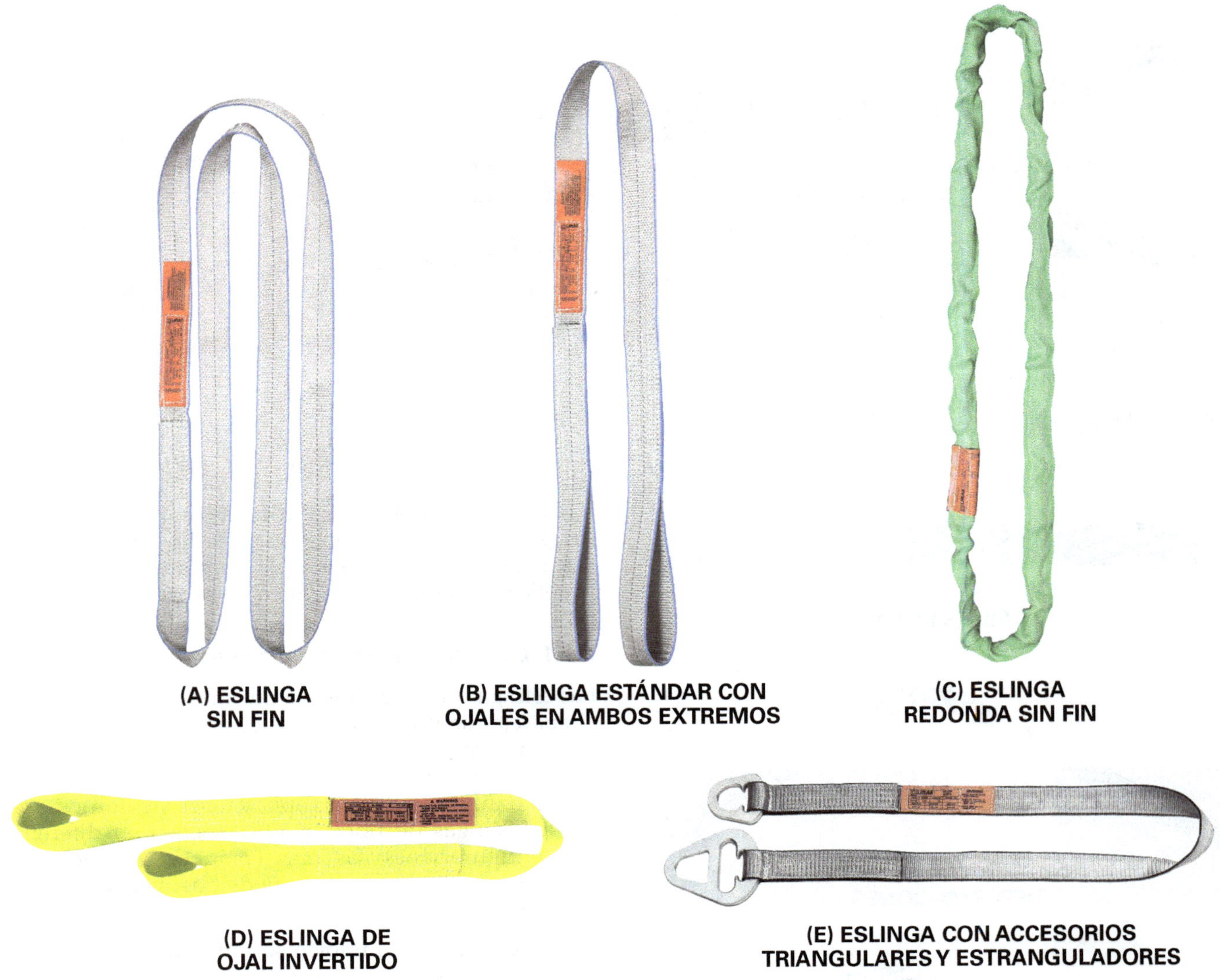

Figura 20 Ejemplos de eslingas de fibra sintética

Es posible que las eslingas de fibra sintética se corten debido a bordes o ángulos filosos o se dañen si se utilizan ángulos de eslinga excesivos. Para que una eslinga se dañe, no hace falta que el borde sea muy filoso; una eslinga tensionada contra un borde aparentemente inofensivo puede provocar una falla. El tipo de protección que se debe aplicar a estas eslingas es el mismo que se utiliza con las eslingas de cable de acero. Entre las ventajas de las eslingas de fibra sintética, podemos mencionar las siguientes:

- Su textura y ancho dejan menos marcas y rayas en las superficies pulidas, acabadas o suaves.
- Tienen menos probabilidad de aplastar superficies frágiles.
- Se adaptan a la forma de la carga.
- No se ven perjudicadas por la humedad ni por distintas sustancias químicas.
- Son antichispa y no conductoras, siempre y cuando se mantengan limpias y secas (el exceso de polvo puede hacer que una eslinga se vuelva conductora).
- Disminuyen el giro de la carga durante el izamiento.
- No manchan materiales decorativos.
- Son livianas y suaves, lo que las hace más fáciles y seguras de manipular.
- Bajo carga, se estiran un poco y pueden soportar choques.

La norma ASME B30.9, sección 5.10.4(p), se establece la siguiente recomendación para colocar un accesorio en el ojal de una eslinga: "el ancho del objeto que se coloca en el ojal de una eslinga no debe ser mayor que un tercio de la longitud del ojal". Por ejemplo, si el ojal de una eslinga sintética tiene 23 cm (9 pulgadas) de largo, el ancho máximo del gancho u otro objeto que se coloque a través él será de 7,5 cm (3 pulgadas). Es menor que el ancho máximo permitido para los ojales de las eslingas de cable de acero, que es la mitad de la longitud del ojal.

2.2.2 Almacenamiento e inspección

Las eslingas de fibra de nailon y poliéster no se deben almacenar a temperaturas superiores a 90 °C (194 °F) ni inferiores a –40 °C (–5 °C), ni se debe permitir que entren en contacto con objetos a esas temperaturas. Este requerimiento sobre intervalo de temperatura se establece en la ; tenga en cuenta que es posible que los fabricantes especifiquen un rango más limitado, en cuyo caso se reemplazaría la norma. Si bien no es probable que las instalaciones de almacenamiento alcancen estas temperaturas, sí puede suceder en algunos casos con la superficie de una carga izada. Además, es importante limitar la exposición prolongada a la luz del sol o a rayos ultravioleta (UV). Ambos pueden afectar la resistencia de las eslingas de fibra sintética. Los fabricantes pueden proporcionar información relacionada a la exposición a la luz del sol y a rayos UV.

La resistencia de una eslinga de fibra sintética también puede verse afectada por algunas sustancias químicas. Esto incluye exposición a sustancias sólidas y líquidas, vapores y humos. Solicite al fabricante una lista específica de las sustancias químicas que puedan dañar la eslinga, y sus variaciones.

Al igual que otros tipos de eslingas, las de fibra sintética no se deben apoyar en el suelo en áreas donde maquinaria pesada podría pasarles por encima o dañarlas. Además, deben estar debidamente etiquetadas con información específica. El hecho de que la eslinga no tenga etiqueta o sea ilegible es motivo para dejar de usarla. No obstante, el fabricante o un tercero calificado pueden reparar un tramo dañado. Cuando se realiza una reparación, la empresa que la repara debe registrar su información en la etiqueta. Las etiquetas deben incluir la siguiente información:

- nombre o marca del fabricante o de la empresa que la repara, si fuera el caso;
- código del fabricante o número de inventario;
- carga nominal para al menos un tipo de enganche y el ángulo que se tuvo en cuenta;
- tipo de material de fibra sintética;
- cantidad de ramales, si tiene más de uno.

Según , las eslingas de fibra sintética no se deben utilizar si se detecta cualquiera de las siguientes condiciones durante la inspección; (consulte *La Figura 21* para ver ejemplos):

- falta de la identificación de la eslinga o de la información acerca de la carga nominal, o información ilegible;
- quemaduras cáusticas o por ácido;
- partes de la eslinga derretidas o carbonizadas;
- orificios, desgarros, cortes o rajaduras;
- costuras rotas o desgastadas;
- abrasión excesiva;
- nudos en alguna parte de la eslinga;
- decoloración y zonas quebradizas o rígidas en alguna parte de la eslinga, que puedan indicar daño químico o por la luz del sol/rayos ultravioleta;
- para ganchos anexados, se aplican los criterios de eliminación que se establecen en la
- para otros elementos de aparejamiento anexados, se aplican los criterios de eliminación que se establecen en la
- otras condiciones, incluso daños visibles, que generen dudas acerca de si se debe continuar utilizando la eslinga.

2.3.0 Eslingas de cadena y malla metálica

Las eslingas de cadena y malla metálica suelen usarse para izamientos en condiciones hostiles o a temperaturas elevadas. Son versátiles porque pueden ajustarse sobre el centro de gravedad, y también son muy duraderas. Sin embargo, como son muy pesadas, quizás inspeccionarlas sea más difícil que con otros tipos de eslingas.

2.3.1 Eslingas de cadena

Para algunos tipos de izamientos, las eslingas de cadena resultan más adecuadas que las eslingas de cable de acero o sintéticas. Por ejemplo, se recomienda utilizar estas eslingas para izar piezas en bruto que puedan romper con facilidad las eslingas de cable de acero o fibra sintética. También se las utiliza en aplicaciones a temperaturas elevadas o en las que el uso de estranguladores de cable de acero no es adecuado, y para dragado y otros trabajos marinos, ya que son más resistentes a la abrasión y a la corrosión que el cable de acero. *En la Figura 22*, se muestran algunas configuraciones típicas de eslingas de cadena y ganchos.

Los eslabones de cadena tienen dos lados. Si cualquiera de los dos lados falla, el eslabón se abre y la carga se cae. En general, un cable de acero se compone de unos 114 alambres individuales, y deben romperse todos antes de que el cable finalmente se corte. En otras palabras, es más factible observar una falla progresiva en un cable de acero que en una cadena. La resistencia extra de las cadenas es menor, y es más probable que fallen rápidamente una vez que el proceso comienza.

Eslingas sintéticas e incidentes de aparejamiento

Industrial Training International (ITI) preparó un seminario web titulado "Aparejamiento y fallas de eslingas: estudio de casos y soluciones" en 2013. Durante la investigación de ITI para el seminario, cuyo resultado lo respaldó una encuesta realizada a los participantes durante el mismo seminario, se descubrió que más del 80 % de los accidentes de aparejamiento tuvieron que ver con eslingas sintéticas. Por general, estos accidentes se produjeron por cortes o abrasión severa como resultado de falta de protección de las eslingas durante los izamientos. Como muchos profesionales del sector han afirmado durante años, si uno tiene una eslinga sintética en la mano derecha, debe tener un protector de eslinga en la izquierda. Todas las eslingas, independientemente del material del que estén hechas, se deben proteger cuando se estén utilizando.

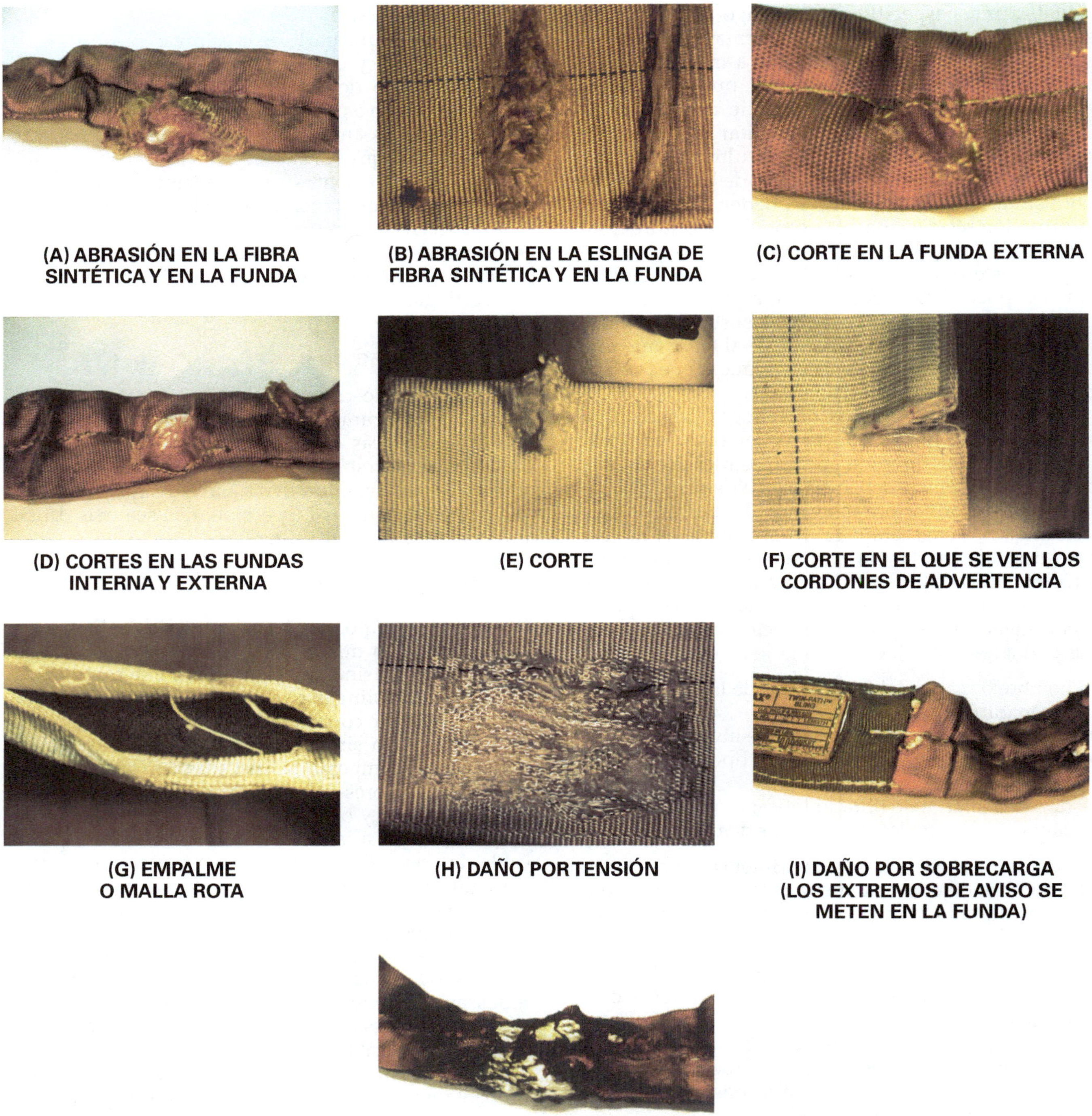

(A) ABRASIÓN EN LA FIBRA SINTÉTICA Y EN LA FUNDA

(B) ABRASIÓN EN LA ESLINGA DE FIBRA SINTÉTICA Y EN LA FUNDA

(C) CORTE EN LA FUNDA EXTERNA

(D) CORTES EN LAS FUNDAS INTERNA Y EXTERNA

(E) CORTE

(F) CORTE EN EL QUE SE VEN LOS CORDONES DE ADVERTENCIA

(G) EMPALME O MALLA ROTA

(H) DAÑO POR TENSIÓN

(I) DAÑO POR SOBRECARGA (LOS EXTREMOS DE AVISO SE METEN EN LA FUNDA)

(J) DAÑO SEVERO POR CALOR

Figura 21 Ejemplos de daños en eslingas de fibra sintética.

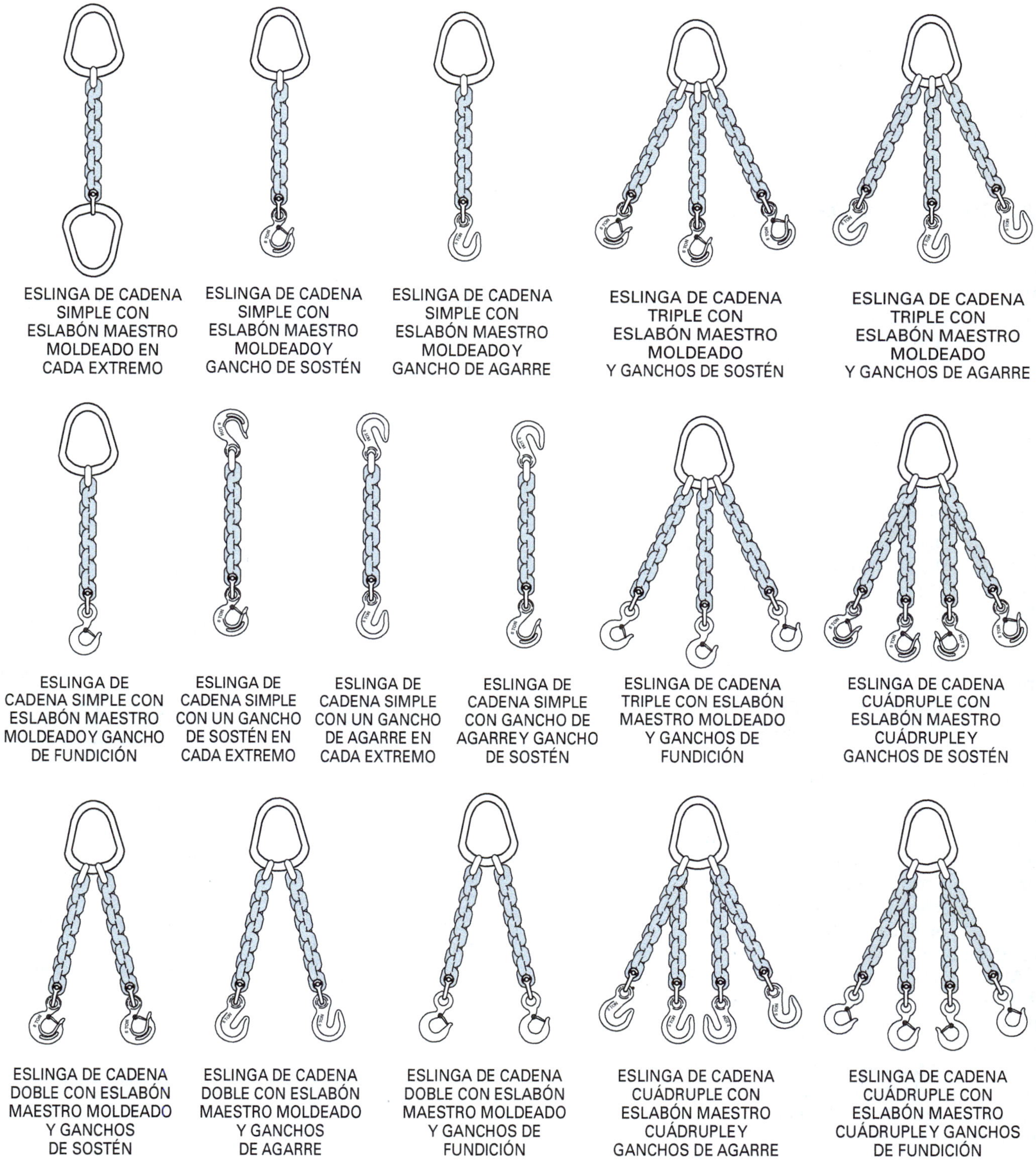

Figura 22 Eslingas de cadena y ganchos comunes.

Las cadenas se estiran si la carga es excesiva. Esto hace que los eslabones se alarguen y estrechen, hasta quedar comprometidos entre sí, lo que genera una advertencia visual. Si la sobrecarga es grande, la cadena se romperá con menos indicios que un cable de acero. Cuando el eslabón de una cadena se rompe, da escasos o nulos indicios.

2.3.2 Eslingas de malla metálica

Las eslingas de malla metálica (*En la Figura 23*) suelen ser de malla de alambre o de cadena. Son muy parecidas a las eslingas de fibra en cuanto a apariencia y flexibilidad, y resultan adecuadas en algunas situaciones para las que otras eslingas no funcionan bien. Las eslingas de malla metálica poseen las siguientes ventajas:

- son resistentes a la abrasión y los cortes;
- sujetan la carga con firmeza, sin estirarse;
- se adaptan a formas irregulares;
- no se tuercen ni enredan;
- soportan altas temperaturas.

se establece que, cuando se utilicen eslingas de malla metálica a temperaturas por encima de los 288 °C (550 °F), se debe obtener la autorización del fabricante. Estas eslingas vienen en varios tamaños de malla y pueden estar recubiertas con distintas sustancias, por ejemplo, caucho o plástico, para ayudar a proteger la carga. Sin embargo, cuando se las utiliza en aplicaciones a altas temperaturas, las eslingas con recubrimiento no se suelen autorizar.

2.3.3 Almacenamiento e inspección

Las eslingas de cadena y de malla metálica se deben guardar en el interior de un edificio o vehículo, y se deben colgar en percheros para reducir el deterioro por óxido o corrosión relacionado con causas meteorológicas. Nunca deje eslingas de cadena apoyadas en el suelo en áreas donde maquinaria pesada podría pasarles por encima.

Algunos fabricantes recomiendan lubricar las cadenas de aleación cuando se están utilizando. Sin embargo, las cadenas resbaladizas aumentan los riesgos de manipulación de la carga. Las cadenas recubiertas con aceite o grasa también atraen suciedad y arenilla, lo que puede causar desgaste abrasivo. Esto sucede en especial con las eslingas de malla metálica, porque son mucho más difíciles de limpiar. Las eslingas de cadena que se guarden en áreas expuestas se deben recubrir con una capa de aceite o grasa como protección contra el óxido y la corrosión.

Figura 23 Eslinga de malla metálica.

Como todas las demás eslingas, las de cadena deben someterse a inspección visual antes cada izamiento. No se deben utilizar si se detecta alguna de las siguientes condiciones durante la inspección:

- falta de la identificación o de la información acerca de la carga nominal, o información ilegible;
- grietas o roturas;
- muescas, mellas o desgaste excesivo;
- eslabones o accesorios para extremos estirados, doblados, torcidos o deformados;, Tabla 9-1.9.5.1, se indica el espesor mínimo admisible de cualquier punto de un eslabón, según su tamaño nominal;
- indicios de sobrecalentamiento;
- picadura o corrosión excesiva;
- incapacidad de la cadena o de los conectores de articular libremente;
- salpicaduras de soldadura;
- otras condiciones, incluso daños visibles, que generen dudas acerca de si se debe continuar utilizando la eslinga.

Aunque las eslingas de malla metálica son muy similares a las de cadena, su fabricación es muy diferente. Las eslingas de malla metálica no se deben utilizar si se detecta alguna de las siguientes condiciones durante la inspección:

- falta la etiqueta identificadora o la información es ilegible;
- uniones de soldadura común o reforzada rotas a lo largo del borde de la eslinga;
- alambres cortados en cualquier parte de la malla;
- reducción del 25 % en el diámetro del alambre por abrasión o del 15 % por corrosión;
- falta de flexibilidad por deformación de la malla;
- aumento del 10 % en la profundidad de la ranura del estrangulador por deformación;
- reducción mayor al 10 % del ancho de la abertura del ojal de más del 10 % por deformación de cualquiera de los accesorios para extremos;
- conectores picados, corroídos, agrietados, doblados, torcidos, mellados o rotos;
- reducción del 15 % del área transversal original del metal en cualquier punto
- eslingas con espirales individuales trabados en posición;
- otras condiciones, incluso daños visibles, que generen dudas acerca de si se debe continuar utilizando la eslinga.

2.4.0 Ángulos de eslinga y enganches básicos

Todas las eslingas, independientemente del tipo y el fabricante, tienen una capacidad de carga nominal especificada que nunca se debe sobrepasar. Lo que no es tan obvio es que la carga de una eslinga cambia notablemente a medida que va cambiando el ángulo. Lo que aparentemente es una carga liviana para una eslinga quizás luego se convierta en pesada debido al esfuerzo adicional que se le aplica a la eslinga a medida que va cambiando el ángulo. En esta sección, analizaremos los ángulos de eslinga y otros factores importantes al momento de seleccionar y usar una eslinga.

Como los tipos de carga y las configuraciones son infinitos, las eslingas se deben utilizar de diferentes maneras para conectar la carga a la cuerda de elevación. El operador de grúa debe tener conocimientos básicos acerca de los enganches y sus características de rendimiento para comprender mejor cómo debe verse un enganche confiable y bien realizado.

2.4.1 Capacidad de eslinga

La capacidad de una eslinga depende de su material, construcción, configuración de enganche, cantidad de eslingas y el ángulo que se use en el enganche. Esta clase de información, junto con otros datos relevantes para el aparejamiento, la pueden proporcionar los fabricantes de los aparejos y las empresas que los comercializan a través de guías de bolsillo fáciles de usar, como la que se muestra *En la Figura 24*. Además, en la *norma ASME B30.9* podemos encontrar información sobre capacidad de eslinga para varios tipos de eslingas. *Tabla 1*, se muestra, a modo de ejemplo, la tabla de capacidad de eslinga de cable de acero de un fabricante. Tenga en cuenta que la capacidad de una eslinga utilizada en un enganche de canasta simple con tracción vertical duplica la capacidad de la de un enganche vertical recto. Esto suele pasar porque se utilizan dos ramales para levantar la carga, no uno solo. Sin embargo, a medida que aumenta el ángulo entre los ramales del enganche, la capacidad de carga nominal de la eslinga disminuye. Recuerde que toda acción que realice con una eslinga que no sea una tracción recta vertical probablemente afecte de manera negativa su capacidad de carga nominal. Por ejemplo, con un enganche estrangulador, incluso en una tracción vertical, la capacidad de la eslinga se reduce considerablemente.

Figura 24 Guía de bolsillo sobre aparejamiento.

2.4.2 Ángulos de eslinga

El ángulo que forman los ramales de una eslinga con respecto al plano horizontal cuando se aplica una fuerza en la carga se denomina *ángulo de eslinga*. Este ángulo afecta directamente la tensión que se aplica a cada eslinga. Por eso, es fundamental mantener un ángulo de eslinga admisible para un aparejamiento seguro. Además, como el ángulo de la eslinga afecta su capacidad de carga nominal, el aparejador debe asegurarse de que permanezca dentro de la capacidad de carga nominal aunque se utilice a un ángulo aceptable.

Para calcular el peso efectivo que soporta una eslinga a un ángulo, se necesita un factor de ángulo de eslinga. El factor se aplica al peso real de la carga por eslinga a fin de determinar la tensión sobre la eslinga. La forma correcta de calcular el factor de ángulo de eslinga es por medio de matemática y mediciones sencillas en el lugar de trabajo.

En la Figura 25, se muestra una carga suspendida desde dos eslingas en un enganche vertical. La "L" corresponde a la distancia entre los puntos de contacto de la eslinga con el gancho y la carga. La "H" corresponde a la distancia hacia abajo desde donde la eslinga toca el gancho hasta una línea imaginaria que conecta los dos puntos de contacto de la eslinga con la carga. Para determinar el factor de ángulo de eslinga, se divide la longitud (L) por la altura (H). Como resultado, se obtiene el factor que se debe aplicar al peso de la carga en cada eslinga.

Información práctica sobre aparejamiento

A lo largo de los años, se han publicado varios manuales sobre aparejamiento. Muchos de ellos son de bolsillo para la comodidad del aparejador, lo que les permite consultarlo con facilidad cuando sea necesario. Como es de esperar, este tipo de información también se digitalizó. Hoy en día, existen aplicaciones desarrolladas por diferentes fabricantes y organizaciones afines compatibles con los teléfonos inteligentes más conocidos; se espera que se sumen muchos otros al mercado en el futuro. Como las normas OSHA o ASME cambian, es mucho más sencillo actualizar una aplicación que volver a publicar un libro.

Tabla 1 Tabla de capacidad de eslingas de cable de acero

CLASE	TAMAÑO (IN)	CAPACIDAD NOMINAL EN LIBRAS*						DIMENSIONES DEL OJAL (APROXIMADO)	
		VERTICAL	ENGANCHE DE ESTRANGULACIÓN	ENGANCHE DE CANASTA				ANCHO (IN)	LONGITUD (IN)
				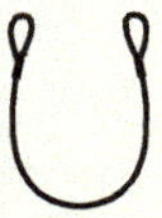	 30	 60	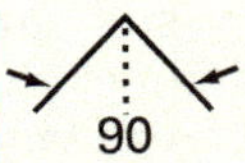 90		
6 × 19 IWRC	1/4	1.120	820	2.200	2.200	1.940	1.580	2	4
6 × 19 IWRC	5/16	1.740	1.280	3.400	3.400	3.000	2.400	2 1/2	5
6 × 19 IWRC	3/8	2.400	1.840	4.800	4.600	4.200	3.400	3	6
6 × 19 IWRC	7/16	3.400	2.400	6.800	6.600	5.800	4.800	3 1/2	7
6 × 19 IWRC	1/2	4.400	3.200	8.800	8.600	7.600	6.200	4	8
6 × 19 IWRC	9/16	5.600	4.000	11.200	10.800	9.600	8.000	4 1/2	9
6 × 19 IWRC	5/8	6.800	5.000	13.600	13.200	11.800	9.600	5	10
6 × 19 IWRC	3/4	9.800	7.200	19.600	19.000	17.000	13.800	6	12
6 × 19 IWRC	7/8	13.200	9.600	26.000	26.000	22.000	18.600	7	14
6 × 19 IWRC	1	17.000	12.600	34.000	32.000	30.000	24.000	8	16
6 × 19 IWRC	1 1/8	20.000	15.800	40.000	38.000	34.000	28.000	9	18
6 × 37 IWRC	1 1/4	26.000	19.400	52.000	50.000	46.000	36.000	10	20
6 × 37 IWRC	1 3/8	30.000	24.000	60.000	58.000	52.000	42.000	11	22
6 × 37 IWRC	1 1/2	36.000	28.000	72.000	70.000	62.000	50.000	12	24
6 × 37 IWRC	1 5/8	42.000	32.000	84.000	82.000	72.000	60.000	13	26
6 × 37 IWRC	1 3/4	50.000	38.000	100.000	96.000	86.000	70.000	14	28
6 × 37 IWRC	2	64.000	48.000	128.000	124.000	110.000	90.000	16	32
6 × 37 IWRC	2 1/4	78.000	60.000	156.000	150.000	136.000	110.000	18	36
6 × 37 IWRC	2 1/2	94.000	74.000	188.000	182.000	162.000	132.000	20	40

*Las capacidades nominales para los ojales sin protección se aplican solo cuando se une un objeto más delgado que el ancho natural del ojal, y se aplican a los enganches de canasta solo cuando la relación D/d es de 20 o mayor, donde D es el diámetro de la curvatura alrededor de la cual se dobla el cuerpo de la eslinga y d es el diámetro nominal de la cuerda.

**Consulte el cuadro de ajuste de capacidad nominal del enganche estrangulador.

En el ejemplo *De la Figura 25*, la altura (H) es de 188 cm (74 pulgadas) y la longitud es de 218 cm (86 pulgadas). (La longitud será siempre mayor que la altura cuando una eslinga esté en ángulo). El factor de ángulo de eslinga se calcula de la siguiente manera:

Medidas para EE. UU.

Factor de ángulo de eslinga = L ÷ A
Factor de ángulo de eslinga = 86 pulgadas ÷ 74 pulgadas
Factor de ángulo de eslinga = 1,162 pulgadas

Métrico:

Factor de ángulo de eslinga = L ÷ A
Factor de ángulo de eslinga = 218,4 cm ÷ 187,9 cm
Factor de ángulo de eslinga = 1,162 pulgadas

En este ejemplo, el peso total de la carga es de 907 kg (2000 libras). Como hay dos eslingas, cada una debe izar 454 kg (1000 libras). (2000 libras/2 eslingas = 1000 libras cada eslinga). Ahora, aplique el factor de ángulo de eslinga para determinar la tensión real que se ejerce sobre cada eslinga:

Medidas para EE. UU.

Tensión de la eslinga = carga por eslinga x factor de eslinga
Tensión de la eslinga = 1000 lb x 1,162
Tensión de la eslinga = 1,162 lb

Métrico:

Tensión de la eslinga = carga por eslinga x factor de eslinga
Tensión de la eslinga = 453.5 kg x 1,162
Tensión de la eslinga = 527 kg

Figura 26, se muestra el efecto de los distintos ángulos de eslinga cuando se aplican 454 kg (1000 libras) de carga a cada eslinga. Tenga en cuenta que la tensión sobre las eslingas es mucho mayor cuando los ramales se posicionan a un ángulo de 30 grados con respecto al plano horizontal que a uno de 60 grados. Los ángulos de eslinga óptimos se encuentran entre los 60 y 45 grados respecto del plano horizontal. A veces es necesario utilizar ángulos de 30 grados, pero por lo general se considera que los ángulos de menos grados son peligrosos e innecesarios. A 30 grados, el factor de ángulo de eslinga es de 2, lo que significa que la tensión en la eslinga es del doble del peso real de la carga. Si una estrategia de izamiento conduce a utilizar ángulos de menos de 30 grados, es probable que se deba cambiar el enfoque.

Estos cálculos para encontrar el factor de ángulo de eslinga y la tensión ayudan a determinar si las eslingas se están utilizando dentro de su capacidad de carga nominal y cuál es esa carga realmente. Sin embargo, no le indican al aparejador cuál es el ángulo de eslinga. Las tablas se desarrollaron de tal manera que el factor de ángulo de eslinga equivale al ángulo. Estas tablas se pueden utilizar para determinar el ángulo de eslinga si se conoce el factor, o para determinar el factor de ángulo de eslinga si se conoce el ángulo. *Tabla 2*, se muestra un ejemplo de ese tipo de tabla. Utilizando el factor de ángulo de eslinga de

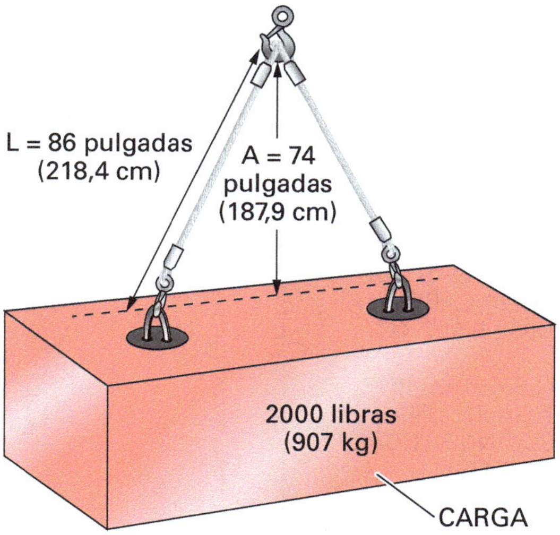

MEDIDAS PARA EE. UU.	MÉTRICO
Factor de ángulo de eslinga = L ÷ A	Factor de ángulo de eslinga = L ÷ A
Factor de ángulo de eslinga = 86 pulgadas ÷ 74 pulgadas	Factor de ángulo de eslinga = 218,4 cm÷ 187,9 cm
Factor de ángulo de eslinga = 1,162 pulgadas	Factor de ángulo de eslinga = 1,162 pulgadas

Figura 25 Determinación del factor de ángulo de eslinga.

1,162 que calculamos en el ejemplo anterior, podemos determinar, según la tabla, que el ángulo es de entre 55 y 60 grados. Este es un ángulo de eslinga muy seguro y razonable para un izamiento.

2.4.3 Enganches habituales

La forma en que se coloca una eslinga para sujetar una carga se denomina *enganche*. Los enganches se pueden realizar utilizando solo eslingas o combinando eslingas con dispositivos de conexión. Existen tres tipos básicos de enganches: verticales, estranguladores y de canasta.

Uno de los aspectos más importantes del trabajo del aparejador es asegurarse de que la carga se sostenga de manera segura. El tipo de enganche que se utilice depende de la naturaleza de la carga. Por ejemplo, se emplean distintos tipos de enganches para sujetar una carga de tuberías, una loseta de concreto o maquinaria pesada. Otro aspecto importantísimo del trabajo del aparejador es controlar el desplazamiento de la carga una vez que el izamiento está en progreso. Por lo tanto, al momento de elegir un enganche, los aparejadores deben considerar el movimiento pretendido de la carga. Por ejemplo, algunas cargas se izan derecho hacia arriba y se bajan en la misma posición. Otras cargas se izan, se giran 180 grados en el aire y, luego, se las coloca en un lugar completamente diferente. Aquí analizaremos la construcción de los tres tipos básicos de enganches.

El enganche vertical simple (*En la Figura 27*) se utiliza para izar una carga derecho hacia arriba. Con este enganche, se necesita algún tipo de dispositivo de amarre para conectar la eslinga a la carga. El enganche vertical simple permite que la carga rote libremente.

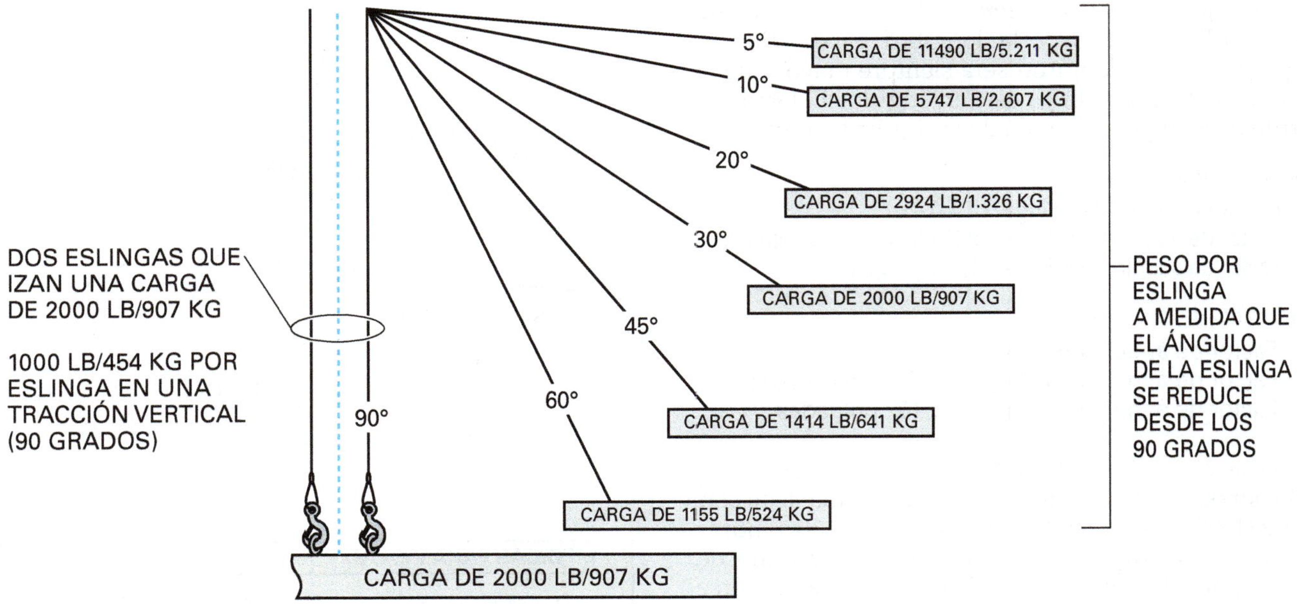

Figura 26 El efecto de los distintos ángulos de eslinga.

Tabla 2 Factor de ángulo de eslinga

Ángulo de eslinga	Eslinga Factor de ángulo
5	11,490
10	5,747
15	3,861
20	2,924
25	2,364
30	2,000
35	1,742
40	1,555
45	1,414
50	1,305
55	1,221
60	1,155
65	1,104
70	1,064
75	1,035
80	1,015
85	1,004
90	1,000

Si no desea que la carga rote con libertad, se debe utilizar algún método de control de carga, como una cuerda guía.

Otra variante del enganche vertical es el enganche de brida (*En la Figura 28*). El enganche de brida consiste en dos o más enganches verticales unidos al mismo gancho, eslabón maestro o anillo de conexión. Este enganche permite que las eslingas estén conectadas a la misma carga sin necesidad de utilizar dispositivos como vigas de suspensión. Los enganches de brida de varios ramales brindan mayor estabilidad a la carga

Figura 27 Enganche vertical con garra de placa.

que se va a izar. Sin embargo, es importante tener en cuenta que, en un enganche de brida, las eslingas no están a 90 grados con respecto al plano horizontal. Por lo tanto, la tensión que se ejerce sobre la eslinga aumenta, lo que se debe tener en cuenta para su selección.

Por lo general, se utiliza un enganche estrangulador cuando la carga no tiene puntos de amarre o cuando estos puntos no son prácticos para el izamiento

La regla de las 10 pulgadas

Otra manera de determinar el factor de ángulo de eslinga en el lugar de trabajo es utilizando una cinta métrica. En primer lugar, mida la distancia hacia arriba desde una línea horizontal entre los puntos de conexión, y ubique el punto donde la eslinga está exactamente a 10 pulgadas por encima de esa línea (como se muestra en la imagen). Luego, mida la distancia desde ese punto hacia abajo por la eslinga inclinada hasta el punto de conexión. Esa distancia será mayor, ya que se corre en ángulo. En el ejemplo que se muestra, esa distancia es de 14 pulgadas. Ahora, simplemente coloque una coma decimal entre el 1 y el 4 para llegar al factor de ángulo de eslinga de 1,4. Si el factor es mayor a 2,0, el ángulo es muy grande y ejerce demasiada tensión sobre las eslingas. Modifique el diseño del aparejamiento para reducir el ángulo de las eslingas.

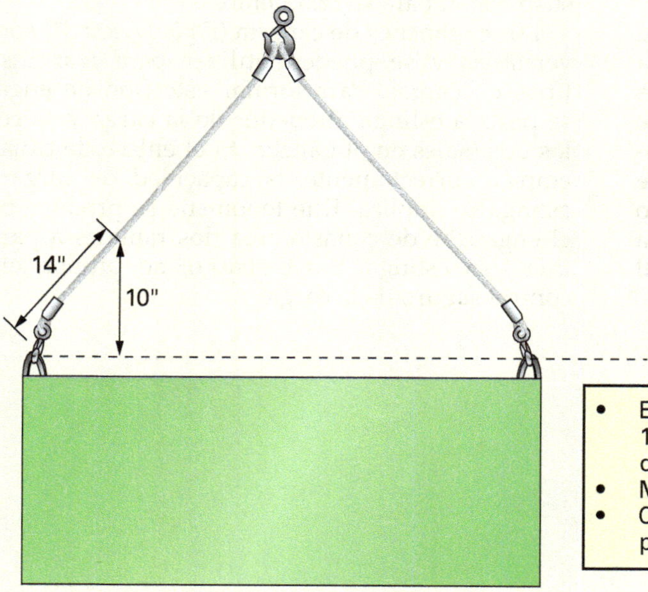

- Encuentre el punto de la eslinga que se ubica 10 pulgadas por encima de la línea horizontal que conecta los puntos para izamiento.
- Mida la eslinga hasta el punto de conexión.
- Coloque una coma decimal entre los dos números para determinar el ángulo de la eslinga.

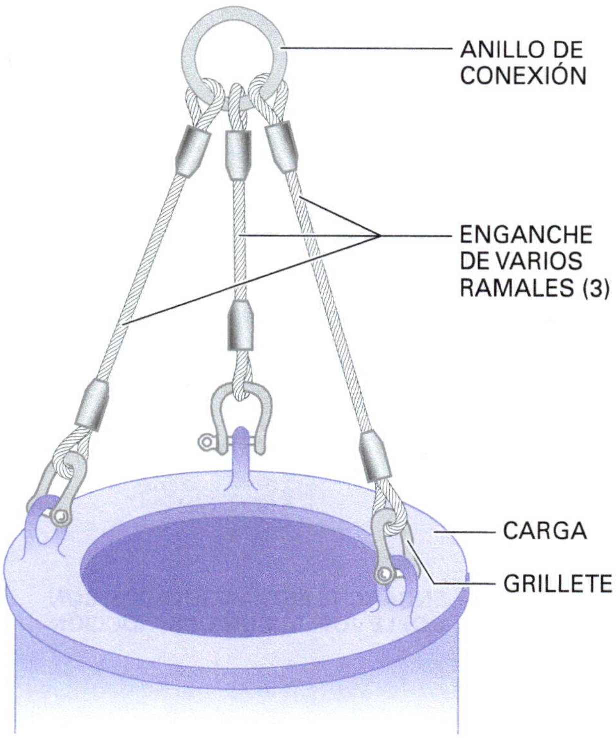

Figura 28 Enganche de brida de varios ramales.

(*En la Figura 29*). Para lograr este enganche, se envuelve la carga con la eslinga y se pasa un ojal de la eslinga a través de un grillete para formar un bucle constrictivo alrededor de la carga. Es fundamental que el grillete que se emplea en un enganche estrangulador esté colocado de forma correcta, como se muestra *En la Figura 29*. También es importante colocar un solo enganche estrangulador en el CG de la carga. De lo contrario, la carga estará desequilibrada al izarla y se resbalará del enganche. El enganche estrangulador

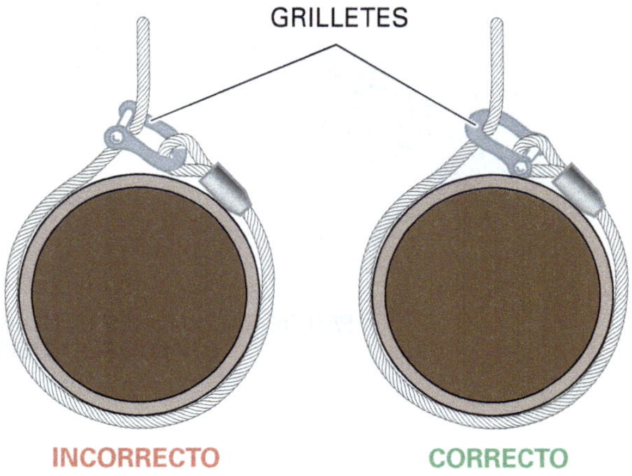

Figura 29 Enganche estrangulador.

reduce la capacidad de la eslinga un 25 % como mínimo. Se debe tener en cuenta esta reducción de la capacidad al elegir la eslinga apropiada.

Este tipo de enganche no sujeta la carga con tanta firmeza como su nombre sugiere. No se recomienda para atados de materiales sueltos porque tiende a empujar los elementos sueltos hacia arriba y hacia afuera del enganche estrangulador. Muchos aparejadores usan el enganche estrangulador para atados de materiales sueltos porque creen, equivocadamente, que la estrangulación proporciona un ajuste firme. En realidad, aumenta la tensión sobre el ramal estrangulado de la eslinga.

En cambio, para lograr una mejor sujeción, se debe utilizar un enganche estrangulador de doble vuelta (*En la Figura 30*). Este enganche utiliza el peso de la carga para producir la fuerza constrictiva, por lo que no es necesario forzar la eslinga a un estrangulamiento mayor. El enganche estrangulador de doble vuelta es ideal para izar atados de objetos, como tuberías y perfiles de acero. Además, mantiene la carga en una determinada posición, por lo que es ideal para izamientos en instalaciones de equipos.

Como regla general, cuando se levanta un elemento de más de 3,7 m (12 pies), se utilizan dos enganches estranguladores con espacio suficiente entre ellos a fin de lograr la estabilidad necesaria para transportar la carga. Cuando se utilizan dos enganches, la cuerda de elevación se debe colocar sobre el CG de la carga. Por el contrario, para izar un atado de objetos sueltos, o para mantener la carga en una determinada posición cuando se la transporta, recuerde utilizar un enganche estrangulador de doble vuelta. Si una carga es demasiado larga y hace que el ángulo de eslinga sea muy grande, entonces se debe utilizar una viga de suspensión para su izamiento.

Los enganches de canasta (*En la Figura 31*) son muy versátiles y se pueden utilizar para izar distintos tipos de cargas. Para formar este tipo de enganche, se pasa la eslinga alrededor de la carga y se colocan los dos ojales en el gancho. Si el enlace de canasta se emplea correctamente, la capacidad de carga de la eslinga se duplica. Este fenómeno se produce porque el enganche de canasta crea dos ramales a partir de una sola eslinga. Sin embargo, no proporciona un control seguro de la carga.

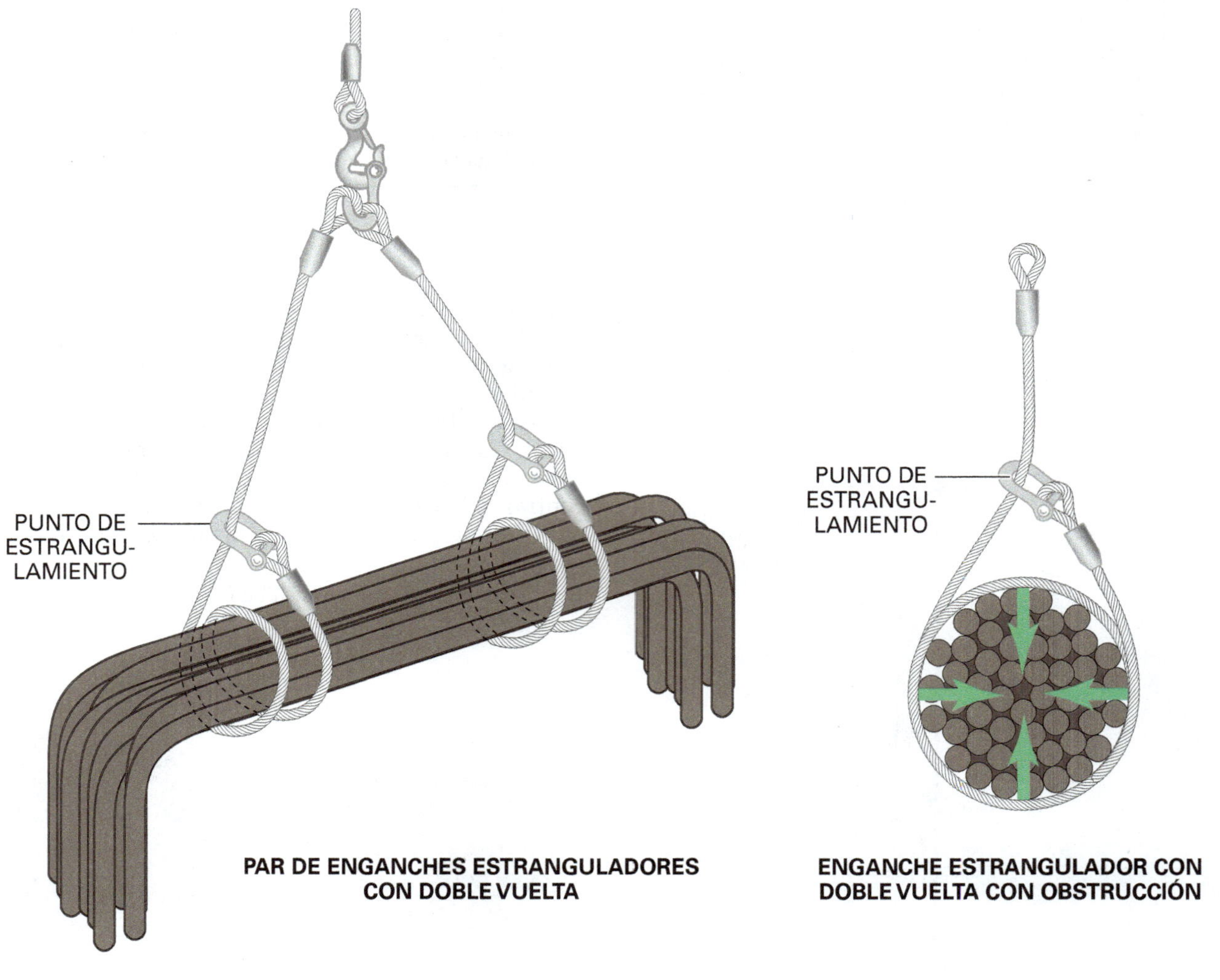

Figura 30 Enganche estrangulador de doble vuelta.

El enganche de canasta de doble vuelta (*En la Figura 32*) combina la fuerza constrictiva del enganche estrangulador de doble vuelta con las ventajas de capacidad del enganche de canasta. Esto significa que puede sujetar cargas más grandes con más fuerza. En comparación con el enganche estrangulador de doble vuelta, en este enganche se necesita una eslinga bastante más larga, ya que se deben conectar los dos ojales al gancho de la grúa. En el caso de que se deban unir dos o más eslingas, la carga debe estar en contacto solo con el cuerpo de la eslinga, no con el elemento que se emplee para unirlas. Los enganches de canasta de doble vuelta proporcionan soporte alrededor de la carga. Al igual que en el enganche estrangulador de doble vuelta, el peso de la carga genera la fuerza constrictiva para el enganche.

2.4.4 Localización del centro de gravedad de la carga

El centro de gravedad (CG) de un objeto es el punto en el que se concentra su peso. Al utilizar cualquier enganche, es necesario conocer el CG para poder ubicar la línea de carga de manera correcta y segura sobre la carga.
El CG de un objeto es el punto en donde el peso multiplicado por la longitud de un lado del objeto es igual al peso multiplicado por la longitud del otro lado; el punto intermedio entre estos dos lados es el CG. Se puede observar *En la Figura 33*. Cuando los resultados de ambos cálculos son iguales, se ha encontrado el CG. El símbolo de identificación del CG, que también se muestra *En la Figura 33*, se incluirá en los esquemas de los componentes y equipos izados y, a veces, en la misma carga.

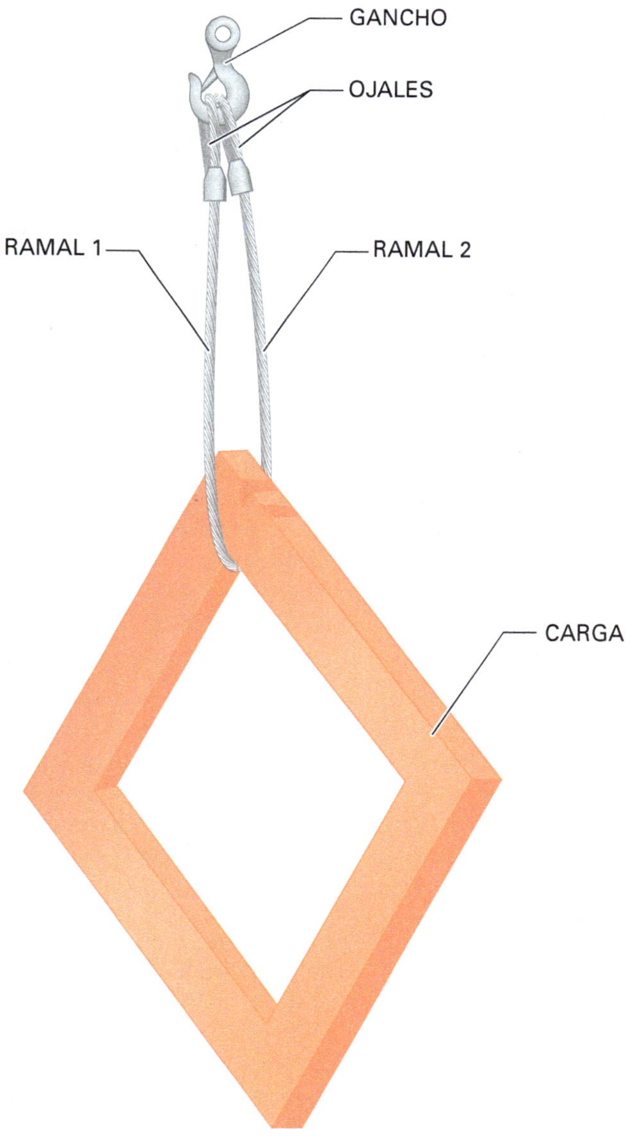

Figura 31 Enganche de canasta simple.

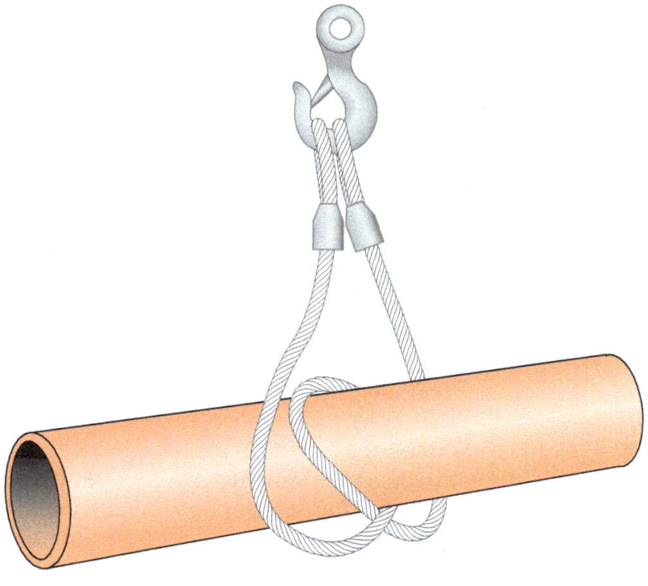

Figura 32 Enganche de canasta de doble vuelta.

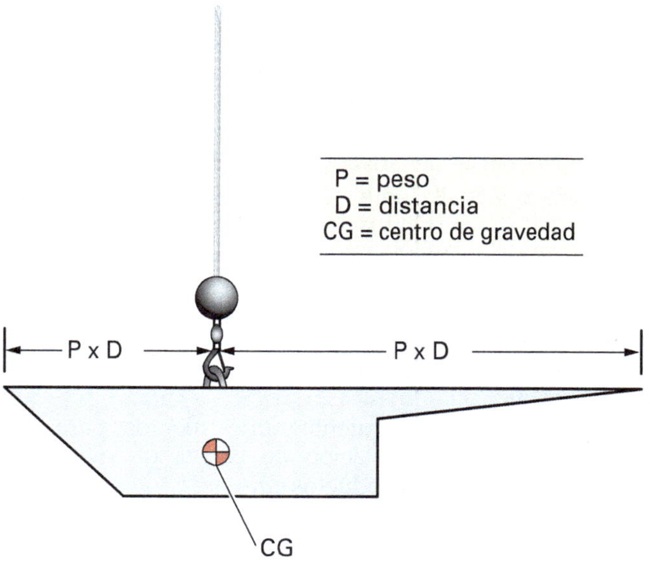

Figura 33 Cálculo del centro de gravedad.

La manera más sencilla de calcular el CG de muchos objetos es hacer pruebas que consisten en izar el objeto a unas pocas pulgadas del suelo desde un solo punto. Si el objeto se inclina, indica que ese punto del que pende la carga no está justo sobre el CG. Por lo tanto, se debe mover el punto para izamiento hacia el mismo lado para el que se inclina la carga. Cuando el objeto permanece en equilibrio, el CG se encuentra verticalmente debajo del punto del que cuelga.

2.5.0 Aparejamiento y manipulación de tuberías y varillas de refuerzo

Las varillas de refuerzo, tuberías y materiales de construcción de características similares se encargan a un proveedor (en general, al licitador que cumpla con las especificaciones al precio más bajo). La entrega de estos materiales se programa para que coincida lo mejor posible con el calendario de obra. Por lo general, no es conveniente almacenar materiales de construcción en obra a largo plazo.

Estos materiales suelen llegar al lugar de trabajo en camiones de plataforma o tráiler. Si hay una vía auxiliar en la obra, los cargamentos pueden llegar en vagones de ferrocarril tipo plataforma o góndola. Cuando se programa la entrega de acero para cumplir los requisitos diarios de colocación, los cargamentos se envían a los puntos de colocación. Los trabajadores deben conocer los factores de seguridad necesarios para manipular, almacenar e izar tuberías y materiales estructurales de manera segura y eficiente.

Los camiones se deben descargar rápidamente para reducir el tráfico en obra y posibles riesgos de seguridad. Los materiales estructurales que se almacenen en el suelo deben colocarse sobre tablones u otros bloques adecuados para que no se ensucien con barro y permitir una manipulación segura y fácil.

Por lo general, las tuberías, las varillas de refuerzo y los elementos estructurales primero se acomodan por tipo y tamaño y, luego, por longitud dentro de cada tamaño si es necesario. Los materiales como las tuberías suelen ser de la misma longitud estándar, a menos que, antes del envío, se hayan cortado o fabricado secciones o componentes estructurales. Se colocan etiquetas en el mismo extremo en todas las piezas o paquetes para facilitar su identificación. Cuando se abre un paquete y se retira parte del inventario, la unidad que tiene la etiqueta debe permanecer dentro del paquete, y se debe anotar la cantidad remanente del producto. Por lo general, se debe remover todo el barro y los desechos antes la colocación. Es importante mantener limpio y seco el interior de las tuberías para la mayoría de las aplicaciones. Para algunas de ellas, como las tuberías de refrigeración y HVACR, la limpieza interna es fundamental.

Cumpla con los siguientes lineamientos para el izamiento y la manipulación de cargas de tuberías, varillas de refuerzo y productos similares:

- Se deben izar simultáneamente tuberías de igual longitud. En el caso de que se deban izar tuberías de longitudes muy dispares, hágalo de forma separada por longitud.
- Asegúrese de que la parte abierta del gancho mire en dirección opuesta al centro cuando utilice eslingas con ganchos fijos o deslizantes.
- No use eslingas de acero al carbono sobre tuberías de acero inoxidable para evitar la contaminación cruzada de los metales. Las partículas de acero al carbono que se incrustan en el acero inoxidable se pueden oxidar, y esto no solo arruina su apariencia externa, sino que también contamina las soldaduras hasta el punto de rechazo. Utilice eslingas de fibra sintética sobre tuberías pintadas y de acero inoxidable.
- Coloque las tuberías sobre bloques para poder colocar y retirar las eslingas de la carga. Los bloques deben ser de madera dura y lo suficientemente gruesos como para que las tuberías no entren en contacto con el suelo irregular. También es importante contar con una distancia adecuada del suelo para deslizar una eslinga alrededor de un atado. Se deben colocar cuñas en las tuberías para que no rueden y se salgan de los bloques. Las tuberías de mayor diámetro necesitan cuñas más grandes para que no rueden. Por lo general, debe haber 2,5 cm (1 pulgada) de cuña por cada 3 m (1 pie) de diámetro. Por ejemplo, un tubo de 42 pulgadas (1050 DN) debe tener una cuña de más o menos 9 cm ($3^1/_2$pulgadas) de espesor para evitar que ruede. Tenga en cuenta que una carga rodante puede empujar y sacar la cuña si es muy gruesa.
- Utilice el gancho y la línea de carga de la grúa como línea central para alinear la carga.
- Apenas la carga se despega del suelo, verifique su orientación. Si no está nivelada, el señalero debe indicar al operador que detenga el izamiento y guiar la carga de vuelta hasta los bloques para ajustar la posición de las eslingas.
- Nunca se coloque debajo de la carga.
- Controle todas las cargas con una o más cuerdas guía.
- Mantenga la carga lo más cerca posible del suelo.
- Siempre que se pueda, almacene todas las tuberías en terreno plano.
- Colóquese de un lado de la carga y guíela sobre los bloques. Desplácese hacia el extremo de las tuberías antes de realizar la maniobra de liberación. Tenga en cuenta que un atado de tuberías puede rodar con facilidad cuando se libera la tensión de la eslinga. Evite los puntos de pellizco cuando retire la eslinga y no se coloque en un lugar en donde una tubería pueda rodar y caerle encima.
- Coloque las tuberías una al lado de la otra. No las apile si no es necesario.

Para seleccionar las eslingas y levantar una carga de manera correcta, se debe conocer su peso. Por lo tanto, es imprescindible entender cómo se determina el peso de estos materiales.

2.5.1 Determinación del peso de tuberías

Cada pie de una tubería pesa una cantidad determinada, según el espesor de la pared y el tamaño nominal del tubo. Por lo tanto, si conoce el peso por pie y la longitud, puede determinar el peso total de la tubería.

Tabla 3, se muestra un ejemplo de una tabla de peso para tuberías de acero al carbono. Asegúrese siempre de que la tabla que consulte sea la adecuada para el material, y que el tamaño y el peso sean correctos. También existen otras tablas para tamaños métricos de tuberías, en donde el peso se detalla en kilogramos por metro en lugar de libras por pie. Se pueden obtener tablas como esta de distintas fuentes en línea, incluso de los distribuidores de tuberías.

Los números de la columna izquierda representan los tamaños nominales de las tuberías en pulgadas. Las denominaciones y los números de la fila superior representan el espesor de pared. El espesor de pared de una tubería se suele indicar con un número de cédula (schedule); los números 10 a 160 en la fila superior corresponden a los números de cédula. Para usar la tabla, busque el punto de intersección entre el tamaño nominal y el espesor de pared, o cédula, de la tubería. El número que aparece en esa casilla corresponde al peso de un pie de tubería. Para calcular el peso total, multiplique la longitud total de la tubería por el peso por pie. Tenga en cuenta que existe una diferencia de peso considerable con tuberías de otros materiales, como PVC, cobre y acero inoxidable.

Por ejemplo, para conocer el peso de cinco tuberías de acero al carbono de 10 pies de largo, 20 pulgadas de diámetro y SCH 40, busque el punto de intersección de la fila de tamaño nominal de tubería 20,0 con la columna SCH 40. El número que hallamos es 123,1. Ese es el peso, en libras, de un pie de tubería. Tenemos un total de 50 pies de tubería (5 tuberías × 10 pies de largo = 50 pies). Multiplique el peso por pie que se indica en la tabla por la longitud total en pies para obtener el peso total de la carga de tuberías (123,1 × 50 pies = 6155 libras).

Tabla 3 Pesos de tuberías de acero al carbono

Tamaño nominal del tubo (pulgada)	Espesor de pared								
	STD	XS	XXS	10	40	60	80	120	160
	Peso por pie en libras								
2	3,65	5,02	9,03	–	3,65	–	5,02	–	7,06
2,5	5,79	7,66	13,7	–	5,79	–	7,66	–	10,01
3	7,58	10,25	18,58	–	7,58	–	10,25	–	14,31
3,5	9,11	12,51	22,85	–	9,11	–	12,51	–	–
4	10,79	14,98	27,54	–	10,79	–	14,98	18,98	22,52
6	18,97	28,57	53,16	–	18,97	–	28,57	36,42	45,34
8	28,55	43,39	72,42	–	28,55	35,66	43,39	60,69	74,71
10	40,48	54,74	104,1	–	40,48	54,74	64,40	89,27	115,7
12	49,56	65,42	125,5	–	53,56	73,22	88,57	125,5	160,3
14	54,57	72,09	–	36,71	63,37	85,01	106,1	150,8	189,2
16	62,58	82,77	–	42,05	82,77	107,5	136,6	192,4	245,2
18	70,59	93,45	–	47,39	104,8	138,2	170,8	244,1	308,6
20	78,60	104,1	–	52,73	123,1	166,5	208,9	296,4	379,1
22	86,61	114,8	–	58,07	–	197,4	250,8	353,6	451,1
24	94,62	125,5	–	63,41	171,2	238,3	296,5	429,5	542,1
26	102,6	136,2	–	85,73	–	–	–	–	–
28	110,6	146,9	–	92,41	–	–	–	–	–
30	118,7	157,5	–	99,08	–	–	–	–	–
32	126,7	168,2	–	105,8	229,9	–	–	–	–
34	134,7	178,9	–	112,4	244,9	–	–	–	–
36	142,7	189,6	–	119,1	282,4	–	–	–	–
42	166,7	221,6	–	–	330,4	–	–	–	–

2.5.2 Determinación del peso de una varilla de refuerzo

El peso de una varilla de refuerzo se calcula de la misma manera que el peso de una tubería. *Tabla 4*, se muestra un cuadro de peso de varillas de refuerzo por tamaño de la varilla. En este ejemplo en particular, se muestra el tamaño de la varilla y otras características tanto en sistema imperial como métrico. Prácticamente todas las varillas son de acero al carbono, por lo tanto, no es muy probable encontrar varillas de otro material. Sin embargo, si fuera el caso, se debería contactar al proveedor para obtener información sobre el peso.

Una vez que se determina el tamaño y la longitud total de las varillas del atado, se multiplica el peso por pie (o por metro) por la longitud correspondiente para calcular el peso total. Recuerde siempre trabajar dentro del mismo sistema de medidas: — kilogramos por metro o libras por pie.

2.5.3 Aparejamiento de válvulas

Para el aparejamiento correcto de una válvula, se debe saber dónde colocar la eslinga, cómo colocarla, qué tipo de eslinga utilizar y qué tipo de válvula se va a izar. Los fabricantes de válvulas grandes por lo general proporcionan esquemas que indican cuál es la mejor manera de izar la pieza. Es posible que las válvulas y los componentes de válvulas muy grandes traigan orejetas para izamiento instaladas de fábrica.

Por lo general, la mejor opción es usar eslingas sintéticas para el aparejamiento de todos los tipos de válvulas, ya que muchas ya están pintadas y las eslingas metálicas las pueden rayar con facilidad. Nunca utilice una eslinga de acero al carbono para levantar una válvula de acero inoxidable a fin de evitar la contaminación de la superficie de la válvula.

Para el aparejamiento de una válvula como la que se muestra *En la Figura 34*, coloque una eslinga sintética sobre cada lado del cuerpo de la válvula, entre

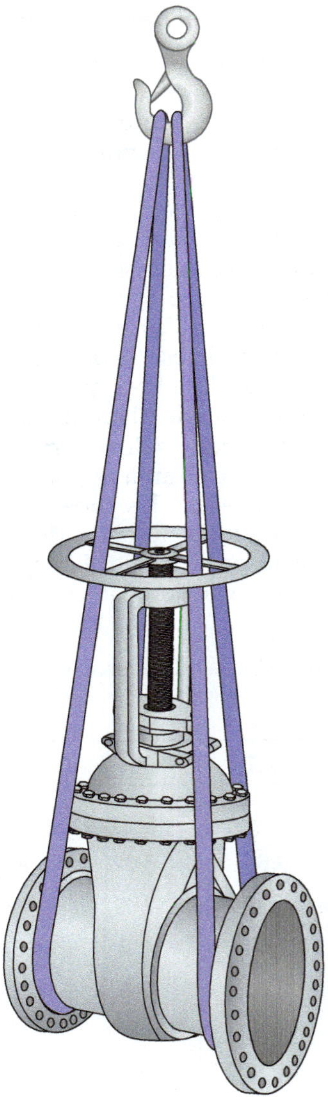

Figura 34 Aparejamiento de una válvula.

Tabla 4 Especificación normalizada sobre medidas de varillas de refuerzo en sistema métrico y estadounidense

Tamaño de la varilla		Características nominales*					
		Diámetro		Área de sección transversal		Peso	
Métrico	[pulgada-libra]	mm	[in]	mm	[in]	kg/m	[lbs/ft]
#10	[#3]	9,5	[0,375]	71	[0,11]	0,560	[0,376]
#13	[#4]	12,7	[0,500]	129	[0,20]	0,944	[0,668]
#16	[#5]	15,9	[0,625]	199	[0,31]	1,552	[1,043]
#19	[#6]	19,1	[0,750]	284	[0,44]	2,235	[1,502]
#22	[#7]	22,2	[0,875]	387	[0,60]	3,042	[2,044]
#25	[#8]	25,4	[1,000]	510	[0,79]	3,973	[2,670]
#29	[#9]	28,7	[1,128]	645	[1.00]	5,060	[3,400]
#32	[#10]	32,3	[1,270]	819	[1,27]	6,404	[4,303]
#36	[#11]	35,8	[1,410]	1006	[1,56]	7,907	[5,313]
#43	[#14]	43,0	[1,693]	1452	[2,25]	11,38	[7,65]
#57	[#18]	57,3	[2,257]	2581	[4,00]	20,24	[13,60]

*Las características nominales equivalentes de las varillas en pulgada-libra son los valores encerrados en corchetes.

la parte superior y las bridas. Si el volante de mano permanece colocado, pase las eslingas a través de los radios del volante para que la válvula no se incline de adelante hacia atrás. No coloque ninguna eslinga alrededor del volante ni a través del orificio de la válvula. El volante no está diseñado para soportar el peso de la válvula. El aparejamiento de una válvula alrededor del volante no es seguro, ni siquiera si el desplazamiento es corto. Colocar una eslinga a través del orificio de la válvula puede romper los mecanismos internos, incluso si se utilizan eslingas sintéticas blandas.

2.6.0 Cuerdas guía y nudos

Las cuerdas guía son cuerdas de fibra o sintéticas que se utilizan para controlar la carga (*En la Figura 35*). Si faltan cuerdas guía o no se utilizan de forma correcta, una simple operación de izamiento se puede convertir en una situación peligrosa. Se las utiliza para mantener el control lateral y evitar que una carga suspendida gire a medida que la grúa o la pluma se desplazan. Una vez que está en el aire, la carga, independientemente de su forma y tamaño, está sometida a un nivel de fuerzas dinámicas y eólicas.

Cuando se selecciona una cuerda guía, se deben considerar varios factores. La fibra natural, o manila, es considerablemente más débil que las fibras sintéticas como el nailon, poliéster, polipropileno o polietileno. Si bien cualquier cuerda se vuelve conductora de la electricidad cuando está húmeda, las de fibra natural absorben agua con facilidad y pueden conservar humedad suficiente como para conducir la electricidad durante un tiempo prolongado. La mayoría de las cuerdas sintéticas (aunque no todas) no absorben humedad. Se debe utilizar una cuerda no conductora cuando se trabaje cerca de líneas eléctricas.

Las cuerdas sintéticas son más livianas que las de fibra natural y tienen mejor relación de resistencia-peso. Su impermeabilidad y baja conductividad eléctrica les da una ventaja clara en cuanto a la seguridad. Sin embargo, se dañan más fácilmente con el calor. El contacto significativo con superficies a 66 °C (150 °F) puede provocar pérdida de resistencia, y muchos de los materiales sintéticos de una cuerda comienzan a derretirse a los 149 °C (300 °F).

El diámetro de una cuerda guía debe ser lo suficientemente grande como para poder sujetarla bien cuando se usan guantes. Si bien es común utilizar cuerdas con un diámetro de 12 mm ($\frac{1}{2}$ pulgada), a veces se emplean cuerdas de 19 mm ($\frac{3}{4}$ pulgada) y 25 mm (1 pulgada) de diámetro con cargas pesadas o cuando la cuerda guía debe ser muy larga. Estas cuerdas nunca se deben atar con nudos o bucles. Se pueden añadir dispositivos en sus extremos, como broches a presión o mosquetones (*En la Figura 36*), para facilitar la conexión con algunas cargas. Si bien no es necesario diseñar ni dimensionar estos elementos para fines de izamiento, deben ser lo suficientemente robustos como para manejar la tensión.

¡ADVERTENCIA!

Use siempre guantes cuando manipule una cuerda guía para controlar una carga. El impulso de una carga en movimiento puede hacer que la cuerda se deslice por sus manos inesperadamente y producirle quemaduras graves. Nunca debe enrollarse una cuerda guía en el brazo o en la pierna para intentar detener el balanceo de una carga. Nunca se ubique entre un objeto fijo y una carga suspendida. Estar a cargo de una cuerda guía es una responsabilidad importante que demanda mucha atención para ejecutar la tarea de forma segura y evitar lesiones graves del personal o daños a la propiedad.

Figura 35 Control de carga mediante cuerdas guía.

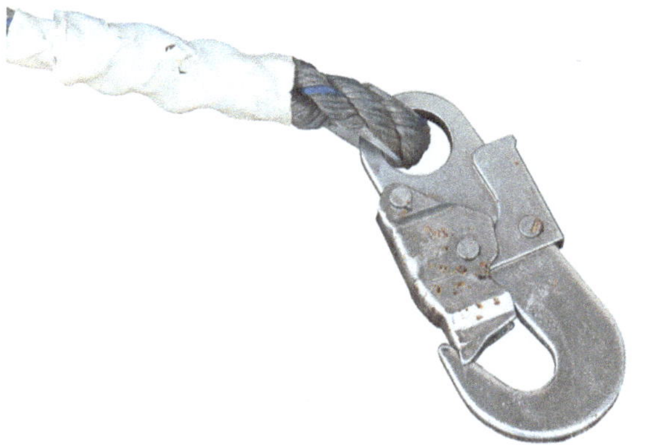

(A) MOSQUETÓN PARA TRABAJOS PESADOS

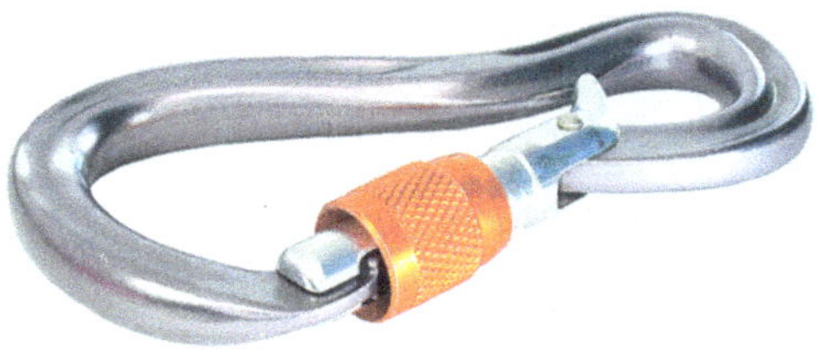

(B) MOSQUETÓN CON BLOQUEO

Figura 36 Elementos de conexión rápida para cables de acero.

Las cuerdas guía deben tener la longitud adecuada como para que la carga pueda controlarse desde el punto de izamiento inicial hasta que se apoye de forma segura o hasta que pasen a controlarla otros miembros del equipo. Se debe prestar especial atención a situaciones en las que una cuerda guía pueda interferir con la manipulación segura de una carga, como en proyectos de instalación de estructuras de acero. Analice detenidamente el izamiento y el movimiento del material y piense dónde ubicar las cuerdas guía y con qué obstáculos se puede encontrar.

Cuando se trabaja cerca de líneas eléctricas, siempre existe el peligro de que se produzcan descargas eléctricas o electrocución. Se puede agregar un enlace aislante (*En la Figura 37*) a las cuerdas guía para proteger al usuario si la carga o la cuerda entra en contacto con una fuente de electricidad.

La cuerda guía se debe conectar a la carga en un punto que proporcione la mayor ventaja física para controlarla. Por ejemplo, las cuerdas guía en una carga larga se deben colocar lo más cerca posible de los extremos. Además, se debe ubicar en un lugar que le permita al personal tener acceso para retirarla una vez posicionada la carga.

¡ADVERTENCIA!

Durante el control de una carga, intente no sobrecompensar con movimientos exagerados de la cuerda guía; no sacuda la línea. Si las cuerdas son muy largas, pueden engancharse en objetos o arrastrarse sin necesidad. Evite hacer nudos en la cuerda ya que las posibilidades de que se enganche en objetos a medida que se desliza por el suelo aumentan notablemente. Nunca ate la cuerda guía al gancho de carga.

Figura 37 Enlace con aislante.

Para manipular una cuerda guía de manera correcta, debe determinar la ventaja física que desea lograr. Analice el izamiento y en qué dirección es más probable que la carga rote o se balancee. Con una carga larga, por ejemplo, intente mantener una posición de 90 grados con respecto a la longitud del objeto (*En la Figura 38*).

Siempre que sea posible, usted y la cuerda guía deben mantenerse a la vista del operador de grúa. Preste atención. No se confíe demasiado durante el izamiento. Esté atento a la ubicación de la cuerda sobrante y no permita que se atasque o enrede en sus piernas ni en objetos cercanos.

Las cuerdas guía no deben utilizarse para tirar de una carga ni sacarla de su posición vertical natural. Tampoco se las puede usar de ninguna manera en la que terminen soportando o transportando alguna parte de la carga. Las cargas largas suelen requerir varias cuerdas guía. En esos casos, el personal responsable de estas cuerdas debe trabajar en conjunto y coordinar sus acciones.

2.6.1 Nudos

Los nudos que se utilizan para conectar las cuerdas guía a las cargas se deben atar de manera adecuada para que no se resbalen ni aflojen por accidente, pero también se deben poder desatar fácilmente una vez ubicada la carga. Siempre que sea posible, las cuerdas guía deben ser continuas, sin empalmes. Si se deben unir dos cuerdas guía, la mejor manera de hacerlo es utilizando el método del empalme corto. Con este método, el diámetro del nudo es aproximadamente el doble del de la cuerda, y la cuerda conserva más resistencia que con cualquier otro método. Si se atan nudos más grandes en el medio de las cuerdas, esto puede generar dificultades. Sin embargo, quizás resulte complicado hacer un empalme corto, ya que se deben entrelazar los hilos individuales de la cuerda. Si desea aprender este método, puede obtener información en varios sitios web y en videos de Internet. Por lo general, siempre es mejor evitar cualquier tipo de nudo en una cuerda guía y, en su lugar, utilizar una cuerda continua.

Algunos de los nudos que se recomiendan para el aparejamiento son el as de guía y el ballestrinque. El as de guía (*En la Figura 39*) se utiliza para formar un lazo seguro en el extremo de una cuerda. A veces se lo denomina o *rey de los nudos* porque es muy confiable y se lo utiliza para tareas de rescate. Se lo puede reforzar con un segundo nudo para mayor seguridad o atarlo dos veces, y hacer un as de guía doble, para lograr mayor resistencia. El as de guía no se resbala ni se ve comprometido cuando se le aplica carga, pero es fácil de desatar cuando no tiene carga.

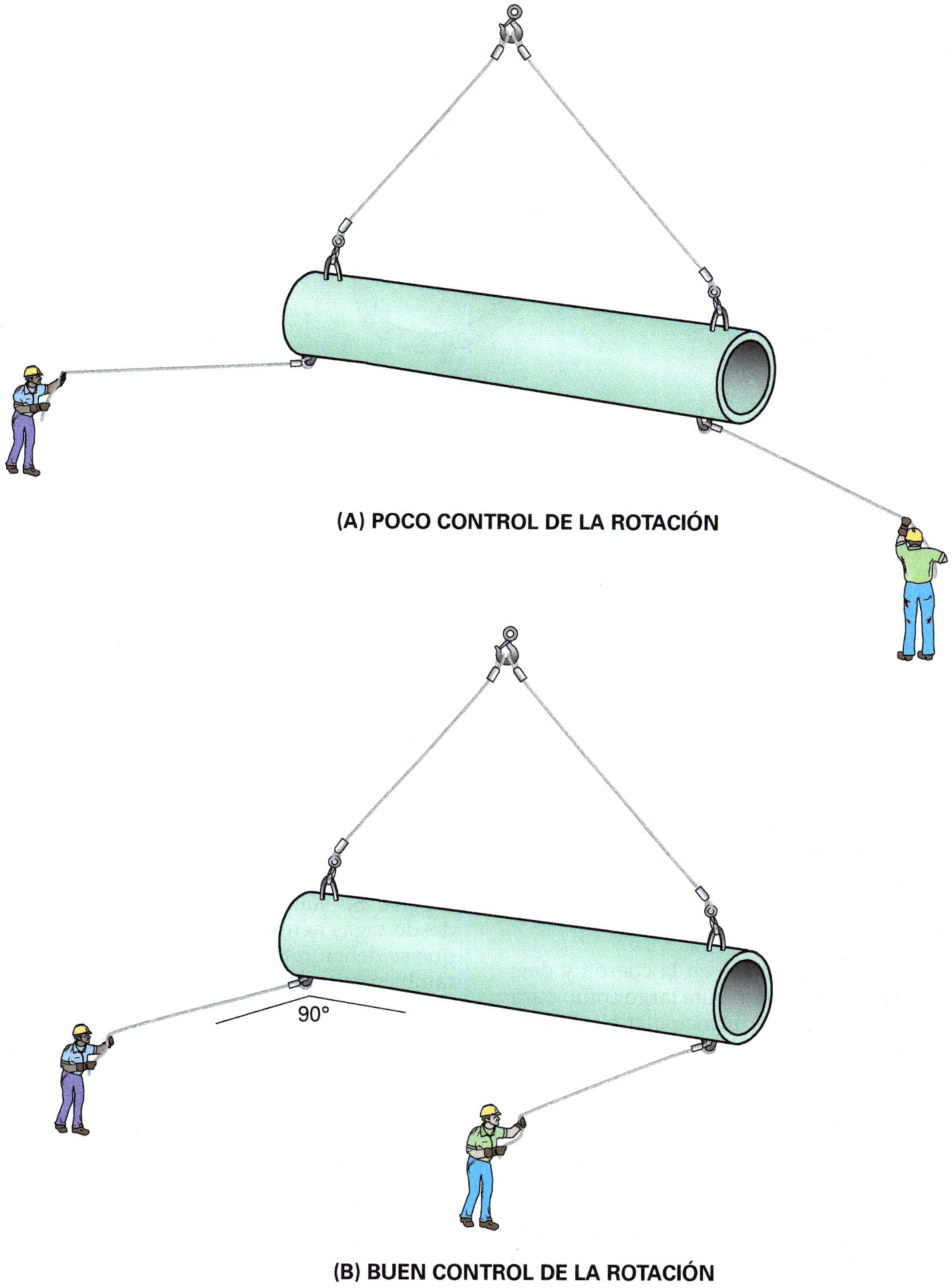

Figura 38 Posición óptima para controlar la rotación de la carga.

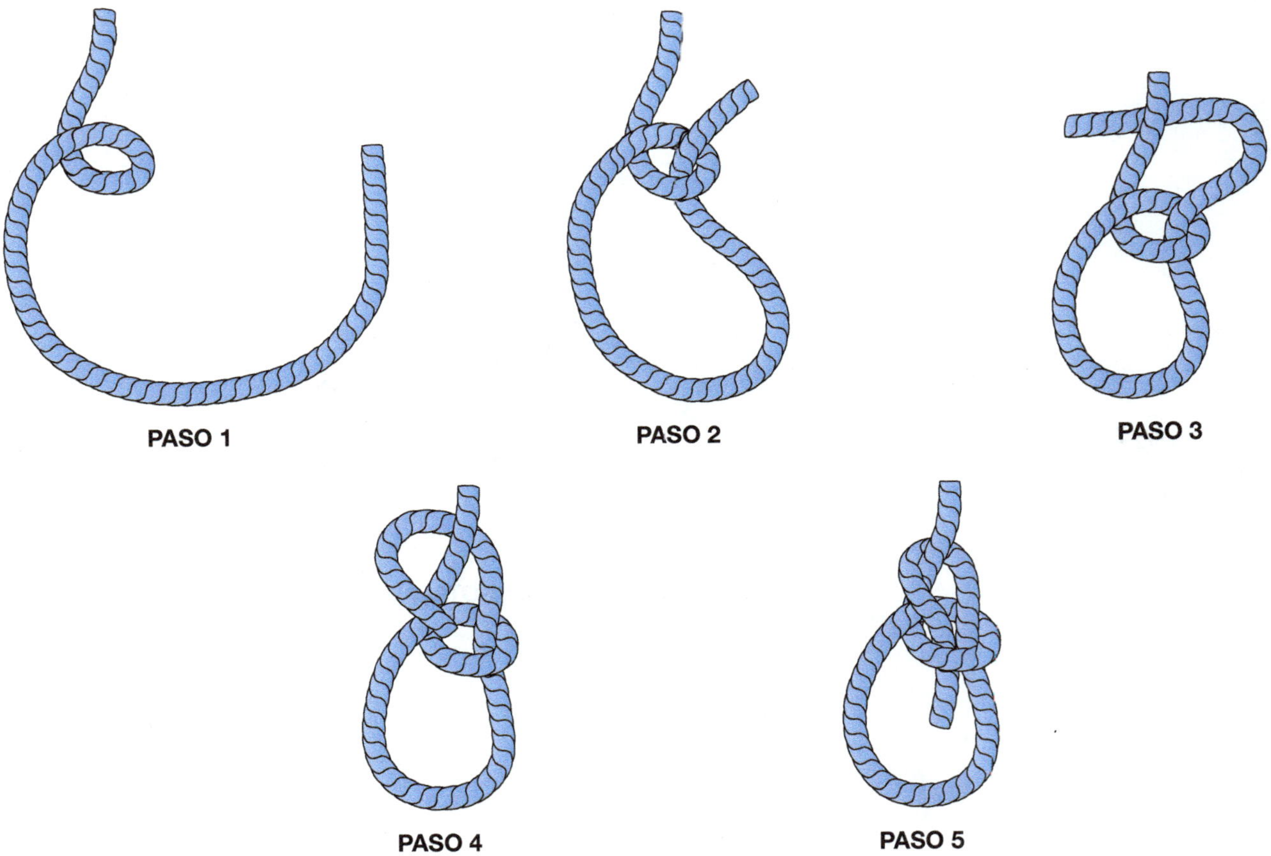

Figura 39 Cómo hacer un as de guía.

El as de guía reduce en un 40 % la resistencia de la cuerda en la que se hace. Además, debe tener una chicote largo para que sea más confiable.

Para hacer un as de guía, siga los pasos que se indican *En la Figura 39*:

Paso 1 Forme un pequeño bucle en la cuerda y deje un chicote lo suficientemente largo como para poder hacer el bucle principal del tamaño que desee.

Paso 2 Pase el chicote a través del bucle pequeño.

Paso 3 Pase el chicote por debajo del otro extremo.

Paso 4 Vuelva a pasar el chicote a través del bucle pequeño.

Paso 5 Ajuste el bucle principal al tamaño deseado y apriete el nudo, pero asegúrese de que quede un chicote lo suficientemente largo.

> **NOTA**
>
> Muchas personas utilizan este dicho como ayuda para recordar cómo se hace un as de guía: "El conejo sale de su cueva, rodea el árbol y vuelve a meterse su cueva".

Se puede utilizar un medio enganche (*Figura 40*) para atar una cuerda alrededor de un objeto, por ejemplo, una barandilla, una barra, un poste o una argolla. Se suele utilizar para suspender elementos desde vigas aéreas y para transportar cargas livianas que se deben retirar con facilidad. El medio enganche también se utiliza mucho para realizar otros nudos, como el ballestrinque. Como el medio enganche no es un nudo muy estable, no es adecuado para cargas pesadas ni tareas en las que la seguridad es primordial. Por lo general, se utiliza para respaldar y asegurar otro nudo ya atado.

Para hacer un medio enganche, siga los pasos que se indican en la *Figura 40*:

Paso 1 Forme un bucle alrededor del objeto.

Paso 2 Pase el chicote de la cuerda alrededor de la otra parte y a través del bucle.

Paso 3 Para ajustar el nudo, tire simultáneamente del extremo con el que está trabajando y de la otra parte.

El ballestrinque (*En la Figura 41*) es uno de los nudos comunes que más se utilizan. Por lo general, se usa para hacer un nudo tensor rápido y seguro en un objeto fijo que sirve como anclaje, por ejemplo, un poste, un mástil o una viga. También se puede usar un ballestrinque como primer nudo para atar elementos entre sí.

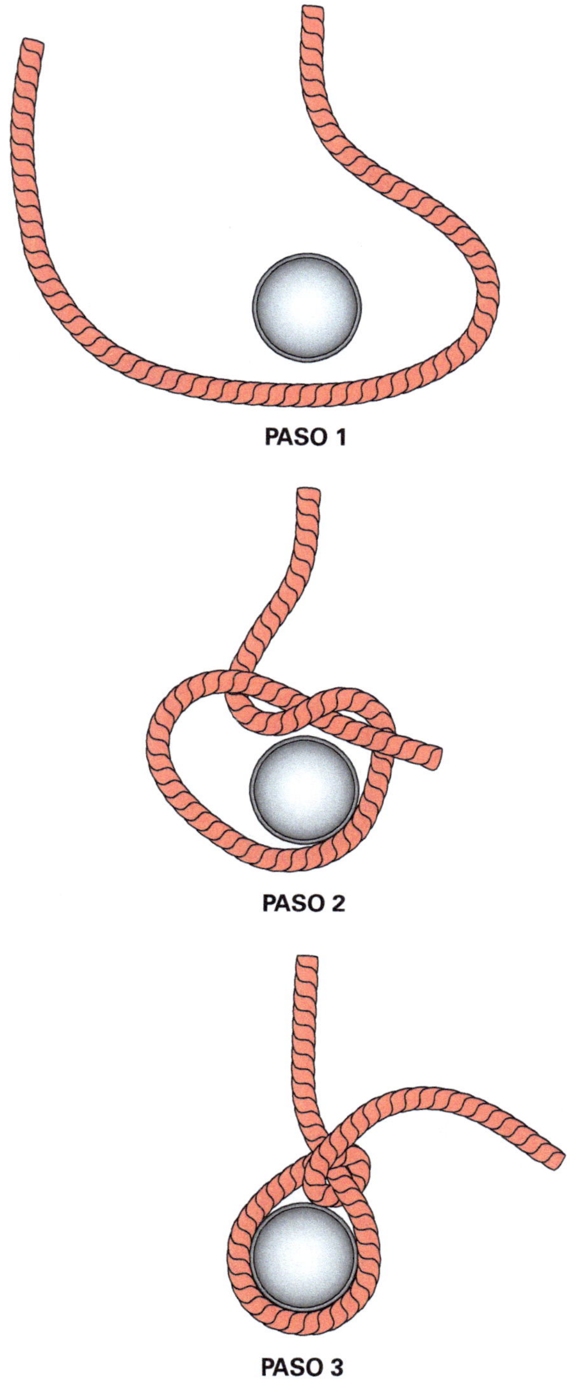

Figura 40 Cómo hacer un medio enganche.

Como es un nudo tensor, se afloja cuando se deja de ejercer tensión sobre la cuerda. Por eso, no siempre se debe usar un ballestrinque tal como es. Para que sea más seguro, se pueden agregar medios enganches o un nudo simple de seguridad, a menos que se tenga la intención de que se afloje al dejar de ejercer tensión.

Existen varias técnicas para atar un ballestrinque. Independientemente de la técnica que se emplee, la estructura final del nudo consiste en dos medios enganches en dirección opuesta.

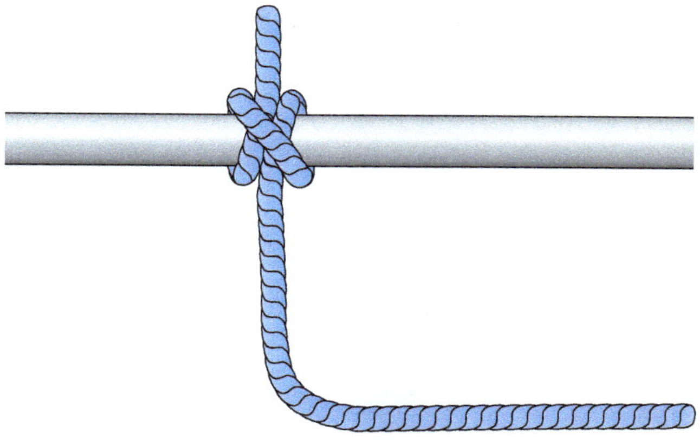

Figura 41 Ballestrinque.

Una técnica común para atar un ballestrinque, que se utiliza para amarrar una cuerda a una argolla o a un componente estructural vertical, es la de enroscar el cabo. Se la conoce como la *técnica de enroscar el cabo.* Para hacer un ballestrinque utilizando la técnica de bucles apilados, siga los pasos que se indican *En la Figura 42*:

Paso 1 Pase el extremo de la cuerda con el que está trabajando sobre el objeto.

Paso 2 Páselo por detrás de la otra parte y, luego, sobre el objeto. Así se forma un medio enganche.

Paso 3 Enrosque el extremo que está usando de nuevo por debajo de sí mismo y hacia arriba a través del bucle para formar un segundo medio enganche.

Paso 4 Tire de ambos extremos de manera pareja para ajustar el enganche.

La técnica de bucles apilados, otro de los métodos para atar un ballestrinque, permite colocar la cuerda rápidamente sobre un objeto en lugar de atar el nudo a su alrededor. Además, permite que el enganche se ate en cualquier parte de la cuerda, no solo en un extremo. Para hacer un ballestrinque utilizando la técnica de bucles apilados, siga los pasos que se indican en la *Figura 43*:

Paso 1 Forme dos bucles idénticos en una cuerda, uno en la mano derecha y el otro en la izquierda.

Paso 2 Cruce los bucles uno encima del otro para formar un nudo.

Paso 3 Coloque el nudo sobre la estaca o el poste.

Paso 4 Para ajustar el nudo, tire de ambos extremos de la cuerda a la vez. Observe que el ballestrinque terminado está formado por dos medios enganches apilados.

Recuerde que, para mayor seguridad, se suele agregar un medio enganche adicional.

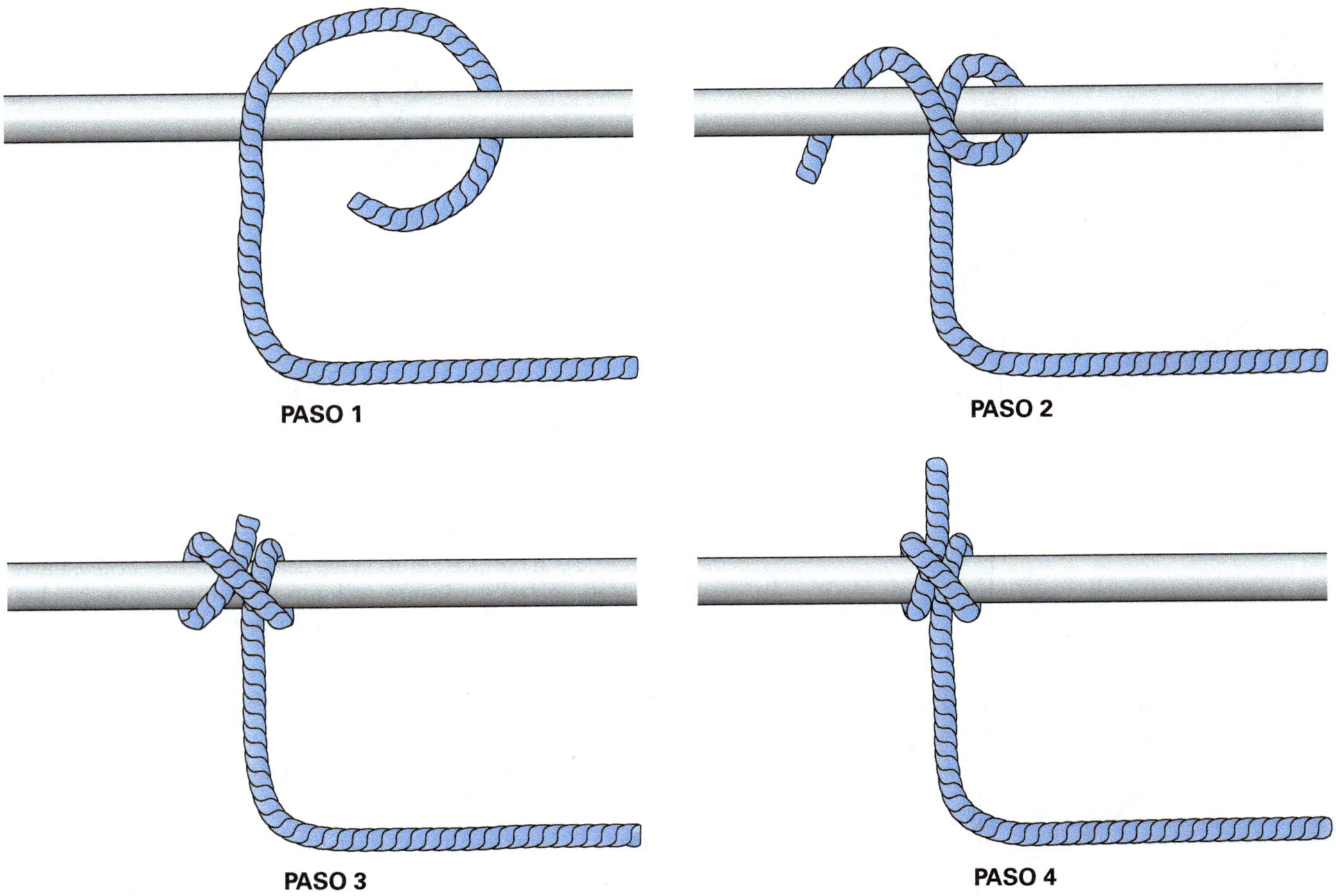

Figura 42 Técnica de enhebrado para hacer un ballestrinque.

2.7.0 Medidas de seguridad para el aparejamiento

En la obra, los trabajadores son responsables de su propia seguridad y de la de sus compañeros. A su vez, los directores del proyecto y de la empresa son responsables de cada uno de los trabajadores. Los directores y supervisores son responsables de garantizar que los trabajadores que preparan y utilizan los equipos, y los que trabajan con ellos o alrededor de ellos, estén debidamente capacitados en términos de procedimientos operativos y prácticas seguras. Se espera que todos los trabajadores pongan en práctica lo que aprendieron en la capacitación. Esta sección indica los lineamientos de seguridad relacionados con el aparejamiento.

NOTA

Las medidas de seguridad relacionadas con las grúas móviles se detallan en el módulo 21106 de NCCER, "Procedimientos de seguridad y emergencia para grúas" de *Operaciones con grúas móviles, nivel uno.*

¿Sabía usted?

El libro de los nudos de Ashley

A pesar de que *El libro de los nudos de Ashley* de Clifford W. Ashley ya no se imprime, marineros, alpinistas, campistas, artistas de macramé y —cualquier persona a la que le interesen los nudos— todavía consideran a este libro como el trabajo definitivo sobre el arte de hacer nudos. Publicado por primera vez por Doubleday & Company en 1944, explica la historia de los nudos junto con instrucciones para hacer más de 3900 tipos distintos y 7000 dibujos a pluma.

Clifford Ashley nació en 1881, en New Bedford, Massachusetts. Fue escritor y artista, pero mientras navegaba en diferentes tipos de botes e investigaba nudos, realizó diversos trabajos. Tardó 11 años en escribir y dibujar las ilustraciones para su libro. Murió tres años después de que se publicara. Ashley continúa considerándose como un delicado pintor marino y una de las mayores autoridades del mundo en el arte de hacer nudos.

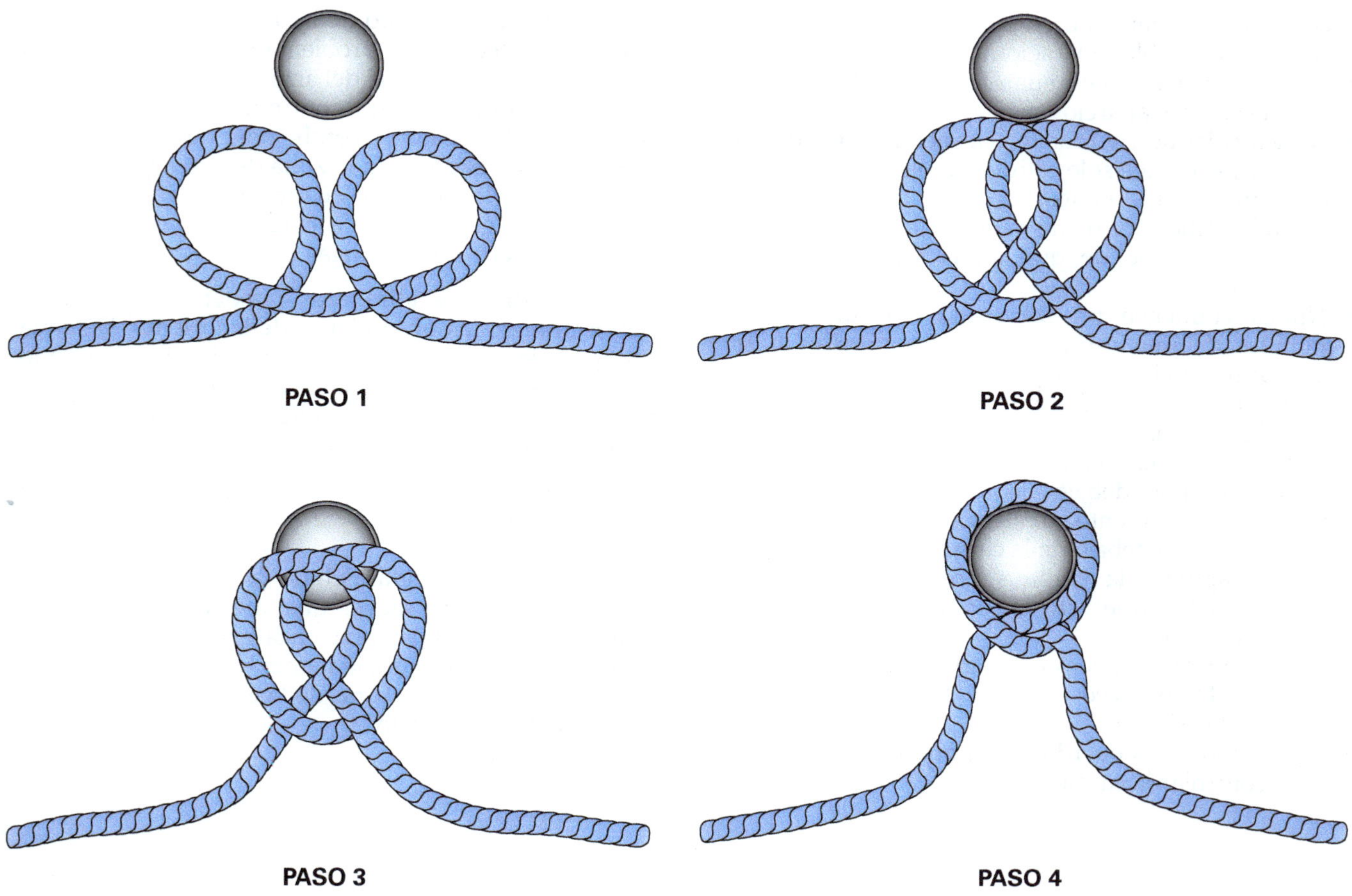

Figura 43 Técnica de nudo de seguridad para ballestrinque.

Una de las medidas más importantes en este sector es la de establecer el peso de cada carga antes de intentar izarla. Obviamente, este peso debe estar dentro de la capacidad de la grúa, pero esa no es responsabilidad del aparejador. No obstante, se debe tener en cuenta el peso de la carga cuando se seleccionan los componentes de aparejamiento antes de comenzar.

Desafortunadamente, el peso no siempre se puede determinar con exactitud. Este tema se aborda en 29 *CFR* 1926.1417, donde se exige al operador de la grúa verificar el peso de la carga de alguna de las siguientes maneras:

- El peso se puede determinar a partir de una fuente reconocida en la industria, por ejemplo, el fabricante de los productos, o mediante algún método de cálculo. Este último método, por ejemplo, se podría utilizar para calcular el peso de una viga doble T según el peso por pie de esos productos.
- Si no se puede verificar el peso utilizando estos métodos, el operador podría comenzar el izamiento utilizando una balanza, un indicador del momento de la carga, un medidor de capacidad nominal o un limitador de capacidad nominal. Este ejercicio se utiliza para determinar si la carga izada supera el 75 % de la capacidad nominal máxima de la grúa en el radio más largo de trabajo que se necesitará para el izamiento. Si supera ese porcentaje, se debe cancelar el izamiento hasta que se verifique el peso real utilizando el primer método.

También es importante aparejar la carga para estabilizarla y que el CG se encuentre debajo del gancho. Los aparejadores y operadores de izamiento deben utilizar el sentido común por su propia seguridad. Se deben respetar las siguientes medidas de seguridad:

- De acuerdo con los procedimientos de OSHA que se establecen en 29 *CFR* 1926.1417, determine el peso de las cargas antes del aparejamiento siempre que sea posible.
- Coordine el proceso de aparejamiento, de ser necesario, con otros empleados del lugar de trabajo para reducir el tráfico de personas y vehículos en la zona.
- Conozca la capacidad de carga nominal del aparejo y nunca lo sobrepase. Recuerde que la capacidad de carga nominal de todos los aparejos se calcula a partir de condiciones ideales. Sin embargo, las condiciones normales de trabajo pocas veces son ideales; por eso, es importante detectar los factores que puedan reducir la capacidad de los equipos o aumentar la carga impuesta, como los ángulos de eslinga.
- Inspeccione todos los elementos, polipastos, eslingas y equipos antes de usarlos. Deje de usar los

componentes defectuosos para que se proceda a su revisión y posible reparación.

- Siempre use guantes cuando manipule eslingas, cuerdas guía y aparejos similares.
- Nunca coloque cuerdas de elevación alrededor de una carga. Utilice solo eslingas u otros dispositivos de izamiento adecuados.
- Cuando utilice dos o más eslingas sobre una misma carga, asegúrese de que todas sean del mismo material.
- Nunca comience un izamiento con uno o dos ramales de una eslinga de varios ramales hasta asegurar bien las que no se utilizan.
- Utilice las vigas para izamiento solo para el fin para el que se diseñaron.
- Todo el personal debe mantenerse alejado y nunca debe colocarse debajo de las cargas durante el proceso de izamiento o bajada, ni cuando se retiran las eslingas de debajo de la carga.
- Nunca aplique la carga sobre la punta de un gancho, salvo que esté específicamente diseñado para esa tarea.
- Mantenga las manos y los pies alejados de los puntos de pellizco cuando la grúa comienza a tensar la eslinga.
- Utilice todas las cuerdas guía que sean necesarias para controlar la carga.
- Informe de inmediato de la presencia de cualquier equipo defectuoso o problema de aparejamiento al supervisor o director del izamiento, quien deberá impartir órdenes para continuar una vez que se hayan restablecido las condiciones de seguridad;
- Prepare los bloques en la zona de descarga antes de que llegue la carga, no cuando ya esté suspendida sobre el lugar. Apoye la carga de manera segura antes de retirar las eslingas.

Las condiciones climáticas pueden ser un factor importante en las operaciones de izamiento. Detenga las operaciones de izamiento o aparejamiento cuando condiciones climáticas como las que se mencionan a continuación pongan en peligro la propiedad, a los trabajadores o a los transeúntes:

- vientos que superen las recomendaciones del fabricante de la grúa;
- rayos o truenos;
- visibilidad reducida debido a oscuridad, polvo, niebla, lluvia o nieve, que afecte la visión del aparejador o del personal encargado del izamiento;
- temperatura lo suficientemente baja como para hacer que las estructuras de la grúa se rompan ante un choque o impacto.

Colapso de una grúa en Manhattan

A principios de 2016, una grúa de mástil en celosía sobre orugas intentaba bajar y asegurar su pluma de 172 metros (565 pies) debido a los fuertes vientos. Por desgracia, las ráfagas de viento se intensificaron y la pluma se estrelló contra las calles de Manhattan. Un transeúnte murió y varios resultaron heridos. Afortunadamente, el personal ya había empezado a despejar el tráfico de la calle como preparación para bajar y asegurar la pluma, lo que redujo la cantidad de víctimas.

Figura cortesía de © a katz/Shutterstock.com

Recursos adicionales

Norma ASME B30.5, Grúas móviles y locomotoras. Edición actual. Nueva York, NY: American Society of Mechanical Engineers (Sociedad Estadounidense de Ingenieros Mecánicos).

Norma ASME B30.9, Eslingas. Edición actual. Nueva York, NY: American Society of Mechanical Engineers (Sociedad Estadounidense de Ingenieros Mecánicos).

Norma ASME B30.20, Equipos de izamiento para debajo del gancho. Edición actual. Nueva York, NY: American Society of Mechanical Engineers (Sociedad Estadounidense de Ingenieros Mecánicos).

*Norma ASME BTH-1, Diseño de equipos de izamiento para debajo del gancho.*Edición actual. Nueva York, NY: American Society of Mechanical Engineers (Sociedad Estadounidense de Ingenieros Mecánicos).

29 *CFR* 1926, subsección CC, **www.ecfr.gov**

29 *CFR* 1926.251, **www.ecfr.gov**

29 *CFR* 1926.753, **www.ecfr.gov**

Operaciones con grúas móviles, nivel uno, NCCER. Tercera edición. 2018. Nueva York, NY: Pearson Education, Inc.

Módulo 00106 del NCCER, *Introducción a los principios básicos del aparejamiento.*

Mobile Crane Safety Manual (Manual de seguridad en operación de grúas móviles) (AEM MC-1407). 2014. Milwaukee, WI: Association of Equipment Manufacturers.

Willy's Signal Person and Master Rigger Handbook (Manual para señaleros y aparejadores avanzados de Willy), Ted L. Blanton Sr., edición actual. Altamonte Springs, FL: NorAm Productions, Inc.

Knots: The Complete Visual Guide, Des Pawson. Primera edición estadounidense. 2012. Nueva York, NY: DK Publishing.

En el sitio web de North American Crane Bureau, Inc., se ofrecen recursos sobre productos y capacitaciones: **www.cranesafe.com**

Repaso de la Sección 2.0.0

1. Una eslinga con una superficie de apoyo amplia y plana, particularmente apropiada para enganches de canasta donde encontramos dobleces pronunciados se denomina _____.
   a. eslinga de cable de acero con alma de hebras
   b. eslinga de cable de acero con alma de fibra
   c. eslinga de malla
   d. eslinga de cadena

2. Si se necesita una eslinga para izar una carga cuya superficie está pulida, la mejor opción es una _____.
   a. eslinga de fibra sintética
   b. eslinga de cadena
   c. eslinga de malla metálica
   d. eslinga de cable de acero

3. Las eslingas de malla metálica necesitan la autorización del fabricante si se las utiliza a temperaturas por encima de los _____.
   a. 91 °C (195 °F)
   b. 191 °C (375 °F)
   c. 288 °C (550 °F)
   d. 399 °C (750 °F)

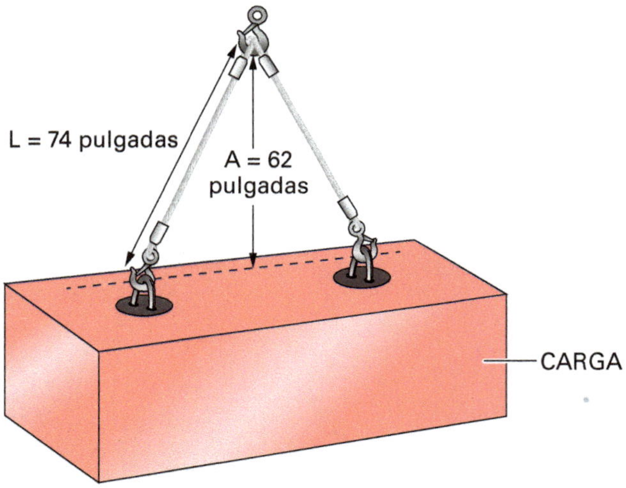

Figura SR01

4. Consulte la *Figura SR01*. Según las medidas que se muestran, ¿qué factor de ángulo de eslinga se debería aplicar al peso de la carga izada en cada eslinga?
   a. 0,841
   b. 1,194
   c. 1,213
   d. 1,414

5. Consulte la *Tabla 2* en la sección 2.4.2. Según el intervalo seguro de ángulos de eslinga generalmente aceptado, ¿está el ángulo de eslinga relacionado con el factor de ángulo de 1,194 dentro del intervalo aceptado?
   a. Sí
   b. No

6. Para evitar que una tubería de 24 pulgadas (600 DN) ruede, la cuña debe ser de _____.
   a. 1 pulgada de espesor
   b. 2 pulgada de espesor
   c. $3\frac{1}{2}$ pulgadas de espesor
   d. 5 pulgadas de espesor

7. Una de las desventajas de las cuerdas sintéticas en comparación con las de fibra natural es que la cuerda sintética _____.
   a. es considerablemente más pesada
   b. conduce la electricidad con facilidad
   c. tiene una baja relación de resistencia-peso
   d. se daña más fácilmente con el calor

8. Los procedimientos para determinar el peso de una carga que se desea izar se establecen en _____.
   a. 29 *CFR* 1910.140
   b. *La norma ASME B30.9*
   c. 29 *CFR* 1926.1417
   d. *La norma ASME BTH-1*

SECCIÓN TRES

3.0.0 GATOS Y EQUIPOS DE IZAMIENTO

Objetivo

Identificar y describir el uso de distintos tipos de equipos de izamiento y elevación.

a. Identificar y describir el uso de equipos de izamiento manuales y eléctricos.
b. Identificar y describir el uso de gatos.

Tareas prácticas

8. Seleccionar, inspeccionar y demostrar el uso seguro de los siguientes aparejos:
   - Polipasto
   - Elevador de cadena
   - Motor para levantar cargas con palanca de trinquete
   - Uno o más tipos de gato

Palabras técnicas

Cuerda de arrastre: la parte de una cuerda o cadena en un equipo de izamiento que utiliza el operador para subir o bajar la carga. También se conoce como pieza de arrastre.

Grúa pórtico: una estructura elevada y rígida que se apoya sobre patas en cada extremo y se usa para atravesar obstáculos. Las estructuras de soporte pueden ser portátiles o permanentes para soportar equipos de izamiento o elevar y soportar iluminación, cámaras y equipos similares.

Ramales de cable: cantidad de cuerdas que terminan soportando el bloque de carga cuando la cuerda se enhebra más de una vez.

El aparejamiento no consiste únicamente en conectar cargas a grúas. Los aparejadores también están involucrados en el desplazamiento y la colocación de equipos dentro de edificios y otros lugares donde las grúas son inviables o innecesarias. En esta sección, se presentan distintos tipos de equipos de izamiento y elevación.

3.1.0 Equipos de izamiento manual y eléctrico

Tanto los equipos manuales como los eléctricos se utilizan para izar componentes o para levantar una pieza a fin de introducir algo debajo. Entre los equipos de izamiento habituales, podemos mencionar polipastos, elevadores de cadena y elevadores a palanca.

3.1.1 Polipasto

El polipasto es el dispositivo de izamiento más básico. Se lo utiliza para izar cargas livianas o ejercer tracción sobre ellas. El bloque del polipasto consiste en una o más poleas empotradas en un marco de madera o metal con un gancho conectado en la parte superior. El aparejo del polipasto está formado por la cuerda y los accesorios de extremo conectados al bloque. Algunos polipastos cuentan con un freno que sostiene la carga una vez izada. Los equipos sin freno necesitan tracción constante en la **cuerda de arrastre** para sostener la carga, o se la debe amarrar.

Existen dos tipos de polipastos: simples y compuestos. Los polipastos simples consisten en una polea y una sola cuerda (*Figura 44*). Se los utiliza para izar cargas livianas o ejercer tracción sobre ellas. El gancho se conecta a la carga, y esta se iza al ejercer tracción sobre la cuerda. La capacidad de carga de este tipo de polipasto es equivalente a la de la línea de carga. El bloque se debe sujetar a una estructura edilicia u otro soporte por medio de un método que proporcione la capacidad de carga adecuada para soportar la carga y el polipasto. Es fundamental que la capacidad de carga y la estabilidad de la estructura de soporte sean adecuadas, y deben someterse a la evaluación exhaustiva de personal capacitado.

Los polipastos compuestos (*En la Figura 45*) utilizan más de un bloque. Cuentan con un bloque superior fijo que se sujeta a la estructura edilicia u otro soporte, y un bloque inferior móvil que se conecta a la carga. Cada bloque puede tener una o más poleas. Cuantas más poleas tenga un bloque, más **ramales de cable** tendrá el equipo, lo que aumenta la capacidad de izamiento. El polipasto compuesto multiplica la potencia que se le aplica a la cuerda; por lo tanto, un trabajador puede izar una carga mucho más pesada que con un polipasto simple.

3.1.2 Elevadores de cadena

Un elevador de cadena, también denominado *polipasto de cadena*, es muy práctico y se emplea en varios oficios. Estos equipos se deben utilizar solo para el izamiento de cargas rectas y verticales—, al igual que una grúa. Se pueden estropear si se los emplea para izamientos angulares o tracciones horizontales. Si bien los elevadores de cadena son muy populares, más resistentes y tienen una mayor capacidad de carga, también existen elevadores eléctricos y neumáticos.

Los elevadores de cadena son equipos estándar en muchas fábricas y áreas de aparejamiento porque son confiables, portátiles y fáciles de usar. Entre los tipos de elevadores de cadena más habituales, podemos mencionar los de engranaje (manuales) y los eléctricos (impulsados).

El elevador de cadena con engranaje tiene dos cadenas. Una sin fin (manual) mueve una sola polea con cavidades que, a su vez, mueve un engranaje

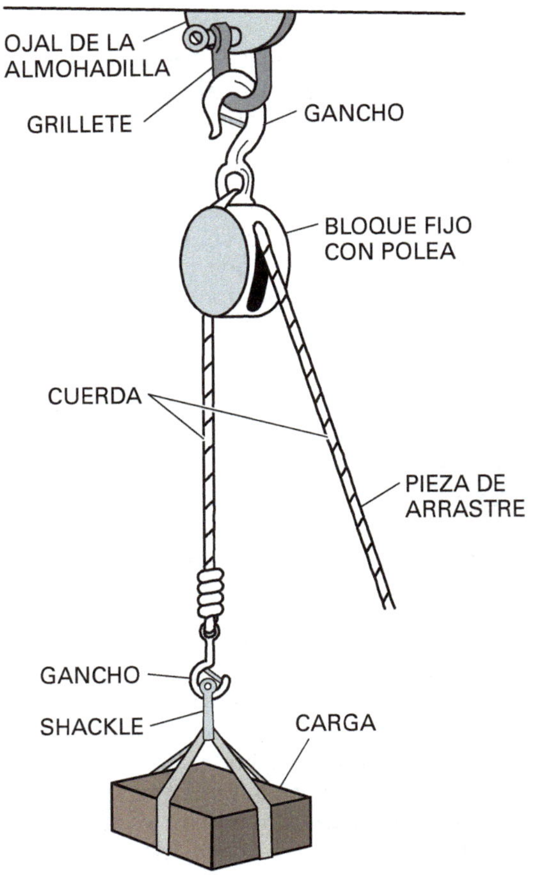

Figura 44 Polipasto simple.

reductor. La cadena de la carga está conectada al engranaje reductor y tiene un gancho que sujeta la carga. El engranaje reductor genera la fuerza mecánica, como lo hace en muchos transportadores accionados por motor y otros sistemas industriales similares. El elevador de cadena con engranaje se suele utilizar para cargas importantes y es práctico porque no requiere ninguna fuente de alimentación. Se pueden observar dos tipos comunes *En la Figura 46*. El elevador de cadena con carro de traslación está diseñado para que se desplace sobre los rieles de una viga doble T, similar a la viga de una grúa pórtico.

Figura 45 Polipasto compuesto.

La grúa pórtico (*En la Figura 47*) se suele utilizar en espacios interiores para levantar y mover componentes. Si bien estas grúas pórtico tienen limitaciones de carga máxima, como los elevador de cadena, los más grandes con capacidades enormes se utilizan en puertos y ubicaciones similares. Estos modelos más pequeños son portátiles y muy prácticos. El elevador de cadena con carro de traslación se puede colocar sobre la viga horizontal, o se puede conseguir un conjunto de carro separado y conectarle un elevador de cadena tipo gancho.

Los elevadores de cadena eléctricos (*En la Figura 48*) funcionan prácticamente igual que los manuales, salvo que tienen un motor eléctrico en lugar de una

En todo el mundo

Historia del polipasto

Se atribuye a Arquímedes, matemático, físico, ingeniero, inventor y astrónomo griego, el desarrollo del polipasto alrededor del 250 a.C. Sin embargo, se cree que Arquitas de Tarento había desarrollado el concepto de una polea, —un componente esencial del conjunto para reducir la fricción. Los polipastos se utilizaron en la construcción de muchas de las estructuras que nos siguen fascinando, incluso Stonehenge en el Reino Unido. Además, se considera que este sistema fue la fuente de inspiración para las grúas modernas.

cadena de tracción para que la carga suba y baje. Estos elevadores son más rápidos y eficientes que los manuales. La mayoría tiene un mando de control con botones que cuelga del elevador. Existen unos pocos elevadores a batería en el mercado, pero su capacidad es limitada. A medida que la tecnología de las baterías vaya avanzando, es posible que, con el tiempo, quizás haya elevadores a batería con mayor capacidad. La mayoría de los elevadores eléctricos funcionan a 120 o 240 VCA. Tenga en cuenta que también existen elevadores de cadena accionados por aire (neumáticos).

Se debe prestar mucha atención cuando se levante una carga con un elevador eléctrico, ya que es difícil saber cuánta fuerza está empleando el motor. El ruido del motor puede darnos un indicio. Si la carga se traba en algún objeto fijo, el elevador puede sobrecargarse y dañarse. Los elevadores eléctricos de buena calidad cuentan con protección integrada confiable contra sobrecargas que desconecta el circuito del motor para evitar daños.

La capacidad de carga de cualquier elevador de cadena debe estar claramente indicada en la placa de datos. No se debe sobrepasar nunca la capacidad. Como con las grúas, se debe conocer el peso de la carga antes de comenzar. Siempre emplee una eslinga para aparejar la carga de un elevador de cadena si la carga no tiene ningún cáncamo exclusivo para izamiento. La cadena del elevador nunca se debe colocar alrededor de un objeto y usarse como eslinga.

Al igual que otros dispositivos de izamiento, los elevadores de cadena se deben inspeccionar meticulosamente antes de cada uso. Se debe inspeccionar la cadena para detectar defectos importantes. Antes de utilizar un elevador, lea las instrucciones del fabricante y conozca las limitaciones. Para elegir, inspeccionar, utilizar y realizar tareas de mantenimiento a un elevador de cadena, siga estos simples pasos:

Paso 1 Seleccione un elevador con capacidad adecuada para manipular la carga. Asegúrese de que la estructura superior que sirve de soporte para el elevador también tenga la capacidad adecuada.

Figura 46 Elevadores de cadena manuales.

Figura 47 Grúa pórtico móvil.

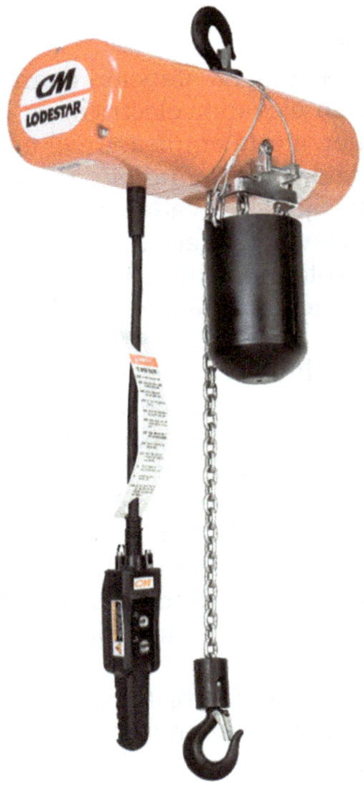

Figura 48 Elevador de cadena eléctrico.

Paso 2 Verifique que la cadena de carga y los ganchos no estén muy gastados, doblados ni deformados.

Paso 3 Verifique que las poleas no estén dobladas ni muy gastadas.

Paso 4 Asegúrese de que el elevador esté bien lubricado. Para las tareas de mantenimiento, siga las instrucciones del fabricante.

Paso 5 Cuelgue el elevador de una estructura adecuada con el aparejo correcto. Proporcione una fuente de alimentación apropiada para los modelos eléctricos y neumáticos, y asegúrese de que esté conectada de manera prolija al elevador y fuera del paso. El cable de alimentación o la manguera de aire no deben colgar hacia abajo, ya que pueden interferir con la tarea.

Paso 6 Coloque el elevador justo por encima de la carga. Baje el gancho y conéctelo a la carga utilizando los aparejos correspondientes.

Paso 7 Levante y ubique la carga. Para levantar la carga con un elevador manual, ejerza tracción sobre la cadena de mano. Para levantar la carga con un elevador eléctrico, mantenga presionado el botón Up (Arriba) en la botonera.

Paso 8 Una vez ubicada, desconecte el gancho de la carga.

Paso 9 Retire el elevador de cadena del soporte.

Paso 10 Enrolle la cadena para que no se enrede.

Paso 11 Guarde el elevador en su lugar.

NOTA

Para obtener más información sobre la inspección y operación de los elevadores de cadena, consulte la *Norma ASME B30.16, Polipastos elevados (suspendidos).*

3.1.3 Elevadores y malacates a palanca

Los elevadores y malacates a palanca (*Figura 49*) se usan para tracciones cortas sobre cargas pesadas. Se puede observar que, por la longitud de la cadena en la figura, el elevador a palanca no puede proporcionar una tracción larga. El término malacate a palanca se utiliza mucho para identificar ambas herramientas, pero no son exactamente lo mismo. Un malacate a palanca utiliza un cable, mientras que un elevador a palanca utiliza una cadena. Los operarios suelen utilizar elevadores a palanca con una correa sintética plana. Por lo general, estos elevadores están diseñados y calificados para cargas verticales, pero los malacates de cable a palanca solo se utilizan para tracciones horizontales. No utilice un malacate ni un elevador a palanca para realizar izamientos, salvo que esté diseñado por el fabricante para hacerlo.

¡ADVERTENCIA!

Nunca utilice un malacate a palanca para cargas verticales. No cuentan con el mismo mecanismo de freno que los elevadores a palanca para evitar que la carga se deslice.

Estos equipos son portátiles, fáciles de usar y los hay de distintas capacidades. Siempre lea y respete las instrucciones del fabricante. Siga estos pasos para seleccionar, inspeccionar, utilizar y realizar tareas de mantenimiento a un elevador a palanca:

Paso 1 Seleccione un elevador con capacidad adecuada para manipular la carga. Asegúrese de que esté diseñado para izamiento de cargas verticales.

Paso 2 Verifique que la cadena y los ganchos no estén muy gastados, doblados ni deformados. Inspeccione el dispositivo en su totalidad para ver que no tenga daños importantes ni indicios de sobrecarga.

Paso 3 Cuelgue el equipo de una estructura adecuada y asegúrese de que la estructura pueda soportar la carga.

Paso 4 Gire el gatillo del trinquete a la posición intermedia para liberarlo.

Paso 5 Coloque el elevador justo por encima de la carga. Ejerza suficiente tracción sobre la cadena como para fijarla a la carga.

Paso 6 Fije el gancho a la carga con el aparejamiento adecuado.

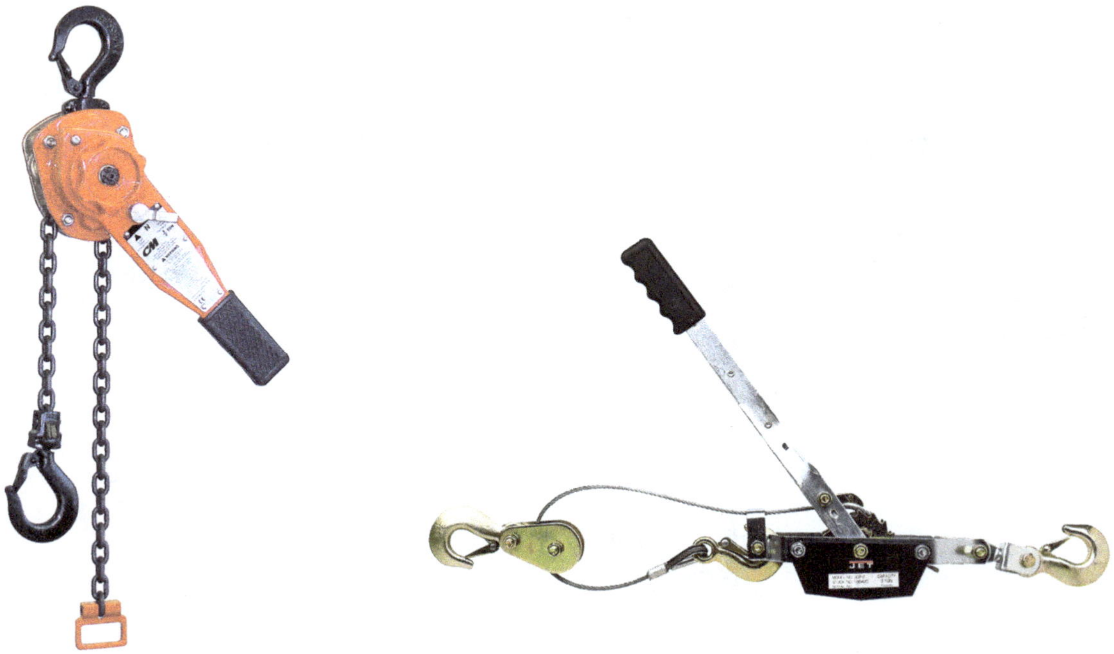

(A) MOTOR PARA LEVANTAR CARGAS CON PALANCA DE TRINQUETE **(B) MALACATE A PALANCA**

Figura 49 Elevador y malacate a palanca.

Paso 7 Gire la palanca de enrollado rápido para tensar la cadena.

Paso 8 Gire el gatillo del trinquete a la posición Up (Arriba).

Paso 9 Mueva la palanca del trinquete para levantar la carga.

Paso 10 Gire el gatillo del trinquete a la posición Down (Abajo).

Paso 11 Mueva la palanca del trinquete para bajar la carga hasta que la cadena quede floja.

Paso 12 Desconecte la carga del gancho.

Paso 13 Desarme el elevador y guárdelo en su lugar.

3.2.0 Gatos

Los gatos se utilizan para subir o bajar equipos. Además, se los emplea para mover cargas pesadas en distancias cortas, con ya que permiten un buen control de los movimientos. Estos son los tres tipos básicos de gatos:

- de trinquete
- de tornillo
- hidráulico

3.2.1 Gatos de trinquete

Los gatos de trinquete (*En la Figura 50*), también llamados *gatos de ferrocarril*, se utilizan para levantar cargas de menos de 25 toneladas. Utiliza el principio de palanca. Cada carrera descendente de la palanca eleva la cremallera una muesca por vez. El mecanismo de traba, denominado gatillo, vuelve automáticamente a su posición, mantiene la carga y libera la palanca para la próxima carrera de izamiento. Pueden izar toda su capacidad en la base o en el asiento. Los gatos de trinquete se clasifican según su capacidad de carga y longitud de carrera, o distancia de izamiento.

3.2.2 Gatos de tornillo

Los gatos de tornillo (*En la Figura 51*) se usan para izar cargas más pesadas que los de trinquete, pero más despacio. Un gato de tornillo simple utiliza el mecanismo de tornillo-tuerca para izar la varilla. Se coloca una simple palanca en el orificio y se la gira para levantar o bajar la varilla roscada. Para cargas y gatos más pesados, se utiliza un engranaje reductor que disminuye la fuerza necesaria para girar la tuerca.

3.2.3 Gatos hidráulicos

Los gatos hidráulicos (*En la Figura 52*) se accionan con la presión del fluido inyectado. Estos gatos pueden izar cargas sorprendentemente pesadas. Los gatos simples tipo botella cuentan con una palanca manual para bombear el gato y levantar la carga. Se abre una válvula de derivación para que el fluido salga del cilindro y baje el gato. Los gatos de uña son una variante de los de botella y poseen una uña de elevación en la base. Esta uña se puede colocar debajo de cargas más pegadas al suelo, mientras que los gatos de botella necesitan más espacio para calzar debajo de la carga.

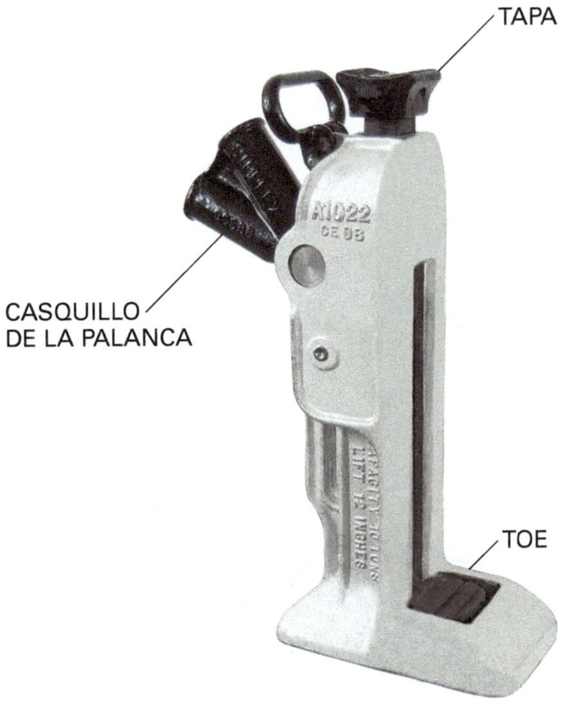

Figura 50 Gato de trinquete.

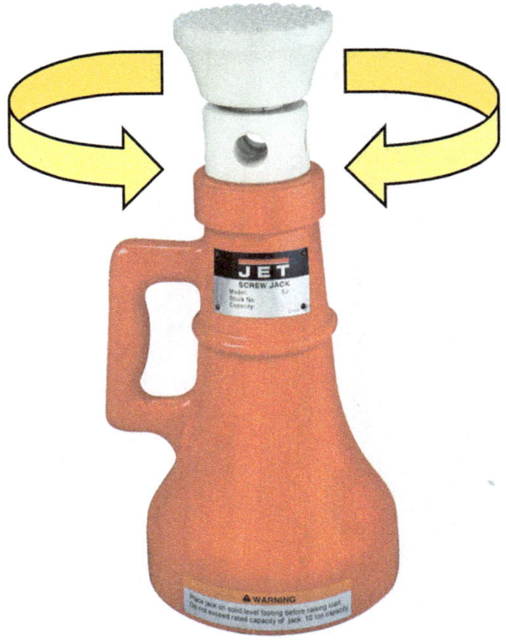

Figura 51 Gato de tornillo.

Los gatos con mayor capacidad de carga utilizan una bomba externa. La bomba se conecta al gato por medio de una manguera y un acople de desconexión rápida. Se puede operar a mano o con pedal, se puede accionar de forma eléctrica, neumática o, incluso, por motor de gasolina. Es común encontrar gatos hidráulicos portátiles diseñados para 1000 toneladas.

3.2.4 Uso y mantenimiento de gatos

Con el tiempo, los gatos se pueden dañar o desgastar, y fallar bajo el peso de una carga. Para evitarlo, se deben inspeccionar meticulosamente antes de cada uso. Siga estos lineamientos generales cuando utilice un gato:

- Antes de utilizarlo, verifique que no esté dañado. En el caso de gatos con bomba externa, también debe inspeccionar meticulosamente la bomba, las mangueras y los acoples. La manguera de conexión es la pieza más frágil del sistema y puede sufrir cortes y marcas profundas durante el uso normal.
- Limpie bien todos los conectores de la manguera hidráulica antes de conectarla.
- No supere nunca la capacidad de carga del gato.
- Utilice un taco de madera cuando levante piezas metálicas.
- No apoye nunca el gato directamente sobre la tierra para izar una carga; coloque una base firme.
- Ubique el gato de tal manera que la dirección de la fuerza sea perpendicular a la base y a la superficie de la carga. Luego, levante la carga de manera pareja para evitar que se mueva o se caiga.
- Utilice una palanca adecuada y retírela del gato cuando no la utilice. No use extensiones para las palancas del gato. Si tiene que agregar una extensión para aumentar la potencia, significa que no está utilizando el gato adecuado.
- Nunca pise la palanca para hacer más fuerza; utilice una bomba de pedal y un gato adecuado.
- Coloque siempre un bloque o un pilote debajo de una carga elevada. Nunca deje un gato con carga sin colocar un soporte que mantenga la carga arriba. De esta manera, la carga no se caerá si el gato repentinamente falla.
- Apuntale la carga para evitar que el gato se incline.
- Ate el gato o colóquele un soporte cuando lo utilice en posición horizontal para mover un objeto.
- Nunca intente levantar ningún tipo de rodillo o rueda.
- Combine varios gatos para izar un solo objeto de manera pareja.

(A) GATO DE BOTELLA

(B) GATO DE UÑA

(C) GATO DE BAJO PERFIL

(D) BOMBAS HIDRÁULICAS MANUALES

Figura 52 Gatos hidráulicos.

Recursos adicionales

29 *CFR* 1926.251, **www.ecfr.gov**

Willy's Signal Person and Master Rigger Handbook (Manual para señaleros y aparejadores avanzados de Willy). Edición actual. Ted L. Blanton, Sr. Altamonte Springs, FL: NorAm Productions, Inc.

En el sitio web de North American Crane Bureau, Inc., se ofrecen recursos sobre productos y capacitaciones: **www.cranesafe.com**

Repaso de la Sección 3.0.0

1. La fuerza mecánica que se obtiene al utilizar un elevador de cadena con engranaje la genera(n) _____.
   a. varias partes de la cadena
   b. un carro de translación
   c. una palanca de accionamiento
   d. el engranaje reductor

2. ¿Cuál de las siguientes afirmaciones sobre el uso de los gatos es verdadera?
   a. Si una carga es difícil de izar, puede utilizar el pie para accionar la palanca del gato.
   b. Coloque siempre un bloque o un pilote debajo de una carga elevada.
   c. La capacidad de un gato hidráulico solo se ve limitada por la presión hidráulica ejercida.
   d. Los gatos de uña son simplemente una variante de los gatos de tornillo.

Resumen

El proceso de aparejamiento consiste en elegir y configurar el equipo de izamiento, enganchar los cables a la carga para izarla o moverla y ayudar a guiar la carga hasta lograr ubicarla. Para llevar a cabo este proceso de manera segura y eficiente, el aparejador debe seleccionar el equipo adecuado, utilizarlo correctamente, comprender los peligros de seguridad y saber cómo evitar accidentes mientras trabaja de manera eficaz. Los aparejadores deben ser sumamente respetuosos con los elementos y equipos que utilizan en su oficio, ya que su vida puede llegar a depender de su buen funcionamiento.

Si bien no se exige que sean aparejadores profesionales, los operadores de grúa también deben comprender las prácticas de aparejamiento y ser capaces de distinguir entre métodos correctos e incorrectos para garantizar la seguridad de todo el personal en el lugar de trabajo.

Preguntas de revisión

1. Los orificios ciegos roscados que se usan con cáncamos deben tener una profundidad mínima de _____.
   a. $1\frac{1}{4}$ veces el diámetro del perno
   b. $1\frac{1}{2}$ veces el diámetro del perno
   c. $1\frac{3}{4}$ veces el diámetro del perno
   d. 2 veces el diámetro del perno

2. El dispositivo que se utiliza como punto de conexión para una carga sin reducir su carga nominal por tracción angular es _____.
   a. un cáncamo de hombro
   b. una argolla basculante para izamiento
   c. un gancho de aparejamiento
   d. un cáncamo sin hombro

3. Las vigas de suspensión y niveladoras fabricadas a medida se someten a ensayo al _____.
   a. 125 % de su carga nominal
   b. 125 % de su carga nominal
   c. 250 % de su carga nominal
   d. 350 % de su carga nominal

4. Para que se mantengan en su lugar cuando está colocada la eslinga, los materiales de protección fabricados pueden tener _____.
   a. cintas adhesivas
   b. imanes
   c. sujetadores con velcro
   d. bordes de madera

5. Una eslinga de cable de acero se debe dejar de usar si la abrasión localizada y las raspaduras han reducido su diámetro más del _____.
   a. 25 % del diámetro original del cable
   b. 15 % del diámetro original del cable
   c. 10 % del diámetro original del cable
   d. 5 % del diámetro original del cable

6. Cuando los ojales de una eslinga de fibra sintética se cosen en ángulo recto con respecto al plano del cuerpo de la eslinga, se la denomina _____.
   a. eslinga tubular
   b. eslinga sin fin
   c. estándar con ojales en ambos extremos
   d. eslinga de ojal torcido

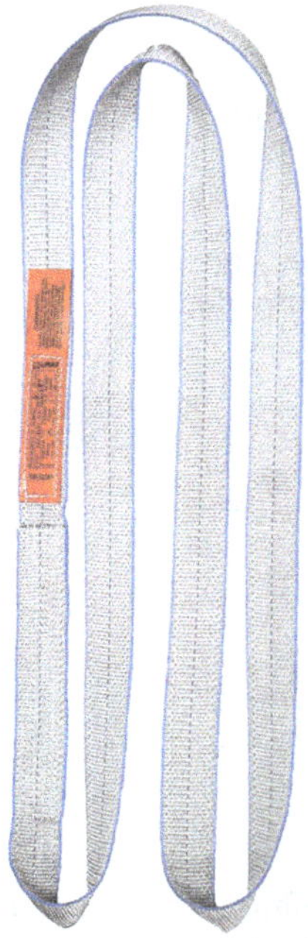

Figura RQ01

7. En la *Figura RQ01* se muestra una eslinga _____.
   a. estándar con ojales en ambos extremos
   b. de ojal invertido
   c. sin fin
   d. tubular

8. ¿Cuál de las siguientes afirmaciones es una desventaja de las eslingas de cadena en comparación con las de cable de acero?
   a. Las eslingas de cadena no resisten la abrasión y la corrosión tanto como las de cable de acero.
   b. Las eslingas de cadena no se pueden utilizar en aplicaciones a temperaturas elevadas.
   c. La resistencia extra de las eslingas de cadena es menor y es más probable que fallen sin advertencia.
   d. Las eslingas de cadena se dañan con mayor facilidad que las de cable de acero con los ángulos filosos.

9. ¿Cuál de las siguientes eslingas es más adecuada para situaciones que involucran cargas abrasivas, calientes o que suelen cortar?
   a. La eslinga de cable de acero
   b. La eslinga de malla metálica
   c. La eslinga de fibra sintética
   d. La eslinga de anillo sin fin

10. ¿Cuál de los siguientes tipos de daño se permite en mayor grado que otro en una eslinga de malla metálica antes de dejar de usarla?

    a. Abrasión
    b. Corrosión

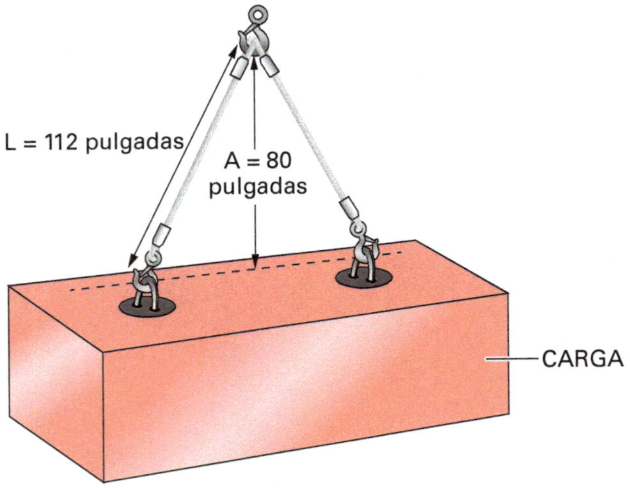

Figura RQ02

11. Consulte la *Figura RQ02*. Según las medidas que se muestran, ¿qué factor de ángulo de eslinga se debería aplicar al peso de la carga izada en cada eslinga?

    a. 0,902
    b. 1,003
    c. 1,213
    d. 1,400

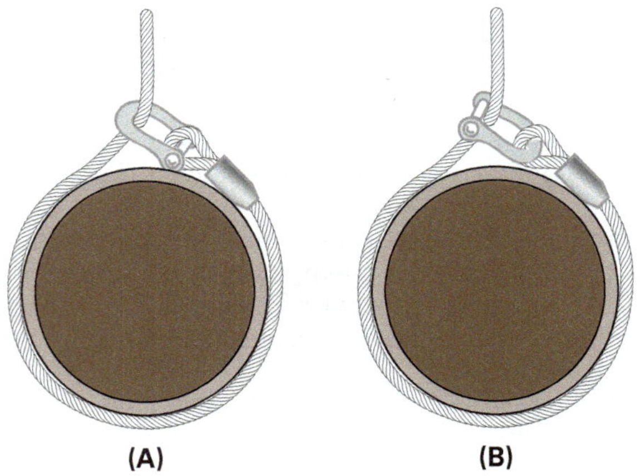

Figura RQ03

12. Consulte la *Figura RQ03*. ¿En cuál de los dos esquemas, A o B, se representa la manera correcta de orientar el grillete?

    a. Esquema A
    b. Esquema B

13. Independientemente de cómo esté realmente hecho un ballestrinque, el resultado es igual a _____.

    a. dos ases de guía uno detrás del otro
    b. la combinación entre un as de guía y un medio enganche
    c. dos medios enganche en la misma dirección
    d. dos medios enganche en dirección opuesta

14. Cuando no se puede calcular el peso de una carga de otra manera, se la puede izar un poco y controlar el peso con los instrumentos de la grúa. Se puede proceder con el izamiento si la carga es menor que _____.

    a. el 40 % de la capacidad de la grúa en el radio más largo de trabajo que se necesita
    b. el 75 % de la capacidad de la grúa en el radio más largo de trabajo que se necesita
    c. el 85 % de la capacidad de la grúa en el radio más largo de trabajo que se necesita
    d. el 100 % de la capacidad de la grúa en el radio más largo de trabajo que se necesita

15. ¿Cuál de las siguientes afirmaciones es correcta?

    a. Todos los malacates están diseñados y se utilizan mejor para cargas verticales.
    b. Un elevador a palanca admite cadenas de cualquier longitud.
    c. Un malacate utiliza un cable, mientras que un elevador a palanca utiliza una cadena.
    d. Los malacates y los elevadores a palanca usan el mismo tipo de mecanismo de freno.

Cuestionario de palabras técnicas

Complete los espacios en blanco con las palabras correctas que aprendió al estudiar este módulo.

1. El daño que se produce en un cable de acero y que se identifica por la separación de las hebras que luego se curvan hacia afuera como barras verticales se denomina ________.
2. El tipo de construcción de cable de acero que se considera más resistente para las aplicaciones de aparejamiento es ________.
3. Un(a) ________ se ata a una carga izada para controlar el giro y el balanceo de la carga.
4. Los dispositivos de aparejamiento que se utilizan para repartir el peso de una carga en izamientos con varias grúas (en tándem) se denominan ________.
5. Si un orificio penetra un material pero no lo traspasa, se lo denomina ________.
6. La parte del gancho ubicada justo debajo del centro del cáncamo para izamiento se llama ________.
7. Un enganche común que se hace pasando una eslinga alrededor de una carga o a través de una conexión y amarrando ambos ojales de eslinga a la cuerda de elevación se denomina ________.
8. Los/las ________ determina la cantidad de fuerza requerida para llevar a un componente de aparejamiento hasta su punto de rotura.
9. Los términos *carga de trabajo segura* , *límite de carga de trabajo*, y *capacidad nominal* son sinónimos de ________.
10. Un enganche simple en el que uno de los extremos de la eslinga se conecta a un punto de la carga, y el otro, a la cuerda de elevación es el ________.
11. El ángulo que forman los ramales de una eslinga con respecto al plano horizontal cuando se aplica una fuerza en el aparejamiento se denomina ________.
12. Un(a) ________ se hace pasando una eslinga alrededor de la carga y luego pasando un ojal de la eslinga a través del otro.
13. Un(a) ________ consta de al menos 2 enganches de un solo ramal y se usa para levantar objetos con orejetas para izamiento u otros puntos de conexión similares.
14. Los dispositivos de aparejamiento que suelen utilizarse cuando el objeto que se desea izar es muy largo o grande para hacerlo desde un solo punto, o cuando el uso de eslingas alrededor de la carga podría aplastar los costados, son ________.
15. ________ tienen al menos tres orificios y se las utiliza para nivelar cargas cuando las eslingas son de longitudes diferentes.
16. Las placas que tienen dos orificios y que se denominan ________, se utilizan como elementos de terminación para conectar aparejos a puntos para izamiento adecuados.
17. Un gancho se debe ubicar siempre sobre el ________.
18. Se puede enviar una carga importante de tuberías o materiales similares a una obra en una ________.
19. Los elevadores de cadena o a palanca utilizados para izamientos se puede colgar debajo de ________.
20. Los/las ________ juegan un papel importante en la ayuda que brinda un polipasto a la hora de izar cargas.
21. Para levantar cargas utilizando un polipasto, el usuario debe ejercer tracción sobre ________.

Palabras técnicas

Alma de acero de cable independiente (IWRC)
Ángulo de eslinga
Asiento
Carga nominal
Centro de gravedad (CG)
Conectores de aparejamiento
Cuerda de arrastre
Cuerda guía
Deshiladura
Enganche de brida
Enganche de canasta
Enganche estrangulador
Enganche vertical
Grúa pórtico
Orificio ciego
Placas igualadoras
Ramales de cable
Resistencia mínima a la rotura (MBS)
Vía auxiliar
Vigas de suspensión
Vigas niveladoras

Harold "Ed" Burke

Especialista en capacitaciones sobre aparejamiento, Mammoet USA South

Cuéntenos en pocas palabras acerca de su trayectoria en el sector de la construcción y de su puesto actual.

Comencé a trabajar como aparejador en Mammoet en 1997. Jamás había estado cerca de una grúa, así que no era un verdadero experto. Sin embargo, tuve la suerte de aprender y desarrollarme bajo la dirección de algunos de los mejores aparejadores de la industria, —personas como Dean y Mark Bell, Jeff Bland y Jason Marks, ente otros, a quienes les estoy inmensamente agradecido. Participé de algunos proyectos importantes en los Estados Unidos y en el exterior, por ejemplo, en los Países Bajos, Bélgica, Italia, Taiwán y Chile. En octubre de 2013, nuestro director de seguridad me propuso ser capacitador para Mammoet USA. Acepté y estoy orgulloso de seguir formando parte del equipo.

¿Cómo comenzó en la industria de la construcción?

Desde la secundaria que venía haciendo trabajos generales relacionados con la industria, como cuando trabajé un tiempo en la construcción de viviendas. Tuve la suerte, a través de un contacto, de que me dieran la oportunidad de trabajar en Mammoet. Cuando me contrataron, la misma persona me dijo: "Yo te conseguí el trabajo, —pero depende de ti conservarlo".

¿Quién o qué lo inspiró a ingresar en la industria de la construcción?

Para ser honesto, era justo lo que necesitaba en ese momento de mi vida. Buscaba superarme a mí mismo. Cuando me incorporé a Mammoet, gané más dinero durante los ocho meses que restaban del año que lo que antes ganaba en todo un año. Si bien la posibilidad de tener un mayor ingreso fue clave, realmente necesitaba algunos cambios positivos en mi vida, y la industria de la construcción sin duda me los dio.

¿Cómo influyó la capacitación en construcción en su vida y en su carrera? ¿Qué tipos de capacitación recibió?

Cuando comencé a incursionar en esto de las grúas y el aparejamiento a finales de la década de los 90, no se le daba mucha importancia a la capacitación formal. Uno se capacitaba e iba aprendiendo más que nada mientras trabajaba. En los 20 años que hace que estoy en esto, la industria cambió drásticamente. Estoy convencido de que una formación de calidad ayuda a garantizar una fuerza laboral más segura y eficiente. Como siempre digo, el conocimiento es poder.

¿Por qué considera que las credenciales son importantes en la construcción?

Creo que las credenciales válidas proporcionan puntos de referencia, es decir, demuestran el nivel de habilidad que posee una persona con respecto a un nivel de competencia estándar. Las credenciales dan un panorama de la base de su conocimiento sobre un tema u oficio determinado.

¿Qué es lo que más disfruta de su carrera?

La gente, sin duda. Cuando ejercía la práctica, tuve el placer de trabajar con algunas de las mejores personas de todo el mundo. Incluso ahora, sigo trabajando con algunos de los mejores en el entorno de la capacitación. No sería un buen educador de no haber sido por la gente que me acompañó durante mi carrera y desarrollo como profesional en el oficio. Si te rodeas de grandes profesionales, tienes más posibilidades de llegar a serlo tú también.

¿Recomendaría la construcción como carrera para otras personas? ¿Por qué?

¡Claro que sí! Si me pregunta por qué, le diría que no todo el mundo se adapta a la experiencia universitaria o a una carrera en una oficina. El potencial de ingresos que tienen los jóvenes que acaban de terminar la secundaria y están dispuestos a esforzarse, aprender y brindarse al oficio que elijan es realmente increíble. Pueden comenzar a ahorrar de inmediato en lugar de meterse en préstamos universitarios agobiantes.

¿Qué consejos daría a quienes se acaban de incorporar al sector?

Trato con gente recién contratada todo el tiempo, y también con novatos en el sector. Lo que les aconsejo siempre es: lleguen temprano, quédense hasta tarde, hagan más de lo que se les pida, sean los primeros en ofrecerse, aprendan todo lo que puedan con los oídos abiertos y la boca cerrada, y trabajen lo mejor posible para convencer al supervisor de que son imprescindibles para el próximo trabajo. Tienen que forjarse su propia reputación, y debe ser excelente.

¿Cómo define el oficio?

Muchos dirían que es la habilidad en un arte en particular, y coincido. Sin embargo, en el trabajo y en la actitud de un verdadero artista siempre existe un cierto nivel de orgullo y pasión. Uno debe amar verdaderamente lo que haces para ser feliz y productivo, pero para ser un artista, debe entregarse por completo a eso. Esa es mi opinión.

Palabras técnicas presentadas en este módulo

Alma de acero de cable independiente (IWRC): cable de acero con alma de cable de acero, y no con alma de una sola hebra o de fibra; se lo considera el más duradero para aplicaciones de aparejamiento.

Ángulo de eslinga: ángulo formado por los ramales de una eslinga con respecto al plano horizontal cuando se aplica tensión sobre el aparejo.

Asiento: parte del gancho ubicada justo debajo del centro del cáncamo para izamiento.

Carga nominal: carga de trabajo máxima admitida por el fabricante de un componente bajo un conjunto específico de condiciones. La carga nominal también puede expresarse como límite de carga de trabajo (WLL), capacidad nominal y carga de trabajo segura (SWL).

Centro de gravedad (CG): punto en el que el peso completo de un objeto se considera concentrado, de modo que, al cargar el objeto en este punto específico, la parte restante quede en posición equilibrada.

Conectores de aparejamiento: enlaces o placas con dos orificios que se utilizan como elementos de terminación a puntos para izamiento adecuados.

Cuerda de arrastre: la parte de una cuerda o cadena en un equipo de izamiento que utiliza el operador para subir o bajar la carga. También se conoce como pieza de arrastre.

Cuerda guía: cuerda que se ata a una carga izada para controlar su giro y balanceo, o que se utiliza para estabilizar y controlar accesorios en suspensión.

Deshiladura: deformación del cable de acero que hace que las hebras o alambres se separen y se curven hacia afuera como los barrotes verticales de una jaula para aves.

Enganche de brida: tipo de enganche que consta de al menos 2 enganches de un solo ramal y se usa para izar objetos con orejetas para izamiento u otros puntos de conexión.

Enganche de canasta: enganche común que se hace pasando una eslinga alrededor de una carga o a través de una conexión y amarrando ambos ojales de eslinga a la cuerda de elevación.

Enganche estrangulador: enganche que se hace pasando una eslinga alrededor de la carga y luego pasando un ojal de eslinga a través del otro. Ese ojal luego se conecta a la cuerda de elevación y crea una llave de estrangulamiento sobre la carga.

Enganche vertical: enganche simple en el que uno de los extremos de la eslinga se conecta a un punto de la carga y el otro, a la cuerda de elevación. También se lo conoce como *enganche de línea recta*.

Grúa pórtico: una estructura elevada y rígida que se apoya sobre patas en cada extremo y se usa para atravesar obstáculos. Las estructuras de soporte pueden ser portátiles o permanentes para soportar equipos de izamiento o elevar y soportar iluminación, cámaras y equipos similares.

Orificio ciego: orificio que penetra el material, pero no lo traspasa.

Placas igualadoras: tipo de placa de aparejamiento con tres o más orificios, que se utiliza para nivelar cargas cuando las eslingas son de longitudes diferentes.

Ramales de cable: cantidad de cuerdas que terminan soportando el bloque de carga cuando la cuerda se enhebra más de una vez.

Resistencia mínima a la rotura (MBS): cantidad de fuerza requerida para que un componente de aparejamiento llegue a su punto de rotura. La MBS es un factor a tener en cuenta cuando se calcula la capacidad de carga nominal de un componente.

Vía auxiliar: ramal relativamente corto que sale de una vía ferroviaria principal hacia un destino de carga o descarga. Una vía auxiliar por lo general tiene conexión con la vía principal solo en su punto de origen (sin salida).

Vigas de suspensión: vigas o barras que se utilizan para distribuir la carga de un izamiento a través de más de un punto para aumentar la estabilidad. Las vigas de suspensión suelen utilizarse cuando el objeto que se desea izar es demasiado largo o grande para hacerlo desde un solo punto, o cuando el uso de eslingas alrededor de la carga podría aplastar los laterales.

Vigas niveladoras: vigas que se utilizan para distribuir el peso de una carga en izamientos con varias grúas. La viga se conecta a la carga ubicada abajo, y se conectan dos o más grúas a los cáncamos para izamiento en la parte superior.

Recursos adicionales

En este módulo, se presentan recursos detallados para capacitaciones sobre tareas. Se sugiere el siguiente material de referencia para un estudio más profundo.

Norma ASME B30.5, Grúas móviles y locomotoras. Edición actual. Nueva York, NY: American Society of Mechanical Engineers (Sociedad Estadounidense de Ingenieros Mecánicos).

Norma ASME B30.9, Eslingas. Edición actual. Nueva York, NY: American Society of Mechanical Engineers (Sociedad Estadounidense de Ingenieros Mecánicos).

Norma ASME B30.10, Ganchos. Edición actual. Nueva York, NY: American Society of Mechanical Engineers (Sociedad Estadounidense de Ingenieros Mecánicos).

Norma ASME B30.16, Polipastos elevados (suspendidos). Edición actual. Nueva York, NY: American Society of Mechanical Engineers (Sociedad Estadounidense de Ingenieros Mecánicos).

Norma ASME B30.20, Equipos de izamiento para debajo del gancho. Edición actual. Nueva York, NY: American Society of Mechanical Engineers (Sociedad Estadounidense de Ingenieros Mecánicos).

Norma ASME BTH-1, Diseño de equipos de izamiento para debajo del gancho. Edición actual. Nueva York, NY: American Society of Mechanical Engineers (Sociedad Estadounidense de Ingenieros Mecánicos).

29 *CFR* 1926, subsección CC, **www.ecfr.gov**

29 *CFR* 1926.251, **www.ecfr.gov**

29 *CFR* 1926.753, **www.ecfr.gov**

Operaciones con grúas móviles, nivel uno, NCCER. Tercera edición. 2018. Nueva York, NY: Pearson Education, Inc.

Módulo 00106-15 del NCCER, *Introducción a los principios básicos del aparejamiento*.

Mobile Crane Safety Manual (Manual de seguridad en operación de grúas móviles) (AEM MC-1407). 2014. Milwaukee, WI: Association of Equipment Manufacturers.

Willy's Signal Person and Master Rigger Handbook (Manual para señaleros y aparejadores avanzados de Willy), Ted L. Blanton Sr., edición actual. Altamonte Springs, FL: NorAm Productions, Inc.

Knots: The Complete Visual Guide, Des Pawson. Primera edición estadounidense. 2012. Nueva York, NY: DK Publishing.

En los sitios web que se indican a continuación, se ofrecen recursos sobre productos y capacitaciones:

Administración de Seguridad y Salud Ocupacional de los Estados Unidos (OSHA), **www.osha.gov**

Código Electrónico de Regulaciones Federales, **www.ecfr.gov**

En el sitio web de North American Crane Bureau, Inc., se ofrecen recursos sobre productos y capacitaciones: **www.cranesafe.com**

Créditos de las figuras

Link-Belt Construction Equipment Company, portada del módulo
Columbus McKinnon Corporation, Figuras 1, 4A, 4C, 46, 48, 49A
Konecranes Americas, Inc., SA01
Cortesía de The Crosby Group LLC, Figuras 4B, 27
J. C. Renfroe & Sons, Figura 9
Vaculift™, Inc. d.b.a. Vacuworx®, SA02
Lift-All Company, Inc., Figuras 14, SA03, 19, 20, 23; Pregunta de revisión, Figura 1; Examen, Figura 1
Lift-It Manufacturing Co., Inc., Figura 17A
Linton Rigging Gear Supplies LLC - www.lrgsupplies.com, Figura 17B
Mazzella Companies, Figura 18
Ed Gloninger, Figura 21
© Donvictorio/Dreamstime.com, Figura 35
© iStock.com/krungchingpixs, Figura 36A
© iStock.com/Cajarima01, Figura 36B
Insulatus Company, Inc., Figura 37
© a katz/Shutterstock.com, SA05
© Steve Norman/Shutterstock.com, Figura 45
Vestil Manufacturing, Figura 47
Walter Meier Manufacturing Americas, Figuras 49B, 51, 52A, 52B; Examen, Figura 3
Fotografías cortesía of Enerpac, Figuras 50, 52C, 52D

Respuestas del repaso de la sección

Respuesta	Referencia de sección	Objetivo
Sección Uno		
1. a	1.1.2	1a
2. a	1.2.4	1b
Sección Dos		
1. c	2.1.1	2a
2. a	2.2.1	2b
3. c	2.3.2	2c
4. b	2.4.2	2d
5. a	2.4.2	2d
6. b	2.5.0	2e
7. d	2.6.0	2f
8. c	2.7.0	2g
Sección Tres		
1. d	3.1.2	3a
2. b	3.2.4	3b

Cálculos del repaso de la sección

Repaso de la Sección 2.0.0

Pregunta 4

Divida la longitud (L) por la altura (H) para determinar el factor de ángulo de eslinga:

Factor de ángulo de eslinga = L ÷ A
Factor de ángulo de eslinga = 74 pulgadas ÷ 62 pulgadas
Factor de ángulo de eslinga = 1,194 pulgadas

El factor de ángulo de eslinga es **1,194**.

CURRÍCULOS NCCER — ACTUALIZACIÓN DE USUARIO

NCCER hace todo lo posible para mantener sus libros de texto actualizados y sin errores técnicos. Se agradece su ayuda en este proceso. Si encuentra un error, un error tipográfico o un dato incorrecto en los currículos de NCCER, complete este formulario (o una fotocopia de este) o el formulario en línea que se encuentra en **www.nccer.org/olf**. Asegúrese de incluir el número de identificación exacto del módulo, el número de la página, una descripción detallada y la corrección que recomienda. Su aporte se dará a conocer al Equipo de autores. Gracias por su ayuda.

Instructores: Si tienen alguna idea para mejorar este libro de texto o se dieron cuenta de que se necesitaron materiales adicionales para enseñar este módulo de manera eficaz, infórmenoslo para que podamos presentar sus sugerencias al Equipo de autores.

Revisión y desarrollo de productos de NCCER

13614 Progress Blvd., Alachua, FL 32615

Correo electrónico: curriculum@nccer.org

En línea: www.nccer.org/olf

❑ Guía de entrenamiento ❑ Planes de clases ❑ Examen ❑ PowerPoints Otro ________________

Oficio/nivel: Fecha de derechos de autor:

Título/número de identificación del módulo:

Número(s) de las secciones:

Descripción:

Corrección recomendada:

Su nombre:

Dirección

Correo electrónico: Teléfono:

Glosario

Abatir: Reducir o minimizar.

Accidente: Según la definición de la OSHA, un suceso imprevisto que provoca lesiones personales o daños materiales.

Administración de Seguridad y Salud Ocupacional (OSHA): Agencia del Departamento de Trabajo de los EE. UU. cuya misión es definir normas de seguridad y salud ocupacional para todos los lugares de trabajo, hacer cumplir esas normas, asegurar que los empleadores proporcionen y mantengan un lugar de trabajo seguro para todos los empleados y proporcionar programas de investigación y capacitación para apoyar las prácticas de trabajo seguras.

Albardillas: Cubierta sobre la parte superior de una pared que está expuesta a la intemperie, usualmente hecha de metal, ladrillo o piedra. Generalmente, la marquetería tiene pendiente para desagotar el agua.

Aleros: Los bordes horizontales en el perímetro de un techo.

Almojayas: Miembros horizontales del andamio sobre los que se apoya la plataforma.

Andamio: Un marco temporal construido o una plataforma o área de trabajo suspendida diseñados para servir de apoyo para trabajadores, materiales y equipo en sitios de trabajo elevados o inaccesibles por otros motivos.

Anexos: Tablas que describen y especifican los distintos tipos y tamaños de materiales de construcción utilizados en un edificios. Los tipos más comunes son los anexos de puertas, anexos de ventanas y anexos de terminaciones. Otros tipos son los anexos de equipos, anexos de vigas, anexos de columnas y anexos de bases.

Ángulo de eslinga: Ángulo formado por los extremos de una eslinga con respecto al plano horizontal cuando se aplica tensión al aparejamiento.

Aprendizaje en el trabajo (OJL): Aprendizaje relacionado con el trabajo que un aprendiz adquiere mientras trabaja bajo la supervisión de trabajadores más experimentados. También se denomina *capacitación en el trabajo (OJT).*

Arnés corporal: Correas que pueden fijarse alrededor del trabajador de manera que distribuyan las fuerzas de detención de caídas sobre, al menos, los muslos, la pelvis, la cintura, el pecho y los hombros, con medios para fijarlas a otros componentes de un sistema personal de detención de caídas.

Asiento: La parte de un gancho que está directamente por debajo del centro del ojal de elevación. Pequeñas estructuras con pendiente que ayudan a canalizar el agua de superficie hacia los drenajes, frecuentemente ubicados en un valle. Los asientos suelen construirse como un pequeño techo a cuatro aguas o pirámide con una base con forma de rombo. También se denomina *techo falso romboidal.*

Bajante pluvial: Tubos que descargan el agua de la canaleta al suelo o a un drenaje.

Barandas: Barandillas que se instalan alrededor del perímetro de una obra para evitar caídas desde el borde de un techo.

Barandilla intermedia: Una tabla horizontal a altura intermedia que debe instalarse obligatoriamente en todos los lados abiertos de los andamios y las plataformas que miden más de 36 cm (14 pulg) de la superficie de la estructura y más de 3 m (10 pies) por encima del suelo. Se coloca entre el rodapié y la barra superior.

Barandilla superior: Una tabla horizontal superior que debe instalarse obligatoriamente en todos los lados abiertos de los andamios y las plataformas que miden más de 36 cm (14 pulg) de la cara de la estructura y más de 3 m (10 pies) sobre el suelo.

Betún: Una sustancia oscura, pegajosa, similar al cemento, que se encuentra en asfaltos, alquitranes, hulla y asfaltitas. También puede hacer referencia a cualquier material compuesto principalmente por betún, como el asfalto o la brea de alquitrán.

Boca: Salida de drenaje a través de una pared, pared de parapeto o borde de techo elevado, generalmente revestida con una camisa de chapa metálica.

Campo: La principal área de superficie ininterrumpida de un techo.

Canaletas: Componentes canalizados que se instalan a lo largo del perímetro de un techo para llevar el agua hasta drenajes o bajantes pluviales. Generalmente se conectan con correas y soportes.

Capa: Superficie de fieltro o lámina fina de madera en un techo de membrana armado o sistema de impermeabilización.

Capacidad: La cantidad total de peso que es posible elevar. Esto incluye el peso del personal, las herramientas, los materiales y los equipos.

Carga máxima prevista: El peso total de todas las personas, los equipos, las herramientas, los materiales y las cargas que puede sostener una escalera a la vez.

Carga nominal: La carga de trabajo máxima admitida por el fabricante de un componente bajo un conjunto específico de condiciones. Otros nombres para la carga nominal incluyen el *límite de carga de trabajo (WLL),* la *capacidad nominal* y la *carga de trabajo segura (SWL).*

Carpintero: Un especialista que construye, arma, instala y repara estructuras de madera u otros materiales.

Caída libre: El acto de caer antes de que un sistema personal de detención de caídas comience a aplicar fuerza para detener la caída.

Celda cerrada: La estructura de aislamiento celular en la cual las estructuras celulares diminutas se empaquetan bien juntas pero no se conectan entre sí. Las células de material pueden ser sólidas o huecas.

Centro de gravedad (CG): El punto en el cual se considera que se concentra el peso completo de un objeto, de modo tal que, al colgar el objeto desde este punto específico, permanece en equilibrio.

Cerramiento del edificio: Los sistemas de un edificio que separan el interior del edificio del exterior, incluido el techo, las paredes, las ventanas y las puertas.

Codos: Ayudan a direccionar el flujo de un bajante pluvial.

Combustible: Que tiene la capacidad de quemarse.

Condensación: La conversión de vapor de agua u otro gas a la fase líquida a medida que se reduce la temperatura o se incrementa la presión atmosférica.

Contralistones: Rejillas de tramos de metal o de madera vertical que se instalan debajo de listones horizontales que ayudan en la instalación de sistemas y ventilación.

Contrapiso: Fieltro saturado en asfalto u otro material en lámina compuesto o sintético (algunas veces, autoadherente) que se instala entre una cubierta de techo y una cobertura de techo, que generalmente se usa en la construcción de un techo con pendiente pronunciada. El contrapiso se usa principalmente para separar la cobertura de techo de la cubierta de techo, para desagotar agua y brindar protección contra incendios y protección secundaria contra la intemperie.

Contrarevestimiento: Revestimiento secundario que se instala a lo largo de borde superior del revestimiento principal para proteger la superficie y sus sujetadores. Un componente del sistema del techo, usualmente hecho de metal, que se usa para cubrir o proteger los bordes superiores del revestimiento de la base de membrana o del revestimiento de la pared.

Cordel de mano: Cordel que se ata a una herramienta o un objeto para que el trabajador pueda tirar de él y levantarlo después de haber subido una escalera o un andamio.

Corrosión: La rotura o destrucción de un material, especialmente el metal, que provocan las reacciones químicas. La forma más común de corrosión es el óxido, que sucede cuando el hierro se combina con oxígeno para formar óxido de hierro.

Corrosión galvánica: Una forma de corrosión (oxidación) que resulta de la creación de una corriente eléctrica que fluye a través de metales diferentes que están en contacto entre sí.

Cubierta: Un componente estructural del techo de un edificio, capaz de soportar de manera segura el peso del sistema de impermeabilización o del techo, así como las cargas vivas adicionales que requieren los códigos de edificación correspondientes. La cubierta provee el sustrato sobre el cual se aplica el sistema de impermeabilización o del techo.

Cuerda de arrastre: La parte de una cuerda o cadena en un equipo de elevación que utiliza el operador para subir o bajar la carga. También se conoce como *pieza de arrastre.*

Cuerda de seguridad: Una sección corta de cuerda o correa, de la cual un extremo se sujeta al arnés de seguridad del trabajador y el otro a un punto de anclaje firme por encima del área de trabajo.

Cuerda de seguridad autorretráctil (SRL): Dispositivo de desaceleración que contiene un cabo enrollado en un tambor que puede extraerse lentamente del tambor o retraerse en él bajo una ligera tensión durante el movimiento normal del empleado y que, tras el inicio de una caída, bloquea automáticamente el tambor y detiene la caída.

Cuerda guía: Cuerda que se ata a una carga elevada para controlar el giro y balanceo de la carga o que se usa para estabilizar y controlar accesorios en suspensión.

Delshiladura: Deformación del cable que hace que los hilos o el cableado se separen y se curven hacia afuera, de la misma manera que las barras verticales de una jaula de pájaro.

Desagote de agua: Permite depender de la gravedad para un drenaje rápido, para evitar que el agua ingrese en el sistema del techo. Los sistemas de techo con pendiente pronunciada generalmente desagotan agua.

Desglose: Proceso de análisis, medición, clasificación y contabilización de todos los materiales y equipos necesarios para un proyecto de construcción.

Diagrama de conductos de subida: Planos esquemáticos que representan el diseño, los componentes y las conexiones de un sistemas de tuberías.

Diseño asistido por computadora (CAD): Confección de un conjunto de planos de construcción con la ayuda de una computadora.

Distorsión térmica: Distorsiones físicas en la superficie plana del metal. Esta condición solo afecta el aspecto del metal, no posee efectos negativos sobre la integridad estructural.

Diámetro: Un segmento de línea recta invisible que parte desde un extremo de un círculo, atraviesa el punto central y llega al otro extremo del círculo.

Drenaje positivo: Condición en la cual se diseña y se le da forma a un techo para asegurar el drenaje apropiado del área del techo dentro de las 48 horas de producirse la precipitación.

Elevadores aéreos: Una plataforma de trabajo móvil diseñada para transportar y elevar personal, herramientas y materiales a zonas de trabajo elevadas.

Empedrados: Losas prefabricadas, usualmente de concreto, que se usan para sujetar con peso (o lastre) un sistema de techo y para proporcionar una superficie para caminar y acabado funcional.

Enganche de brida: Un tipo de enganche compuesto de al menos 2 enganches de extremo simple, que se usa para elevar objetos que tienen agarraderas de elevación u otros puntos de conexión.

Enganche de canasta: Un enganche común que se hace pasando una eslinga alrededor de una carga o a través de una conexión y colocando ambos ojales de eslinga en la cuerda de elevación.

Enganche estrangulador: Un enganche que se hace pasando una eslinga alrededor de la carga y luego pasando un ojal de la eslinga a través del otro. Ese ojal luego se conecta a la cuerda de elevación para estrangular la carga.

Enganche vertical: Enganche simple que utiliza un extremo de una eslinga para conectar un punto de la carga y el otro extremo para conectar la cuerda de elevación. También se conoce como *enganche de línea recta*.

Enlaces de aparejamiento: Enlaces o placas con dos orificios que se usan como equipos de terminación en los puntos de elevación apropiados.

Ensamblaje: El proceso de unir al menos dos piezas de chapas metálicas.

Entablado: Que tiene piezas de material de 5 cm (2 pulg) de espesor o más y 15 cm (6 pulg) de ancho o más utilizadas como suelo, cubierta o plataforma de un andamio.

Equipo de protección personal (EPP): Equipo o ropa diseñados para prevenir o reducir las lesiones.

Escurridores escalonados: Impermeabilización que se instala desde abajo de las tejas y hasta una pared lateral.

Estructura de soporte: Una estructura elevada y rígida que se apoya sobre patas en cada extremo y se usa para cruzar sobre obstrucciones. Las estructuras de soporte pueden ser portátiles o permanentes para soportar equipos de elevación o elevar y soportar iluminación, cámaras y equipos similares.

Estándar de Comunicación de Riesgos (HAZCOM): Estándar que requiere que los contratistas informen a los empleados sobre las sustancias químicas peligrosas en el lugar del trabajo y sobre cómo trabajar con ellas de forma segura.

Evaporación: El cambio natural de líquido a vapor a una temperatura que está por debajo de su punto de ebullición.

Excavaciones: Cortes, cavidades, zanjas o depresiones hechas por el hombre en la superficie de la tierra, formadas por la remoción de tierra. Las excavaciones pueden realizarse con el fin de construir estructuras de lo más diversas, desde sótanos hasta carreteras.

Expansión térmica: Incremento en la dimensión o el volumen de un cuerpo debido a las variaciones en la temperatura.

Fieltro: Una lámina flexible que se fabrica entrelazando fibras con un aglutinante o mediante la combinación de trabajo mecánico, humedad y calor.

Fuerza de rotura mínima (MBS): La cantidad de fuerza requerida para llevar a un componente de aparejamiento hasta su punto de rotura. La MBS es un factor para determinar la capacidad de carga nominal de un componente.

Hidrodinámica: Desagotar líquido o nieve de un techo.

Hoja de datos de seguridad (SDS): Formulario que enumera los peligros, las prácticas para el manejo seguro y las medidas para control de emergencia para una sustancia específica. También se denomina *hoja de datos de seguridad del material (MSDS).*

Incidente: Según la definición de la OSHA, un acontecimiento imprevisto que no da lugar a lesiones personales, pero que puede provocar daños materiales o que merece ser registrado.

Infrarrojo: Un tipo de energía de luz invisible que emiten todos los objetos. Este tipo de energía es el más eficaz para producir calefacción radiante cuando se absorbe.

Juego de planos: El juego de planos detallados o de planos a escala dibujados por un arquitecto o ingeniero, que muestran toda la información y las dimensiones necesarias para construir o remodelar una estructura.

Largueros: Miembros estructurales secundarios horizontales que transfieren cargas hacia la estructura principal.

Leyenda: En mapas, planos y diagramas, una tabla explicativa que define la información simbólica que se incluye en el documento.

Listones: Tramos horizontales de material sólido, generalmente madera, que ofrecen un punto de fijación para la conexión de un sistema de techo.

Línea de vida: Un componente que consiste de una línea flexible que se conecta verticalmente a un anclaje en uno de sus extremos (línea de vida vertical) o de forma horizontal a un anclaje a ambos extremos (línea de vida horizontal). Una línea de vida sirve para conectar otros componentes del sistema personal de detención de caídas al anclaje.

Manual del proyecto: Documentos preparados por el arquitecto o ingeniero para la ejecución de un proyecto por parte del propietario. Los documentos en un manual de proyecto incluyen los documentos de licitación, contratos, detalles del proyecto y una lista de los planos de construcción. También se denomina *libro de especificaciones*.

Membrana: Una cobertura de techo flexible o semiflexible o impermeabilizante, cuya principal función es descartar el agua.

Mil: Unidad de medición igual a una milésima parte de una pulgada, o 0,001 pulg (0,0254 mm).

Modelado de información de construcción (BIM): Un proceso inteligente que utiliza bases de datos de computadora y dibujo asistido por computadora (CAD) para crear un modelo interactivo y dinámico de una estructura completa y para to rastrear su ciclo de vida.

Monitoreo de seguridad: Sistema de seguridad que asigna responsabilidades de monitoreo a una persona competente que tiene el conocimiento y la autoridad como para tomar decisiones de seguridad.

Orificio ciego: Un orificio que no penetra el material por completo, un orificio con fondo.

Oxidar: Combinar con oxígeno, por ejemplo, en quemaduras (oxidación rápida) o formación de óxido (oxidación lenta).

Partes de cuerda: La cantidad restante de cuerda que soportan el bloque de carga cuando la cuerda se enhebra más de una vez.

Pendiente: Ángulo de la superficie del techo, que generalmente se expresa como relación entre la elevación vertical y la longitud horizontal (algunas veces, se denomina *tramo*). Cuando las dimensiones se dan en pulgadas, la pendiente puede expresarse como relación de la elevación sobre una distancia de 12 pulg (por ejemplo, 4:12) o como ángulo, en grados.

Pendiente leve: Una categoría de techo que generalmente incluye tipos de membrana impermeabilizantes de sistemas de techo instalados sobre pendientes de 3:12 o menos.

Pendiente pronunciada: Una categoría de techo que generalmente incluye tipos de coberturas de techo para desagotar agua y que se instalan sobre pendientes de más de 3:12.

Penetración: Toda construcción, como tuberías, conductos o soportes de climatización que pasan a través de un techo o sistema de impermeabilización.

Persona calificada: Según la OSHA, una persona que, sobre la base de un certificado o un título reconocidos, su trayectoria profesional, o su vasto conocimiento, capacitación o experiencia, ha demostrado, de manera exitosa, la capacidad para resolver problemas relacionados con la materia, el trabajo o el proyecto.

Persona competente: Según la definición de la OSHA, aquella que es capaz de detectar riesgos existentes y predecibles en el entorno, o condiciones de trabajo antihigiénicas, riesgosas o peligrosas para los empleados, y que cuenta con la autorización para tomar medidas correctivas con el fin de solucionar tales problemas.

Persona competente: Según lo define la OSHA, un individuo que tiene la capacidad de identificar peligros existentes y predecibles en el entorno, o condiciones de trabajo que no son higiénicas o que son peligrosas para los empleados y que tiene autorización para tomar medidas correctivas para eliminar dichos peligros.

Piso: Un término común para referirse a un nivel de un andamio.

Pizarra: Material de techado natural hecho de piedra.

Pizarras de madera: Cobertura de techo que parte de maderos. Generalmente tienen superficies rugosas texturadas.

Placas igualadoras: tipo de placa de aparejamiento con tres o más orificios, que se utiliza para nivelar cargas cuando las eslingas son de longitudes diferentes.

Planchuelas niveladoras: Un tipo de placa de aparejamiento que tiene al menos tres orificios, que se usa para nivelar cargas cuando las longitudes de eslinga son desiguales.

Planos de obra realizada: Los planos de una instalación completa, que reflejan la estructura que fue construida y muestran los cambios inesperados realizados durante la construcción.

Planos de registro: Planos que muestran un registro de los cambios imprevistos realizados durante la construcción de una estructura.

Planos detallados: Planos a mayor escala para mostrar conexiones o características específicas.

Programa de seguridad específico de la obra: Programa de seguridad desarrollado para una obra, que identifica y considera los peligros potenciales específicos que puedan encontrarse.

Protegido: Se dice de un lugar cerrado, vallado, cubierto o resguardado de otro modo por barreras, barandillas, cubiertas o plataformas para evitar el contacto peligroso.

Punto de rocío: La temperatura a la cual el aire se satura con vapor de agua y tiene una humedad relativa del 100 por ciento.

Pátina: Película de óxido verde o marrón que se forma sobre la superficie del cobre y de las aleaciones de cobre.

Redes de seguridad: Redes instaladas alrededor y por debajo de un área de trabajo que puede detener a caída de objetos o de trabajadores.

Regla de los seis pies: Regla que establece que las plataformas o superficies de trabajo con lados o bordes no protegidos que están a una altura de 6 pies (≈2 m) respecto del suelo o del nivel inferior requieren protección contra caídas.

Repele el agua: permite emplear el drenaje rápido que depende de la gravedad para evitar que el agua ingrese en el sistema del techo. Los sistemas de techos con pendiente pronunciada suelen repeler el agua.

Resistencia a la tracción: La resistencia de un material a una fuerza que tiende a desgarrarlo.

Retechado: El proceso de volver a cubrir o de quitar y reemplazar un sistema de techo existente.

Revestimiento base: Capas o tramos de material de membrana para techo que se usan para cerrar o sellar un techo en intersecciones horizontal a vertical, como en una unión de techo con pared. El revestimiento base cubre el borde de una membrana de campo y se extiende hacia arriba en la superficie vertical.

Revestimientos: Componentes que se usan para impermeabilizar o sellar los bordes de un sistema de techo en perímetros, penetraciones, paredes, juntas de expansión, valles, drenajes y otros lugares donde se interrumpe o no continúa la cobertura del techo.

Secado al aire: Cuando se cura un adhesivo o se seca lo suficiente como para que dos piezas se peguen entre sí. Es pegajoso al tacto pero no deja residuos en los guantes.

Sistema de gestión: La forma en la que está organizada la gestión de una empresa, incluidos los procedimientos de informe, las responsabilidades de supervisión y la administración.

Sistema personal de detención de caídas (PFAS): Sistema utilizado para detener a un empleado en una caída desde un nivel de trabajo. Se compone de un anclaje, conectores y un arnés corporal, y puede incluir una cuerda de seguridad, un dispositivo de desaceleración, una línea de vida o combinaciones adecuadas de estos elementos.

Sistemas de techo de capa simple: Sistemas de techo en el cual la principal cobertura del techo es una capa simple de material de membrana flexible (es decir, EPDM o termoplástica).

Sistemas de techos armados (BUR): Sistemas de techos en los que se aplican varias capas de betún, refuerzo y materiales de superficie sobre la cubierta.

Sistemas de techos con membrana: Sistemas de techo que tienen material de membrana (cobertura impermeabilizante). Los sistemas de techos con membrana generalmente se instalan como sistemas de pendiente leve.

Sustrato: La superficie sobre la cual se aplica una membrana para techo o impermeabilizadora (como un tablero estructural o aislamiento con panel rígido).

Tacos: Tramos de metal continuo, o piezas en ángulo, que se usan para asegurar los componentes de metal.

Tamaño nominal: Tamaño aproximado con el cual se conocen y se venden los materiales. El tamaño nominal suele ser levemente más grande que el tamaño real.

Techo abuhardillado: También se denomina *tejado de gabletes holandés*. Este estilo de techo usualmente es asimétrico con dos pendientes a cada lado. Su pendiente más baja es más pronunciada que su pendiente superior.

Techo de cuatro aguas: Un estilo de techo formado por pendientes sobre los cuatro lados de un edificio, que se unen en la parte superior del techo para formar una arista.

Techo a dos aguas: Un estilo de techo que recibe su nombre por sus gabletes prominentes o por las formas triangulares que originan los bordes de lados opuestos de una pendiente en intersección.

Techo de mansarda: También denominado *techo francés*. Techo decorativo de pendiente pronunciada que se coloca sobre el perímetro del edificio.

Techo de media agua: Estilo de techo con pendiente en un solo sentido. Suele encontrarse en edificios pequeños o integrarse con otros estilos de techo.

Tejadillos falsos: Componentes que se usan para desviar agua de una chimenea, pared, junta de expansión u otra interrupción en el área de un techo.

Tejas de arcilla: Una cobertura de techo que se fabrica moldeando arcilla para formar una teja y hornearla.

Tejas de asfalto: Tejas fabricadas con un recubrimiento de material de refuerzo (fieltro de papel o malla de fibra de vidrio) con base de asfalto que tienen gránulos minerales del lado que queda expuesto a la intemperie.

Tejas de concreto: Una cobertura de techo que se fabrica dando forma de teja a una mezcla de cemento, arena y agua.

Tejuelas de madera: Cobertura de techo que parte de maderos. Generalmente tienen superficies planas y suaves.

Trauma por suspensión: Afección médica grave que se puede producir cuando un trabajador queda suspendido de un arnés corporal durante un corto período de tiempo.

Vaina de alambre independiente (IWRC): Cable de alambre con vaina de alambre, a diferencia de la vaina de una sola hebra o de fibra. Se considera la más duradera para las aplicaciones de aparejamiento.

Valles abiertos: Valles que recortan el material de cobertura del techo en ambos lados para dejar expuesto el revestimiento de metal del valle que ayuda a desagotar el agua del techo.

Valles con recorte: Valles con tejas que se extienden a través del valle desde un lado, mientras que las tejas del otro lado se recortan desde la línea central.

Valor R: Medición de qué tan bien un material resiste la transferencia de calor a través de sí mismo. También se denomina *resistencia térmica.*

Vapor de agua: Agua en forma de vapor (gas), especialmente por debajo del punto de ebullición y que se disipa en la atmósfera.

Vigas niveladoras: Vigas que se usa para distribuir el peso de la carga en elevaciones con múltiples grúas. Las vigas se conectan con la carga y al menos dos grúas se conectan con los ojales de elevación en la parte superior.

Vigas separadoras: Vigas o barras que se usan para distribuir la carga de una elevación en más de un punto, para incrementar la estabilidad. Las vigas separadoras suelen utilizarse cuando el objeto que se está elevando es muy largo o grande para hacerlo desde un solo punto, o cuando el uso de eslingas alrededor de la carga podría aplastar los costados.

Vía auxiliar: Ramal relativamente corto que sale de una vía ferroviaria principal hacia un destino de carga o descarga. Una vía auxiliar generalmente se conecta con la vía principal solo en su punto de origen (sin salida).

Zona controlada de instalación de cubiertas (CDZ): Zona en la que se pueden realizar determinados trabajos (por ejemplo, la instalación y colocación inicial de cubiertas metálicas) sin utilizar sistemas de barandillas, sistemas personales de detención de caídas, sistemas de retención contra caídas o sistemas de redes de seguridad. El acceso a estas zonas está controlado.

Zona de acceso controlado (CAZ): Zona de trabajo designada en la que se pueden realizar determinados tipos de trabajos de albañilería sin necesidad de utilizar sistemas convencionales de protección contra caídas.

Zonas de acceso limitado: Zonas restringidas junto a un muro de mampostería que está en construcción.